高职高专“十三五”规划教材

化工单元操作技术

张郢峰　主　编
郗伟　汤春妮　樊英鸽　副主编

天津大学出版社
TIANJIN UNIVERSITY PRESS

内容简介

本书是结合现阶段高等职业教育化工类专业人才培养目标及化工单元操作技术学科的发展修订而成的，主要讲解了化工生产过程中常见的单元操作的基本原理、典型设备的构造和性能、一般的计算方法以及单元操作技术。本书基于化工典型单元操作技术，以项目化的方式组织内容，每一个单元操作项目以不同的任务为支撑，并配以形式多样的信息化教学资源，注重典型单元操作知识点与操作实践的紧密结合，充分体现了教学做过程的统一。本书在编写上力求深入浅出，浅显易懂，图文并茂，资源丰富，侧重单元操作基础知识的学习和实际应用与操作，既可作为高职高专化工类相关专业的教材，也可供成人教育和在职人员学习参考。

图书在版编目(CIP)数据

化工单元操作技术 / 张郢峰主编. —天津：天津大学出版社，2019.8

高职高专“十三五”规划教材

ISBN 978-7-5618-6481-4

Ⅰ. ①化… Ⅱ. ①张… Ⅲ. ①化工单元操作－高等职业教育－教材 Ⅳ. ①TQ02

中国版本图书馆 CIP 数据核字(2019)第 169694 号

出版发行 天津大学出版社
地　　址 天津市卫津路 92 号天津大学内(邮编:300072)
电　　话 发行部:022-27403647
网　　址 publish. tju. edu. cn
印　　刷 北京虎彩文化传播有限公司
经　　销 全国各地新华书店
开　　本 185mm × 260mm
印　　张 35
字　　数 867 千
版　　次 2019 年 8 月第 1 版
印　　次 2019 年 8 月第 1 次
定　　价 78.00 元

前　言

本教材以化工单元操作岗位的相关工作任务和职业能力分析为依据，以工作过程为导向、项目为载体构建行动体系，以培养化工单元操作过程设计能力及典型设备选型、运行操作能力为基本目标，紧密围绕完成工作任务的需要组织内容，突出工作任务与知识的关联，教、学、做一体化，使学习者在完成工作任务的过程中掌握应会知识，提高操作技能。

本书介绍了化工生产过程中常见的单元操作的基本原理、典型设备的构造和性能、一般的计算方法以及单元操作技术。基于化工典型单元操作技术，以项目化的方式组织内容，每一个单元操作项目以不同的任务为支撑，将原有的分散在认识实训、单元仿真、单元操作实训和课程设计等实践环节的相关内容，按照"做中教、做中学"的原则有机地整合为一体，注重典型单元操作知识点与操作实践的紧密结合，充分体现了教学做过程的统一。本书在编写时打破了原来的课程体系，将各单元操作涉及的理论知识分散到各教学任务中，并以国家职业资格标准为基础，以应用为目的，以理论够用为原则，浅化理论知识，注重用理论知识解决实践中的问题，具有较强的针对性、实践性和实用性。

全书包括绪论、流体输送技术、非均相混合物分离技术、传热操作技术、蒸发操作技术、干燥操作技术、蒸馏技术、吸收技术、液－液萃取技术。本书文字简练，图文并茂，并配有大量的动画和视频资源，使学习内容更加生动、直观；在编写上力求深入浅出，浅显易懂，避免了一些繁杂的数学推导；侧重单元操作基础知识的学习和实际应用与操作，突出工程观点，注意启迪思维；配有大量的自测题，以便学生自查学习效果。

本教材由陕西国防工业职业技术学院的张郢峰老师主编，并负责绪论及项目一、项目二、项目八的编写和全书的统稿工作，项目三、项目七由陕西国防工业职业技术学院的樊英鸽老师编写，项目六由陕西国防工业职业技术学院的汤春妮老师编写，项目四、项目五由陕西国防工业职业技术学院的郗伟老师编写。本教材在编写过程中得到了北京东方仿真软件技术有限公司的大力支持，对此编者表示衷心的感谢。由于时间仓促和编者水平有限，疏漏之处在所难免，敬请读者予以批评指正。

目　录

绪　论

一、课程的性质和任务

化工单元操作技术是化工类专业及其相近专业的一门基础技术课程和主干课程，具有很强的技术性、工程性及实用性，是构建化工高等技术应用型专门人才的知识结构、素质结构与能力结构的必修课，是培养学生的工程观点与化工核心实践技能的重要课程。

从学科性质看，本课程是化学工程学的一个分支，主要研究化工过程中的各种单元操作。它来自化工生产实践，又面向化工生产实践。可以毫不夸张地说，凡是化工技术工作者，无论从事化工过程的开发、设计工作还是从事生产工作，都会遇到各种单元操作问题，这就要求学生必须熟练掌握化工单元操作技术的基本概念、基本知识和基本方法，初步形成用工程的观点观察问题、分析问题、处理操作中遇到的问题的能力，培养良好的职业道德，为学习后续的专业课程和将来从事化工生产、管理和服务工作做好准备，为提高自身的职业能力打下坚实的基础。

化工单元操作技术课程的任务是：使学生获得常见的化工单元操作过程及设备的基础知识，并能够运用这些知识进行物料平衡、能量平衡计算及操作、维护设备，以适应不同的生产要求；使学生得到用工程的观点观察问题、分析问题和解决常见的操作问题的训练，在操作发生故障时能够找到缘由；使学生初步树立创新意识、安全生产意识、质量意识和环境保护意识；使学生了解新型单元操作在化工生产中的应用。

二、化工过程与单元操作

（一）化工过程的特征与构成

化工过程可以看成由原料预处理过程、反应过程和反应产物后处理过程三个基本环节构成。其中，反应过程是在各种反应器中进行的，它是化工过程的中心环节。

反应过程必须在某种适宜的条件下进行。例如，反应物料要有适宜的组成、结构和状态，化学反应要在一定的温度、压强和反应器内的适宜流动状况下进行。而进入化工过程的初始原料中通常有各种杂质并处于环境状态下，必须经过原料预处理过程使之满足反应所需要的条件。同样，反应器出口的产物通常是处于一定的温度、压强和相态下的混合物，必须经过反应产物后处理过程，从中分离出符合质量要求、处于环境状态下的目的产品，并使排放到环境中的废料达到环保的规定、要求反应产物后处理过程的另一个任务是回收未反应的反应物、催化剂或其他有用的物料，重新加以利用。

由此可见，在原料预处理和反应产物后处理过程［如加热、冷却、增减压、使物料发生相变（如汽化、冷凝、结晶、熔解等）、使均相物料中的组分分离、使不同相态的物料彼此分离等］中会发生一系列物理变化。即使在反应器中，为了维持适宜的反应条件，也需要组织一系列物理过程，如加入或移走热量、混合、搅拌等。经过长期的化工生产实践发现，各种化工产品的生产过程所涉及的各种物理变化过程都可归纳成为数不多的若干个单元操作。

图 0-1 表示氢氰酸的生产过程。天然气(主要含甲烷)、氧气分别经过滤稳压,液氨经汽化、过滤后,三者以一定的配比混合进入反应器,这一部分属于原料预处理阶段。在反应器中进行甲烷部分燃烧反应和 HCN 合成反应:

$$CH_4 + O_2 \longrightarrow CO + H_2 + H_2O$$

$$CH_4 + NH_3 \longrightarrow HCN + 3H_2$$

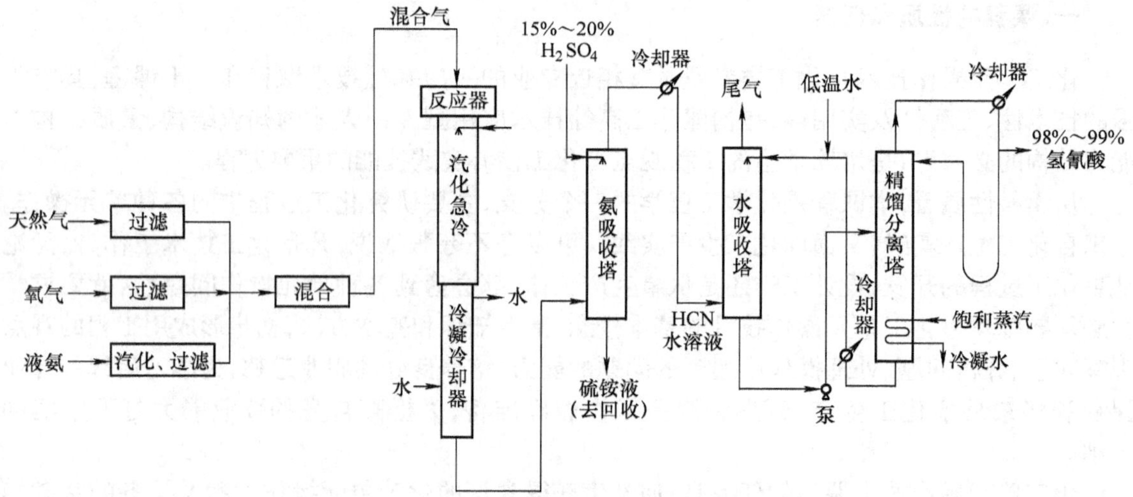

图 0-1　氢氰酸生产流程示意

反应器出口的产物是 1 500 ℃左右的含 HCN、CO、H_2O、H_2以及未反应的 CH_4、NH_3、O_2的高温气体混合物,先经喷水急冷,利用水汽化快速降低反应产物的温度以终止反应;然后经冷凝冷却器进入氨吸收塔,用稀硫酸吸收混合气中的氨;脱氨后的气体再经冷却降温进入水吸收塔,用低温水吸收其中的 HCN;吸收后的尾气经碱液洗涤(图中未画出)脱除其中残余的 HCN 后送出供进一步利用;水吸收塔底得到的 1.5% 的 HCN 水溶液经泵加压输送到精馏分离塔,在塔底加热使溶液部分汽化,利用 HCN 和水的挥发性的差异,富含 HCN 的蒸气从塔顶排出,经冷凝冷却后得到98%～99% 的氢氰酸,塔底排出的含少量 HCN 的水经冷却后回到水吸收塔循环使用。这一部分属于反应产物后处理阶段(流程中原料与产品贮槽、尾气贮柜以及各种中间贮槽均未画出)。

由图 0-1 可见,除反应器中的过程外,流程中还包括流体流动、流体输送、过滤、混合、汽化、冷凝冷却、加热、吸收、精馏等物理过程,这些过程都是在特定的设备中进行的。因此可以说,任何一个化工生产过程都是由若干种完成特定任务的设备(包括反应器、完成各单元操作的设备和贮料设备)按一定顺序、通过各种管道和输料装置连接起来的组合体。

(二)课程的主要内容

各种单元操作都是依据一定的物理或物理化学原理,在某些特定的设备中进行的特定的过程。过程和设备是相互依存的。本课程的研究内容主要是各种单元操作的基本原理与单元操作过程的计算、典型单元操作设备的合理结构及工艺尺寸的设计与计算、设备操作性能的分析以及组织工程性实验,以获得必要的设计数据,即化学工程学科“三传一反”(质量传递、热量传递、动量传递及化学反应)中的“三传”部分,具体内容包括流体流动与输送、非均相物系分离、传热、蒸馏、吸收、干燥等传统的化工单元操作。

通常把包含在不同的化工产品生产过程中的发生同样的物理变化、遵循相同的规律、使用相似的设备的基本物理操作称为单元操作。由于各单元操作均遵循自身的规律和原理,并在相应的设备中进行,因此单元操作技术包括过程原理和设备两部分内容。

根据各单元操作遵循的基本规律,可把它们归纳为五类:①流体流动过程的操作,如流体输送、搅拌、沉降、过滤等;②传热过程的操作,如热交换、蒸发和冷凝等;③传质过程的操作,如蒸馏、吸收、干燥、膜分离、萃取、结晶等;④热力过程的操作,如冷冻等;⑤机械过程的操作,如粉碎等。

实际上,在一个现代化的、设备林立的大型化工厂中,反应器为数并不多,绝大多数设备中都进行着各种前、后处理操作。化学反应是整个化工生产过程的核心,起着主导作用,它的要求和结果决定着原料预处理的程度和反应产物分离的任务,直接影响到其他两部分的设备投资和操作费用。也就是说,在现代化学工业中前、后处理工序占据企业大部分的设备投资和操作费用。

三、课程解决问题的主要方法

化工单元操作技术所要解决的问题均具有明显的工程性,主要原因是:①影响因素多(物性因素、操作因素及结构因素等);②制约因素多(原辅料来源、设备性能、自然条件等);③评价指标多(经济、健康、安全、环保等);④经验与理论并重。因此,解决单元操作问题常常需要理论与实践相结合。化工高职人才主要在化工生产一线从事生产操作控制工作,在解决相关单元操作问题时,主要借助于以下方法。

(一)物料衡算

它是以质量守恒定律为基础的计算,用来确定进、出单元设备(过程)的物料量和组成间的数量关系,了解过程中物料的分布与损耗情况,是进行单元设备其他计算的依据。物料衡算要点如下。

1)根据衡算对象选定适当的衡算系统　衡算系统可以是一个单元设备或若干个单元设备的组合,也可以是设备的某一部分或设备的微分单元。衡算系统也可称为控制体。

2)选定物料衡算基准　选定物料衡算基准包括选定一股基准物流及其数量,它是物料衡算的出发点,其目的是保证物料衡算计算的一致性。对于间歇操作,常取一批原料或单位质量(或物质的量)的原料为基准;对于连续操作,通常取单位时间(如 1 h、1 min 等)内处理的物料为基准。基准的选择有一定的任意性,其原则是使计算尽量简化。

3)列出物料衡算式　单元操作涉及的是物理过程,不发生化学反应,根据质量守恒定律可以直接写出物理过程物料衡算的文字表达式:

$$\text{进入系统的物料量} - \text{离开系统的物料量} = \text{系统中物料的积累量} \tag{0-1}$$

式(0-1)可以用质量单位(如 kg 或 kg/s 等),也可用物质的量单位(如 kmol 或 kmol/s 等),但必须注意保持式中各项的单位一致。

由于物流常常是多组分的混合物,因此可以直接按进、出衡算系统的各物流的总物料量列出总衡算式,也可按物流中的各组分量分别列出组分衡算式。此外,物流中各组分的质量分数 w_i 和摩尔分数 x_i 之和均等于 1,即有 $\sum w_i = 1$, $\sum x_i = 1$,这称为组成归一性方程,在物料衡算中经常用到。

对于定常操作过程，系统中物料的积累量为零。

例 0-1　现有甲、乙两种由不同浓度的硫酸与水组成的混合溶液，其中甲溶液总量为 5 000 kg，硫酸的质量分数为 70%，乙溶液中硫酸的质量分数为 10%，将两者混合后得到硫酸的质量分数为 40% 的丙溶液。试求：(1)需要加入的乙溶液的质量；(2)得到的丙溶液的质量。

解　(1)按题意画出混合过程的示意图，标出各个物流的流动方向（以带箭头的直线表示）、已知量与未知量，用闭合虚线框出物料衡算系统（见图 0-2）。

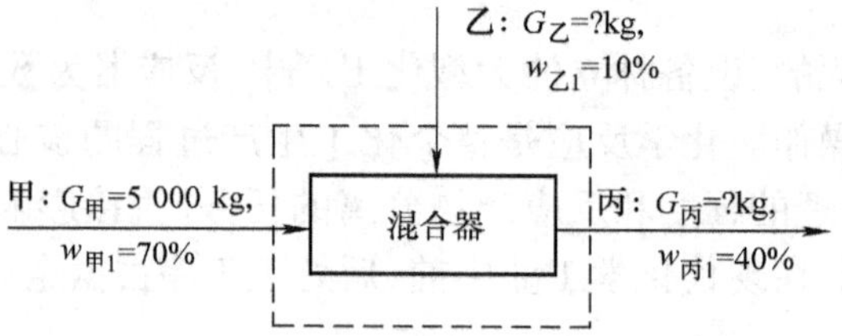

图 0-2　例 0-1 附图

(2)列出物料衡算式。

总物料衡算式为 $G_甲 + G_乙 = G_丙$，代入已知数据得

$$5\,000 + G_乙 = G_丙 \tag{A}$$

组分 1 的物料衡算式为 $G_甲\ w_{甲1} + G_乙\ w_{乙1} = G_丙\ w_{丙1}$，代入已知数据得

$$5\,000 \times 70\% + G_乙 \times 10\% = G_丙 \times 40\% \tag{B}$$

联立解式(A)、式(B)得

$$G_乙 = 5\,000\ \text{kg}, G_丙 = 10\,000\ \text{kg}$$

据组成归一性方程，物流中各组分的质量分数之和为 1，即 $w_{甲1} + w_{甲2} = 1, w_{乙1} + w_{乙2} = 1$，因此也可列出组分 2 的物料衡算式：

$$G_甲(1 - w_{甲1}) + G_乙(1 - w_{乙1}) = G_丙(1 - w_{丙1}) \tag{C}$$

在式(A)、式(B)、式(C)三个物料衡算式中，只有两个方程是独立的。例如，将式(B)与式(C)相加即可得到式(A)。多余的一个衡算式可以用来检验计算结果是否正确。由此可以推得：对于组分数为 k 的系统，可以列出 k 个组分衡算式和一个总衡算式，即有 $k+1$ 个物料衡算方程，其中只有 k 个方程是独立的。

(二)能量衡算

它是以热力学第一定律（即能量守恒定律）为基础的计算，用来确定进、出单元设备（过程）的各项能量间的数量关系，包括各种机械能形式的转化关系，为完成指定任务需要加入或移走的功和热量、设备的热量损失、各物流的焓值等。能量衡算要点如下。

1）根据衡算对象选定适当的衡算系统　与物料衡算相似，衡算系统可以是一个单元设备或若干个单元设备的组合，也可以是设备的某一部分或设备的微分单元。

2）选定能量衡算基准　与物料衡算不同的是，能量衡算除了要选取时间基准或物料量基准外，还需选取物流焓的基准态。

物流焓的基准态包括物流的基准压强 p_0、基准温度 t_0 和基准相态 ϕ_0。

(1)基准压强通常取 100 kPa。在压强不高的情况下，压强对焓的影响常可忽略。

(2)基准温度可取0 ℃。这是因为从手册中查到的有关数据,如比焓、比内能、平均定压比热容等,通常是以0 ℃为基准的。采用同一基准温度,便于直接引用手册中的数据。有时也可取某一物流的实际温度作为基准温度,如果忽略压强的影响,则这一股物流的焓值为零,可使能量衡算适当简化。

(3)物流的基准相态的选择可视具体情况而定。例如,当进、出系统的物流都是液相时,基准相态以取液态为宜。

3)列出能量衡算式　根据能量守恒定律,若忽略物流的位能、动能和与外界交换的能量,能量衡算可以简化为热量衡算,热量衡算的文字表达式为

$$\text{物流带入的焓}+\text{传入系统的热量}=\text{离开系统的物流的焓}+\text{传出系统的热量}+\text{系统内焓的积累量} \tag{0-2}$$

对连续定常过程,系统内焓的积累量为零。

(三)传递过程速率计算

当实际状态偏离平衡状态时,就会发生从实际状态向平衡状态转化的过程,称之为传递过程。传递过程速率的大小决定了过程进行的快慢,其通用表达式为

$$\text{传递过程速率}=\frac{\text{传递过程的推动力}}{\text{传递过程的阻力}} \tag{0-3}$$

在各种单元操作中,传递过程速率对于设备的工艺尺寸以及操作性能有决定性的影响。不同的传递过程速率、推动力和阻力的内涵及具体表达式是不同的。例如在传热过程中,传热速率用单位时间内传递的热量表示,而传热推动力用温度差表示。

各种单元操作中传递速率的计算是本课程要解决的重要内容,将在有关单元操作中逐一讨论。需要指出的是,各种单元操作的工艺计算主要是物料衡算、能量衡算和传递过程速率计算三者的结合。

(四)相平衡关系计算

设备或系统内的过程达到热力学平衡时,过程就停止了,平衡状态是过程进行的热力学极限。

处于平衡状态的单相物流,其内部各处的热力学强度性质均一,不存在温度、浓度与压强的差异,宏观的传递过程不再进行。对处于平衡状态下的气相,可以用状态方程来表示其热力学性质间的关系。

两相物流达到平衡时,一般有:①平衡两相的温度和压强必定相同;②平衡两相各组分的组成间存在确定的相平衡函数关系。这时两相间不发生宏观的质量传递与热量传递。

相平衡关系计算在各单元操作的传质分离过程和热量传递过程的计算中是十分重要的。理想体系的相平衡关系计算要用到物理化学中的理想气体状态方程、相律、拉乌尔定律、亨利定律等基本定律和关系式,这在后面介绍的单元操作中都将遇到。

四、单位的正确使用

化工单元操作技术涉及大量物理量,物理量的正确表达是单位与数字统一的结果,比如管径是300 mm,管长是6 m等。正确使用单位是正确表达物理量的前提。

由于国际单位制(SI制)具有一贯性与通用性两大优点,世界各国都在积极推广SI制,我

国也于 1984 年颁发了以 SI 制为基础的法定计量单位，基本物理量有长度（L）、时间（T）、质量（M）、热力学温度（Θ）、物质的量（N）、电流（I）、发光强度（I）等七个，括号内的符号是这些基本物理量的量纲。任何物理量的量纲都可用这些基本物理量的量纲的幂次方的乘积来表示。如速度是单位时间内走过的距离（长度），其量纲为 LT^{-1}；加速度是速度随时间的变化率，其量纲为 LT^{-2}；力的量纲可以用质量与加速度的量纲的乘积来表示，即 MLT^{-2}；功与能量的量纲可用力与距离（长度）的量纲的乘积来表示，即 ML^2T^{-2}。

但是，由于数据来源不同，常常会出现单位不统一或不一定符合公式需要的情况，必须进行单位换算。本课程涉及的公式有两种，一种是物理量方程，另一种是经验公式。前者是有严格的理论基础的，要么是某理论或规律的数学表达式，要么是某物理量的定义式，比如 $p=F/A$，这类公式中各物理量的单位只要统一采用同一单位制下的单位就可以了；而后者是由特定条件下的实验数据整理得到的，物理量的单位均为指定单位，使用时必须采用指定单位，否则公式就不成立了。如果想把由经验公式计算出的结果换算成 SI 制单位，最好的办法就是先按经验公式的指定单位计算，最后把结果转换成 SI 制单位，不要在公式中换算。

单位换算是通过换算因子实现的，换算因子就是两个相等量的比值。比如 1 m = 100 cm，当需要把 m 换算成 cm 时，换算因子为 100 cm/1 m；当需要把 cm 换算成 m 时，换算因子为 1 m/100 cm。换算时只要将原来的量乘以换算因子，就可以得到期望的单位了。

例 0-2 一个标准大气压（1 atm）等于 1.033 kgf/cm²，等于多少帕？

解 $$1\ \text{atm}=1.033\ \text{kgf/cm}^2=1.033\times\frac{\text{kgf}}{\text{cm}^2}\times\frac{9.81\ \text{N}}{1\ \text{kgf}}\times\left(\frac{100\ \text{cm}}{1\ \text{m}}\right)^2=1.013\times10^5\ \text{Pa}$$

可见，当多个单位需要换算时，只要将各换算因子相乘即可。

自 测 题

一、填空题

1. 化工单元操作中的“三传”指________、________、________。

2. 单元操作中属于动量传递的有________。

3. 单元操作中属于热量、质量传递的有________。

二、选择题

1. 某液体的相对密度（比重）用 SI 制计算时为 1.84，若改用 CGS 制计算，则其值为（ ）。

A. 1 840　　B. 1.84　　C. 18.4　　D. 184

2. 关于物料衡算，下列说法中正确的是（　　）。

A. 物料衡算不适用于化学变化过程

B. 物料衡算是质量守恒定律的一种具体表现形式

C. 物料衡算就是输入和输出的物料的流量相等

D. 物料衡算就是输入和输出的物料的流速相等

3. “三传”指（　　）。

A. 动能传递、势能传递、化学能传递

B. 动能传递、内能传递、物质传递

C. 动量传递、能量传递、热量传递

D. 动量传递、热量传递、质量传递

三、简答题

1. 什么是稳定流动系统？稳定系统具有哪些特性？

2. 什么是因次一致性原则？其作用有哪些？

四、计算题

1. 某湿物料原始含水量为 10%，在干燥器内干燥至含水量为 1.1%（以上均为质量分数）。试求每吨湿物料除去的水量。[答:90 kg]

2. 采用两个连续操作的串联蒸发器浓缩 NaOH 水溶液，每小时有 10 t 12% 的 NaOH 水溶液被送入第一个蒸发器，经浓缩后的 NaOH 水溶液被送入第二个蒸发器进一步浓缩为 50% 的碱液（以上均为质量分数）排出。若每个蒸发器蒸发的水量相等，试求送入第二个蒸发器的溶液质量及组成（用 NaOH 的质量分数表示）。[答:6 200 kg/h，19.4%]

3. 一个间壁式换热器用冷却水将间壁另一侧 80 ℃、1 500 kg/h 的某有机液体冷却到 40 ℃，冷却水的初温为 30 ℃，出口温度为 35 ℃，已知该有机液体的平均定压比热容为 1.38 kJ/(kg · ℃)。试求冷却水用量。[答:3 956 kg/h]

4. 在一个预热器（间壁式热换器）内，用饱和水蒸气将 2 000 kg/h、含 1% 的水汽的湿空气从 20 ℃加热到 120 ℃。饱和水蒸气的压强为 300 kPa（绝压），冷凝水在饱和温度下排出。假设保温良好，试求每小时的蒸汽耗量。[答:94.9 kg/h]

项目一　流体输送技术

项目介绍

任何化工生产过程都离不开物料输送，而化工生产中所涉及的物料及产品以流体居多，按化工生产工艺要求，常常需要将流体从一个设备输送至另一个设备或从一个车间输送至另一个车间，逐步完成各种物理变化和化学变化，得到所需要的化工产品，因此流体输送在化工生产中占有非常重要的地位。

在化工生产中，工艺技术人员需要根据生产任务要求选择合适的设备、仪表，分析、处理流体输送过程中可能出现的故障，因此，除掌握流体输送岗位必备的技能外，还应当具有应用流体输送基本原理、规律分析、解决流体输送问题的能力。

此外，化工生产中的多数单元操作都与流体流动密切相关，传热、传质过程也大都在流体流动条件下进行，因此流体流动是本课程中的重要基础内容。

* * * *　　　　* * * *　　　　* * * *

任务一　认识流体输送管路

任务分析：化工是化工生产中所涉及的各种管路形式的总称，保证流体沿管路系统从一个设备输送到另一个设备，或从一个车间输送到另一个车间。化工管路是根据生产任务要求，按照一定的原则、方式连接在一起的。通过参观实训室，展示图片、动画，让学生学习化工管路的组成、连接方式、布置原则等内容，为进一步学习流体输送的基本规律奠定基础。

任务目标：①了解流体输送过程中主要设备的种类、结构；②掌握管路的连接方式，常用的管件、阀门及其用途。

技能目标：①能识读简单的工艺流程图；②能识别管件、阀门等管路构件的类型及作用。

随着化工生产日益朝着大型化、连续化和自动化的方向发展，管路在整个工厂投资中所占的比重日趋增大。据统计，目前一个现代化工厂中的管路费用约占工厂总投资的1/3。管路的设计和施工水平对确保生产正常进行、降低基建费用和操作费用都具有十分重要的意义。

一、管路的分类

化工生产过程中的管路通常按是否分出支管来分类，如表1－1所示。

表 1-1　管路的分类

类型		结构
简单管路	等径管路	无分支管的管路,管路直径不变,如图 1-1(a)所示
	串联管路	由不同管径的管道组成的无分支管的管路,如图 1-1(b)所示
复杂管路	并联管路	在主管的某点处分成几支,然后在另外一点处又汇合到一条主管中的管路,如图 1-1(c)所示
	分支管路	一条总管分流至几条支管,各支管出口处的情况并不相同的管路,如图 1-1(d)所示
	汇合管路	几条支管汇合于一条总的管路,其特点与分支管路类似,如图 1-1(e)所示

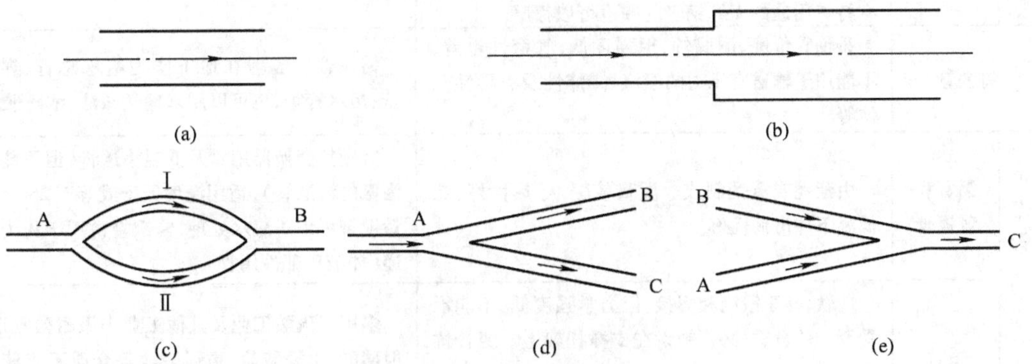

图 1-1　简单管路与复杂管路

(a)等径管路　(b)串联管路　(c)并联管路　(d)分支管路　(e)汇合管路

重要的管路系统,如全厂或大型车间的动力管线(包括蒸汽、煤气、上水及其他循环管路等),一般按并联管路铺设,这样有利于提高能量的综合利用率,减少因局部故障造成的影响。

请思考:化工生产过程中管路繁多,操作者如何区别各种类型的管路呢?

二、管路的基本构成

管路是由管子、管件、阀门等按一定的排列方式构成的。管子是管路的主体。管件是管路连接所用的各种零件(元件)的统称。阀门是用于调节和控制流量的管路部件的统称。

1. 管子

由于生产系统中的物料和所处的工艺条件各不相同,用于连接设备和输送物料的管子除需要满足强度和通过能力的要求外,还必须满足耐温(高温或低温)、耐压(高压或真空)、耐腐蚀(酸、碱等)以及导热性能等要求。

1)管子的种类及用途　常见化工用管的种类及用途如表 1-2 所示。

表1-2 常见化工用管的种类及用途

种类			描述	用途
金属管	钢管	有缝钢管	有缝钢管是用低碳钢焊接而成的钢管，又称为焊接管。其根据所能承受的压强，分为普通管和加厚管；根据是否镀锌，分为镀锌管和黑管（不镀锌管）。其规格用公称直径 *DG* 或 *DN*（mm）表示，它是内径的近似值，习惯上也用 in（英寸）表示（附录十六）	适用于输送水、煤气、压缩空气（<1 MPa）、油、取暖蒸汽（<0.4 MPa）等一般无腐蚀性的低压流体
		无缝钢管	无缝钢管是用棒料钢材经穿孔热轧或冷拔制成的，没有接缝。用于制造无缝钢管的材料主要有普通碳钢、优质碳钢、不锈钢、耐热铬钢等。无缝钢管的特点是质地均匀，强度高，管壁薄，少数有特殊用途的无缝钢管的壁也可以很厚	在工业生产中，无缝钢管能在各种压强和温度下输送流体，广泛用于输送高压、有毒、易燃易爆、强腐蚀性流体
	铸铁管		铸铁管价廉，耐腐蚀，但强度低，气密性也差，不能用于输送有压力的蒸汽、爆炸性及有毒性气体等	铸铁管一般埋在地下作为给水总管、煤气管、污水管等，也可以用来输送碱液、浓硫酸等
	有色金属管	铜管和黄铜管	由紫铜或黄铜制成。质量较轻，导热性好，在低温下冲击韧性好	宜做热交换器用管及低温输送管（但不能作为氨的输送管），适用温度低于或等于 250 ℃。黄铜管可用于海水处理，紫铜管常用于压力传递（如液压部件用管）
		铅管	性软，易于锻制和焊接，但力学强度低，不能承受管子的自重，必须铺设在支撑托架上。铅管抗腐蚀性好，能耐硫酸、60% 的氢氟酸、浓度小于 80% 的醋酸等，最高使用温度为 200 ℃	多用于硫酸工业及其他工业中做耐酸管道，但硝酸、次氯酸盐、高锰酸盐等介质不宜使用铅管输送
		铝管	耐酸腐蚀，但不耐碱及盐水、盐酸等含氯离子的化合物	多用于输送浓硝酸、醋酸等，最高使用温度为 200 ℃（在受压时应低于或等于 140 ℃），也可用于深冷设备中
非金属管	陶瓷管		耐腐蚀，除氢氟酸外，对其他物料均是耐腐蚀的，但性脆，力学强度低，不耐压，不耐温度剧变	在工业生产中主要用于输送压强小于 0.2 MPa、温度低于 423 K 的腐蚀性流体
	玻璃管		工业生产中的玻璃管主要由硼玻璃和石英玻璃制成。玻璃管具有透明、耐腐蚀、易清洗、阻力小和价格低的优点。玻璃管对氢氟酸、热浓磷酸和热碱以外的绝大多数物料均具有良好的耐腐蚀性。其缺点是性脆，热稳定性差和不耐压	玻璃管由于具有透明性，有时也用于某些特殊介质的输送
	塑料管		种类很多，常用的有聚氯乙烯管、聚乙烯管、玻璃钢管等，质轻，抗腐蚀性好，易加工（可任意弯曲和拉伸），但一般耐热及耐寒性较差，强度较低，故不耐压	一般用于常温、常压下酸、碱液的输送，也用于蒸馏水或去离子水的输送
	水泥管			水泥管主要用作下水道的排污水管，一般用于无压流体输送
	橡胶管		耐酸、碱，抗腐蚀性好，且有弹性，能任意弯曲，但易老化	只能用作临时性管道

2）管路的连接　一般出厂的管子都有一定的长度，在管路的敷设中必然会涉及管路的连接问题。常见的管路连接方式有以下几种。

(1)螺纹连接。适用于管径小于或等于 50 mm,工作压强低于 1 MPa,介质温度低于或等于 100 ℃的黑管、镀锌焊接钢管或硬聚氯乙烯塑料管的连接。

(2)焊接连接。适用于有压管道及真空管道,视管径和壁厚的不同选用电焊或气焊。这种连接方式简单、牢固且严密,多用于无缝钢管和有色金属管的连接。

(3)承插连接。适用于埋地或沿墙敷设的低压给排水管,如铸铁管、陶瓷管、石棉水泥管等,采用石棉水泥、沥青玛琋脂、水泥砂浆等作为封口。

(4)法兰连接。广泛应用于大管径、耐温耐压与密封性要求高的管路的连接以及管路与设备的连接。法兰的形式和规格已经标准化了,可根据管子的公称口径、公称压力、材料和密封性要求选用。

2. 常用管件

管件主要用来连接管子,以达到延长管路、改变流向、分支或合流等目的。常用的管件如图 1-2 所示,其用途有如下几种。

图 1-2　常用的管件

(1)用以改变流向,如 90°弯头、45°弯头、180°回弯头等。

(2)用以堵截管路,如管帽、丝堵(堵头)、盲板等。

(3)用以连接支管,如三通、四通。有时三通也用来改变流向,多余的一个通道接头用管帽或盲板封上,在需要时打开可再连接一条支管。

(4)用以改变管径,如异径管(大小头)、内外螺纹管接头(补芯)等。

(5)用以延长管路,如管箍(束节)、螺纹短节、活接头、法兰等。在闭合管路中必须设置活接头或法兰,在需要维修或更换的阀门附近也宜适当设置,因为可以就地拆开和连接。法兰多用于焊接连接管路,而活接头多用于螺纹连接管路。

3. 常见阀门

阀门是用来启闭管路、调节流量及控制安全的部件。通过阀门可以调节流量、系统压力及流动方向，从而确保工艺条件的实现与安全生产。化工生产中阀门种类繁多，常用的有以下几种。

1）闸阀　闸阀的主要部分为一个阀板，通过阀板的升降启闭管路。这种阀门全开时流体阻力小，全闭时较严密，多用于大直径管路中做启闭阀，在小直径管路中也有用作调节阀的。但不宜用于含有固体颗粒或物料易沉积的流体管路，以免引起密封面磨损和影响阀板闭合。闸阀如图 1-3 所示。

动画1–1　闸阀

图 1-3　闸阀

2）截止阀　截止阀的启闭件为阀瓣，阀瓣由阀杆带动，沿阀座的轴线作升降运动，使流体自下而上通过阀座。其构造比较复杂，流体阻力较大，但密封性与调节性能较好。它不宜用于黏度大且含有易沉淀颗粒介质的管路。截止阀如图 1-4 所示。

动画1–2　截止阀

图 1-4　截止阀

如果将阀座的孔径缩小，配以长锥形或针状阀芯插入阀座，则在阀芯上下运动时，阀座与阀芯间的流体通道变化缓慢而均匀，即构成调节阀或节流阀，后者可用于高压气体管路流量和压强的调节。

3）止回阀　止回阀是一种根据阀前、后的压强差自动启闭的阀门，其作用是使介质只作一定方向的流动。它分为升降式和旋启式两种。升降式止回阀密封性较好，但流动阻力大；旋启式止回阀用摇板来启闭。安装时均应注意介质的流向与安装方位。止回阀如图 1-5 所示。

止回阀一般适用于清洁介质管路。

4）球阀　球阀的阀芯呈球状，中间为一个尺寸与管内径相近的连通孔，结构比闸阀、截止阀简单，启闭迅速，操作方便，体积小，质量轻，零部件少，流体阻力小。其适用于低温、高压及黏度大的介质的管路，但不宜用于调节流量。球阀如图 1-6 所示。

动画1-3　止回阀　　动画1-4　止回阀

图 1-5　止回阀

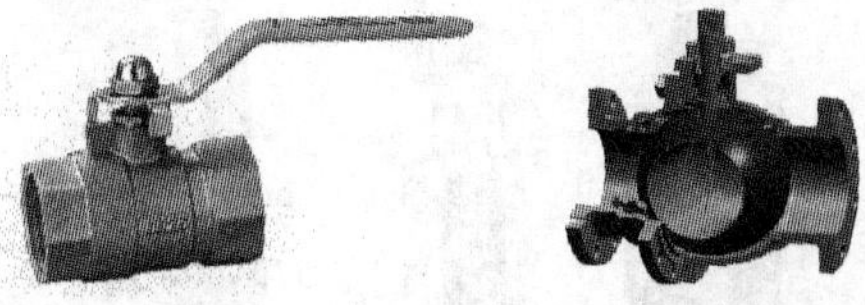

动画1-5　球阀

图 1-6　球阀

5）旋塞阀　旋塞阀的主要部分为一个可转动的圆锥形旋塞，中间有孔道，当旋塞旋转至 90°时管流即全部停止。这种阀门的主要优点与球阀类似，但由于阀芯与阀体的接触面比球阀大，需要较大的转动力矩，且温度变化大时容易卡死。它不能用于高压管路。旋塞阀如图 1-7 所示。

动画1-6　旋塞阀

图 1-7　旋塞阀

6）隔膜阀　隔膜阀的启闭件是一块橡胶隔膜，位于阀体与阀盖之间，隔膜中间的突出部分固定在阀杆上，阀体内衬有橡胶，由于介质不进入阀盖内腔，因此无须填料箱。这种阀结构简单，密封性好，便于维修，流体阻力小，可用于输送温度低于 200 ℃、压强小于 10 MPa 且与橡胶膜无相互作用的介质和含悬浮物的介质的管路。隔膜阀如图 1-8 所示。

7）安全阀　安全阀是为了管道、设备的安全而设置的截断装置，能根据工作压强而自动启闭，从而将管道、设备的压强控制在某一数值以下。其主要用在蒸汽锅炉及高压设备上。安全阀如图 1-9 所示。

8）蝶阀　蝶阀又叫翻板阀，是一种结构简单的调节阀，可用于低压介质管道的启闭、控制，启闭件为盘形蝶板，能绕阀体内轴线旋转。常用的蝶阀有对夹式蝶阀和法兰式蝶阀两种：对夹式蝶阀是用双头螺栓将阀门连接在两个管道法兰之间；法兰式蝶阀是阀门上带有法兰，用

动画1-7 隔膜阀

图 1-8 隔膜阀

图 1-9 安全阀

螺栓将阀门两端的法兰连接在管道法兰上。蝶板由阀杆带动,转过 90°,便能完成一次启闭。改变蝶板的偏转角度,即可控制介质的流量。蝶阀如图 1-10 所示。

动画1-8 蝶阀

图 1-10 蝶阀

除此以外,还有减压阀、疏水阀等,它们各有自己的特殊构造与作用。

请思考:怎样识别和辨认各类阀门?

自 测 题

一、填空题

1. 化工管路常用的连接方式有________、________、________、________。
2. 阀门的主要作用是________、________、________、________、________。
3. 当设备内因误操作或装置故障而引起________时,安全阀才会自动跳开。

二、判断题

1. 化工管路中的公称压力就等于工作压力。( )

2. 通常在化工管路的相对低点安装有排气阀。(　　)

3. 安全阀通过阀片破裂来泄放介质,以降低容器内的压力,防止爆炸。(　　)

4. 闸阀具有流体阻力小、启闭迅速、易于调节流量等优点。(　　)

5. 截止阀泄漏可分为外漏和内漏两种情况,由阀盘与阀座间结合不紧密造成的泄漏属于内漏。(　　)

6. 通常在化工管路的相对低点安装有排液阀。(　　)

7. 安全阀在设备正常工作时是处于关闭状态的。(　　)

8. 管道的法兰连接属于可拆卸连接,焊接连接属于不可拆卸连接。(　　)

9. 垫片的厚度愈大,变形量愈大,密封效果愈好。(　　)

10. 截止阀的出、入口安装反了没有影响。(　　)

11. 目前,最常用的安全附件有安全阀、防爆片、压力表、液面计、温度计等。(　　)

12. 单向阀在生产中只允许流体沿一定方向流动,以防止在流体压力下降时发生倒流的现象。(　　)

13. 一个密闭的容器,当其内部和外部均承受流体的压力时称为压力容器。(　　)

三、选择题

1. (　　)材质的设备适用于储存次氯酸钠。

A. 碳钢　B. 不锈钢　C. 玻璃钢　D. 铸铁

2. 化工容器应优先选用的材料是(　　)。

A. 碳钢　B. 低合金钢　C. 不锈钢　D. 钛钢

3. 下列四种阀门中,可用于调节流量的阀门是(　　)。

A. 截止阀　B. 闸阀　C. 旋塞阀　D. 蝶阀

4. 安全阀的功用是(　　)。

A. 排放泄压和报警　B. 泄压　C. 阻断火焰　D. 报警

5. 化工企业中压力容器泄放压力的安全装置有安全阀与(　　)等。

A. 疏水阀　B. 止回阀　C. 防爆膜　D. 节流阀

6. 在化工管路中,外表面涂银白色的管道内输送的是(　　)。

A. 油类及可燃液体　B. 冷冻水　C. 仪表用空气　D. 煤气及可燃气体

7. 管道的常用表示方法是(　　)。

A. 管道代号　B. 管道代号和外径

C. 管道代号、外径和壁厚　D. 管道外径

8. 管子的公称直径是(　　)。

A. 内径　B. 外径

C. 设计或制造的标准直径　D. 平均直径

9. 在工艺管道中,管路采用U形管的目的是(　　)。

A. 操作方便　B. 防止热胀冷缩　C. 安装需要　D. 调整方向

10. 热水泵入口一般选用(　　)。

A. 截止阀　B. 闸阀　C. 球阀　D. 挡板

11. 在化工管路中,要求强度高、密封性能好、能拆卸的管路通常采用(　　)。

A. 法兰连接　B. 承插连接　C. 焊接连接　D. 螺纹连接

12.(　　)在管路中安装时,应特别注意介质出入阀口的方向,使其“低进高出”。

A. 闸阀　　B. 截止阀　　C. 蝶阀　　D. 旋塞阀

13. —|⋈|—表示(　　)。

A. 螺纹连接,手动截止阀　　B. 焊接连接,自动闸阀

C. 法兰连接,自动闸阀　　D. 法兰连接,手动截止阀

14. 闸阀的阀盘与阀座的密封面泄漏,一般采用(　　)的方法修理。

A. 更换　　B. 加垫片　　C. 研磨　　D. 涂防漏胶水

15. 当截止阀的阀芯脱落时,流体(　　)。

A. 流量不变　　B. 流量减小　　C. 不能通过　　D. 流量增大

四、简答题

1. 储罐按照结构特征分为哪几种类型?
2. 化工管路的连接方式有哪几种?
3. 常用的管件有哪些? 各有什么用途?

任务二　学习流体的基本性质

任务分析:流体具有流动的特性,其形状随容器的形状而变化,受外力作用时内部发生相对运动而产生内摩擦力,从而构成了流动规律的复杂内容之一。掌握流体的基本性质,如密度、黏度、压强等,将为进一步学习流体流动规律奠定基础。

任务目标:①掌握混合气体、液体密度的计算方法;②理解黏度、压强的定义;③掌握压强的表示方法。

技能目标:能计算流体的密度、压强。

一、流体的密度

1. 密度的定义

单位体积流体所具有的质量称为流体的密度,其表达式为

$$\rho = \frac{m}{V} \tag{1-1}$$

式中　m——流体的质量,kg;

V——流体的体积,m^3;

ρ——流体的密度,kg/m^3。

流体的密度与温度和压强有关。密度通常可以从相关的工程手册等文献中查取,本书附录也列出了常见气体和液体的密度数值。

2. 液体的密度

压强对液体的密度影响很小,一般可以忽略,所以常称液体为不可压缩流体。温度对液体的密度有一定的影响,对大多数液体而言,温度升高,密度减小。如纯水的密度在 4 ℃时为 1 000 kg/m^3,而在 100 ℃时为 958.4 kg/m^3。因此,在选用密度数据时,要注明该液体所处的温度。

1)纯液体的密度 ρ　液体的密度随压强变化很小,常可忽略其影响。常用液体的密度值

参见附录三。

2）液体混合物的密度ρ_{ml} 假设混合液体为理想溶液，则其体积等于各组分单独存在时的体积之和，故有

$$\frac{1}{\rho_{ml}} = \sum_{i=1}^{n} \frac{w_i}{\rho_i} \quad (i=1,2,\cdots,n) \tag{1-2}$$

式中 w_i——液体混合物中 i 组分的质量分数，$\sum_{i=1}^{n} w_i = 1$，n 为组分数；

ρ_i——同温同压下 i 组分单独存在时的密度，kg/m^3。

3. 气体的密度

气体是可压缩流体，其密度随温度、压强有较大的变化，因此气体的密度必须标明状态。从手册或本书附录中查得的气体密度往往是某一指定条件下的数值，使用时要将查得的密度值换算成操作条件下的密度值。

1）纯气体的密度ρ 在温度不太低、压强不太高的情况下，气体的密度与温度、压强间的关系可用理想气体状态方程表示：

$$pV = nRT = \frac{m}{M}RT$$

$$\rho = \frac{m}{V} = \frac{pM}{RT} \tag{1-3}$$

式中 p——气体的绝对压强，kPa；

M——气体的千摩尔质量（在数值上等于气体的相对分子质量），kg/kmol；

T——气体的温度，K；

R——气体常数，值为 8.314 kJ/(kmol·K)。

因此，已知气体在指定条件（p_0、T_0）下的密度ρ_0后，可以使用下式将其换算为操作条件（p、T）下的密度ρ：

$$\rho = \rho_0 \frac{T_0}{T} \times \frac{p}{p_0} \tag{1-4}$$

2）气体混合物的密度ρ_{mg} 气体混合物的组成常用摩尔分数表示。对理想气体，组分的摩尔分数等于其体积分数，且有

$$\rho_{mg} = \sum_{i=1}^{n} \rho_i y_i \quad (i=1,2,\cdots,n) \tag{1-5}$$

式中 y_i——气体混合物中 i 组分的摩尔分数，$\sum_{i=1}^{n} y_i = 1$；

ρ_i——同温同压下 i 组分单独存在时的密度，kg/m^3。

理想气体混合物的密度也可直接按下式计算，即

$$\rho_{mg} = \frac{pM_m}{RT} \tag{1-5a}$$

式中 p——混合气体的总绝对压强，kPa；

M_m——混合气体的平均千摩尔质量（在数值上等于其平均相对分子质量），kg/kmol。

$$M_m = \sum_{i=1}^{n} M_i y_i \tag{1-6}$$

式中 M_i——混合气体中各组分的千摩尔质量，kg/kmol。

4. 比容（比体积）

单位质量流体所具有的体积称为流体的比容，用 υ 表示：

$$\upsilon = \frac{V}{m} = \frac{1}{\rho} \tag{1-7}$$

其单位为 m^3/kg，在数值上等于密度的倒数。

例 1-1 试估算 CO_2 在 360 K、4 MPa 时的密度和比容。

解 根据题意，CO_2 的密度为

$$\rho = \frac{pM}{RT} = \frac{4 \times 10^3 \times 44}{8.314 \times 360} = 58.8\ \mathrm{kg/m^3}$$

CO_2的比容为

$$\upsilon = \frac{1}{\rho} = \frac{1}{58.8} = 0.017\ \mathrm{m^3/kg}$$

例 1-2 已知汽油、煤油、柴油的密度分别为 700 kg/m^3、760 kg/m^3、900 kg/m^3，若三种油品的混合物中汽油、煤油、柴油的质量分数分别为 20%、30% 和 50%，求此混合液的密度。

解 将混合液视为理想溶液，可按照理想溶液的密度计算公式进行计算：

$$\frac{1}{\rho_{ml}} = \frac{w_A}{\rho_A} + \frac{w_B}{\rho_B} + \frac{w_C}{\rho_C} = \frac{20\%}{700} + \frac{30\%}{760} + \frac{50\%}{900}$$

得 $\rho_{ml} = 809\ \mathrm{kg/m^3}$

二、流体的黏度

1. 黏性

流体的典型特征是具有流动性，在外力作用下，其内部发生相对运动。不同流体的流动性不同，这主要是因为在运动状态下，流体内部质点作相对运动时存在不同的内摩擦力。流体流动时产生的这种抗拒内部运动的特性称为黏性。实际流体都是有黏性的，各种流体黏性大小相差很大。如常见的空气和水黏性较小，而甘油黏性则很大。黏性是流动性的反面，流体的黏性越大，其流动性越小。由于流体具有黏性，因此其在流动时必须克服内摩擦力而做功，将一部分机械能转变为热能而损耗，这是流体产生流动阻力的根源。

2. 牛顿黏性定律

如图 1-11 所示，有两块面积很大的平行平板，与板面积相比其间距甚小，两板间充满静止液体。若将下板固定，对上板施加一个恒定的平行于平板的外力 F，使其以一个很低的速度 u 沿水平方向 x 作等速直线运动。由于液体具有黏性，因此可认为紧贴下板的一层液体和下板一起处于静止状态，而紧贴上板的一层液体与上板一起以速度 u 向右平行流动，达到定常状态后，板间各层液体的流速沿 y 方向由 0 增至 u，说明各平行的液体层间存在一定的速度差。各层静止液体之所以被拖动以及各层液体间之所以发生相对运动，是因为各层液体间有水平方向的作用力与反作用力，运动较快的上层液体对相邻的下层液体施加一个 x 方向的正向力拖动运动较慢的下层液体，依据牛顿力学第三定律，下层液体必对上层液体施加一个反作用力制约其运动，这种作用于运动着的流体内部相邻平行流动层间的方向相反、大小相等的相互作用力称为流体的内摩擦力 F，它是由于流体的黏性而产生的，故又称黏滞力。从作用方向上看，

内摩擦力总是起着阻止流体层间发生相对运动的作用。当流动达到定常状态以后，各层的速度恒定，每一个流体层上下两侧 x 方向的内摩擦力达到平衡。实验证明，F 与上下两板间沿 y 方向的速度变化率 $\Delta u/\Delta y$ 成正比，与接触面积 A 成正比。流体在圆管内流动时，u 与 y 的关系是曲线关系，上述变化率应写成 $\mathrm{d}u/\mathrm{d}y$，称为速度梯度。

$$F \propto A\frac{\mathrm{d}u}{\mathrm{d}y}$$

若把上式写成等式，就需要引进一个比例系数 μ，则有

$$F = \mu A\frac{\mathrm{d}u}{\mathrm{d}y} \tag{1-8}$$

若称单位流层面积上的内摩擦力为剪应力 τ，由式(1-8)可知，剪应力的表达式为

$$\tau = \frac{F}{A} = \mu\frac{\mathrm{d}u}{\mathrm{d}y} \tag{1-9}$$

式中　τ——剪应力，$\mathrm{N/m^2}$；

F——流动流体相邻层间的作用力，在定常状态下等于上板 x 方向的外力，方向平行于流向，N；

A——相邻流体层间的作用面积（与流动方向平行），$\mathrm{m^2}$；

$\frac{\mathrm{d}u}{\mathrm{d}y}$——流体层的流动速度 u 沿 y 方向的变化率，称为速度梯度，1/s；

μ——比例系数，称为黏性系数或动力黏度，Pa · s。

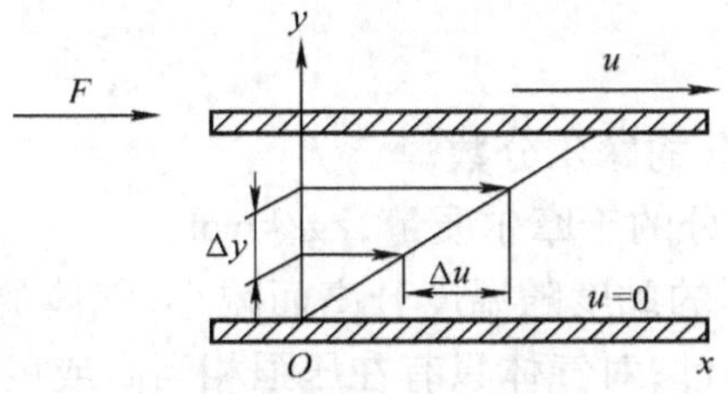

图 1-11　平板间液体速度的变化

式(1-8)、式(1-9)称为牛顿黏性定律，即流体层间的剪应力与其法向速度梯度成正比，满足这一关系的流体称为牛顿型流体，气体、水及大多数液体均为牛顿型流体。油墨、泥浆、高分子溶液、油漆以及高固体含量的悬浮液等不服从牛顿黏性定律的流体称为非牛顿型流体。这里讨论的均为牛顿型流体。

3. 流体的黏度

黏度是表征流体黏性大小的物理量，是流体的重要物理性质之一，其值由实验测定。

1）黏度的物理意义　黏度的物理意义是当速度梯度 $\mathrm{d}u/\mathrm{d}y=1$ 时，在单位接触面积上，由流体的黏性所引起的内摩擦力的大小，在数值上等于流体的黏度 μ。很明显，在相同的流动情况下，流体的 μ 愈大，产生的 τ 也愈大，即流动时的阻力也愈大，需要用更大的外力来维持一定的速度梯度。反过来，在一定的 τ 下，μ 愈大则速度梯度愈小，说明流体层间相对运动受到更大的阻滞。

2）黏度的单位　在 SI 制中，黏度的单位为 Pa · s，但目前很多旧的手册中所列的黏性数据常用 CGS 制单位泊（P）或厘泊（cP）表示，其换算关系如下：

1 cP = 10^{-2} P = 10^{-3} Pa · s

3)运动黏度　流体的黏性还可用黏度 μ 与密度 ρ 的比值来表示,称为运动黏度,以 ν 表示,即

$$\nu = \frac{\mu}{\rho} \tag{1-10}$$

在 SI 制中,运动黏度的单位为 m^2/s;在物理单位制中,运动黏度的单位为 cm^2/s,称为斯托克斯,简称沲,以 St 表示。它们之间的关系为

1 St = 100 cSt = 1×10^{-4} m^2/s

4)混合物的黏度　在缺乏实验数据时,混合物的黏度可从文献中选用适当的经验公式估算。常用的经验公式如下。

(1)对不缔合的混合液体:

$$\lg \mu_m = \sum_{i=1}^{n} x_i \lg \mu_i \tag{1-11}$$

式中　μ_m——混合物的黏度,Pa · s;

x_i——混合液体中 i 组分的摩尔分数;

μ_i——混合液体中 i 组分的黏度,Pa · s。

(2)对低压下的混合气体:

$$\mu_m = \frac{\sum_{i=1}^{n} y_i \mu_i M_i^{\frac{1}{2}}}{\sum_{i=1}^{n} y_i M_i^{\frac{1}{2}}} \tag{1-12}$$

式中　y_i——混合气体中 i 组分的摩尔分数;

M_i——混合气体中 i 组分的千摩尔质量,kg/kmol。

5)黏度的影响因素　液体的黏度随温度升高而减小,气体的黏度随温度升高而增大。压强对液体黏度的影响可忽略不计;对气体只有在压强相当高或极低的条件下才考虑其影响,在一般情况下也可忽略。

气体的黏度比液体的黏度小得多,如 20 ℃下水的黏度为 1 cP(即 10^{-3} Pa · s),而空气的黏度为 0.018 1 cP(即 1.81×10^{-5} Pa · s)。

三、流体的压强

流体的一个重要的特性就是它们都有压力,在游泳池中我们能明显感觉到水的压力;当我们到海拔较高的地方时,可能出现头晕、胸闷等高山反应,这是由大气压力变化引起的。这些现象说明流体(液体或气体)是有压力的。

1. 压强的定义

垂直作用于单位表面积上且方向指向此表面的力称为压强,在实际生产中常称其为压力。其表达式为

$$p = \frac{F}{A} \tag{1-13}$$

式中　F——垂直作用于表面的力,N;

A——作用面的面积,m^2;

p——作用在该表面上的压强,Pa(称帕斯卡)。

流体压力的方向总是和所作用的面垂直,并指向所考虑的那部分流体的内部,即沿着作用面的内法线方向。这个特性不仅适用于流体内部,而且适用于流体与固体接触的表面,即不论器壁的方向和形状如何,流体压力的方向总是垂直于器壁。静止流体内部任何一点处的流体压力,在各个方向上都是相等的。

2. 压强的单位

压强的单位除用 Pa(N/m^2)表示外,习惯上还常采用标准大气压(atm)、工程大气压(kgf/cm^2)、巴(bar)、液体柱高(如 mmHg 柱、mmH_2O 柱)等表示,因此要能够进行这些压强单位之间的换算。常见的换算关系如下:

$$1\ atm = 1.033\ kgf/cm^2 = 1.013 \times 10^5\ N/m^2 = 760\ mmHg = 10.33\ mH_2O$$

$$1\ at = 1\ kgf/cm^2 = 9.807 \times 10^4\ N/m^2 = 735.6\ mmHg = 10\ mH_2O$$

3. 压强的表示方法

1)绝对压强(简称绝压,以符号 p 表示)　它是以绝对真空为基准测得的流体压强,为流体的真实压强。

2)表压强(简称表压,以符号 $p_{表}$ 表示)　它是在工程上用测压仪表以当时当地大气压强为基准测得的流体压强,是流体的真实压强与外界大气压强的差值,即

$$p_{表} = p - p_a$$

3)真空度　当被测流体的绝对压强小于当地(外界)大气压强时,使用真空表测量时真空表的读数称为真空度(以符号 $p_{真}$ 表示)。真空度表示绝对压强比外界大气压强小多少,即

$$p_{真} = p_a - p$$

显然,真空度值相当于负的表压强值。设备内流体的真空度愈高,它的绝对压强就愈低。绝对压强、表压强与真空度之间的关系可用图 1-12 表示。

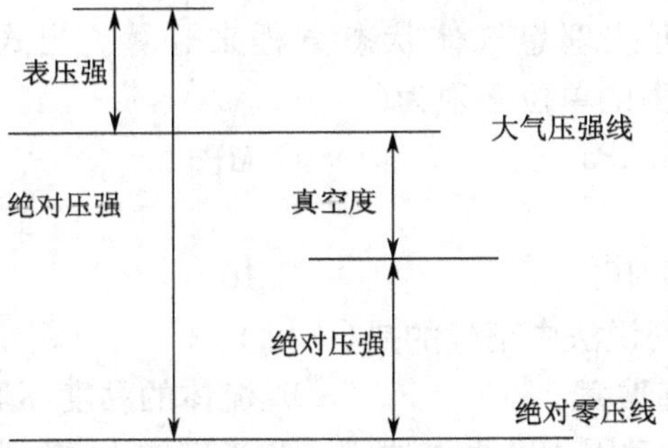

图 1-12　绝对压强、表压强与真空度之间的关系

应该注意以下三点。①大气压强的数值不是固定不变的,它随大气的温度、湿度和所在海拔高度而变化,计算时应以当时当地大气压强为准。②为了避免绝对压强、表压强和真空度三者之间相互混淆,当压强以表压强或真空度表示时,应用括号注明,如未加注明,则视为绝对压强。例如 500 kPa 表示绝对压强,500 kPa(表)表示系统的表压强,而 500 kPa(真空度)表示系统的真空度。③进行压强计算时基准要一致。

例 1-3　某水泵进口管处真空表读数为 650 mmHg,出口管处压力表读数为 2.6 at。试求水泵前、后水的压强差为多少千帕?多少米水柱?

解 根据题意，

$p_1 = -650\ \text{mmHg(表)} = -86.66\text{kPa(表)}$

$p_2 = 2.6\ \text{at(表)} = 254.98\ \text{kPa(表)}$

故 $p_2 - p_1 = 254.98 + 86.66 = 341.64\ \text{kPa} = \dfrac{341.64}{101.3} \times 10.33 = 34.84\ \text{mH}_2\text{O}$

在进行压强值换算与压强差计算时，必须注意单位的一致性。

自 测 题

一、填空题

1. SI 制中黏度的单位为________，其物理意义为________。随温度升高，液体的黏度________，气体的黏度________。

2. 某设备的压强为 2 atm，即________ kgf/cm^2、________ bar、________ Pa、________ mmHg、________ mH_2O。

3. 相对密度为 1.5 的液体，密度为________。

二、判断题

1. 牛顿黏性定律适用于一切流体。（　　）

2. 液体的黏度随温度升高而增大。（　　）

三、选择题

1. 温度升高，气体的密度（　　）。

A. 不定　　B. 增大　　C. 减小　　D. 不变

2. 某气体在标准状态下的密度为 1.5 kg/m^3，则在 273 K、2 atm 下的密度为（　　）。

A. 0.75 kg/m^3　　B. 3 kg/m^3　　C. 1.5 kg/m^3　　D. 8.19 kg/m^3

3. 常压下气体的密度可按理想气体状态方程来计算。当式中的气体常数 $R = 8.314\ \text{kJ/(kmol·K)}$ 时，气体的压强的单位必须为（　　）。

A. Pa　　B. kPa　　C. MPa　　D. kgf/cm^2

4. 1 Pa · s =（　　）cP。

A. 10^3　　B. 10^2　　C. 10　　D. 0.1

5. 关于流体的黏度，下列说法中正确的是（　　）。

A. 流体不流动就不会有黏度　　B. 流体的黏度不随温度改变而改变

C. 流体的黏度是造成流动阻力的根本原因　　D. 流速增大，黏度就增大

6. 液体的温度升高，其黏度（　　）。

A. 不变　　B. 减小　　C. 增大　　D. 不定

7. 流体的黏度越大，流体内部质点之间的内摩擦力（　　）。

A. 不变　　B. 越大　　C. 越小　　D. 不定

四、计算题

1. 试计算氮在 2.55 MPa（表）、16 ℃下的密度。已知当地大气压强为 100 kPa。[答：18.75 kg/m^3]

2. 某气柜内压强为 0.075 MPa（表），温度为 40 ℃，混合气体中各组分的体积分数为

组分	H_2	N_2	CO	CO_2	CH_4
v_i	40%	20%	32%	7%	1%

试计算混合气体的密度。已知当地大气压强为 100 kPa。[答:1.25 kg/m^3]

3. 20 ℃下苯和甲苯的混合液,已知苯的质量分数为 0.4,试求其密度。设苯、甲苯混合液为理想溶液。[答:872 kg/m^3]

任务三　液体输送仿真技能训练

任务分析:通过仿真 DCS 系统模拟化工生产中的液体物料输送过程,在掌握离心泵输送仿真操作的基础上,测定并绘制离心泵的特性曲线。由测得的曲线引导学生理解离心泵安全操作规程,有利于学生对离心泵相关知识的理解和掌握。

任务目标:①了解液体输送方式、离心泵的工作原理;②理解离心泵输送液体工艺流程;③掌握离心泵安全操作过程。

技能目标:①能做好离心泵开车前的准备工作,检查电源、水源、仪表、管道、设备等;②能熟练进行离心泵的开、停车并控制稳定的操作;③能准确判断离心泵的异常操作现象并通过调整恢复正常操作;④能测定离心泵的特性曲线;⑤能绘制输送管路工艺流程图。

一、液体输送方式

在生产过程中,当需要将液体从低处送至高处,或沿管道送至较远的地方时,通常采用动力输送、加压输送、真空抽料三种方式。

1)动力输送　借助于输送机械直接给液体施加动能和静压能来输送液体。

2)加压输送　用压缩空气或氮气等惰性气体在被输送液体的液面上加压,将液体压送到目标设备中。

3)真空抽料　通过给受液槽减压(抽真空),将被输送液体吸入受液槽。

请查阅资料,说明这三种液体输送方式的适用范围。

二、认识离心泵输送单元的流程

离心泵是化工生产过程中输送液体的常用设备之一,其工作原理是靠离心泵内、外、压差不断吸入液体,靠叶轮的高速旋转使液体获得动能,靠扩压管或导叶将动能转化为压力,从而达到输送液体的目的。

如图 1-13 所示,其工艺流程(参考流程仿真界面)如下:来自某一设备的约 40 ℃的带压液体经调节阀 LV101 进入带压罐 V101,罐的液位由液位控制器 LIC101 通过调节 V101 的进料量来控制;罐内压强由 PIC101 分程控制,PV101A、PV101B 分别调节进入 V101 和流出 V101 的氮气量,从而保持罐压恒定在 5.0 atm(表);罐内液体由泵 P101A/B 抽出,在流量调节器 FIC101 的控制下输送到其他设备。离心泵输送单元中的主要仪表见表 1-3。

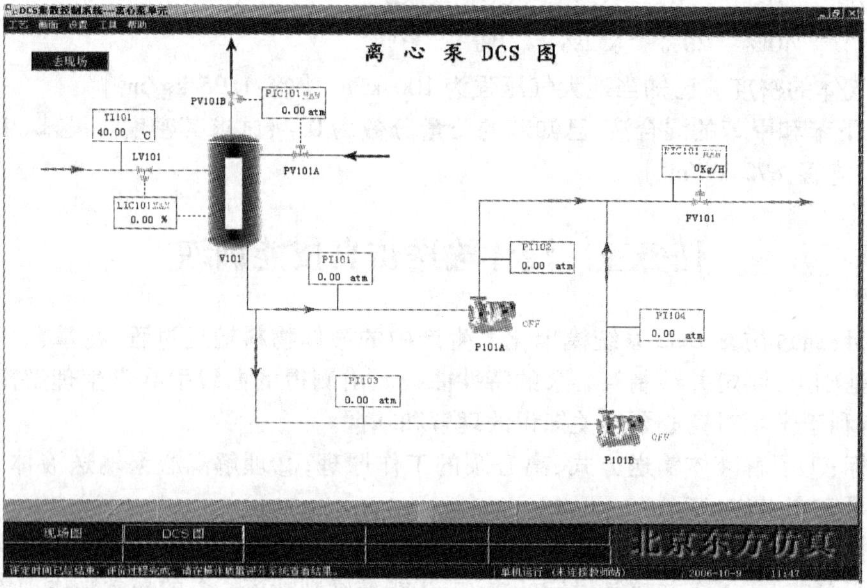

(a)

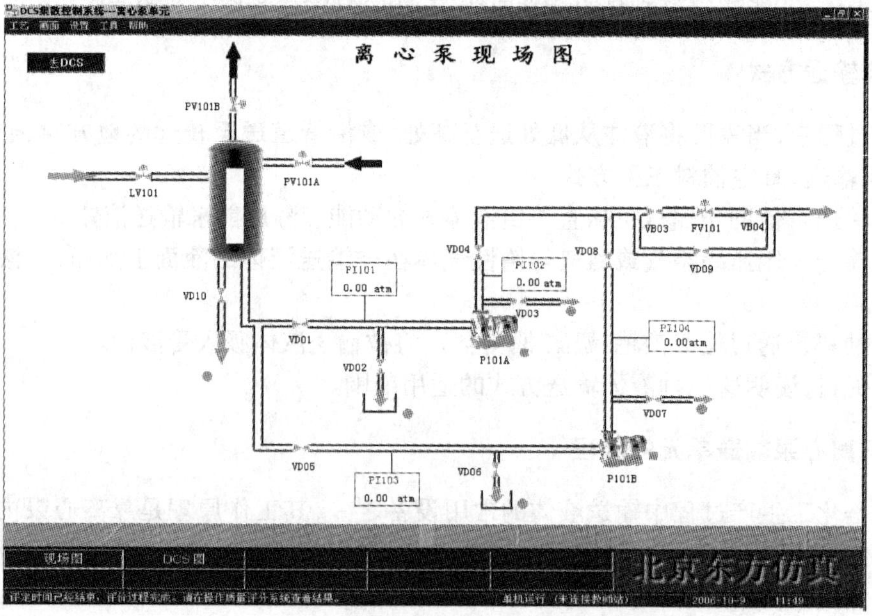

(b)

图 1-13 离心泵系统仿真操作实训流程

(a)离心泵 DCS 图 (b)离心泵现场图

表 1-3 离心泵输送单元主要仪表一览表

位号	说明	类型	正常值	单位
FIC101	离心泵出口流量	PID	20 000.0	kg/h
LIC101	V101 液位控制系统	PID	50.0	%
PIC101	V101 压强控制系统	PID	5.0	atm(G)

续表

位号	说明	类型	正常值	单位
PI101	泵 P101A 入口压强	AI	4.0	atm(G)
PI102	泵 P101A 出口压强	AI	12.0	atm(G)
PI103	泵 P101B 入口压强	AI	4.0	atm(G)
PI104	泵 P101B 出口压强	AI	12.0	atm(G)
TI101	进料温度	AI	50.0	℃

三、认识离心泵输送单元中的设备、阀门、仪表

认真观察如图 1-13 所示的离心泵输送单元工艺流程图，结合离心泵输送单元工艺流程描述，熟悉该离心泵输送单元的主要设备、现场阀门及仪表(表 1-3)。

四、离心泵单元操作规程

1. 开车操作规程

Ⅰ. 准备工作

(1)盘车。

(2)核对吸入条件。

(3)调整填料或机械密封装置。

Ⅱ. 罐 V101 充液、充压

(1)罐 V101 充液。

①打开 LIC101 的调节阀，开度约为 30.0%，向 V101 中充液。

②当 LIC101 达到 50.0% 时，将 LIC101 设定为 50.0%，投自动。

(2)罐 V101 充压。

①待 V101 的液位 >5% 后，缓慢打开分程压强调节阀 PV101A 对 V101 充压。

②当压强升高到 5.0 atm 时，将 PIC101 设定为 5.0 atm，投自动。

Ⅲ. 启动泵前的准备工作

(1)灌泵。

待 V101 充压充到正常值 5.0 atm 后，打开 P101A 的入口阀 VD01，向离心泵中充液。观察到 VD01 的出口标志变为绿色后，说明灌泵完毕。

(2)排气。

①打开 P101A 后的排气阀 VD03 排放泵内的不凝性气体。

②观察 VD03 的出口，当有液体溢出时，标志变为绿色，标志着 P101A 内已无不凝性气体，关闭 VD03，启动离心泵的准备工作完成。

Ⅳ. 启动离心泵

(1)启动离心泵 P101A(或 B)。

(2)输送流体。

①待 PI102 的指示值比入口压强大 1.5 ~2.0 倍后，打开 P101A 的出口阀 VD04。

②将 FIC101 的调节阀的前阀、后阀打开。

③逐渐增大 FIC101 调节阀的开度,使 PI101、PI102 趋于正常值。

(3)调整操作参数。

微调调节阀 FV101,使测量值与给定值的相对误差在5% 内且保持稳定,将 FIC101 设定到正常值,投自动。

2. 正常操作规程

Ⅰ. 正常工况操作参数

(1)P101A 泵出口压强 PI102:12.0 atm。

(2)V101 罐液位 LIC101:50.0%。

(3)V101 罐内压力 PIC101:5.0 atm。

(4)泵出口流量 FIC101:20 000.0 kg/h。

Ⅱ. 调整负荷

可任意改变泵、按键的开关状态,手操阀的开度及液位调节阀、流量调节阀、分程压强调节阀的开度,观察其现象。

P101A 泵功率正常值:15 kW。

FIC101 量程正常值:20 t/h。

3. 停车操作规程

本操作规程仅供参考,详细操作以评分系统为准。

Ⅰ. 罐 V101 停进料

将 LIC101 置手动并关闭调节阀 LV101,停 V101 的进料。

Ⅱ. 停泵

(1)待 V101 的液位低于 10% 时,关闭 P101A(或 B)的出口阀 VD04(或 VD08)。

(2)停 P101A。

(3)关闭 P101A 的泵前阀 VD01。

(4)将 FIC101 置手动并关闭调节阀 FV101 及其前、后阀(VB03、VB04)。

Ⅲ. 泵 P101A 泄液

打开 P101A 的泄液阀 VD02,观察 VD02 的出口,当不再有液体泄出时,标志变为红色,关闭 VD02。

Ⅳ. 罐 V101 泄压、泄液

(1)待 V101 的液位低于 10% 时,打开 V101 的泄液阀 VD10。

(2)待 V101 的液位低于 5% 时,打开 PIC101 的泄压阀。

(3)观察 V101 泄液阀 VD10 的出口,当不再有液体泄出时,标志变为红色,关闭 VD10。

任务四　液体输送工艺条件的确定

任务分析:在上一个任务中,通过模拟离心泵输送过程可以看出,当输送流量发生变化时,离心泵的轴功率、效率,泵出、入口的压强会同时发生变化,这说明当输送任务发生变化时,泵对流体做的功及流体内部的能量也在变化,那么在流体流动的过程中流体输送机械需要对流体做多少功?流体内部的能量是如何变化的?它们之间满足什么关系?下面通过流动过程的质量、能量守恒关系说明流体流动过程所遵循的基本规律——连续性方程和伯努利方程,并应用这些规律解决流体输送过程中的一般问题。

任务目标:①掌握流量和流速的定义、表达式及相互关系;②理解流体流动中各种能量的概念、表示方法及相互转换关系;③掌握流体流动过程的基本规律——连续性方程和伯努利方程;④掌握流体流动类型及其判定、流动阻力的形成原因及计算等。

技能目标:能够确定机械输送、压力输送和真空抽料的条件,并能够应用流体输送的基本理论分析和解决流体输送过程中的一般问题。

一、流体动力学

(一)流量和流速

1. 流量

1)体积流量　单位时间内流经通道某一截面的流体体积称为体积流量,用 V_s 表示,其单位为 m^3/s(或 m^3/h)。

2)质量流量　单位时间内流经通道某一截面的流体质量称为质量流量,用 W_s 表示,其单位为 kg/s(或 kg/h)。

当流体的密度为 ρ 时,体积流量 V_s 与质量流量 W_s 的关系为

$$W_s = V_s\rho \tag{1-14}$$

应当注意,气体的体积随温度、压强而变化,所以使用体积流量时应注明所处的温度和压强。

2. 流速

1)流速　单位时间内流体微团在流动方向上流过的距离称为流速,用 u 表示,其单位为 m/s。实验证明,流体流经管道任一截面上各点的流速沿管径而变化,即在管截面中心处最大,越靠近管壁越小,在管壁处流速为零。流体在管截面上的速度分布规律较复杂,在工程计算上为方便起见,流体的流速通常指整个管截面上的平均流速,其表达式为

$$u = \frac{V_s}{A} \tag{1-15}$$

式中　u——通道截面上的平均流速,m/s;

V_s——流体的体积流量,m^3/s;

A——垂直于流向的通道径向截面积,m^2。

由式(1-14)、式(1-15)可得流量与流速的关系,即

$$W_s = V_s\rho = uA\rho = GA \tag{1-16}$$

2)质量流速　由于气体的体积随温度和压强而变化,气体的流速也随之而变,因此在工程计算中引入质量流速,即单位时间内流体流经通道单位径向截面积的质量,用 G 表示,其表达式为

$$G = \frac{W_s}{A} = \frac{V_s\rho}{A} = u\rho \tag{1-17}$$

其单位为 $kg/(m^2 \cdot s)$。

3)管径的计算　对内径为 d 的圆形管道,式(1-15)可改写为

$$u = \frac{V_s}{A} = \frac{V_s}{\frac{\pi}{4}d^2} = \frac{V_s}{0.785d^2} \tag{1-15a}$$

于是可得

$$d=\sqrt{\frac{V_s}{0.785u}} \tag{1-15b}$$

其单位为 m。

市场供应的管材均有一定的尺寸规格，所以在使用式(1-15b)求得管径 d 后，应根据给定的操作条件圆整到管子的实际供应规格(参见本项目的任务一及附录十六)。

由式(1-15b)可知，对一定的生产任务，即 V_s 一定，管子直径 d 的大小取决于所选的流速 u，流速选得过大，管径虽然可以减小，但流体流过管道的阻力增大，动力消耗增大，操作费用随之增加。反之，流速选择过小，操作费用可以相应减少，但管径增大，管路的基建费用会随之增加。所以需根据具体情况通过经济权衡确定适宜的流速。某些流体在管路中的常用流速范围列于表 1-4 中。

表 1-4　某些流体在管路中的常用流速范围

流体的类别及情况	流速范围/(m/s)	流体的类别及情况	流速范围/(m/s)
自来水(3×10^5 Pa 左右)	1.0 ~ 1.5	高压空气	15 ~ 25
水及低黏度液体(1×10^5 ~ 1×10^6 Pa)	1.5 ~ 3.0	一般气体(常压)	12 ~ 20
高黏度液体	0.5 ~ 1.0	鼓风机吸入管	10 ~ 15
工业供水(8×10^5 Pa 以下)	1.5 ~ 3.0	鼓风机排出管	15 ~ 20
锅炉供水(8×10^5 Pa 以上)	>3.0	离心泵吸入管(水类液体)	1.5 ~ 2.0
饱和蒸汽	20 ~ 40	离心泵排出管(水类液体)	2.5 ~ 3.0
过热蒸汽	30 ~ 50	自流液体(冷凝水等)	0.5
蛇管、螺旋管内的冷却水	<1.0	真空操作中的气体	<10
低压空气	12 ~ 15		

例 1-4　某精馏塔进料量为 66 000 kg/h，物料的密度为 960 kg/m³，性质与水相近，试选择进料管的管径。

解　$V_s=\frac{W_s}{\rho}=\frac{66\ 000}{3\ 600\times960}=0.019\ 1\ \mathrm{m^3/s}$

根据管路中流体的常用流速范围，选取 $u=1.65$ m/s。

$$d=\sqrt{\frac{4V_s}{\pi u}}=\sqrt{\frac{4\times0.019\ 1}{3.14\times1.65}}=0.121\ \mathrm{m}$$

根据附录十六中的管子规格表，选用 $\phi133$ mm × 4 mm 的无缝钢管，其内径为

$$d=133-4\times2=125\ \mathrm{mm}$$

则实际流速为

$$u=\frac{V_s}{A}=\frac{V_s}{0.785d^2}=\frac{0.019\ 1}{0.785\times0.125^2}=1.56\ \mathrm{m/s}$$

流体在管内的实际流速为 1.56 m/s，仍在适宜流速范围内，因此所选管子可用。

例 1-5　常温下密度为 870 kg/m³ 的甲苯流经 $\phi108$ mm × 4 mm 的热轧无缝钢管进入甲苯

贮罐。已知甲苯的体积流量为 10 L/s，求甲苯在管内的质量流量(kg/s)、平均流速(m/s)和质量流速[kg/(m^2·s)]。

解　甲苯的质量流量按式(1-14)计算得

$$W_s = V_s\rho = 10\times10^{-3}\times870 = 8.7\ \text{kg/s}$$

无缝钢管的规格常用 ϕ 外径(mm)×壁厚(mm)表示。ϕ108 mm×4 mm 的热轧无缝钢管内径为

$$d = 108 - 2\times4 = 100\ \text{mm} = 0.100\ \text{m}$$

按式(1-15a)，甲苯在管内的平均流速为

$$u = \frac{V_s}{0.785d^2} = \frac{10\times10^{-3}}{0.785\times0.1^2} = 1.274\ \text{m/s}$$

按式(1-17)，甲苯在管内的质量流速为

$$G = u\rho = 1.274\times870 = 1\ 108\ \text{kg/(m}^2\cdot\text{s)}$$

(二)定态流动与非定态流动

如图 1-14 所示，恒位槽上部不断地有水从进水管注入，同时下部不断地有水从排水管排出，由于进入恒位槽的流体流量大于流出流体的流量，多余的流体就会从溢流管流出，从而保证了恒位槽液位的恒定。在流体流动过程中，任一截面上流体的压强、密度、流速等流动参数只与位置有关，而不随时间变化，这种情况属于定态流动；若将图 1-14 中进水管的阀门关闭，槽内的水仍由排水管不断排出，没有流体补充，槽内的液位将随着流体流动的进行而不断下降，从而导致任一截面上流体的压强、密度、流速等流动参数不仅与位置有关，而且与时间有关，这种情况属于非定态流动。

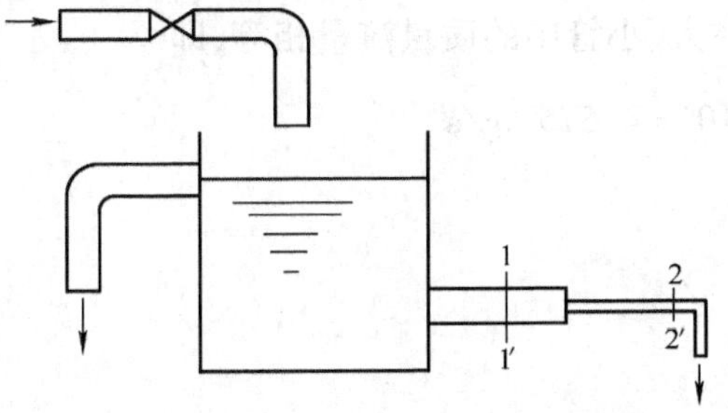

动画1-9　定态流动与非定态流动

图 1-14　流动情况示意

工业生产中的连续操作过程，如生产条件控制正常，则流体流动多属于定态流动。连续操作的开车、停车过程及间歇操作过程属于非定态流动。在此讨论的流体流动为定态流动。

(三)连续性方程

在定态流动系统中，对直径不同的管段作物料衡算，如图 1-15 所示。

把流体视为连续性介质，即流体充满整个管道，流入 1—1′截面的流体的质量流量为 W_{s1}，流出 2—2′截面的质量流量为 W_{s2}。以 1—1′和 2—2′截面间的管段为衡算系统，在定态流动条件下系统内应无质量的积累。根据质量守恒定律，列出物料衡算式为

$$W_{s1} = W_{s2} \tag{1-18}$$

由式(1-16)可得

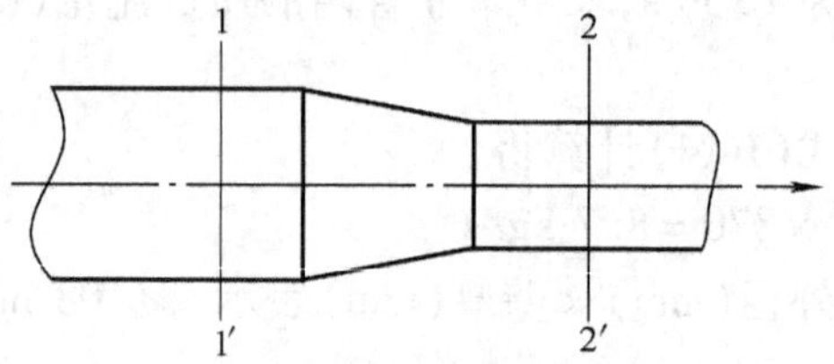

图 1-15 连续性方程的推导

$$u_1A_1\rho_1 = u_2A_2\rho_2 \tag{1-18a}$$

推广到该管路系统的任意截面，则有

$$W_s = uA\rho = \text{常数} \tag{1-19}$$

对不可压缩流体，ρ = 常数，则可得

$$V_s = uA = \text{常数} \tag{1-20}$$

故不可压缩流体在圆管内作连续定态流动时，有

$$\frac{u_1}{u_2} = \frac{A_2}{A_1} = \frac{d_2^2}{d_1^2} \tag{1-21}$$

式(1-18)～式(1-21)是流体定态流动的物料衡算式，也称为连续性方程，它们反映了定态流动的管路系统中质量流量 W_s、体积流量 V_s、平均流速 u、流体的密度 ρ、流动截面积 A（或管径 d）之间的关系。

例 1-6 硫酸流经由大、小管组成的串联管路，已知硫酸的密度为 1.83×10^3 kg/m³，体积流量为 150 L/min，大、小管的尺寸分别为 $\phi76$ mm × 4.0 mm 和 $\phi57$ mm × 3.5 mm。试求硫酸在小管和大管中的质量流量、流速、质量流速。

解 根据质量守恒定律可知，硫酸在大、小管中的质量流量相等，即

$$W_s = V_s\rho = \frac{150\times10^{-3}}{60}\times1.83\times10^3 = 4.575\ \text{kg/s}$$

小管中的流速：

$$u_1 = \frac{150\times10^{-3}\times4}{60\times3.14\times0.05^2} = 1.274\ \text{m/s}$$

大管中的流速：

$$u_2 = u_1\left(\frac{d_1}{d_2}\right)^2 = 1.274\times\left(\frac{50}{68}\right)^2 = 0.689\ \text{m/s}$$

小管中的质量流速：

$$G_1 = u_1\rho = 1.274\times1.83\times10^3 = 2\ 331\ \text{kg/(m}^2\cdot\text{s)}$$

大管中的质量流速：

$$G_2 = u_2\rho = 0.689\times1.83\times10^3 = 1\ 261\ \text{kg/(m}^2\cdot\text{s)}$$

（四）伯努利方程及其应用

在定态流动系统中，与流动有关的各物理量间的函数关系可用伯努利方程来描述。伯努利方程是解决定态流动系统中的各类流体力学问题的基本依据。因此，伯努利方程及其应用极为重要。对定态流动系统作能量衡算，即可得到伯努利方程。

下面首先对流动系统中所涉及的能量进行介绍。

1. 流动系统的能量

流动系统中涉及的能量有多种形式,包括内能、机械能、功、热、损失能量。若系统不涉及温度变化及热量交换,内能为常数,则系统中涉及的能量只有机械能、功、损失能量。

在图 1-16 所示的定态流动系统中,m kg 流体从截面 1—1′流入,同时有等量流体由截面 2—2′流出。管路上装有对流体做功的泵。

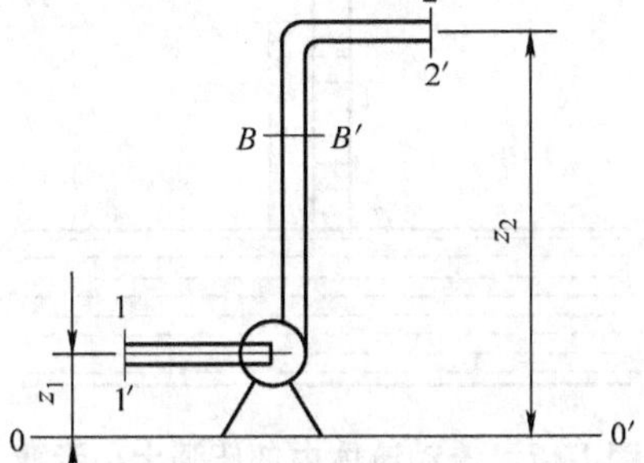

图 1-16 流体的管路输送系统

划定 1—1′和 2—2′径向截面间的管路为衡算系统,选定任意水平面 0—0′为基准面。取:

u_1、u_2——1—1′、2—2′截面上流体的平均流速,m/s;

p_1、p_2——1—1′、2—2′截面上流体的压强,Pa;

z_1、z_2——1—1′、2—2′截面中心至 0—0′截面的竖直距离,m;

A_1、A_2——1—1′、2—2′截面的面积,m^2;

ρ——1—1′、2—2′截面上流体的密度。

m kg 流体带入 1—1′截面的机械能有以下几种。

1)位能 流体因受重力的作用,在不同的高度具有不同的位能。它相当于 m kg 流体自基准水平面升举到 z 高度所做的功,即

$$m\text{ kg 流体的位能} = mgz$$

其单位为:$\text{kg}\cdot\dfrac{\text{m}}{\text{s}^2}\cdot\text{m}=\text{N}\cdot\text{m}=\text{J}$。

1 kg 流体输入与输出的位能分别为 gz_1 与 gz_2,其单位为 J/kg。位能是相对值,其大小随所选定的基准面的位置而定,但位能的差值与基准面的选择无关。

2)动能 动能是流体以一定流速流动时具有的能量。质量为 m kg 的流体流速为 u 时具有的动能为

$$m\text{ kg 流体的动能} = \frac{1}{2}mu^2$$

其单位为:$\text{kg}\cdot(\dfrac{\text{m}}{\text{s}})^2=\text{N}\cdot\text{m}=\text{J}$。

1 kg 流体输入与输出的动能分别为$\dfrac{1}{2}u_1^2$ 与$\dfrac{1}{2}u_2^2$,其单位为 J/kg。

3)压强能 在流动流体内部的任意位置上都有相应的压强。在如图 1-17 所示的管路内,水以一定的流速 u 流过,在管壁 A 处开一个小孔,并连接一根竖直玻璃管,便可在玻璃管中观

察到水上升至一定高度 h,此水柱高表示 A 处表压强的大小。

在如图1-14所示的管路系统中,流体通过1—1′截面时,由于在该截面处流体具有一定的压力,就需要对流体做相应的功克服这个压力,才能把流体推进系统里。于是通过1—1′截面的流体必定要带着与所需的功相当的能量进入系统,流体具有的这种能量称为压强能。

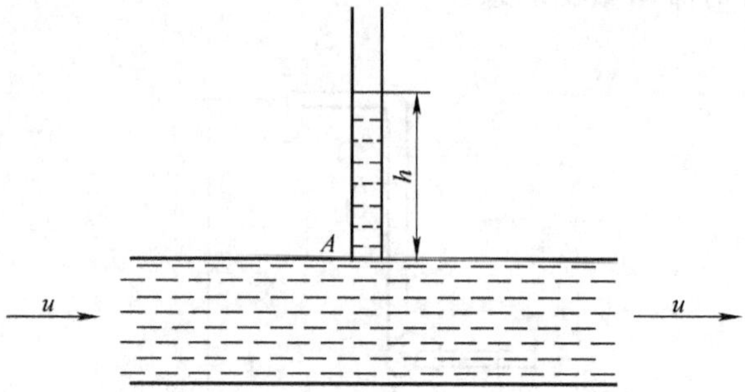

图1-17 流动流体内部压强大小示意

m kg流体在1—1′截面处的体积为 V_1,将此体积的流体推进面积为 A_1 的1—1′截面走过的距离为 $\frac{V_1}{A_1}$,则流体带入系统的压强能为

$$输入的压强能 = p_1A_1 \times \frac{V_1}{A_1} = p_1V_1$$

其单位为:$\frac{\mathrm{N}}{\mathrm{m}^2} \cdot \mathrm{m}^3 = \mathrm{N} \cdot \mathrm{m} = \mathrm{J}$。

同理,1 kg流体输入与输出的压强能分别为 $\frac{p_1V_1}{m} = \frac{p_1}{\rho}$ 与 $\frac{p_2}{\rho}$,其单位为J/kg。

流体在1—1′截面上具有的位能、动能和压强能之和称为总机械能。

实际生产中的流动系统与外界交换的能量主要有功和损失能量。

1)功　当系统中安装有流体输送设备时,它将对系统做功,即将外部的能量转化为流体的机械能。1 kg流体流经输送设备获得的机械能用 W_e 表示,其单位为J/kg。

2)损失能量　在工程中遇到的都是实际流体,即流体具有黏性,在流动过程中要克服各种阻力,使一部分机械能转化为热能而无法利用,这部分损失掉的机械能称为损失能量。

1 kg流体在通道的两截面间作定态流动损失的能量用 $\sum h_f$ 表示,其单位为J/kg。

2. 伯努利方程

根据能量守恒定律,连续定态流动系统的能量衡算是输入的总能量等于输出的总能量,因此,可列出以1 kg流体为基准的能量衡算式,即

$$gz_1 + \frac{1}{2}u_1^2 + \frac{p_1}{\rho} + W_e = gz_2 + \frac{1}{2}u_2^2 + \frac{p_2}{\rho} + \sum h_f \tag{1-22}$$

式(1-22)称为实际流体的伯努利方程,式中各项的单位均为J/kg。它反映了流体流动过程中各种能量转化和守恒的规律,这一规律在流体流动和流体输送中具有重要意义。

伯努利方程适用于定态、连续的不可压缩系统。在流动过程中两截面间的质量流量不变,满足连续性方程。

3. 对伯努利方程的讨论

1）若流体无黏性、无压缩性，流动时不产生流动阻力，则流体的能量损失 $\sum h_f=0$，若流动系统中无外功加入，即 $W_e=0$，有

$$gz_1+\frac{1}{2}u_1^2+\frac{p_1}{\rho}=gz_2+\frac{1}{2}u_2^2+\frac{p_2}{\rho} \tag{1-23}$$

式(1-23)为理想流体的伯努利方程。它说明当理想流体作定态流动时，1 kg 流体流过系统内任一截面（与流体流动方向相垂直）的总机械能恒为常数，而每个截面上不同形式机械能的数值却不一定相等，各种形式的机械能在一定条件下是可以相互转化的，此减彼增，但总量保持不变。

(2)如果系统处于静止状态，任意两截面上的 $u_1=u_2=0$，$\sum h_f=0$，无外功加入，即 $W_e=0$，则可得

$$gz_1+\frac{p_1}{\rho}=gz_2+\frac{p_2}{\rho}$$

此式即为静力学基本方程，可见伯努利方程也可反映静止流体的基本规律，静止流体是流动流体的特例。

(3)式(1-23)中各项的单位均为 J/kg，表示单位质量的流体具有的能量。应注意 gz、$\frac{u^2}{2}$、$\frac{p}{\rho}$与 W_e、$\sum h_f$ 的区别。前三项是在某截面上流体具有的能量，而后两项是流体在两截面之间获得和消耗的能量。

式中 W_e是输送设备对单位质量的流体做的有效功，是决定流体输送设备的重要数据。单位时间内输送设备做的有效功称为有效功率，以 N_e表示，即

$$N_e=W_eW_s \tag{1-24}$$

式中　W_e——有效功，J/kg；

N_e——有效功率，J/s；

W_s——被输送流体的质量流量，kg/s。

(4)对于可压缩流体，若两截面间的绝压变化很小，即$\frac{p_1-p_2}{p_1}\times100\%<20\%$，仍可用伯努利方程进行计算，流体的密度 ρ 可取两截面间的平均密度 $\rho_m=\frac{\rho_1+\rho_2}{2}$，近似地作为不可压缩流体处理。

(5)如果流体的衡算基准不同，式(1-22)可写成不同的形式。

①以单位体积流体为衡算基准。将式(1-22)中的各项乘以 ρ，得

$$\rho gz_1+\frac{\rho u_1^2}{2}+p_1+\rho W_e=\rho gz_2+\frac{\rho u_2^2}{2}+p_2+\rho\sum h_f \tag{1-22a}$$

式中各项的单位为$\frac{\mathrm{J}}{\mathrm{m}^3}=\frac{\mathrm{N\cdot m}}{\mathrm{m}^3}=\frac{\mathrm{N}}{\mathrm{m}^2}=\mathrm{Pa}$，即单位体积不可压缩流体具有的机械能。

②以单位重量（重力）流体为衡算基准。将式(1-22)中的各项除以 g，则得

$$z_1+\frac{u_1^2}{2g}+\frac{p_1}{\rho g}+\frac{W_e}{g}=z_2+\frac{u_2^2}{2g}+\frac{p_2}{\rho g}+\frac{\sum h_f}{g}$$

或

$$z_1+\frac{u_1^2}{2g}+\frac{p_1}{\rho g}+H_e=z_2+\frac{u_2^2}{2g}+\frac{p_2}{\rho g}+H_f \tag{1-22b}$$

式中各项的单位为$\frac{\mathrm{J}}{\mathrm{N}}=\frac{\mathrm{N\cdot m}}{\mathrm{N}}=\mathrm{m}$,既可理解为单位重量(重力)流体具有的机械能,又可理解为流体柱的某种高度。例如$\frac{p_1}{\rho g}$就可理解为压强 p_1 使密度为 ρ 的流体升起的流体柱高度。因此,z、$\frac{u^2}{2g}$和$\frac{p}{\rho g}$分别称为位头、速度头和压头(有的教材中也称为位头、动压头和静压头);$H_e=\frac{W_e}{g}$可理解为流体输送设备提供的压头(即输入压头),即流体输送设备做的功可将流体升起的高度;$H_f=\frac{\sum h_f}{g}$称为压头损失,因而式(1-22b)也可理解为进入系统的各项压头之和等于离开系统的各项压头之和加上压头损失。

4. 伯努利方程的应用

扩展了的伯努利方程和连续性方程一起作为流体流动的基本方程,其应用范围很广,下面通过实例加以说明。

1)确定管道中流体的流量　举例如下。

例 1-7　一个敞口高位槽(见图 1-18)的液面距输液管出口的竖直距离为 6 m,液面维持恒定。输液管为 65 mm($2\frac{1}{2}$ in)的镀锌焊接管(普通管),流动过程中的阻力损失为 5.6 m 液柱,液体的密度为 1 100 kg/m³。试求输液量(m³/h)。

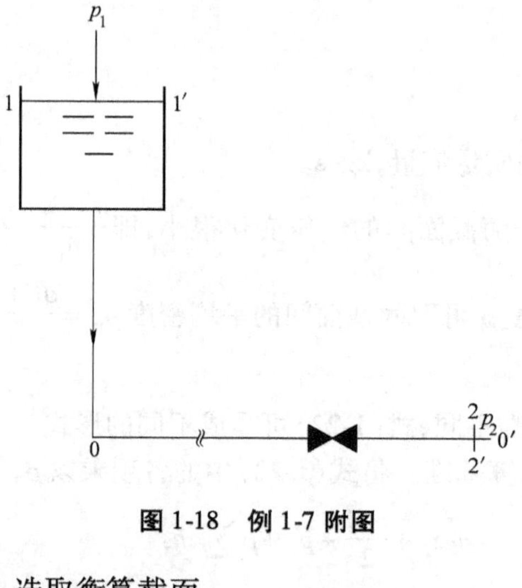

图 1-18　例 1-7 附图

解　(1)确定流动方向,选取衡算截面。

衡算截面应与流体流动方向垂直,液体是从高位槽流向输液管的,故取高位槽液面为 1—1′截面,输液管出口处为 2—2′截面(与管子垂直)。1—1′和 2—2′截面间的系统为本题的衡算范围。

(2)选取基准水平面。通过 2—2′截面管中心的水平面 0—0′为基准水平面。

(3)列出各截面上的已知量和未知量,选取衡算方程的形式进行计算。由于两截面上的压强都是大气压强,故均取表压计算较方便。对于1—1′截面:$z_1=6$ m;$p_1=p_a$(大气压),p_1(表)$=0$;1—1′截面面积比2—2′截面面积大得多,故可取$u_1\approx 0$;管路系统中无流体输送机械输入外功,$W_e=0$。对于2—2′截面:$z_2=0$;p_2(表)$=0$;u_2为所求流速;衡算范围内的总阻力损失$H_f=5.6$ m液柱,由于管路中流体的密度$\rho=1\ 100\ \text{kg/m}^3$,则

$$\sum h_f=H_f g=5.6\times 9.81=54.9\ \text{J/kg}$$

若选用式(1-22),可得

$$gz_1=\frac{u_2^2}{2}+\sum h_f$$

若选用式(1-22b),则得

$$z_1=\frac{u_2^2}{2g}+H_f$$

以上两式表明在本例的条件下流体的位能用于补偿管路中的阻力损失,剩余部分转换为动能。计算结果为

$$u_2=\sqrt{2g(z_1-H_f)}=\sqrt{2\times 9.81\times(6-5.6)}=2.80\ \text{m/s}$$

由附录十六查得$2\frac{1}{2}$ in管的外径为75.5 mm,壁厚为3.75 mm,故其内径为$d=75.5-2\times 3.75=68$ mm。

每小时输送液体的体积流量为

$$V_h=3\ 600Au_2=3\ 600\times 0.785d^2\times u_2=3\ 600\times 0.785\times(67.5\times 10^{-3})^2\times 2.80$$
$$=36.05\ \text{m}^3/\text{h}$$

选用式(1-22a)计算结果相同。

2)确定容器间的相对位置　举例如下。

例1-8　如图1-19所示,密度为850 kg/m³的料液从高位槽送入塔中,高位槽内的液面维持恒定。塔内表压强为9.81×10^3 Pa,进料量为5 m³/h。连接管尺寸为$\phi 38\ \text{mm}\times 2.5\ \text{mm}$,料液在管内连续流动时的能量损失为30 J/kg(不包括出口的能量损失)。问高位槽内的液面应比塔的进料口高多少?

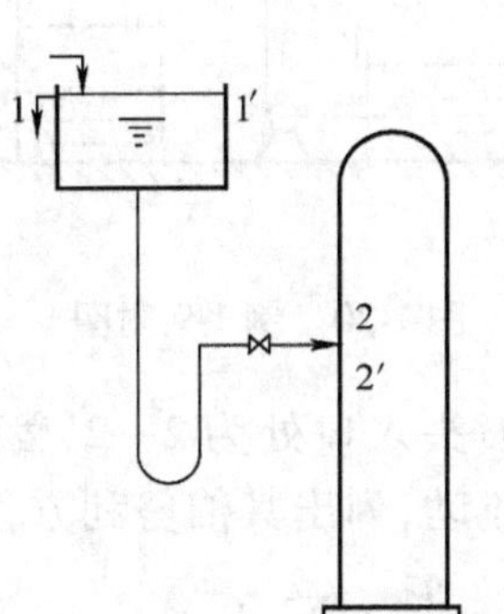

图1-19　例1-8附图

解　选高位槽的液面为截面1—1′,接管出口内侧为截面2—2′,并以截面2—2′的中心线

为基准水平面。在两截面间列伯努利方程：

$$gz_1+\frac{1}{2}u_1^2+\frac{p_1}{\rho}+W_e=gz_2+\frac{1}{2}u_2^2+\frac{p_2}{\rho}+\sum h_f$$

式中：$z_2=0$；$p_1=0$（表）；$p_2=9.81\times10^3$ Pa（表）；$\sum h_f=30$ J/kg。

高位槽截面比管道截面大得多，在体积流量相同的情况下，槽内流速比管内流速小得多，故槽内流速可忽略不计，即 $u_1\approx0$。

$$u_2=\frac{V_s}{A}=\frac{V_s}{\frac{\pi}{4}d^2}=\frac{5}{3\,600\times\frac{\pi}{4}\times0.033^2}=1.62\ \text{m/s}$$

将以上数值代入伯努利方程并整理得

$$z_1=\frac{\frac{1.62^2}{2}+\frac{9.81\times10^3}{850}+30}{9.81}=4.37\ \text{m}$$

即高位槽内的液面应比塔的进料口高 4.37 m。

值得注意的是，本题下游截面 2—2′必定要选在管子出口内侧，这样才能与题目给出的不包括出口损失的能量损失相适应。

3）确定输送设备的有效功率　举例如下。

例 1-9　有一个用水吸收混合气中氨的常压逆流吸收塔（见图 1-20），用离心泵将水由水池送至塔顶经喷头喷出。泵入口管为 ϕ108 mm × 4 mm 的无缝钢管，管中流量为 40 m³/h，出口管为 ϕ89 mm × 3.5 mm 的无缝钢管。池内水深为 2 m，池底至塔顶喷头入口处的竖直距离为 20 m。管路的总阻力损失为 40 J/kg，喷头入口处的压强为 120 kPa（表）。设泵的效率为 65%，试求泵所需的功率（kW）。

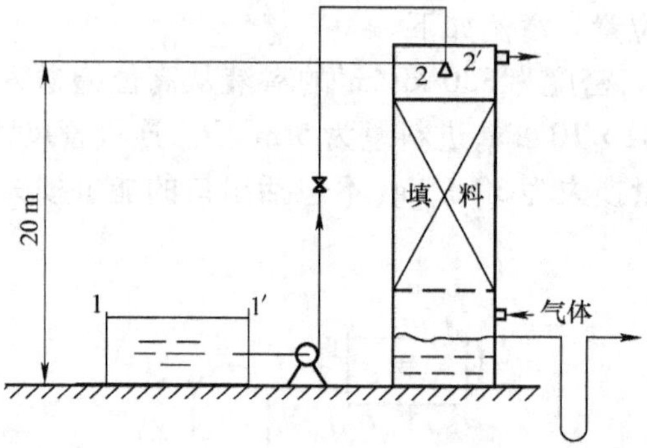

图 1-20　例 1-9 附图

解　取水池液面为 1—1′截面，喷头入口处为 2—2′截面，并取 1—1′截面为基准水平面。在 1—1′与 2—2′截面间水定态连续流动，列出其伯努利方程，由式（1-22）得

$$gz_1+\frac{p_1}{\rho}+\frac{u_1^2}{2}+W_e=gz_2+\frac{p_2}{\rho}+\frac{u_2^2}{2}+\sum h_f$$

式中：$z_1=0$；$z_2=20-2=18$ m；$u_1\approx0$。

泵入口管内径：$d_1=108-2\times4=100$ mm。

泵出口管内径：$d_2=89-2\times3.5=82$ mm。

泵出口管内的流速(即喷头入口处的流速):

$$u_2=\frac{V_s}{0.785d_2^2}=\frac{40/3\ 600}{0.785\times0.082^2}=2.11\ \text{m/s}$$

$$p_1(\text{表})=0,p_2(\text{表})=120\ \text{kPa},\sum h_f=40\ \text{J/kg}$$

将上述已知量代入伯努利方程,压强均使用表压,得

$$\begin{aligned}W_e&=g(z_2-z_1)+\frac{p_2-p_1}{\rho}+\frac{u_2^2-u_1^2}{2}+\sum h_f\\&=9.81\times18+\frac{120\times10^3}{1\ 000}+\frac{2.11^2}{2}+40\\&=176.6+120+2.2+40\\&=338.8\ \text{J/kg}\end{aligned}$$

泵的效率是单位时间内流体从泵那里获得的机械能与泵的输入功率之比,则泵的功率为

$$N=\frac{W_e\times W_s}{\eta}$$

式中:$W_s=A_2u_2\rho=\frac{\pi}{4}d_2^2u_2\rho=0.785\times0.082^2\times2.11\times1\ 000=11.1\ \text{kg/s}$;$\eta=65\%$。

所以　$N=\frac{338.8\times11.1}{0.65}=5.79\times10^3\ \text{W}=5.79\ \text{kW}$

4)确定管道中流体的压强　举例如下。

在工业生产中,有些液体的腐蚀性很强,用泵输送这些液体对泵的腐蚀很大,泵的寿命会缩短,所以有时用压缩空气来输送。

例 1-10　某厂用压缩空气来压送 98% 的浓硫酸,压送装置如图 1-21 所示。采用分批间断操作,每批输送量为 0.4 m^3,要求在 10 min 内压送完毕。硫酸温度为 20 ℃,输送管为无缝钢管,规格为 ϕ38 mm × 3 mm,从管子出口到硫酸贮槽液面的竖直距离为 10 m,设硫酸流经全部管路的能量损失为 15 J/kg。试求开始压送时所需的压缩空气的压强。

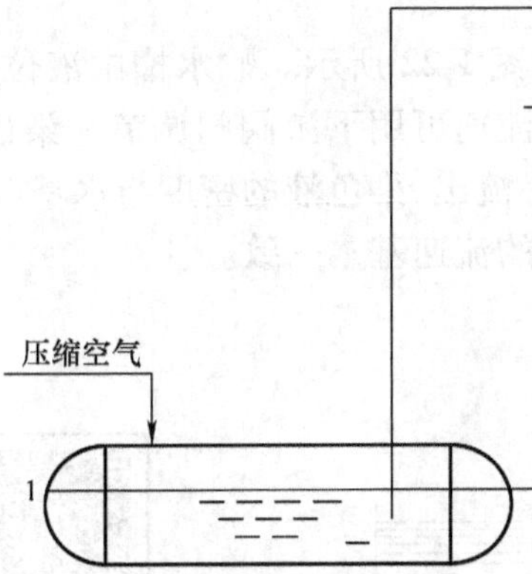

图 1-21　例 1-10 附图

解　取硫酸罐液面为 1—1′截面,硫酸出口管为 2—2′截面,并以 1—1′截面为基准水平面。在两截面间列伯努利方程,得

$$gz_1+\frac{p_1}{\rho}+\frac{u_1^2}{2}+W_e=gz_2+\frac{p_2}{\rho}+\frac{u_2^2}{2}+\sum h_f$$

式中:$z_1=0$;$z_2=10$ m;$u_1\approx 0$;管径 $d=38-2\times 3=32$ mm;$p_2=0$(表);$\sum h_f=15$ J/kg;$W_e=0$。

查得 $\rho=1\ 836$ kg/m^3。求得

$$u_2=\frac{V_s}{A}=\frac{0.4}{10\times 60\times 0.785\times 0.032^2}=0.83\ \text{m/s}$$

代入伯努利方程得

$$\frac{p_1}{\rho}=10\times 9.81+\frac{0.83^2}{2}+15$$

得出 $p_1=2.08\times 10^5$ Pa(表)

即压送每一批料液时,压缩空气的压强在开始时最小为 2.08×10^5 Pa(表)。

通过上述实例,可对应用伯努利方程解题的步骤与要点小结如下。

(1)根据题意画出流动系统示意图,明确流体的流动方向,并注明必要的物理量。注意伯努利方程式(1-22)的应用条件是:定态、连续、流体充满通道,且流体近似不可压缩。

(2)确定衡算系统(或衡算范围),正确选取上、下游截面。注意:①截面应与流体流动方向垂直;②所求未知物理量一般应处于一个被选截面上,为便于解题,另一个被选截面应当是已知条件最多的截面;③两截面间的流体必须是定态连续流动的,并充满整个衡算系统。

(3)选取计算位能的基准水平面。这个选择有任意性,为计算方便,常选取通过一个截面中心的水平面作为基准水平面,使该截面上的位能为零。

(4)根据题意和计算要求,选用方程式(1-22)、式(1-22a)或式(1-22b)。习惯上将进入系统的机械能项写在方程的左侧,而将离开系统(下游截面)的机械能项和阻力损失项写在方程的右侧。必须注意方程中各项单位的一致性。各截面上的压强 p 可以用绝压或表压计算,但必须统一。

(五)实际流体的基本流动现象

1. 流体的流动类型

小实验(雷诺实验),实验装置如图 1-22 所示。贮水槽中液位保持恒定,水槽下部插入一根带喇叭口的水平玻璃管,管内水的流速可用下游阀门调节。染色液从高位槽中通过沿玻璃管平行安装的针形细管从玻璃管中心流出,染色液的密度与水基本相同,其流出量可通过小阀调节,使染色液的流出速度与管内水的流速基本一致。

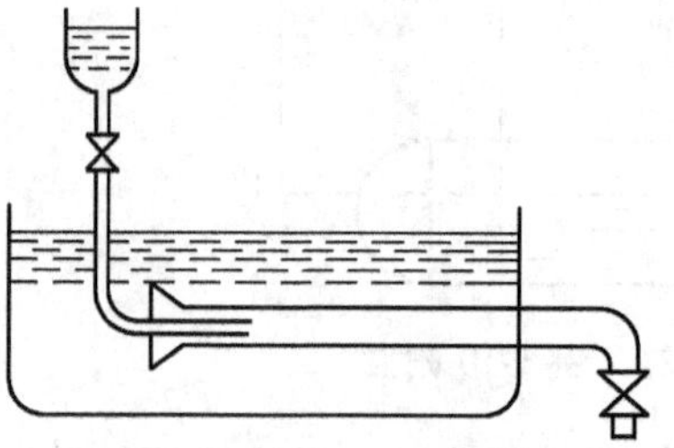

扫一扫

动画1-10 雷诺实验

图 1-22 雷诺实验装置示意

在水温一定的条件下，当管内水的流速较小时，染色液在管内沿轴线方向呈一条清晰的细直线，如图 1-23(a)所示；当开大调节阀，水流速度逐渐增至某一定值时，可以观察到染色线呈波浪形，但仍保持较清晰的轮廓，如图 1-23(b)所示；继续开大阀门，可以观察到染色线与水流混合，当水流速度增至某一定值后，染色液一进入玻璃管即与水完全混合，如图 1-23(c)所示。

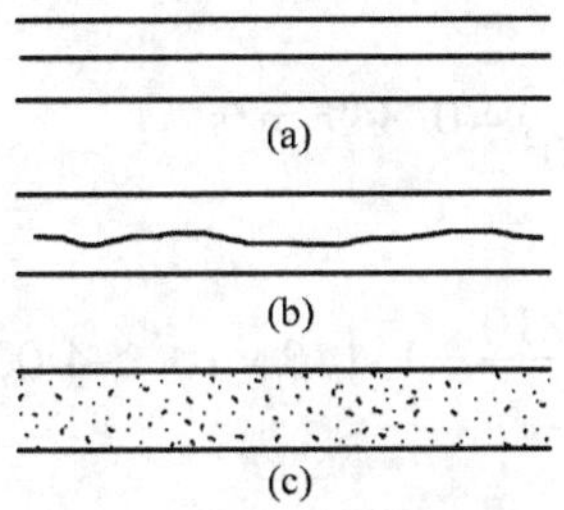

图 1-23　雷诺实验中染色线的变化情况

(a)管内水的流速较小　(b)水流速度增至某一定值　(c)水流速度继续增至某一定值

在讨论牛顿黏性定律时，板间液体是分层流动的，互相之间没有宏观的扰动。实际上流体并不都是分层流动的。1883 年雷诺通过实验揭示了流体流动的两种截然不同的流动类型。

Ⅰ.两种流动类型

(1)层流(又称滞流)。流体质点沿管轴线方向作直线运动，与周围流体间无宏观的混合，所以实验中的染色液只沿管中心轴作直线运动，也可设想整个管内的流体如同一层层同心薄圆筒平行地分层流动着，这种分层流动状态称为层流。牛顿黏性定律就是在层流条件下得到的。层流时，流体各层间依靠分子的随机运动传递能量、热量和质量。自然界和工程中会遇到许多层流流动的情况，如管内的低速流动、高黏性液体的流动(如重油输送)、毛细管和多孔介质中的流体流动等。

(2)湍流(又称紊流)。在这种流动状态下，流体内部充满大小不一的、不断运动变化着的旋涡，流体质点(微团)除沿轴线方向作主体流动外，还在各个方向上作剧烈的随机运动。在湍流条件下，既通过分子的随机运动，又通过流体质点的随机运动来传递动量、热量和质量，湍流时的传递速率比层流时高得多，所以实验中的染色液与水迅速混合。化工单元操作中遇到的流动大都为湍流。

Ⅱ.雷诺准数 *Re*

当采用不同的管径和不同种类的液体进行实验时，可以发现影响流体流动类型的因素是管内径 d、流体流速 u、流体的密度 ρ 和流体的黏度 μ 四个物理量，雷诺将这四个物理量组成了一个数群，称作雷诺准数，简称雷诺数，用 *Re* 表示。

$$Re=\frac{du\rho}{\mu} \tag{1-25}$$

Re 是一个无量纲数群(或称无因次数)。

实验结果表明，对于圆管内的流动，当 $Re<2\ 000$ 时，流动总是层流；当 $Re>4\ 000$ 时，流动一般为湍流；当 $Re=2\ 000\sim4\ 000$ 时，流动为过渡流，即流动可能是层流，也可能是湍流，受外界条件的干扰而变化(如管道形体的变化、流向的变化、外来的轻微震动等都易促成湍流的产生)。所以，可用 *Re* 的数值来判别流体的流动类型。显然，对于管内流动，$Re=2\ 000$ 是一个临界点。*Re* 愈大，流体湍动程度愈剧烈，流体中的旋涡和流体质点的随机运动就愈剧烈。因此，Re 的大小是流体流动的湍动程度的一个判别准则。

例 1-11 求 20 ℃时煤油在圆形直管内流动的 Re 值，并判断其流动类型。已知圆管内径为 50 mm，煤油在管内的流量为 6 m^3/h，20 ℃下煤油的密度为 810 kg/m^3，黏度为 3 mPa·s。

解 已知 $d=0.050\ m$，$\rho=810\ kg/m^3$，$\mu=3\times10^{-3}$ Pa·s。

煤油在管内的流速为

$$u=\frac{V_s}{0.785d^2}=\frac{6/3\ 600}{0.785\times0.050^2}=0.849\ m/s$$

按式(1-25)得

$$Re=\frac{du\rho}{\mu}=\frac{0.050\times0.849\times810}{3\times10^{-3}}=1.146\times10^4>4\ 000$$

所以流动为湍流。

Re 在许多单元操作的计算与分析中都要用到，必须熟练掌握其在不同条件下的计算方法与影响因素。

2. 圆管内的速度分布

流体在管内作定态流动时，管截面上各点的速度随该点与管中心的距离而变化，这种变化关系称作速度分布。不论管内是层流还是湍流，在静止管壁处流体质点的流速总为零，到管中心处流速达到最大。

1）层流时管内的速度分布　层流时流体服从牛顿黏性定律，根据定律可导出层流时圆管内的速度分布表达式：

$$u_r=u_{max}\left(1-\frac{r^2}{R^2}\right) \tag{1-26}$$

式中 r——管截面上某处的半径，m；

u_r——半径为 r 处的流速，m/s；

u_{max}——管中心处的最大流速，m/s；

R——管子的内径，m。

式(1-26)表明，圆形直管内层流的速度分布曲线呈抛物线形，截面上各点的速度是轴对称的，如图 1-24 所示，速度分布的图形表示称为速度侧形。在壁面处，$r=R$，$u_r=0$；在管中心处，$r=0$，$u_r=u_{max}$。由此可推得截面上的平均速度 u_m 的表达式：

$$u_m=\frac{1}{2}u_{max} \tag{1-27}$$

2）湍流时管内的速度分布　由于湍流流动时流体质点的运动情况复杂得多，其速度侧形一般通过实验测定。如图 1-25 所示，靠近管壁处速度梯度较大，管中心附近（湍流核心）速度分布较均匀，这是由于湍流主体中质点的强烈碰撞、混合和分离大大加强了湍流核心部分的动量传递，于是各点的速度彼此拉平。管内流体的 Re 越大，湍流程度愈高，曲线顶部愈平坦。在通常的流体输送情况下，湍流时管内流体的平均速度为

$$u_m\approx0.82u_{max} \tag{1-28}$$

由湍流时的速度分布可知，靠近管壁处的流体薄层速度很低，仍保持层流流动，这个薄层称为层流内层（或称黏性内层），其厚度随 Re 增大而减小，但不会消失。层流内层的存在对传热与传质过程都有很大的影响。

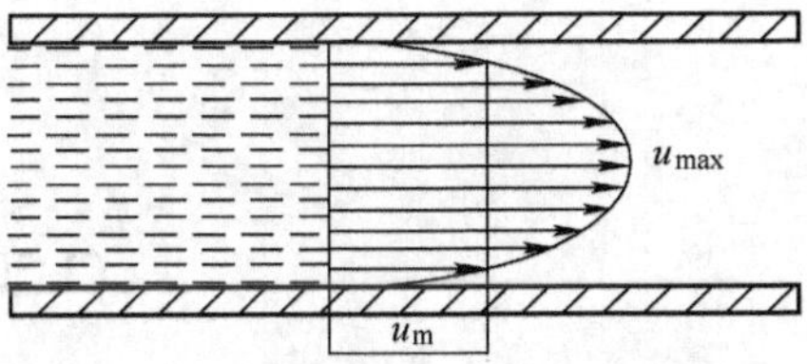

图 1-24 层流时圆管内的速度侧形

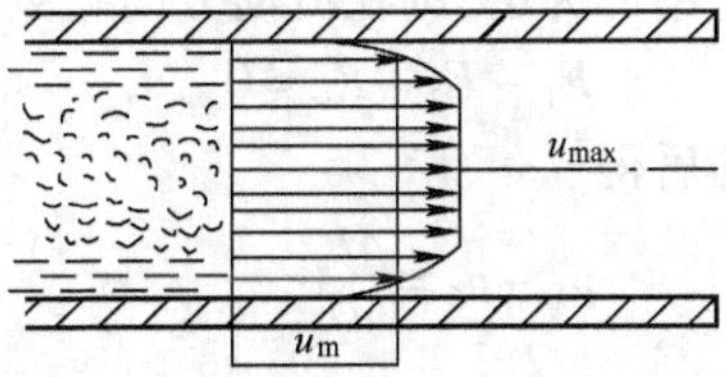

图 1-25 湍流时圆管内的速度侧形

湍流时,自层流内层向管中心推移,速度渐增,存在一个流动类型既非层流亦非完全湍流的区域,这个区域称为过渡层或缓冲层。再往管中心推移才是湍流主体。可见,流体在管内作湍流流动时,由管壁到管中心依次分为层流内层、过渡层和湍流主体三部分。

二、流动阻力

实验证明,流体在流动时会产生流动阻力,为克服阻力必然要消耗能量。在流动过程中如无外加能量,流动阻力表现为流体自身的机械能降低。由伯努利方程可以看出,只有在能量损失已知的情况下,才能进行管路计算,因此流体流动阻力的计算是十分重要的。

流体在管路中流动时的阻力分为直管阻力和局部阻力两种。流体流经直管产生的机械能损失称为直管阻力损失;局部阻力是流体流经管路中的管件、阀门及截面突然扩大、突然缩小等局部地方所产生的阻力。总阻力等于直管阻力和各个障碍处的局部阻力的总和。

(一)直管阻力计算

1. 范宁公式

如图 1-26 所示,不可压缩流体以流速 u 在内径为 d、长度为 l 的水平管内作定态流动。

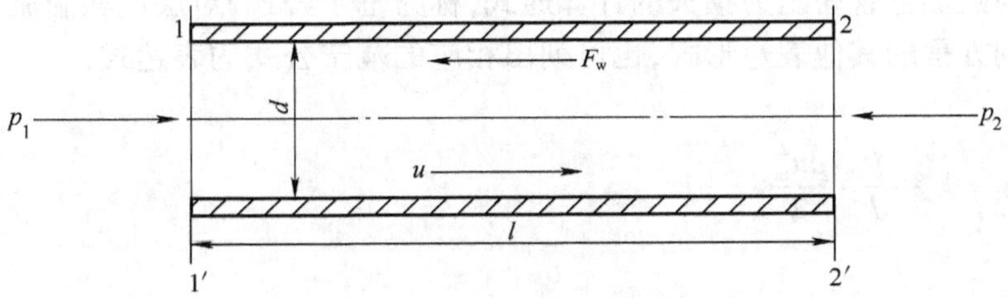

图 1-26 直管阻力计算通式的推导

在 1—1′和 2—2′截面间列伯努利方程,由于 $z_1 = z_2$,$u_1 = u_2 = u_m$(u_m 表示管截面上的平均流速),则有

$$\Delta p = p_1 - p_2 = \rho \sum h_f \tag{1-29}$$

对整个水平直管内的流体柱进行瞬间受力分析:F_1为垂直作用于 1—1′截面上的总压力,$F_1 = p_1 \cdot \frac{\pi}{4} d^2$,其方向与流动方向相同;$F_2$ 为垂直作用于 2—2′截面上的总压力,$F_2 = p_2 \cdot \frac{\pi}{4} d^2$,其方向与流动方向相反;$F_w$为管壁与流体柱表面间的摩擦力,$F_w = \tau_w \pi dl$,其方向与流动方向相反;$\tau_w$为管壁对流体的剪应力,在定态等速运动条件下,$\tau_w$是一个不变的值。

由于流体柱作定态匀速运动,在流动方向上受力处于平衡状态。若规定与流动方向同向

的作用力为正,则在流动方向上列出力平衡方程有

$$F_1 - F_2 - F_w = 0$$

整理后得

$$p_1 - p_2 = \frac{4l}{d} \cdot \tau_w \tag{1-30}$$

且有

$$\frac{p_1 - p_2}{l} = \frac{\rho \sum h_f}{l} = \frac{4\tau_w}{d} \tag{1-30a}$$

由式(1-30a)可得

$$\sum h_f = \frac{4l}{\rho d} \cdot \tau_w \tag{1-31}$$

实验证明,在管长和管径相同的条件下,同种流体与管壁间的摩擦阻力随管内流体的速度头($\frac{1}{2}u_m^2$)增大而增大,故可将式(1-31)改写为

$$\sum h_f = \frac{8\tau_w}{\rho u_m^2} \cdot \frac{l}{d} \cdot \frac{u_m^2}{2} \tag{1-31a}$$

令

$$\lambda = \frac{8\tau_w}{\rho u_m^2} \tag{1-32}$$

则得

$$\sum h_f = \lambda \cdot \frac{l}{d} \cdot \frac{u_m^2}{2} \tag{1-33}$$

式(1-33)为圆形直管内阻力损失的计算通式,称为范宁公式,对层流和湍流均适用。

根据伯努利方程的其他表达形式,也可列出相应的范宁公式的表达式:

阻力压降

$$\rho \sum h_f = \lambda \cdot \frac{l}{d} \cdot \frac{\rho u_m^2}{2} \tag{1-33a}$$

压头损失

$$H_f = \lambda \cdot \frac{l}{d} \cdot \frac{u_m^2}{2g} \tag{1-33b}$$

由式(1-31)和式(1-33)可知,要算出直管阻力损失,关键是求得 τ_w 或 λ 之值。λ 是一个无量纲系数,称为摩擦系数(或摩擦因数),其大小与流动类型(Re)及反映管内壁粗糙程度的 ε 有关。

2. 管壁粗糙度对摩擦系数 λ 的影响

各种化工用管的管壁粗糙度并不相同,从几何意义上可将其分为两类:①光滑管,如玻璃管、铜管、铝管、塑料管等;②粗糙管,如钢管、铸铁管、水泥管等。

实际上,即使是由同一种材质制成的管子,随着使用时间、腐蚀、结垢等情况的不同,管壁粗糙度也会发生变化。表 1-5 列出了某些工业管道的绝对粗糙度的参考数值。

表 1-5　某些工业管道的绝对粗糙度

管道类别		绝对粗糙度 ε/mm
金属管	无缝黄铜管、铜管及铅管	0.01 ~ 0.05
	新的无缝钢管或镀锌铁管	0.1 ~ 0.2
	新的铸铁管	0.3
	轻度腐蚀的无缝钢管	0.2 ~ 0.3
	显著腐蚀的无缝钢管	0.5 以上
	旧的铸铁管	0.85 以上
非金属管	干净的玻璃管	0.001 5 ~ 0.010 0
	橡胶软管	0.01 ~ 0.03
	木管	0.25 ~ 1.25
	陶土排水管	0.45 ~ 6.00
	很好整平的水泥管	0.33
	石棉水泥管	0.03 ~ 0.80

1)绝对粗糙度　绝对粗糙度是管壁突出部分的平均高度,以 ε 表示,如图 1-27 所示。在选取管壁的绝对粗糙度 ε 时,必须考虑到流体对管壁的腐蚀性,流体中的固体杂质是否会黏附在管壁上以及使用情况等因素。

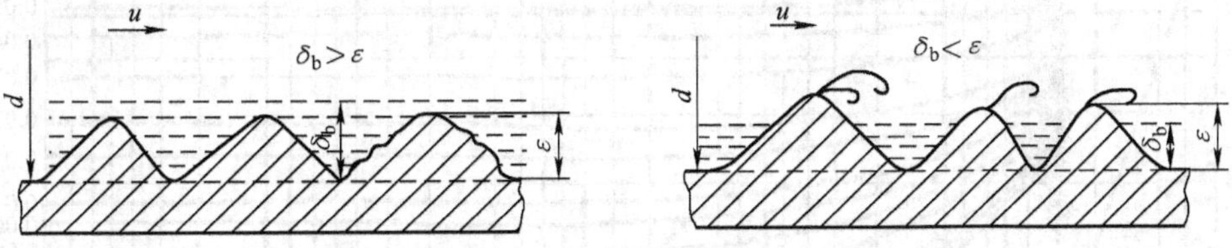

(a)　(b)

图 1-27　流体流过管壁面的情况

(a) $\varepsilon<\delta_b$　(b) $\varepsilon>\delta_b$

2)相对粗糙度　相对粗糙度是绝对粗糙度与管道内径的比值,即 ε/d。管壁粗糙度对摩擦系数的影响与管径的大小有关,所以在流动阻力的计算中要考虑相对粗糙度的大小。

扫一扫

动画 1-11　管壁的粗糙程度对流动的影响

3. 摩擦系数

1)层流时的摩擦系数　当流体作湍流流动时,因为管壁上凹凸不平的地方都被层流流体所掩盖,如图 1-27(a)所示,λ 与 ε/d 无关,只与 Re 有关,即

$$\lambda=\frac{64}{Re} \tag{1-34}$$

将式(1-34)、式(1-25)代入范宁公式,有

$$\sum h_f=\frac{32\mu lu}{\rho d^2} \tag{1-35}$$

式(1-35)称为哈根－泊谡叶方程，是流体在圆形直管内作层流流动时的阻力计算式。

2)湍流时的摩擦系数　当流体作湍流流动时，随层流内层的厚度 δ_b 减薄，壁面粗糙峰伸入湍流区与流体质点发生碰撞，加大了流体的湍流性，导致流体能量的额外损失，如图1-27(b)所示。此时摩擦系数除与 Re 有关以外，还与管壁粗糙度有关，层流内层的厚度 δ_b 愈薄，这种影响就愈显著。

由于湍流时流体质点的运动情况比较复杂，目前还不能完全用理论分析方法求得湍流时摩擦系数 λ 的公式，只能通过实验测定获得经验计算式。各种经验计算式均有一定的适用范围，可参阅有关资料。

为了计算方便，通常将摩擦系数 λ 与 Re、ε/d 的关系曲线标绘在双对数坐标纸上，如图1-28 所示，通称 Moody 图。可以根据 Re 与 ε/d 从 Moody 图中查得各种情况下的 λ 值。

(1)层流区。当 $Re<2\ 000$ 时，$\lambda=64/Re$，λ 与 Re 为线性关系，与相对粗糙度无关。阻力损失与 u 成正比。

(2)过渡区。当 $Re=2\ 000\sim4\ 000$ 时，管内流动类型受外界条件影响而变化，λ 也随之波动。工程上一般按湍流处理，λ 可由相应的湍流时的曲线延伸查取。

(3)湍流区。当 $Re>4\ 000$ 且在图 1-28 中虚线以下的区域时，对于一定的 ε/d，λ 随 Re 增大而减小；在一定的 Re 下，λ 随 ε/d 增大而增大。

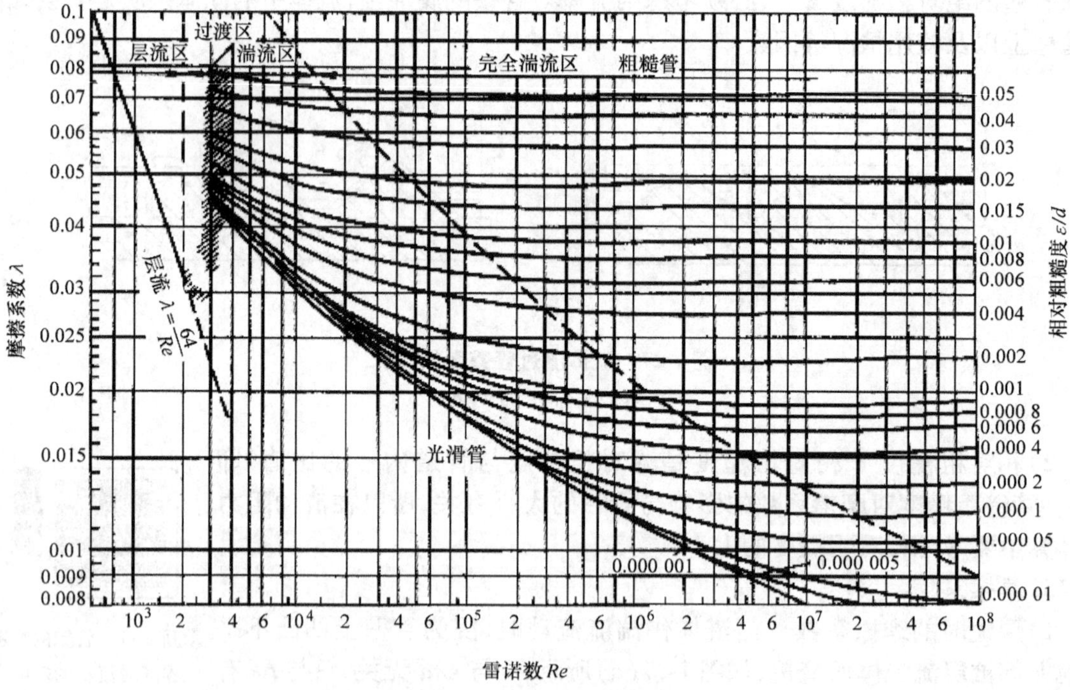

图 1-28　λ 与 Re、ε/d 的关系

(4)完全湍流区。完全湍流区即图 1-28 中虚线以上的区域，$\lambda-Re$ 曲线几乎为水平线，说明 λ 与 Re 无关，只取决于 ε/d；当管子的 ε/d 一定时，λ 为定值。在这个区域内，阻力损失与 u^2 成正比，故又称为阻力平方区。由图可见，ε/d 愈大，达到阻力平方区的 Re 愈小。

除了可用 Moody 图查取 λ 外，不少学者还提出了许多经验关系式，这里只介绍计算光滑

管的 λ 的柏拉修斯(Blasius)式：

$$\lambda=\frac{0.3164}{Re^{0.25}} \tag{1-36}$$

式(1-36)适用于 $Re=5\,000\sim10^4$ 的光滑管，这时阻力损失约与 u 的1.75次方成正比。

例1-12　密度为 $0.86\times10^3\ kg/m^3$、黏度为3 cP的石油在规格为 $\phi159\ mm\times4.5\ mm$ 的无缝钢管中流动，当石油流量为15.5 t/h时，试求总长度为1 000 m的直管的阻力损失。

解　根据题意，石油的流速为

$$u=\frac{V_s}{A}=\frac{W_s}{\rho A}=\frac{15.5\times1\,000}{3\,600}\times\frac{1}{0.86\times10^3\times0.785\times0.15^2}=0.28\ m/s$$

石油在管内流动时的雷诺数为

$$Re=\frac{du\rho}{\mu}=\frac{0.15\times0.28\times0.86\times10^3}{3\times10^{-3}}=12\,040>4\,000(\text{湍流})$$

查表选取绝对粗糙度 $\varepsilon=0.2$ mm，则 $\varepsilon/d=0.2/150=0.0013$。

查Moody图得 $\lambda=0.021$。

故直管阻力损失为

$$\sum h_f=\lambda\cdot\frac{l}{d}\cdot\frac{u^2}{2}=0.021\times\frac{1\,000}{0.15}\times\frac{0.28^2}{2}=5.488\ J/kg$$

例1-13　某液体在圆形直管内作滞流流动，若管长及液体的物性不变，而管径减至原来的1/2，问因流动阻力而产生的能量损失为原来的多少倍？

解　根据题意，能量损失为

$$\sum h_f=\lambda\cdot\frac{l}{d}\cdot\frac{u^2}{2}=\frac{64}{Re}\times\frac{l}{d}\times\frac{u^2}{2}=\frac{64\mu}{du\rho}\times\frac{l}{d}\times\frac{u^2}{2}$$

$$=\frac{32\mu l}{\rho}\times\frac{u}{d^2}=\frac{32\mu l}{\rho}\times\frac{V_s}{0.785\times d^4}\propto\frac{1}{d^4}$$

故当管径减至原来的1/2后，流动阻力损失变为原来的 $2^4=16$ 倍。

4. 非圆形直管内的阻力损失

化工生产中的流体通道截面并非都是圆形的，有时流体在正方形、矩形通道或套管环隙(两个直径不同的内、外管之间的通道)内流动，计算其阻力损失仍可用范宁公式，但应将式中和 Re 中的圆管直径 d 用非圆形管的当量直径 d_e 代替，流速仍按实际流通截面积计算。

非圆形管的当量直径 d_e 的定义为

$$d_e=4\times\text{水力半径}=4\times\frac{\text{流通截面积}}{\text{润湿周边长度}} \tag{1-37}$$

例如，对同心套管环隙中的流动，被流体润湿的周边长度包括环隙的外周边和内周边，故其当量直径 d_e 为

$$d_e=4\times\frac{\pi/4\times(d_2^2-d_1^2)}{\pi(d_2+d_1)}=d_2-d_1$$

式中　d_2——同心套管的外管的内径，m；

　　　d_1——同心套管的内管的外径，m。

读者可自行推导长为 a、宽为 b 的矩形通道的当量直径 d_e 的表达式。

实验研究表明，当量直径用于计算湍流阻力时结果较可靠；对层流流动则误差较大，此时

摩擦系数可按式(1-38)计算：

$$\lambda=\frac{c}{Re} \tag{1-38}$$

式中 c 根据管道截面的形状而定，其值列于表 1-6 中。

表 1-6 某些非圆形管的 c 值

<table>
<tr><td rowspan="2">非圆形管的截面形状</td><td rowspan="2">正方形</td><td rowspan="2">等边三角形</td><td rowspan="2">环形</td><td colspan="2">长方形</td></tr>
<tr><td>长∶宽＝2∶1</td><td>长∶宽＝4∶1</td></tr>
<tr><td>c</td><td>57</td><td>53</td><td>96</td><td>62</td><td>73</td></tr>
</table>

(二)局部阻力计算

流体在流动中由于流速的大小和方向发生改变而产生的阻力称为形体阻力，而流体与固体壁面间由于黏性而产生的阻力称为摩擦阻力。当流体流经管路中的局部部件，如各种管件、阀门、管入口、管出口等处时，必然发生流速和流动方向的突然变化，使流动受到干扰、冲击或引起边界层分离，从而产生旋涡并加剧湍动，使流动阻力显著增大，这类流动阻力统称为局部阻力，其中形体阻力占主要地位。

局部阻力一般有两种计算方法：阻力系数法和当量长度法。

1. 阻力系数法

克服局部阻力引起的机械能损失即局部阻力损失 h_f 可以表示为动能 $u^2/2$ 的倍数，即

$$h_f=\zeta\frac{u^2}{2} \tag{1-39}$$

式中 u——管内的平均流速；

ζ——局部阻力系数，其值根据局部部件的具体情况由实验求得。

常见的局部阻力系数值列于表 1-7 中。当截面发生变化时，式(1-39)中的 u 采用较小截面处的流速。

表 1-7 管件和阀门的局部阻力系数 ζ

<table>
<tr><td>管件和阀门的名称</td><td colspan="8">ζ</td></tr>
<tr><td>标准弯头</td><td colspan="4">45°，ζ＝0.35</td><td colspan="4">90°，ζ＝0.75</td></tr>
<tr><td>90°方形弯头</td><td colspan="8">1.3</td></tr>
<tr><td>180°回弯头</td><td colspan="8">1.5</td></tr>
<tr><td>活接管</td><td colspan="8">0.08</td></tr>
<tr><td rowspan="4">弯管 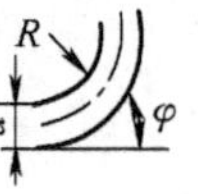</td><td rowspan="2">R/d</td><td colspan="7">φ</td></tr>
<tr><td>30°</td><td>45°</td><td>60°</td><td>75°</td><td>90°</td><td>105°</td><td>120°</td></tr>
<tr><td>1.5</td><td>0.08</td><td>0.11</td><td>0.14</td><td>0.16</td><td>0.18</td><td>0.19</td><td>0.20</td></tr>
<tr><td>2.0</td><td>0.07</td><td>0.10</td><td>0.12</td><td>0.14</td><td>0.15</td><td>0.16</td><td>0.17</td></tr>
</table>

续表

管件和阀门的名称	ζ

突然扩大

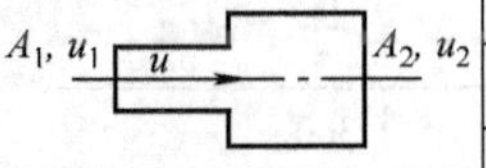

$$\zeta=(1-A_1/A_2)^2$$
$$h_f=\zeta\cdot u_1^2/2$$

A_1/A_2	0	0.1	0.2	0.3	0.4	0.5	0.6	0.7	0.8	0.9	1.0
ζ	1.00	0.81	0.64	0.49	0.36	0.25	0.16	0.09	0.04	0.01	0

突然缩小

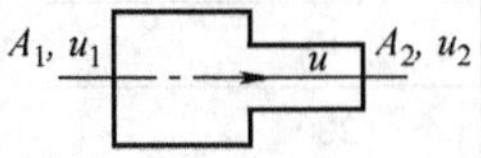

$$\zeta=0.5(1-A_1/A_2)$$
$$h_f=\zeta\cdot u_2^2/2$$

A_1/A_2	0	0.1	0.2	0.3	0.4	0.5	0.6	0.7	0.8	0.9	1.0
ζ	0.50	0.45	0.40	0.35	0.30	0.25	0.20	0.15	0.10	0.05	0

流入大容器

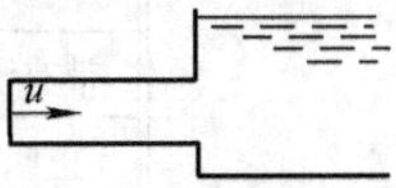

ζ=1(用管中流速)

入管口(容器→管)

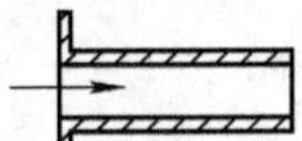

ζ=0.5

水泵进口

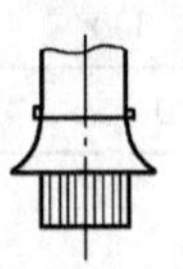

没有底阀	2～3							
有底阀	d/mm	40	50	75	100	150	200	250	300
	ζ	12.0	10.0	8.5	7.0	6.0	5.2	4.4	3.7

闸阀

全开	3/4 开	1/2 开	1/4 开
0.17	0.9	4.5	24

标准截止阀：全开，ζ=6.4；1/2 开，ζ=9.5

蝶阀

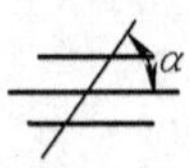

α	5°	10°	20°	30°	40°	45°	50°	60°	70°
ζ	0.24	0.52	1.54	3.91	10.8	18.7	30.6	118	751

旋塞

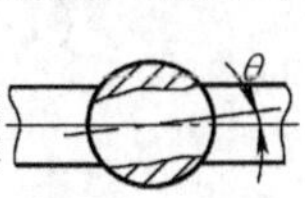

θ	5°	10°	20°	40°	60°
ζ	0.05	0.29	1.56	17.3	206

管件和阀门的名称	ζ	
角阀(90°)	5	
单向阀	摇板式，ζ=2	球形式，ζ=70
水表(盘形)	7	

2. 当量长度法

此法是将流体的局部阻力折合成流体流过直径相同的当量长度为 l_e 的直管所产生的阻力损失。于是局部阻力可表示为

$$h_f=\lambda\cdot\frac{l_e}{d}\cdot\frac{u^2}{2} \tag{1-40}$$

l_e 由实验测定，有时实验结果也用 l_e/d 来表示。表 1-8 列出了一些管件、阀门及流量计的

l_e/d。图 1-29 为某些管件与阀门的当量长度共线图。

表 1-8　一些管件、阀门及流量计的 l_e/d

名称	$\frac{l_e}{d}$	名称	$\frac{l_e}{d}$
45°标准弯头	15	截止阀(标准式)(全开)	300
90°标准弯头	30～40	角阀(标准式)(全开)	145
90°方形弯头	60	闸阀(全开)	7
180°回弯头	50～75	闸阀(3/4 开)	40
三通管(标准)		闸阀(1/2 开)	200
		闸阀(1/4 开)	800
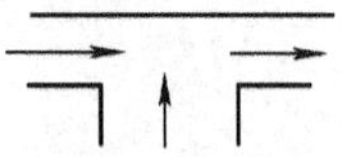	40	带有滤水器的底阀(全开)	420
		止回阀(旋启式)(全开)	135
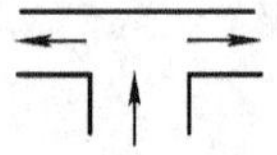	60	蝶阀(6″以上)(全开)	20
		盘式流量计(水表)	400
		文氏流量计	12
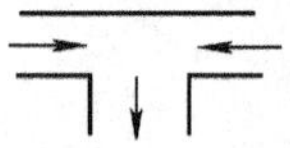	90	转子流量计	200～300
		由容器入管口	20

(三)流体在管内流动的总阻力计算

管路系统的总阻力包括所取两截面间的全部直管阻力和所有局部阻力,即伯努利方程中的 $\sum h_f$、$\rho\sum h_f$ 或 H_f 项。

当为等径管路时,总阻力计算式如下。

1. 用阻力系数法计算局部阻力

$$\sum h_f = (\lambda \frac{l}{d} + \sum \zeta)\frac{u^2}{2} \tag{1-41}$$

2. 用当量长度法计算局部阻力

$$\sum h_f = \lambda \frac{l + \sum l_e}{d} \cdot \frac{u^2}{2} \tag{1-42}$$

式(1-41)和式(1-42)中的 $\sum \zeta$、$\sum l_e$ 分别为等径管路中局部阻力系数、当量长度的总和。

对于由不同直径的管段组成的管路,需分段进行计算。

例 1-14　20 ℃的水以 1 m/s 的流速流经某一管路,管子内径为 100 mm,管壁的绝对粗糙度 ε = 0.2 mm,管路上装有 90°标准弯头 3 个、截止阀(全开)1 个,直管段长度为 100 m。试计算流体流经该管路的总阻力损失。

解　取常温下水的密度为 1 000 kg/m^3,黏度为 1 mPa·s。

$$Re = \frac{du\rho}{\mu} = \frac{0.1 \times 1 \times 1\,000}{1 \times 10^{-3}} = 1.0 \times 10^5 \text{(湍流)}$$

管壁的相对粗糙度 ε/d = 0.002,由 Re 和 ε/d 查图 1-28 得 λ = 0.025。

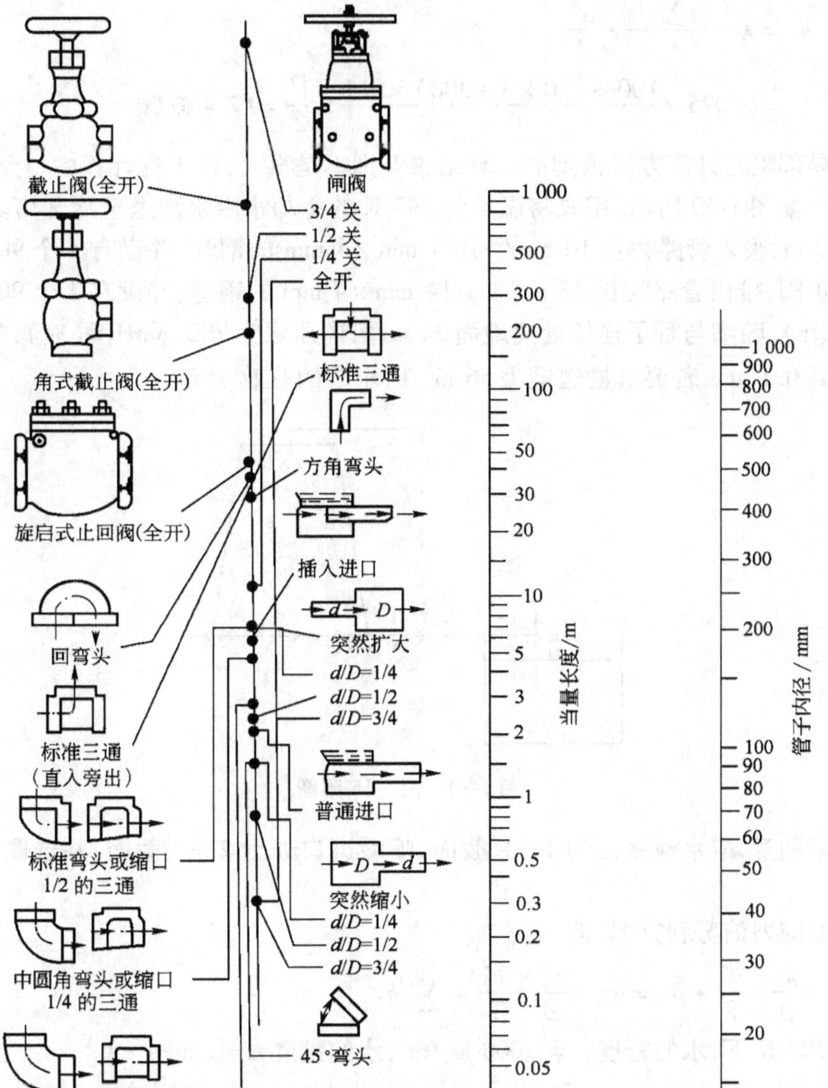

图 1-29　某些管件与阀门的当量长度共线图

(1)用阻力系数法计算。

查表 1-7 得:90°标准弯头,$\zeta = 0.75$;截止阀(全开),$\zeta = 6.4$。所以

$$\sum h_f = \left(\lambda \frac{l}{d} + \sum \zeta\right)\frac{u^2}{2}$$

$$\left[0.025 \times \frac{100}{0.1} + (0.75 \times 3 + 6.4)\right] \times \frac{1^2}{2} = 16.8 \text{ J/kg}$$

(2)用当量长度法计算。

查表 1-8 得:90°标准弯头,$l_e/d = 30$;截止阀(全开),$l_e/d = 300$。所以

$$\sum h_f = \lambda \frac{l+\sum l_e}{d} \cdot \frac{u^2}{2}$$

$$= 0.025 \times \frac{100+(30\times3+300)\times0.1}{0.1} \times \frac{1^2}{2} = 17.4\ \text{J/kg}$$

用两种局部阻力计算方法得到的计算结果差别不是很大,在工程计算中是允许的。

例 1-15 如图 1-30 所示,用泵将温度为 293 K 的冷却水由水池送至冷却塔。已知水池液面比地面低 2 m,吸入管路为长 10 m 的 ϕ114 mm ×4 mm 的钢管,并设有 1 个 90°标准弯头、1 个全开的截止阀;排出管路为长 36 m 的 ϕ114 mm ×4 mm 的钢管,并设有 2 个 90°标准弯头、1 个闸阀(1/2 开);喷嘴与管子连接处离地面 24 m,塔内压强为 700 mmH_2O(表),喷嘴进口处的压强比塔中高 0.1 at。若要求输送量为 56 m^3/h,求泵的有效功率。

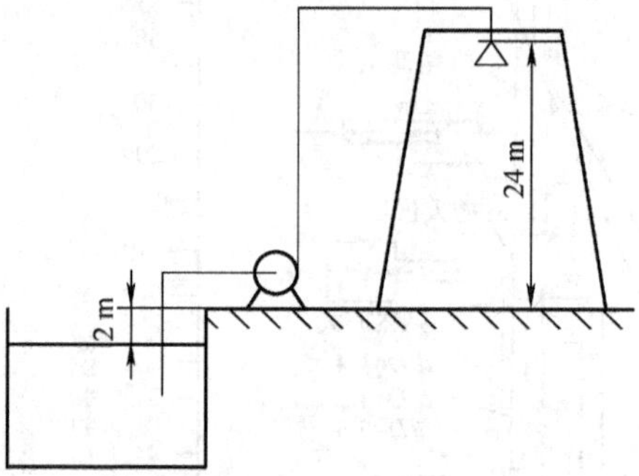

图 1-30 例 1-15 附图

解 根据题意,取水池液面为 1—1′截面,喷嘴进口处为 2—2′截面,并选取 1—1′截面为基准水平面。

在两截面间列伯努利方程,即

$$gz_1 + \frac{p_1}{\rho} + \frac{u_1^2}{2} + W_e = gz_2 + \frac{p_2}{\rho} + \frac{u_2^2}{2} + \sum h_f$$

已知在 293 K 下,水的密度 ρ = 1 000 kg/m^3,水的黏度 μ = 1 mPa · s。

$$u = \frac{V_s}{0.785d^2} = \frac{56}{3\,600\times0.785\times0.106^2} = 1.764\ \text{m/s}$$

$$Re = \frac{du\rho}{\mu} = \frac{0.106\times1.764\times1\,000}{1\times10^{-3}} = 1.87\times10^5 (\text{湍流})$$

取钢管的绝对粗糙度为 0.2 mm,则 ε/d = 0.2/106 = 0.001 9。查 Moody 图得 λ = 0.025。

查表 1-7 得局部阻力系数如下。

1 个 1/2 开的闸阀:4.5。

3 个 90°标准弯头:3 ×0.75 = 2.25。

1 个全开的截止阀:6.4。

所以管路的阻力为

$$\sum h_f = \left(\lambda \frac{l}{d} + \sum \zeta\right)\frac{u^2}{2}$$

$$= \left(0.025 \times \frac{10+36}{0.106} + 4.5 + 2.25 + 6.4\right) \times \frac{1.764^2}{2}$$

$=37.3\ \text{J/kg}$

将 $z_1=0, z_2=2+24=26\ \text{m}, p_1=0$(表)$, u_1\approx 0, u_2=1.764\ \text{m/s}, p_2=\dfrac{0.7}{10.33}\times 101.3+0.1\times 98.07=16.67\ \text{kPa}$(表)代入伯努利方程,解得

$$W_e=310.59\ \text{J/kg}$$

泵的有效功率:

$$N_e=W_eW_s=310.59\times\frac{56\times 1\,000}{3\,600}=4\,831\ \text{W}\approx 4.83\ \text{kW}$$

(四)简单管路的计算

管路计算实际上是连续性方程、伯努利方程与能量损失计算式的具体运用,由于已知量与未知量情况不同,计算方法亦随之而改变。在实际工作中常遇到的管路计算问题归纳起来有以下三种情况。

(1)已知管径、管长、管件和阀门的设置及流体的输送量,求流体通过管路系统的能量损失,以进一步确定输送设备加入的外功、设备内的压强或设备间的相对位置等。这一类计算比较容易,例1-9属此种情况。

(2)已知管径、管长、管件和阀门的设置及允许的能量损失,求流体的流速或流量。

(3)已知管长、管件和阀门的当量长度、流体的流量及允许的能量损失,求管径。

后两种情况都存在着共同性问题,即流速 u 或管径 d 未知,因此不能计算 Re,无法判断流体的流型,亦不能确定摩擦系数 λ。在这种情况下,工程计算常采用试差法或其他方法来求解。下面通过例题介绍试差法的应用。

例1-16　一个水塔供水系统,采用 $\phi 114\ \text{mm}\times 4\ \text{mm}$ 的无缝钢管,管路总长(包括管路中的全部管件,阀门,管进、出口等的当量长度)为600 m,水塔液面维持恒定,且高于出水口10 m,如图1-31所示。求管路的输水量(m^3/h)。

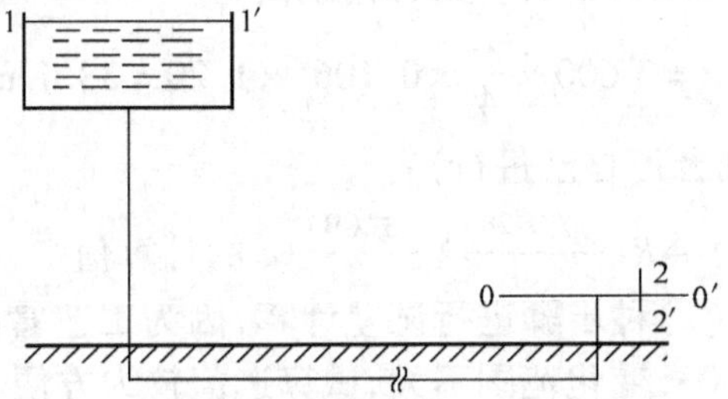

图1-31　例1-16附图

解　本例为操作型计算。取水塔液面为1—1′截面,出水管口截面为2—2′截面。取过管出口中心的水平面0—0′为基准面。

列1—1′和2—2′截面间的伯努利方程:

$$gz_1+\frac{u_1^2}{2}+\frac{p_1}{\rho}=gz_2+\frac{u_2^2}{2}+\frac{p_2}{\rho}+\sum h_f \tag{A}$$

式中 $z_1=10\ \text{m}, z_2=0, u_1\approx 0, u_2=u, p_1=p_2=0$(表)。

按式(1-42)计算,已知 $l+\sum l_e=600\ \text{m}, d=114-2\times 4=106\ \text{mm}=0.106\ \text{m}$,则

$$\sum h_f = \lambda \frac{l+\sum l_e}{d} \cdot \frac{u^2}{2} = \lambda \times \frac{600}{0.106} \times \frac{u^2}{2}$$

将各已知值代入式(A)得

$$9.81 \times 10 = \frac{u^2}{2} + \lambda \times \frac{600}{0.106} \times \frac{u^2}{2}$$

整理上式得

$$u = \sqrt{\frac{196.2}{5\ 660\lambda + 1}} \qquad (B)$$

由于 $\lambda = \varphi(Re, \varepsilon/d)$，而 $Re = \frac{du\rho}{\mu}$ 中包含未知量 u，因此本题需用试差法求解。这里采用两种试差步骤。

(1)先假设 λ，由式(B)求出 u，然后计算出 Re 和 ε/d，由图 1-28 查得 λ，若与假设的 λ 不符，则需重新假设 λ，直至查得的 λ 与假设的基本相符为止。

第一次假设 $\lambda = 0.02$，代入式(B)得 $u = 1.31$ m/s。

取常温水的密度为 1 000 kg/m³，黏度为 1 cP，则

$$Re = \frac{du\rho}{\mu} = \frac{0.106 \times 1.31 \times 1\ 000}{1 \times 10^{-3}} = 1.39 \times 10^5$$

取普通钢管的绝对粗糙度 $\varepsilon = 0.2$ mm，则有

$\varepsilon/d = 0.2/106 = 0.001\ 89$

由图 1-28 查得 $\lambda = 0.024$，此值大于第一次假设的值，需重新试算。

第二次假设 $\lambda = 0.024$，代入式(B)得 $u = 1.20$ m/s。

$$Re = \frac{du\rho}{\mu} = \frac{0.106 \times 1.20 \times 1\ 000}{1 \times 10^{-3}} = 1.27 \times 10^5$$

查得 $\lambda = 0.024$，与第二次假设的值相符。

因此，计算结果应为 $u = 1.20$ m/s，管路的输水量为

$$V_s = 3\ 600 \times \frac{\pi}{4} d^2 \times u = 3\ 600 \times \frac{\pi}{4} \times 0.106^2 \times 1.20 = 38.1\ \text{m}^3/\text{h}$$

(2)按下列步骤计算(读者可自己进行)：

假设 u(参考表 1-4)$\rightarrow Re \xrightarrow{\text{图 1-28}} \lambda \xrightarrow{\text{式(B)}} u$ 的计算值

一般在解题中常采用第(1)种步骤进行试差计算，因为工艺管路中流体的流动多为湍流，其摩擦系数一般在 0.02 ~ 0.03，变化范围不大，试算选值较为方便。

试差法不但可用于管路计算，而且在以后的学习中也会经常用到。试差法并不是用一个方程解两个未知量，它仍然遵循有几个未知数就应由几个方程求解的原则，只是其中一些方程比较复杂，或具体函数关系未知，仅给出变量关系曲线图。

三、流量测量

在生产过程中，常常需要测定流体的流速和流量。测量装置的形式很多，这里介绍的是以流体机械能守恒原理为基础、利用动能变化和压强能变化的关系来实现测量的装置。流量测量装置可分为两类：一类是定截面、变压差的流量计或流速计，它的流道截面是固定的，当流过的流量改变时，通过压强差的变化反映流速的变化，皮托管、孔板流量计和文氏流量计均属此

类；另一类是变截面、定压差的流量计，即流体通道截面随流量大小而变化，而流体通过流道截面的压强降是固定的，如常用的转子流量计。

（一）皮托管

如图 1-32 所示，皮托管由两根弯成直角的同心圆管组成，管子的直径很小。同心圆管的内管前端敞开，正对流体流动方向（即轴向与流体流动方向平行）；外管前端封死，在离端点一定距离的 B 处开有若干个测压小孔，流体从小孔旁流过；内外管的另一端分别与 U 形管压差计的两端相连接。皮托管的优点是对流体的阻力较小，适用于测量大直径管路中的气体流速。

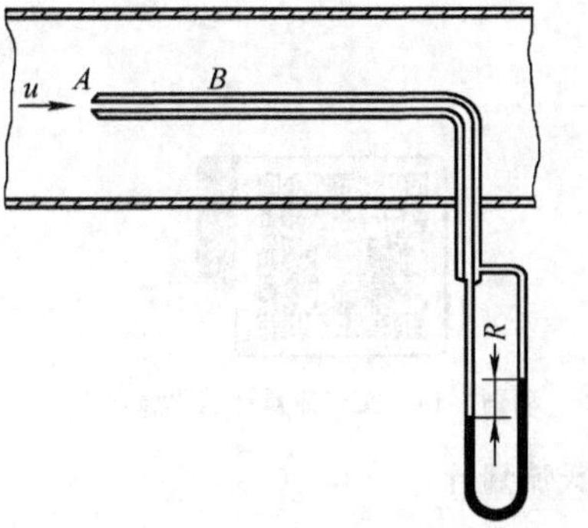

动画1-12　皮托管测速计的工作原理

图 1-32　皮托管测速计

（二）孔板流量计

在管道中装一块中央开有圆孔的金属板（与流体流动方向垂直），孔口经精密加工呈刀口状，在厚度方向上沿流向以 45°角扩大，称为锐孔板（见图 1-33）。孔板通常用法兰固定于管道中。

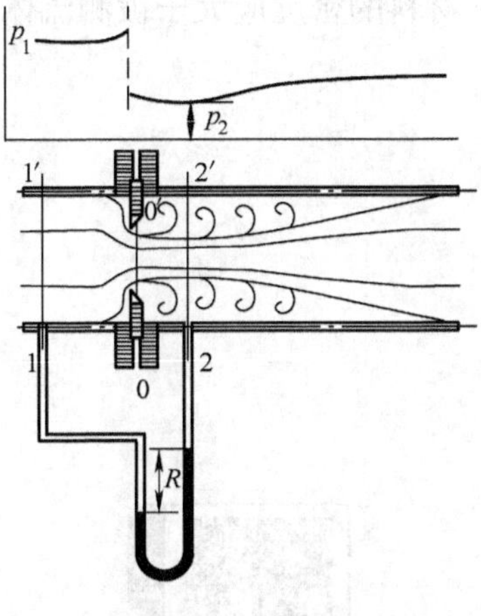

动画1-13　孔板流量计工作原理

图 1-33　孔板流量计

孔板流量计安装位置的上、下游都要有一段内径不变的直管，以保证流体通过孔板之前的速度分布稳定。若孔板上游不远处装有弯头、阀门等，流量计读数的精确性和重现性都会受到影响。通常要求上游直管长度为（15～40）d_1，下游为 $5d_1$。若 A_0/A_1 较小，则这个长度可缩短一些。

孔板流量计结构简单，容易制造，安装和使用均较方便，在工程中被广泛使用。当流量有较大变化时，为了调整流量条件，可很方便地调换孔板。它的主要缺点是流体经过孔板后能量损失较大，并随 A_0/A_1 减小而加大，而且孔口边缘容易被腐蚀和磨损，所以流量计应定期进行校正。

（三）文氏流量计

为了克服流体流过孔板流量计永久压降很大的缺点，把孔板改制成如图 1-34 所示的渐缩渐扩管，以减小流体流过时的阻力损失。一般收缩角为 15°～25°，扩大角为 5°～7°，这种流量计称为文氏流量计。

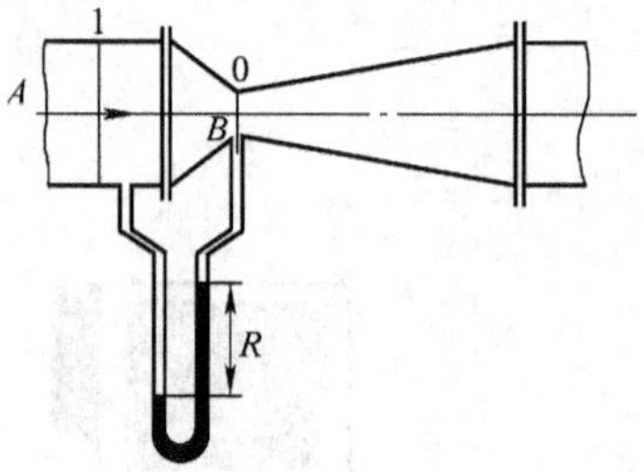

动画1-14　文式流量计工作原理

图 1-34　文氏流量计

文氏流量计阻力损失较小，更适用于低压气体输送管道中流量的测量。但其各部分尺寸要求严格，需要精细加工，所以造价比较高，且流量计安装时要占据一定的长度，前后也必须保证有足够长的稳定段。

（四）转子流量计

如图 1-35 所示，转子流量计是一个自下而上截面渐扩的竖直锥形玻璃管，管内装有一个由金属或其他材料制成的转子（或称浮子），转子材料的密度应大于被测流体的密度。

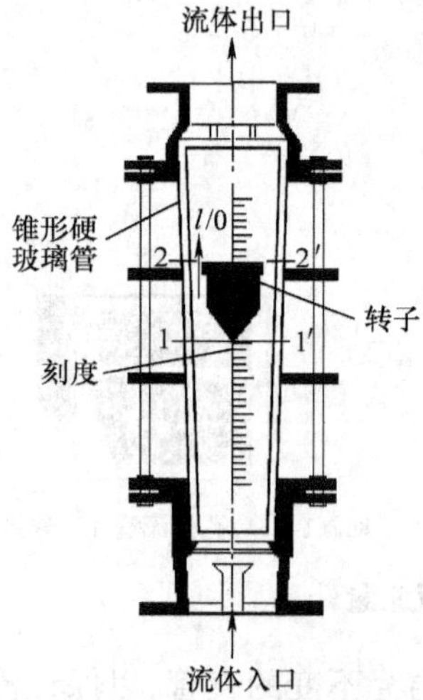

动画1-15　转子流量计工作原理

图 1-35　转子流量计

转子流量计的刻度与被测流体的密度有关。通常在流量计出厂之前，分别选用水和空气作为标定流量计刻度的介质。当用于测量其他流体时，需要对原有刻度加以校正。

转子流量计读取流量方便，能量损失很小，测量范围宽，能用于腐蚀性流体的测量。但因流量计管大多为玻璃制品，故不能经受高温和高压，在安装、使用过程中也容易破碎，且要求安装时必须保持竖直。测量压强小于 1 MPa、温度低于 100 ℃的洁净、透明、无毒、无燃烧和爆炸危险且对玻璃无腐蚀、无黏附的流体的流量，可采用玻璃转子流量计。

孔板流量计、文氏流量计与转子流量计的主要区别在于：前两者的孔板面积不变，流体流经孔板产生的压差随流量不同而变化，因此可通过流量计的压差读数来反映流量的大小，这类流量计统称为压差流量计；后者流体流经转子产生的压差保持恒定，而截流口的面积随流量而变化，通过变动的截面积来反映流量的大小，即根据转子所处位置的高低来读取流量，故此类流量计又称为截面流量计。

自　测　题

一、填空题

1. 已知通过某一截面的溶液流量为 30 m^3/h，密度为 1 200 kg/m^3，该截面处管子的内径为 0.08 m，则流速为________，质量流速为________。

2. 已知管内径为 0.02 m，黏度为 1.1 cP、密度为 1 050 kg/m^3 的液体以每小时 2 m^3 的流量流动，则流动类型为________。

3. 在完全湍流的情况下，如管路系统不变，流量增大 1 倍，阻力________。

4. 流体流动的类型包括________和________，雷诺数 Re 的物理意义是________，Re 越大，湍动程度越高。

5. 流体在管内层流流动时，摩擦系数 $\lambda=$________；若流动处于湍流区，则 λ 是______和______的函数；若处于完全湍流（阻力平方）区，粗糙管的摩擦系数 λ 仅与______有关。

6. 水在管路中流动时，常用流速范围为________m/s；低压气体在管路中流动时，常用流速范围为________m/s。

7. 在流动系统中，若截面上流体的流速、压强、密度等仅随______改变，不随______而变，称为稳定流动；若以上各量既随______改变又随______而变，称为不稳定流动。

二、判断题

1. 能量衡算的依据是能量守恒定律。（　　）

2. 层流时，阻力损失与 u 的一次方成正比。（　　）

3. 甘油和水在管内流动时，若流动条件相同，则阻力损失 $\sum h_f$ 相同。（　　）

4. 转子流量计要竖直安装。（　　）

三、选择题

1. 流体在圆直管内作层流流动，若只将流速增大 1 倍，则阻力损失为原来的（　　）。

A. 4 倍　　B. 2 倍　　C. 8 倍　　D. 不定

2. 在一个没有支管的管路中稳定流动的液体，其流速与管径的关系是（　　）。

A. 无关　　B. 成正比　　C. 成反比　　D. 有关，但不成比例

3. 流体的流量不变，将管径增大 1 倍，则雷诺数为原来的（　　）。

A. 1/2　　B. 2 倍　　C. 4 倍　　D. 1/4

4. 某流体在管路中流动，$Re=30\ 000$，则其流动类型是（　　）。

A. 层流　　B. 湍流　　C. 过渡流　　D. 错流

5. 下面的流量计中，属于等压差型的是(　　)。

A. 孔板流量计　　B. 文氏流量计　　C. 转子流量计　　D. 金属浮子流量计

四、简答题

1. 在流量一定的情况下，管径是否越小越好？为什么？

2. 伯努利方程应用的条件是什么？

五、计算题

1. 管子内径为 100 mm，当 277 K 的水以 2 m/s 的流速流过时，试求水的体积流量和质量流量。[答：0.015 7 m^3/s，15.7 kg/s]

2. 一个异径串联管路，小管内径为 50 mm，大管内径为 100 mm。水由小管流向大管，体积流量为 15 m^3/h。试分别求出水在小管和大管中的：①质量流量(kg/h)；②平均流速(m/s)；③质量流速[$kg/(m^2 \cdot s)$]。[答：小管中 15 000 kg/h，2.123 m/s，2 123 $kg/(m^2 \cdot s)$；大管中 15 000 kg/h，0.531 m/s，530.8 $kg/(m^2 \cdot s)$]

3. 水以 17 m^3/h 的流量流经一个水平扩大管段，小管内径 $d_1 = 40$ mm，大管内径 $d_2 = 80$ mm。如附图所示的倒 U 形管压差计的读数 R 为 170 mm。求水流经 1—1′、2—2′截面间的扩大段的阻力损失(J/kg)。[答：8.29 J/kg]

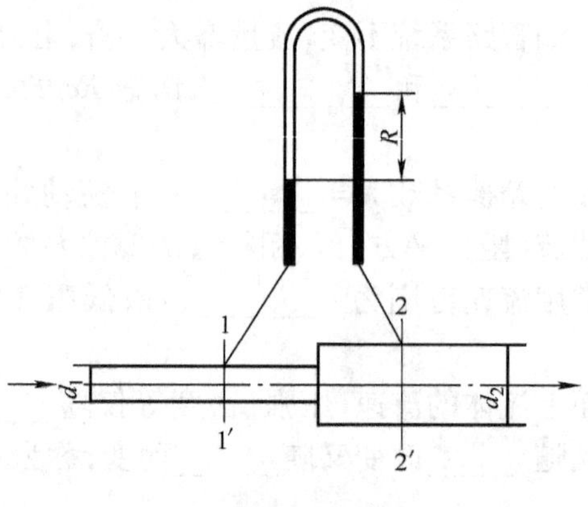

计算题 3 附图

4. 如附图所示的一个输水系统，高位槽液面高于地面 8 m，输水管为无缝钢管，尺寸为 ϕ108 mm × 4 mm，埋于地面以下 1 m 处，出口管管口高出地面 2 m。已知水流动时的阻力损失可用下式计算：$\sum h_f = 45\left(\frac{u^2}{2}\right)$，式中 u 为管内的流速。试求：①输水管中水的流量(m^3/h)；②欲使水量增加 10%，应将高位槽液面增高多少米？(设在两种情况下高位槽液面均恒定)[答：①45.2 m^3/h；②1.26 m]

5. 如附图所示的水槽液面恒定，底部引出管为 ϕ108 mm × 4 mm 的无缝钢管。当阀门 A 全闭时，近阀门处的玻璃管中的水位 h 为 1 m，当阀门调至一定开度时，h 降为 400 mm，此时水在该系统中的阻力损失(由水槽至玻璃管接口处)为 300 mmH_2O，试求管中水的流量(m^3/h)。[答：68.7 m^3/h]

6. 25 ℃的水在 ϕ76 mm × 3 mm 的无缝钢管中流动，流量为 30 m^3/h。试判断其流动类型；若要保证管内流体作层流流动，则管内最大的平均流速应为多少？[答：$Re = 1.69 \times 10^5$，为湍

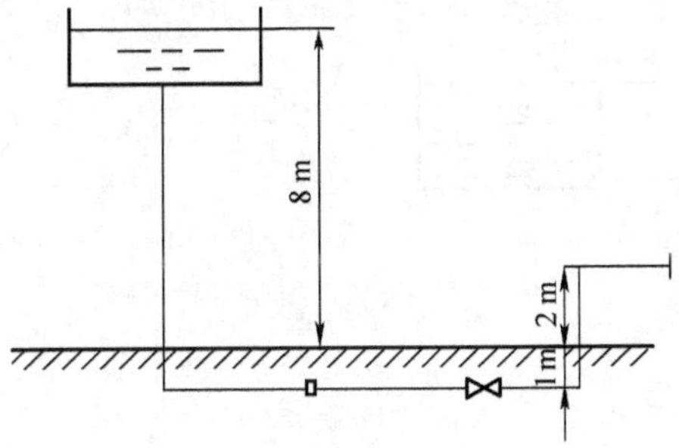

计算题 4 附图

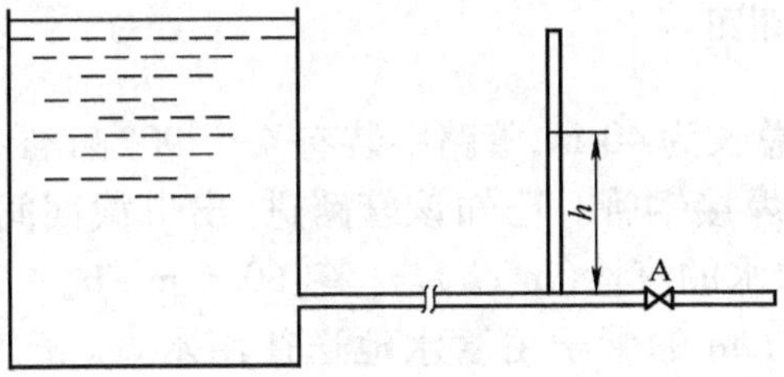

计算题 5 附图

流;0.025 6 m/s]

7. 套管热换器由 ϕ25 mm×2.5 mm 和 ϕ76 mm×3.5 mm 的无缝钢管组成,今有 50 ℃、流量为 2 000 kg/h 的水在套管环隙中流动,试判断水的流动类型。[答:$Re=1.37\times10^4$,湍流]

8. 某输液管路输送 20 ℃的某有机液体,其密度为 1 022 kg/m^3,黏度为 4.3 cP。管子为热轧无缝钢管,规格为 ϕ57 mm×3.5 mm,要求输液量为 1 m^3/h,管子总长为 10 m(包括阻力的当量长度在内)。试求:①流过此管的阻力损失(J/kg);②若改用无缝钢管(ϕ25 mm×2.5 mm),阻力损失(J/kg)为多少? 钢管的绝对粗糙度可取 0.2 mm。[答:①$7.65\times10^{-2}$ J/kg;②9.79 J/kg]

9. 水以 2.7×10^{-3} m^3/s 的流量流过内径为 50 mm 的铸铁管。在操作条件下,水的黏度为 1.09 mPa·s,密度为 992 kg/m^3。求水通过 75 m 水平管段的阻力损失(J/kg)。[答:65.7 J/kg]

10. 水在 ϕ38 mm×1.5 mm 的水平钢管内流动,温度是 293 K,流速为 2.5 m/s,管长为 100 m。求直管的压强降及压头损失。[答:356.4 kPa,36.4 m]

11. 原油以 28.9 m^3/h 的流量流过普通热轧无缝钢管,管子总长为 530 m(埋于地面以下),允许的阻力损失为 80 J/kg。原油在操作条件下的密度为 890 kg/m^3,黏度为 3.8 mPa·s。管壁的绝对粗糙度可取 0.5 mm。试选择适宜的管子规格。[答:ϕ114 mm×4 mm]

12. 如附图所示,用泵将贮槽中的某油品以 40 m^3/h 的流量输送到高位槽。已知两槽的液位差为 20 m,输送管内径为 100 mm,管子总长为 450 m(包括各种局部阻力的当量长度在内)。试计算泵所需的有效功率。设两槽液面恒定。油品的密度为 890 kg/m^3,黏度为 0.187 Pa·s。[答:6.17 kW]

13. 用玻璃虹吸管将槽内的某酸溶液自吸出来,如附图所示。溶液的密度为 1 200 kg/m^3,黏度为 6.5 cP。玻璃虹吸管内径为 25 mm,总长为 4 m,其上有 2 个 90°弯头。若要使输液量不小于 0.5×10^{-3} m^3/s,高位槽液面至少要比管出口高多少米? 设高位槽液面恒定。[答:

0.545 m]

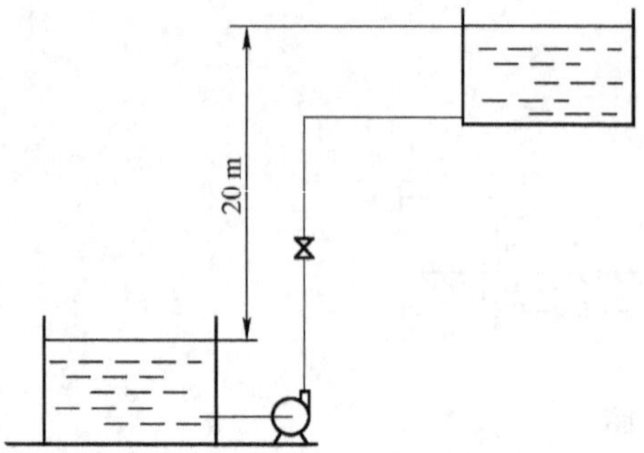

计算题 12 附图

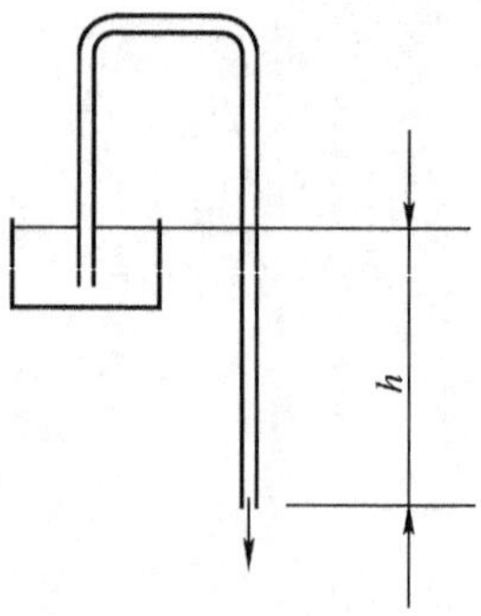

计算题 13 附图

14. 一个简单管路系统总长为 40 m，管路中装有 4 个 90°标准弯头和 1 个全开的截止阀，选用 ϕ114 mm×4 mm 普通焊接钢管。已知该管路进、出口截面间允许的压差为 0.04 MPa。当管路输送 10 ℃的水时，求水的流量(m^3/h)。[答:60.6 m^3/h]

15. 水经过内径为 200 mm 的管子由蓄水池送往用水点。已知水池水面高于排出管端 25 m，且维持水池中的水位不变。设管路的压头损失为 24.8 mH_2O(不包含管出口处)，试求管子的排水量(m^3/h)。[答:223.9 m^3/h]

16. 在 ϕ272 mm×8 mm 的无缝钢管的管中心处装有一个皮托管，用以测定管中心处的空气流速，空气的温度为 40 ℃，压强为 9×10^4 Pa(绝)。采用双液柱微差计测量皮托管两端的压差，指示液为水和油，其密度分别为 1 000 kg/m^3 和 800 kg/m^3。已知压差计的读数为 150 mm，求管内空气的质量流量(kg/s)。[答:1.005 kg/s]

17. 用泵将温度为 293 K 的冷却水由水池送至冷却塔。已知水池液面比地面低 2 m，吸入管路为长 10 m 的 ϕ114 mm×4 mm 的钢管，并设有 1 个 90°标准弯头；排出管路为长 36 m 的 ϕ114 mm×4 mm 的钢管，并设有 2 个 90°标准弯头、1 个闸阀(1/2 开)；喷嘴与管子连接处离地面 24 m，塔内压强为 700 mmH_2O(表)，喷嘴进口处的压强比塔中高 0.1 at。若要求输送量为 56 m^3/h，求泵的理论功率。[答:4.73 kW]

18. 从水塔中将温度为 293 K 的水引至车间，采用 ϕ114 mm×4 mm 的有缝钢管，其计算长度(直管长度与局部障碍物的当量长度之和)为 150 m。水塔液面维持恒定，且高于排水管口 12 m，试求该管路中的水流量。[答:76.3 m^3/h]

任务五 认识液体输送机械

任务分析：在化工生产中，经常需要将流体从一个设备送至另一个设备，从一个工序输送到另一个工序，从低处送往高处。这就必须使用各种流体输送机械从外部对流体做功，以增加流体的机械能，从而满足流体输送要求。人们常常把流体输送机械比喻为使化工过程正常进行的“心脏”。

化工生产中被输送流体的物性(如密度、黏度、腐蚀性、可燃性和毒性等)和操作条件(如流量、温度、压强等)都有很大的差异，有时还会遇到多相流体的输送，为了满足不同的需要，开发了许多结构与操作特性各不相同的流体输送机械。总的来说，可分为液体输送机械(如各类输送液体的泵）和气体输送机械（如通风机、压缩机、真空泵等）两大类。按工作原理可分为离心式、正位移式（或称容积式）和流体动力作用式三类。其中以离心式最为常见。

在本任务中，重点介绍使用频率最高的液体输送机械——离心泵。

任务目标：①掌握离心泵的结构部件及作用；②理解离心泵的工作原理；③理解气蚀现象和气缚现象；④理解离心泵特性曲线，掌握离心泵工作点的确定及流量调节方法；⑤理解往复泵等其他化工液体输送机械的工作原理和结构特点。

技能目标：能根据流体的物性和输送任务选择合适的离心泵，并能确定其安装位置、工作点。

一、认识离心泵

离心泵是生产中应用最广泛的液体输送机械，这是因为离心泵与其他液体输送机械相比具有以下优点：①结构简单，操作方便，便于调节和自控；②流量均匀，效率较高；③流量和扬程的适用范围较广；④可输送腐蚀性或含有悬浮物的液体。

（一）离心泵的结构和工作原理

离心泵是依靠高速旋转的叶轮所产生的离心力对液体做功的流体输送机械。它具有结构简单、操作调节方便、性能稳定、适用范围广、体积小、流量均匀、故障少、寿命长等优点，应用十分广泛。

动画 1-16　离心泵的工作原理

1. 主要部件

离心泵的部件很多，其中叶轮、泵壳和轴封装置是三个主要功能部件，它们的形状和构造对实现泵的基本功能、提高泵的工作效率有重要的影响。图 1-36 所示为安装于管路中的一台卧式单级单吸离心泵。在蜗形泵壳内装有一个叶轮，叶轮与泵轴连在一起，可以与轴一起旋转，泵壳上有两个接口，一个在轴向，接吸入管，一个在切向，接排出管。通常在吸入管口装有一个单向底阀，在排出管口装有一个调节阀，用来调节流量。

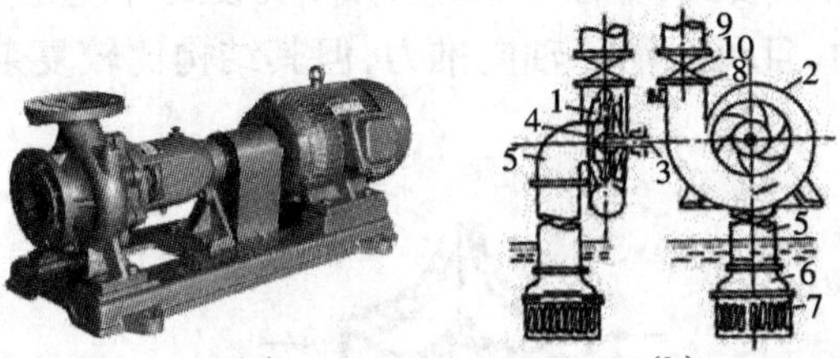

(a)　(b)

动画1-17　B型离心泵分解动画

图 1-36　单级单吸离心泵的结构

（a）实物图　（b）在管路中的示意图

轮；2—泵体；3—泵轴；4—吸入口；5—吸入管路；6—底阀；7—滤网；8—排出口；9—排出管路；10—调节阀

1）叶轮　叶轮是将原动机的能量传给液体的部件。叶轮的类型如图 1-37 所示，分为开式（敞式）、半开式和闭式三种。叶轮上一般有 6～12 片后弯形叶片，即叶片的弯曲方向与叶轮的旋转方向相反。开式叶轮叶片两侧无盖板，如图 1-37（a）所示，这种叶轮结构简单，制造容易，清洗方便，适用于输送含较多固体悬浮物或带有纤维的液体。但由于叶轮与泵壳之间的间隙较大，液体易从泵壳和叶片的高压区侧通过间隙流回低压区和叶轮进口处，即发生回泄，故其效率较低。半开式叶轮吸入口一侧无盖板（只有一块后盖板），如图 1-37（b）所示，它适用于输送易沉淀或含固体悬浮物的液体，但其效率也较低。闭式叶轮叶片两侧有前后盖板，如图

1-37(c)所示,适用于输送不含固体杂质的清洁液体,其结构较复杂,但回泄较少,效率较高。离心泵大多采用闭式叶轮。

(a) (b) (c)

图 1-37 离心泵的叶轮

(a)开式 (b)半开式 (c)闭式

闭式或半开式叶轮运行时,离开叶轮的高压液体由于同叶轮后盖板与泵壳间的空隙连通,使盖板后侧也受到较高压强的作用,而叶轮前盖板的吸入口附近为低压区,故液体作用于叶轮前后两侧的压强不等,便产生指向叶轮吸入口方向的轴向推力,导致泵轴上的轴承等部件处于不适当的受力状态,并会将叶轮推向吸入侧,与泵壳接触而产生摩擦,严重时会引起泵的震动和不正常运转。为减小轴向推力,可在叶轮后盖板上钻一些小孔(称为平衡孔),使一部分高压液体漏向低压区,以减小叶轮两侧的压强差,但泵的效率会有所降低。

动画1-18a 开式叶轮　动画1-18b 半开式叶轮　动画1-18c 闭式叶轮

按吸液方式,叶轮还可分为单吸式和双吸式,如图 1-38 所示。双吸式叶轮是从叶轮两侧同时吸入液体,因而具有较强的吸液能力,且可以消除轴向推力,但其结构比较复杂,常用于大流量的场合。

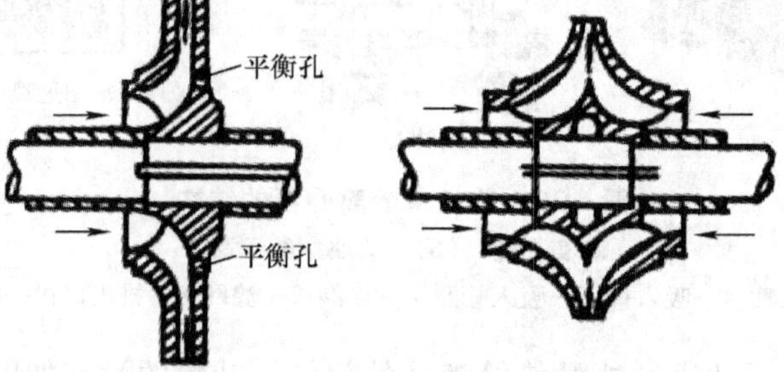

(a) (b)

图 1-38 离心泵的吸液方式

(a)单吸式 (b)双吸式

2)泵壳　离心泵的外壳是蜗壳形的,如图 1-39 所示。叶轮在壳内旋转时吸入和排出液体,叶轮旋转的方向与蜗壳流道逐渐扩大的方向一致,它使由叶轮甩出的高速液体的大部分动能随流道扩大转换为压强能,因此蜗壳不仅作为汇集和导出液体的通道,而且是一个能量转换装置。

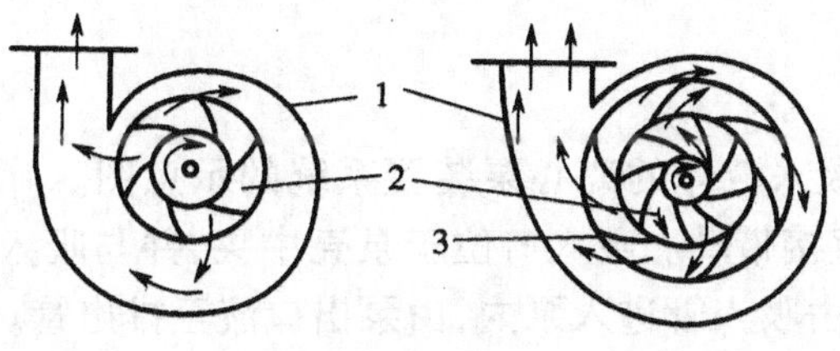

图 1-39　泵壳与导轮

1—蜗壳；2—叶轮；3—导轮

对较大的离心泵，为减小叶轮甩出的高速液体与泵壳之间由于碰撞而产生的阻力损失，可在叶轮与泵壳间安装一个如图 1-39 所示的导轮。它是一个固定不动的带有叶片的圆盘，液体由叶轮 2 甩出后沿导轮 3 的叶片间的流道逐渐发生能量转化，使能量损失尽量减小。

3）轴封装置　由于泵壳固定而泵轴是转动的，因此在泵轴与泵壳之间存在一定的空隙，为了防止泵内液体沿空隙漏出泵外或空气沿相反的方向进入泵内，需要对空隙进行密封处理。用来实现泵轴与泵壳之间的密封的装置称为轴封装置。常用的轴封装置有填料密封和机械密封。

（1）填料密封。如图 1-40 所示，它主要由填料函壳、软填料和填料压盖组成。软填料可选用浸油及涂石墨的方形石棉绳，缠绕在泵轴上，然后将压盖均匀上紧，使填料紧压在填料函壳和转轴之间，以达到密封的目的。它结构简单，加工方便，但功率消耗较大，且沿轴仍有一定量的泄漏，需要定期更换维修。

（2）机械密封。输送易燃、易爆或有毒、有腐蚀性的液体时，轴封要求严格，一般采用机械密封装置，图 1-41 为其示意图。主要的密封元件是由装在轴上随轴转动的动环和固定在泵体上的静环组成的密封对（一般动环用硬质耐腐蚀金属材料、静环用浸渍石墨或耐蚀塑料制作，以便更换），两个环的环形端面上有弹簧，使之平行紧贴，当泵运转时，两个环的环形端面发生相对运动但保持紧贴而起到密封作用，因此机械密封又称为端面密封。

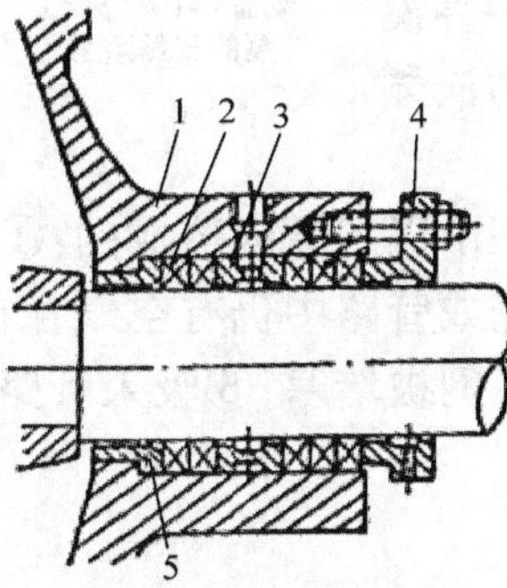

图 1-40　填料密封

1—填料函壳；2—软填料；3—液封圈；4—填料压盖；5—内衬套

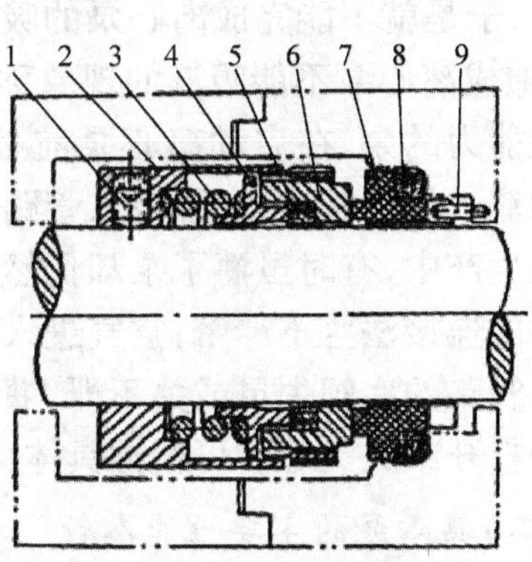

图 1-41　机械密封

1—螺钉；2—传动座；3—弹簧；4—推环；5—动环密封圈；6—动环；7—静环；8—静环密封圈；9—防转销

与填料密封相比，机械密封的密封性能好，结构紧凑，使用寿命长，功率消耗少，因此广泛地应用于各种类型的离心泵中，但其加工精度要求高，安装技术要求严，价格较高，维修也较麻烦。

2. 工作原理

图 1-36(b)是从池内吸入液体的离心泵装置系统的示意图。叶轮安装在泵体内，紧固于泵轴上，泵轴一般由电机直接带动。吸入口位于泵壳中央，并与吸入管连接，由于直接从池内吸入，故液体经滤网、底网由吸入管进入泵内，由泵出口流至排出管。

在离心泵启动前，必须将所送液体灌满吸入管路、叶轮和泵壳，这种操作称为灌泵。电机启动后，泵轴带动叶轮高速旋转，转速一般为 1 000～3 000 r/min；在离心力的作用下，液体由叶轮中心被甩向边缘并获得机械能，以 15～25 m/s 的线速度离开叶轮进入蜗形泵壳，在壳内由于流道不断扩大，液体流速渐减而压强渐增，最终以较高的压强沿泵壳的切向流至排出管。图 1-42 所示为液体在泵内的流动情况。液体由旋转的叶轮中心向外缘运动时在叶轮中心形成了低压区（真空），在吸入侧液面压强与泵吸入口及叶轮中心之间的压强差的作用下，液体流向叶轮。只要叶轮不断转动，液体就会连续地吸入和排出，完成一定的送液任务。

图 1-42 液体在泵内的流动情况

在泵启动前，如果吸入管路、叶轮和泵壳内没有充满液体而存在部分空气，由于空气的密度远小于液体，叶轮旋转时对气体产生的离心力很小，因此在吸入口不能形成必要的真空度，在吸入管两端不能形成足够大的压差，于是就不能完成离心泵的吸液。因为泵体内充满气体（通常为空气）而造成离心泵不能吸液的现象称为气缚现象。因此，离心泵是一种没有自吸能力的泵，在启动离心泵前必须灌泵。为防止灌入泵壳内的液体因重力流入低位槽内，在泵吸入管路的入口处装有止逆阀（底阀）。

扫一扫

动画1-19 离心泵的气缚现象

在生产中，有时虽灌了泵却仍然存在不能吸液的现象，这可能是由以下原因造成的：①吸入管路的连接法兰不严密，空气进入；②灌而未满，未排净空气，泵壳或管路中仍有空气存在；③吸入管路的底阀失灵或关不严，灌液不满；④吸入管路的底阀或滤网被堵塞；⑤吸入管路的底阀未打开或失灵等。可根据具体情况采取相应的措施。

（二）离心泵的主要性能参数

为了完成具体的输送任务，需要选用适宜规格的离心泵并使之高效运转，这就要求我们必须了解离心泵的性能及这些性能之间的关系。离心泵的主要性能参数有流量、扬程、轴功率、效率等，这些性能参数及它们之间的关系在泵出厂时会标注在铭牌或产品说明书上，供使用者参考。

1. 流量 Q

离心泵的流量是离心泵在单位时间内输送的液体体积，用 Q 表示，其单位为 m^3/s 或 m^3/h。其大小取决于泵的结构形式、尺寸（叶轮直径和流道尺寸）、转速以及液体的黏度。

2. 扬程 H

离心泵的扬程又称泵的压头，是离心泵对单位重量（重力）的液体提供的有效机械能量，也就是液体从泵那里实际获得的净机械能量，即式（1-22b）中的输入压头 H_e，其单位为 J/N（即 m，指 m 液柱）。其大小取决于泵的结构形式、尺寸（叶轮直径、叶片的弯曲程度等）、转速及流量，也与液体的黏度有关。

对于一定的离心泵，在一定转速下，H 与 Q 的关系目前尚不能从理论上精确计算，一般用实验方法测定，图 1-43 为测定离心泵扬程的实验装置示意图。

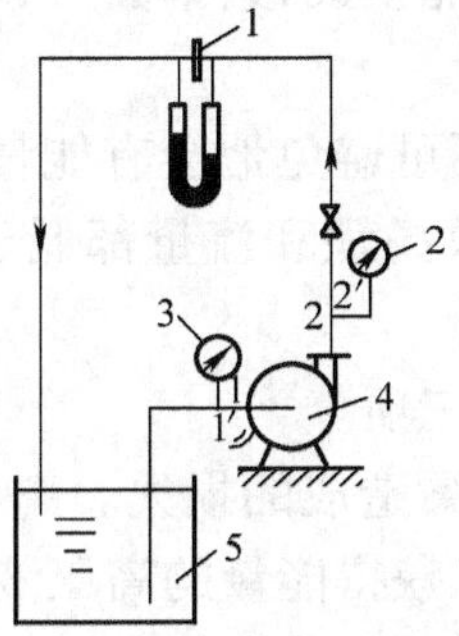

图 1-43　离心泵扬程测定装置示意

1—流量计；2—压力表；3—真空表；4—离心泵；5—贮槽

在泵的入、出口截面的中心水平位置上分别装有真空表和压力表，在两截面 1—1′、2—2′间列伯努利方程，按式（1-22b）可得

$$H = H_e = z_2 - z_1 + \frac{u_2^2 - u_1^2}{2g} + \frac{p_2 - p_1}{\rho g} + H_f \tag{1-43}$$

式中　$z_2 - z_1 = h_0$——泵出、入口截面间的竖直距离，m；

u_2、u_1——泵出、入管路中液体的流速，m/s；

p_2、p_1——泵出、入口截面上的绝对压强，Pa；

H_f——两截面间管路的压头损失，m。

H_f 不包括泵内部的各种机械能损失，由于两表所在截面间的管路很短，因而 H_f 值很小；此外，动能差项 $\frac{u_2^2 - u_1^2}{2g}$ 也很小，均可忽略不计，故式（1-43）可简化为

$$H = h_0 + \frac{p_2 - p_1}{\rho g} \tag{1-43a}$$

式中 $p_2 - p_1$ 可视为压力表的表压强读数（Pa）与真空表的真空度读数（Pa）的加和。

要注意的是，如果压力表和真空表的安装位置同测压截面中心有较大的高差，则读出的表压强和真空度的数值并不代表测压截面上的实际值，可根据静力学方程思考其原因。

例 1-17　用 20 ℃的清水对某离心泵进行性能测试。经实验测得：当流量为 240 m^3/h 时，泵入口处的真空度为 10 kPa，出口处的表压强为 430 kPa，两表间的竖直距离为 0.5 m，动压头

差可忽略不计。试求此流量条件下该泵的扬程。

解 查附录五知:20 ℃清水的密度为 $\rho=998.2\ kg/m^3$。

由题意知:$h_0=0.5\ m, u_2=u_1, p_2-p_1=430+10=440\ kPa$。

故当流量为 240 m^3/h 时,该泵的扬程为

$$H=h_0+\frac{p_2-p_1}{\rho g}=0.5+\frac{440\times10^3}{998.2\times9.81}=45.43\ m$$

一般泵的出、入口间的高差不大,在这种情况下,泵的扬程可近似等于泵出口与泵入口的静压头之差或静压头的增量。泵的扬程也可理解为将 1 N 液体升举到 H 高度所做的功。

3. 轴功率 N

离心泵的轴功率 N 是单位时间内通过泵轴传入泵的机械能量,用来提供泵的有效功率并克服单位时间内泵内产生的各种机械能损失,其单位为 J/s 或 W。

4. 效率 η

离心泵在工作时,由于种种原因不可避免地会有能量损失。由原动机传递给泵轴的能量不可能全部被液体获得,导致泵的有效扬程和流量都低于理论值。通常用泵的机械效率(简称效率)η 来反映能量损失的大小。

离心泵的能量损失主要包括以下三项。

1)容积损失 容积损失指因泵泄漏造成的损失。离心泵可能发生泄漏的地方很多,如密封环、平衡孔及密封压盖等。一部分已获得能量的高压液体通过这些部位泄漏,致使泵排送到管路系统的液体量少于吸入量,并消耗了部分能量。容积损失主要与泵的结构及液体在泵进、出口处的压强差有关。

2)机械损失 由泵轴与轴承之间、泵轴与填料函之间以及叶轮盖板外表面与液体之间发生摩擦而引起的能量损失称为机械损失。

3)水力损失 黏性液体流经叶轮与蜗壳间的通道时产生的摩擦阻力以及因流速或方向改变引起的环流和冲击阻力,统称为水力损失。

离心泵的机械效率 η 是离心泵的有效功率 N_e 占轴功率 N 的百分比,反映了上述各能量损失的总和,故又称为总效率。其表达式为

$$\eta=\frac{N_e}{N} \tag{1-44}$$

式中 N_e 为离心泵的有效功率,指泵在单位时间内对液体做的净功,单位为 J/s 或 W。很显然,离心泵的有效功率 N_e 与泵的流量 Q 及扬程 H 之间的关系应满足下式,即

$$N_e=\frac{QH\rho g}{3\,600} \tag{1-45}$$

将式(1-45)代入式(1-44),可得

$$\eta=\frac{QH\rho g}{3\,600N}\times100\% \tag{1-46}$$

例 1-18 在用水测定某离心泵的性能的实验中,当流量为 26 m^3/h 时,泵出口处的压力表读数为 152 kPa,泵入口处的真空表读数为 24.8 kPa,真空表与压力表两测压口间的竖直距离为 0.4 m,泵的进、出口管径相等。若泵在操作条件下的轴功率为 2.45 kW,试计算此时泵的机械效率。

解　根据题意：$h_0=0.4\ m, u_2=u_1, p_2-p_1=152+24.8=176.8\ kPa$。故当流量为 26 m^3/h 时，该泵的扬程为

$$H=h_0+\frac{p_2-p_1}{\rho g}=0.4+\frac{176.8\times10^3}{998.2\times9.81}=18.45\ m$$

有效功率为

$$N_e=\frac{QH\rho g}{3\ 600}=\frac{26\times18.45\times998.2\times9.81}{3\ 600}=1\ 305\ W$$

机械效率为

$$\eta=\frac{N_e}{N}\times100\%=\frac{1\ 305}{2\ 450}\times100\%=53.27\%$$

（三）离心泵的特性曲线及其影响因素分析

1. 离心泵的特性曲线及其测定

离心泵出厂前，在规定条件下由实验测得的 H、N、η 与 Q 之间的相互关系曲线称为离心泵的特性曲线。图 1-44 表示某离心泵在转速 n 为 2 900 r/min 下用 20 ℃清水测得的特性曲线，由 $H-Q$、$N-Q$ 及 $\eta-Q$ 三条曲线组成。由于特性曲线随转速而变，故特性曲线图上除标明泵的型号以外，一定要标出实验时的转速。各种型号的离心泵在各转速条件下具有各自的特性曲线，它们的特性曲线存在着下列共同点。

1）$H-Q$ 该曲线表示离心泵的扬程与流量的关系。通常离心泵的扬程 H 随流量 Q 的增大而减小。不同型号的离心泵其 $H-Q$ 曲线的形状也有所不同。常用的离心泵的 $H-Q$ 曲线下降比较平缓，具有陡峭下降曲线的离心泵用于输出点的压强容易变化但要求流量变化不大的特殊场合，如锅炉的给水泵。

2）$N-Q$ 该曲线表示离心泵的轴功率 N 与流量 Q 的关系。N 总随着 Q 的增大而增大。由图 1-44 可知，当流量 Q 为零时轴功率 N 最小，而常用电机的启动电流是正常运转时的 4 ~ 5 倍以上，因此在离心泵启动时，应当关闭泵的出口阀，使电机的启动电流减至最小，待电机达到规定转速时，再开启出口阀调节到所需流量。

3）$\eta-Q$ 该曲线表示离心泵的效率 η 与流量 Q 的关系。由图 1-44 可见，开始 η 随 Q 增加而上升，并达到一个最大值，此后 η 随 Q 的增大反而下降，说明离心泵在一定转速下有一最高效率点，称为泵的设计点，在该点下运行最为经济。离心泵铭牌上标明的性能参数就是该泵在这一最佳工况下的参数。在选定离心泵的规格时应使泵在设计点附近工作，正常操作时泵的效率一般不低于最高效率的 92%。

测定离心泵的特性曲线时，应先关闭离心泵的出口阀，灌泵后启动离心泵，在恒定转速下测出零流量下泵的入口真空表和出口压强表的读数，用功率仪测出轴功率；然后逐渐开启出口阀，逐一测出各流量 Q 下对应的 H 和 N 值，再按式（1-45）与式（1-46）计算出相应的 N_e 和 η 值；绘出 $H-Q$、$N-Q$ 和 $\eta-Q$ 曲线。

离心泵的特性曲线可作为选择泵的依据。

2. 影响离心泵性能的主要因素

离心泵样本中提供的性能是以水作为介质，在一定的条件下测定的。当被输送液体的种类、转速和叶轮直径改变时，离心泵的性能将随之改变。

1）液体物性对特性曲线的影响　前已述及，离心泵生产厂提供的特性曲线是在一定转速

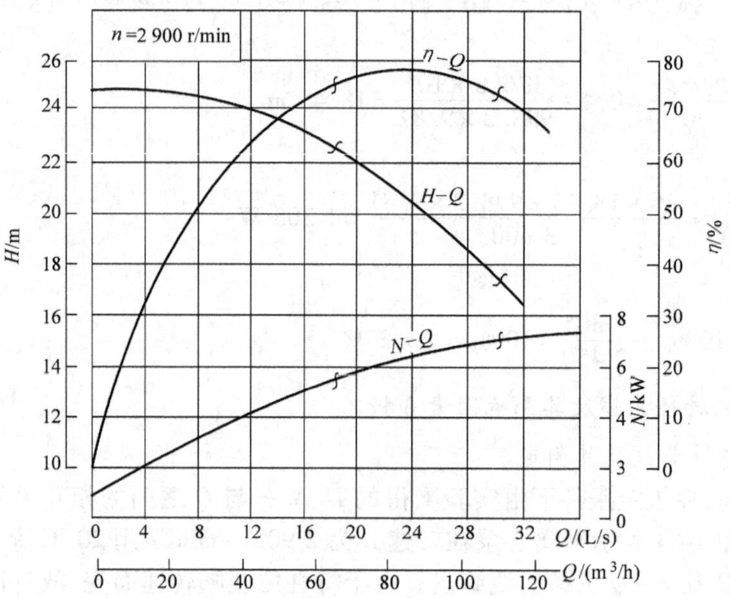

图 1-44 某离心水泵的特性曲线

下用 20 ℃清水测得的，当被送液体的物性与水有较大差异时，必须对特性曲线加以校正。

(1)黏度的影响。当液体黏度增大时，液体通过叶轮与泵壳的能量损失将随之增大，从而使扬程、流量减小，效率下降，轴功率增大，于是特性曲线将随之发生变化，对小型泵尤为显著。通常，当液体的运动黏度 $\nu > 20 \times 10^{-6}$ m/s 时（如气油、煤油等）可不进行校正；否则可参考有关手册予以校正。

(2)密度的影响。密度对流量、扬程和效率没有影响，但对轴功率有影响，轴功率可以用下式校正：

$$\frac{N_1}{N_2}=\frac{\rho_1}{\rho_2} \tag{1-47}$$

2)转速对特性曲线的影响　当液体黏度不大，泵的效率不变，离心泵转速变化小于 20% 时，泵的流量、扬程、轴功率与转速可近似用下式计算，即

$$\frac{Q_1}{Q_2}\approx\frac{n_1}{n_2},\frac{H_1}{H_2}\approx\left(\frac{n_1}{n_2}\right)^2,\frac{N_1}{N_2}\approx\left(\frac{n_1}{n_2}\right)^3 \tag{1-48}$$

式中　Q_1、H_1、N_1——在转速 n_1 下泵流量、扬程、轴功率；

Q_2、H_2、N_2——在转速 n_2 下泵流量、扬程、轴功率。

式(1-48)称为比例定律，若在转速为 n_1 的特性曲线上多选几个点，利用比例定律算出转速为 n_2 时相应的数据，并将结果标绘在坐标纸上，就可以得到转速为 n_2 时的特性曲线。

3)叶轮直径对特性曲线的影响　当泵的转速 n 一定时，对于某一型号的离心泵，对其原叶轮的外周进行切割，如果外径的变化不超过 5% 且叶轮车削前后出口宽度基本不变时，泵的 Q、H、N 与叶轮直径 D 之间有如下近似关系：

$$\frac{Q_1}{Q_2}\approx\frac{D_1}{D_2},\frac{H_1}{H_2}\approx\left(\frac{D_1}{D_2}\right)^2,\frac{N_1}{N_2}\approx\left(\frac{D_1}{D_2}\right)^3 \tag{1-49}$$

（四）离心泵的吸上高度及其确定

1. 离心泵的吸上高度

离心泵的吸上高度（又称安装高度）是指贮槽液面至泵吸入口中心处的垂直距离，以 H_g 表示，单位为 m。如图 1-45 所示，若取贮槽液面为截面 0—0′、泵入口截面为截面 1—1′，并以截面 0—0′为基准水平面，在此两截面间列以压头形式表示的伯努利方程，可得

$$H_g = \frac{p_0 - p_1}{\rho g} - \frac{u_1^2}{2g} - H_{f(0-1)} \tag{1-50}$$

式中　p_0——贮槽液面上方的压强，Pa（当贮槽敞口时，p_0 即为当地大气压强）；

p_1——泵入口处的压强，Pa；

u_1——泵入口处的流体流速（按操作流量计），m/s；

$H_{f(0-1)}$——液体在吸入管路中的压头损失，m。

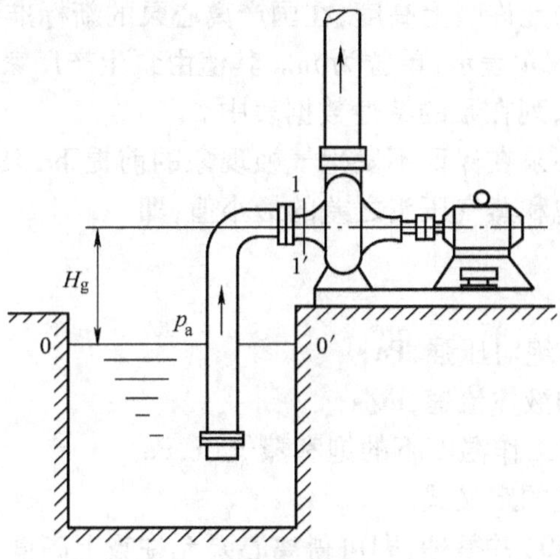

图 1-45　离心泵的吸上高度

由式（1-50）可知：离心泵的吸上高度 H_g 越大，为把液体从贮槽压入离心泵内，泵入口处的压强 p_1 越小。若吸入管路中的动压头及压头损失均可忽略，当泵入口处的压强 $p_1 = 0$ 时，离心泵的吸上高度为极限吸上高度，以 $H_{g,max}$ 表示，即

$$H_{g,max} = \frac{p_0}{\rho g} \tag{1-51}$$

由式（1-51）可知，当槽面大气压强为 1 atm、输送的液体为水时，离心泵的极限吸上高度约为 10.33 m。

2. 离心泵的气蚀现象

上述的极限吸上高度建立在泵吸入口处的绝对压强为零的前提下，然而事实上，离心泵入口处的绝对压强不可能为零。这是因为随着离心泵吸上高度的增加，泵入口处的压强将逐渐减小，当减小到被送液体在工作温度下的饱和蒸气压时，根据沸腾原理，液体将在泵的吸入口附近沸腾汽化并产生大量的气泡；这些气泡随同液体从泵的低压区流向高压区后，在高压的作用下迅速凝结或破裂，此时周围的液体以极高的速度冲向原气泡所占据的空间，产生高强度的冲击波，冲击叶轮和泵壳，发出噪声，并引起震动。由于长时

扫一扫

动画1-20　离心泵的气蚀现象

间受到冲击力反复作用及液体中微量溶解氧对金属的化学腐蚀作用，叶轮的局部表面出现斑痕和裂纹，甚至呈海绵状的现象，称为气蚀。离心泵在气蚀条件下运转时，泵体内气泡的存在使液体流量、扬程及效率急剧下降，严重时并发“气缚”现象使泵不能正常工作。

可见，为使离心泵正常运转，应避免气蚀现象的发生，这就要求泵入口附近的最低压强必须维持在输送温度下液体的饱和蒸气压以上。应予指出的是，由于泵的最低压强位置并不在入口处而在叶轮中心，入口处至叶轮中心的压强较难确定，故往往用实验方法测定出在保证不发生气蚀的前提下泵入口处允许的最低压强，并考虑一安全量后作为泵入口处允许的最低压强。很显然，该最低压强应高于液体的饱和蒸气压。

3. 离心泵的允许吸上高度

离心泵的允许吸上高度又称为允许安装高度，是指离心泵在保证不发生气蚀现象的前提下，泵吸入口与吸入贮槽液面间允许达到的最大垂直距离，以 $H_{g,max}$ 表示，单位为 m。

为了便于确定离心泵的允许吸上高度，在国产离心泵的新标准中，规定采用允许气蚀余量来表示泵的抗气蚀性能，以 Δh 表示，单位为 m。其值由泵生产厂家在槽面压强为 10 mH_2O 的条件下用 20 ℃的清水测出，列在泵的特性数据表中。

允许气蚀余量是指离心泵在保证不发生气蚀现象的前提下，泵入口处的静压头与动压头之和与操作温度下液体的饱和蒸气压头之差的最小值，即

$$\Delta h = \frac{p_1}{\rho g} + \frac{u_1^2}{2g} - \frac{p_v}{\rho g} \tag{1-52}$$

式中 p_1——泵吸入口处的绝对压强，Pa；

u_1——泵吸入口处的液体流速，m/s；

p_v——被输送液体在工作温度下的饱和蒸气压，Pa。

式(1-52)即为气蚀余量的定义式。

将式(1-52)代入式(1-50)并整理，即可得离心泵允许吸上高度 $H_{g,max}$ 的计算关系式为

$$H_{g,max} = \frac{p_0}{\rho g} - \frac{p_v}{\rho g} - \Delta h_{允} - H_{f(0-1)} \tag{1-53}$$

通过查取泵的特性数据表，获得输送条件下泵的允许气蚀余量值，然后应用式(1-53)计算离心泵的允许吸上高度。

泵的实际安装高度必须低于或等于此值，否则在操作时，将有发生气蚀的危险。对于一定的离心泵，$\Delta h_{允}$一定，吸入管路的阻力愈大，液体的蒸气压愈高或外界大气压强愈低，泵的允许安装高度愈低。由此可以理解，为什么管路调节使用泵出口管路上的阀门而不使用泵入口管路上的阀门。

考虑到吸入管路的锈蚀、气候的变化等因素，为安全起见，离心泵的实际吸上高度 H_g 通常应比允许吸上高度低 0.5～1.0 m，即

$$H_g = H_{g,max} - 1.0 \tag{1-54}$$

例 1-19 型号为 IS 65－40－200 的离心泵，转速为 2 900 r/min，流量为 25 m^3/h，扬程为 50 m，允许气蚀余量为 2.0 m。此泵被用来将敞口水池中 50 ℃的水送出。已知吸入管路的总阻力损失为 2.0 m 水柱，当地大气压强为 100 kPa。求泵的允许安装高度。

解 查附录七得 50 ℃水的饱和蒸气压为 12.34 kPa，水的密度为 998.1 kg/m^3，已知 p_0 = 100 kPa，由式(1-53)可得

$$H_{g,max}=\frac{p_0}{\rho g}-\frac{p_v}{\rho g}-\Delta h_{允}-H_{f(0-1)}$$
$$=\frac{100\times10^3}{998.1\times9.81}-\frac{12.34\times10^3}{998.1\times9.81}-2.0-2.0$$
$$=5.04\ \text{m}$$

故泵的允许安装高度不应超过液面 5.04 m。

例 1-20 若例 1-19 中的泵安装处的大气压强为 85 kPa，输送的水温升高至 80 ℃，求此时泵的允许安装高度。

解 查附录七得 80 ℃下水的饱和蒸气压为 47.38 kPa，水的密度为 971.8 kg/m³，则

$$H_{g,max}=\frac{85\times10^3}{971.8\times9.81}-\frac{47.38\times10^3}{971.8\times9.81}-2.0-2.0=-0.05\ \text{m}$$

说明此泵应安装在水池液面以下至少 0.05 m 才能正常工作。

单从泵的操作角度看，实际安装高度取负值（即泵装在吸入设备的液面之下）是有利的，既可避免气蚀，又能避免灌泵操作。实际安装高度要根据工业要求和现场设备布置情况来确定，但必须保证小于上面计算的 H_g 的值。

例 1-21 拟用一台离心泵将某减压精馏塔塔釜中密度为 986 kg/m³ 的液体产品输送至高位槽。已知釜中的真空度为 66.65 kPa（釜中液体处于沸腾状态，其饱和蒸气压等于釜中的绝对压强，当地大气压强为 101.3 kPa），吸入管路的压头损失为 0.87 m 液柱，该泵的允许气蚀余量为 4.2 m。现拟将泵安装在高出塔釜液面的地基上，试问该泵的安装位置是否合适？如不合适，如何重新安排？

解 根据题意可知：

釜中的绝对压强

$$p_0=101.3-66.65=34.65\ \text{kPa}$$

液体的饱和蒸气压

$$p_v=34.65\ \text{kPa},\Delta h=4.2\ \text{m},H_{f(0-1)}=0.87\ \text{m}$$

故 $$H_{g,max}=\frac{p_0}{\rho g}-\frac{p_v}{\rho g}-\Delta h-H_{f(0-1)}=-5.07\ \text{m}$$

所以泵的安装位置不合适。

为了安全起见，离心泵的安装高度应比允许吸上高度低 0.5 ~ 1.0 m，所以应将泵安装在塔釜液面以下 5.57 m ~ 6.07 m 处。

以上三例中被送液体的密度和饱和蒸气压与 20 ℃清水的值均有差别，此时应对样本上的 $\Delta h_{允}$ 进行校正。因密度增大或饱和蒸气压增大时，$\Delta h_{允}$ 将变小，故在实际计算时可不再校正，这样做相当于增大了安全裕量。

（五）离心泵的工作点与流量调节

当离心泵安装在一定的管路系统中以一定转速定常运转时，其输液量即为管路中的液体流量。在此流量下，离心泵所提供的扬程 H 应当正好等于单位重量液体在此管路中流动并完成规定的流动任务所获得的机械能量 H_e［式(1-43)］。因此，离心泵的实际工作情况是由泵的特性和管路的特性共同决定的。应当注意，离心泵的特性曲线只是泵本身的特性，与管路情况无关。

1. 管路特性曲线与泵的工作点

当离心泵安装在特定的管路系统中工作时,实际的工作扬程和流量不仅与离心泵本身的性能有关,还与管路的特性有关,即在输送液体的过程中,离心泵和管路是相互制约的。所以在讨论泵的工作情况前,先了解与之连接的管路的状况。

如图 1-46 所示的输液系统,若液体贮槽与受液槽的液面均维持恒定,输送管路的直径均一,列 1 -—1′和 2—2′截面间的伯努利方程,可得到

$$H_e = \Delta z + \frac{p_2 - p_1}{\rho g} + \frac{\Delta u^2}{2g} + H_f \tag{1-55}$$

上式中,$\Delta z + \frac{p_2 - p_1}{\rho g}$对一定管路系统为固定值,令

$$A = \Delta z + \frac{p_2 - p_1}{\rho g} \tag{1-56}$$

它与 Q 无关,是由管路两端实际条件决定的常数。H_f是管路系统的总压头损失,由式(1-42)可表示为

$$H_f = \frac{\sum h_f}{g} = \lambda \cdot \frac{l + \sum l_e}{d} \cdot \frac{u^2}{2g} \tag{1-57}$$

将 $u = \frac{Q_e}{\frac{\pi}{4}d^2}$代入上式得

$$H_f = \lambda \frac{8}{\pi^2 g} \cdot \frac{l + \sum l_e}{d^5} \cdot Q_e^{\ 2} \tag{1-57a}$$

式中 $l + \sum l_e$——管路中的直管长度与局部阻力的当量长度之和,m;

d——管子的内径,m;

Q_e——管路中的液体流量,m^3/s;

λ——摩擦系数,对一定的管路,它是 Re 的函数,也即 Q_e 的函数,当管路中液体流动的湍流程度较高时,λ 变化很小,可视为常数。

式(1-55)中的$\frac{\Delta u^2}{2g} = \frac{u_2^2 - u_1^2}{2g}$,$Q_e = u_1 A_1 = u_2 A_2$,结合式(1-57a)可知,对一定的管路状况,有

$$\frac{\Delta u^2}{2g} + H_f = BQ_e^{\ 2} \tag{1-58}$$

B 可认为是由管路状况决定的常数,于是式(1-55)可改写为

$$H_e = A + BQ_e^{\ 2} \tag{1-59}$$

式(1-59)称为管路特性方程,它在 $H-Q$ 坐标上标绘出来是 Q_e 的二次曲线,称为管路特性曲线。显然,当 $Q_e = 0$ 时,曲线在纵轴上的截距 $H = A = \Delta z + \frac{p_2 - p_1}{\rho g}$,随 Q_e增大,H_e增加。曲线的陡峭程度主要随管路情况而异,即由 B 值决定。

离心泵使用时总是安装于某一特定的管路之中,它提供了液体在管路中流动所需的机械能量。若将泵的特性曲线与管路的特性曲线绘在同一坐标系中即得图 1-47,由图可见,两曲线的交点 M 即为离心泵在管路之中的工作点。M 点所对应的流量 Q_e和 H_e是在特定管路情况下

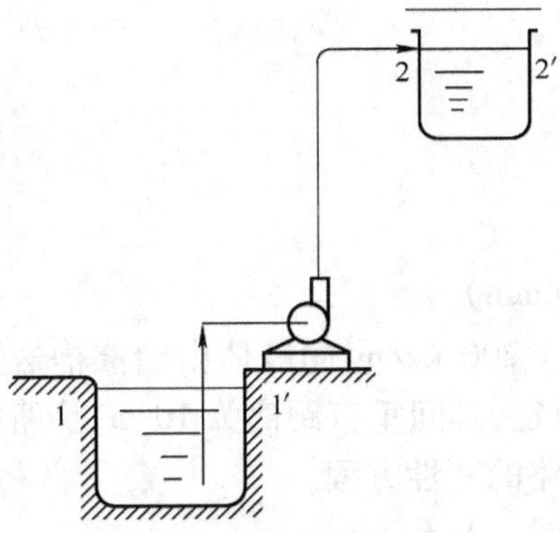

图 1-46　管路输液系统

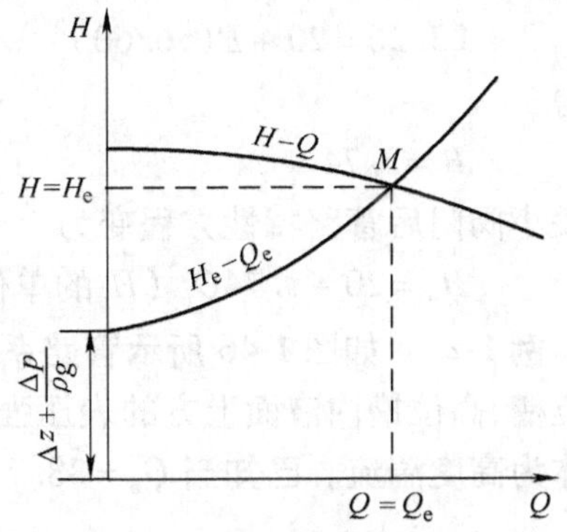

图 1-47　离心泵的工作点

完成指定输送任务所需要的，而这个流量 Q_e 和 $H=H_e$ 又是这个特定的离心泵所可能提供的。也就是说，对于某特定的管路系统和一定的离心泵只能有一个工作点，它是需要和可能的结合。因此，当输送任务已定时，应当选择工作点 M 处于高效率区的离心泵。

例 1-22　某离心泵的特性曲线可用以下方程表示：$H=25-2.0Q^2$（式中 H 的单位为 m，Q 的单位为 m^3/min）。若用该泵将 20 ℃的水从贮槽输送到设备，已知管路系统调节阀全开时管路特性方程可用下式表示：$H_e=20+1.86{Q_e}^2$（H_e 的单位为 m，Q_e 的单位为 m^3/min）。试求：(1)离心泵运行时的流量和压头；(2)关小阀门使工作点的流量变至 56 m^3/h 时需多消耗的压头(m)；(3)关小阀门后的管路特性方程。

解　(1)求离心泵运行时的流量和压头，实际上是求泵在该管路上的工作点。泵的工作点可由泵的特性方程和管路特性方程确定，即联立以下两方程：

$$H=25-2.0Q^2$$

$$H_e=20+1.86{Q_e}^2$$

求得泵运行时的流量和压头为

$$Q=Q_e=1.138\ m^3/min=68.3\ m^3/h$$

$$H=H_e=22.41\ \text{m}$$

(2)关小阀门后多消耗的压头。

由离心泵的特性方程求得工作点下的压头，即

$$H=25-2.0Q^2=25-2.0\times(56/60)^2=23.26\ \text{m}$$

在流量为 56 m^3/h 时原管路所要求的压头为

$$H_e=20+1.86{Q_e}^2=20+1.86\times(56/60)^2=21.62\ \text{m}$$

故关小阀门后多消耗的压头为

$$\Delta H=H-H_e=23.26-21.62=1.64\ m$$

(3)关小阀门后的管路特性方程。

设管路的特性方程通式为

$$H_e=A+B{Q_e}^2$$

在本例条件下，A(即 $\Delta z+\Delta p/\rho g$)不发生变化，而 B 值因关小阀门而变大。关小阀门后泵的特性不变。前已求得流量为 56 m^3/h 时泵的压头为 23.26 m，将此 Q、H 值及 A 值代入管路

特性方程,即

$$23.26=20+B(56/60)^2$$

解得

$$B=3.74$$

故关小阀门后管路特性方程变为

$$H_e=20+3.74Q_e^2（H_e\text{的单位为 m},Q_e\text{ 的单位为 m}^3/\text{min}）$$

例 1-23　如图 1-46 所示管路系统,用离心泵将密度为 1 200 kg/m³ 的液体由储液槽送至高位槽,高位槽内液面上方的表压强为 120 kPa,两槽液面恒定,其间垂直距离为 10 m,管路中液体为高度湍流。已知当 $Q_e=38.7$ L/s 时 $H_e=50$ m,求管路的特性方程。

解　列 1—1′和 2—2′截面间的伯努利方程,设截面很大,故$\frac{\Delta u^2}{2g}$可忽略,则有

$$H_e=(z_2-z_1)+\frac{p_2}{\rho g}+H_f=10+\frac{120\times10^3}{1\,200\times9.81}+BQ_e^2=20.2+BQ_e^2$$

此时,$BQ_e^2=\lambda\frac{8}{\pi^2g}\cdot\frac{l+\sum l_e}{d^5}\cdot Q_e^2$,由于液体处于高度湍动状态,$\lambda$ 为常数,l、$\sum l_e$、d 为定值,故 B 为常数。

管路中 $Q_e=38.7\times10^{-3}$ m³/s 时,$H_e=H=50$ m,代入上式解得 $B=1.99\times10^4$,所以管路的性能方程为

$$H_e=20.2+1.99\times10^4Q_e^2$$

式中 Q_e 的单位为 m³/s。

2. 离心泵的流量调节

在实际的管路系统中,调节离心泵的流量实际上就是设法改变泵的工作点。其方法不外乎是改变管路特性和泵的特性两大类。

1)改变管路特性　在离心泵的出口管路上通常都装有流量调节阀门,改变阀门的开度就是改变管路中的局部阻力。由图 1-48 可见,原阀门开度下工作点为 M,若关小阀门,相当于式(1-57)中的 $\sum l_e$ 大大增大,使 B 值增大,于是管路特性曲线变得更为陡峭(见图 1-48 中的管路特性曲线 1),工作点移至 M_1 点;反之,开大阀门,管路特性曲线变为 2,工作点移至 M_2点。

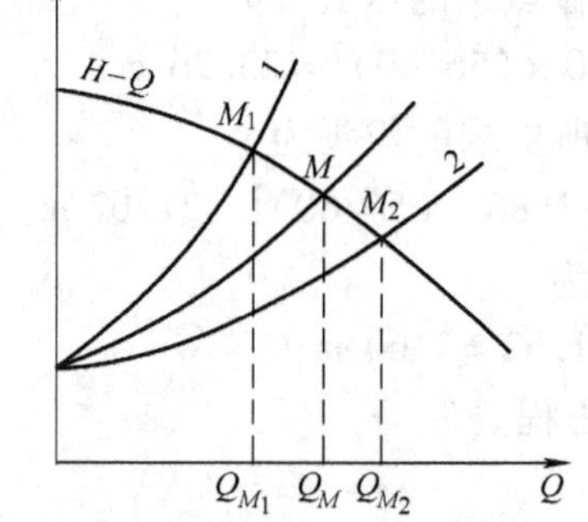

图 1-48　调节出口阀门的开度改变管路中的流量

用调节出口阀门的开度改变管路特性的方法来调节流量十分简便灵活,在生产中广为应

用。对于流量调节幅度不大且需要经常调节的系统是较为适宜的。其缺点是通过减小阀门开度来减小流量时，增加了管路中的机械能损失，并有可能使工作点移至低效率区，使电机的效率降低。

2)改变泵的特性

由式(1-48)、式(1-49)可知，对同一个离心泵，改变其转速或叶轮直径可使泵的特性曲线发生变化，从而使其与管路特性曲线的交点发生移动。该方法不会额外增加管路阻力，并在一定范围内仍可使泵处在高效率区工作。一般来说，改变叶轮直径显然不如改变转速简便，且当叶轮直径变小时，泵和电机的效率会降低，可调节幅度也有限。所以，常用改变转速的方法来调节流量，特别是近年来发展的变频无级调速装置，通过改变输入电机的电流频率来改变转速，调速平稳，也保证了较高的效率，是一种节能的调节手段，但价格较高。

(六)离心泵的并联和串联

在实际生产过程中，当单台离心泵不能满足输送任务要求时，可采用离心泵的并联或串联操作。

1. 离心泵的并联操作

将两台型号相同的离心泵并联在同一管路上操作，在同一扬程下，两台并联泵的流量等于单台泵的两倍。于是，依据单台泵特性曲线 $Q-H_{(\mathrm{I},\mathrm{II})}$ 上的一系列坐标点，保持其纵坐标(H)不变，使横坐标(Q)加倍，根据由此得到的一系列对应的坐标点即可绘得两台泵并联操作的合成特性曲线 $Q-H_{(\mathrm{I}+\mathrm{II})}$，如图1-49所示。

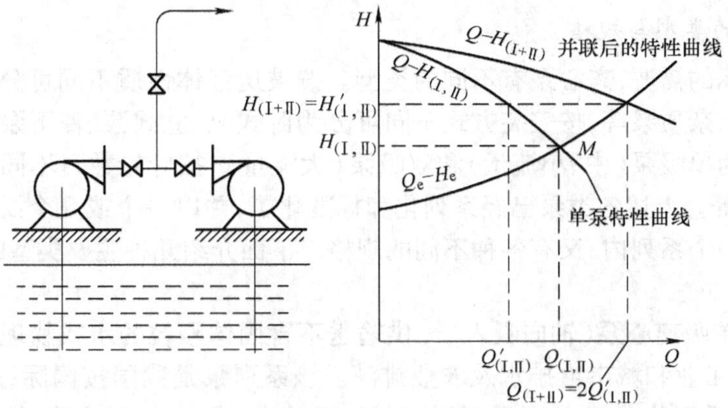

图1-49　离心泵的并联操作

并联泵的工作点可由泵的合成特性曲线与管路特性曲线的交点来确定。由图1-49可见，并联以后，管路中的流量与扬程均增大，但并联后的总流量低于原单台泵流量的2倍。

2. 离心泵的串联操作

将两台型号相同的离心泵串联在同一管路上操作，在同一流量下，两台串联泵的扬程为单台泵的两倍。于是，依据单台泵特性曲线 $Q-H_{(\mathrm{I},\mathrm{II})}$ 上的一系列坐标点，保持其横坐标(Q)不变，使纵坐标(H)加倍，根据由此得到的一系列对应的坐标点即可绘出两台串联泵的合成特性曲线 $Q-H_{(\mathrm{I}+\mathrm{II})}$，如图1-50所示。

同样，串联泵的工作点也由管路特性曲线与泵的合成特性曲线的交点来确定。由图1-50

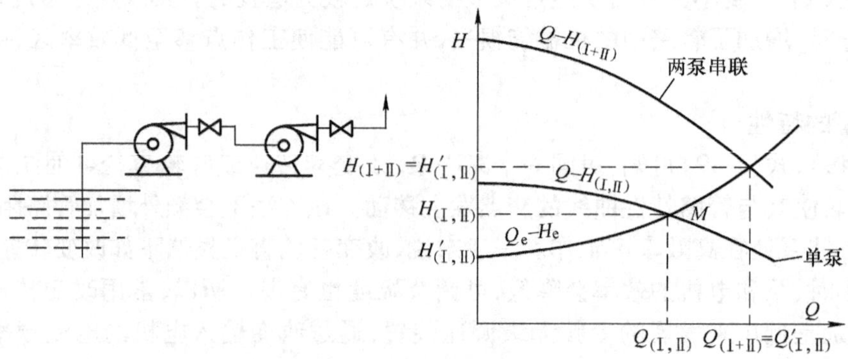

图 1-50　离心泵的串联操作

可见,串联以后,管路中的流量与扬程均增大,但串联后的总扬程低于原单台泵扬程的 2 倍。

生产中究竟采用何种组合方式比较经济合理取决于管路特性。若管路特性方程式中 B 值较小,即管路特性随流量变化较小,此管路称为低阻管路;反之,若 B 值较大,则称为高阻管路。对于低阻管路,并联操作时流量的增幅较大些;对于高阻管路,串联操作时流量的增幅较大些。如果串、并联的泵的型号、规格不相同,则泵并联后的特性曲线受扬程较低的泵的特性所制约,而串联后的特性曲线受流量较小的泵的特性所制约,因而往往达不到良好的效果。

二、离心泵的类型及选用

(一)离心泵的类型与规格

根据生产实际的需要,离心泵有不同的类型。按被送液体性质不同可分为清水泵、油泵、耐腐蚀泵、屏蔽泵、杂质泵等;按安装方式不同可分为卧式泵、立式泵、液下泵、管道泵等;按吸入方式不同可分为单吸泵(中、小流量)和双吸泵(大流量);按叶轮数目不同可分为单级泵和多级泵(高扬程)等。上述各类泵已经系列化和标准化了,并以一个或几个汉语拼音字母作为系列代号。在每一个系列内,又有各种不同的规格。下面介绍几种主要类型的离心泵。

1. 清水泵

1)IS 型单级单吸离心泵(轴向吸入)　供输送不含固体颗粒的水或物理化学性质类似于水的液体,适用于工业和城市给排水及农业排灌。该系列泵是我国按国际标准(ISO)设计研制的第一批泵,全系列共有 29 个品种,结构可靠,振动小,噪声低,效率高,输送介质温度不超过 80 ℃,吸入压强不大于 0.3 MPa,全系列流量范围 6.3 ~ 400 m^3/h,扬程范围 5 ~ 125 m。

现以 IS50 - 32 - 200 为例说明型号的意义:IS 为国际标准单级单吸清水离心泵;50 为泵吸入口直径,mm;32 为泵排出口直径,mm;200 为叶轮的名义直径,mm。

在泵的性能表或样本上标明了该泵的流量、扬程、转速、气蚀余量、效率、功率(轴功率与电机功率)(参见附录十七)。

2)S 型单级双吸离心泵　当输送液体的扬程要求不高而流量较大时,可以选用单级双吸离心泵,其叶轮厚度较大,有两个吸入口,如图 1-51 所示。系列代号为 S,可提供较大的输液量,具体规格参见附录十七。以 200S95A 为例,200 为泵入口直径,mm;S 表示单级双吸式;95 为设计点扬程,m;A 表示叶轮经第一次切削。

3)D、DG 型多级离心泵　当要求扬程较高时可采用多级离心泵(见图 1-52),在一根轴上

图 1-51　单级双吸离心泵

串联多个叶轮，被送液体在串联的叶轮中多次接受能量，最后达到较高的扬程，参见附录十七。以 D6 - 25 ×3 为例，D 为多级泵代号；6 为设计点流量，m^3/h；25 为设计点单级扬程值，m；3 表示泵的级数，即叶轮数。

图 1-52　多级离心泵

1—轴；2—轴承；3—轴承体；4—进水段；5—中间叶轮；6—导叶；7—中段；8—拉杆；9—末级叶轮；10—出水段；11—轴封

2. F 型耐腐蚀离心泵

耐腐蚀泵有多种类型，根据腐蚀介质不同采用不同材质，其中 F 型泵为单级单吸悬臂式耐腐蚀离心泵，用于输送不含固体颗粒、有腐蚀性的液体，输送介质温度为 - 20 ~ 105 ℃，适用于化工、石油、冶金、合成纤维、医药等部门。其全系列流量为 3. 6 ~ 360 m^3/h，扬程范围为 6 ~ 103m。以 50F - 40 型泵为例，50 代表吸入口的直径，mm；F 为悬臂式耐腐蚀离心泵；40 为设计点的扬程，m（参见附录十七）。近年来已推出 IH 系列耐腐蚀泵，平均效率比 F 型泵提高 5%，其型号规格与 IS 泵类似。

3. Y 型离心油泵

Y 型离心油泵用于输送不含固体颗粒、无腐蚀性的油类及石油产品，输送介质温度为 - 20 ~400 ℃，流量范围为 6. 25 ~500 m^3/h，扬程为 60 ~ 603 m。以 80Y - 100 和 80Y - 100 ×2A 为例，80 为泵入口直径，mm；Y 表示单吸式离心油泵；100 为设计点扬程，m；2 表示该泵为 2 级；A 表示叶轮经第一次切削（参见附录十七）。若为双吸式油泵，则泵代号用 YS 代替。

此外，还有：垂直安装于贮槽内浸没在液体中的液下泵，因为不存在泄漏问题，常用于腐蚀性液体或油品的输送；叶轮与电机连为一体密封在同一壳体内、无轴封装置的屏蔽泵，用于输送易燃易爆或有剧毒的液体；采用宽流道、少叶片的开式或半闭式叶轮的杂质泵，用来输送悬浮液和稠厚浆状液体等。可参阅有关专著。

(二)离心泵的选用

化工工艺技术人员的任务不是设计一台泵,而是根据被输送液体的物理化学性质、操作条件、输送要求、设备布置方案等实际情况,选择使用泵的型号和规格。下面介绍根据实际工况选用离心泵的步骤。

(1)收集各种基础数据,包括被输送液体的物性(输送条件下的密度、黏度、蒸气压、腐蚀性、毒性、固体颗粒的含量及大小等)、操作条件(温度、压强、输液量及其可能的变化范围)、管路系统的情况与管路特性、泵的安装条件和安装方式。

(2)根据管路系统的输液量,计算管路要求的扬程、有效功率和轴功率。一般以最大流量为泵的计算流量。

(3)选定离心泵的类型、材料及规格,正常情况下的流量和扬程应处于泵的最高效率处。根据安装高度核算气蚀余量或由 $\Delta h_{允}$ 确定 H_g,并进行必要的调整,选定配套电机或其他原动机的规格。

若几种型号的泵都能满足操作要求,应当选择经济且在高效区工作的泵。一般情况下均采用单台泵操作,在重要岗位可设置备用泵。

例 1-24 用离心泵从蓄水池以每小时 30 t 的流量向高位槽送水。已知槽内水面压强为 34.3 kPa(表),槽内水面高于蓄水池水面 16 m,管路总阻力损失为 2.1 mH_2O。试选一台合适的离心泵。

解 根据题意:$z_2 - z_1 = 16$ m;$p_2 - p_1 = 34.3$ kPa;$u_1 = u_2 = 0$;$H_f = 2.1$ m。

$$V_s = \frac{W_s}{\rho} = \frac{30 \times 1\,000}{1\,000} = 30 \text{ m}^3/\text{h}$$

故当流量为 30 m^3/h 时,系统对泵的扬程要求为

$$H_e = z_2 - z_1 + \frac{p_2 - p_1}{\rho g} + \frac{u_2^2 - u_1^2}{2g} + H_f = 16 + \frac{34.3 \times 1\,000}{1\,000 \times 9.81} + 2.1 = 21.6 \text{ m}$$

查教材附录十七中的离心泵性能参数表,选用离心泵型号 IS80 - 65 - 125,该泵在流量为 30 m^3/h 时扬程为 22.5 m,比系统要求的扬程略大。

例 1-25 拟用离心泵通过内径 100 mm 的钢管从江中取水送入蓄水池,已知池中水面高出江面 30 m,管路计算总长度为 60 m,水在管内的流速为 1.5 m/s,摩擦因数 $\lambda = 0.028$。今库存有下列 4 种规格的离心泵,问能否从库存中选用一台泵?

泵	Ⅰ	Ⅱ	Ⅲ	Ⅳ
流量 Q/(L/s)	17	16	15	12
扬程 H/mH_2O	42	38	35	32

解 根据题意,选取江面为 1—1′、蓄水池液面为 2—2′,则有

$z_2 - z_1 = 30$ m;$p_1 = p_2 = 0$(表);$u_1 = u_2 = 0$

$$H_f = \lambda \cdot \frac{l}{d} \cdot \frac{u^2}{2g} = 0.028 \times \frac{60}{0.1} \times \frac{1.5^2}{2 \times 9.81} = 1.93 \text{ m}$$

$$V_s = uA = 1.5 \times \frac{3.14}{4} \times 0.1^2 = 0.011\,775 \text{ m}^3/\text{s} = 11.775 \text{ L/s}$$

当系统流量为 11.775 L/s 时，对泵的扬程需求为

$$H_e = z_2 - z_1 + \frac{p_2 - p_1}{\rho g} + \frac{u_2^2 - u_1^2}{2g} + H_f = 30 + 1.93 = 31.93\ \text{m}$$

所以可以从库存中选择Ⅳ泵。

三、认识往复泵

往复泵是正位移式泵的一种，通过活塞或柱塞在缸体内往复运动来改变工作容积，进而使液体的能量增加。其适用于输送流量较小、压力较高的各种介质。当流量小于 100 m^3/h、排出压力大于 10 MPa 时，往复泵有较高的效率和良好的运行性能；主要适用于小流量、高扬程的场合，输送高黏度液体时效果好于离心泵，但是不能输送腐蚀性液体和有固体粒子的悬浮液。

（一）往复泵的结构与工作原理

往复泵是由泵缸、活塞（或活柱）、活塞杆、吸入和排出单向阀（活门）等构成的，如图 1-53 所示。泵缸、活塞及阀门间的空间称为工作室。活塞由曲柄连杆机构带动作往复运动，当活塞自左向右移动时，泵缸内工作室的容积增大形成低压，排出活门在排出管中液体压强作用下被关闭，吸入活门被打开，液体被吸入泵缸；当活塞自右端向左移动时，由于活塞的挤压（正位移），缸内液体压强增大，吸入活门被关闭，排出活门打开，缸内液体被排出。活塞往复运动一次，即吸入和排出液体一次，称为一个工作循环。可见，往复泵是经活塞的往复运动直接将外功以提高压强的方式传给液体的。活塞在两端点间移动的距离称为冲程。图 1-53 所示为单动泵，即活塞往复运动一次只吸入和排出液体各一次，输液作用是间歇的、周期性的，而且活塞在两端点间的各位置上的运动并非等速，故排液量不均匀。

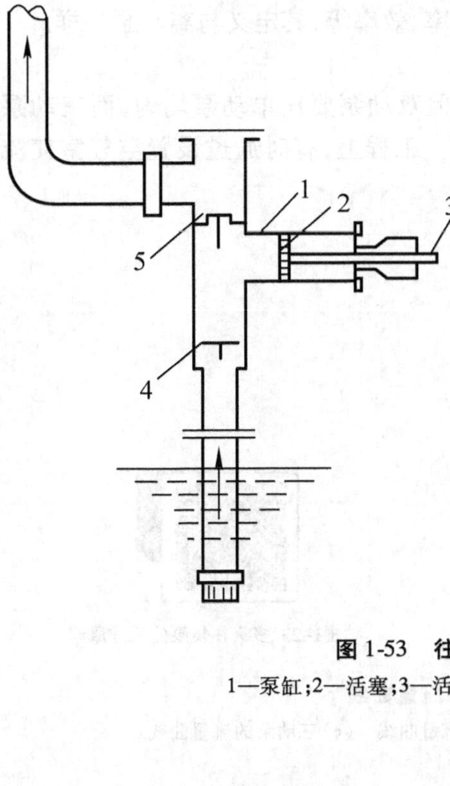

动画1-21a　单级往复泵的工作原理

动画1-21b　往复泵的工作原理

图 1-53　往复泵装置简图

1—泵缸；2—活塞；3—活塞杆；4—吸入阀；5—排出阀

为改善单动泵排液量的不均匀性，可采用双动泵或三动泵，图 1-54 为双动往复泵的示意图，当活塞右行时，泵缸左侧吸入液体，而右侧排出液体，这样排液可以连续，但单位时间内的排液量仍不均匀。

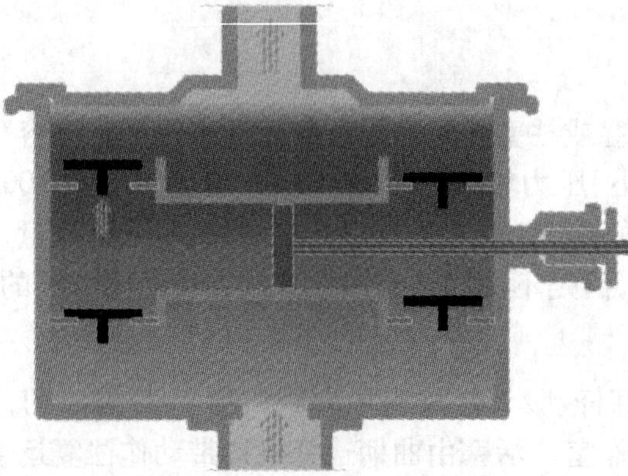

活塞右移，左下吸液，右上排液；活塞左移，右下吸液，左上排液。
活塞往复一次，有两次吸、排液，流量更加均匀

动画1-22 双动往复泵工作原理

图 1-54 双动往复泵示意图

与离心泵不同的是，往复泵是靠工作室容积扩张造成低压吸入液体的，所以往复泵启动时不需要灌泵（即有自吸能力）。但往复泵的安装高度同样受到泵的吸入口压强应高于液体的饱和蒸气压的限制。

（二）往复泵的主要性能

往复泵的主要性能参数也包括流量、扬程、功率、效率等，其定义与离心泵一样。

1. 流量

往复泵的流量是不均匀的，如图 1-55 所示。但双动泵要比单动泵均匀，而三动泵又比双动泵均匀。流量的这一特点限制了往复泵的使用。工程上，有时通过设置空气室使流量更均匀。

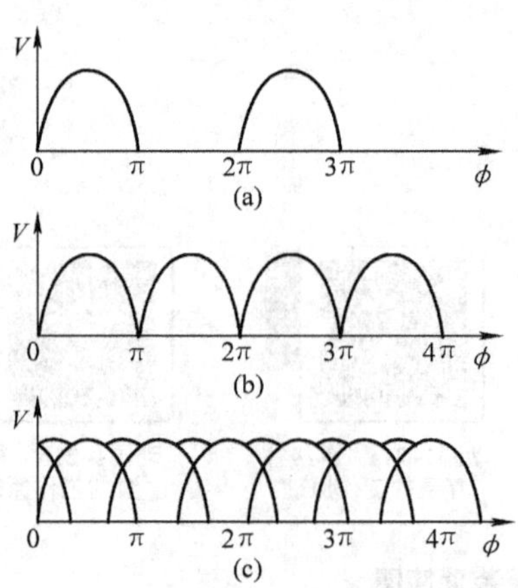

动画1-23 多级往复泵的工作原理

图 1-55 往复泵流量曲线

(a)单动泵的流量曲线 (b)双动泵的流量曲线 (c)三动泵的流量曲线

从工作原理不难看出，往复泵的理论流量只与活塞在单位时间内扫过的体积有关，因此往复泵的理论流量只与泵缸数量、活塞的截面积、活塞的冲程、活塞的往复频率及每一周期内的吸排液次数等有关。

单缸单动往复泵的理论平均流量为

$$Q_T = ASn \tag{1-60}$$

单缸双动往复泵的理论平均流量为

$$Q_T = (2A - a)Sn \tag{1-61}$$

式中　Q_T——往复泵的理论平均流量，m^3/min；

A——活塞的截面积，m^2；

S——活塞的冲程，m；

n——活塞每分钟的往复次数；

a——活塞杆的截面积，m^2。

实际操作中，由于活门启闭有滞后，活门、活塞、填料函等存在泄漏，实际平均流量为

$$Q = \eta Q_T \tag{1-62}$$

式中 η 为往复泵的容积效率，一般在70%以上，大泵的效率高于小泵。

2. 扬程

往复泵的扬程与泵的几何尺寸无关，只要泵的力学强度及原动机的功率允许，输送系统要求的扬程往复泵都能达到。然而，活塞环、轴封、吸入和排出阀等处的泄漏降低了往复泵可能达到的扬程。

往复泵的实际特性曲线如图1-56所示，随 H 增大，Q 略有减小。

3. 功率与效率

功率的计算与离心泵相同。但往复泵的效率比离心泵高，通常在0.72和0.93之间，蒸汽往复泵的效率可达到0.83～0.88。

由于原理不同，离心泵没有自吸作用，但往复泵有自吸作用，因此不需要灌泵；由于都是靠压差来吸入液体的，因此安装高度都受到限制，其安装高度也可以通过类似于离心泵的方法确定。

（三）流量调节

同离心泵一样，往复泵的工作点也是由泵的特性曲线及管路特性曲线确定的。但由于往复泵的正位移特性（所谓正位移特性，是指流量与管路无关、扬程与流量无关的特性），工作点只能落在 Q = 常数的垂直线上（见图1-56），因此要改变往复泵的送液能力，只能采用旁路调节或改变往复频率及冲程的方法。

1. 旁路调节法

如图1-57所示是通过增设旁路的方法来实现流量调节的，这种调节方法简便可行。旁路调节的实质不是改变泵的总送液能力，而是改变流量在主管路及旁路的分配。这种调节造成了功率的损耗，在经济上是不合理的，但生产中却常用。

2. 调节活塞的冲程或往复频率

由式（1-60）和式（1-61）可知，调节活塞的冲程或往复频率都能达到改变往复泵的送液能力的目的。同上法相比，此法在能量利用上是合理的，特别是对于蒸汽往复泵，可以通过调节

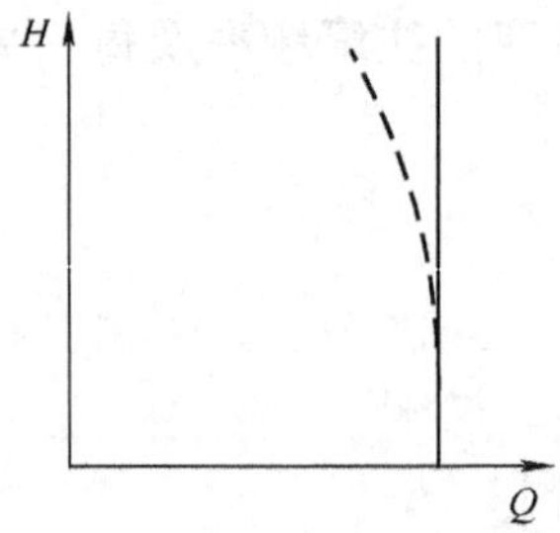

图 1-56 往复泵的特性曲线

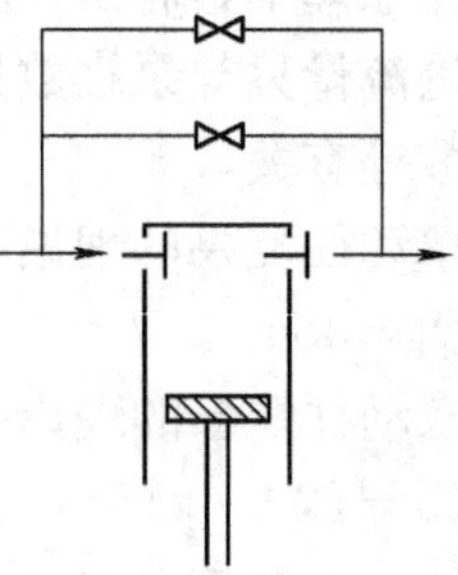

图 1-57 回流支路调节流量法

蒸汽压力方便地实现，但对经常性流量调节是不适宜的。

四、认识其他类型的化工泵

为满足液体的不同输送要求，在生产过程中还会用到其他类型的化工生产用泵，主要有计量泵、隔膜泵、齿轮泵、螺杆泵、旋涡泵、轴流泵等。下面将对上述各类型泵的构造、工作原理、性能及操作等作一简单介绍。

（一）计量泵

在化工生产过程中，往往需要按照工艺的要求精确地补给定量液体（如 CO 变换炉中冷激水的供给等），有时还需要将数种液体按比例进行输送，计量泵就是为了满足上述要求而设计制造的。

计量泵是往复泵的一种，常用来准确地定量输送某种液体，以保证液体的配比。图 1-58 所示为计量泵的一种。它有一套可以准确调节流量的机构，即通过偏心轮把电机的旋转运动变成柱塞的往复运动，在一定的转速下，调节偏心轮的偏心距可以改变柱塞的冲程，从而控制输液量。常用一台电机带动几台计量泵，使各股液流按一定比例输出。

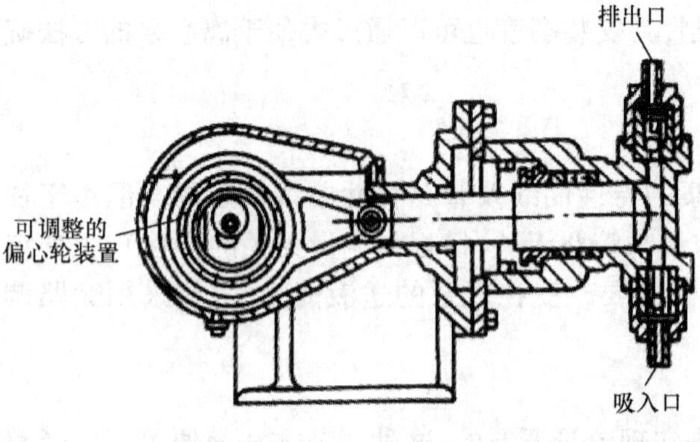

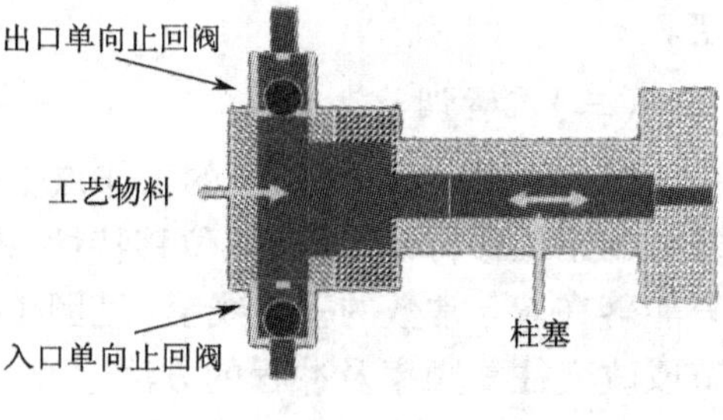

图 1-58 计量泵示意

（二）隔膜泵

图 1-59 所示的隔膜泵实际上是一种活柱往复泵，它是用隔膜将活柱与被输送液体隔开，这样当输送腐蚀性液体或悬浮液时，可避免活柱和缸体受到损伤。隔膜系采用耐腐蚀性橡皮或弹性金属片制成。活柱的往复运动迫使隔膜交替向两侧弯曲，使被送液体不断吸入和排出。

隔膜泵因其独特的结构,适合输送腐蚀性液体或悬浮液。

动画1-24　隔膜泵的工作原理

图1-59　隔膜泵示意

(三)齿轮泵

图1-60为齿轮泵的结构示意图,泵壳为椭圆形,泵内有两个相互啮合的齿轮,其中一个为主动轮,由传动机构直接带动;另一个靠主动轮带动而转动,称为从动轮。当两齿轮按图中箭头方向旋转时,两齿轮与泵体间形成吸入和排出两个空间,下端齿轮的齿向两侧拨开产生空的容积,并形成低压区吸入液体,而上端齿轮在啮合时容积减小,于是压出液体并由上端排出。液体的吸入和排出是在齿轮的旋转位移中发生的。齿轮泵的扬程高而流量小,适用于输送黏稠液体以至膏状物,但不能输送含有固体粒子的悬浮液,以防齿轮磨损。

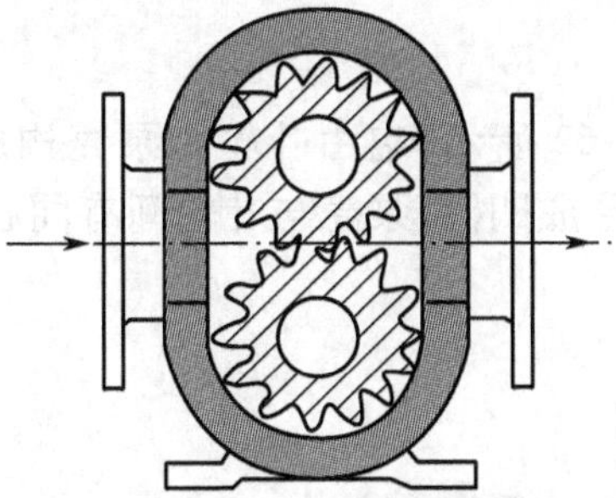

动画1-25　齿轮泵

图1-60　齿轮泵示意

(四)螺杆泵

螺杆泵主要由泵壳和一根或两根以上的螺杆构成,按螺杆根数,通常可分为单螺杆泵、双螺杆泵、三螺杆泵等,它们的工作原理基本相似,只是螺杆齿形的几何形状有所差异,适用范围有所不同。图1-61(a)所示为单螺杆泵,螺杆在具有内螺旋的泵壳中偏心转动,使液体沿轴向推进,最后被挤压到排出口而排出。图1-61(b)为双螺杆泵,其工作原理与齿轮泵相类似,用两根相互啮合的螺杆来输送液体。

螺杆泵的特点主要表现为:压力和流量稳定,脉动很小,液体在泵内作连续而均匀的直线流动,无搅拌现象;螺杆越长,扬程越高,三螺杆泵具有较强的自吸能力,无须装置底阀或抽真空的附属设备;相互啮合的螺杆磨损甚小,泵的使用寿命长;泵的噪声和振动极小,可在高速下运转;结构简单紧凑,拆装方便,体积小,质量轻;适用于输送高黏度液体,可作为一般润滑油泵、输油泵、燃油泵、胶液输送泵和液压传动装置中的供压泵。

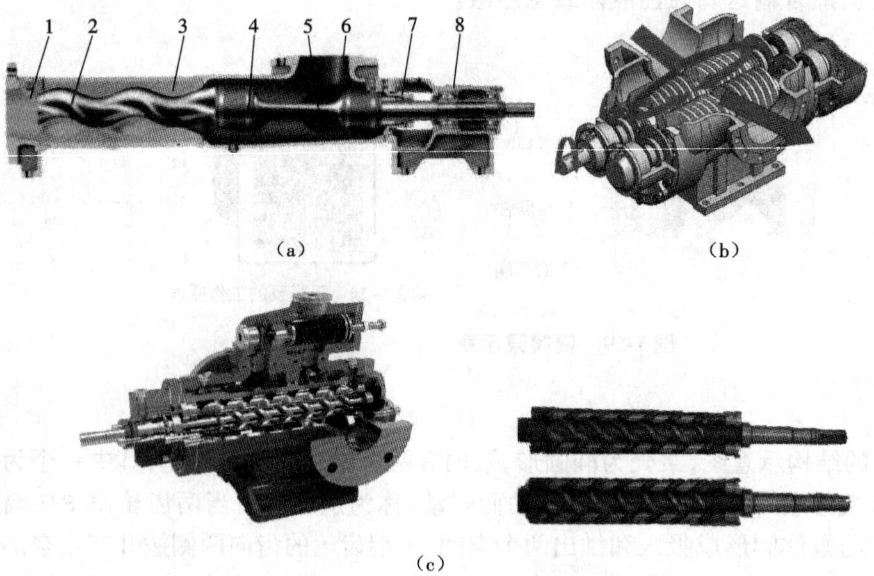

动画1-26 单螺杆泵

图 1-61 螺杆泵示意

(a)单螺杆泵 (b)双螺杆泵 (c)三螺杆泵

1—排出体;2—转子;3—定子;4—万向节;5—中间轴;6—吸入室;7—轴密封;8—轴承座

(五)旋涡泵

它是一种特殊类型的离心泵,结构如图 1-62 所示,它由叶轮和泵壳构成,泵壳呈圆形,叶轮是一个圆盘,四周有许多径向叶片,叶片间形成凹槽,泵壳与叶轮间有同心的流道,泵的吸入口与排出口由间壁隔开。

动画1-27 旋涡泵

图 1-62 旋涡泵简图

(a)叶轮形状 (b)实物图

其工作原理也是依靠离心力对液体做功,液体不仅随高速叶轮旋转,且在叶片与流道间反复作旋转运动。也就是说,液体经过一个叶片相当于受到一次离心力的作用,所以液体在旋涡泵内流动与在多级离心泵中流动效果类似,在液体出口处可达到较高的扬程。它在启动前也需灌泵。

图 1-63 所示是旋涡泵的特性曲线。由图可见旋涡泵的 H 随 Q 的增大而迅速减小,$H-Q$ 曲线比较陡峭,而 N 也随 Q 增大而减小,这是与普通离心泵不同的。它在启动时应打开出口阀,也不宜直接用出口阀调节流量,而应该用旁路调节的方式。它适用于扬程高、流量小和黏

度不大以及要求在管路情况变化时流量变化不大的场合或无悬浮固体粒子的液体输送。其结构简单，使用方便，但由于它是通过多次剧烈的旋涡运动进行能量交换，所以效率一般较低（20% ~50%）。

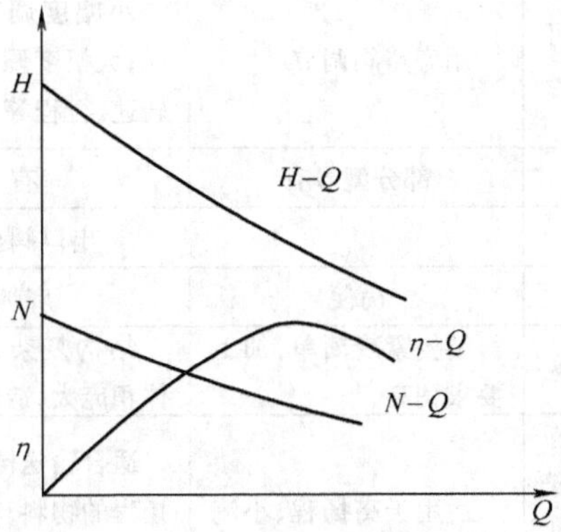

图 1-63　旋涡泵的特性曲线

五、常用化工用泵的性能比较

在化工生产使用的泵型中，目前仍以离心泵应用最为广泛，因为它具有结构简单紧凑、流量均匀、调节简便、可采用各种耐腐蚀材料、适用范围广等优点。其缺点是扬程不很高，效率较低，没有自吸能力，开机前必须灌泵等。

往复泵的优点是扬程高，流量固定，效率较高，有自吸能力等，但是其结构复杂，设备笨重，需要减速箱以及曲柄连杆等转动机构，在不少地方已逐渐被其他形式的泵所代替，唯有计量泵还在发展中。

齿轮泵和螺杆泵是典型的旋转泵，具有流量小、扬程高的特点，特别适用于输送高黏度的液体。对于输送量小、扬程要求高的洁净液体，一般采用旋转泵或旋涡泵输送。

表 1-9 为各种泵的性能比较和适用范围，可供选泵时参考。

表 1-9　各类泵型的性能比较

泵的类型		非正位移泵		正位移泵	
		离心泵	旋涡泵	往复泵	旋转泵
流量	均匀性	均匀	均匀	不均匀	尚可
	恒定性	随管路特性而变		恒定	恒定
	范围	广，易达到大流量	小流量	较小流量	小流量
扬程大小		不易达到高扬程	扬程低	扬程高	扬程较高
功率		稍低，愈偏离额定值愈小	低	高	较高

续表

泵的类型		非正位移泵		正位移泵	
		离心泵	旋涡泵	往复泵	旋转泵
操作	流量调节	小幅度调节用出口阀;大泵大幅度调节可调节转速或切削叶轮直径	用旁路阀调节	小幅度调节用旁路阀;大幅度调节可调节转速、行程等	用旁路阀调节
	自吸作用	一般没有	部分型号有	有	有
	启动	出口阀关闭	出口阀全开		
	维修	简便	简便	麻烦	较简便
结构与造价		结构简单,造价低廉	结构紧凑简单,加工要求稍高	结构复杂,振动大,体积庞大,造价高	结构紧凑,加工要求较高
使用范围		流量和扬程适用范围广,尤其适用于较低扬程、大流量。除高黏度物料不太适合外,可输送各种物料	适用于高扬程、小流量的清洁物料	适合输送流量小、高扬程的物料;输送悬浮液时,要采用特殊结构的隔膜泵	适合输送小流量、较高扬程的物料,对高黏度物料比较合适

自 测 题

一、填空题

1. 离心泵的安装高度超过允许安装高度时,离心泵会发生________现象。

2. 离心泵的泵壳制成蜗壳状,其作用是________。

3. 离心泵叶轮的作用是将原动机的________直接传给液体,以增加液体的静压能和动能。

4. 离心泵常采用________调节流量;往复泵常采用________调节流量。

5. 当离心泵叶轮入口处压强等于被输送流体在该温度下的饱和蒸气压时,会发生______现象。

6. 离心泵轴封装置的密封作用分________密封和________密封两种。

7. 属于正位移式泵的除往复泵以外,还有________、________等,它们的流量调节通常采用________方法。

二、判断题

1. 扬程 H 可理解为将 1 N 液体升举 H m 的高度所做的功。(　　)

2. 离心泵的安装高度发生变化时,容易发生气蚀现象。(　　)

3. 离心泵与往复泵均没有自吸能力,因此开泵时必须灌泵。(　　)

4. 所有的泵都可用出口阀来调节流量。(　　)

5. 两台同型号的离心泵并联,则其流量是单台泵的 2 倍。(　　)

6. 往复泵的瞬间流量是不均匀的。(　　)

三、选择题

1. 泵壳的作用是(　　)。

A. 汇集能量　　　　B. 汇集液体

C. 汇集热量　D. 将动能转化为位能

2. 轴封的作用是(　　)。

A. 减少高压液体漏回泵的吸入口　B. 减少高压液体漏回吸入管

C. 减少高压液体漏出泵外　D. 减少高压液体漏出管外

3. 密封环的作用是(　　)。

A. 减少液体吸入量　B. 减少高压液体吸入量

C. 减免高压液体漏出泵外　D. 减少高压液体漏回吸入口

4. 叶轮的作用是(　　)。

A. 传递动能　B. 传递位能　C. 传递静压能　D. 传递机械能

5. 离心泵的流量又称为(　　)。

A. 吸液能力　B. 送液能力　C. 漏液能力　D. 处理液体的能力

6. 泵能给予(　　)液体的能量称为泵的扬程。

A. 1 kg　B. 1 mol　C. 1 N　D. 1 m

7. 每分钟泵对(　　)所做的功,称为有效功率。

A. 泵轴　B. 被输送液体　C. 泵壳　D. 叶轮

8. 泵若需自配电机,为防止电机超负荷,常按实际工作的(　　)计算轴功率 N,取 1.1 ~ 1.2N 作为选电机的依据。

A. 最大扬程　B. 最小扬程　C. 最大流量　D. 最小流量

四、简答题

1. 什么是气缚? 什么是气蚀?

2. 离心泵的工作原理是什么?

3. 离心泵的流量调节方法有哪些?

4. 齿轮泵主要适用于什么场合?

五、计算题

1. 在用水测定某离心泵性能的实验中,当流量为 26 m^3/h 时,泵出口处压强表读数为 152 kPa,泵入口处真空表读数为 24.8 kPa,真空表与压强表两测压口间的垂直距离为 0.4 m,泵的进、出口管径相等。若泵在操作条件下的轴功率为 2.45 kW,试计算此时泵的机械效率。[答:53.28%]

2. 某离心泵在转速为 1 450 r/min 下用 20℃清水作性能试验,测得流量为 240 m^3/h 时,入口真空表的读数为 -0.01 MPa,出口压强表读数为 0.43 MPa,两表间垂直距离为 0.4 m。试求此时对应的扬程值。[答:43.3 m]

3. 某离心泵输水时得到下列数据:转速 $n = 1\ 450$ r/min,流量 $Q = 60\ m^3/h$,扬程 $H = 52$ m,轴功率 $N = 16$ kW。试求:①此泵的效率;②若要求流量增加至 80 m^3/h,转速应增加多少? 并估算此时相应的扬程和功率。(假设泵的效率不变)[答:①52.8%;②1 933 r/min,92.4 m,38.1 kW]

4. 用内径为 160 mm 的镀锌钢管输送 20 ℃ 的水溶液(其物性与水基本相同)。管路中直管长度为 180 m,全部管件、阀门等的局部阻力的当量长度为 60 m,摩擦系数可取为 0.03。要求液体由低位槽送入高位槽,两槽均敞口且液面维持恒定,两液面间垂直距离为 16 m,试列出管路特性方程。(流量 Q 以 m^3/h 计)[答:$H_e = 16 + 3.43 \times 10^{-3} Q^2$]

5. 若题 4 中要求输液量为 100 m^3/h,选用一台 IS125 - 100 - 400 型清水泵,其性能如下:$Q = 100\ m^3/h$, $H = 50\ m$, $\Delta h_{允} = 2.5m$, $\eta = 60\%$, $N = 21\ kW$, $n = 1\ 450\ r/min$。泵的吸入管中心位于贮槽液面以上 2 m 处。吸入管路阻力损失约为 1 m 液柱。问此泵能否满足要求?已知当地大气压强为 100 kPa。[答:Q、H、N、H_g 均能满足要求]

6. 已知某离心清水泵在一定转速下的性能方程为:$H = 27.0 - 15Q^2$。式中 Q 单位为 m^3/min。此泵安装在一管路系统中,要求输送贮槽罐中密度为 1 200 kg/m^3 的液体至高位槽中,罐与槽中液位差为 10 m,且两槽均与大气相通。已知当流量为 $14 \times 10^{-3}\ m^3/s$ 时,所需扬程为 20 m。试求该泵在管路中的工作点。[答:$Q = 45.8\ m^3/h$, $H = 18.3m$]

7. 将密度为 1 500 kg/m^3 的硝酸由地面贮槽送入反应釜。流量为 7 m^3/h,反应器内液面与贮槽液面间垂直距离为 8 m,釜内液面上方压强为 200 kPa(表压),贮槽液面上方为常压,管路阻力损失为 30 kPa。试选择一台耐腐蚀泵,并估算泵的轴功率。[答:40F - 26 型,1.53kW]

8. 某厂将 50 ℃重油由地下贮油罐送往车间高位槽,流量为 40 t/h,升扬高度为 20 m,输油管总长为 300 m(包括局部阻力的当量长度在内)。输送管采用 ϕ108 mm × 4 mm 的无缝钢管。已知 50 ℃下重油密度为 890 kg/m^3,黏度为 187 mPa · s。试选择一台适宜的油泵。

[答:80Y - 60]

9. 有一管路系统,输送水量为 30 m^3/h,由敞口水槽打入密闭高位容器中,高位容器液面上方的压强为 30 kPa(表压),两槽液面差为 16 m,且维持恒定。管路的总损失为 2.1m 水柱。现有四台泵可供选择,其性能如下:

序号	流量/(m^3/h)	扬程/m	转速/(r/min)	功率/kW
1	30	21	2 900	2.54
2	35	25	2 900	3.35
3	29.5	17.4	2 900	1.86
4	65	37.7	2 900	9.25

问选哪一台较为合适?[答:选第 2 号泵较合适]

任务七　液体输送实操技能训练

任务分析:该任务要求学生在实操实训室进行离心泵输送操作,前面学生已经对这一过程进行了模拟仿真操作,也学习了相应的理论知识,在此基础上进行实际操作以锻炼学生的实际动手能力,强化学生将理论知识应用在实践中的能力,达到理论与实践的统一。

任务目标:①理解离心泵的工作原理;②理解离心泵输送液体的工艺流程;③掌握离心泵安全操作规程;④了解往复泵的工作原理及安全操作规程。

技能目标:①能做好离心泵开车前的准备,检查电源、水源、仪表、管道、设备等;②能熟练进行离心泵开、停车并控制其稳定的操作;③能准确判断离心泵异常操作现象并调整使其恢复正常操作;④能绘制输送管路工艺流程图。

一、离心泵的运行操作与日常维护

离心泵的操作方法与其结构形式、用途、驱动机的类型、工艺过程及被输送液体的性质等有关。具体的操作方法应按泵制造厂提供的产品说明书规定及生产单位制定的操作规程进行。现以常见的电机驱动的离心泵为例,简述其操作过程。

1. 启动前的检查和准备

在启动离心泵前应对机组进行检查,包括:查看轴承中润滑油是否充足,油质是否清洁;轴封装置中的填料是否松紧适度,泵轴是否转动灵活(如果是首次使用或重新安装的泵,应卸掉联轴器,用手转动泵的转子,看泵轴旋转方向是否正确,然后单独启动电动机试车,检查其旋转方向是否与泵一致);泵内机件有无摩擦现象,各部分连接螺栓有无松动;排液阀关闭是否严密,底阀是否有效等。

如果检查未发现问题,就可以灌泵。关闭排液阀、压力表和真空表阀门及各个排液孔,打开放气旋塞,有液体溢出时再将其关闭。对大型泵也可用真空泵将泵体内和吸液管中的空气抽出,使吸液罐内的液体进入泵内。

2. 启动

灌泵后打开轴承冷却水给水阀门,启动电动机,再打开压力表阀门;待出口压力正常后打开真空表阀门,最后打开泵出口阀,调节到管路正常流量。离心泵启动后空转时间一般控制在2 ~4 min,如果时间过长,泵内液体的温度升高,有可能导致气蚀现象或其他不良后果。如果泵填料函带有冷却水夹套或泵上装有液封装置,在启动电动机前也应打开其相应的阀门。

3. 正常运行与维护

在离心泵运转过程中,要定期检查:轴承的温度和润滑情况、轴封的泄漏情况;压力表及真空表的读数是否正常;机械振动是否过大,各部分的连接螺栓是否松动。应定期更换润滑油,轴承温度控制在75 ℃以下,填料密封的泄漏量一般要求不能流成线,泵运转一定时间(一般2 000 h)后应更换磨损件。

4. 停车

离心泵停车时应先关闭压力表和真空表阀门,再关闭泵出口阀,这样可以防止管路液体倒灌;然后停电动机,泵停后再关闭轴承及其他部位的冷却系统。若停车时间较长,还应将泵体内的液体排放干净,以防内部零件锈蚀或冬季结冰冻裂泵体。

5. 常见事故及排除方法

离心泵运转过程中可能出现的故障、产生原因及排除方法见表1-10。

表1-10　离心泵常见故障及排除方法

故障现象	产生原因	排除方法
泵灌不满	(1)底阀已坏	(1)修理或更换底阀
	(2)吸液管路泄漏	(2)检查吸液管路的连接,消除泄漏
泵吸不上液体	(1)底阀未打开或滤网淤塞	(1)打开底阀,清洗滤网
	(2)吸液管阻力过大或泵安装过高	(2)清洗吸液管路,降低泵安装高度

续表

故障现象	产生原因	排除方法
压力表虽有压力，但排液管不出液	(1)排液阀未打开或排液管路阻力大	(1)打开排液阀，清洗排液阀
	(2)排液管内压力过高或叶轮转向不对	(2)调整排液管内压力，检查电动机接线方向
流量不足	(1)叶轮流道部分堵塞或密封环径向间隙过大	(1)清洗叶轮，更换密封圈
	(2)底阀太小或排液阀开度不够	(2)更换底阀，开大排液阀
	(3)吸液管内空气排不出去或输送液体温度过高，泵内发生气蚀	(3)重新安装吸液管，降低液体温度，消除气蚀
填料过热	(1)填料压得过紧	(1)适当放松填料压盖
	(2)填料内冷却水不疏通	(2)疏通冷却水道
	(3)泵轴或轴套表面不够光滑	(3)修理泵轴，更换轴套
填料函泄漏量过大	(1)填料磨损或压盖太松	(1)更换填料，拧紧压盖
	(2)填料安装错误或平衡盘失效	(2)重新安装填料，修理平衡盘
轴承过热	(1)润滑油不洁或油量不足	(1)更换新油，加足油量
	(2)泵轴与电动机轴不同心	(2)重新找正
	(3)轴承磨损，滚珠失圆	(3)更换轴承
泵体振动	(1)叶轮不对称磨损	(1)对叶轮作平衡校正
	(2)泵轴弯曲	(2)校直或更换泵轴
	(3)联轴器结合不良或地脚螺栓松动	(3)调整并拧紧螺栓

二、往复泵的运行操作与日常维护

1. 开停车

往复泵属于正位移式泵，它排出压力高，可输送有一定黏度和一定温度的液体，因此许多化工企业常用它输送热水和溶液。它的转速低，输出量小，但也应该精心使用与维护。

1)运行前的准备　包括以下步骤。

(1)严格检查往复泵的进、出口管线及阀门、盲板等，如有异物堵塞管路的情况，一定要清除。检查各种附件是否齐全好用，压力表指示是否为零。

(2)机体内加入清洁润滑油至油窗上指示刻度。油杯内加入清洁润滑油，并微微开启针形阀，使往复泵保持润滑。

(3)检查盘根的松动、磨损情况。

(4)检查疏水阀和放空阀是否打开，润滑油孔是否畅通。

2)启动　启动时，要做到以下几点。

(1)盘车 2 ~ 3 转，检查有无受阻情况，发现问题及时处理。

(2)第一次使用要引入液体灌泵，以排除泵内存留的空气，缩短启动过程，避免干摩擦。引入液体后看泵体的升温变化情况。

(3)打开压力表阀、安全阀的前手阀。检查完毕后，对蒸汽往复泵可缓慢开启蒸汽阀门使蒸汽缸预热，待疏水阀见汽后即可关闭，然后打开泵的放空阀和进液阀。开大蒸汽阀门使泵运行,随之关闭放空阀,正常运行。

(4)启动泵后,观察流量、压力、泄露情况。

3)停车　包括以下步骤。

(1)做好停泵前的联系、准备工作。

(2)停泵。

(3)关闭泵的出、入口阀门。

(4)关闭压力表阀、安全阀。

(5)放掉油泵内的压力。

(6)打开汽缸放水阀,排缸内存水。

(7)做好防冻工作,搞好卫生。

2. 正常操作与维护

(1)每日检查机体内及油杯内润滑油液面,如需加油即应补足。经常清理润滑系统的油污积垢,保持各摩擦面的清洁。

(2)出口压力在满足工艺生产情况下不得超压。严禁泵在超压、超转速和抽空状态下运行。

(3)看泄漏情况和盘根磨损情况。

(4)看运行是否正常,是否有抽空或振动情况,要经常检查缸内有无冲击声和进出口阀有无破碎声。

(5)经常检查各传动件及螺栓、地脚螺钉等是否有松动情况,发现松动应及时拧紧。

(6)润滑油的牌号要符合要求,每天加一次润滑油,保持良好的润滑状态。发现温度升高,及时查明原因并加以解决。

(7)坚持润滑油的三级过滤。

3. 事故处理

往复泵常见故障及处理方法见表1-11。

表1-11　往复泵常见故障及处理方法

现象	故障原因	处理方法
泵开不动	(1)进气阀阀芯折断,使阀门打不开	(1)更换阀门或阀芯
	(2)汽缸内有积水	(2)打开放水阀,排出缸内积水
	(3)摇臂销脱落或圆锥销切断	(3)装好摇臂销或更换圆锥销
	(4)汽缸、油缸活塞环损坏	(4)更换汽缸、油缸活塞环
	(5)汽缸磨损间隙过大	(5)更换汽缸或活塞环
	(6)气门阀板、阀座接触不良	(6)刮研阀板及阀座
	(7)蒸汽压力不足	(7)调节蒸汽压力
	(8)活塞杆处于中间位置,致使气门关闭	(8)调整活塞杆位置
	(9)排出阀阀板装反,使出口关死	(9)重新将排出阀安装正确

续表

现象	故障原因	处理方法
泵抽空	(1)进口温度太高产生汽化,或液面过低吸入气体	(1)降低进口温度,保证一定液面或调节往复次数
	(2)进口阀未开或开得小	(2)打开进口阀至一定开度或调节往复次数
	(3)活塞螺帽松动	(3)上紧活塞螺帽
	(4)由于进口阀垫片吹坏使进、出口被连通	(4)更换进口阀垫片
	(5)油缸套磨损,活塞环失灵	(5)更换缸套或活塞环
产生响声或振动	(1)活塞冲程过大或汽化抽空	(1)调节活塞冲程或往复次数
	(2)活塞螺帽或活塞杆螺帽松动	(2)拧紧活塞螺帽或活塞杆螺帽
	(3)缸套松动	(3)拧紧缸套螺钉
	(4)阀敲碎后,碎片落入缸内	(4)扫除缸内碎片,更换阀
	(5)地脚螺栓松动	(5)固定地脚螺栓
	(6)十字头中心架连接处松动	(6)修理或更换十字头
压盖漏油、漏气	(1)活塞杆磨损或表面不光滑	(1)更换活塞杆
	(2)填料损坏	(2)更换填料
	(3)填料压盖未上紧或填料不足	(3)上紧压盖或加填料
汽缸活塞杆过热	(1)注油器单向阀失灵	(1)更换单向阀
	(2)润滑油不足	(2)加足润滑油
	(3)填料过紧	(3)松填料压盖
压力不稳	(1)阀关不严或弹簧弹力不均匀	(1)研磨阀或更换弹簧
	(2)活塞环在槽内不灵活	(2)调整活塞环与槽的配合
流量不足	(1)阀不严	(1)研磨或更换阀门,调节弹簧
	(2)活塞环与缸套间隙过大	(2)更换活塞环或缸套
	(3)冲程次数太少	(3)调节冲程次数
	(4)冲程太短	(4)调节冲程

自 测 题

1. 发生气蚀现象的原因有哪些？如何防止气蚀现象的发生？
2. 气蚀现象有什么破坏作用？
3. 若离心泵出口压力过高或过低,应如何调节？
4. 简述离心泵的开车、停车程序。

任务八 气体压送仿真技能训练

任务分析:气体输送也是化工生产中一项重要的内容,通过仿真 DCS 系统中透平与往复压缩仿真操作,让学生初步了解透平机和往复压缩机的操作要点。在掌握仿真操作的过程中,引导学生应用流体流动的基本规律理解相关参数的相互制约关系，有利于气体输送机械的进一步学习。

任务目标：①了解气体输送机械的特点；②理解透平机、往复压缩机、蒸汽喷射泵的工作原理；③了解常见气体压送操作过程中常见事故及其处理方法。

技能目标：①能做好气体输送设备开车前的准备，检查电源、水源、仪表、管道、设备等；②能按规程启动透平机、往复压缩机等设备，完成气体的压缩输送；③能绘制气体输送仿真工艺流程图。

一、气体物料的输送方式

一般气体输送过程需要克服气体在管路中的流动阻力和管路两端的压强差以输送气体或产生一定的高压或真空来满足各种工艺过程的需要，气体输送大致分为以下三种。

(1)压缩气体，以提高气体的压力为目的。

(2)输送气体或通风，为了满足工艺需要或改善劳动条件等。

(3)抽真空，在设备内产生真空，以满足生产工艺要求。

生产中可根据被输送气体的性质、输送量、工艺要求选择适宜的输送方式和输送机械。

二、认识气体压缩单元流程

1. CO_2流程说明

来自合成氨装置的原料气CO_2压力为150 KPa(A①)，温度38 ℃，流量由FR8103计量，进入CO_2压缩机一段分离器V－111，在此分离出CO_2气相中夹带的液滴后进入CO_2压缩机的一段入口；经过一段压缩后，CO_2压力上升至0.38MPa(A)，温度上升至194 ℃，进入一段冷却器E－119用循环水冷却到43 ℃。为了保证尿素装置防腐所需的氧气，在CO_2进入E－119前加入适量来自合成氨装置的空气，流量由FRC8101调节控制，CO_2气中氧含量为0.25% ~ 0.35%。在一段分离器V－119中分离出液滴后进入二段进行压缩，二段出口CO_2压力为1.866 MPa(A)，温度为227 ℃；然后进入二段冷却器E－120冷却到43 ℃，并经二段分离器V－120分离出液滴后进入三段。

在三段入口设计有段间放空阀，以便于低压缸CO_2压力控制和快速泄压。CO_2经三段压缩后压力升到8.046 MPa(A)，温度为214 ℃，进入三段冷却器E－121中冷却。为防止CO_2过度冷却而生成干冰，在三段冷却器冷却水回水管线上设计有温度调节阀TV－8111，用此阀来控制四段入口CO_2温度在50 ~ 55 ℃之间。冷却后的CO_2进入四段压缩后压力升到15.5MPa(A)，温度升到121 ℃，接着进入尿素高压合成系统。为防止CO_2压缩机高压缸超压、喘振，在四段出口管线上设计有四回一防喘振阀HV－8162(即HIC8162)。

2. 蒸汽流程说明

主蒸汽压力5.882，湿度450 ℃，流量82 t/h，进入透平做功，其中一大部分在透平中部被抽出，抽汽压力2.598，温度350 ℃，流量54.4 t/h，送至框架，另一部分通过中压调节阀进入透平后汽缸继续做功，做完功后的乏汽进入蒸汽冷凝系统。

① 此处A是absolute的缩写，表示绝对压强。

三、认识气体压缩单元中的设备、阀门、仪表

如图 1-64 所示的透平与往复压缩工艺流程图,请认真观察,结合气体压送工艺流程描述,熟悉该气体压缩单元的主要设备、现场阀门(见表 1－12)以及正常操作的工艺指标(见表 1－13)。

表 1-12　气体压缩单元主要控制阀列表

位号	说明	所在流程图位号
FRC8103	配空气流量控制	U8001
LIC8101	V－111 液位控制	U8001
LIC8167	V－119 液位控制	U8001
LIC8170	V－120 液位控制	U8001
LIC8173	V－121 液位控制	U8001
HIC8101	段间放空阀	U8001
HIC8162	四回一防喘振阀	U8001
PIC8241	四段出口压力控制	U8001
HS8001	透平蒸汽速关阀	U8002
HIC8205	调速阀	U8002
PIC8224	抽出中压蒸汽压力控制	U8002

表 1-13　气体压缩单元正常操作工艺指标

表位号	测量点位置及测量指标	常值	单位
TR8102	CO_2原料气温度	40	℃
TI8103	CO_2压缩机一段出口温度	190	℃
PR8108	CO_2压缩机一段出口压力	0.28	MPa(G①)
TI8104	CO_2压缩机一段冷却器出口温度	43	℃
FRC8101	二段空气补加流量	330	kg/h
FR8103	CO_2吸入流量	27 000	Nm^3/h
FR8102	三段出口流量	27 330	Nm^3/h
AR8101	含氧量	0.25～0.30	%
TE8105	CO_2压缩机二段出口温度	225	℃
PR8110	CO_2压缩机二段出口压力	1.8	MPa(G)
TI8106	CO_2压缩机二段冷却器出口温度	43	℃
TI8107	CO_2压缩机三段出口温度	214	℃
PR8114	CO_2压缩机三段出口压力	8.02	MPa(G)
TIC8111	CO_2压缩机三段冷却器出口温度	52	℃
TI8119	CO_2压缩机四段出口温度	120	℃
PIC8241	CO_2压缩机四段出口压力	15.4	MPa(G)

续表

表位号	测量点位置及测量指标	常值	单位
PIC8224	出透平中压蒸汽压力	2.5	MPa(G)
Fr8201	入透平蒸汽流量	82	t/h
FR8210	出透平中压蒸汽流量	54.4	t/h
TI8213	出透平中压蒸汽温度	350	℃
TI8338	CO_2压缩机油冷器出口温度	43	℃
PI8357	CO_2压缩机油滤器出口压力	0.25	MPa(G)
PI8361	CO_2控制油压力	0.95	MPa(G)
SI8335	压缩机转速	6935	rpm
XI8001	压缩机振动	0.022	mm
GI8001	压缩机轴位移	0.24	mm

①G是gauge的缩写，表示表压。

任务九　认识气体输送设备

任务分析：通过图片、动画的展示，结合仿真DCS操作，要求学生在掌握化工生产过程中常用气体输送机械的结构特点、工作原理的基础上，掌握气体输送机械的操作安全注意事项，有助于学生将知识融会贯通。

任务目标：①掌握化工常用压缩机、真空泵的基本结构及工作原理；②理解通风机、鼓风机的基本结构及工作原理。

技能目标：能识别各类气体输送设备并说明其作用。

气体输送机械应用广泛，类型也较多。就工作原理而言，与液体输送机械大体相同，都是通过类似的方式对流体做功，使流体获得机械能量。但气体与液体的物性有很大不同，因而气体输送机械有自己的特点。

(1)由于气体密度很小，输送一定质量流量的气体时，体积流量大，因而气体输送机械的体积大，进出口管中的流速也大。

(2)由于气体的可压缩性，当气体压强变化时，其体积和温度也将随之发生变化。这对气体输送机械的结构和形状有较大影响。

气体输送机械一般按其出口表压强或压缩比(指出口与进口压强之比)大小进行分类。

(1)通风机：出口表压强不大于15 kPa，压缩比为1～1.15。

(2)鼓风机：出口表压强大于15 kPa且小于或等于300 kPa，压缩比小于4。

(3)压缩机：出口表压强大于300 kPa，压缩比大于4。

(4)真空泵：在容器或设备内造成真空(将其中的气体抽出)，出口压强为大气压或略高于大气压。

一、通风机

通风机是一种用于低压下沿导管输送气体的机械。在化工厂中，通风机的使用非常普遍，尤其是高温和毒气浓度较大的车间，常用它来输送新鲜空气，排出有害气体、降温等。

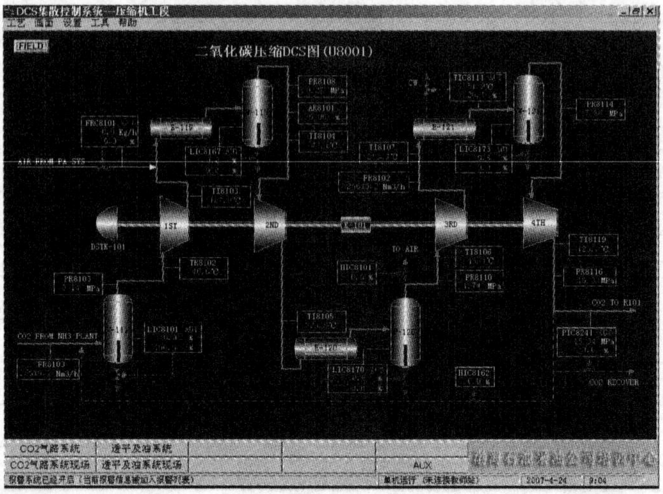

(a)

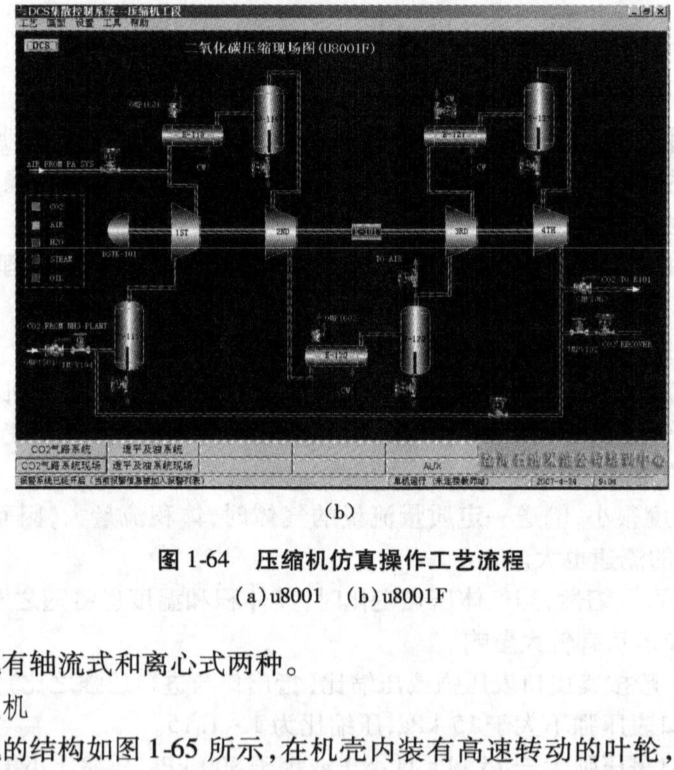

(b)

图1-64　压缩机仿真操作工艺流程

(a)u8001　(b)u8001F

常用的通风机有轴流式和离心式两种。

1. 轴流式通风机

轴流式通风机的结构如图1-65所示，在机壳内装有高速转动的叶轮，叶轮通常为螺旋桨式，叶片数一般为12片。当叶轮旋转时，叶片推动空气使之沿着与轴平行的方向流动，叶片将能量传给空气，使排出气体的压强略有增大，所以它的特点是出口压强不大而风量大。

轴流式通风机的体积较小，质量轻，常装在需要送风的墙壁或天花板上（如家用换气扇），也可以临时放置在一些需要送风的场所。

2. 离心式通风机

1）结构和工作原理　离心式通风机的结构及原理与离心泵相似，如图1-66所示。离心式通风机主要由叶轮和机壳组成。工作时，原动机械驱动叶轮在蜗形机壳内旋转，气体经吸入口

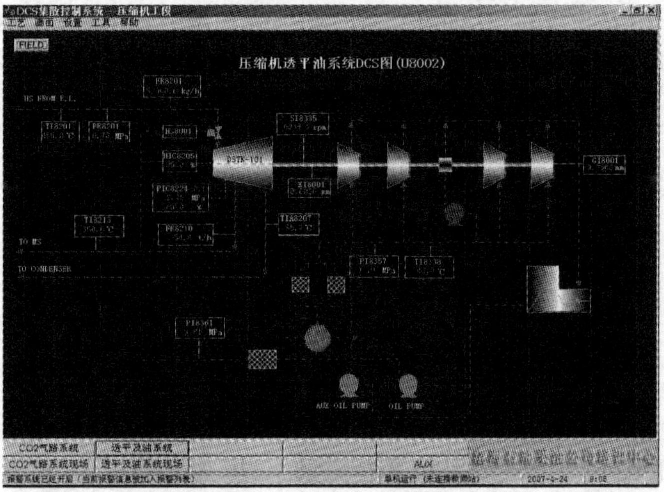

(c)

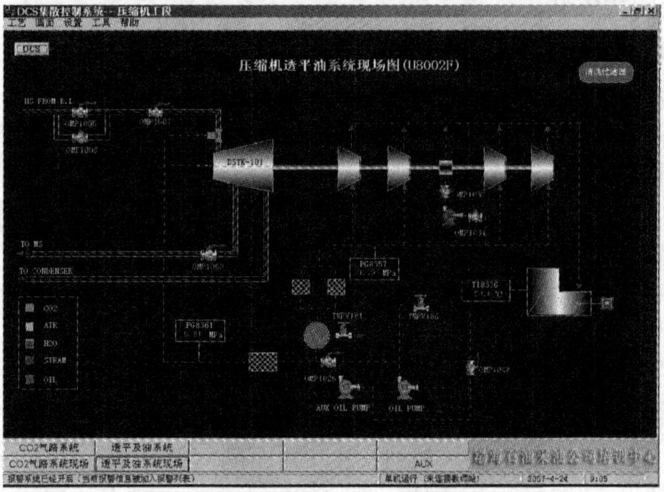

(d)

图 1-64　压缩机仿真操作工艺流程(续)

(c)u8002　(d)u8002F

动画1-28　轴流通风机

图 1-65　轴流式通风机

从叶轮中心处吸入。由于叶片对气体的动力作用,气体的压力和速度得以提高,并在离心力作用下沿着叶道甩向机壳,从排出口排出。因气体在叶轮内的流动主要是在径向平面内,故又称之为径流通风机。

扫一扫

动画1-29 离心通风机

图1-66 离心式通风机

同轴流式通风机相比,离心式通风机具有流量小、压头大的特点,前者的风压约为 9.8×10^{-3} MPa,后者风压可达到0.2 MPa;在安装上,轴流式通风机的叶轮多为裸露安装,离心式通风机的叶轮多采用封闭式安装。

2)主要性能参数　主要性能参数包括风量、风压、轴效率和效率。

(1)风量。风量是指单位时间通过进风口的体积流量,用 Q 表示,单位为 m^3/s。

(2)风压。风压是指单位体积气体所获得的机械能量,用 p_t 表示,单位为 $J/m^3=N/m^2=Pa$,与压强的单位相同,故称风压,通常均由实验确定。

若在风机进出口截面 $1-1'$ 和 $2-2'$ 间列伯努利方程,气体密度取平均值,可得:

$$z_1+\frac{u_1^2}{2g}+\frac{p_1}{\rho g}+\frac{p_t}{\rho g}=z_2+\frac{u_2^2}{2g}+\frac{p_2}{\rho g}+H_f \tag{1-63}$$

上式经整理后得:

$$p_t=\rho g(z_2-z_1)+\frac{\rho(u_2^2-u_1^2)}{2}+(p_2-p_1)+\rho gH_f \tag{1-63a}$$

由于 ρ 较小,(z_1-z_2) 也较小,且风机进、出口截面间管路很短,故 $\rho g(z_1-z_2)$ 及 ρgH_f 两项均可忽略,通风机的吸入口一般较排出口截面积要大的多,故 $\frac{\rho u_1^2}{2}$ 项也可忽略,则式(1-63a)可简化为:

$$p_t=(p_1-p_2)+\frac{\rho u_2^2}{2} \tag{1-64}$$

式中　p_1-p_2——静风压,Pa;

$\frac{\rho u_2^2}{2}$——动风压,Pa(即单位体积气体在出口截面上的动能);

p_t——全风压,Pa,即静风压与动风压之和。

当通风机由周围大气吸气时,$p_t=p_2(表)+\frac{\rho u_2^2}{2}$,即出口截面上的表压强与动风压之和。

3)轴功率和效率　通风机的轴功率为

$$N=\frac{p_tQ}{1\,000\eta} \tag{1-65}$$

式中　N——离心式通风机的轴功率,kW;

Q——离心式通风机的风量，m^3/s；

p_t——离心式通风机的全风压，Pa；

η——全压效率。

注意在计算轴功率时，p_t与 Q 应为同一状态下的值。

3）特性曲线　图 1-67 是在一定转速下离心式通风机的特性曲线示意图。一般离心式通风机在出厂前均以空气为介质进行测试，由实测数据换算得到标准条件温度为 20 ℃，压强为 101.3 kPa，空气密度为 1.2 kg/m^3下的 p_t-Q、$(p_1-p_2)-Q$、$N-Q$ 及 $\eta-Q$ 曲线，并在产品样本中标明。

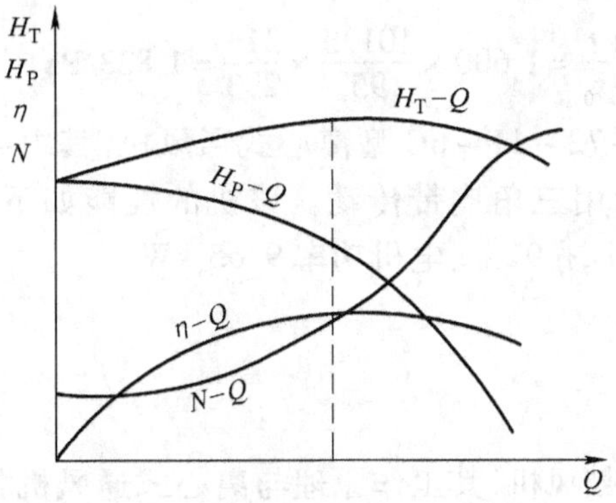

图 1-67　离心式通风机的特性曲线示意

4）离心式通风机的选用　通风机的类型很多，必须合理选型，以保证经济合理。也可以参照离心泵的选型办法进行类似处理。

（1）根据气体的种类（清洁空气、易燃气体、腐蚀性气体、含尘气体、高温气体等）与风压范围，确定通风机的类型。若输送的是空气或与其相似的气体，可选用一般类型的离心通风机。

（2）确定风量。如果风量是变化的，应以最大值为准，可以增加一定的裕量（5% ~10%），并以风机的进口状态计。

（3）确定完成输送任务所需要的实际风压。根据管路条件及伯努利方程，确定需要的实际风压，并通过式（1-66）换算为风机在实验条件下的风压。

生产条件下的全风压 p_t与标准条件下的全风压 p_{t0}的换算公式如下：

$$p_{t0}=p_t\left(\frac{p_{a0}}{p_a}\right)\left(\frac{273+t}{273+t_0}\right) \tag{1-66}$$

式中　p_{a0}——标准条件下的大气压强，$p_{a0}=101.3$ kPa；

p_a——生产（操作）条件下的大气压强，kPa；

t_0——标准条件下的空气温度，$t_0=20$ ℃；

t——生产（操作）条件下的空气温度，℃。

（4）根据实际风量与实验风压在相应类型的通风机系列中选取合适的型号。选用时要使所选通风机的风量与风压比任务需要的稍大一些。如果用系列特性曲线来选，要使 (Q,H_T) 点落在泵的 $Q-H_T$线以下，并处在高效区。

例 1-26　最大的输送量为 14 500 kg/h，在此风量下输送系统所需全风压（表压）为 1 600 kPa（以风机入口状态计），入口温度为 40 ℃。试选一台合适的离心式通风机。已知当地大气压强为 95 kPa。

解 (1)计算入口条件下的空气流量 Q。

入口条件下的空气密度可按理想气体计算：

$$\rho = \frac{pM}{RT} = \frac{95 \times 10^3 \times 29}{8314 \times 313} = 1.059\ \text{kg/m}^3$$

则入口条件下的空气流量为

$$Q = \frac{W_s}{\rho} = \frac{14\ 500}{1.059} = 1.369 \times 10^4\ \text{m}^3/\text{h}$$

(2)已知入口条件下的全风压 $p_t = 1\ 600$ Pa(表压)，换算为标准条件下的全风压 p_{t0} 为

$$p_{t0} = p_t \times \frac{p_{a0}}{p_a} \times \frac{273 + t}{273 + t_0} = 1\ 600 \times \frac{101.3}{95} \times \frac{313}{293} = 1\ 823\ \text{Pa}$$

(3)由附录十八查得 4－72－11－6C 型离心式通风机，其中 4－72 为中低压力离心式通风机代号，6 为机号，C 表示用三角皮带传动。该机的性能如下：转速 2 000 r/min，全风压 1 941.8 Pa，风量 12 950 m^3/h，η 91%，电机功率 9.65 kW。

二、鼓风机

1. 离心式鼓风机

离心式鼓风机又称透平鼓风机，其工作原理与离心式通风机相同，结构与离心泵类似，外壳也为蜗壳形，只是外壳直径和宽度都较大，叶轮的数目较多，转速较高。单级式离心鼓风机的出口表压强一般小于 30 kPa，当风压较高时，均采用多级离心式鼓风机，因各级压缩比不大，各级叶轮直径大致相同。

2. 旋转式鼓风机

旋转式鼓风机的形式很多，罗茨鼓风机是最常用的一种，其工作原理和齿轮泵相似，如图 1-68 所示。机壳中有两个腰形转子，两转子之间、转子与机壳之间的间隙均很小，以保证转子的自由旋转并尽量减少气体的串漏，两转子的旋转方向相反，不断改变两侧的操作容积，气体从一侧吸入，另一侧排出。如改变转子的旋转方向，可使吸入口与排出口互换。

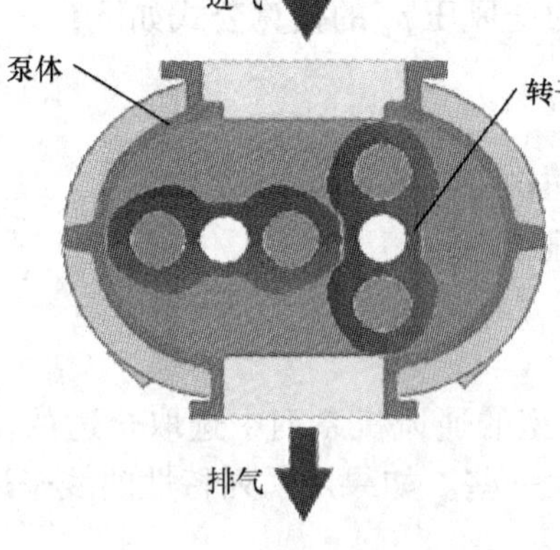

动画1-30 罗茨鼓风机

图 1-68 罗茨鼓风机

罗茨鼓风机属于正位移型鼓风机，其风量与转速成正比，当转速一定时，随出口压强增大，流量大体不变（略有减小），其风量范围为2～500 m^3/min，出口压强不超过80 kPa（表压）。鼓风机出口应安装安全阀或气体稳定罐；流量用旁路调节；操作温度不超过85 ℃，以防止因热膨胀而卡住转子。

三、压缩机

化工生产中，当需大幅度提高气体压强时，例如气体在高压下进行反应、将气体加压液化等，常需使用压缩机。常见压缩机有两种：离心式压缩机和往复式压缩机。

1. 离心式压缩机

离心式压缩机又称透平压缩机，其工作原理及基本结构与离心式鼓风机相同，但叶轮级数更多，通常在10级以上，叶轮转速常在5 000 r/min以上，结构更为精密，产生的风压较高，一般可达几十兆帕。由于压缩比大，气体体积变化很大，温升也高，一般分为几段，每段由若干级构成，叶轮直径逐级缩小。气体温度随压强增大而升高，故在段间要设置中间冷却器。

离心式压缩机具有流量大（可达每小时几十万立方米）而均匀、体积紧凑、机内易损件少、运转平稳、容易调节、维修方便、效率较高等优点，目前在大型合成氨和石油化工生产中多被采用。

2. 往复式压缩机

往复式压缩机的构造和工作原理与往复泵相似，主要由汽缸、活塞、活门构成，也是通过活塞的往复运动对气体做功，但由于压缩机的工作流体为气体，其密度比液体小得多，因此在结构上要求吸气和排气活门更为轻便而易于启闭。当要求终压较高时，需采用多机压缩，每级压缩比不大于8，且因压缩过程伴有温度升高，汽缸应设法冷却，级间也应有中间冷却器。因此，往复式压缩机的结构较为复杂。

下面简要说明气体的压缩过程。

1）理想（无余隙）工作循环　如图1-69所示，假设被压缩气体为理想气体，气体流经阀门无阻力，无泄漏，无余隙（排气终了时活塞与汽缸端面间没有空隙）等，则单缸单作用往复压式缩机的理想工作循环包含三个阶段。

（1）压缩阶段。当活塞位于汽缸的最右端时汽缸内气体的体积为V_1，压力为p_1，其状态如点1所示。当活塞由点1向左推进时，由于吸入和排气活门都是关闭的，故气体体积缩小而压力上升，直到压力升到p_2压缩终止，此阶段气体的状态变化过程如图1-69中曲线1－2所示。

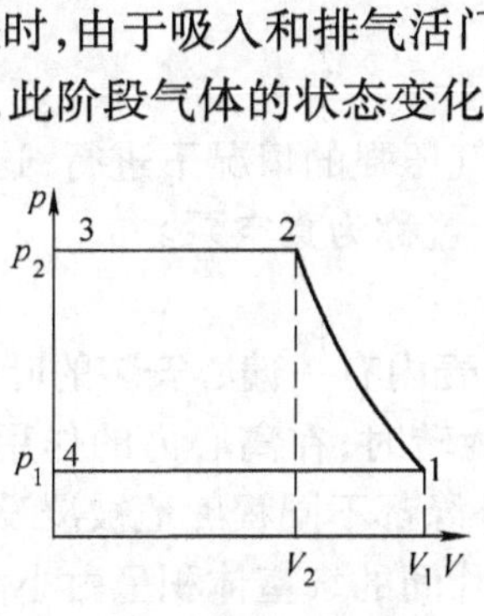

图1-69　往复式压缩机的理想工作循环

（2）压出阶段。当压力升到p_2，排气活门被顶开，排气开始，气体从缸内排出，直至活塞移至最左端,气体完全被排净,汽缸内气体体积降为零,压出阶段气体的变化过程如图1-69中水平线2-3所示。

(3)吸气阶段。当活塞从汽缸最左端向右移动时,缸内的压力立刻下降到p_1,气体状况达到点4。此时,排气活门关闭,吸入活门打开,压力为p_1的气体被吸入缸内,直至活塞移至最右端(图1-69中点1)。吸气阶段气体的状态变化如图1-69中水平线4-1所示。

综上所述,无余隙往复式压缩机的理想工作循环是由压缩过程、恒压下的排气和吸气过程所组成的。

2)实际工作循环　由于实际压缩机是存在余隙的,排气结束后余隙中残存少量压力为p_2的高压气体,因此往复式压缩机的实际工作过程分为四个阶段,如图1-70所示。活塞从最右侧向左运动,完成了压缩阶段及排气阶段后,到达往复式压缩机汽缸最左端;当活塞从左向右运动时,因有余隙存在,进行的不再是吸气阶段,而是膨胀阶段,即余隙内压力为p_2的高压气体因体积增大而压力下降,如图1-70中曲线3-4所示,直至其压力降至吸入气压p_1(图1-70中点4),吸入活门打开,在恒定的压力下进行吸气过程,当活塞回到汽缸的最右端截面(图1-69中点1)时,完成一个工作循环。

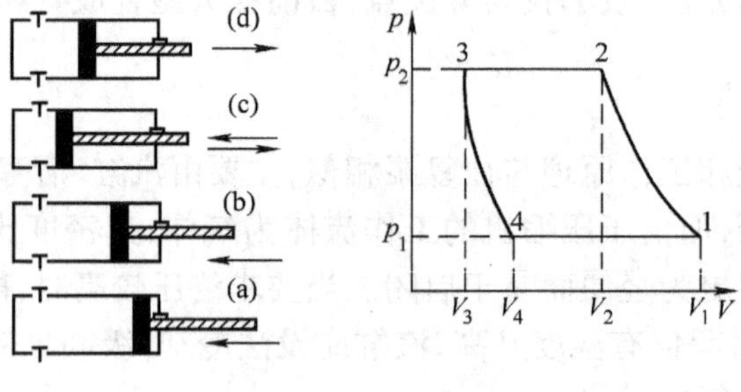

图1-70　往复式压缩机的实际工作循环

综上所述,往复式压缩机的实际压缩循环是由压缩、排气、膨胀、吸气四个过程所组成。在每一个循环中,尽管活塞在汽缸内扫过的体积为(V_1-V_2),但一个循环所能吸入的气体体积为(V_1-V_4)。同理想工作循环相比,由于余隙的存在,实际吸气量减少了,而且功耗也增加了,因此应尽量减小余隙。

四、真空泵

化工生产中有些过程在低于大气压强的情况下进行,这就需要从设备或管路系统中抽出气体以造成真空,完成这类任务的装置称为真空泵。

1. 水环真空泵

如图1-71所示,其外壳呈圆形,壳内有一偏心安装的叶轮,上有辐射状叶片。机壳内注入一定量的水(或其他液体),当叶轮旋转时,在离心力的作用下将水甩至壳壁形成均匀厚度的水环,水环的厚度应使所有叶片的外缘都不同程度地被浸没,因而将各叶片间的空隙封闭成大小不等的气室,随偏心叶轮旋转,叶片间的气室体积呈由小而大又由大而小的周期变化。当气室增大时,气体由吸入口吸入至这些小室,当气室从大变小时,小室中的气体即由排出口排出。

水环真空泵属湿式真空泵,吸气时允许夹带少量液体,真空度一般可达83 kPa。若将吸入口通大气,排出口与设备或系统相连,可产生低于100 kPa(表压)的压缩气体,故又可作低压

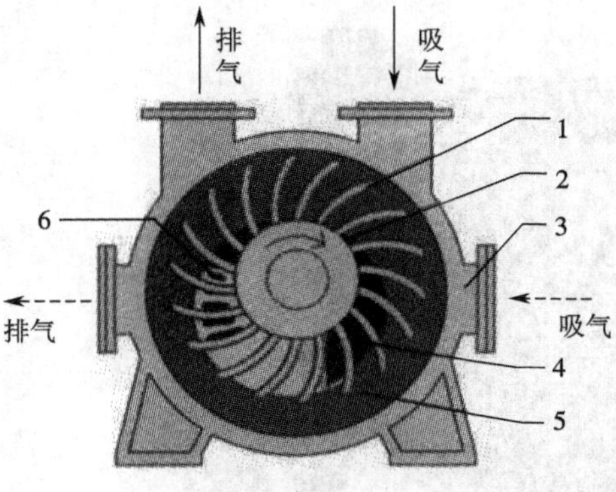

动画1-31a，1-31b　水环式真空泵

图 1-71　**水环真空泵**

1—叶轮;2—轮毂;3—泵体;4—吸气口;5—液环;6—柔性排气口

压缩机使用。

水环真空泵的结构简单紧凑,易于制造和维修,适用于抽吸有腐蚀性或爆炸性的气体,但效率较低,一般为 30% ~50% ,产生的真空度受泵内水温的限制,在运转时要不断冲水以维持泵内的水环液封,并起到冷却作用。

2. 喷射真空泵

如图 1-72 所示,它是利用工作流体(水蒸气)以高速射流从喷嘴流出时,使压强能转化为动能而造成真空将气体吸入,与工作流体在混合室内混合后一起经扩散管由排出口排出。

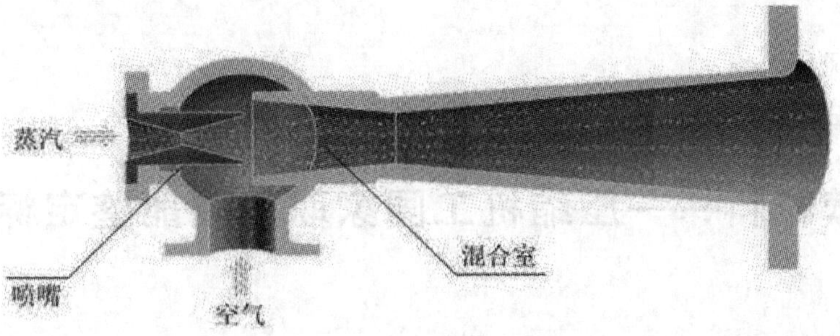

图 1-72　**蒸汽喷射泵**

这类真空泵当用水作为工作流体时,称为水喷射泵,如图 1-73 所示;当用水蒸气作为工作流体时,称为蒸汽喷射泵。单级蒸汽喷射泵可以达到约 15 kPa 绝压,若要达到更高的真空度,可以采用多级蒸汽喷射泵。

喷射泵的优点是结构简单,无运动部件,抽气量大,工作压强范围广,但其效率低,一般只有 10% ~25% ,且工作流体消耗量大。

自　测　题

一、选择题

1. 离心式通风机铭牌上标明风压是 100 mmH_2O,意思是(　　)。

图 1-73　水喷射真空泵

A. 输送任何条件的气体介质的全风压都达到 100 mmH_2O
B. 输送空气时不论流量多少，全风压都可达到 100 mmH_2O
C. 输送任何气体介质当效率最高时，全风压为 100 mmH_2O
D. 输送 20 ℃、101 325 Pa 的空气，在效率最高时全风压为 100 mmH_2O

2. 当离心式压缩机的操作流量小于规定的最小流量时，即可能发生(　　)现象。
A. 喘振　　B. 气蚀　　C. 不变　　D. 气缚

二、简答题

1. 什么是全风压？
2. 简单描述往复式压缩机的工作过程。

阅读材料——压缩机工国家职业技能鉴定标准

一、鉴定要求

1. 适用对象

从事操纵压缩机工作的操作人员。

2. 申报要求

(1) 文化程度：高中毕业。
(2) 现有技术等级证书级别：中级工技术等级证书，持证五年。
(3) 本工种工作年限：八年。
(4) 身体状况：健康。

3. 考生与考评员比例

(1) 知识：15∶1。
(2) 技能：1∶3。

4. 鉴定方式和时间

(1) 知识：闭卷、笔试，限时 90 min。满分 100 分，60 分及格。

(2)技能:进行逐人抽题口试或笔试,模拟操作,按考核内容确定考试时间。满分100分,60分及格。

二、鉴定内容

1. 知识要求

项目	鉴定范围	鉴定内容	鉴定比重/%
基本知识	1. 基础知识	①具有本工种有关的高中(中专)物理、化学基础知识; ②雷诺数、流体阻力与计算; ③流体输送机械作用原理及结构; ④强化传热的途径; ⑤降低流体阻力的途径; ⑥流量的测量; ⑦蒸发器、冷凝器的形式、应用等; ⑧串联管路和并联管路的布置	30
	2. 安全防护知识	①熟悉上级机关、本企业安全生产法规、消防条例、安全生产规章制度等有关规定; ②熟悉压缩装置各种安全设施的基本原理、性能、使用和维护知识; ③熟悉本产品生产中原料、成品各种安全设施的基本原理、性能和使用方法	10
专业知识	1. 工艺技术知识	①懂得气体压缩过程的基本工作原理、气体压缩循环过程、余隙系数、吸排气量、轴功率以及压缩操作的温度、压力对压缩气体的影响; ②气体压缩工艺生产流程选择及其比较; ③懂得本工序操作规程,各工种之间的关系及相互影响; ④熟知本工序所用物料的技术指标及其作用	40
	2. 分析检验知识	懂得本工序分析取样点、控制项目、指标及检测频率、分析方法及误差知识	2
	3. 工具设备知识	①懂得本工序全部设备构造、性能、操作条件、技术要求、选用原则及修理知识; ②懂得本工序工具、阀门、容器等拆装和修理知识	10
	4. 电器、仪表、计量器具知识	①懂得本工种和相关工种电器、仪表、计量器具等的工作原理、性能、特点、使用和维护知识; ②懂得本工种和相关工种信号、联锁、保护系统的构造、基本原理、性能特点、设定值	4
相关知识	1. "三废"处理知识	①懂得国家环境保护法,本工种和相关工种污染物种类、数量、性质、排放标准; ②本工种和相关工种采用环保设施的机理和使用方法,降低"三废"排放的途径	2
	2. 管理知识	①掌握生产管理、班组管理、安全管理、设备管理的基本知识,具有班组管理经验; ②了解国内外有关气体压缩的新技术、新工艺及发展趋势,对压缩过程具有先进管理水平	2

2. 技能要求

项目	鉴定范围	鉴定内容	鉴定比重/%
操作技能	1. 工艺操作能力	①参与组织同类型压缩装置验收、开工等； ②能胜任本工序各岗位正常操作，掌握特殊操作； ③能指导中级工操作	30
	2. 应变和事故处理能力	①能迅速处理本工序异常情况和突发性事故； ②能发现本工序事故隐患和预防事故发生，参与重大事故的原因分析，提出防范措施； ③能熟练地使用本工序的消防器材和防护用具	20
工艺设备的使用和维护	设备及仪表使用维护能力	①能组织正确执行本工序装置的设备维护保养制度，并能提出改进意见； ②能正确提出检修项目、内容和要求。修后、单体设备的试车； ③参与仪表自控调节器和参数整定及各种设定值的修改	20
其他能力	1. 工艺计算能力	①能对压缩过程进行物料和热量衡算； ②能对本压缩过程进行全面技术分析、计算，用来指导、改进生产	20
	2. 识图制图能力	①能看懂压缩机的装配图； ②能绘制压缩工序设备结构草图和一般零部件草图	4
	3. 管理能力	能使用先进管理方法并组织本压缩过程的生产专题攻关，不断提高生产水平	3
	4. 语言文字领会与表达能力	①参与总结生产经验和撰写技术报告； ②对工艺技术操作规范等提出修改意见	3

说明：本标准为中华人民共和国劳动和社会保障部颁发的《国家职业技能鉴定规范（化工行业特有工考核大纲）”压缩机工（高级）技能鉴定。

主要符号说明

英文字母

A——面积，m^2

a——活塞杆的截面积，m^2

D——叶轮直径，m

d——圆管直径，mm

d_e——非圆管的当量直径，m

F——力，压力，N

G——质量流速，$kg/(m^2 \cdot s)$

H——泵的扬程，m

H_e——输入压头，m

H_f——阻力损失，J/kg，或压头损失，m

H_g——泵的允许安装高度，m

h——高度，m

Δ_h、$\Delta_{h允}$——气蚀余量、允许气蚀余量，m

h_0——泵入、出口测压点间的垂直距离，m
l——直管的长度，m
l_e——当量长度，m
M——物质的千摩尔质量（数值上等于物质的相对分子质量），kg/kmol
m——物体的质量，kg
N——轴功率，W（或 J/s）
N_e——有效功率，W（或 J/s）
n——泵的转速，r/min；活塞每分钟的往复次数
P——压力，N
p——压强，N/m^2（即 Pa）
p_t——离心式通风机的全风压，Pa
p_v——液体在输送温度下的饱和蒸气压，Pa
Δp_f——阻力压降，N/m^2（即 Pa）
Q——泵的流量，m^3/s（或 m^3/h）
Q_T——往复泵的理论平均流量，m^3/min
r——半径，m
Re——雷诺准数，无因次
S——活塞的冲程，m
T——绝对温度，K
t——摄氏温度，℃
u——速度，平均流速，m/s
u_{max}——管中心最大速度，m/s（或用 u_c 表示）
u_m——平均速度，m/s
u_r——管半径 r 处的速度，m/s
V——体积，m^3
V_s——体积流量，m^3/s（或 m^3/h）
v——比体积，m^3/kg
W_e——单位质量流体获得的机械能量，J/kg
w——质量分数，%
W_s——质量流量，kg/s
$x(y)$——液体（气体）的摩尔分数，%
z——高度，m

希腊字母

α——角度，°
β——体积膨胀系数，1/℃
δ_b——边界层厚度，mm
ε——绝对粗糙度，mm
ζ——局部阻力系数，无因次
η——泵的机械效率，通风机的全压效率，%

λ——摩擦系数,无因次

μ——流体的黏度,Pa·s

ν——流体的运动黏度,m^2/s

ρ——流体的密度,kg/m^3

τ——剪应力,N/m^2

下标

l——液体

g——气体

m——混合物

i——第 i 个组分

项目二　非均相混合物分离技术

项目介绍

化工生产中的原料、半成品、排放的废物等大多为混合物，为了进行加工、得到纯度较高的产品以及符合环保的要求等，常常要对混合物进行分离。一般来说，混合物可分两大类，即均相混合物与非均相混合物。化工生产中的非均相物系主要有四类，即液固混合物（悬浮液）、气液混合物（泡沫或物沫）、不互溶混合液（乳浊液）和气固混合物。一般非均相物系由分散相和连续相两部分组成，如液固混合物是指液体中含有分散的固体颗粒所形成的混合物，其中处于连续状态的液体称为连续相，处于分散状态的固体颗粒称为分散相（或分散物质）。通常利用分散相和连续相之间物理性质的差异，借助外力作用使两相产生相对运动而实现分离。一般非均相混合物的分离可采用沉降、过滤的方法。

* * * *　　　* * * *　　　* * * *

任务一　认识非均相物系的分离设备

任务分析：在了解非均相物系分离过程及方法的基础上，通过图片、动画的展示，让学生掌握化工生产过程中常用的非均相物系分离设备的结构特点和工作原理，为进一步学习非均相物系分离技术理论奠定基础。

任务目标：①掌握非均相物系分离方法及典型分离设备的结构；②了解典型分离设备的工作原理。

技能目标：能识别各类非均相物系分离设备并说明其作用。

一、非均相物系分离过程

（一）非均相混合物分离的目的

在工业过程中，对非均相混合物进行分离的目的如下。

（1）满足对连续相或分散相进一步加工的需要。如将乳浊液中的两相物质分离后可分别进行加工处理等。

（2）回收含有有用物质的一相，例如从气流干燥器出口的气固混合物中，分离出干燥的成品。

（3）除去对下一工序或对环境有害的一相，如工业废气在排放之前，必须除去其中的粉尘和酸雾。在气体进入压缩机入口前必须除去其中的微小液滴或固体颗粒，以避免引起对汽缸的冲击或磨损。

（二）非均相物系的分离方法

根据分离的依据和作用力的不同，非均相混合物的分离方法主要有以下几种。

1. 沉降

沉降是依据连续相和分散相的密度差异，在外力作用下使密度不同的两相发生相对运动，从而实现分离的操作。根据外力的不同，沉降可分为重力沉降与离心沉降两类。

2. 过滤

过滤是依据两相对固体多孔介质透过性的差异，在重力、压强差或离心力的作用下使非均相系统得以分离的操作。常见的过滤操作有重力过滤、压差过滤、离心过滤等。

3. 湿法分离

湿法分离是依据两相在液体中的润湿能力差异来分离气固混合物的操作。典型的湿法分离设备有洗气塔、文氏除尘器、泡沫除尘器等。

4. 静电分离

静电分离是依据两相电性质的差异，在电场力的作用下对非均相物系进行分离的操作。属于此类的设备主要有电除尘器。

由于前三类分离方法是利用连续相和分散相之间物理性质的差异，在外力作用下使两相发生相对运动进行分离的，且分离运动服从流体力学的基本规律，因此属于机械分离的范畴。机械分离具有能耗低、工艺简单的优点，在化工生产过程中应用较广，以下将重点讨论。

二、沉降设备

沉降设备是通过沉降的方法来分离非均相混合物的设备，可分为重力沉降设备和离心沉降设备两类。

（一）重力沉降设备

1. 降尘室

降尘室是应用最早的重力沉降设备，常用于含尘气体的预分离。

降尘室是利用固体粒子本身的重力作用使气体净化的设备，如图 2-1（a）所示。降尘室是典型的重力沉降设备。

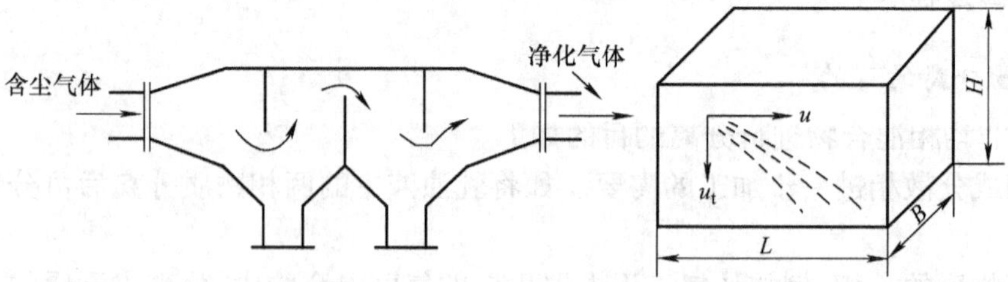

(a) (b)

动画2-1 沉降

图 2-1 降尘室示意

（a）降尘室 （b）颗粒在降尘室内的运动情况

含尘气体进入降尘室后，由于流通截面积突然扩大而速度变慢，气流中的颗粒除了与气体一样具有水平速度 u 外，还受重力作用，具有向下的沉降速度 u_t。只要在气体通过降尘室的时间内颗粒能够降至室底，它便可以从气流中分离出来。颗粒在降尘室内的运动情况如图 2-1(b)所示。

为避免已沉降颗粒的再度扬起，应尽可能减少对降尘过程的干扰，故重力沉降设备的尺寸通常较大。显然，气流在降尘室内的均匀分布是十分重要的。若气流分布不均甚至有死角存在，则必有部分气体停留时间较短，其中所含颗粒就来不及沉降而被带出室外。为使气流均匀分布，通常采用图 2-1 所示进出口为锥形的降尘室。

2. 连续沉降槽

连续沉降槽是利用重力沉降分离悬浮液的设备。它在用于低浓度悬浮液分离时称为澄清器；用于中等浓度悬浮液的浓缩时，常称为浓缩器或增稠器。图 2-2 是一种较典型的连续沉降槽结构。

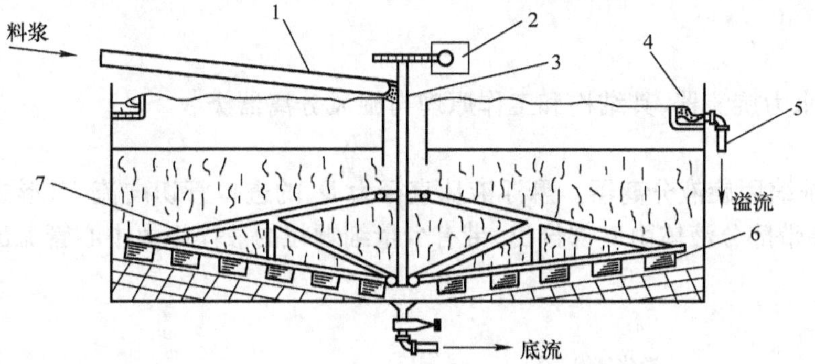

图 2-2　连续沉降槽

1—进料槽道；2—转动机构；3—料井；4—溢流槽；5—溢流管；6—叶片；7—转耙

动画2-2　沉降槽

它是一个具有锥形底的圆槽，悬浮液由进料槽道进入料井，从筒底部流入槽内。清液由四周溢流而出，颗粒沉积在底部成为稠泥浆。稠泥浆由缓慢旋转的转耙耙至锥底，用泥浆泵间断排出，称为底流。沉降槽适用于大流量、低浓度悬浮液的预分离。溢流中含有一定量的细微颗粒，底流泥浆中含有 50% 左右的液体。

对于颗粒很小的混合液，常加入聚凝剂或絮凝剂，使小颗粒相互结合为大颗粒，从而获得较快的沉降速度。聚凝是通过加入电解质，改变颗粒表面的电性，使颗粒相互吸附。例如，加入 Fe^{3+} 和 Al^{3+} 有利于带负电荷颗粒的聚凝，而磷酸盐有利于带正电荷颗粒的聚凝。絮凝是加入高分子聚合物或高聚电解质，促使颗粒相互团聚成絮状的过程。常见的聚凝剂和絮凝剂有 $AlCl_3$、$FeCl_3$ 等无机电解质，土豆淀粉等天然聚合物和聚丙烯酰胺、聚乙胺等。

（二）离心沉降设备

1. 旋风分离器

旋风分离器是利用惯性离心力分离气固混合物的最常用设备。

旋风分离器的结构和作用原理如图 2-3 所示，其上部为圆筒形，下部呈圆锥形。上部侧面沿切线方向开有长方形通道，含尘气体由此进入后，形成一个绕筒体中心向下作螺旋运动的外旋流。外旋流到达器底后折回向上形成内旋流。在此过程中，颗粒被惯性离心力抛向器壁，下滑至锥体底部，间断排出。净化了的气体由筒体中央的排气管排出。由于流体的旋转是依靠进口的高速气体与圆筒形器壁相互作用产生的，因此必然要消耗气体的机械能，表现为气体进出口的压强降。

旋风分离器各部分尺寸通常表示成筒体直径 D 的倍数，其按一定的几何比例设计，以获得满意的性能。图 2-3(a)所示的旋风分离器，常用的尺寸关系为 $h=\frac{D}{2}$、$H_1=H_2=2D$、$B=\frac{D}{4}$、$D_1=\frac{D}{2}$、$D_2=\frac{D}{4}$、$s=\frac{D}{8}$。

旋风分离器一般可分离粒径为 5～75 μm 的非纤维、非黏性干燥粉尘，对粒径在 5 μm 以下的细微颗粒分离效率较低，可在其后接袋滤器和湿法除尘器来捕集。其离心分离因数为 5～2 500。旋风分离器的缺点是气体在器内的流动阻力较大，对器壁的磨损比较严重，分离效率对气体流量的变化比较敏感，且不适于分离黏性的、湿含量高的粉尘及腐蚀性粉尘。

扫一扫

动画2-3　旋风分离器

2. 旋液分离器

旋液分离器也称为水力旋流器，其结构和工作原理与旋风分离器类似，用于悬浮液的分离。

图 2-4 所示为一种浓缩用旋液分离器。悬浮液从直径为 D_i 的进口管切向流入，形成旋转流，分离出的固体颗粒夹带部分液体由底部排出，带有少量细颗粒的液体则由中心管流出。

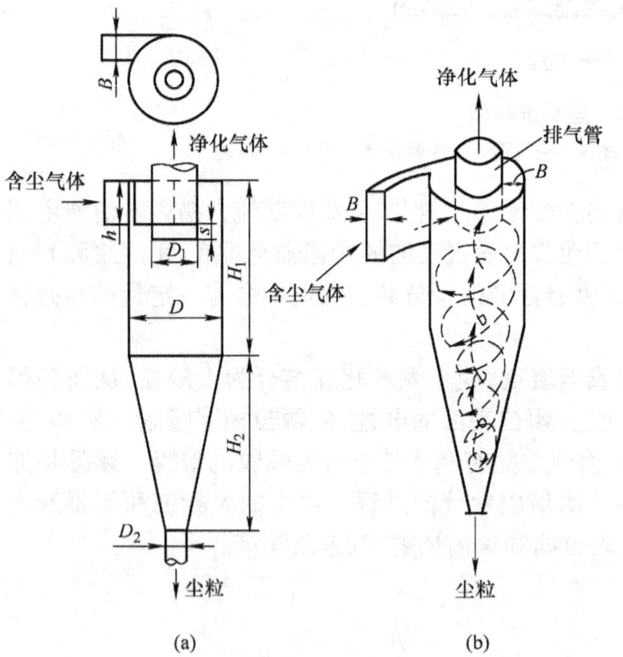

图 2-3　旋风分离器

(*a*)结构示意　(*b*)工作原理示意

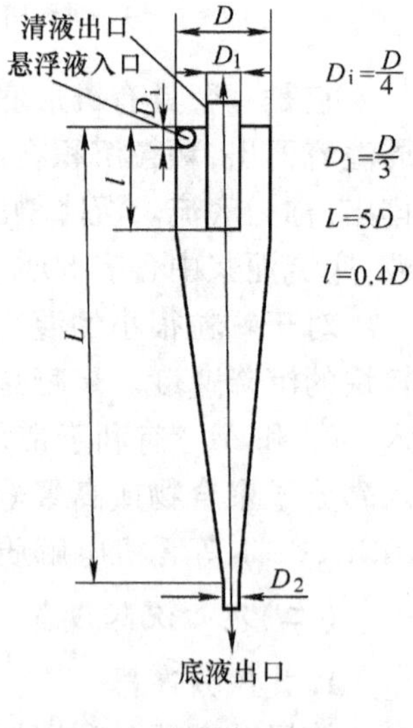

图 2-4　旋液分离器示意

旋液分离器的内径 D 也是一项基本尺寸，其他结构尺寸与之成一定比例，随用途不同而变化。悬浮液流入口管可为圆形或长边沿轴向的长方形，锥体尖角一般为 10°～20°。

旋液分离器进料流速为 2～10 m/s，可分离的粒径为 5～200 μm。但其压强降甚大，且随悬浮液平均密度的增大而增大。例如对一个 $D=200$ mm 的水力旋流器，其处理量为 15 ~ 70 m^3/h 时，阻力损失为 4 ~ 24 m 悬浮液柱。

旋液分离器结构简单，操作可靠，设备费用较低，常用于悬浮液的增浓或颗粒的水力分级。

三、过滤设备

生产过程中所涉及的悬浮液的种类很多，性质差异较大，操作目的及生产能力等也往往各不相同，所以工业生产过程中使用的过滤设备有多种类型。这些过滤设备若按压强差的产生方式不同，可分为加压过滤和真空吸滤两类；若按操作的连续程度可分为间歇式和连续式两大类。其中，在实际操作过程中应用较多的有以下几种。

动画2-4　过滤原理

（一）板框压滤机

板框压滤机是一种古老却仍在广泛使用的过滤设备，是一种间歇操作的加压过滤设备，主要由机头、滤框、滤板、尾板和压紧装置构成，它的滤框、过滤介质和滤板交替排列组成若干个滤室。图 2-5 所示为一种暗流式板框压滤机。

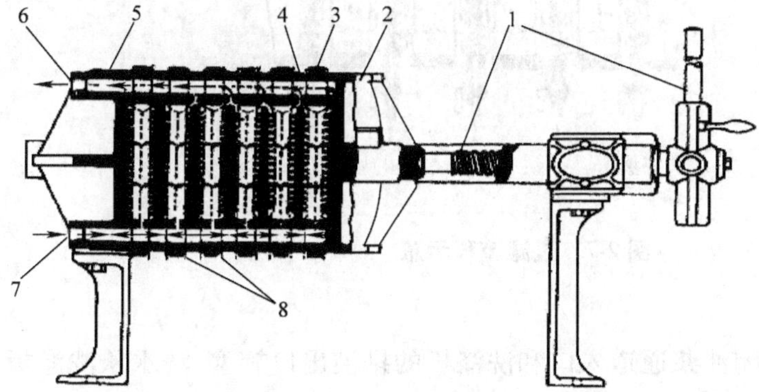

动画2-5　板框压滤机

图 2-5　板框压滤机

1—压紧装置；2—可动头；3—滤框；4—滤板；5—固定头；6—滤液出口；7—滤浆进口；8—滤布

滤框和滤板通常为正方形，也有长方形和圆形的。明流式压滤机的滤板和滤框上方两角都开有圆孔，一孔作为滤浆通道，另一孔作为洗涤水通道，见图 2-6。滤框内部空间用于容纳滤饼，滤板的中间板面呈条状或网状，凹下的沟槽走滤液或洗涤水，凸面支撑滤布，滤布夹在交替排列的滤板和滤框中间，严密压紧，以防止渗漏。

过滤时，洗涤水通道入口关闭，滤浆通道入口开启。滤浆（悬浮液）由滤框角孔进入框内，分别穿越两侧滤布，故过滤面积是滤框内部横截面积的 2 倍。滤渣充满框时停止过滤，然后进入洗涤阶段。这种设备滤液经每块滤板下方的板角孔道，各自通过出口旋塞（图中未画出）直接排出机外，直观可见，故称为明流式，如图 2-7 所示。其优点是便于观察滤液的澄清度与流量，一旦浑浊可随时关闭相关的出口旋塞。

滤板分为洗涤板和非洗涤板，结构上的区别在于洗涤板上方有角孔连通洗水通道，洗水可直接进入。过滤时两板操作情况相同，洗涤时则有别。滤板与滤框外侧均铸有标记，如小钮。过滤板为一钮，滤框为二钮，洗涤板为三钮，头板与尾板均为非洗涤板。板与框按钮数 1→2→

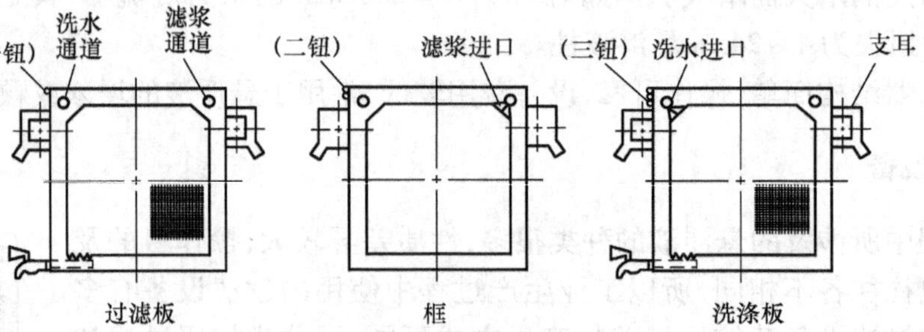

图 2-6 滤板和滤框

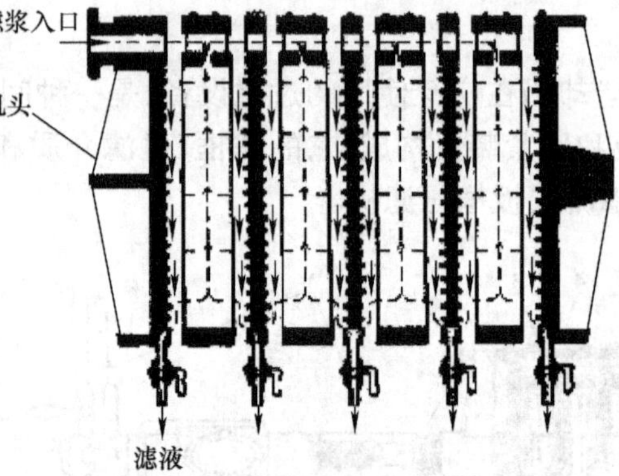

图 2-7 过滤流程示意

3→2→1 顺序排列。

如图 2-8 所示，洗涤时关闭滤浆通道入口和洗涤板的排液出口旋塞，洗水从洗涤板上方的角孔流入板间沟槽，穿过滤布、整个饼层、对侧滤布，从非洗涤板下角的排液管流出。

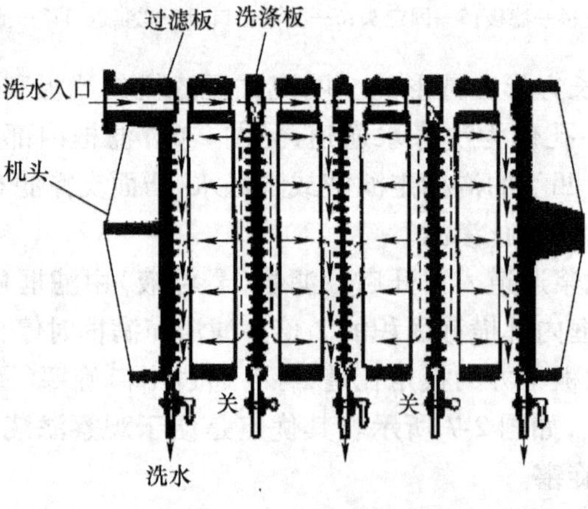

动画2-6 板框压滤机的过滤和洗涤

图 2-8 洗涤流程示意

在暗流式板框压滤机中，各滤室的滤液在由板和框的角孔连成的闭合通道里汇集后一起排出,故构造较为简单。

板框压滤机每个循环由装配、压紧、过滤、洗涤、拆开、卸料和清理等操作构成。压紧方式有手动、机械和液压三种。板框压滤机的优点是过滤面积大,允许采用较高的压强差,对滤浆的适应能力强,结构简单。其缺点是板框拆装、滤饼清除的劳动强度大,生产效率低,洗涤不够均匀。近年已出现可减轻劳动强度的自动板框压滤机。

(二)转鼓真空过滤机

为了克服过滤机间歇操作带来的问题,人们开发了各种形式的连续过滤设备,其中以转鼓真空过滤机应用较广。

转鼓真空过滤机是一种连续操作的过滤机械,广泛应用于多种工业生产过程,如图 2-9 所示。

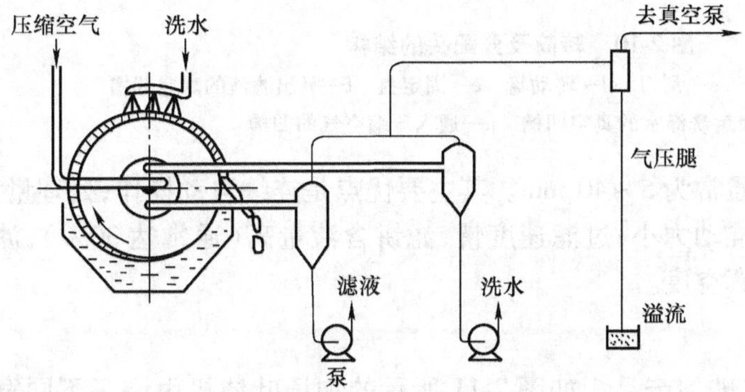

动画2-7　转鼓真空过滤机

图 2-9　转鼓真空过滤机装置流程

设备的主体是一个缓慢转动着的水平圆筒(转鼓),表面有一层金属网,网上覆盖滤布,下部浸入滤浆中。如图 2-10 所示,转鼓沿圆周分隔成若干互不相通的扇形格,每格都有单独的孔道通至分配头上。圆筒转动时,凭借分配头的作用使这些孔道依次分别与真空管及压缩空气管相通,因而在回转一周的过程中每个扇形格表面即可按顺序进行过滤、脱水、洗涤、脱水、吹松、卸饼、再生等操作。各个小室的操作是周期性的,而整个转鼓的操作则是连续的。

分配头是自动实现各个小室周期性操作的机械错气装置,由一对转动错气盘和固定错气盘组成。转动错气盘装配在转鼓上,与其一起旋转,上有一系列小孔与各个小室相通,工作时与固定错气盘相对滑动旋转;固定错气盘上开有若干长度不等的弧形凹槽,分别与真空滤液抽出系统、真空洗涤水抽出系统和低压空气压入系统相通。

转动错气盘与固定错气盘依靠端面密封,紧密贴合。通过转动盘上小孔与固定盘上对应凹槽的依次连通,实现各个小室与滤液抽出系统、洗涤水抽出系统及低压空气压入系统的依次连通。当转鼓上的某些小室浸入滤浆时,恰与滤液抽出系统相通,进行真空过滤操作;离开液面时,继续抽吸,吸走滤饼中残余的液体;转到洗涤水喷淋处,恰与洗涤水抽出系统相通,进行真空洗涤和脱水操作;随后在与低压空气压入系统连接时,滤饼被空气吹松并由刮刀刮下;在再生区,低压空气将残余滤渣从过滤介质上吹除。小室随转鼓旋转一周,完成一个操作周期的操作。为了保证各项操作的可靠性,固定错气盘上各弧形凹槽之间保持一定间隔。

转鼓真空过滤机过滤面积一般为 2 ~ 50 m^2,浸没度为 30% ~40% ,转速为 0.1 ~ 3 r/min,

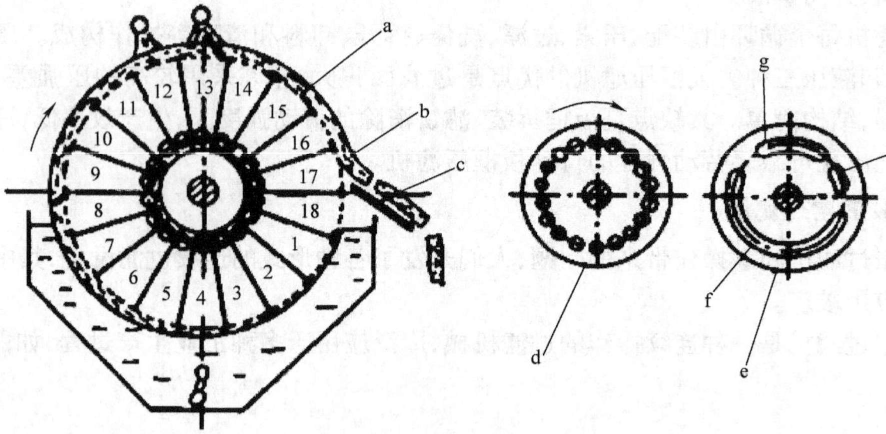

图 2-10　转筒及分配头的结构

a—转筒　b—滤饼　c—刮刀　d—转动盘　e—固定盘　f—吸出滤液的真空凹槽　g—吸走洗涤水的真空凹槽　h—通入压缩空气的凹槽

随过滤的难易程度，滤饼厚度通常为 5 ~ 40 mm。其主要优点是连续自动操作，处理量大；主要缺点是设备投资高，真空操作推动力小，过滤速度慢，滤饼含液量高（通常达 30%），滤浆操作温度也不能过高，否则将影响真空度。

（三）加压叶滤机

叶滤机是板框压滤机的改进型产品。如图 2-11 所示的加压叶滤机由许多不同宽度的长方形滤叶装合而成。滤叶由金属多孔板或金属网制造，内部具有空间，外罩滤布。过滤时滤叶安装在能承受内压的密闭机壳内。滤浆用泵压送到机壳内，滤液穿过滤布进入滤叶的空腔内，汇集至总管后排出机外，颗粒则沉积于滤布外侧形成滤饼。滤饼的厚度通常为 5 ~ 35 mm，视滤浆性质及操作情况而定。若滤饼需要洗涤，则于过滤完毕、放完底部残留料浆后通入洗水，洗水的路径与滤液的相同。洗涤过后打开机壳上盖，拔出滤叶卸除滤饼，或在壳内对滤叶加以清洗。

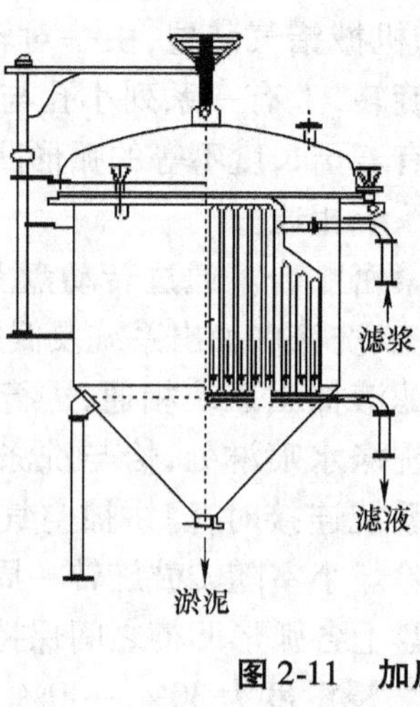

扫一扫

动画2-8　加压叶滤机

图 2-11　加压叶滤机

叶滤机的优点是密闭操作,可以是加压过滤,也可以是真空吸滤。与板框压滤机相比改善了操作条件,具有过滤速度快、洗涤效果好的优点;缺点是造价较高,滤布(尤其是圆形滤叶)更换较费时。

四、其他分离设备

(一)惯性分离器

惯性分离器又称动量分离器,是利用夹带于气流中的颗粒或液滴的惯性而实现分离的。在气体流动的路径上设置障碍物,气流绕过障碍物时发生突然的转折,颗粒或液滴便撞击在障碍物上被捕集下来。如图 2-12 所示是一惯性分离器组,在其中每一容器内,气流中的颗粒撞击挡板后落入底部。容器中的气速必须控制适当,使之既能进行有效的分离,又不致重新卷起已沉落的颗粒。

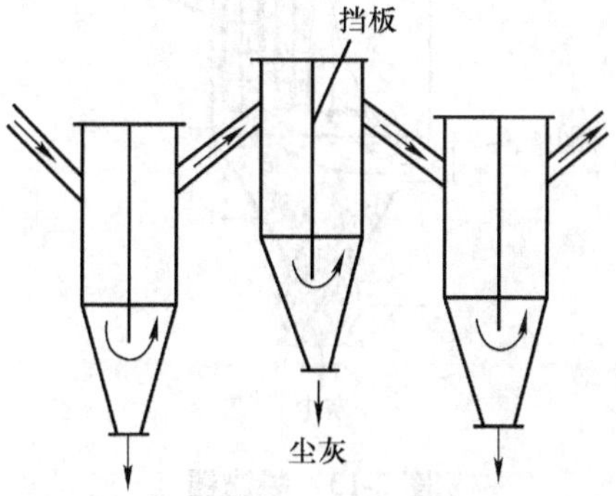

图 2-12　惯性分离器组

惯性分离器与旋风分离器的道理相近,颗粒的惯性越大,气流转折的曲率半径越小,则效率越高。所以,颗粒的密度及直径越大,则越易分离;适当增大气流速度及减小转折处的曲率半径也有助于提高效率。一般说来,惯性分离器的效率比降尘室的略高,能有效地捕集粒径在 10 μm 以上的颗粒,压强为 100 ~ 1 000 Pa,可作为预除尘器使用。

为增强分离效果,惯性分离器内可充填金属丝网等纤维状物质。在此情况下,沉降作用、惯性作用及过滤作用都产生一定的分离效果。若以黏性液体润湿填充物,则分离效率还可以提高。工业生产中惯性分离器的常见形式有多种,如蒸发器及塔器顶部的折流式除沫器、冲击式除沫器等。

(二)袋滤器

当含尘气体中尘粒的直径小至 5 ~ 10 μm 时,采用沉降分离已不能发挥作用,对此情况可采用袋滤器来实现捕集。

袋滤器是利用含尘气体穿过做成袋状而支撑在适当骨架上的滤布,以滤除气体中的尘粒的设备。在袋滤器中,滤布的空隙为 100 ~ 200 μm,但有许多直径为 5 ~ 10 μm 的细丝交错于空隙之中,微小的颗粒撞击于这些细丝上而被截留,与悬浊液的过滤相同,滤布上逐渐积累的颗粒层也有很好的过滤作用。因此,袋滤器往往能除去粒径在 1 μm 以下的微粒,效率可高达 99.9% 以上,常用在旋风分离器后作为末级除尘设备。

袋滤器主要由滤袋及其骨架、壳体、清灰装置、灰斗、排灰阀等部分构成。如图 2-13 所示为一脉冲式袋滤器。含尘气体自下部进入袋滤器,气体由外向内穿过支撑于骨架上的滤袋,洁净气体汇集于上部由出口管排出,颗粒被截留于滤袋外表面上。清灰操作时,开动压缩空气反吹系统,脉冲气流从布袋内向外吹出,使尘粒落入灰斗。按规格组成的若干排滤袋,每排用一个电磁阀控制喷吹清灰,各排循序轮流进行。每次清灰时间很短(约 0.1 s),每分钟内有多排滤袋受到喷吹,故称为脉冲式。

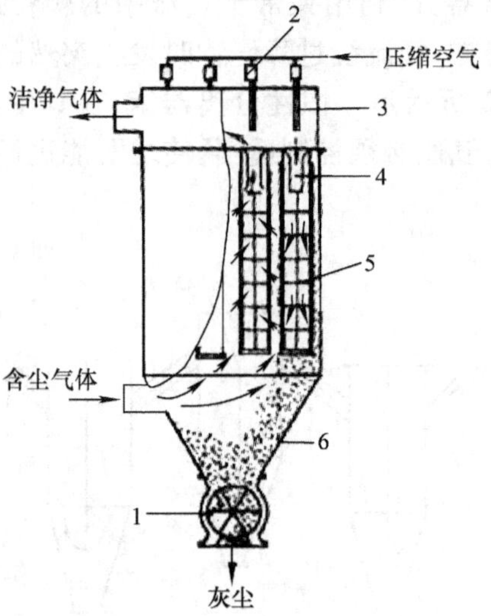

图 2-13 袋滤器

1—排灰阀;2—电磁阀;3—喷嘴;4—文丘里管;5—滤袋骨架;6—灰斗

在袋滤器中,每个滤袋的长度一般为 2 ~ 3.5 m,直径为 120 ~ 300 mm。多数情况下气体的过滤速度为 0.6 ~ 0.8 m/min,对有良好的清灰装置、能及时清灰的袋滤器可采用较高的气速。滤布材料的选择十分重要,依物料性质、操作条件及净化要求而定。一般天然纤维只能在 80 ℃以下使用,毛织品略高于此温度,聚丙烯腈、聚酯等化纤织物可用于 135 ℃以下,玻璃纤维可用于 150 ~ 300 ℃。袋滤器投资较大,清灰较麻烦,用于处理湿度较高的气体时,应注意气体温度须高于露点。

(三)文丘里除尘器

文丘里除尘器是一种湿法除尘设备。其主体由收缩管、喉管及扩散管三段连接而成。液体由喉管外围的环形夹套经若干径向小孔引入。含尘气体以 50 ~ 100 m/s 的高速通过喉部时把液体喷成很细的雾滴,促使尘粒润湿而聚结长大,随后将气流引入旋风分离器或其他分离设备,达到较高的净化程度。收缩管的中心角一般不大于 25°,扩散管中心角为 7°,液体用量约为气体体积流量的千分之一。

如图 2-14 所示的是文丘里除尘器的一种形式,称为皮斯 - 安东尼(Pease-Anthony)涤气器,其特点是在文丘里管的收缩段内装有一个轴向位置可以调整的可调锥,用以适应气体负荷的波动和维持稳定的高效率。

皮斯 - 安东尼涤气器在化工、石油、钢铁及有色冶金等多种工业装置上的应用证明,其用于除雾及分离粒径在 0.1 μm 以上的尘粒时的效率在 95% ~99% 范围内。

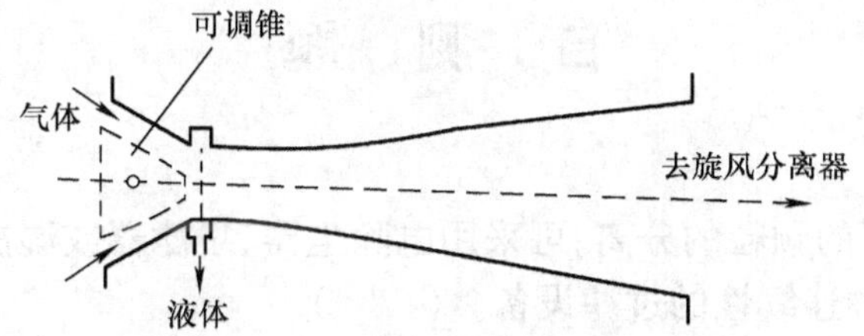

图 2-14　皮斯－安东尼涤气器

文丘里除尘器具有结构简单紧凑、价格低廉、操作简便等优点，缺点是阻力较大，压强降一般为 2 000 ~ 5 000 Pa。

(四)泡沫除尘器

泡沫除尘器也是常用的湿法除尘设备之一，如图 2-15 所示。其外壳是圆形或方形，上、下分成两室，中间装有筛板，筛孔直径为 2 ~ 8 mm，开孔率为 8% ~ 30%。水或其他液体由上空的一侧靠近筛板处的进液室进入流过筛板，而气体由筛板下进入，穿过筛孔与液体接触时，筛板上即产生许多泡沫而形成一层泡沫层，此泡沫层是剧烈运动的气液混合物，气液接触面积很大，而且随泡沫的不断破灭和形成而更新，从而造成捕尘的良好条件。含尘气体在进入筛板时，较大的尘粒先被少部分由筛板泄漏下降的含尘液体洗去一部分，由器底排出，气体中的微小尘粒则在进入筛板后，被泡沫层所截留，并随泡沫层从器底的另一侧经溢流板流出。溢流板的高度直接影响着泡沫层的高度，一般溢流板的高度不高于 40 mm，否则会因板面上的液体高度过高而导致流体阻力过大。

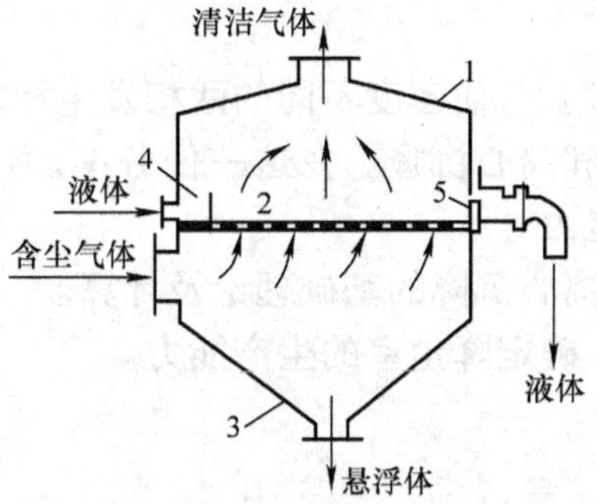

图 2-15　泡沫除尘器

1—外壳；2—筛板；3—锥体；4—进液室；5—溢流挡板

泡沫除尘器具有分离效率高、构造简单、操作安全可靠、阻力较小的优点，当气体中所含的微粒直径大于 5 μm 时，分离效率可高达 99%，而压强降仅为 500 ~ 800 Pa。但其对设备的安装要求较严格，特别是筛板是否水平放置对操作影响很大。

除上述的两种湿法除尘装置以外，在工业上应用的湿法除尘设备还有很多种，如装有旋流塔板的洗气塔及装有轻质塑料球的湍流塔等，在此就不一一赘述。

自　测　题

一、判断题

1. 粒径在 5 μm 以下的颗粒的分离,可采用电除尘器、袋滤器或湿法除尘装置。(　　)

2. 板框压滤机是一种连续性的过滤设备。(　　)

3. 转鼓真空过滤机在生产过程中,滤饼厚度达不到要求,主要是由于真空度过低。(　　)

二、选择题

1. 下列分离过程中不属于非均相物系的分离过程的是(　　)。

A. 沉降　　B. 结晶　　C. 过滤　　D. 离心分离

2. 下列选项中不属于离心沉降设备的是(　　)。

A. 旋风分离器　　B. 旋液分离器　　C. 三足式离心机　　D. 高速管式离心机

3. 下列用来分离气固非均相物系的是(　　)。

A. 板框压滤机　　B. 转筒真空过滤机　　C. 袋滤器　　D. 三足式离心机

三、简答题

1. 非均混合物相分离的方法有哪些?

2. 沉降分离设备有哪些? 各在什么条件下使用?

3. 简述板框压滤机的过滤过程。

任务二　沉降过程工艺计算

任务分析:沉降是在外力作用下,使密度不同的两相发生相对运动而实现分离的操作。根据外力不同,沉降分为重力沉降和离心沉降。在这一任务中,通过对分散相进行受力分析,确定沉降速度及典型设备的生产能力。

任务目标:掌握重力沉降和离心沉降的基础理论及计算。

技能目标:能计算沉降速度,确定降尘室的生产能力。

一、重力沉降

重力沉降是利用分散相与连续相所受重力的差异,使分散相与连续相发生相对运动,从而使非均相物系得以分离的操作。

根据颗粒在沉降过程中是否受到流体和其他粒子以及器壁等的影响,可将沉降分为自由沉降和干扰沉降。颗粒在沉降过程中不受流体和其他粒子以及器壁等影响的沉降过程,称为自由沉降,反之则称为干扰沉降。很显然,自由沉降是一种理想的沉降状态,而实际生产中的沉降几乎全都是干扰沉降。但由于自由沉降的影响因素少,研究相对简单,故对重力沉降的探讨常从自由沉降入手。

(一)自由沉降

自由沉降是无干扰沉降。结合颗粒在沉降过程中可能出现的干扰情况,自由沉降应满足下述条件。

(1)分散相颗粒为表面粗糙度、颗粒直径和密度相同的球形颗粒,不会因颗粒沉降速度的差异引起撞击干扰。

(2)物系中分散相颗粒的浓度较小,沉降过程中不会发生颗粒与颗粒间的碰撞和团聚干扰。

(3)沉降设备的尺寸较大,器壁对颗粒的沉降无吸附和阻滞干扰。

(4)连续相的流动稳定、低速,连续相的流动对颗粒的沉降无干扰。

只有满足上述条件,颗粒的沉降方可视为自由沉降。

分散相颗粒在自由沉降过程中相对于周围流体的沉降速度称为颗粒的自由沉降速度,以 u_t 表示,单位为 m/s。颗粒的自由沉降速度计算公式可通过对颗粒的受力分析导出。如图2-16所示,直径为 d_p,密度为 ρ_p 的光滑球形颗粒,处于密度为 ρ 的静止液体中,在竖直方向上,颗粒将受到向下的重力 G_g 和向上的浮力 F_b,即

$$G_g=\frac{\pi}{6}d_p^3\rho_p g \quad (\text{重力,向下})$$

$$F_b=\frac{\pi}{6}d_p^3\rho g \quad (\text{浮力,向上})$$

图 2-16　静止流体中颗粒受力示意

由于 $\rho_p>\rho$,故 $G_g>F_b$,颗粒在 (G_g-F_b) 力的作用下,发生向下的加速运动。在颗粒与流体间发生相对运动的同时,流体将产生一个作用于颗粒的曳力 F_d,方向与颗粒相对于流体的运动方向相反。根据作用力与反作用力的关系,球形颗粒在流体中进行沉降运动所受到的来自流体的曳力 F_d,在数值上等于流体沿球形颗粒表面进行绕流运动所受到的来自颗粒的阻力,其大小可表示为

$$F_d=\zeta A\frac{\rho u^2}{2}=\zeta\cdot\frac{\pi}{4}d_p^2\cdot\frac{\rho u^2}{2}=\zeta\cdot\frac{\pi}{4}d_p^2\cdot\frac{\rho\,(u_a-u_f)^2}{2}=\frac{\pi}{8}d_p^2\zeta\rho\,(u_a-u_f)^2 \quad (\text{阻力,向上})$$

式中　ζ——阻力系数,无因次;

A——颗粒在相对运动方向上的投影面积,m^2,对球形颗粒,$A=\frac{\pi}{4}d_p^2$;

u——颗粒相对于流体的沉降运动速度,$u=u_a-u_f$,m/s;

u_a——颗粒在垂直方向上的绝对速度,m/s;

u_f——流体在垂直方向上的绝对速度,m/s。

若以颗粒的运动方向为力的正方向，当流体静止时，$u_f=0$，$u=u_a$，即颗粒的瞬间下降速度。于是，F_d 应该是向上的阻力，颗粒在某瞬间受到的合力为 $\sum F$，有

$$\sum F=G_g-F_b-F_d=\frac{\pi}{6}d_p^3(\rho_p-\rho)g-\frac{\pi}{8}d_p^2\zeta\rho u^2$$

在重力沉降过程中(G_g-F_b)不变，而 F_d 随沉降速度的增大而迅速增大，最终三力必将达到平衡，颗粒开始作匀速沉降运动，同时沉降速度达到最大，这个速度即为颗粒在流体中的自由沉降速度，又称为终端速度。根据匀速运动时，$\sum F=0$，可得

$$u_t=\sqrt{\frac{4d_p(\rho_p-\rho)g}{3\zeta\rho}} \tag{2-1}$$

此即为自由沉降速度计算式。

在化工生产中，小颗粒沉降最为常见，其(G_g-F_b)较小，而阻力 F_d 增加很快，加速阶段非常短暂，常可忽略。在这种情况下，可直接将 u_t 用于重力沉降设备的计算。

(二)阻力系数ζ

根据式(2-1)可知，对于指定的非均相物系而言，d_p、ρ_p、ρ 等均为定值，确定颗粒自由沉降速度的关键是确定阻力系数 ζ。实验研究表明，对球形颗粒的沉降过程而言，阻力系数 ζ 可以表示为雷诺准数 Re_t 的函数，即

$$\zeta=f(Re_t)=f\left(\frac{d_p u_t\rho}{\mu}\right)$$

式中 ρ——连续相的密度，kg/m^3；

μ——流体的黏度，Pa·s。

事实上，工程上所处理的重相颗粒往往并非球形粒子。实验证明，非球形颗粒的沉降速度小于等当量直径球形颗粒(与实际颗粒体积相等的球形粒子)的沉降速度，颗粒形状偏离球形越远，与流体间的接触面积越大，沉降速度相差越大。故对非球形颗粒的自由沉降过程，阻力系数 ζ 不仅与 Re_t 有关，还与颗粒的球形度有关。为方便计算，特引入球形度系数 Φ_s，其定义式为

$$\Phi_s=\frac{\text{与实际颗粒体积相等的球形颗粒的表面积}}{\text{实际颗粒的表面积}} \tag{2-2}$$

此时，在计算雷诺准数时，应以实际颗粒的当量直径 d_e(即与实际颗粒具有相同体积的球形颗粒的直径)计算。d_e 的计算关系可表达为

$$d_e=\sqrt[3]{\frac{6V_p}{\pi}} \tag{2-3}$$

式中 V_p——颗粒的体积，m^3。

实际颗粒的球形度需要通过实验测定。经粉碎操作后的固体颗粒，球形度系数一般为0.6～0.7。图2-17表达了颗粒在几种球形度系数 Φ_s 下的 ζ 与 Re_t 的函数关系。

对于最常见的球形颗粒(即 $\Phi_s=1.0$)的沉降过程，为了便于计算 ζ，通常把该曲线用分段函数表示，即将该曲线分为三个主要区域。

(1)层流区($10^{-4}<Re_t\leqslant 2$)：

$$\zeta=\frac{24}{Re_t} \tag{2-4}$$

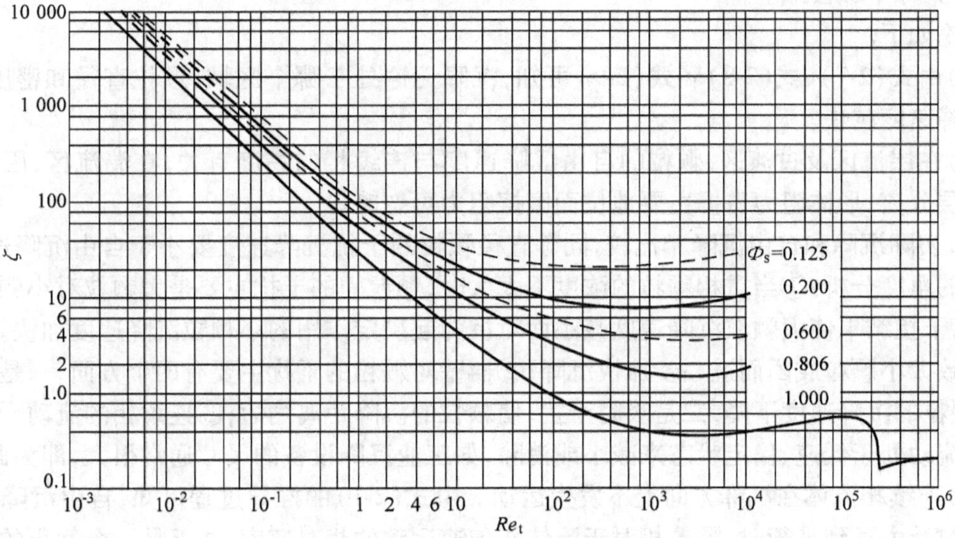

图 2-17　不同球形度下的 ζ 与 Re_t 关系

(2) 过渡区($2<Re_t<10^3$)：

$$\zeta=\frac{18.5}{Re_t^{0.6}} \tag{2-5}$$

(3) 湍流区($10^3 \leqslant Re_t<2\times10^5$)：

$$\zeta=0.44 \tag{2-6}$$

由此可见，绕流问题的雷诺准数和流动分区判据值与项目一中的直管流动问题不同。绕流时，同时存在摩擦阻力与形体阻力。在层流区内，流体黏性引起的摩擦阻力占主要地位，而随着 Re_t 的增大，在绕流物体后方将发生边界层的分离，并产生旋涡和湍动，形体阻力逐渐占据主要地位。

(三) 沉降速度的计算

若已知球形颗粒所处的沉降区域，即可将该区域阻力系数的计算式代入式(2-1)，解得沉降速度 u_t。

各沉降区域的沉降速度计算式如下。

(1) 层流区：

$$u_t=\frac{gd_p^2(\rho_p-\rho)}{18\mu} \tag{2-7}$$

式(2-7)又称斯托克斯公式。

(2) 过渡区：

$$u_t=0.153\left[\frac{gd_p^{1.6}(\rho_p-\rho)}{\rho^{0.4}\mu^{0.6}}\right]^{1/1.4} \tag{2-8}$$

式(2-8)又称阿伦公式。

(3) 湍流区：

$$u_t=1.74\sqrt{\frac{d_p(\rho_p-\rho)g}{\rho}} \tag{2-9}$$

式(2-9)又称牛顿公式。

讨论如下。

(1)由式(2-7)、式(2-8)和式(2-9)可知,沉降无论处于哪个区域,颗粒直径和密度越大,自由沉降速度越快。

(2)在层流区及过渡区,颗粒的自由沉降速度与连续相的黏度有关;在湍流区,因绕流导致边界层分离,形体阻力占据主要地位而摩擦阻力可忽略。

(3)实际沉降和自由沉降相比较,同等直径颗粒的干扰沉降速度要小于自由沉降速度,若从定性的角度分析:①当重相颗粒的浓度不太大时,颗粒间的干扰主要是大颗粒对小颗粒的撞击干扰,干扰结果使大颗粒沉降速度减小而对沉降起决定作用的小颗粒沉降速度加快,甚至因撞击导致大小颗粒成团而进一步加快沉降;②器壁对颗粒的干扰主要有两个方面,一是摩擦干扰,使颗粒的沉降速度下降,二是吸附干扰,使颗粒的沉降距离缩短;③连续相的流动干扰可通过控制流动处于低速、稳定状态来减小或消除,如工业沉降设备的尺寸通常很大,即为此目的。

(4)连续相流体在沉降方向上不发生运动。由式(2-1)的推导过程可知,自由沉降速度 u_t 是在颗粒受力达到平衡时,颗粒相对于流体作匀速运动的相对速度,并不是一个静止的观察者在流场外部观察到的颗粒的绝对速度 $u_{t,a}$,u_t 的值与流体是否运动无关,因为颗粒总相对于流体作向下的运动,而 $u_{t,a}$的值却与流体在垂直方向上的速度 u_f 有关。当颗粒的相对运动达到匀速时,有

$$u_{t,a} = u_t + u_f \tag{2-10}$$

因此,只有流体在垂直方向上不发生运动,即 $u_f = 0$ 时,观察到的颗粒的绝对速度才等于其沉降速度。若流体以 u_f的速度向下运动,u_f与 u_t同向,最终观察到的颗粒运动速度将是 u_t和 u_f的加和;而如果流体向上运动,则 u_f取负值,$u_{t,a} < u_t$,在 u_f 足够大时,将可能观察到颗粒不动甚至向上运动。

在干扰沉降时,大量固体颗粒下降,将置换下方的流体并使之上升,这使得观察到的绝对速度小于自由沉降速度。

例 2-1 某烧碱厂拟采用重力沉降净化粗盐水。粗盐水密度为 1 200 kg/m³,黏度为 2.3 mPa·s,其中固体颗粒可视为球体,密度取 2 640 kg/m³。求:(1)直径为 0.1 mm 颗粒的沉降速度;(2)沉降速度为 0.02 m/s 的颗粒的直径。

解 (1)在沉降区域未知的情况下,先假设沉降处于层流区,应用斯托克斯公式:

$$u_t = \frac{gd_p^2(\rho_p - \rho)}{18\mu} = \frac{9.81 \times (10^{-4})^2 \times (2\,640 - 1\,200)}{18 \times 2.3 \times 10^{-3}} = 3.14 \times 10^{-3}\ \text{m/s} = 3.14\ \text{mm/s}$$

校核流型:

$$Re_t = \frac{d_p u_t \rho}{\mu} = \frac{10^{-4} \times 3.14 \times 10^{-3} \times 1\,200}{2.3 \times 10^{-3}} = 0.178 < 2$$

层流区假设成立,$u_t = 3.14$ mm/s 即为所求。

(2)假设沉降属层流区,根据式(2-7):

$$d_p = \sqrt{\frac{18\mu u_t}{g(\rho_p - \rho)}} = \sqrt{\frac{18 \times 2.3 \times 10^{-3} \times 0.02}{9.81 \times (2\,640 - 1\,200)}} = 2.42 \times 10^{-4}\ \text{m}$$

校核流型: $Re_t > 2$

原假设不成立。

再假设沉降属过渡区,根据式(2-8):

$$d_p=\left[\left(\frac{u_t}{0.153}\right)^{1.4}\frac{\rho^{0.4}\mu^{0.6}}{g(\rho_p-\rho)}\right]^{\frac{1}{1.6}}=\left[\left(\frac{0.02}{0.153}\right)^{1.4}\frac{1\ 200^{0.4}\times(2.3\times10^{-3})^{0.6}}{9.81\times(2\ 640-1\ 200)}\right]^{\frac{1}{1.6}}$$

$$=2.59\times10^{-4}\text{m}=0.259\text{ mm}$$

校核流型:

$$Re_t=\frac{d_pu_t\rho}{\mu}=\frac{2.59\times10^{-4}\times0.02\times1\ 200}{2.3\times10^{-3}}=2.70>2$$

过渡区假设成立,$d_p=0.259$ mm 即为所求。

(四)重力沉降设备的生产能力

粒径越大,沉降速度越快,所需沉降时间越短,当粒径达到某一临界值时,能够在沉降设备中完全被分离下来的颗粒直径,称为临界直径 d_{pc}。混合物的处理量越大,在同一设备内的停留时间越短,临界直径越大。若规定了临界直径,相当于规定了混合物最大可能的处理量,称为分离设备的最大生产能力。现重点介绍典型的设备降尘室的生产能力。

为便于计算,将降尘室简化为高 H、长 L、宽 B 的长方体[图 2-1(b)],气体的停留时间可用下面的公式进行计算:

$$t_r=\frac{L}{u}=\frac{L}{V/BH}=\frac{BHL}{V} \tag{2-11}$$

式中　t_r——气体在降尘室内的停留时间,s;

u——气体在降尘室内的平均流速,m/s;

V——含尘气体的流量,m^3/s。

颗粒从降尘室顶部沉降至底部需要的时间(即沉降时间)为

$$t_s=\frac{H}{u_t} \tag{2-12}$$

式中　u_t——颗粒的沉降速度,m/s。

要达到沉降要求,停留时间必须大于或等于沉降时间,即 $t_r\geqslant t_s$,于是有

$$\frac{BHL}{V}\geqslant\frac{H}{u_t}$$

整理后得到:

$$V_{max}\leqslant BLu_t$$

若规定了待分离颗粒的临界直径 d_{pc},则可以确定其自由沉降速度 u_{tc},从而得到含尘气体的最大处理量 V_{max}。将上式取等式,有

$$V_{max}=BLu_{tc} \tag{2-13}$$

式中　u_{tc}——临界直径为 d_{pc} 的颗粒的自由沉降速度,m/s。

此式说明 V_{max} 与高度 H 无关,故降尘室以扁平状为佳。为提高降尘室的最大生产能力,可在降尘室内设置水平隔板构成多层降尘室,每层高度为 25 ~ 100 mm。多层降尘室要求颗粒沉降到各层隔板表面,出灰不甚方便。降尘室中气速不宜过大,以防气体湍动卷起已沉降的尘粒,一般气速应控制在 1.5 ~ 3 m/s。

降尘室结构简单,气流阻力小,但体积庞大,分离效率低,适于分离粒径在 75 μm 以上的较大颗粒。

例 2-2 长 3 m、宽 2.4 m、高 2 m 的降尘室与锅炉烟气排出口相接。操作条件下，锅炉烟气量为 2.5 m^3/s，气体密度为 0.720 kg/m^3，黏度为 2.6×10^{-5} Pa·s，飞灰可看作球形颗粒，密度为 2 200 kg/m^3。求：(1)临界直径；(2)要求粒径在 75 μm 以上的飞灰完全被分离下来，锅炉的最大烟气量。

解 (1)根据式(2-13)：

$$u_{tc}=\frac{V_{max}}{BL}=\frac{2.5}{2.4\times3}=0.347\ m/s$$

假设沉降处于层流区，根据式(2-7)：

$$d_{pc}=\sqrt{\frac{18\mu u_{tc}}{g(\rho_p-\rho)}}=\sqrt{\frac{18\times2.6\times10^{-5}\times0.347}{9.81\times(2\ 200-0.720)}}=8.68\times10^{-5}m=86.8\ \mu m$$

校核流型：

$$Re_t=\frac{d_{pc}u_{tc}\rho}{\mu}=\frac{8.68\times10^{-5}\times0.347\times0.720}{2.6\times10^{-5}}=0.834<2$$

故 $d_{pc}=86.8$ μm 即为所求。

(2)已知 $d_{pc}=75$ μm，由(1)的结果可知，其沉降必属层流区，由式(2-7)得

$$u_{tc}=\frac{gd_{pc}^2(\rho_p-\rho)}{18\mu}=\frac{9.81\times(75\times10^{-6})^2\times(2\ 200-0.720)}{18\times2.6\times10^{-5}}=0.259\ m/s$$

$$V_{max}=BLu_{tc}=2.4\times3\times0.259=1.86\ m^3/s$$

由于 $\rho_p>>\rho$，在计算中可以取 $\rho_p-\rho\approx\rho_p$，并不影响工程计算结果。

二、离心沉降

(一)离心沉降速度

当重相颗粒的直径小于 75 μm 时，在重力作用下的沉降非常缓慢，操作不经济。为加速沉降，提高设备的生产能力，工业上一般采用离心沉降来实施分离。

离心沉降是利用连续相与分散相在离心力场中所受离心力的差异使重相颗粒迅速沉降从而实现分离的操作。和重力沉降相似，离心沉降速度是指重相颗粒相对于周围流体的运动速度。

由物理学知识可知，质量为 m 的物体作等速圆周运动的同时受到一个惯性离心力 ma 的作用。若旋转半径为 r，转速为 n，旋转角速度为 ω，切向速度为 u_T，则有 $\omega=2\pi n$，$u_T=\omega r$，物体的离心加速度 $a=\omega^2r=u_T{}^2/r$，其方向为径向向外；要使物体维持等速圆周运动而不发生垂直于旋转方向的径向运动，必须对物体施加一个与惯性离心力数值相等、方向相反的外力，即向心力 F'_b，使 $-F'_b+ma=0$。例如用绳子拉住旋转物体，绳上的向心力拉力就是这种外力。

当流体在一个密闭的圆柱形容器中作等角速度旋转时，位于任意半径 r 处、质量为 m 的流体团也将受到惯性离心力 F_c 的作用，即有

$$F_c=m\omega^2r=V\rho\omega^2r \quad (径向向外) \tag{2-14}$$

式中 V——流体团的体积，m^3；

ρ——流体的密度，kg/m^3。

由于容器密闭，流体团在径向不发生相对运动，说明流体团必受到一个同样大小的向心力

来维持受力平衡。这种条件下的向心力只能表现为压力差，因为除此之外在径向并无其他外力的作用。于是，在密闭的旋转流体中沿径向必存在一个压强梯度$\frac{dp}{dr}$，r愈大，压强愈大；转速愈大，压强也愈大。可以证明，$\frac{dp}{dr}=\rho\omega^2 r$，在圆柱容器的内壁处，压强达到最大，这也为实验所证实。作用在任一流体团上的压力差构成了径向向内的向心力F'_b，平衡时，在数值上有$F'_b=F_c=ma=V\rho\omega^2 r$。如果将容器的圆柱壁突然移走，则原来内壁处的压强将降为大气压强，这部分向心力消失，流体在惯性离心力的作用下发生相对于旋转方向的径向运动，被甩出容器。

可以将离心力场中旋转流体在相对静止条件下径向方向上的力学关系同重力场中容器内流体静止时垂直方向上的力学关系作一类比。在后一种情况下，如任务一所述，流体中的静压强是由重力产生的，存在一个静压梯度，静压强随流体的深度而增大。流体团之所以静止，是作用于流体团的重力与静压力达到力学平衡的结果。如果将容器的底抽掉，该处静压强将降为大气压强，流体在重力作用下向下流出。

观察在密封容器中随流体作等角速度旋转的固体球形颗粒，若其直径为d_p，体积为V_p，密度为ρ_p，旋转半径为r，则颗粒受到的离心力F_c为

$$F_c=V_p\rho_p a=\frac{\pi}{6}d_p^3\rho_p a\qquad（径向向外）$$

作用在此颗粒上的向心力是由密闭旋转流场中的压强梯度引起的，它等于同体积的流体团在该位置上受到的向心力F'_b，故

$$F'_b=V_p\rho a=\frac{\pi}{6}d_p^3\rho a\qquad（径向向内）$$

因为$\rho_p>\rho$，故$F_c>F'_b$，颗粒将有相对于旋转流体沿径向向外的运动，若此相对速度为u_r，则颗粒又将受到阻力F_d的作用，仿照重力沉降：

$$F_d=\zeta A\frac{\rho u_r^2}{2}=\frac{\pi}{4}d_p^2\zeta\cdot\frac{\rho u_r^2}{2}$$

F_d是由相对速度u_r引起的，方向与u_r相反，故为径向向内。当F_c、F'_b、F_d三力达到平衡时，有

$$F_c=F'_b+F_d$$

$$\frac{\pi}{6}d_p^3(\rho_p-\rho)a-\frac{\pi}{4}d_p^2\zeta\cdot\frac{\rho u_r^2}{2}=0$$

颗粒的离心沉降速度为

$$u_r=\sqrt{\frac{4d_p(\rho_p-\rho)a}{3\zeta\rho}}\qquad(2\text{-}15)$$

将式(2-15)与式(2-1)比较可知，离心沉降速度的计算式与重力沉降速度的计算式相似，只要将式(2-1)中的重力加速度g换成离心加速度a，就可得到式(2-15)，这是因为F_g与F_c相对应，而F_b与F'_b相对应。在这个意义上，F'_b也可理解为作用于颗粒上的一种离心"浮力"。而式(2-15)中的阻力系数，仍可按图2-17或式(2-4)、式(2-5)、式(2-6)计算，只要将Re_t中的u_t用u_r代替即可。故离心沉降时，有

$$Re_t=\frac{d_p u_r\rho}{\mu}\qquad(2\text{-}16)$$

层流区：

$$u_r = \frac{d_p^2(\rho_p - \rho)a}{18\mu} \tag{2-17}$$

过渡区：

$$u_r = 0.153\left[\frac{d_p^{1.6}(\rho_p - \rho)a}{\rho^{0.4}\mu^{0.6}}\right]^{1/1.4} \tag{2-18}$$

湍流区：

$$u_r = 1.74\sqrt{\frac{d_p(\rho_p - \rho)a}{\rho}} \tag{2-19}$$

进一步比较可见，对于在相同流体介质中的颗粒，离心沉降速度与重力沉降速度之比仅取决于离心加速度与重力加速度之比，亦即惯性离心力与重力之比，称为离心分离因数，以 K_c 表示，即

$$K_c = \frac{a}{g} = \frac{u_T^2}{rg} = \frac{\omega^2 r}{g} \tag{2-20}$$

离心分离因数是反映离心沉降设备工作性能的主要参数。显然角速度愈大，半径愈大，K_c 愈大。通过人为地调节离心加速度 a，可获得不同的离心分离因数 K_c，因而离心沉降比重力沉降具有更强的适应能力和分离能力，如高速管式离心机，K_c 可达 60 000。

需要说明的是，虽然增大半径可以提高 K_c，但半径的增大会导致转动冲击力增大、平稳性下降、对设备的机械强度要求高等不良后果，故一般不采用增大半径的方法来提高设备的分离因数，相反，对高速离心机则往往通过缩小半径来提高其机械性能。

例 2-3　直径为 10 μm 的石英颗粒，密度为 2 650 kg/m³，随 20 ℃的水作旋转运动，在旋转半径 $r = 0.05$ m 处切向速度为 12 m/s，求该处的离心沉降速度和离心分离因数。

解　查附录五，20 ℃水的密度 $\rho = 998.2\ \text{kg/m}^3$，黏度 $= 100.5\times10^{-5}$ Pa·s。

已知 $d_p = 10$ μm、$r = 0.05$ m、$u_T = 12$ m/s，设沉降在层流区，则

$$u_r = \frac{d^2(\rho_p - \rho)}{18\mu}\cdot\frac{u_T^2}{r} = \frac{10^{-10}\times(2\ 650 - 998.2)}{18\times100.5\times10^{-5}}\times\frac{12^2}{0.05} = 0.026\ 3\ \text{m/s}$$

校核流型：

$$Re_t = \frac{du_r\rho}{\mu} = \frac{10^{-5}\times0.026\ 3\times998.2}{100.5\times10^{-5}} = 0.261 \in (10^{-4}\sim2)$$

$u_r = 0.026\ 3$ m/s，即为所求，所以

$$K_c = \frac{u_T^2}{rg} = \frac{12^2}{0.05\times9.81} = 294$$

（二）旋风分离器的分离性能

评价旋风分离器的主要指标是临界粒径和气体经过旋风分离器的压降。

临界粒径是指理论上能够完全被旋风分离器分离下来的最小颗粒直径，其大小是判定旋风分离器分离效率高低的依据，以 d_{pc} 表示，单位为 m。临界粒径的计算式为

$$d_{pc} = \sqrt{\frac{9\mu B}{\pi u_i \rho_p N}} \tag{2-21}$$

式中　B——进气口宽度；

N——气体在旋风分离器中的旋转圈数，对标准型旋风分离器，$N \approx 5$；

u_i——气体作螺旋运动的切向速度，通常可取气体在进口管中的流速，m/s；

ρ_p——尘粒的密度，kg/m^3；

μ——气体的黏度，Pa·s。

此式表明：临界粒径 d_{pc} 随气速增大而减小，表明气速增大，分离效率提高。一般进口气速为10～25 m/s，气速过大会将已沉降下来的尘粒卷起，从而降低分离效率，并使流动阻力急剧上升。临界粒径随设备尺寸的减小而减小，因旋风分离器的各部分尺寸成一定比例，尺寸越小，则 B 越小，从而临界粒径越小，分离效率越高。因此，在工业生产中，当处理气量很大时，可以并联多个旋风分离器操作，以维持较高的分离效率。

压降大小也是评价旋风分离器性能好坏的一个重要指标。气体通过旋风分离器的压降可用式(2-22)计算，即

$$\Delta p_f = \zeta \frac{\rho u_i^2}{2} \tag{2-22}$$

式中　ζ——阻力系数，取决于旋风分离器的结构及尺寸比例，而与筒体直径大小无关，对标准型旋风分离器 ζ 取8.0。

旋风分离器的压强降通常在0.5～2 kPa。u_i 越小，压强降越小，输送气流的能耗越小，但分离效率也越低。寻求高效低阻的新型结构，一直是旋风分离器的主要发展方向。

例2-4　已知含尘气体中尘粒的密度为2 300 kg/m^3。气体流量为1 000 m^3/h，黏度为 3.6×10^{-5} Pa·s，密度为0.674 kg/m^3，若用如图2-3所示的标准型旋风分离器进行除尘，分离器圆筒直径为400 mm，试估算其临界粒径及气体压强降。

解　已知 $\rho_p = 2\ 300\ kg/m^3$，$V = 1\ 000\ m^3/h$，$\mu = 3.6 \times 10^{-5}$ Pa.s，$\rho = 0.674\ kg/m^3$，D = 400 mm = 0.4 m，标准旋风分离器 $h = D/2$、$B = D/4$，故该分离器进口截面积

$$A = hB = D^2/8$$

所以
$$u_i = \frac{V}{A} = \frac{1\ 000 \times 8}{3\ 600 \times 0.4^2} = 13.89\ m/s$$

根据式(2-21) 取标准型旋风分离器 $N = 5$，则

$$d_{pc} = \sqrt{\frac{9\mu B}{\pi N \rho_p u_i}} = \sqrt{\frac{9 \times 3.6 \times 10^{-5} \times 0.4/4}{3.14 \times 5 \times 2\ 300 \times 13.89}} = 0.8 \times 10^{-5}\ m = 8\ \mu m$$

根据式(2-22)，取 $\zeta = 8.0$，得

$$\Delta p_f = \zeta \frac{\rho u_i}{2} = 8.0 \times \frac{0.674 \times 13.89^2}{2} = 520\ Pa$$

自　测　题

一、填空题

1. 固体颗粒在空气中自由沉降，颗粒受________、________、________等几种力的作用。

2. 沉降设备可分为重力沉降设备和离心沉降设备两大类：重力沉降设备包括________和________；离心沉降设备包括________和________。

3. 降尘室和沉降槽为气固或液固两相分离设备，它们的生产能力与设备的________有关，

与________无关。

4. 当旋风分离器切向进口速度相同时,随着旋风分离器的直径增大,其离心分离因数________;而离心分离随着转鼓直径的增大,其离心分离因数________。

二、判断题

1. 粒子的沉降速度是指颗粒均匀降落时的速度。( )

2. 粒子在流体中的沉降速度越大,则越不容易分离。( )

3. 离心分离因数越大,分离能力越强。( )

4. 降尘室的生产能力不仅与降尘室的宽度和长度有关,而且与降尘室的高度有关。( )

5. 利用重力沉降可除去直径在 75 μm 以上的颗粒。( )

三、选择题

1. 关于颗粒的自由沉降速度,下列说法正确的是( )。

A. 在同一流体中,颗粒的粒径越大,自由沉降速度越小

B. 颗粒与流体的密度差越大,自由沉降速度越大

C. 流体的黏度越大,自由沉降速度越大

D. 悬浮液中颗粒的沉降速度大于自由沉降速度

2. 重力沉降过程通常包括( )阶段。

A. 加速和匀速　　B. 减速和匀速　　C. 加速和减速　　D. 始终匀速

3. 重力沉降设备能够做成多层的理由是沉降的生产能力与设备的( )无关。

A. 高度　　B. 面积　　C. 结构　　D. 不确定

4. 自由沉降的意思是( )。

A. 颗粒在沉降过程中受到的流体阻力可忽略不计

B. 颗粒开始的降落速度为零,没有附加一个初始速度

C. 颗粒在降落的方向上只受重力作用,没有离心力等的作用

D. 颗粒间不发生碰撞或接触的情况下的沉降过程

5. 对静止流体中颗粒的自由沉降而言,在沉降过程中颗粒所受到的力有( )。

A. 场力(重力或离心力)　　B. 浮力

C. 曳力(阻力)　　D. 牛顿力

6. 借助于重力沉降以除去气流中的尘粒的重力沉降设备称为除尘室,有关除尘室正确的论断有( )。

A. 除尘室采用锥形进出口是为了使气流在除尘室内分布均匀,避免死角存在,以使颗粒沉降完全

B. 为避免沉下的尘粒重新被扬起,降尘室中气体的流速一般小于 1 m/s

C. 假设气流在整个流动截面上均匀分布,则任一流体质点进入至离开除尘室的时间间隔为设备内的流动容积与流体通过设备的流量之比

D. 除尘室的处理能力仅取决于除尘室的底面积,与高度无关,故除尘室常设计为扁平形状,或在室内设置多层水平隔板

四、简答题

1. 写出计算自由沉降速度的斯托克斯公式,说明其应用的条件。

2. 降尘室的生产能力与哪些因素有关？为什么降尘室通常制成扁平形或多层？

五、计算题

1. 试计算直径为 50 μm 的球形石英颗粒（其密度为 2 650 kg/m^3）在 20 ℃水中和 20 ℃常压空气中的自由沉降速度。[答:在水中的 $u_1=2.23$ cm/s;;在空气中的 $u_2=0.199$ m/s]

2. 求密度为 2 150 kg/m^3 的烟灰球粒在 20 ℃空气中作层流沉降的最大直径。[答:$d_p=$ 77.3 μm]

3. 温度为 200 ℃的常压烟道气以 1.6m^3/s（操作状态）的流量进入长×宽×高为 10 m×2 m×2 m 的降尘室。已知烟尘密度为 4 880 kg/m^3，求可以分离下来的最小烟尘的直径。[答:$d_p=28$ μm]

4. 用一降尘室处理含尘空气，假定尘粒作层流沉降。问在下列情况下，降尘室的最大生产能力如何变化：①要完全分离的最小粒径由 60 μm 降至 30 μm；②空气由 10 ℃升至 200 ℃；③增加水平隔板数目，使沉降面积由 10 m^2 增至 30 m^2。[答:①降为原生产能力的 25%；②降为原生产能力的 67.6%；③增大为原生产能力的 2 倍]

5. 采用如例 2-4 中筒体直径 $D=650$ mm 的旋风分离器，除去气流中密度为 2 630 kg/m^3 的粉尘。已知气体黏度为 2.6×10^{-5} Pa·s，求气体流量为 1 m^3/s 时颗粒的临界直径。[答:$d_p=6.98$ μm]

6. 黏度为 2.53×10^{-5} Pa·s、密度为 0.779 kg/m^3 的气体中，含有密度为 2 750 kg/m^3 的粉尘。现采用筒体直径为 500 mm 的某旋风分离器除尘。若要求尽量除去直径在 6 μm 以上的尘粒，求适宜气量及相应的压强降。[答:$V=0.572$ m^3/s;$\Delta p_f=1\ 044$ Pa]

任务三　认识过滤过程

任务分析：当生产过程需处理含固相浓度较高的悬浊液或处理含固相浓度极低且粒径微小的气固混合物时，采用沉降方法已不适宜，需采用过滤操作来进行。这一任务中，通过对过滤过程的流动情况进行分析，确定过滤时间等参数及典型设备的生产能力。

任务目标：①理解过滤操作的基础理论；②理解滤饼过滤和深层过滤过程，掌握相关计算。

技能目标：能进行过滤过程的相关计算。

一、过滤操作的基本概念

过滤是在推动力作用下，使液固或气固混合物中的流体通过多孔性过滤介质，固体颗粒被过滤介质截留，从而实现固体与流体分离的操作。与沉降操作相比较，过滤具有操作时间短、分离较为完全的优点。在生产实践过程中，为提高生产效率，过滤操作往往与沉降操作相结合，作为沉降的后续操作，以达到缩短分离时间、降低能耗的目的。

如图 2-18 所示，在过滤操作中，所处理的悬浊液称为滤浆，所用的多孔性介质称为过滤介质，透过过滤介质流出的液体称为滤液，被截留在过滤介质表面的固体颗粒与其中残留的液体所组成的混合物称为滤饼。

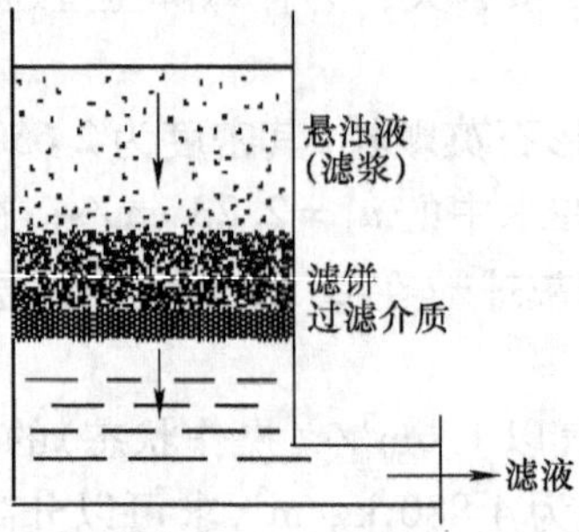

图 2-18 过滤操作简图

(一)过滤介质

过滤介质是过滤设备的核心,它应具有足够的力学强度和尽可能小的流动阻力。过滤介质通常随分离要求、操作条件、滤浆性质等的不同而不同。工业上常用的过滤介质大致有以下三类。

1. 织物介质

织物介质又称滤布,在工业上应用最为广泛。织物介质包括由棉、麻、毛、丝等天然纤维以及由金属丝或各种合成纤维材料制成的织物。其规格习惯称为"目"或"号",系指每平方英寸介质所具有的孔数。"目"或"号"数越大,表明孔径越小,对悬浊液的拦截能力越强。

2. 粒状介质

粒状介质又称堆积介质,包括细沙、无烟煤、活性炭、石墨、硅藻土等细小坚硬的颗粒状物质。如家用净水器中的活性炭芯、自来水厂的快滤池等。

3. 多孔固体介质

多孔固体介质是具有很多微细孔道的固体材料,如多孔陶瓷、多孔塑料、由纤维制成的深层多孔介质(如由纤维绕成的绕线式滤芯)、由多孔金属制成的管或板等。此类介质多耐腐蚀,且孔道细微,适用于处理只含少量细小颗粒及有腐蚀性的悬浊液。

(二)滤饼过滤与深层过滤

根据过滤过程使用的介质和对颗粒截留原理的不同,过滤可分为滤饼过滤和深层过滤两类。

1. 滤饼过滤

滤饼过滤又称表面过滤,以织物介质(滤布)为过滤介质。由于滤布的网孔直径通常稍大于颗粒直径,所以过滤初期总会有部分颗粒穿过介质而使滤液浑浊(此种滤液应送回滤浆槽重新处理)。但当过滤开始一段时间后,会在孔道表面及内部迅速发生"架桥现象"(图 2-19),因而使得尺寸小于孔道直径的颗粒被拦截,于是在过滤介质的上游形成滤饼。在滤饼形成后,主要起截留颗粒作用的实际上是滤饼本身,而非过滤介质,故将此种过滤称为滤饼过滤。由此可见,滤饼过滤是以滤饼本体为实际过滤介质的过滤操作。

滤饼过滤要求滤饼能够迅速生成,常用于分离固相体积分数大于 1% 的悬浊液,是化工生产中应用最广的过滤形式。以下将重点讨论。

2. 深层过滤

深层过滤广泛用于城市水处理过程,以堆积介质构成一定厚度的床层为过滤介质(如自

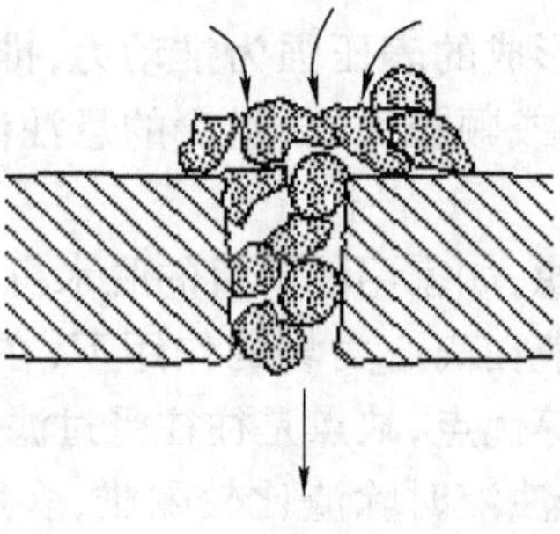

动画2-9 架桥现象

图 2-19 架桥现象

来水厂的快滤池）。在过滤过程中，当介质床层较厚且孔道直径较大时，重相颗粒将通过在床层内部的架桥现象而被截留或吸附在孔隙中，在过滤介质表面无滤饼生成。很显然，在此过滤形式下起截留颗粒作用的是介质内部曲折而细长的通道，也即利用介质床层内部通道为过滤介质。由于此类过滤形式介质床层通常很厚，故称为深层过滤。

在深层过滤过程中，介质内部通道随使用时间的推移会逐渐减少，内部通道空间变小，因而常用于处理固相体积分数小于0.1%、颗粒直径小于5 μm的悬浊液，且过滤介质必须定期更换或清洗再生。

（三）滤饼

滤饼是由织物状过滤介质截留的重相颗粒累积而成的固定床层。随着操作的进行，滤饼的厚度与流动阻力将逐渐增大。

若滤饼由不易变形的坚硬固体颗粒（如硅藻土、碳酸钙等）构成，则当滤饼两侧的压强差增大时，颗粒的形状及颗粒间的空隙都不会有显著变化，故单位厚度滤饼的流体阻力可以认为恒定，此类滤饼称为不可压缩滤饼。反之，若滤饼是由某些氢氧化物之类的胶体物质构成，则当两侧压强差增大后，颗粒的形状和颗粒间的空隙有显著的改变，使得单位厚度滤饼的流动阻力增大，此类滤饼称为可压缩滤饼。

（四）助滤剂

对于可压缩滤饼，当过滤推动力增大时滤饼中的孔道会变窄，甚至会因颗粒过于细密而将通道堵塞；或因滤饼黏嵌在过滤介质的表面或空隙中而不利于卸渣，导致生产周期加长，从而降低生产效率并缩短介质的使用寿命。为减小可压缩滤饼的过滤阻力、减少细微颗粒对过滤介质中孔道的堵塞现象，可使用助滤剂改善饼层结构。助滤剂通常是具有多孔性、形状不规则、不可压缩的细小固体颗粒，如硅藻土、炭粉等。其基本要求如下。

（1）能与滤渣形成多孔床层的细小颗粒，以保证滤饼有良好的渗透性及较小的流动阻力。

（2）具有化学稳定性，与悬浊液不发生化学反应且不能被液相溶解。

（3）在过滤操作条件下，具有不可压缩性，以保持滤饼具有较高的空隙率。

可将助滤剂用环氧树脂调和后预敷在过滤介质表面，或直接加入悬浊液中以改善滤饼结构，使滤液得以畅流并有利于卸渣。但后者不宜用于滤饼需回收的过滤过程。

（五）过滤推动力

过滤进行的推动力可以是重力、离心力和压强差。在实际过滤操作中，重力和离心力的作用也常表现为压强差。

重力过滤是以饼层上方料浆的重力所形成的表压强为推动力,推动滤液在饼层及介质层中流动。重力过滤速度较慢,仅限于规模小或颗粒大、含量少的悬浊液过滤,如实验室的滤纸过滤。

以离心力为推动力的过滤称为离心过滤,如家用洗衣机的脱水机、工业生产过程中的过滤式离心机均属此类。离心过滤是利用悬浊液在离心力场的作用下,在过滤介质内外形成的压差来实现分离的,具有分离速度快、效率高等优点,缺点是往往受过滤介质强度及孔径的制约,设备投资和动力消耗比较大,处理小颗粒悬浊液时除渣比较困难,多用于固相粒度大、浓度高的悬浊液。

人为地在滤饼上游和滤液出口间形成压强差,并以压强差为推动力的过滤称为压差过滤。压差过滤在工业生产过程中应用最广,分为加压过滤和真空过滤,操作压强差可按情况调节。

在压差过滤过程中,若维持操作压强差不变,这种过滤称为恒压过滤。在恒压过滤过程中,随着滤饼的增厚过滤速度逐渐下降。若逐渐加大压强差则可维持过滤速度不变,此种过滤称为恒速过滤。相比较而言,恒压过滤过程便于实施,故多被采用。而恒速过滤过程由于控制困难,在生产中并不常见。

必须指明,在恒压过滤过程中,由于介质上截留的滤饼厚度随过滤时间逐渐增大,过滤速度逐渐减小,当过滤速度减小到一定程度,继续操作不经济时,需进行卸渣操作,待装机复原后再开始新一轮的过滤。此外,由于滤饼中往往带有液体成分,故需对滤饼进行洗涤以保障所得滤饼的纯度。所以,过滤操作有一定的周期,通常由过滤、洗涤、卸渣、复原这四个基本环节组成。

二、过滤基本方程

在过滤过程中,滤液流量与过滤推动力及阻力间的定量关系可用过滤基本方程来表述。为获得过滤基本方程,先对滤液在滤饼中的流动情况作一分析:滤液透过滤饼和过滤介质的过程,可看作通过曲折多变孔道的一种特殊管流。由于这类孔道很细小,流动类型可认为属于层流。

在直径为 d 的圆形直管内,黏度为 μ、以平均流速 u 作层流流动的流体,流经长度为 l 的流动阻力,即压强降为

$$\Delta p_{\mathrm{f}}=\frac{32\mu lu}{d^{2}} \tag{2-23}$$

式(2-23)中的 Δp_{f} 就是维持这一流动所需要的压强差。滤饼和过滤介质中的孔道是曲折多变、大小不等的,要引用式(2-23)来计算,可仿照项目一中将局部阻力折合为当量长度的直管阻力以及当量直径的类似思路,作如下的简化处理。

(1)滤饼孔隙的平均流通截面积(又称自由截面积)A_0 与过滤面积 A 成正比,称 $\varepsilon=\frac{A_0}{A}$ 为滤饼的空隙率。对一定颗粒构成的不可压缩滤饼,ε 保持定值。

(2)滤液流过滤饼的瞬间平均速度等于瞬间过滤速率与平均流通截面积之商,即

$$u=\frac{1}{A_0}\cdot\frac{\mathrm{d}V}{\mathrm{d}t} \tag{2-24}$$

(3)将滤液通过滤饼的流动看成以速度 u 通过许多平均直径为 d_0、长度等于滤饼厚度 L 的并联小管的流动。因此,通过滤饼的流动阻力可折合成长度为 L、直径为 d_0 的直管阻力。

(4)将通过过滤介质的流动阻力也折合为相当于以流速 u 流过厚度为 L_e 的滤饼的阻力,L_e 称为过滤介质的当量滤饼厚度。

于是,滤液通过滤饼层和过滤介质的压强降可表示为

$$\Delta p_f=\frac{32\mu(L+L_e)u}{{d_0}^2} \tag{2-25}$$

由式(2-24)、式(2-25)得

$$u=\frac{1}{A_0}\cdot\frac{dV}{dt}=\frac{dV}{A\varepsilon dt}=\frac{\Delta p_f\cdot d_0^2}{32\mu(L+L_e)}$$

所以

$$\frac{dV}{Adt}=\frac{\varepsilon\Delta p_f\cdot d_0^2}{32\mu(L+L_e)}=\frac{\Delta p_f}{r\mu(L+L_e)} \tag{2-26}$$

式(2-26)等号的右方写成$\frac{推动力}{阻力}$的形式。过滤速度随压强差增大而增大,随流体黏度增大和滤饼厚度增大而减少。式中的 $r=\frac{32}{\varepsilon d_0^2}$称为滤饼的比阻,它反映了滤饼的结构特征,也是衡量滤饼阻力大小的一个特性参数,单位为 $1/m^2$。显然,滤饼的颗粒间空隙愈小,空隙率 ε 愈小,通道愈曲折,则 r 值愈大,过滤就愈困难。对于一定的过滤介质与滤饼结构,L_e 是一个常数。

由于滤饼厚度 L 随时间而变,要对式(2-26)进行积分,得到时间 t 与滤液量 V 的关系,宜将$(L+L_e)$写成 V 的函数,根据滤饼与滤液体积比 v 的定义,应有

$$AL=vV \tag{2-27}$$

即有

$$L=\frac{vV}{A}$$

$$L_e=\frac{vV_e}{A}$$

代入式(2-26),可得

$$\frac{dV}{Adt}=\frac{A\Delta p_f}{r\mu v(V+V_e)} \tag{2-28}$$

式中 $\frac{dV}{Adt}$——瞬时过滤速度,m^3 滤饼/$(m^2\cdot s)$;

Δp_f——瞬时过滤压差,Pa;

V——到该瞬时以前,生成厚度为 L 的滤饼相应获得的滤液量,m^3;

V_e——过滤介质的当量滤液体积(它是一个为计算方便而使用的虚拟值),m^3。

式(2-28)称为过滤基本方程。其表达了滤液流量$\frac{dV}{dt}$与介质总有效面积 A、过滤总推动力 Δp_f 及所获滤液体积 V 之间的定量关系。

从式中不难看出:过滤设备的总有效面积及压强差越大,则滤液流量越大;过滤时间越长,

滤液的体积越大，介质表面截留的滤饼层越厚，则滤液流量越小。

三、恒压过滤

（一）恒压过滤方程

在恒压过滤时，Δp_f 保持恒定，对于一定的悬浮液与过滤介质，若滤饼不可压缩，则 μ、r、v、V_e均为定值，过滤面积 A 也一定，可将式（2-28）分离变量并积分，则有

$$\int_0^V (V+V_e)\,dV = \frac{A^2\Delta p_f}{r\mu v}\int_0^t dt$$

$$V^2+2VV_e=\frac{2\Delta p_f}{r\mu v}A^2t$$

令 $K=\dfrac{2\Delta p_f}{r\mu v}$，$q=\dfrac{V}{A}$，$q_e=\dfrac{V_e}{A}$，则得

$$V^2+2VV_e=KA^2t \tag{2-29}$$

$$q^2+2q_eq=Kt \tag{2-29a}$$

式（2-29）、式（2-29a）称为恒压过滤方程。它表达了过滤时间 t 与获得的滤液体积 V 或单位过滤面积上获得的滤液体积 q（单位为 m^3/m^2）的关系。

在一定的过滤条件下，K、q_e 均为过滤常数，均可由实验测定。K 与物料特性及压强差 Δp_f 有关，单位为 m^2/s；q_e 反映了过滤介质阻力的大小。因此，式（2-29）、式（2-29a）也可用于可压缩滤饼的计算。

在很多情况下，滤饼的阻力远大于过滤介质的阻力，于是式（2-29）、式（2-29a）中的 V_e 与 q_e 可以略去，即有

$$V^2=KA^2t \tag{2-30}$$

$$q^2=Kt \tag{2-30a}$$

（二）过滤常数 K、V_e、q_e 的测定

根据式（2-29），只要在恒压差下测得两个时刻 t_1、t_2 以前得到的滤液总体积 V_1、V_2，联立方程组

$$\begin{cases} V_1^2+2V_eV_1=KA^2t_1 \\ V_2^2+2V_eV_2=KA^2t_2 \end{cases}$$

即可估算出 K、V_e 及 q_e 的值。

在实验室里测定过滤常数时，为了减小实验误差，要求测得多组 $t-V$ 数据，并由 $q=\dfrac{V}{A}$转化为 $t-q$ 数据。将式（2-29a）变形为

$$\frac{t}{q}=\frac{1}{K}q+\frac{2q_e}{K} \tag{2-31}$$

在纵轴为$\dfrac{t}{q}$、横轴为 q 的直角坐标系下，式（2-31）为一直线，其斜率为$\dfrac{1}{K}$，截距为$\dfrac{2q_e}{K}$，采用作图法可求出 K 和 q_e。

要保证测得的 K、V_e、q_e 有足够的可信度，以便用于工业过滤装置，实验条件必须尽可能与

工业条件相吻合,要求采用相同的悬浊液、相同的操作温度和压强差。

例 2-5 有一过滤面积为 $0.093\ m^2$ 的小型板框压滤机,恒压过滤含有碳酸钙颗粒的水悬浊液。过滤时间为 50 s 时,共得到 $2.27\times10^{-3}\ m^3$ 的滤液;过滤时间为 100 s 时,共得到 $3.35\times10^{-3}\ m^3$ 的滤液。试求当过滤时间为 200 s 时,可得到多少滤液?

解 已知 $A=0.093\ m^2$、$t_1=50\ s$、$V_1=2.27\times10^{-3}\ m^3$、$t_2=100\ s$、$V_2=3.35\times10^{-3}\ m^3$、$t_3=200\ s$,由于

$$q_1=\frac{V_1}{A}=\frac{2.27\times10^{-3}}{0.093}=24.41\times10^{-3}$$

$$q_2=\frac{V_2}{A}=\frac{3.35\times10^{-3}}{0.093}=36.02\times10^{-3}$$

根据式(2-29a),有

$$\begin{cases}q_1^2+2q_eq_1=Kt_1\\ q_2^2+2q_eq_2=Kt_2\end{cases}\Rightarrow\begin{cases}(24.41\times10^{-3})^2+2\times24.41\times10^{-3}q_e=50K\\ (36.02\times10^{-3})^2+2\times36.02\times10^{-3}q_e=100K\end{cases}$$

联立解之:$q_e=4.14\times10^{-3}$;$K=1.596\times10^{-5}$。

因此

$$q_3^2+2\times4.14\times10^{-3}q_3=200\times1.596\times10^{-5}$$

$$q_3=0.0525$$

所以 $V_3=q_3A=0.0525\times0.093=4.88\times10^{-3}\ m^3$

计算以上各式时,应注意单位的一致性。

例 2-6 某生产过程每年须生产滤液 $3\,800\ m^3$,年工作时间为 5 000 h,采用间歇式过滤机,在恒压下每一操作周期为 2.5 h,其中过滤时间为 1.5 h,将悬浊液在同样操作条件下测得过滤常数为 $K=4\times10^{-6}\ m^2/s$,$q_e=2.5\times10^{-2}\ m^3/m^2$。滤饼不洗涤,试求:(1)所需过滤面积;(2)今有过滤面积为 $8\ m^2$ 的过滤机,需要过滤机的台数。

解 已知生产能力为 $3\,800\ m^3$ 滤液/年,年工作时间 5 000 h,$T=2.5\ h$,$t=1.5\ h$,$K=4\times10^{-6}\ m^2/s$,$q_e=2.5\times10^{-2}\ m^3/m^2$。

(1)因为 $Q=3\,800/5\,000=0.76\ m^3$ 滤液/h,有

$$0.76=\frac{3\,600\ V}{T}=\frac{V}{2.5}$$

所以 $V=2.5\times0.76=1.9\ m^3$

$$\left(\frac{V}{A}\right)^2+2q_e\left(\frac{V}{A}\right)=Kt$$

$$\left(\frac{1.9}{A}\right)^2+2\times2.5\times10^{-2}\times\left(\frac{1.9}{A}\right)=4\times10^{-6}\times1.5\times3\,600$$

$$2.16\times10^{-2}A^2=3.61+9.5\times10^{-2}A$$

解得 $A=14.7\ m^2\approx15\ m^2$

(2)因为过滤机面积为 $8\ m^2$/台,所以需 2 台过滤机。

(三)板框压滤机的生产能力

1. 洗涤速率

板框压滤机的工作过程前已述及,其洗涤经过的滤饼厚度为过滤时的 2 倍,流通面积是过

滤面积的1/2，即这种板框压滤机的洗涤速率约为过滤终了时过滤速率的1/4，即

$$\left(\frac{\mathrm{d}V}{\mathrm{d}t}\right)_{\mathrm{w}}=\frac{1}{4}\left(\frac{\mathrm{d}V}{\mathrm{d}t}\right)_{\mathrm{E}} \tag{2-32}$$

2. 生产能力

板框压滤机一个操作周期的总时间为

$$T=\theta+\theta_{\mathrm{W}}+\theta_{\mathrm{D}} \tag{2-33}$$

式中 T——一个操作循环的总时间，s；

θ——一个操作循环内的过滤时间，s；

θ_{W}——一个操作循环内的洗涤时间，s；

θ_{D}——一个操作循环内的卸渣、清理、装合等辅助操作所需的时间，s；

则生产能力为

$$Q=\frac{3\,600\ V}{T}=\frac{3\,600\ V}{\theta+\theta_{\mathrm{W}}+\theta_{\mathrm{D}}} \tag{2-34}$$

式中 V——过滤时间内所获得的滤液体积，m^3；

Q——生产能力，m^3/h。

对于间歇生产的过滤机，在一个操作周期中，若采用较短的过滤时间，由于滤饼较薄，会有较大的过滤速率，但非过滤时间过长，生产能力较低；若采用较长的过滤时间，滤饼较厚，过滤后期速率较小，生产能力也不会太高。因此，过滤时间的选取应综合考虑各因素。

例 2-7 BMS50/810－25 型板框压滤机，滤框尺寸为 810 mm × 810 mm × 25 mm，共有 36 个框，现用来恒压过滤某悬浊液。操作条件下的过滤常数为 $K=2.72\times10^{-5}\ \mathrm{m^2/s}$，$q_{\mathrm{e}}=3.45\times10^{-3}\ \mathrm{m^3/m^2}$。每滤出 1 m^3 滤液的同时生成 0.148 m^3 的滤渣。求滤框充满滤渣所需的时间。若洗涤时间为过滤时间的 2 倍，辅助时间为 15 min，其生产能力为多少？

解 滤框总容积 $V_0=0.81^2\times0.025\times36=0.59\ \mathrm{m^3}$，过滤面积 $A=0.81^2\times2\times36=47.2\ \mathrm{m^2}$，且

$$q=\frac{V}{A}=\frac{V_0}{vA}=\frac{0.59}{0.148\times47.2}=0.084\,5\ \mathrm{m^3/m^2}$$

$$t=\frac{q^2+2q_{\mathrm{e}}q}{K}=\frac{0.084\,5^2+2\times3.45\times10^{-3}\times0.084\,5}{2.72\times10^{-5}}=283\ \mathrm{s}$$

生产总周期为

$$T=283+2\times283+15\times60=1\,749\ \mathrm{s}$$

由$\frac{V}{A}=\frac{V_0}{vA}$得一个周期滤液量为

$$V=\frac{V_0}{v}=\frac{0.590}{0.148}=3.99\ \mathrm{m^3}$$

所以生产能力为

$$Q=\frac{3\,600\ V}{T}=\frac{3\,600\times3.99}{1\,749}=8.21\ \mathrm{m^3}\ 滤液/\mathrm{h}$$

3. 转鼓真空过滤机的生产能力

转鼓真空过滤机是典型的连续操作的过滤设备，过滤面积 A 指转鼓的全部外圆面积。其中浸于液面下部分所占的百分数称为浸没度，用 Ψ 表示。若转鼓每分钟转数为 n，则每旋转一

周转鼓上任一单位过滤面积经过的过滤时间为 $t=60\ \Psi/n$,单位为 s,根据式(2-29a),有

$$q=\sqrt{Kt+q_e^2}-q_e$$

这里的 q 是每旋转一周,单位转鼓外圆面积获得的滤液量,m^3/m^2,故每转一周获得的滤液体积为 $qA\ m^3$。转鼓真空过滤机的生产能力用每小时获得的滤液体积 V_t(单位为 m^3/h)表示:

$$V_t=60nAq=60nA\left(\sqrt{\frac{60\Psi K}{n}+q_e{}^2}-q_e\right) \tag{2-35}$$

若过滤介质阻力可忽略,则

$$V_t\approx 60A(\sqrt{60\Psi Kn})=B'\sqrt{n} \tag{2-36}$$

对一定的转鼓与操作条件,B' 为常数,即这类连续过滤机的生产能力与 $\sqrt{n}$ 成正比。实际上,间歇式过滤机和连续式过滤机上的过滤都是不定常过程。

例 2-8　过滤面积为 5 m^2 的转鼓真空过滤机,操作真空度为 54 kPa,浸没度为 1/3,每分钟转速为 0.18。操作条件下的过滤常数 $K=2.9\times10^{-6}\ m^2/s$,$q_e=1.8\times10^{-3}\ m^3/m^2$,求 V_t(m^3/h)。

解　$$V_t=60\times0.18\times5\left(\sqrt{\frac{60\times\frac{1}{3}\times2.9\times10^{-6}}{0.18}+(1.8\times10^{-3})^2}-1.8\times10^{-3}\right)$$

$$=0.877\ m^3/h$$

自　测　题

一、填空题

1. 过滤分________和________两种方式。

2. 工业上常用的过滤介质有________、________和________。

3. 常用的过滤设备有________、________、________等。

4. 间歇式过滤机一个完整的操作周期中所包括的时间有________、________和________。

二、判断题

1. 在过滤操作中,实际上起到主要介质作用的是滤饼层而不是过滤介质本身。(　　)

2. 板框压滤机的过滤时间等于其他辅助操作时间的总和时,生产能力最大。(　　)

3. 采用在过滤介质上游加压的办法可以有效地提高过滤速率。(　　)

三、选择题

1. 在滤饼过滤中,真正起过滤作用的是(　　)。

A. 过滤介质　　B. 滤饼　　C. 滤浆　　D. 滤框

2. 下面关于表面过滤,叙述正确的是(　　)。

A. 过滤介质常用多孔织物,其网孔尺寸不一定小于被截留的颗粒直径

B. 经过过滤初级阶段后形成的滤饼才是真正有效的过滤介质

C. 过滤时,固体颗粒并不形成滤饼而是沉积于较厚的过滤介质内部,在惯性和扩散作用下,进入通道的固体颗粒趋向通道壁面并借助静电与表面力附着其上

D. 过滤刚开始时,会有部分颗粒进入过滤介质孔中发生架桥形象,同时也有少量颗粒穿过介质而混于滤液中

3. 下面关于助滤剂,叙述正确的是(　　)。

A. 采用助滤剂是为改变滤饼结构,增大滤饼的刚性和滤饼的孔隙率

B. 助滤剂应为不可压缩的粉状或纤维状固体

C. 助滤剂应能悬浮于料液中,粒子大小有适当的分布,不含可溶性盐类和色素,并具有化学稳定性

D. 常使用的助滤剂有硅藻土、纤维素、活性炭、石棉等

4. 过滤操作中滤液流动遇到的阻力是(　　)。

A. 过滤介质阻力　　B. 滤饼阻力

C. 过滤介质和滤饼阻力之和　　D. 无法确定

5. 过滤速率与(　　)成反比。

A. 操作压差和滤液黏度　　B. 滤液黏度和滤渣厚度

C. 滤渣厚度和颗粒直径　　D. 颗粒直径和操作压差

四、简答题

1. 什么是滤饼过滤? 什么是深层过滤?

2. 常用的过滤介质有哪些?

3. 板框压滤机的生产能力如何表达?

五、计算题

1. 过滤固相浓度为15%(体积分数)的水悬浊液。滤饼含液量为40%(质量分数),颗粒的真实密度为1 500 kg/m^3。求每滤出1 m^3 清水同时得到的滤饼体积。[答:v=0.429 kg/m^3]

2. 过滤面积为0.093 m^{2}的小型板框压滤机,恒压过滤含有碳酸钙颗粒的水悬浮液。过滤时间为50 s时,共获得2.27×10^{-3} m^{3}滤液;过滤时间为100 s时,共获得3.35×10^{-3} m^{3}滤液。问过滤时间为200 s时,共获得多少滤液? [答:$V=4.48\times10^{-3}$ m^3]

3. 有一直径为1.75 m、长为0.9 m的转鼓真空过滤机。操作条件下浸没角度为126°,每分钟1转,滤布阻力可忽略,过滤常数K为5.15×10^{-6} m^2/s,求其生产能力。[答:V_t=3.09 m^3 滤液/h]

4. 采用转鼓真空过滤机过滤某悬浊液,实验测得在50 kPa的压差下,过滤常数K为4.24×10^{-5} m^2/s,q_e为1.51×10^{-3} m^3/s,滤饼不可压缩。现要求每小时滤出5 m^{3}清液,初步操作真空度为50 kPa,浸没度为$\frac{1}{3}$,转速为2 r/min,计算所需要的过滤面积。若真空度降为25 kPa,且过滤介质阻力可忽略,其他条件不变,则其生产能力为多少? [答:A=2.18 m^2;V_1=3.81 m^3 清液/h]

主要符号说明

英文字母:

a——加速度、离心加速度,m/s^2

A——过滤面积,m^2

B——降尘室的宽度,m
C——悬浊液固相浓度,m^3颗粒/m^3悬浊液
d_e——颗粒的等体积当量直径,m
d_p——颗粒的直径,m
d_{pc}——颗粒的临界直径,m
F_b——浮力,N
F'_b——向心力,N
F_c——离心力,N
F_d——阻力或曳力,N
G_g——重力,N
H——降尘室的沉降高度,m
K——过滤常数,m^2/s
K_c——离心分离因数,无因次
L——降尘室的长度、滤饼层厚度,m
n——转鼓每分钟的转数
Δp_f——过滤压差,Pa
q——单位过滤面积上得到的滤液体积,m^3/m^2
q_e——反映过滤介质阻力的过滤常数,m^3/m^2
r——滤饼的比阻,$1/m^2$
t_r——停留时间,s
t_s——沉降时间,s
u_i——旋风分离器进口气速,m/s
u_r——离心沉降速度,m/s
u_T——切向速度,m/s
u_t——自由沉降速度,m/s
u_{tc}——临界直径为d_{pc}的颗粒的自由沉降速度,m/s
ν——滤饼与滤液的体积比,m^3滤饼/ m^3滤液
V——滤液量,m^3;气体体积流量,m^3/s
V_e——反映过滤介质阻力的当量滤液体积,m^3
V_p——颗粒的体积,m^3
V_t——滤液流量或转鼓真空过滤机的生产能力,m^3滤液/h

希腊字母

ε——空隙率
ζ——沉降阻力系数
ρ_c——滤饼的表观密度,kg/m^3
ρ_p——颗粒的真实密度,kg/m^3
Φ_s——颗粒的球形度系数
Ψ——转鼓真空过滤机的浸没度
ω——旋转角速度,rad/s

项目三　传热操作技术

项目介绍

传热，即热交换或热传递，是自然界中一种普遍的现象。在化工生产中也离不开传热过程：化学反应过程及原料预处理、产品提纯过程，如蒸发、蒸馏、干燥等单元过程，往往需要输入或输出热量；化工设备与管道的保温、生产中热能的合理利用及废热回收都涉及传热问题。可见化工生产过程与传热的关系非常密切，传热在生产中具有极其重要的作用。

目前，世界能源日趋紧张，节能降耗不仅是降低生产成本的重要措施，而且有利于环境保护。因此，化工生产工程技术人员应该具备化工传热过程的基本理论知识、基本操作能力和分析强化传热过程的能力，以便充分利用能源，提高能量利用效率，减少损失，降低投资和操作成本。

* * * *　　　　* * * *　　　　* * * *

任务一　认识化工传热过程

任务分析：化工传热过程是化工生产的基础，是化工生产中常见的加热或冷却物料的操作。在这个任务中，通过动画、图片等展示化工传热过程、设备类型、结构特点。

任务目标：①了解传热过程及设备分类；②掌握列管式换热器的结构、特点。

技能目标：能识别各种化工传热设备的结构、特点和使用范围。

一、工业中常用的传热方式

化工生产中传热的主要设备是换热器。换热器是许多工业部门的通用设备，在化工生产中可用作加热器、冷却器、冷凝器、蒸发器、再沸器等。根据冷热流体热量交换的方式，换热器可以分为三大类，即间壁式、直接接触式和蓄热式。

(1)间壁式换热器。其特点是在冷、热流体之间用一金属壁(或导热良好的非金属壁)将其隔开，使两种流体在不发生混合的情况下进行热量传递。

(2)直接接触式换热器。对于某些传热过程，例如热气体的直接水冷或热水的直接空气冷却，可使冷、热流体直接混合传热。这种传热方式传热面积大，设备也简单。

(3)蓄热式换热器。蓄热式换热器主要由对外充分隔热的蓄热室构成，室内装有热容量大的固体填充物。热流体通过蓄热室时将冷的填充物加热，当冷流体通过时则将热量带走。热、冷流体交替通过蓄热室，利用固体填充物来积蓄或放出热量而达到热交换的目的。蓄热器结构简单，可耐高温，常用于高温气体热量的利用或冷却。其缺点是设备体积大，过程是不定常的交替操作，且不能避免两种流体的掺杂，所以这种设备化工厂用得不多。

二、工业热源与冷源

工业生产中的传热过程有以下三种情况。

(1)一侧工艺流体被加热或沸腾,另一侧使用外来工业热源,热源温度应高于工艺流体的出口温度。

(2)一侧工艺流体被冷却或冷凝,另一侧使用外来工业冷源,冷源温度应低于工艺流体的出口温度。

(3)需要冷却的高温工艺流体同需要加热的低温工艺流体进行换热,其目的是节约外来热源和冷源以降低操作成本。但工艺流体的温度以及能用于交换的能量是由工艺过程本身决定的,不能任意选择,往往还需要消耗一些外来热源或冷源使流体达到要求的温度。

因此,在化工生产中,不可避免地要使用外来工业热源和冷源,其能耗在成本中占相当大的比例。

对热源和冷源的一般要求是:①温度必须满足工艺要求;②易于输送、使用和调节;③腐蚀性小,稳定性好,不易结垢,价廉易得。

工业上常用的热源有以下几种。

1)电热　其特点是加热的温度范围很广,便于控制和调节,但使用成本很高,一般只在特殊要求的场合使用。

2)饱和蒸汽　这是最常用的工业热源,它的给热系数高,可用调节压强(如通过减压阀)的方法来调节温度。由于高压蒸汽直接作为热源并不经济,故饱和蒸汽温度一般不超过180 ℃(相应的表压为0.9 MPa)。

3)热水　可使用低压蒸汽通入冷水中制取,如果使用量大,也可直接使用锅炉热水。

4)烟道气　常用于需要高温加热的场合,但其给热系数低,温度也不易控制。

5)其他高温载热体　若需要将流体加热到较高温度,也可使用矿物油、联苯混合物(俗称道生油)、熔盐(含53% KNO_3、40% $NaNO_2$ 和7% $NaNO_3$)等。

这些热源及其适用温度范围见表3-1。

表3-1　工业热源及其适用温度范围

加热剂	热水	饱和蒸汽	矿物油	联苯混合物	熔盐	烟道气
适用温度/℃	40~100	100~180	180~250	255~380	142~530	500~1 000

常用的工业冷源有以下几种。

1)冷却用水　如河水、井水、城市水厂给水等,水温随地区和季节而变。深井水的水温较低且稳定,一般为15~20 ℃。水的冷却效果好,也最为常用。随水的硬度不同,对换热后的水出口温度有一定限制,一般不宜超过60 ℃,在不易清洗的场合不宜超过50 ℃,以免水垢迅速生成。

2)空气　在缺乏水资源的地方可采用空气冷却,其主要缺点是给热系数低,需要的传热面积大。

3)低温冷却剂　如果要求将物料冷却到环境温度以下,可使用低温盐水、液氨、液氮等作为冷源,由于需要消耗额外的机械能量,故成本较高。

热源和冷源的用量和进、出口温度,对传热过程的温差和传热系数有很大的影响,从而影响设备投资和操作费用。因此,要正确选用适宜温度的热源和冷源,并确定其适宜用量和出口温度。

三、化工传热设备

化工生产中应用最多的传热设备是间壁式换热器,间壁式换热器根据传热面的基本特征可以分为板式和管式两种。

(一)板式换热器

1. 夹套式换热器

如图 3-1 所示,这种换热器在容器外壁焊有一个夹套,夹套内通入加热剂或冷却剂,传热面就是整个容器壁,属于最早的一种板式换热器。其特点是结构简单,但传热面受容器壁面的限制,传热系数不高。

动画3-1 夹套式换热器

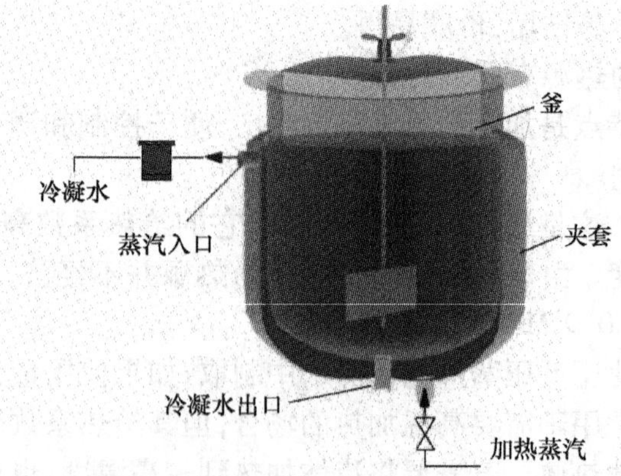

图 3-1 夹套式换热器

2. 平板式换热器

平板式换热器简称板式换热器,其结构如图 3-2 所示。它是由若干长方形的薄金属板平行排列、夹紧、组装于支架上面构成的。两相邻板片的边缘衬有垫片,压紧后板间形成密封的流体通道,且可用垫片的厚度调节通道的大小。每块板的四个角上各开一个圆孔,其中两个圆孔和板面上的流道相通,另两个圆孔则不相通。它们的位置在相邻板上是错开的,以分别形成两条流体通道。冷、热流体交替地在板片两侧流动,通过金属板片进行换热。

板片是板式换热器的核心部件。为使流体均匀流过板面,增加传热面积,并促使流体湍动,常将板面冲压成凹凸的波纹状。波纹形状有几十种,常用的波纹形状有水平波纹、人字形波纹、圆弧形波纹等,如图 3-3 所示。

板式换热器的优点是:结构紧凑,单位体积设备所提供的换热面积大;组装灵活,可根据需要增减板数以调节传热面积;板面波纹使截面变化复杂,增强了流体的扰动作用,具有较高的传热效率;拆装方便,有利于维修和清洗。其缺点是处理量小,操作压力和温度受密封垫片材料性能限制而不宜过高。板式换热器适用于需要经常清洗、工作环境要求十分紧凑、工作压力在 2.5 MPa 以下、温度在 -35 ~ 200 ℃的场合。

动画3-2　板式换热器

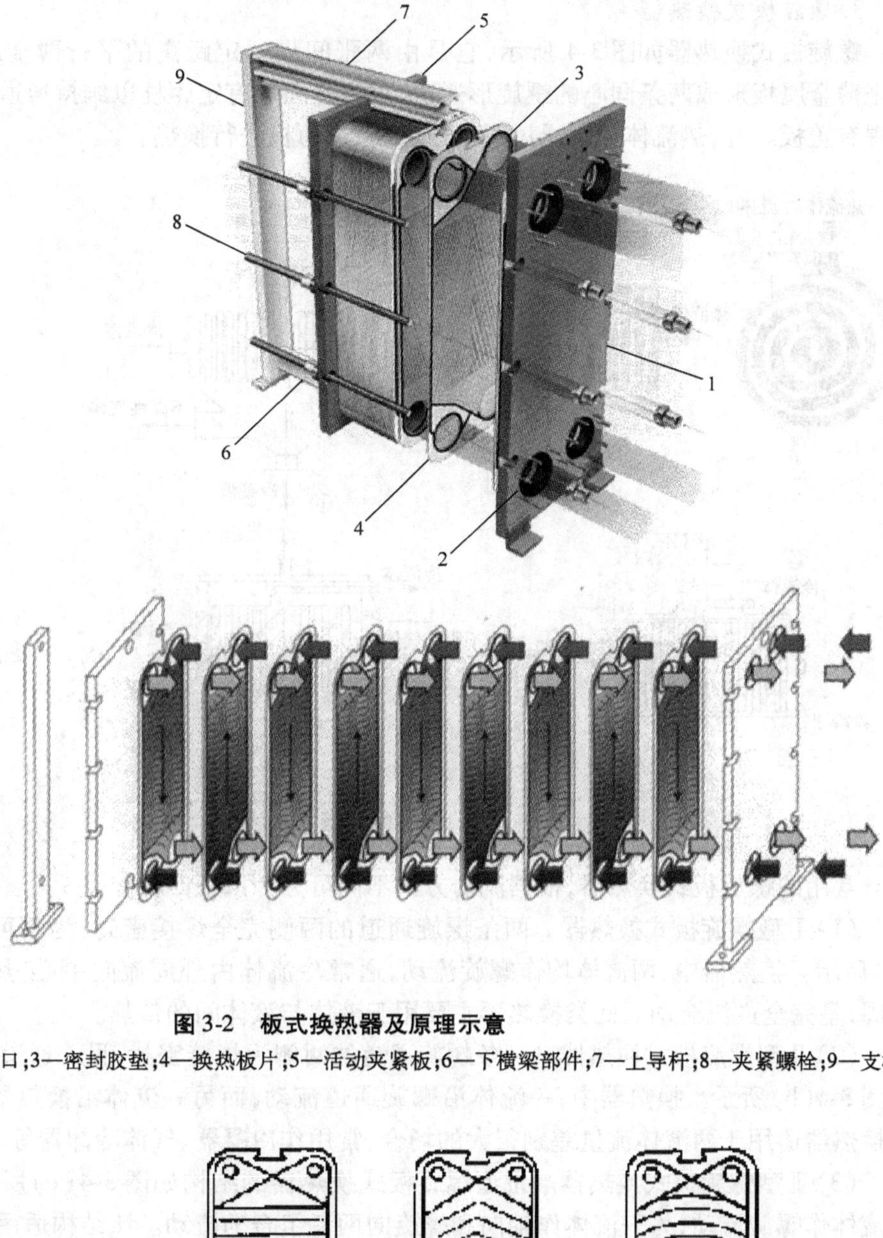

图 3-2　板式换热器及原理示意

1—固定夹紧板；2—连接口；3—密封胶垫；4—换热板片；5—活动夹紧板；6—下横梁部件；7—上导杆；8—夹紧螺栓；9—支柱

动画3-3　板式换热器原理

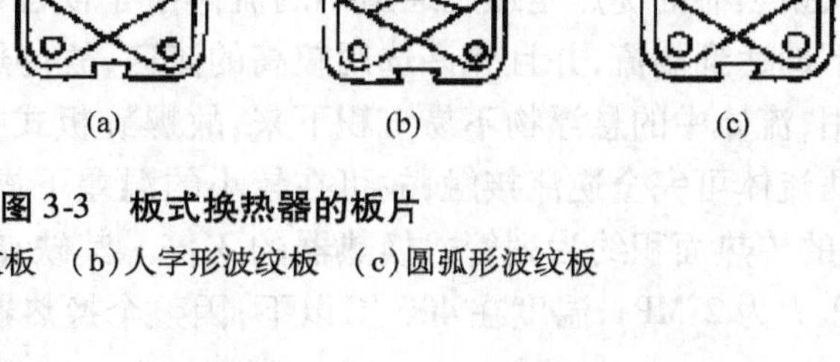

图 3-3　板式换热器的板片

(a) 水平波纹板　(b) 人字形波纹板　(c) 圆弧形波纹板

3. 螺旋板式换热器

螺旋板式换热器如图 3-4 所示,它是由两张间隔一定距离的平行薄金属板卷制而成的。两张薄金属板形成两条同心的螺旋形通道,两板之间焊有定距柱以维持通道间距,在螺旋板两侧焊有盖板。冷、热流体分别通过两条通道,通过薄板进行换热。

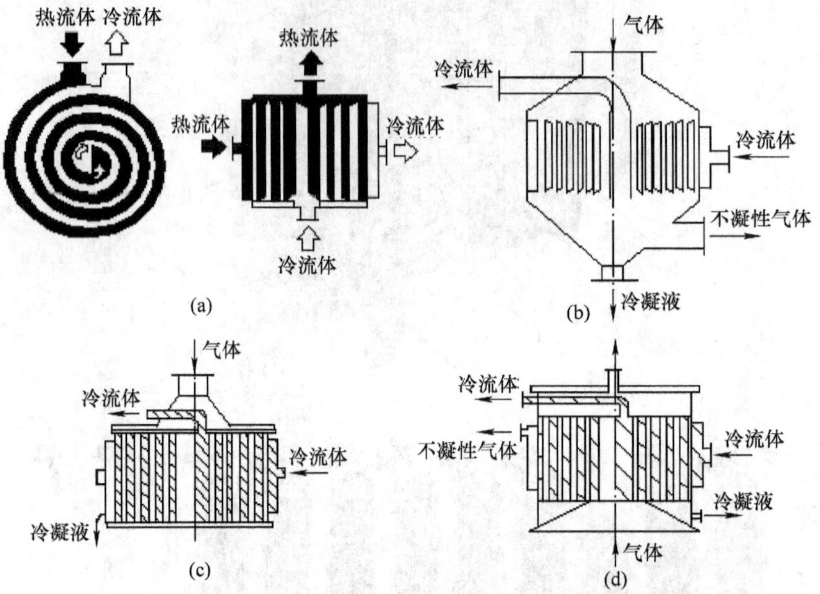

动画3-4 螺旋板式换热器

图 3-4 螺旋板式换热器

常用的螺旋板式换热器,根据流动方式不同可分为以下四种。

(1) Ⅰ型螺旋板式换热器。两条螺旋通道的两侧完全焊接密封,为不可拆结构,如图 3-4(a)所示。换热器中,两流体均作螺旋流动,通常冷流体由外周流向中心,热流体由中心流向外周,呈完全逆流流动。此类换热器主要用于液体与液体间的传热。

(2) Ⅱ型螺旋板式换热器。一条螺旋通道的两侧为焊接密封,另一通道的两侧是敞开的,如图 3-4(b)所示。换热器中,一流体沿螺旋通道流动,而另一流体沿换热器的轴向流动。此类换热器适用于两流体流量差别很大的场合,常用作冷凝器、气体冷却器等。

(3) Ⅲ型螺旋板式换热器。Ⅲ型螺旋板式换热器的结构如图 3-4(c)所示。换热器中,一种流体作螺旋流动,另一流体作轴向和螺旋向两者组合的流动。该结构适用于气体冷凝。

(4) G 型螺旋板式换热器。G 型螺旋板式换热器的结构如图 3-4(d)所示。该结构又称塔上型,常被安装在塔顶作为冷凝器,采用立式安装,下部有法兰与塔顶法兰相连接。气体由下部进入中心管上升至顶盖折回,然后沿轴向从上至下流过螺旋通道被冷凝。

螺旋板式换热器的优点是螺旋通道中的流体由于惯性离心力的作用和定距柱的干扰,在较低雷诺数下即达到湍流,并且允许选用较高的流速,故传热系数大;由于流速较高,又有惯性离心力的作用,流体中的悬浮物不易沉积下来,故螺旋板式换热器不易结垢和堵塞;由于流体的流程长和两流体可完全逆流接触,故可在较小的温差下操作,能充分利用低温热源;结构紧凑,单位体积的传热面积约为列管式换热器的 3 倍。其缺点是:操作温度和压力不宜太高,目前最高操作压力为 2 MPa,温度在 400 ℃以下;因整个换热器为卷制而成,一旦发现泄漏,维修很困难。

4. 热板式换热器

热板式换热器是一种新型高效板面式换热器,其传热基本单元为热板,热板结构如图3-5所示。其成形方法是按等阻力流动原理,将双层或多层金属平板点焊或滚焊成各种图形,并将边缘焊接密封组成一体。平板之间在高压下充气形成空间,实现有最佳流动状态的流道结构形式。各层金属板的厚度可以相同,亦可以不同,板数可以为双层或多层,这样就构成了多种热板传热表面形式,如不等厚双层热板[图3-5(a)]、等厚双层热板[图3-5(b)]、三层不等厚热板[图3-5(c)]、四层等厚热板[图3-5(d)]等,设计时可根据需要选取。

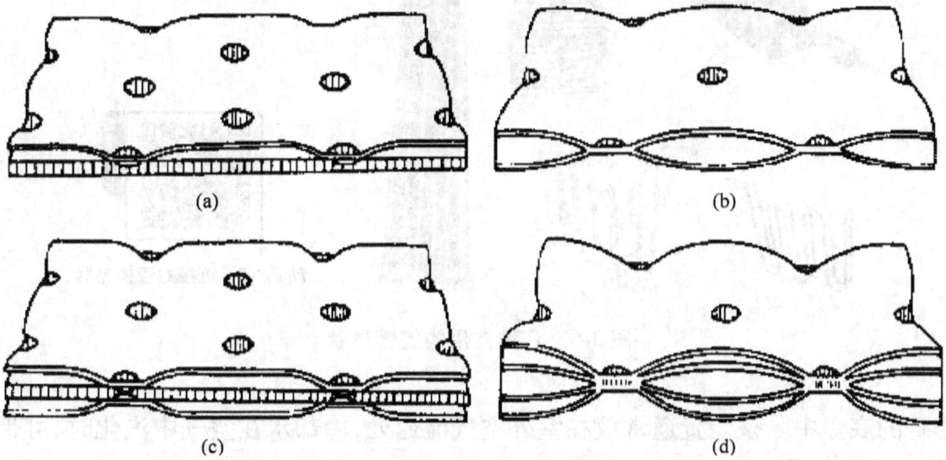

图3-5 热板式换热器的热板传热表面形式

(a)不等厚双层热板 (b)等厚双层热板 (c)三层不等厚热板 (d)四层等厚热板

热板式换热器具有最佳的流动状态,阻力小,传热效率高;根据工程需要可制造成各种形状,亦可根据介质的性能选用不同的板材。热板式换热器可用于加热、保温、干燥、冷凝等多种过程,作为一种新型的换热器,具有广阔的应用前景。

(二)管式换热器

1. 蛇管式换热器

蛇管式换热器是管式换热器中结构最简单、操作最方便的一种换热设备。通常按照换热方式不同,将蛇管式换热器分为沉浸式和喷淋式两类。

1)沉浸式蛇管换热器　此种换热器多以金属管弯绕而成,制成适应容器的形状,沉浸在容器内的液体中。两种流体分别在管内、管外进行换热。几种常用的蛇管形状如图3-6所示。

沉浸式蛇管换热器的优点是结构简单、价格低廉、便于防腐蚀、能承受高压;缺点是由于容器的体积较蛇管的体积大得多,管外流体的传热膜系数较小,故常需加搅拌装置,以提高其传热效率。

2)喷淋式蛇管换热器　如图3-7所示,此种换热器多用于冷却管内的热流体。固定在支架上的蛇管排列在同一垂直面上,热流体自下部的管进入,由上部的管流出。冷却水由管上方的喷淋装置均匀地喷洒在上层蛇管上,并沿着管外表面淋沥而下,降至下层蛇管表面,最后被

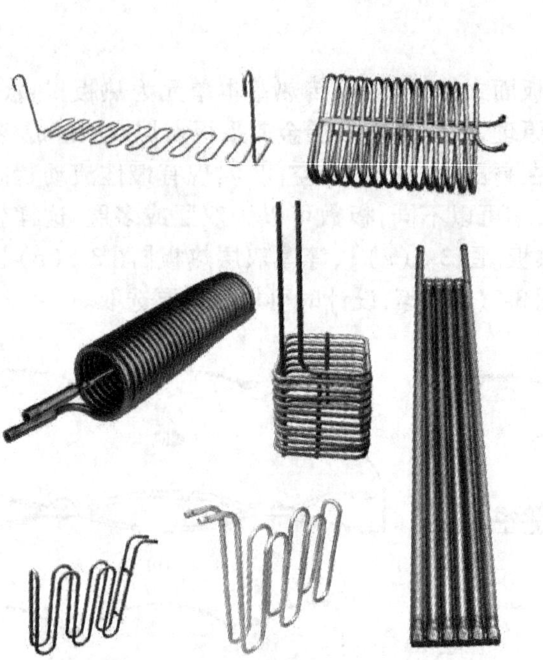

动画3-5　沉浸蛇管换热器

图3-6　几种常用的蛇管形状

收集在排管的底盘中。该装置通常放在室外空气流通处,冷却水在空气中汽化时,可带走部分热量,以提高冷却效果。

与沉浸式蛇管换热器相比,喷淋式蛇管换热器具有检修、清理方便,传热效果好等优点。其缺点是:体积庞大,占地面积大;冷却水量较大,喷淋不易均匀。蛇管式换热器因结构简单、操作方便,常被用于制冷装置和小型制冷机组中。

2. 套管式换热器

套管式换热器是由两种不同直径的直管套在一起组成同心套管,内管用 U 形肘管顺次连接,外管与外管互相连接而成的,其构造如图 3-8 所示。每一段套管称为一程,程数可根据传热面积要求而增减。换热时一种流体走内管,另一种流体走环隙,内管的壁面为传热面。

套管式换热器的优点是结构简单,能耐高压,传热面积可根据需要增减,适当地选择管内、外径,可使流体的流速增大,且两种流体呈逆流流动,有利于传热;缺点是单位传热面积的金属耗量大,管子接头多,检修、清洗不方便。此类换热器适用于高温、高压及小流量流体间的换热。

3. 列管式换热器

列管式换热器(又称管壳式换热器)是一种通用的标准换热设备。它具有结构简单、坚固耐用、造价低廉、用材广泛、清洗方便、适应性强等优点,应用最为广泛,在换热设备中占据主导地位。列管式换热器根据结构特点分为以下几种。

1)固定管板式换热器　固定管板式换热器的结构如图 3-9 所示。它由壳体、管束、封头、管板、折流挡板、接管等部件组成。其结构特点是两块管板分别焊于壳体的两端,管束两端固定在管板上。整个换热器分为两部分:换热管内的通道及与其两端相贯通处称为管程;换热管

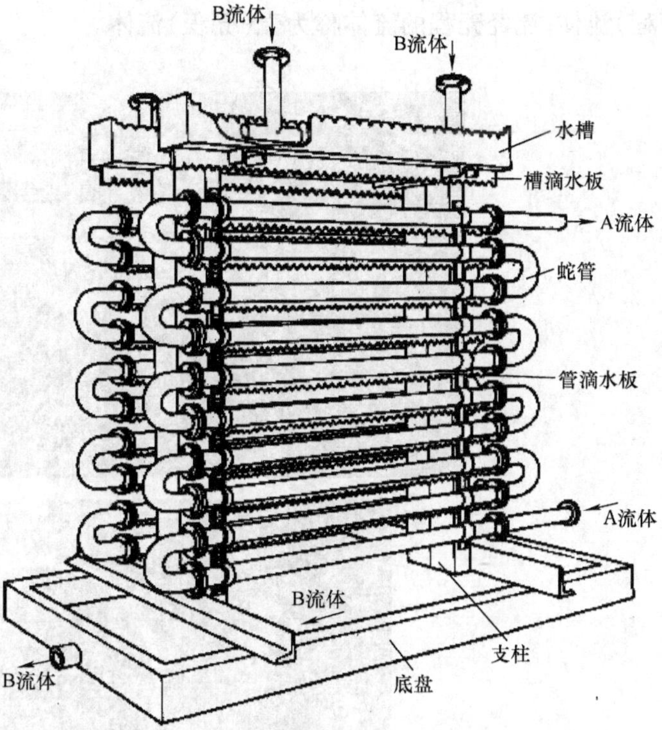

动画3-6　喷淋式换热器

图 3-7　喷淋式蛇管换热器

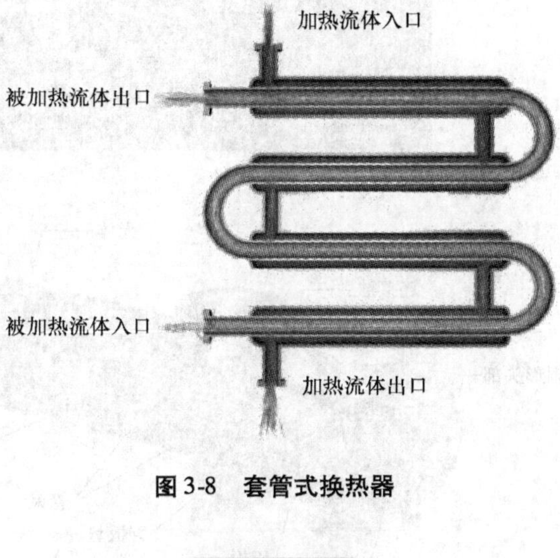

图 3-8　套管式换热器

动画 3-7　套管换热器

动画 3-8　套管换热器

动画 3-9　列管式换热器

外的通道及与其相贯通处称为壳程。冷、热流体分别在管程和壳程中连续流动，流经管程的流体称为管（管程）流体，流经壳程的流体称为壳（壳程）流体。

动画3-10 固定管板式换热器

图 3-9 固定管板式换热器

若管流体一次通过管程，称为单管程。当换热器传热面积较大，所需管子数目较多时，为提高管流体的流速，常将换热管平均分为若干组，使流体在管内依次往返多次，称为多管程。管程数 N_p 可为 2、4、6、8，N_p 太大，虽提高了管流体的流速，从而增大了管内对流传热系数，但同时会导致流动阻力增大。因此，管程数不宜过多，通常以 2 管程最常见。

壳流体一次通过壳程，称为单壳程。为提高壳流体的流速，也可在与管束轴线平行的方向上放置纵向隔板使壳程分为多程。壳程数 N_s 即为壳流体在壳程内沿壳体轴向往返的次数。分程可使壳流体流速增大，流程增长，扰动加剧，有助于强化传热。但是，壳程分程不仅使流动阻力增大，且制造、安装较困难，故工程上应用较少。为改善壳程换热，通常设置折流挡板，以达到实现强化传热的目的。

固定管板式换热器的优点是结构简单、紧凑。在相同的壳体直径内，排管数最多，旁路最少；每根换热管都可以进行更换，且管内清洗方便。其缺点是：壳程不能进行机械清洗；当换热管与壳体的温差较大（大于 50 ℃）时产生温差应力，需在壳体上设置膨胀节，因而壳程压力受膨胀节强度的限制不能太高。固定管板式换热器适用于壳程流体清洁且不易结垢、两流体温差不大或温差较大但壳程压力不高的场合。

2）浮头式换热器　浮头式换热器的结构如图 3-10 所示。其结构特点是两端管板之一不与壳体固定连接，可在壳体内沿轴向自由伸缩，该端称为浮头。浮头式换热器的优点是当换热管与壳体有温差存在，壳体或换热管膨胀时，互不约束，不会产生温差应力；管束可从壳内抽出，便于管内和管间的清洗。其缺点是：结构较复杂，用材量大，造价高；浮头盖与浮头管板之间若因密封不严发生内漏，会造成两种介质的混合。浮头式换热器适用于壳体和管束壁温差较大或壳程介质易结垢的场合。

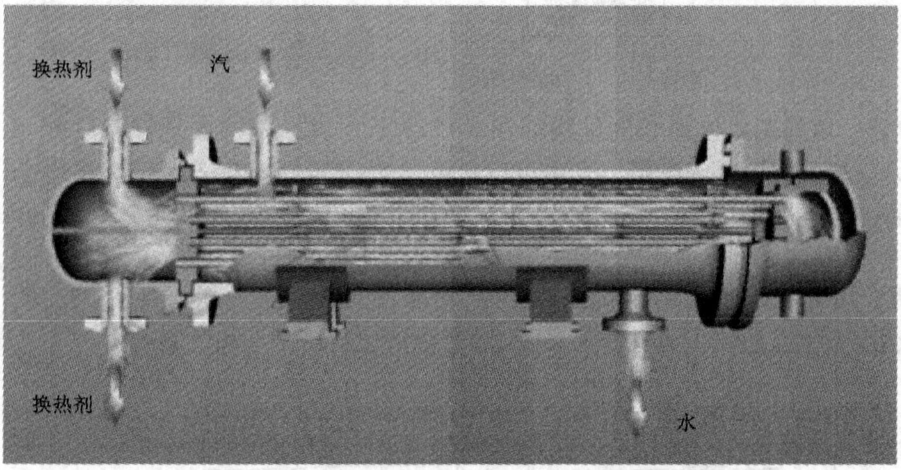

动画3-11　浮头式换热器

图 3-10　浮头式换热器

3）U 形管式换热器　U 形管式换热器的结构如图 3-11 所示。其结构特点是只有一个管板，换热管为 U 形，管子两端固定在同一管板上。管束可以自由伸缩，当壳体与 U 形换热管有温差时，不会产生温差应力。U 形管式换热器的优点是结构简单，只有一个管板，密封面少，运行可靠，造价低，管束可以抽出，管间清洗方便；缺点是管内清洗比较困难，由于管子需要有一定的弯曲半径，故管板的利用率较低，管束最内层管间距大，壳程易短路，内层管子坏了不能更换,因而报废率较高。U 形管式换热器适用于管、壳壁温差较大或壳程介质易结垢,而管程介质清洁、不易结垢以及高温、高压、腐蚀性强的场合。一般高温、高压、腐蚀性强的介质走管内,可使高压空间减小,密封易解决,并可节约材料和减少热损失。

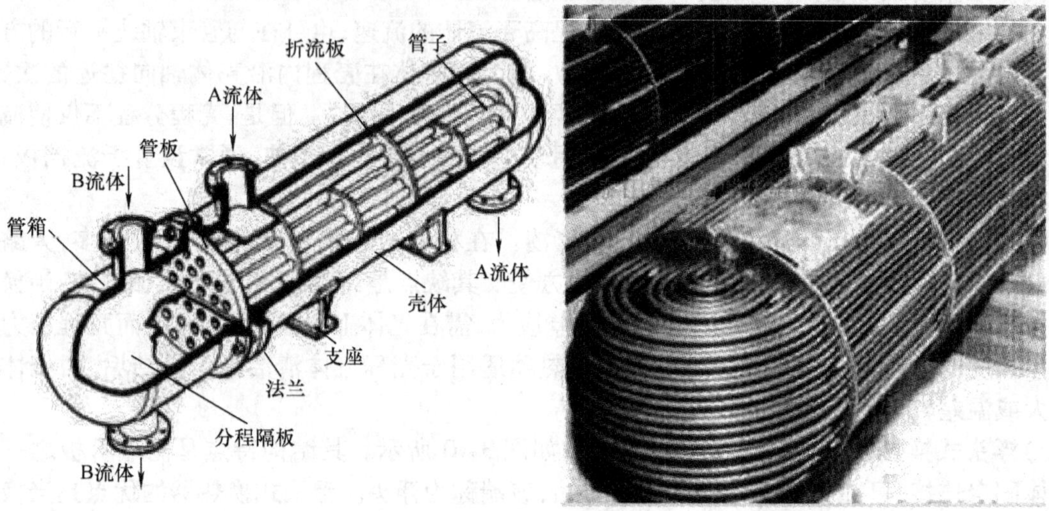

图 3-11　U 形管式换热器

动画 3-12　U 型管换热器

4)填料函式换热器　填料函式换热器的结构如图 3-12 所示。其结构特点是管板只有一端与壳体固定连接,另一端采用填料函密封。管束可以自由伸缩,不会因壳壁与管壁有温差产生温差应力。填料函式换热器的优点是:结构较浮头式换热器简单,制造方便,耗材少,造价低;管束可从壳体内抽出,管内、管间均能进行清洗,维修方便。其缺点是:填料函耐压不高,一般小于 4.0 MPa;壳程介质可能通过填料函外漏,对易燃、易爆、有毒和贵重的介质不适用。填料函式换热器适用于管、壳壁温差较大或介质易结垢,需经常清理且压力不高的场合。

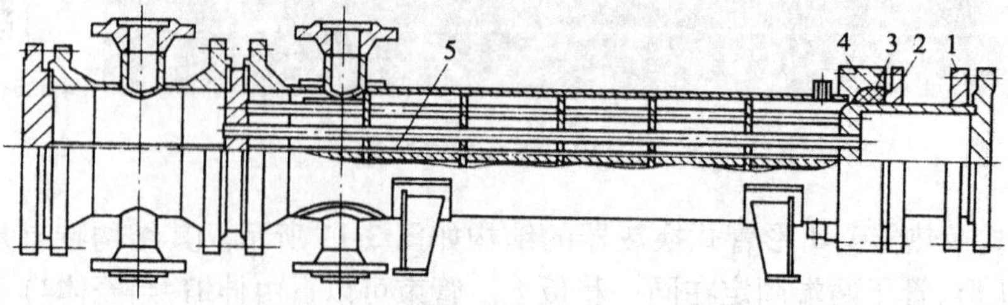

图 3-12　填料函式换热器

1—活动管板;2—填料压盖;3—填料;4—填料函;5—纵向隔板

列管式换热器除上述四种外，还有插管式换热器、滑动管板式换热器等其他类型。

4. 翅片管式换热器

翅片管式换热器又称管翅式换热器，如图 3-13 所示。其结构特点是在换热器管的外表面或内表面装有许多翅片，常用的翅片有纵向和横向两类，图 3-14 所示是工业上广泛应用的几种翅片形式。

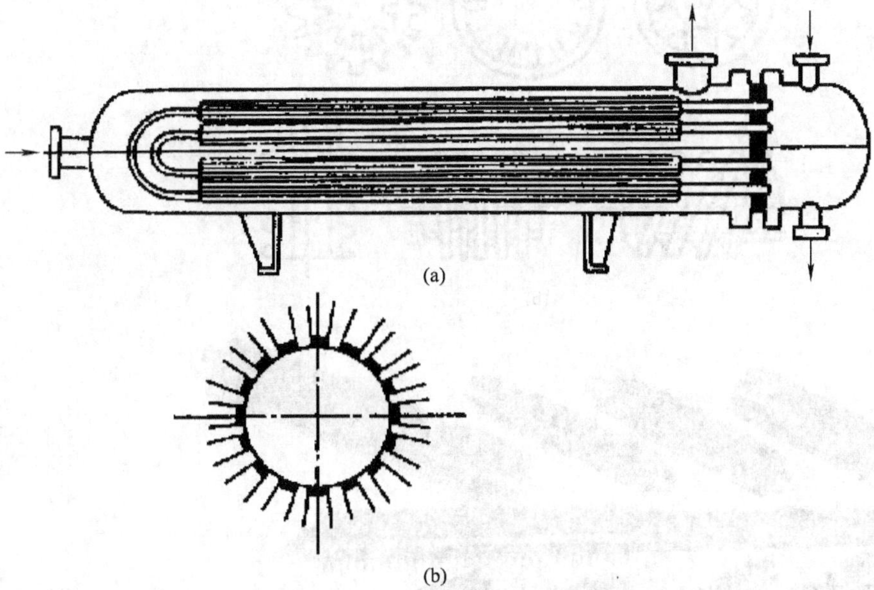

动画3-13　板翅式换热器的板束（逆流）

图 3-13　翅式管式换热器

翅片与管表面的连接应紧密无间，否则连接处的接触热阻很大，影响传热效果。常用的连接方法有热套、镶嵌、张力缠绕、焊接等。此外，翅片管也可采用整体轧制、整体铸造或机械加工等方法制造。

化工生产中常遇到气体的加热和冷却问题。因气体的对流传热系数很小，所以当与气体换热的另一流体是水蒸气或冷却水时，气体侧热阻成为传热控制因素。此时要强化传热，就必须增加气体侧的对流传热面积。在换热管的气体侧设置翅片，既增大了气体侧的传热面积，又增强了气体湍动程度，减小了气体侧的热阻，从而提高了气体的传热系数。当然，加装翅片会使设备费用增加。一般当两种流体的对流传热系数之比超过 3∶1时，采用翅片管式换热器在经济上是合理的。翅片管式换热器作为空气冷却器，在工业上应用很广。用空气代替水冷，不仅可在缺水地区使用，在水源充足的地方，采用空冷也取得了较大的经济效益。

5. 热管换热器

以热管为传热单元的热管换热器是一种新型高效换热器，其结构如图 3-15、图 3-16 所示，它是由壳体、热管和隔板组成的。热管作为主要的传热元件，是一种具有高导热性能的传热装置。它是一种真空容器，其基本组成为壳体、吸液芯和工作液。将壳体抽真空后充入适量的工作液，密闭壳体便构成一只热管。当热源对其一端供热时，工作液自热源吸收热量而蒸发汽化，携带潜热的蒸气在压差作用下，高速传输至壳体的另一端，向冷源放出潜热而凝结，冷凝液回至热端，再次沸腾汽化。如此反复循环，热量便不断从热端传至冷端。

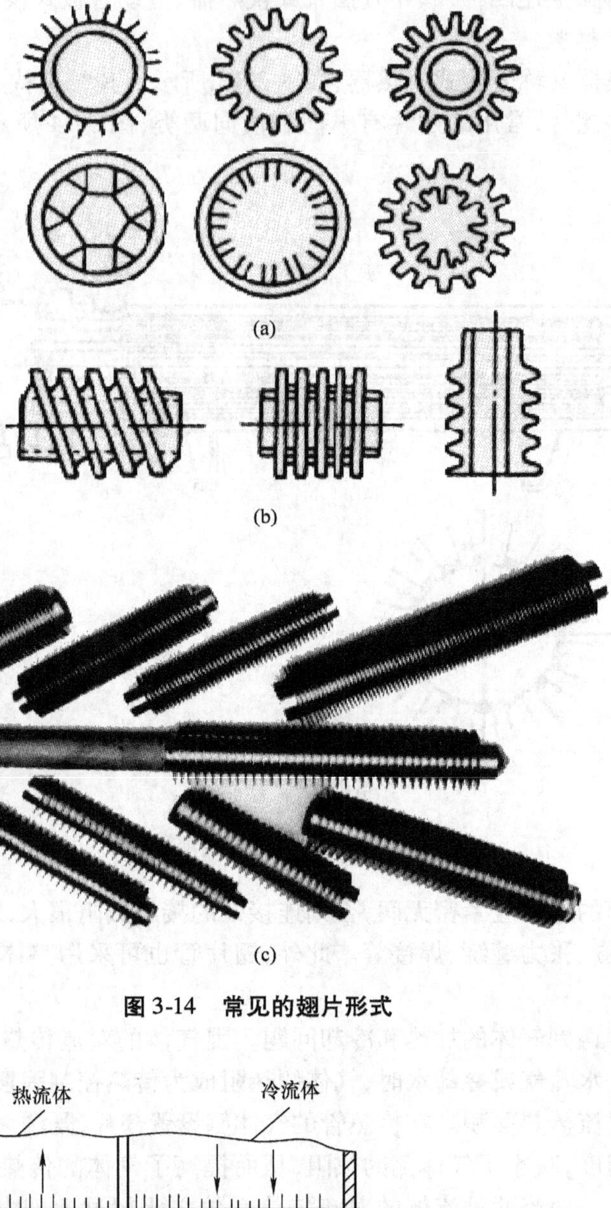

图 3-14 常见的翅片形式

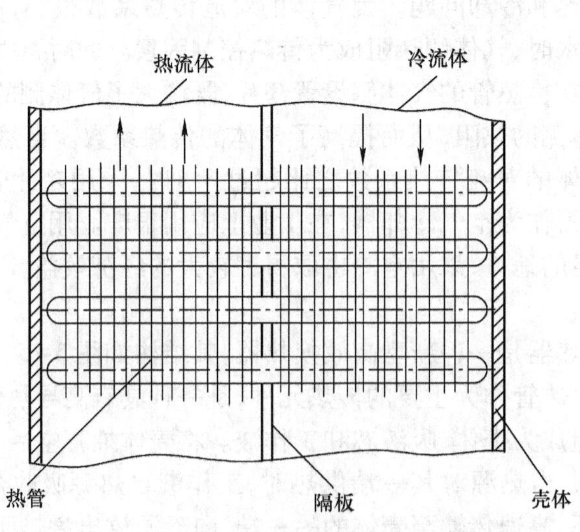

动画3-14 热管换热器

图 3-15 热管换热器

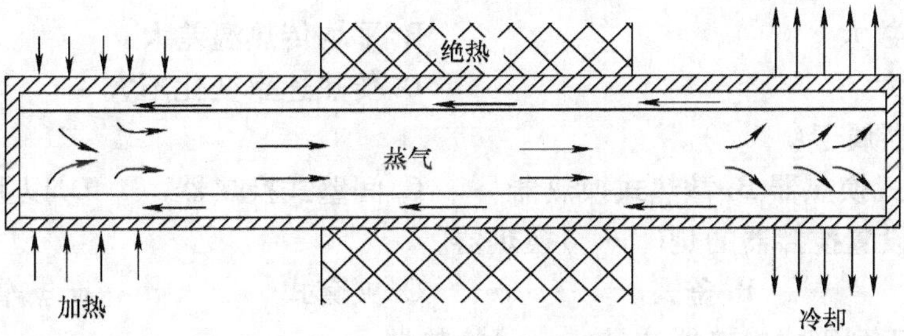

图 3-16　热管示意图

热管按冷凝液循环方式分为吸液芯热管、重力热管和离心热管三种。吸液芯热管的冷凝液依靠毛细管作用回到热端，这种热管可以在失重情况下工作；重力热管的冷凝液依靠重力流回热端，它的传热具有单向性，一般垂直放置；离心热管是靠离心力使冷凝液回到热端，通常用于旋转部件的冷却。

热管按工作液的工作温度分为深冷热管、低温热管、中温热管和高温热管四种。深冷热管在 200 K 以下工作，工作液有氮、氢、氖、氧、甲烷、乙烷等；低温热管在 200 ~ 550 K 范围内工作，工作液有氟里昂、氨、丙酮、乙醇、水等；中温热管在 550 ~ 750 K 范围内工作，工作液有导热姆 A、水银、铯、水及钾 - 钠混合液等；高温热管在 750 K 以上工作，工作液有液态金属钾、钠、锂、银等。

热管的传热特点是热管中的热量传递通过沸腾汽化、蒸气流动和蒸气冷凝三步进行，由于沸腾和冷凝的对流传热强度都很大，而蒸气流动阻力损失又较小，因此热管两端的温度差可以很小，即能在很小的温差下传递很大的热量。因此，它特别适用于低温差传热及某些等温性要求较高的场合。热管换热器具有结构简单、使用寿命长、工作可靠、应用范围广等优点，可用于气 - 气、气 - 液和液 - 液之间的换热过程。

自　测　题

一、填空题

1. 根据冷热流体热量交换的方式，换热器可以分为三大类，即____________、____________和____________。

2. 间壁式换热器根据传热面的基本特征可以分为________和________。

3. 常见的管式换热器有________、________、________、________和________。

二、判断题

1. 在列管式换热器的管间装设了两块横向的折流挡板，则该换热器变成双壳程的换热器。(　　)

2. 在螺旋板式换热器中，流体只能作严格的逆流流动。(　　)

3. 列管式换热器中设置补偿圈的目的主要是便于换热器的清洗和强化传热。(　　)

4. 板式换热器是间壁式换热器的一种。(　　)

三、选择题

1. 蛇管式换热器的优点是(　　)。

A. 传热膜系数大　　B. 平均传热温差大

C. 传热速率大　　D. 传热速率变化不大

2. 管式换热器属于(　　)。

A. 直接混合式换热器 B. 蓄热式换热器　　C. 间壁式换热器　　D. 以上都不是

3. 可在器内设置搅拌器的是(　　)换热器。

A. 套管式　　B. 釜式　　C. 夹套式　　D. 热管式

4. 下列不属于列管式换热器的是(　　)换热器。

A. U 型管式　　B. 浮头式　　C. 螺旋板式　　D. 固定管板式

5. 在管式换热器中安装折流挡板的目的是加大壳程流体的(　　),使湍动程度加剧,以提高壳程对流传热系数。

A. 黏度　　B. 密度　　C. 速度　　D. 高度

四、简答题

间壁式换热器有哪几种? 试比较它们的优缺点和适用场合。

任务二　传热仿真技能训练

任务分析:通过任务一,已经对化工传热过程及设备有了初步认识,接下来通过仿真 DCS 系统模拟化工生产中的物料冷却过程,以熟悉化工生产中的传热操作工艺流程及控制要点,有利于进一步学习间壁式换热器传热过程规律和掌握热交换器安全操作规程。

任务目标:①掌握热交换器开、停车操作步骤;②掌握热交换器的安全操作规程;③熟悉换热器的结构特点,理解常见的传热现象。

技能目标:①能按操作规程正确完成启动、关闭换热器的操作;②能绘制热交换过程仿真工艺流程图。

一、认识传热单元流程

如图 3-17 所示,换热器为双管程列管式结构,起冷却作用,管程走冷却水。质量分数为 30% 的磷酸钾热溶液走壳程。流量为 8 849 kg/h、65 ℃的磷酸钾溶液需要被冷却到 32 ℃,采用 P1A 或 P1B 泵将磷酸钾溶液送入列管式换热器的壳程,流量由 FIC－1 控制,以水为冷却剂,采用 P2A 或 P2B 泵将冷却水送入列管式换热器的管程,流量由热流体的出口温度 TIC－1 控制,最终冷却水流量为 18 441 kg/h,温度从 20 ℃上升到 30. 8 ℃。操作过程中管程压力为 0. 3 MPa,壳程压力为 0. 5 MPa。

二、认识传热单元中的设备、阀门、仪表

认真观察图 3-17 所示的换热器工艺流程图,结合传热工艺流程描述,熟悉传热单元的主要设备及现场阀门,完成下表。

	设备位号	作用	设备位号	作用
阀门	V1		V5	
	V2		V6	
	V3		V7	
	V4			
调节器	TIC－1		FIC－1	
泵开关	P1A		P2A	
	P1B		P2B	
指示仪表	TI－1		TI－3	
	TI－2		FR－1	

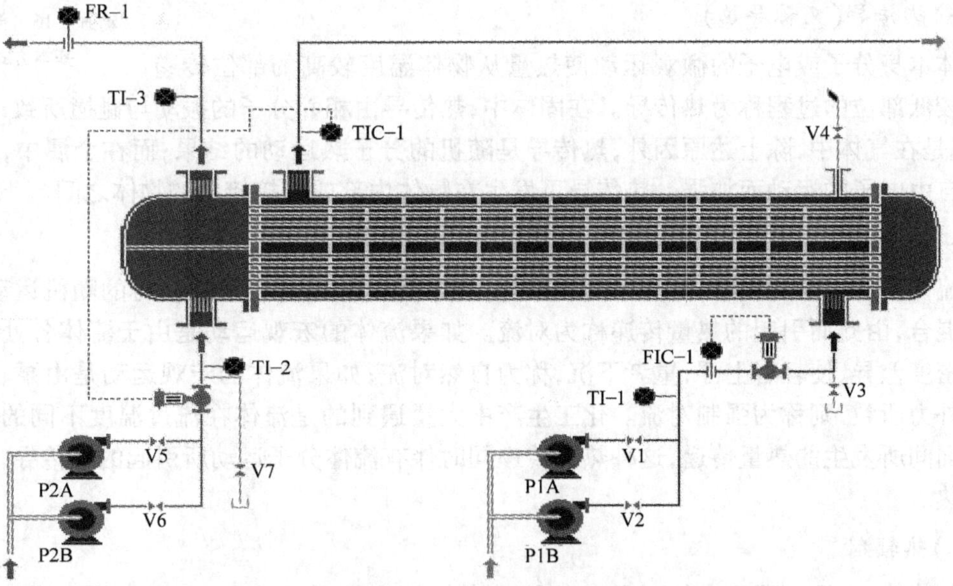

图 3-17　换热器流程

动画 3-15　传热实训

任务三　学习热量传递的基本方式及规律

任务分析：在任务二中，通过仿真 DCS 系统模拟生产中的热交换过程，由热流体的出口温度来控制冷流体的用量，可以看出热流体的温度、流量制约了冷流体的消耗量及出口温度，那么冷、热流体在这个过程中交换了多少热量？冷、热流体的流量之间是如何相互制约的？换热器的大小对冷热流体的热交换过程是否有影响？在解决这些问题之前，首先从基本传热方式、传热机理出发，分析间壁两侧冷、热流体传热过程的规律。

任务目标：①掌握热传导的基本定律、平壁和圆筒壁的定常热传导的计算、传热推动力与热阻的概念；②掌握对流给热基本原理、对流给热方程及对流给热系数；③掌握传热速率方程。

技能目标：能利用传热推动力与阻力的关系，分析强化传热的方法。

一、工业上传热的基本方式

热的传递总是由物体内部或物体之间的温度不同引起的，热量总是自动地从高温物体传至低温物体。只有在消耗机械功的条件下，才有可能由低温物体向高温物体传递热量。根据传热机理的不同，热传递有三种基本方式：传导、对流和辐射。

动画 3-16 传热的基本方式

（一）热传导（又称导热）

物体本身分子或电子的微观运动使热量从物体温度较高的部位传递到温度较低部位的过程称为热传导。在固体中，热传导由相邻分子的振动与碰撞所致；在流体中，特别是在气体中，除上述原因外，热传导是随机的分子热运动的结果；而在金属中，热传导则由于自由电子的运动而加强。热传导可发生在物体内部或直接接触的物体之间。

（二）对流

当流体发生宏观运动时，除分子热运动外，流体质点（微团）也发生相对的随机运动，产生碰撞与混合，由此而引起的热量传递称为对流。如果流体的宏观运动是由于流体各处温度不同引起密度差异，使轻者上浮，重者下沉，称为自然对流；如果流体的宏观运动是由泵、风机或搅拌等外力所致，则称为强制对流。化工生产中大量遇到的是流体在流过温度不同的壁面时与该壁面间所发生的热量传递，这种热量传递同时伴有流体分子运动所引起的热传导，合称为对流给热。

（三）热辐射

任何物体，只要其温度在绝对零度以上，都能随温度的不同以一定波长范围电磁波的形式向外界反射能量，同时又会吸收来自外界物体的辐射能。当物体向外界辐射的能量与从外界吸收的辐射能不相等时，该物体就与外界发生了热量的传递，这种传热方式称为热辐射。热辐射不需要物体间的直接接触；它不仅是能量的转移，而且伴有能量形式的转化。只有在物体间的温度差别很大时，辐射才成为传热的主要方式。

上述三种传热的基本方式很少单独存在，传热过程往往是这些基本传热方式的组合，例如在化工厂普遍使用的间壁式换热器中，主要以对流和热传导相结合的方式进行。

请读者分析，用炉子烧开水的过程包括哪些传热的基本方式？

二、间壁式换热器传热过程简述

在间壁式换热器中，热流体和冷流体之间由固体间壁隔开，热量由热流体通过间壁传递给冷流体。间壁式换热器的类型很多，最简单而又典型的结构是图 3-18 所示的套管式换热器。在传热方向上热量传递过程包括以下三个步骤：

(1)热流体以对流给热方式将热量传递到间壁的一侧；

(2)热量自间壁一侧以热传导的方式传递至另一侧；

(3)以对流给热方式从壁面向冷流体传递热量。

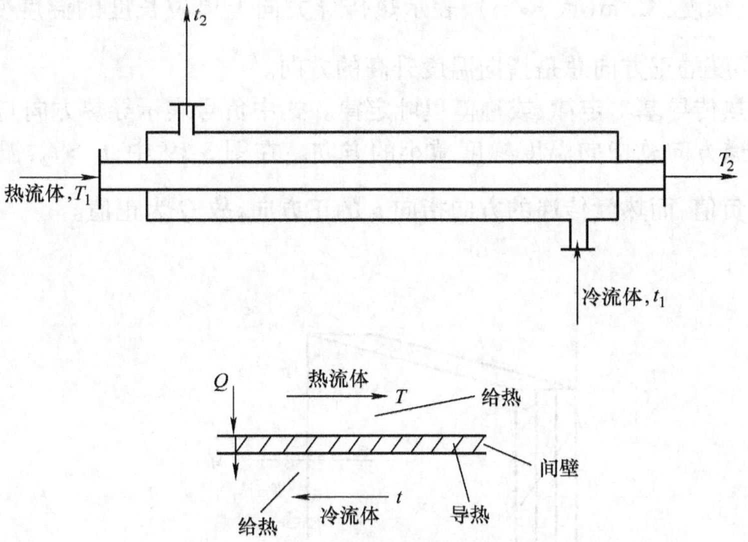

图 3-18　套管式换热器中的换热

在换热器中，热量传递的快慢可用两个指标来表示。

1)传热速率 Q(热流量)　传热速率指单位时间内通过传热面的热量。整个换热器的传热速率称为热负荷，它表征了换热器的生产能力，单位为 W。

2)热通量 q　热通量指单位时间内通过单位传热面积所传递的热量。在一定的传热速率下，q 越大，所需的传热面积越小。因此，热通量是反映传热强度的指标，又称为热流强度，单位为 W/m^2。

连续工业生产多涉及定常传热过程，即传热系统(例如换热器)中各点温度、传热速率、热通量仅随位置改变，不随时间而变。定常传热过程的另一特点是在同一热流方向上，传热速率必为常量。

本任务重点讨论间壁式换热器的定常传热过程的计算。

三、热传导

(一)热传导基本定律和导热系数

1. 热传导基本定律

如图 3-19 所示，在一个均匀的物体内，热量以热传导的方式沿任意方向 n 通过物体。取传热方向上的微分长度 dn，其温度变化为 dt。实践证明，单位时间内传导的热量 Q 与导热面积 A、温度梯度 $\frac{dt}{dn}$ 成正比，即

$$Q = -\lambda A \frac{dt}{dn} \tag{3-1}$$

式中 Q——导热速率,W;

λ——导热系数,W/(m·℃)[或W/(m·K)];

A——导热面积,即垂直于热流方向的截面积,m^2;

$\frac{dt}{dn}$——温度梯度,℃/m(或K/m),表示热传导方向上单位长度的温度变化率,规定温度梯度的正方向总是指向温度升高的方向。

式(3-1)称为热传导基本定律,或称傅里叶定律。式中负号表示导热方向与温度梯度方向相反,因为热量传递方向总指向温度梯度减小的方向。在图3-19中,$t_1 > t_2$,温度梯度指向n的负方向,即$\frac{dt}{dn}$为负值,而热量传递的方向指向n的正方向,故Q为正值。

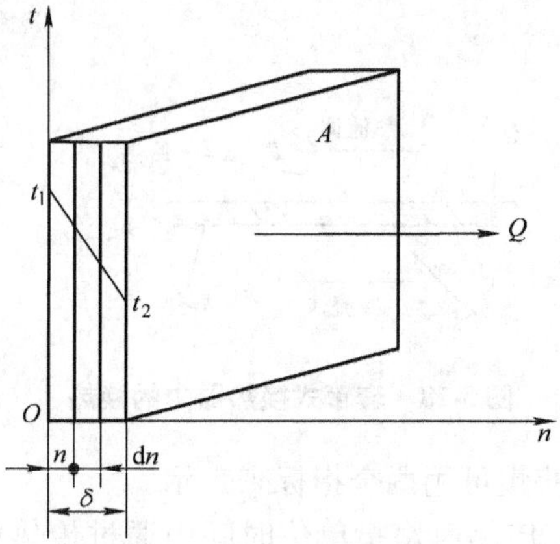

图3-19 通过壁面的热传导

2. 导热系数

式(3-1)可改写为

$$\lambda = -\frac{Q}{A\frac{dt}{dn}} \tag{3-1a}$$

上式即导热系数定义式。可以看出,导热系数在数值上等于单位温度梯度下通过单位导热面积所传导的热量。故导热系数λ是表示物质导热能力大小的一个参数,是物质的物性。

导热系数的数值与物质的组成、结构、状态(温度、压强和相态)等因素有关,各种物质的导热系数值通常由实验测定。导热系数的变化范围很大,一般来说,金属的导热系数最大,非金属固体次之,液体的较小,而气体的最小。现分述如下。

1)固体的导热系数 表3-2为常用固体材料在一定温度下的导热系数。由表中所列数据可以看出,各类固体材料的导热系数的数量级为:金属,$10^1 \sim 10^2$ W/(m·℃);建筑材料,$10^{-1} \sim 10^0$ W/(m·℃);绝热材料,$10^{-2} \sim 10^{-1}$ W/(m·℃)。

表 3-2　常用固体材料的导热系数

固体	温度/℃	导热系数 λ/[W/(m·℃)]	固体	温度/℃	导热系数 λ/[W/(m·℃)]
铝	300	230	石棉	100	0.19
镉	18	94	石棉	200	0.21
铜	100	377	高铝砖	430	3.1
熟铁	18	61	建筑砖	20	0.69
铸铁	53	48	镁砂	200	3.8
铅	100	33	棉毛	30	0.05
镍	100	57	玻璃	30	1.09
银	100	412	云母	50	0.43
钢	18	45	硬橡皮	0	0.15
船舶用金属	30	113	锯屑	20	0.052
青铜	—	189	软木	30	0.043
不锈钢	20	16	玻璃毛	—	0.041
石棉板	50	0.17	85% 氧化镁	—	0.07
石棉	0	0.16	石墨	0	151

固体材料的导热系数随温度而变，绝大多数均匀固体的导热系数与温度近似成线性关系，可用下式表示：

$$\lambda = \lambda_0(1 + \alpha t) \tag{3-2}$$

式中　λ——固体在温度为 t ℃时的导热系数，W/(m·℃)；

λ_0——固体在 0 ℃时的导热系数，W/(m·℃)；

α——温度系数，对大多数金属材料为负值，而对大多数非金属材料为正值，1/℃。

在热传导过程中，物体内不同位置的温度各不相同，因而导热系数也随之而异。在工程计算中，导热系数可取固体两侧温度下 λ 的算术平均值，或取两侧面温度的算术平均值下的 λ 值。

请思考：对大多数金属材料，温度升高，其导热系数是增大还是减小？

2）液体的导热系数　表 3-3 列出了几种液体的导热系数。一般液体的导热系数较小，水和水溶液相对大一些，液态金属的导热系数比水要高出一个数量级。除水和甘油外，绝大多数液体的导热系数随温度的升高略有减小。总的来讲，液体的导热系数大于固体绝热材料。

表 3-3　几种液体的导热系数

液体	温度/℃	导热系数 λ/[W/(m·℃)]
醋酸(50%)	20	0.35
丙酮	30	0.17
苯胺	0~20	0.17
苯	30	0.16
氯化钙盐水(30%)	30	0.55

续表

液体	温度/℃	导热系数 λ/[W/(m·℃)]
己醇(80%)	20	0.24
甘油(60%)	20	0.38
甘油(40%)	20	0.45
正庚烷	30	0.14
水银	28	8.36
硫酸(90%)	30	0.36
硫酸(60%)	30	0.43
水	30	0.62

3)气体的导热系数　气体的导热系数比液体更小,故不利于导热,但有利于保温。固体绝热材料(如软木、玻璃棉等)的导热系数之所以很小,就是因为在其空隙中存在大量空气。气体的导热系数随温度的升高而增大,这是由于温度升高,气体分子热运动增强。但在相当大的压强范围内,压强对 λ 无明显影响。表 3-4 列出了几种气体的导热系数。

表 3-4　气体的导热系数

气体	温度/℃	导热系数 λ/[W/(m·℃)]
氢	0	0.17
二氧化碳	0	0.015
空气	0	0.024
空气	100	0.031
甲烷	0	0.029
水蒸气	100	0.025
氮	0	0.024
乙烯	0	0.017
氧	0	0.024
乙烷	0	0.018

?请思考:在我国的北方寒冷地区,房屋通常都采用双层玻璃,试说明其作用。

(二)通过壁面的定常热传导

1. 平壁定常热传导

1)单层平壁的热传导　设有一高度和宽度很大的平壁,厚度为 δ。假设平壁材料均匀,导热系数不随温度变化(或取其平均值),壁面两侧温度为 t_1、t_2,且 $t_1 > t_2$,平壁内各点温度不随时间而变,仅沿垂直于壁面的 x 方向变化。这种情况下壁内传热是定常一维热传导(图 3-20)。取平壁的任意垂直截面积为传热面积 A,单位时间内通过面积 A 的热量为 Q,由傅里叶定律知:

$$Q = -\lambda A \frac{dt}{dx}$$

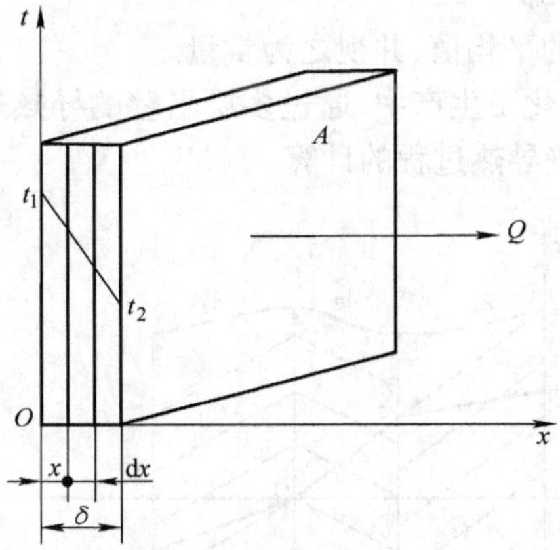

图 3-20　单层平壁的热传导

由于在热流方向上 Q、λ、A 均为常量，故分离变量后积分，得

$$\int_{t_1}^{t_2} dt = -\frac{Q}{\lambda A}\int_0^{\delta} dx$$

$$t_2 - t_1 = -\frac{Q}{\lambda A}\cdot \delta$$

整理得

$$Q = \frac{\lambda}{\delta}A(t_1 - t_2) \tag{3-3}$$

或

$$Q = \frac{t_1 - t_2}{\delta/\lambda A} = \frac{\Delta t}{R} = \frac{传热推动力}{热阻} \tag{3-3a}$$

式(3-3a)表明，导热速率 Q 正比于传热推动力 Δt，反比于热阻 R，与欧姆定律表示的电流与电压降和电阻的关系极为类似。从上式还可看出，传导距离越大，传热面积和导热系数越小，热阻越大，在相同的推动力下，热流量 Q 越小。

式(3-3)通常也可表达为

$$q = \frac{Q}{A} = \frac{t_1 - t_2}{\delta/\lambda} \tag{3-3b}$$

式中　q——平壁热通量，W/m^2。

例 3-1　某平壁厚 0.40 m，内、外表面温度分别为 1 500 ℃和 300 ℃，壁材料的导热系数 $\lambda = 0.815 + 0.000\ 76t$，试求通过 1 m^2 壁面的导热速率。

解　已知 $t_1 = 1\ 500$ ℃，$t_2 = 300$ ℃，则壁的平均温度为

$$t = \frac{t_1 + t_2}{2} = \frac{1\ 500 + 300}{2} = 900\ ℃$$

壁的平均导热系数为

$$\lambda = 0.815 + 0.000\ 76 \times 900 = 1.50\ W/(m\cdot ℃)$$

$$q=\frac{Q}{A}=\frac{t_1-t_2}{\dfrac{\delta}{\lambda}}=\frac{1\ 500-300}{\dfrac{0.40}{1.50}}=4\ 500\ \text{W/m}^2$$

工程计算中,一般可取 λ 的平均值,并视之为常量。

2)多层平壁的热传导　在化工生产中,通过多层平壁的导热过程也是很常见的。图 3-21 以三层平壁为例,说明多层平壁导热过程的计算。

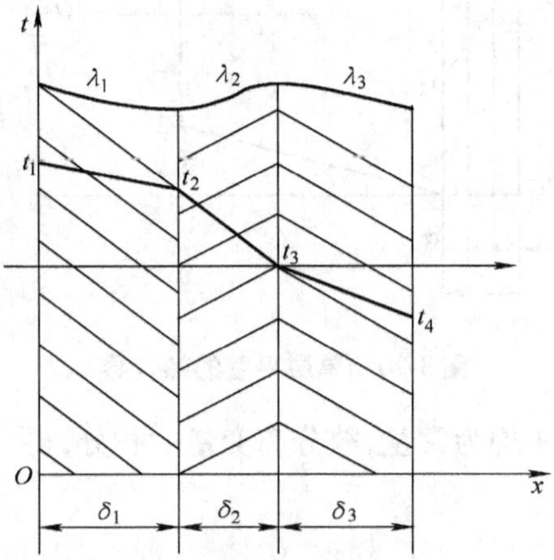

图 3-21　多层平壁的热传导

假定各层之间接触良好,相互接触的表面上温度相等,各层材质均匀且导热系数可视为常数。对于一维定常热传导,热量在平壁内没有积累,因而单位时间内数量相等的热量依次通过各层平壁,即在热流方向上传热速率保持相等,这是一个典型的串联热传递过程(相当于电路中三个电阻串联)。由式(3-3a)可知:

$$Q=\frac{t_1-t_2}{\dfrac{\delta_1}{\lambda_1 A}}=\frac{t_2-t_3}{\dfrac{\delta_2}{\lambda_2 A}}=\frac{t_3-t_4}{\dfrac{\delta_3}{\lambda_3 A}} \tag{3-4}$$

根据等比定理可得

$$Q=\frac{t_1-t_4}{\dfrac{\delta_1}{\lambda_1 A}+\dfrac{\delta_2}{\lambda_2 A}+\dfrac{\delta_3}{\lambda_3 A}}=\frac{\sum_{i=1}^{3}\Delta t_i}{\sum_{i=1}^{3}R_i}=\frac{\text{总传热推动力}}{\text{总热阻}} \tag{3-5}$$

上式表明,通过多层平壁的定常热传导,传热推动力和热阻是可以相加的,总热阻等于各层热阻之和,总传热推动力等于各层传热推动力之和。

例 3-2　某炉壁由内向外依次为耐火砖、保温砖和普通建筑砖(参见图 3-21)。耐火砖 $\lambda_1=1.4\ \text{W/(m·℃)}$,$\delta_1=220\ \text{mm}$;保温砖 $\lambda_2=0.15\ \text{W/(m·℃)}$,$\delta_2=120\ \text{mm}$;建筑砖 $\lambda_3=0.8\ \text{W/(m·℃)}$,$\delta_3=230\ \text{mm}$。已测得炉壁内、外表面温度为 900 ℃和 60 ℃,求单位面积的热损失和各层间接触面的温度。

解　将式(3-5)变形可得

$$q=\frac{Q}{A}=\frac{t_1-t_4}{\dfrac{\delta_1}{\lambda_1}+\dfrac{\delta_2}{\lambda_2}+\dfrac{\delta_3}{\lambda_3}}=\frac{900-60}{\dfrac{0.22}{1.4}+\dfrac{0.12}{0.15}+\dfrac{0.23}{0.8}}=675\ \mathrm{W/m^2}$$

由式(3-4)可得

$$q=\frac{Q}{A}=\frac{t_1-t_2}{\dfrac{\delta_1}{\lambda_1}}=\frac{t_2-t_3}{\dfrac{\delta_2}{\lambda_2}}=\frac{t_3-t_4}{\dfrac{\delta_3}{\lambda_3}}$$

故有　$t_1-t_2=q\dfrac{\delta_1}{\lambda_1}=675\times\dfrac{0.22}{1.4}=106\ ℃$

$t_2-t_3=q\dfrac{\delta_2}{\lambda_2}=675\times\dfrac{0.12}{0.15}=540\ ℃$

所以　$t_2=t_1-106=900-106=794\ ℃$

$t_3=t_2-540=794-540=254\ ℃$

将计算结果列表分析如下：

炉壁	温度降/℃	热阻$\frac{\delta}{\lambda}$/(K·m²/W)	炉壁	温度降/℃	热阻$\frac{\delta}{\lambda}$/(K·m²/W)
耐火砖	106	0.157	建筑砖	194	0.287
保温砖	540	0.800	总计	840	1.244

可见，在多层平壁定常导热过程中，各层壁的温度差与其热阻成正比，哪层热阻大，哪层温差一定大。这也与电学中欧姆定律用于串联电阻类似。

2. 圆筒壁定常热传导

在化工生产中，所用设备、管道大多为圆筒形，故通过圆筒壁的热传导极为常见。

1)单层圆筒壁的热传导　如图 3-22 所示，设圆筒的内、外半径分别为 r_1、r_2，内、外表面分别维持恒定的温度 t_1 和 t_2，且管长 l 足够大，可以认为温度只沿半径方向变化，则圆筒壁内的传热也属于一维定常热传导。与平壁不同，圆筒壁热传导的特点是传热面积随半径而变化。在半径 r 处取一厚度为 $\mathrm{d}r$ 的薄层，则此处传热面积为 $A=2\pi rl$。根据傅里叶定律，通过此环形薄层传导的热量为

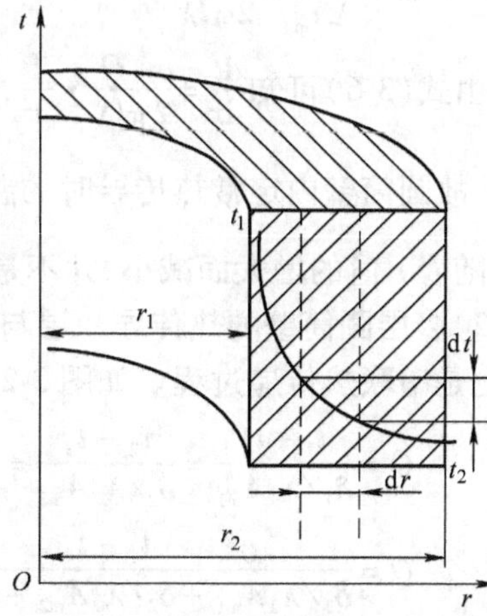

图 3-22　单层圆筒壁的热传导

$$Q=-\lambda A\frac{\mathrm{d}t}{\mathrm{d}r}=-\lambda\cdot 2\pi rl\frac{\mathrm{d}t}{\mathrm{d}r} \tag{3-6}$$

若 $t_1>t_2$，则$\dfrac{\mathrm{d}t}{\mathrm{d}r}$为负值而 Q 为正值，沿半径向外传热。分离变量得

$$Q\frac{\mathrm{d}r}{r}=-2\pi l\lambda\,\mathrm{d}t \tag{3-6a}$$

设 λ 为常数，在圆筒壁内半径 r_1 和外半径 r_2 间进行积分：

$$Q\int_{r_1}^{r_2}\frac{\mathrm{d}r}{r} = -2\pi l\lambda\int_{t_1}^{t_2}\mathrm{d}t$$

$$Q\ln\frac{r_2}{r_1} = 2\pi l\lambda(t_1 - t_2)$$

移项得

$$Q = 2\pi l\lambda\frac{t_1 - t_2}{\ln\frac{r_2}{r_1}} \tag{3-7}$$

为了便于理解和对比，将式(3-7)改写成式(3-3a)的形式，可进行如下转换：

$$Q = \frac{2\pi l(r_2 - r_1)\lambda(t_1 - t_2)}{(r_2 - r_1)\ln\frac{r_2}{r_1}} = \frac{\lambda}{r_2 - r_1}2\pi l\frac{(r_2 - r_1)}{\ln\frac{r_2}{r_1}}(t_1 - t_2)$$

$$= \frac{t_1 - t_2}{\frac{\delta}{\lambda}\cdot\frac{1}{2\pi l r_m}} = \frac{t_1 - t_2}{\frac{\delta}{\lambda A_m}} \tag{3-7a}$$

式中 δ——圆筒壁的厚度，$\delta = r_2 - r_1$，m；

r_m——对数平均半径，$r_m = \frac{r_2 - r_1}{\ln\frac{r_2}{r_1}}$，m；

A_m——平均导热面积，$A_m = 2\pi r_m l$，m^2，当$\frac{r_2}{r_1} < 2$时，可用算术平均半径$r_m = \frac{r_1 + r_2}{2}$近似计算。

比较式(3-7a)和式(3-7)可知，圆筒壁的热阻为

$$R = \frac{\delta}{\lambda A_m} = \frac{\ln\frac{r_2}{r_1}}{2\pi l\lambda}$$

由式(3-6)可知$\frac{\mathrm{d}t}{\mathrm{d}r} = \frac{-Q}{2\pi l\lambda}\cdot\frac{1}{r}$，故即使$\lambda$为常数，温度梯度却不是常数，它随着$r$的增大而减小，故圆筒壁内定常热传导时的温度分布是曲线（见图3-22）；同时，$q = \frac{Q}{A} = \frac{Q}{2\pi rl}$，即热通量值也随着$r$值的增大而减小，并不是常数；但热流量$Q$不随半径而变。

2）多层圆筒壁的热传导　层与层之间接触良好的多层圆筒壁定常热传导与多层平壁类似，也是串联热传递过程。如图3-23所示，以三层圆筒壁为例，有

$$Q = \frac{t_1 - t_2}{\delta_1/\lambda_1 A_{m1}} = \frac{t_2 - t_3}{\delta_2/\lambda_2 A_{m2}} = \frac{t_3 - t_4}{\delta_3/\lambda_3 A_{m3}}$$

$$Q = \frac{t_1 - t_4}{\delta_1/\lambda_1 A_{m1} + \delta_2/\lambda_2 A_{m2} + \delta_3/\lambda_3 A_{m3}} = \frac{t_1 - t_4}{R_1 + R_2 + R_3} \tag{3-8}$$

式中R_1、R_2、R_3分别代表各层的热阻。

应当注意，与多层平壁导热比较，多层圆筒壁导热的总推动力仍为总温度差，且等于各层温差之和；总热阻亦为各层热阻之和，但是计算各层热阻所用的传热面积不等，需采用各层的平均面积；通过各截面的导热速率Q相等，但是通过各截面的热通量q却是不等的。

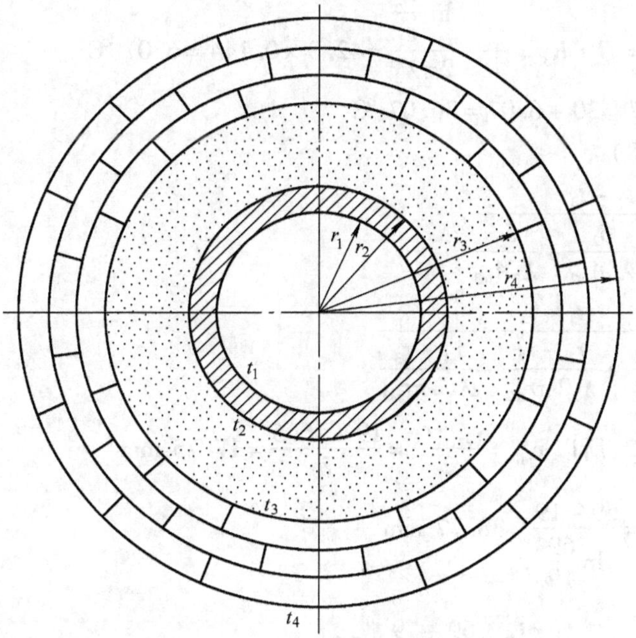

图 3-23　多层圆筒壁的热传导

式(3-8)也可改写为

$$Q=\frac{t_1-t_4}{\dfrac{\ln r_2/r_1}{2\pi l\lambda_1}+\dfrac{\ln r_3/r_2}{2\pi l\lambda_2}+\dfrac{\ln r_4/r_3}{2\pi l\lambda_3}} \tag{3-8a}$$

例 3-3　φ38 mm×2.5 mm 的钢管用作蒸气管。为了减少热损，在管外设保温层。第一层为 50 mm 厚的氧化镁粉，平均导热系数为 0.07 W/(m·℃)；第二层是 10 mm 厚的石棉层，平均导热系数为 0.15 W/(m·℃)。若管内壁温度为 160 ℃，石棉层外表面温度为 30 ℃，试求每米管长的热损失及两保温层界面处的温度。

解

解法一：由式(3-8a)　$$Q=\frac{t_1-t_4}{\dfrac{\ln r_2/r_1}{2\pi l\lambda_1}+\dfrac{\ln r_3/r_2}{2\pi l\lambda_2}+\dfrac{\ln r_4/r_3}{2\pi l\lambda_3}}$$

可得　$$\frac{Q}{l}=\frac{t_1-t_4}{\dfrac{\ln r_2/r_1}{2\pi\lambda_1}+\dfrac{\ln r_3/r_2}{2\pi\lambda_2}+\dfrac{\ln r_4/r_3}{2\pi\lambda_3}}$$

由题给条件知：$t_1=160$ ℃，$t_4=30$ ℃，$r_1=16.5$ mm，$r_2=19$ mm，$r_3=19+50=69$ mm，$r_4=69+10=79$ mm，$\lambda_2=0.07$ W/(m·℃)，$\lambda_3=0.15$ W/(m·℃)。

查得钢管的导热系数 $\lambda_1=45$ W/(m·℃)，所以

$$\frac{Q}{l}=\frac{160-30}{\dfrac{\ln\dfrac{19}{16.5}}{2\pi\times45}+\dfrac{\ln\dfrac{69}{19}}{2\pi\times0.07}+\dfrac{\ln\dfrac{79}{69}}{2\pi\times0.15}}=\frac{160-30}{4.99\times10^{-4}+2.93+0.14}=42.3\ \text{W/m}$$

$$\Delta t_3 = t_3 - t_4 = Q \cdot R_3 = \frac{Q}{l} \cdot \frac{\ln \frac{r_4}{r_3}}{2\pi\lambda_3} = 42.3 \times 0.144 = 6.07\ ℃$$

$$t_3 = t_4 + 6.07 = 30 + 6.07 = 36.07\ ℃$$

解法二:由式(3-8)

$$Q = \frac{t_1 - t_4}{\frac{\delta_1}{\lambda_1 A_{m1}} + \frac{\delta_2}{\lambda_2 A_{m2}} + \frac{\delta_3}{\lambda_3 A_{m3}}}$$

可得

$$\frac{Q}{l} = \frac{t_1 - t_4}{\frac{r_2 - r_1}{\lambda_1 2\pi r_{m1}} + \frac{r_3 - r_2}{\lambda_2 2\pi r_{m2}} + \frac{r_4 - r_3}{\lambda_3 2\pi r_{m3}}}$$

$$\frac{r_2}{r_1} = \frac{19}{16.5} < 2, \text{所以}\ r_{m1} = \frac{r_1 + r_2}{2} = \frac{19 + 16.5}{2} = 17.75\ \text{mm}$$

$$r_{m2} = \frac{r_3 - r_2}{\ln \frac{r_2}{r_2}} = \frac{69 - 19}{\ln \frac{69}{19}} = 38.77\ \text{mm}$$

$$\frac{r_4}{r_3} = \frac{79}{69} < 2, r_{m3} = \frac{r_3 + r_4}{2} = \frac{69 + 79}{2} = 74\ \text{mm}$$

所以

$$\frac{Q}{l} = \frac{160 - 30}{\frac{2.5 \times 10^{-3}}{45 \times 2\pi \times 17.75 \times 10^{-3}} + \frac{50 \times 10^{-3}}{0.07 \times 2\pi \times 38.77 \times 10^{-3}} + \frac{10 \times 10^{-3}}{0.15 \times 2\pi \times 74 \times 10^{-3}}}$$

$$= 42.3\ \text{W/m}$$

两种计算结果相同。由计算知,钢管管壁的热阻与保温层的热阻相比,小了好几个数量级,在工程计算中可以忽略。请读者自行计算各层的温差与热阻,并与多层平壁热传导比较。

四、对流给热

(一)对流给热基本方程和对流给热系数

在流体输送中曾指出,即使流体主体呈湍流流动,靠壁面处总有一层层流流体,称为层流内层。在层流内层中,垂直于流体流动方向上的热量传递,主要以热传导的方式进行。由于大多数流体的导热系数较小,故对流给热的热阻主要集中在该层中,温度降也主要集中在层流内层中。在层流内层与湍流主体之间有一过渡区,过渡区内的热量传递是传导和对流的共同作用,而在湍流主体中,由于存在大大小小的旋涡,流体微团作随机的剧烈运动,导致流体主体各部分动量与热量的充分交换,分子热传导退居非常次要的地位,所以热阻较小,可以近似认为湍流主体中温度基本趋于一致。若热流体与冷流体分别沿间壁两侧平行流动,则传热方向垂直于流动方向,故在流动方向任一截面 A—A 上(见图 3-24)从热流体到冷流体必存在一个温度分布,图中用粗实线表示。热流体的温度从湍流主体温度经过渡区、层流内层降至该侧壁面温度 T_w,传热壁对侧温度为 t_w,又经冷流体侧的层流内层、过渡区降至冷流体湍流主体温度。由图可知:

(1)在间壁任一侧流体的流动截面上,必存在温度分布(其图形表示称为温度侧形),而温度变化主要集中于层流内(底)层,这意味着对流给热的大部分热阻也集中于此。在不同的流

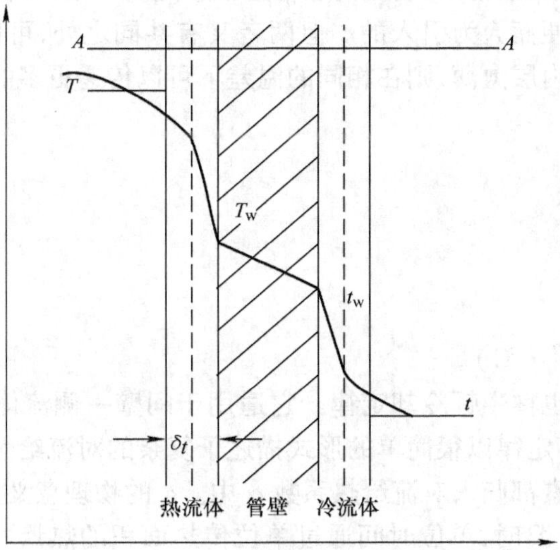

动画3-17　对流传热的温度分布

图 3-24　对流给热的温度分布

动截面上，由于冷、热流体之间沿间壁不断进行热交换，截面上各点温度值可能有变化，但这种温度分布关系是类似的。

(2)若设流体与间壁的导热系数不随温度而变，由于层流内层和间壁的传热都是通过热传导方式进行的，故这几部分的温度为直线分布。间壁的 λ 一般较大，这部分热阻相对要小得多，温度梯度也要小得多。

(3)根据传热的一般概念，流体侧对壁面的传热推动力应该是湍流主体与壁面之间的温度差。但由于各流动截面上湍流主体温度不易确定，在工程计算上常以该流动截面上流体的平均温度代替湍流主体温度来计算温度差。于是，图 3-24 上热流体侧的温差为 $T-T_w$，冷流体侧的温差为 t_w-t。T、t 分别代表 A—A 截面上热、冷流体的平均温度，可由热量衡算直接算出。

由于影响对流给热的因素很多，要根据实际存在的边界层与层流内层的温度进行严格的数学处理。由于求解对流给热速率相当困难，工程计算时，进一步假设流体侧的温度差和热阻都完全集中在壁面附近一层厚度为 δ_t 的虚拟膜层内，在这层虚拟膜中仅以分子热传导方式传递热量。图 3-24 中已分别绘出冷、热流体两侧虚拟膜的截面，在虚拟膜中温度必呈线性分布，热流体虚拟膜侧的温度差为 $T-T_w$，而冷流体侧虚拟膜中的温度差为 t_w-t。根据傅里叶定律，即可写出任一侧流体的定常对流给热速率为：

$$Q=\frac{\Delta t}{\dfrac{\delta_t}{\lambda A}}=\frac{\text{对流给热的推动力}}{\text{对流给热的热阻}} \tag{3-9}$$

式中　Δt——某截面上对流给热的温度差（对热流体，$\Delta t=T-T_w$；对冷流体 $\Delta t=t_w-t$）；

λ——流体的平均导热系数，W/(m · ℃)；

A——与热流体流动方向垂直的壁面面积，m^2，在此面积上，Δt 保持不变；

δ_t——该截面处的虚拟膜厚，m。

这里，再一次使用了当量化和折合的思路，即将实际的对流给热过程折合为一个通过虚拟

膜厚为 δ_t 的单纯的导热过程。必须明确指出，层流内层与虚拟膜是两个不同的概念，前者是实际存在的，后者是为了考虑问题方便而人为引入的。但两者又有共同之处，可以想象，流体主体的湍动程度愈大，虚拟膜和层流内层愈薄，则在相同的温差下可以传递更多的热量。若取

$$\alpha = \frac{\lambda}{\delta_t} \tag{3-10}$$

式(3-9)可进一步简化为

$$Q = \frac{\Delta t}{\dfrac{1}{\alpha A}} = \alpha A \Delta t \tag{3-11}$$

式中 α——对流给热系数，W/(m^2·℃)。

式(3-11)称为对流给热方程，也称牛顿冷却定律。它适用于间壁一侧流体在温差不变的截面上的定常对流传热。牛顿冷却定律以很简单的形式描述了复杂的对流给热过程的速率关系，将所有影响对流给热热阻的因素都归入对流给热系数 α 中。α 的物理意义是，当流体截面的平均温度与壁面温度的差值为 1 ℃时，单位时间通过单位传热面积的热量。与导热系数 λ 不同，对流给热系数 α 的值不仅与流体的性质有关，还与流动状态以及传热壁面的形状、结构等有关，此外，同流体在传热过程中是否发生相变化也有关。α 的大小反映了该侧流体对流给热过程的强度，因此，如何确定不同条件下的 α 值，是对流给热的中心问题。还应指出，在不同的流动截面上，如果流体温度和流动状态发生改变，α 值也将发生变化。因此在间壁换热器中，常取 α 的平均值作为不变量进行计算。这些都将在下节进行详细的讨论。

（二）影响对流给热系数的因素

实验表明，影响对流给热系数的因素如下。

1. 流体的物理性质

对对流给热系数影响较大的流体特性有导热系数 λ、比热容 c_p、密度 ρ 和黏度 μ。因此，流体的相态（液体或气体）不同，α 也不同。

2. 流体的相态变化

通常在传热过程中，若流体发生相变（沸腾或冷凝），对流给热系数比无相变化时大得多。

3. 强制对流的流动状态

前已述及，虚拟膜内集中了全部热阻，虚拟膜越薄，对流给热系数就越大。显然，湍流时 α 值要比层流时大得多，且随 Re 增大而增大。反映流体流动类型的物理量是 Re。

4. 自然对流的影响

在对流给热过程中，流体系统内部存在温度差，使得各部分流体密度不同而产生自然对流。设流体被加热，流体主体温度 t 低于壁面温度 t_w，则紧靠壁面处的流体密度 ρ_w 小于流体主体的密度 ρ 而受到浮力。因密度差引起的单位体积上升力为 $(\rho-\rho_w)g$。若流体的体积膨胀系数为 β，单位为 1/℃，并以 Δt 代表温度差 (t_w-t)，由体积膨胀系数公式得 $\rho \approx \rho_w(1+\beta\Delta t)$，于是作用于每单位体积流体的升力为

$$(\rho-\rho_w)g \approx [\rho_w(1+\beta\Delta t)-\rho_w]g = \rho_w \beta g \Delta t \tag{3-12}$$

流体被冷却时情况与此相反，壁面流体将受到一个降力的作用。这些升力或降力引起流体微团的附加运动和附加的热量传递。由此可见，流体中的热传导过程总伴有自然对流。在强制对流的条件下，自然对流也会或多或少地产生影响。

单纯自然对流时给热系数通常比强制对流时小得多。

？请思考：为了使室内温度分布比较均匀，加热器和制冷器各宜放在什么位置？

5. 传热面的形状特征与相对位置

圆管、套管环隙、翅片管、平板等不同传热面形状，管径或管长的大小，管束的排列方式，传热面的水平放置或垂直放置以及管内流动或管外流动等，都影响对流给热系数。通常，传热面的形状特征是通过一个或几个特征尺寸来表示的，在以下各节将作具体的说明。

迄今为止，各种情况下对流给热系数尚不能完全通过理论推导得出具体的计算式，需由实验测定。为了减少实验工作量，也可运用量纲分析法将影响对流给热系数的各种因素组成无量纲数群，再借助实验确定这些无量纲数（或称相似准数或简称准数）在不同情况下的相互关系，得到相应的计算 α 的关系式。

（三）无相变对流给热准数的符号和意义

$$\frac{\alpha l}{\lambda}=A\left(\frac{lu\rho}{\mu}\right)^{a}\left(\frac{c_p\mu}{\lambda}\right)^{f}\left(\frac{l^3\rho^2\beta g\Delta t}{\mu^2}\right)^{h} \tag{3-13}$$

上式为无相变条件下，特征长度为 l 的传热面对流给热的准数关联式。式（3-13）用各准数符号可表示为

$$Nu=A\,Re^{a}\,Pr^{f}Gr^{h} \tag{3-14}$$

式中四个准数的名称及其含义见表3-5。式中系数 A 和指数 a、f、h 需经实验确定。在不同实验条件下获得的具体的准数关系式是一种半经验公式，使用时要注意下列问题。

表3-5　准数的符号和意义

准数名称	符号	含义
努赛尔特数（Nusselt Number, Nu）	$Nu=\frac{\alpha l}{\lambda}$	被决定准数，包含待定的对流给热系数
雷诺数（Reynolds Number, Re）	$Re=\frac{lu\rho}{\mu}$	反映流体的流动状态和湍动程度
普朗特数（Prandtl Number, Pr）	$Pr=\frac{c_p\mu}{\lambda}=\frac{\nu}{\alpha}$	反映与传热有关的流体物性
格拉晓夫数（Grashof Number, Gr）	$Gr=\frac{l^3\rho^2\beta g\Delta t}{\mu^2}$	反映由于温度差而引起的自然对流程度

注：Pr 准数中的 $\alpha=\frac{\lambda}{c_p\rho}$ 称为导温系数，单位为 m^2/s。

（1）特征尺寸。参与对流给热过程的传热面几何尺寸往往不止一个，关联式中所用的特征尺寸 l 一般是反映传热面的几何特征，并对给热过程产生直接影响的主要几何尺寸。如管内强制对流给热时，圆管的特征尺寸取管径 d；如为非圆形管道，通常取当量直径 d_e。对大空间自然对流，取加热（或冷却）表面垂直高度为特征尺寸，因加热面高度对自然对流的范围和运动速度有直接的影响。在特殊情况下，对流给热涉及几个特征尺寸，它们在关联式中常以两个特征尺寸之比的幂次方形式出现，以保持准数方程的无量纲性。

（2）定性温度。流体在对流给热过程中温度是变化的。确定准数中流体的特性参数所依据的温度即为定性温度。在不同学者得出的关联式中，确定定性温度的方法往往不同，故在使用这些经验公式时，必须与原学者实际关联时所选用的定性温度一致。

(3)适用范围。关联式中 Re、Pr、Gr 等的数值应在实验所进行的数值范围内,不宜外推使用。

(四)流体无相变时的对流给热系数

1. 管内强制对流

1)圆形直管内强制湍流的给热系数　对于强制湍流,自然对流的影响可以忽略不计,式(3-14)中的 Gr 可以忽略。许多研究者对低黏度流体(小于2倍常温水的黏度)在光滑圆管中湍流给热进行的大量实验证实:

$$Nu = 0.023\,Re^{0.8}Pr^{n} \tag{3-15}$$

或

$$\alpha = 0.023\,\frac{\lambda}{d}\left(\frac{du\rho}{\mu}\right)^{0.8}\left(\frac{c_p\mu}{\lambda}\right)^{n} \tag{3-15a}$$

式中　n——Pr 准数的指数。当流体被加热时,$n=0.4$;当流体被冷却时,$n=0.3$。

式(3-15)的应用条件如下。

应用范围:$Re>10^4$,$0.7<Pr<120$,管长与管径之比$\dfrac{l}{d}>60$,低黏度流体,光滑管。

定性温度:取流体进、出口温度的算术平均值。

特征尺寸:Re、Nu 准数中的 l 取管内径 d。

Pr 准数的指数与热流方向有关,主要是考虑到层流内层中温度对流体黏度和导热系数的影响。当流体被加热时,层流内层温度高于主体温度。对液体而言,温度升高,黏度减小,层流内层变薄;而大多数液体的导热系数虽然有所降低,但不显著,总的结果是使 α 增大。对式(3-15)适用的液体,其 Pr 常大于1,故$Pr^{0.4}$大于$Pr^{0.3}$,故液体被加热时,取 $n=0.4$ 反映了 α 增大的这一实际结果。而当气体被加热时,层流内层温度升高,黏度增大,内层加厚;虽然气体的导热系数也略有增大,但总的效果是使热阻增大,α 减小。由于大多数气体的 Pr 小于1,故$Pr^{0.4}$小于$Pr^{0.3}$,所以气体被加热时取 $n=0.4$,也反映了 α 减小的这一事实。

流体被冷却时,情况相反,取 $n=0.3$ 也同时适用于液体和气体。

如果上述条件不能满足,对由式(3-15)计算所得的结果应适当加以修正。

(1)过渡流。当 $Re=2\,300\sim10\,000$ 时,因湍动不充分,热阻大而 α 小,应将式(3-15)计算得出的 α 乘以修正系数 f。

$$f = 1-\frac{6\times10^5}{Re^{1.8}} \tag{3-16}$$

(2)短管。当$\dfrac{l}{d}<60$ 时,相当于在湍流流动的进口段以内,流体进入管子以后,在此段内边界层逐渐增厚,但流动尚未充分发展,故平均热阻较小,实际的平均 α 值比式(3-15)计算值高,可将式(3-15)的所得的 α 乘以$\left[1+\left(\dfrac{d}{l}\right)^{0.7}\right]$进行校正。

(3)高黏度液体。液体黏度愈大,壁面与液体主体间由于温度差而引起的黏度差也愈大,单纯利用改变指数 n 的方法已得不到满意的结果,可按下式计算:

$$\alpha = 0.027\,\frac{\lambda}{d}\left(\frac{du\rho}{\mu}\right)^{0.8}\left(\frac{c_p\mu}{\lambda}\right)^{0.33}\left(\frac{\mu}{\mu_w}\right)^{0.14} \tag{3-17}$$

式中 μ_w 取壁温下流体的黏度，其他物理量的定性温度和特征尺寸与式(3-15)相同。式(3-17)的应用范围为 $Re>10^4$，$0.7<Pr<700$，$\frac{l}{d}>60$。

在壁温数据未知的情况下，可采用下列近似值计算。

当液体被加热时：$\left(\frac{\mu}{\mu_w}\right)^{0.14}=1.05$；

当液体被冷却时：$\left(\frac{\mu}{\mu_w}\right)^{0.14}=0.95$。

2）圆形直管内强制层流的给热系数　这种情况下，应考虑自然对流及热流方向对给热系数 α 的影响。在管径较小和温差不大的情况下，即 $Gr<25\ 000$ 时，自然对流的影响较小且可忽略，α 可用下式计算：

$$Nu=1.86\left(Re\cdot Pr\cdot\frac{d}{l}\right)^{\frac{1}{3}}\left(\frac{\mu}{\mu_w}\right)^{0.14} \tag{3-18}$$

式(3-18)的应用范围为 $Re<2\ 300$，$0.6<Pr<6\ 700$，$Re\cdot Pr\cdot\frac{d}{l}>10$。

当 $Gr>25\ 000$ 时，若忽略自然对流的影响，会造成较大的误差，此时可将式(3-18)乘以校正因子 f。

$$f=0.8(1+0.015Gr^{\frac{1}{3}}) \tag{3-19}$$

式中定性温度、特征尺寸以及 $\left(\frac{\mu}{\mu_w}\right)^{0.14}$ 的近似计算方法同式(3-17)。

3）圆形弯管或非圆形管内强制对流的给热系数　如果流体是在圆形弯曲管道或非圆形管道中流动换热，也可进行类似的修正。

(1)弯曲管道。流体在弯曲管道内流动时，由于离心力的作用，扰动加强，使 α 增大，实验表明，弯管中的 α' 可按下式计算：

$$\alpha'=\alpha\left(1+1.77\frac{d}{R}\right) \tag{3-20}$$

式中　α'——弯管的对流给热系数，$W/(m^2\cdot ℃)$

α——直管的对流给热系数，$W/(m^2\cdot ℃)$；

d——管内径，m；

R——管的曲率半径，m。

(2)非圆形管道。作为近似估算，对非圆形管道仍可采用上述各类关联式，但需将各式中的特征尺寸 d 改用当量直径 d_e 代替。这种方法比较简便但准确性较差。另一种方法是选用直接由非圆形管道内的实验数据得出的对流给热系数关联式(可查阅有关手册)。

例 3-4　有一列管式换热器，由 38 根 $\phi25$ mm×2.5 mm 的无缝钢管组成，苯在管内流动，由 20 ℃被加热到 80 ℃，苯的流量为 10.2 kg/s，试求：(1)管壁对苯的对流给热系数；(2)若苯的流量提高 1 倍，对流给热系数有何变化？

解　(1)苯的平均温度　$t=\frac{t_1+t_2}{2}=\frac{20+80}{2}=50$ ℃，可查得物性如下：$\rho=850\ kg/m^3$，$c_p=1.80\ kJ/(kg\cdot ℃)$，$\mu=0.45\times10^{-3}\ Pa\cdot s$，$\lambda=0.14\ W/(m.℃)$。

加热管内苯的流速为

$$u = \frac{V_s}{\frac{\pi}{4}d^2 \cdot n} = \frac{\frac{10.2}{850}}{0.785 \times 0.02^2 \times 38} = 1.0 \text{ m/s}$$

$$Re = \frac{du\rho}{\mu} = \frac{0.02 \times 1.0 \times 850}{0.45 \times 10^{-3}} = 3.78 \times 10^4$$

$$Pr = \frac{c_p\mu}{\lambda} = \frac{1.80 \times 10^3 \times 0.45 \times 10^{-3}}{0.14} = 5.79$$

计算表明本题的流动情况符合式(3-15a)的实验条件，所以

$$\alpha = 0.023\frac{\lambda}{d}Re^{0.8}Pr^{0.4} = 0.023 \times \frac{0.14}{0.02} \times (3.78 \times 10^4)^{0.8} \times 5.79^{0.4} = 1\ 492 \text{ W/(m}^2 \cdot ℃)$$

(1)若忽略定性温度的变化，当苯流量增大 1 倍时，管内流速为原来的 2 倍。由于 $\alpha \propto Re^{0.8} \propto u^{0.8}$，故

$$\alpha' = \alpha\left(\frac{Re'}{Re}\right)^{0.8} = 1\ 492 \times 2^{0.8} = 2\ 598 \text{ W/(m}^2 \cdot ℃)$$

由此可知，改变流速是改变对流给热系数的重要手段。流量改变，流体出口温度及定性温度均会变化，但在工程估算时可忽略此影响。

例 3-5 冷冻盐水(25% 的 $CaCl_2$ 溶液)从 $\phi 25$ mm × 2.5 mm、长度为 3 m 的管内流过，流速为 0.3 m/s，温度自 −5 ℃升至 15 ℃。假设管壁平均温度为 20 ℃，试计算管壁与流体之间的平均对流给热系数。

解 流体的定性温度 $t = \frac{-5+15}{2} = 5$ ℃，可查得其物性数据如下：$\rho = 1\ 230 \text{ kg/m}^3$，$c_p = 2.85 \text{ kJ/(kg} \cdot ℃)$，$\lambda = 0.57 \text{ W/(m} \cdot ℃)$，$\mu = 4 \times 10^{-3} \text{ Pa} \cdot \text{s}$。

$$Re = \frac{du\rho}{\mu} = \frac{0.02 \times 0.3 \times 1\ 230}{4 \times 10^{-3}} = 1\ 845 \quad \text{(层流)}$$

$$Pr = \frac{c_p\mu}{\lambda} = \frac{2.85 \times 10^3 \times 4 \times 10^{-3}}{0.57} = 20$$

$$Re \cdot Pr \cdot \frac{d}{l} = 1\ 845 \times 20 \times \frac{0.02}{3} = 246 > 10$$

计算表明本题属于强制层流给热。由于管径较小，管壁和流体间温差也较小，可以忽略对流的影响，故 α 可用式(3-18)计算。

由于 $t_w = 20$ ℃，查得 $\mu_w = 2.5 \times 10^{-3}$ Pa · s，故

$$\alpha = 1.86\frac{\lambda}{d}\left(Re \cdot Pr \cdot \frac{d}{l}\right)^{\frac{1}{3}}\left(\frac{\mu}{\mu_w}\right)^{0.14}$$

$$= 1.86 \times \frac{0.57}{0.02} \times 246^{\frac{1}{3}} \times \left(\frac{4 \times 10^{-3}}{2.5 \times 10^{-3}}\right)^{0.14} = 354.7 \text{ W/(m}^2 \cdot ℃)$$

2. 管外强制对流

流体在单根圆管外垂直流过时，在管子的前半周与平壁类似，其边界层不断增厚，在后半周由于边界层分离而产生旋涡，使沿圆周各点上的局部对流给热系数各不相等。当流体垂直流过由多根平行管组成的管束时，湍动增强，故各排的对流给热系数也不尽相等。在工业换热

计算中,用到的是平均对流给热系数。

1)流体强制对流垂直流过管束的给热系数　管束按流向的排列分为直列(顺排)和错列(叉排)两种,如图3-25所示。显然错列时湍动程度较高,故给热系数要大一些。

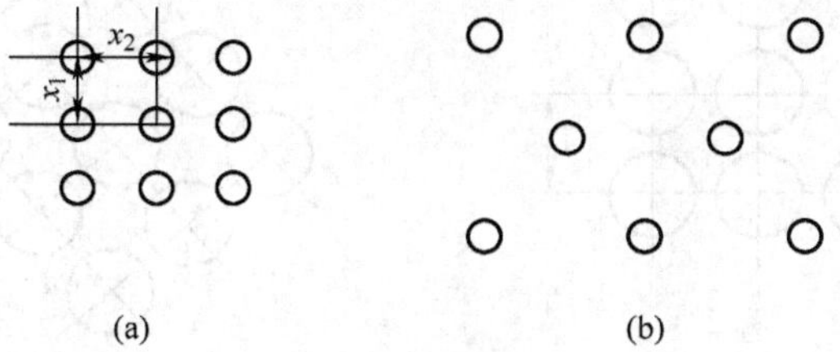

图3-25　管束的排列

(a)顺排　(b)叉排

流体在管束外垂直流动时的对流给热系数可用下式计算:

$$Nu = C\varepsilon Re^n Pr^{0.8} \tag{3-21}$$

式中的C、ε和n见表3-6,由实验确定。其应用范围为$Re = 5\times10^3 \sim 7\times10^4$,$\frac{x_1}{d} = 1.2\sim5$,$\frac{x_2}{d} = 1.2\sim5$;定性温度取液体进出口的平均温度,流速取流动方向最窄通道的流速;特征尺寸取管子的外径d。

表3-6　流体垂直于管束流动时的C、ε和n值

排数	直列		错列		C
	n	ε	n	ε	
1	0.6	0.171	0.6	0.171	$x_1/d = 1.2\sim3$
2	0.65	0.157	0.6	0.228	$C = 1 + 0.1x_1/d$
3	0.65	0.157	0.6	0.290	$x_1/d > 3$时
4	0.65	0.157	0.6	0.290	$C = 1.3$

由于各排管的对流给热系数不同,故管束的平均对流给热系数值可按下式计算:

$$\alpha = \frac{\alpha_1A_1 + \alpha_2A_2 + \alpha_3A_3 + \cdots}{A_1 + A_2 + A_3 + \cdots} = \frac{\sum \alpha_iA_i}{\sum A_i} \tag{3-22}$$

式中　α_i——各列按式(3-21)算出的给热系数,$W/(m^2\cdot ℃)$;

A_i——各列传热管的外表面积,m^2。

2)列管式换热器管外平均强制对流的给热系数　列管式换热器由壳体和管束等部分组成,一种流体在壳体与管束间流动(壳侧流体),并同管内流动的流体(管侧流体)发生传热。管束的排列有正方形和正三角形两类,见图3-26。正三角形排列总为错列,正方形排列有直列和错列两种,例如将图3-26(a)旋转45°。为增大管外的给热系数,在壳侧一般沿管长方向垂直装有若干块折流挡板,图3-27所示为一种圆缺形挡板,板直径近似等于壳体内径,每块上均切去一部分形成弓形流通截面,交替排列,图中画出了三块。折流挡板使流体在管外流动时,

既有沿管束的流动，又有垂直于管束的流动，流向和流速也不断发生变化，因而在 $Re>100$ 时即可达湍流状态。这时管外给热系数的计算，要视具体情况选用不同的公式。

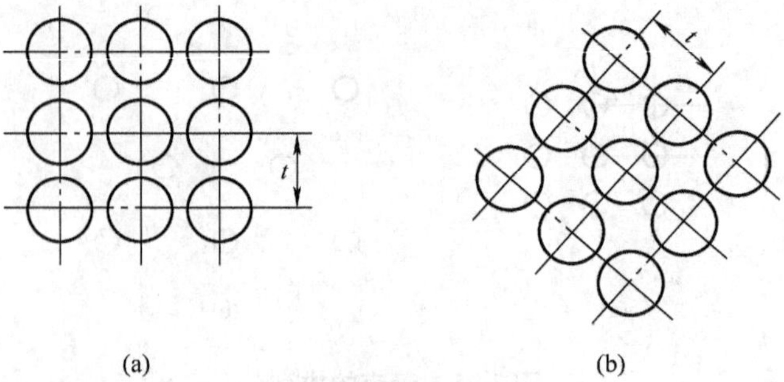

图 3-26　管子的排列

(a)正方形　(b)正三角形

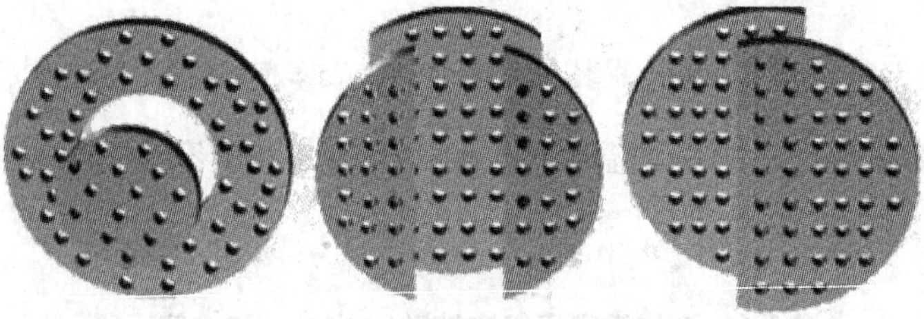

图 3-27　圆缺形折流挡板

当管外装有割去 25%（直径）的圆缺形折流挡板，可按下式计算对流给热系数：

$$Nu=0.36\,Re^{0.35}Pr^{\frac{1}{3}}\left(\frac{\mu}{\mu_w}\right) \tag{3-23}$$

或

$$\alpha=0.36\,\frac{\lambda}{d_e}\left(\frac{d_e u_0\rho}{\mu}\right)^{0.55}\left(\frac{c_p\mu}{\lambda}\right)^{\frac{1}{3}}\left(\frac{\mu}{\mu_w}\right)^{0.14} \tag{3-23a}$$

式(3-23)的应用范围为 $Re=2\times10^3\sim1\times10^6$；式中除 μ_w 取壁温下的流体黏度外，其余物性的定性温度均取流体进、出口温度的算术平均值。当量直径的数值要依据管子的排列方式而定。应当注意，这里当量直径的定义是

$$d_e=\frac{4\times\text{流体流动的截面积}}{\text{传热周边}} \tag{3-24}$$

管子正方形排列时，如图 3-26(a)所示，则

$$d_e=\frac{4\left(t^2-\frac{\pi}{4}d_0^2\right)}{\pi d_0} \tag{3-25}$$

正三角形排列时，如图 3-26(b)所示，则

$$d_e=\frac{4\left(\frac{\sqrt{3}}{2}t^2-\frac{\pi}{4}d_0^2\right)}{\pi d_0} \tag{3-26}$$

式中 t——相邻两管的中心距，m；

d_0——管外径，m。

式(3-23a)中的壳体流速根据流体流过的最大面积 S 计算：

$$S = hD\left(1 - \frac{d_0}{t}\right) \tag{3-27}$$

式中 h——两折流挡板间的距离，m；

D——换热器壳的内径，m。

若换热器的管间不用折流挡板，管外流体基本上沿管束平行流动，可用管内强制对流的公式计算，但式中的特征尺寸改用管间当量直径。

3. 大容积自然对流的给热系数

大容积自然对流指热（或冷）表面处于很大的空间内，即不存在强制流动，其四周也不存在其他阻碍自然对流的物体，如水蒸气管道的外表面向周围大气的对流散热。大容积自然对流时，准数关系式(3-16)中 Re 不产生影响，故有

$$Nu = f(Pr \cdot Gr) \tag{3-28}$$

许多研究者对管、板、球等形状的加热面，用空气、水、CO_2、H_2、油类等不同介质进行了大量的实验研究。结果表明，在大容积自然对流时，Nu 与 $Pr \cdot Gr$ 的关系如图 3-28 所示。当坐标值取对数时，图中曲线可近似地看作三段直线（1、2、3），每一段均可表示为

$$Nu = C\,(Gr \cdot Pr)^n \tag{3-29}$$

或

$$\alpha = C\,\frac{\lambda}{l}\left(\frac{\beta g \Delta t l^3 \rho^2}{\mu^2} \cdot \frac{c_p \mu}{\lambda}\right)^n \tag{3-29a}$$

各段直线方程的常数可由图 3-28 分段求出，见表 3-7。

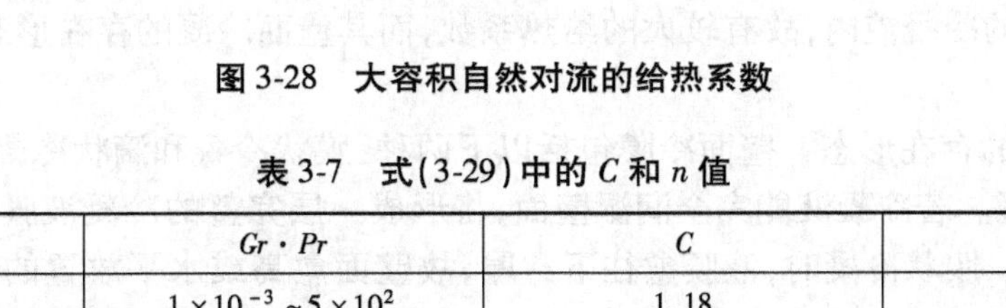

图 3-28 大容积自然对流的给热系数

表 3-7 式(3-29)中的 C 和 n 值

段数	$Gr \cdot Pr$	C	n
1	$1\times10^{-3} \sim 5\times10^{2}$	1.18	1/8
2	$5\times10^{2} \sim 2\times10^{7}$	0.54	1/4
3	$2\times10^{7} \sim 10^{13}$	0.135	1/3

使用式(3-29)应注意以下几点。

(1)对于水平管,特征尺寸取外径;对于垂直管或垂直板,取管长或板高。

(2)Gr 准数中,$\Delta t = |t_w - t|$,t_w 为壁温,t 为流体温度。

(3)定性温度取膜温 $t_m = \dfrac{t_w + t}{2}$。

例 3-6 有一垂直蒸汽管,管规格为 $\phi 159\ \text{mm} \times 4.5\ \text{mm}$,管长 3.5 m,若管壁温度为 120 ℃,周围为 20 ℃的空气,试计算该管单位时间内由于自然对流而散失于周围空气的热量。

解 定性温度取膜温 $t_m = \dfrac{t_w + t}{2} = \dfrac{120 + 20}{2} = 70\ ℃$。

将空气看作理想空气,则在此温度下 $\beta = \dfrac{1}{70 + 273} = 2.92 \times 10^{-3}\ 1/\text{K}$。

查其他物性数据得:$\rho = 1.029\ \text{kg/m}^3$,$c_p = 1.009 \times 10^3\ \text{J/(kg} \cdot ℃)$,$\lambda = 0.029\ 6\ \text{W/(m} \cdot ℃)$,$\mu = 2.06 \times 10^{-5}\ \text{Pa} \cdot \text{s}$,$Pr = 0.702$。

$$Gr = \frac{\beta g \Delta t l^3 \rho^2}{\mu^2} = \frac{2.92 \times 10^{-3} \times 9.81 \times (120 - 20) \times 3.5^3 \times 1.029^2}{(2.06 \times 10^{-5})^2} = 3.06 \times 10^{11}$$

$$Gr \cdot Pr = 3.06 \times 10^{11} \times 0.702 = 2.15 \times 10^{11}$$

查表 3-7 知,$C = 0.135$,$n = \dfrac{1}{3}$,则

$$Nu = C(Gr \cdot Pr)^n = 0.135 \times (2.15 \times 10^{11})^{\frac{1}{3}} = 808.9$$

$$\alpha = Nu\frac{\lambda}{l} = 808.9 \times \frac{0.029\ 6}{3.5} = 6.84\ \text{W/(m}^2 \cdot \text{K)}$$

$$Q = \alpha A \Delta t = 6.84 \times 3.14 \times 0.159 \times 3.5 \times (120 - 20) = 1\ 195\ \text{W}$$

(五)流体有相变时的对流给热系数

发生相变化时的给热过程有其特殊的规律,本节讨论单组分流体冷凝和沸腾时对流给热系数的计算。

1. 蒸气冷凝

饱和蒸气冷凝是化工生产中常见的过程。根据相律,纯物质的饱和蒸气在恒压下冷凝时,由于气、液两相共存,其温度不变,为某一定值。当饱和蒸气与低于其温度的冷壁接触时,即发生冷凝过程,释放出的热量等于其冷凝焓变(俗称冷凝潜热)。在连续定常的冷凝过程中,压强可视为恒定,故气相中不存在温差,也就没有热阻。由此可见,纯饱和蒸气冷凝的特点是热阻集中在壁面上的冷凝液内,故有较大的给热系数,而其壁面冷凝的存在形态对给热系数有较大的影响。

1)壁面冷凝的存在形态 壁面冷膜包括以下两种:膜状冷凝和滴状冷凝。

(1)膜状冷凝。若冷凝液能完全润湿壁面,将形成一层完整的冷凝液膜,它在重力作用下沿壁面向下流动。膜状冷凝时,液膜愈往下愈厚,故壁面愈高或水平放置的管径愈大,整个壁面的平均对流给热系数也就愈小。

(2)滴状冷凝。当冷凝不能完全润湿壁面,例如饱和水蒸气冷凝到沾有油类物质的壁面时,在表面张力作用下,冷凝液将在壁面上形成许多液滴,落下时又露出新的冷凝面。由于相当部分壁面是直接暴露于蒸气中,因此滴状冷凝的热阻要小得多。实验结果表明,滴状冷凝的给热系数比膜状冷凝的给热系数大几倍甚至十几倍。

工业上遇到的大多为膜状冷凝，而且在工程上按膜状冷凝计算，安全系数较大。故本节仅介绍纯饱和蒸气膜状冷凝给热系数的计算方法。

2）膜状冷凝的给热系数 分为以下两种情况进行计算。

（1）蒸气在水平管外冷凝。理论推导和实验结果证明蒸气在水平圆管外冷凝的对流给热系数可用下列式计算。

单根水平圆管：

$$\alpha = 0.725\left(\frac{\rho^2 g\lambda^3 r}{d_0\Delta t\mu}\right)^{\frac{1}{4}} \tag{3-30}$$

水平管束：

$$\alpha = 0.725\left(\frac{\rho^2 g\lambda^3 r}{n^{\frac{2}{3}} d_0\Delta t\mu}\right)^{\frac{1}{4}} \tag{3-31}$$

式中 r——蒸气的比汽化焓，取饱和温度下的数值，J/kg；

ρ——冷凝液的密度，kg/m^3；

λ——冷凝液的导热系数，W/(m·K)；

μ——冷凝液的黏度，Pa·s；

Δt——饱和蒸气与壁面的温差，$\Delta t = t_s - t_w$，其中 t_s 为饱和蒸气的温度，t_w 为壁面温度，K；

n——水平管束在垂直列上的管子数。

定性温度取膜温 $t_m = \frac{t_s + t_w}{2}$，特征尺寸取管外径 d_0。

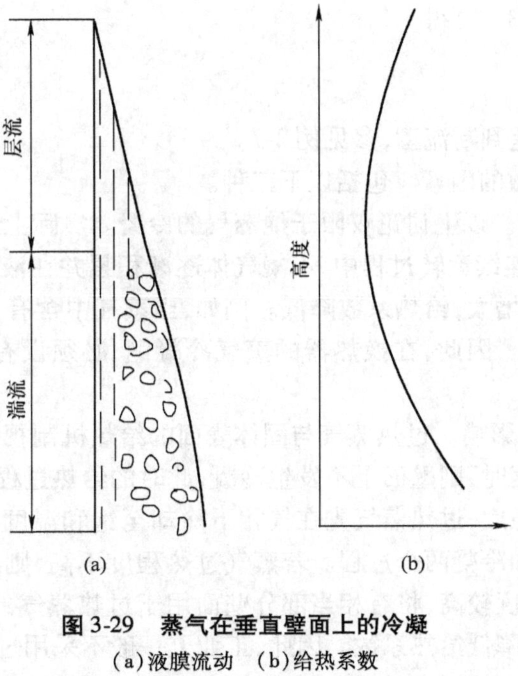

图 3-29 蒸气在垂直壁面上的冷凝

（a）液膜流动 （b）给热系数

（2）蒸气在垂直管外（或垂直板上）冷凝。如图 3-29 所示，蒸气在垂直管外（或板上）冷凝时,液膜流动初始为层流,由顶端向下,随冷凝的进行液膜逐渐加厚,局部对流给热系数减小;若壁的高度足够高,且冷凝液量较大,则在壁的下部冷凝液膜会转变为湍流流动,此时局部的对流给热系数反而会有所增大。和强制对流一样,可用雷诺准数判别层流和湍流。对冷凝系统,定义:

$$Re=\frac{d_e u\rho}{\mu}=\frac{\frac{4S}{b}\times\frac{W}{S}}{\mu}=\frac{4M}{\mu} \tag{3-32}$$

式中 d_e——当量直径,m;

S——冷凝液的流通截面积,m^2;

b——冷凝液的润湿周边,对圆管 $b=\pi d_0$,m;

W——冷凝液的质量流量,kg/s;

M——冷凝负荷,即单位长度润湿周边上冷凝液的质量流量,$M=W/b$,kg/(m·s)。

工程计算中需要的是平均对流给热系数。当 $Re<2\ 100$ 时,有

$$\alpha=1.13\left(\frac{\rho^2 g\lambda^3 r}{\mu l\Delta t}\right)^{\frac{1}{4}} \tag{3-33}$$

当 $Re>2\ 100$(湍流)时,有

$$\alpha=0.007\ 7\left(\frac{\rho^2 g\lambda^3}{\mu^2}\right)^{\frac{1}{3}}\mathrm{Re}^{0.4} \tag{3-34}$$

式中特征尺寸需取垂直管长或板高,其余各量与定性温度同式(3-30)。

冷凝时的传热速率为:

$$Q=Wr=\alpha A\Delta t=\alpha bl\Delta t \tag{3-35}$$

将式(3-35)代入式(3-32)得

$$Re=\frac{4\alpha l\Delta t}{r\mu} \tag{3-36}$$

式(3-36)可用于试差判断流型,参见例3-7。

3)影响冷凝给热系数的因素　包括以下三种。

(1)不凝气体的影响。以上讨论仅限于纯蒸气的冷凝。实际上工业蒸气中总含有微量的不凝气体(如空气)。在连续运转过程中,不凝气体逐渐积累并在液膜表面形成一层导热系数很低的气膜,从而使热阻增大,给热系数降低。例如,当蒸气中含有1%的不凝气体时,冷凝给热系数将降低60%左右。因此,在换热器的蒸气冷凝侧,必须设有排放口,定期排放不凝气体。

(2)蒸气过热程度的影响。过热蒸气与固体表面的给热机制视壁温的不同而不同。若壁温高于同压下的饱和温度时,则壁面上不发生冷凝,此时的给热过程属于气体冷却过程。当壁面温度低于蒸气的饱和温度,过热蒸气先在气相下冷却至饱和温度,然后在壁面上冷凝,整个给热过程包括蒸气冷却和冷凝两个过程。若蒸气过热程度不高,则给热系数值与饱和蒸气的相差不大;但如果过热程度较高,将有相当部分壁面用于过热蒸气的冷却,在蒸气内部存在温度梯度和热阻,从而大大降低给热系数。因此,工业上一般不采用过热蒸气作为加热的热源。

(3)蒸气流速和流向的影响。当蒸气和液膜间的相对速度不大于10 m/s时,蒸气流速的影响可以忽略。但是,若蒸气流速较大,气液界面间摩擦力的增大会影响液膜的流动。此时,

若蒸气和液膜流向相同，蒸气将加速冷凝液的流动，使膜厚减小，α 增大；若为逆向流动，则会使 α 减小，但如果逆向流动的蒸气速度很大，能冲散液膜使部分壁面直接暴露于蒸气中，α 反而会增大。

通常，蒸气进口设在换热器的上部，以避免蒸气和冷凝液的逆向流动。

4）冷凝给热过程的强化　前已述及，冷凝给热过程的阻力集中于液膜中，因此设法减小液膜厚度是强化冷凝给热的有效措施。

对垂直壁面，可在壁面上开若干纵向沟槽使冷凝液沿沟流下，可减薄其余壁面上的液膜厚度，强化冷凝给热过程。

对于水平布置的管束，冷凝液从上部各排管子流到下部管排使液膜变厚，因此，如能设法减少垂直方向上管排的数目，或将管束改为错列（见图 3-26），皆可提高平均给热系数。

此外，设法获得滴状冷凝也是提高给热系数的一个方向。

例 3-7　101.3 kPa 的饱和水蒸气在单根管外冷凝。管规格为 $\phi159\ \text{mm}\times4.5\ \text{mm}$，管长为 2 m，管壁温度为 98 ℃，求垂直、水平放置时蒸气冷凝对流给热系数。

解　101.3 kPa 下水蒸气的饱和温度为 $t_s=100$ ℃，其比汽化焓在数值上等于每千克蒸汽的冷凝潜热 $r=2\ 258\ \text{kJ/kg}$。

冷凝液膜的平均温度 $t_m=\dfrac{100+98}{2}=99$ ℃，查得水的物性常数为：

$$\rho=959.1\ \text{kg/m}^3,\lambda=0.682\ \text{W/(m}\cdot℃),\mu=28.56\times10^{-5}\ \text{pa}\cdot\text{s}$$

（1）垂直放置时，先假设液膜为层流流动，按式（3-33）可得

$$\alpha=1.13\left(\frac{\rho^2 g\lambda^3 r}{\mu l\Delta t}\right)^{\frac{1}{4}}=1.13\times\left[\frac{959.1^2\times9.81\times0.682^3\times2\ 258\times10^3}{28.56\times10^{-5}\times2\times(100-98)}\right]^{\frac{1}{4}}$$
$$=9\ 799\ \text{W/(m}^2\cdot\text{K)}$$

检验假设是否正确，由

$$Re=\frac{4\alpha l\Delta t}{r\mu}=243<2\ 100$$

可知为层流，故假设正确。

（2）水平放置时特征尺寸应取管外径 d_0，直接利用式（3-30）$\alpha=0.725\left(\dfrac{\rho^2 g\lambda^3 r}{d_0\Delta t\mu}\right)^{\frac{1}{4}}$ 和式（3-33）$\alpha=1.13\left(\dfrac{\rho^2 g\lambda^3 r}{\mu l\Delta t}\right)^{\frac{1}{4}}$ 相比得

$$\frac{\alpha'}{\alpha}=\frac{0.725}{1.13}\left(\frac{l}{d_0}\right)^{\frac{1}{4}}=\frac{0.725}{1.13}\times\left(\frac{2}{0.159}\right)^{\frac{1}{4}}=1.21$$

所以，单根水管水平放置时冷凝给热系数为

$$\alpha'=1.21\alpha=1.21\times9\ 799=11\ 860\ \text{W/(m}^2\cdot\text{K)}$$

这个计算结果指出了冷凝给热系数的数量级，反映了液膜厚度的影响，也说明如果能够灵活运用公式可以减少计算量。

2. 沸腾给热

工业上液体的沸腾有两种情况：一种是在管内流动的过程中受热沸腾，称为内沸腾，如蒸发器中管内液料的沸腾；另一种是将加热面浸入大容积的液体中而引起的无强制对流的沸腾

现象,称为池内沸腾。本节讨论液体在大容器内的沸腾。

1)池内沸腾现象 液体加热沸腾的主要特征是液体内部沿加热面不断有蒸气泡产生并上升穿过液层。理论上流体沸腾时气、液两相处于平衡状态,即液体的沸点等于与液体表面所处压强相对应的饱和温度 t_s。但实验表明,只是液体上方的蒸气温度等于 t_s,而沸腾液体的平均温度必定略高于相应的饱和温度,即液体处于过热状态。由物理化学相关知识可知,液体的过热是小气泡生成的必要条件。小气泡首先在温度最高、过热度也最高的固体加热表面上产生,但并不是加热表面上的任何一点都能产生气泡。实验发现,液体沸腾时气泡仅在加热表面的若干粗糙不平的点上产生,这些点称为汽化核心。在沸腾过程中,小气泡首先在汽化核心处生成并长大,在浮力的作用下脱离壁面。随着气泡的不段形成并上升,周围液体随时填补并冲刷壁面,贴壁液体层发生剧烈扰动,热阻大为降低;气泡在上浮过程中引起液体主体的扰动和对流,且过热液体在气泡表面继续蒸发,使气泡进一步长大,过热液体和气泡表面的给热强度也很大。所以,液体沸腾时的对流给热系数比无相变时大得多。

2)沸腾曲线 图3-30是常压下水在铂电热丝表面上沸腾时 α 与 Δt 的关系曲线。Δt 是壁温和操作压强下的饱和温度之差。

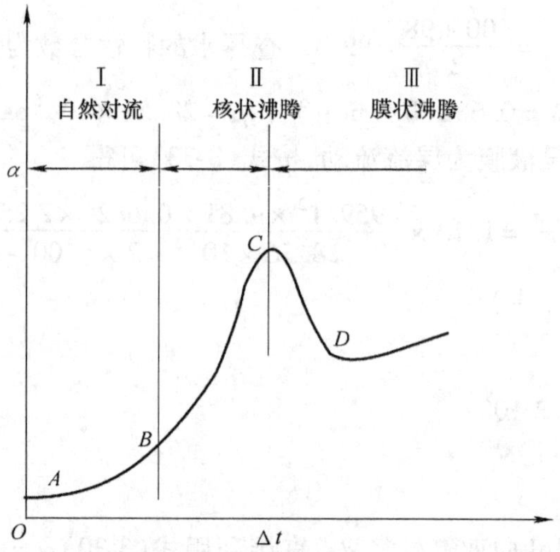

图3-30 常压下水沸腾时 α 与 Δt 的关系

在曲线 AB 段,由于温差较小,紧贴加热表面的液体过热度很小,汽化核心很少,气泡长大速度也很慢,加热面附近液层受到的影响不大,热量的传递以自然对流为主。对流给热系数随温差的增大而略有增大,此阶段称为自然对流区。

在曲线 BC 段,随着 Δt 增大,汽化核心数目增加,气泡长大的速度也迅速加快,气泡对液体产生强烈的搅拌作用,给热系数随 Δt 的增大而迅速增大。此阶段称为核状沸腾。

在曲线 CD 段,随 Δt 的继续增大,气泡速度形成过快,气泡在脱离加热面前便互相连接,形成气膜,把加热表面与液体隔开。由于气膜热阻要比液膜大得多,故使给热系数急剧减小,此阶段称为膜状沸腾区。

在 D 点以后,Δt 再增大,加热面的温度进一步提高,热辐射的影响愈加显著,于是 α 再度随 Δt 的增大而迅速增大。

由核状沸腾转变为膜状沸腾的转折点称为临界点（C 点）。临界点所对应的温度差称为临界温差 Δt_c，这时的热流通量称为临界热通量。工业上一般应维持在核状沸腾区操作，控制 Δt 不大于临界值 Δt_c，否则一旦转变为膜状沸腾，不仅 α 会急剧下降，而且管壁温过高也易造成传热管烧毁的严重事故。水在常压下饱和沸腾的临界温度差约为 25 ℃，临界热通量约为 1.25×10^6 W/m²。

3）影响沸腾给热的因素　包括以下几种。

（1）液体物性。液体的导热系数、密度、黏度、表面张力等均对沸腾传热有影响，一般情况下，α 随 λ、ρ 增大而增大，随 μ 和 σ 的增大而减小。对于表面张力小、润湿能力强的液体，形成的气泡易离开壁面，对沸腾给热有利。故选择适当的添加剂以改变液体的表面张力，可提高沸腾给热系数。

（2）温差。前已述及，温差是影响沸腾给热的重要参数，操作温度差应控制在核状沸腾区。

（3）压强。提高操作压强即提高液体饱和温度，从而使液体的黏度及表面张力均减小，有利于气泡的生成与脱离壁面。在核状沸腾区，在相同的温差下可得到较大的沸腾给热系数。

（4）加热表面状况。加热面的材料与粗糙度以及表面的沾污或氧化等情况都会影响沸腾给热。一般新的或清洁的表面 α 值较高。粗糙加热表面可以提供更多的汽化核心，使气泡运动加剧，强化给热过程。例如，可采用机械加工或腐蚀的方法使金属表面粗糙化，有报道称用这种方法制造的铜表面，可提高给热系数 80%。但应当注意，大的凹穴或凸起反而会失去充当汽化核心的能力。

4）沸腾对流给热系数的计算　沸腾给热过程极其复杂，各种经验公式虽多，但都不完善，计算结果相差也较大，所以至今尚无可靠的一般准数关联式。但对不同的液体和表面状况，不同压强和温差下的沸腾给热已积累了大量的实验资料。对单组分纯物质的池内沸腾，近似地可用以下经验式估算其沸腾给热系数：

$$\alpha = 1.163m\Delta t^{n-1} \tag{3-37}$$

其沸腾给热速率为

$$Q = \alpha A\Delta t = 1.163m\Delta t^{n}\cdot A$$

式中　α——核状沸腾的给热系数，W/(m²·℃)；

Δt——壁温与蒸气的饱和温度之差，℃；

A——传热面积，m²；

m、n——常数（见表 3-8）。

例 3-8　常压下水在水平管外成核状沸腾，$\Delta t = 5.7$ ℃，试求其沸腾给热系数 α。

解　查表 3-8 知，$m = 245$，$n = 3.14$。

$$\alpha = 1.163m\Delta t^{n-1} = 1.163\times245\times5.7^{(3.14-1)} = 1.18\times10^4\ \text{W/(m}^2.\text{℃}$$

表 3-8　式(3-37)中的 m 和 n 值

物料	压力(绝)/10^5 Pa	m	n	Δt/℃	Δt_c/℃	加热体
水	1.03	245	3.14	3～6	>6	水平管
水	1.03	560	2.35	6～19	19	垂直管

续表

物料	压力(绝)/10^5 Pa	m	n	Δt/℃	Δt_c/℃	加热体
氧	1.03	56	2.47	3~6	>6	垂直管
氮	1.03	2.5	2.67	3~7	>7	垂直管
氟利昂12	4.2	12.5	3.82	7~11	>11	水平管
丙烷	1.4~2.5	540	2.50	4~8	—	水平管
丙烷	12	765	2.00	8~14	28	垂直管
正丁烷	1.4~2.5	150	2.64	4~8	—	水平管
苯	1.03	0.13	3.87	25~50	50	垂直管
苯	8.1	14.3	3.27	8~22	22	垂直管
苯乙烯	1.03	262	2.05	11~28	—	水平管
甲醇	1.03	29.5	3.25	6~8	>8	垂直管
乙醇	1.03	0.58	3.73	22~33	33	垂直管
四氯化碳	1.03	2.7	2.90	11~22	—	垂直管
丙酮	1.03	1.9	3.85	11~22	22	水平管

(六)对流给热总结

对流给热是一个复杂的传热过程,要注意借鉴工程上处理问题的方法,将对流给热速率简单地表示为传热推动力和热阻之比。同时,引入对流给热虚拟膜的概念,又可将问题进一步简化为热传导过程,得到形式简单的对流给热方程,使研究集中于如何求出对流给热系数。本节介绍了不同情况下对流给热系数的计算方法,公式较多,但大体上可分为两类。一类是基于量纲分析法将影响对流给热过程的诸因素整理成无量纲准数关系式,并以幂函数的形式表示,再通过实验确定方程中的系数和指数。量纲分析法可以由此及彼,将有限的实验结果应用于同类现象的不同具体条件下,得到的准数方程满足量纲一致原则,应用范围较广。另一类是纯经验式,这类方程不满足量纲一致性,限于在实验条件所及的范围内应用。在使用这两类方程时,都要注意以下几点。

(1)要根据处理对象的具体特点,选择适当的公式。例如,是强制对流还是自然对流,是层流还是湍流,是蒸气冷凝还是液体沸腾等。

(2)要注意所选公式的应用范围、特征尺寸的选择和定性温度的确定以及在必要时进行修正的方法。

(3)应注意不同情况下哪些物理量对 α 值有影响,它们的影响大小可以通过其指数的大小来判断,从中也可以分析强化对流传热的可能措施。

(4)正确使用各物理量的单位。一般应采用法定计量单位制进行计算,如果题给数据或从手册中查到的数据使用的单位制与此不同,要换算后再代入。准数方程中,每一个准数都应当是无量纲的,其中各物理量的单位可互相消去。但对于纯经验公式,必须按照公式要求的单位代入。

(5)重视数量级的概念,有助于对计算结果进行正确性的判断和分析。一般情况下,对流给热 α 值的范围大致如下:

空气的自然对流,1 ~10 $W/(m^2 \cdot ℃)$;空气的强制对流,10 ~250 $W/(m^2 \cdot ℃)$;
水蒸气冷凝,5 000 ~1.5 ×10^4 $W/(m^2 \cdot ℃)$;水沸腾,1 500 ~4.5 ×10^4 $W/(m^2 \cdot ℃)$;
水的强制对流,250 ~10^4 $W/(m^2 \cdot ℃)$。

拓展学习——热辐射

(一)热辐射的基本概念

热辐射和光辐射的本质完全相同,所不同的仅仅是波长的范围。理论上热辐射的电磁波波长范围从零到无穷大,但是具有实际意义的波长范围为0.38 ~1 000 μm,这包括波长范围为0.4 ~0.8 μm 的可见光线和波长范围为0.8 ~20 μm 的红外光线,两者统称为热射线,不过后者对热辐射起决定作用,而前者只有在很高的温度下作用才明显。

热射线和可见光线一样,都服从反射和折射定律,在均匀介质中作直线传播,在真空和大多数气体中可以完全透过,但不能透过工业上常见的大多数固体或液体。

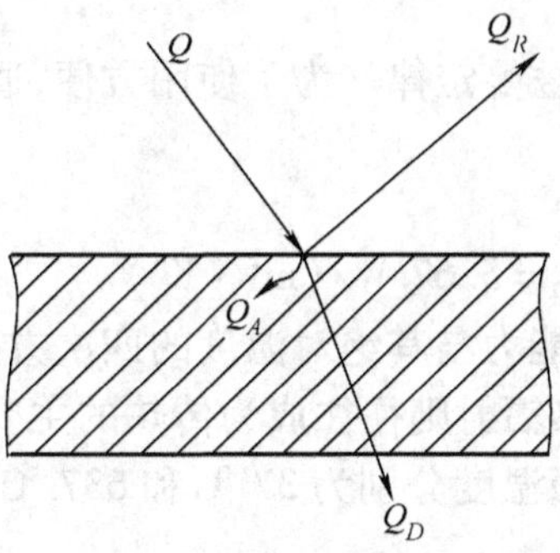

图 3-31 辐射能的吸收、反射和透过

如图 3-31 所示,假设投射在某一物体上的总辐射能量为 Q,其中有一部分能量 Q_A 被吸收,一部分能量 Q_R 被反射,另一部分能量 Q_D 透过物体。根据能量守恒定律,可得

$$Q_A + Q_R + Q_D = Q \tag{3-38}$$

$$\frac{Q_A}{Q} + \frac{Q_R}{Q} + \frac{Q_D}{Q} = 1$$

即 $A + R + D = 1$

式中 A——物体的吸收率,无因次,$A = \frac{Q_A}{Q}$;

R——物体的反射率,无因次,$R = \frac{Q_R}{Q}$;

D——物体的透过率,无因次,$D = \frac{Q_D}{Q}$。

物体的吸收率 A、反射率 R 和透过率 D 的大小取决于物体的性质、表面状况及辐射线的波长等。一般来说,固体和液体都是不透热体,即 $D = 0$,故 $A + R = 1$。气体则不同,其反射率 $R = 0$,故 $A + D = 1$。某些气体只能部分地吸收一定波长范围的辐射能。

能全部吸收辐射能的物体，即 $A=1$ 的物体，称为黑体或绝对黑体。能全部反射辐射能的物体，即 $R=1$ 的物体，称为镜体或绝对白体。能全部透过辐射能的物体，即 $D=1$ 的物体，称为透热体，一般单原子气体和对称的双原子气体（如 He、O_2、N_2、H_2 等）均可视为透热体。黑体和镜体都是理想物体，实际上并不存在。但是某些物体，如无光泽的黑漆表面，其吸收率约为0.97，接近于黑体；磨光的金属表面的反射率约等于0.97，接近于镜体。引入黑体等的概念，只是作为实际物体的比较标准，以简化辐射传热的计算。

（二）热辐射的基本定律

1. 黑体的辐射能力

黑体的辐射能力 E_0，即单位时间内单位黑体表面向外界辐射的全部波长的总能量，单位为 W/m^2。

理论证明：

$$E_0=\sigma_0 T^4 \tag{3-39}$$

式中 σ_0——黑体的辐射常数，$\sigma_0=5.67\times10^{-8}\,W/(m^2\cdot K^4)$；

T——黑体的绝对温度，K。

式(3-39)称为斯蒂芬－玻尔兹曼定律。为了使用方便，通常将此式写成

$$E_0=C_0\left(\frac{T}{100}\right)^4 \tag{3-40}$$

式中 C_0——黑体的辐射常数，$C_0=5.67\ W/(m^2\cdot K^4)$。

由式(3-40)可知黑体的辐射能力与其绝对温度的四次方成正比，表明它对温度十分敏感，低温时辐射能可以忽略，高温时热辐射则往往成为传热的主要方式。

例 3-9 试计算某一黑体表面温度分别为 37 ℃和 637 ℃时的辐射能力。

解 黑体在 37 ℃时，

$$E_{01}=C_0\left(\frac{T_1}{100}\right)^4=5.67\times\left(\frac{273+37}{100}\right)^4=523.6\ W/m^2$$

黑体在 637 ℃时，

$$E_{02}=C_0\left(\frac{T_2}{100}\right)^4=5.67\times\left(\frac{273+637}{100}\right)^4=3.89\times10^4\,W/m^2$$

2. 实际物体的辐射能力

物体在一定温度下，单位时间内单位表面积所发射的全部波长的辐射能，称为该物体在该温度下的辐射能力。实际物体与同温度黑体的辐射能力的比值称为该物体的黑度，用 ε 表示，可以用实验测定。

$$\varepsilon=\frac{E}{E_0} \tag{3-41}$$

实际物体的黑度表征其辐射能力的大小，其值恒小于1。由式(3-39)和式(3-40)可得

$$E=\varepsilon E_0=\varepsilon C_0\left(\frac{T}{100}\right)^4 \tag{3-42}$$

物体的黑度不单纯是颜色的概念。实验证明，物体的黑度主要取决于物体的性质、表面温度和表面状况（如粗糙度、氧化程度）等。表 3-9 给出了某些常见材料的黑度值，其余可参见附录。

表 3-9 常用工业材料的黑度 ε 值

材料	温度/℃	黑度 ε
红 砖	20	0.93
耐火砖	—	0.8 ~ 0.9
钢板(氧化的)	200 ~ 600	0.8
钢板(磨光的)	940 ~ 1 100	0.55 ~ 0.61
铸铁(氧化的)	200 ~ 600	0.64 ~ 0.78
铜(氧化的)	200 ~ 600	0.57 ~ 0.87
铜(磨光的)	—	0.03
铝(氧化的)	200 ~ 600	0.11 ~ 0.19
铝(磨光的)	225 ~ 575	0.039 ~ 0.057

3. 灰体的辐射能力和吸收能力——克希荷夫定律

能够以相等的吸收率吸收所有波长辐射能的物体,称为灰体。灰体也是理想物体,大多数工业上常见的固体材料均可视为灰体。灰体的辐射能力也可以用黑度 ε 来表征。

已经证明,同一灰体的吸收率与其黑度在数值上是相等的,即

$$A = \varepsilon \tag{3-43}$$

此式称为克希荷夫定律。该式表明,灰体的辐射能力越大,其吸收能力也越大。因此,根据黑度的定义,式(3-43)也可以表示为

$$E_0 = \frac{E}{A} \tag{3-44}$$

这是克希荷夫定律的另一种表达方式,它说明灰体在一定温度下的辐射能力和吸收率的比值,恒等于同温度下黑体的辐射能力。

(三)两固体间的辐射传热

工业中经常遇到两固体间的辐射传热,而这类固体在热辐射中大都可视为灰体。在两灰体间相互进行着辐射能的多次被吸收和多次被反射的过程,因而较黑体与灰体间的辐射传热过程要复杂得多。在计算灰体间的辐射传热时,必须考虑它们的吸收率和反射率、形状和大小、相互间的位置和距离等因素的影响。两灰体间辐射传热的结果是高温物体向低温物体传递了能量。一般可用下式计算:

$$Q_{1-2} = C_{1-2}\varphi A\left[\left(\frac{T_1}{100}\right)^4 - \left(\frac{T_2}{100}\right)^4\right] \tag{3-45}$$

式中 Q_{1-2}——净的辐射传热速率,W;

C_{1-2}——总辐射系数,其计算式见表 3-10;

A——辐射面积,m^2;

T_1、T_2——高温和低温表面的绝对温度,K;

φ——几何因数(角系数)。

对于工业上常用到的情况,辐射面积 A、角系数 φ、总辐射系数 C_{1-2} 的求取可查阅有关的手册,几种简单情况下的 φ 值见表 3-10 和图 3-32。

表 3-10 角系数值与总辐射系数计算式

序号	辐射情况	A	φ	C_{1-2}
1	极大的两平行面	A_1 或 A_2	1	$C_0/(1/\varepsilon_1+1/\varepsilon_2-1)$
2	面积相等的两平行面	A_1	查图 3-32	$\varepsilon_1\varepsilon_2 C_0$
3	很大的物体 2 包住物体 1	A_1	1	$\varepsilon_1 C_0$
4	物体 2 恰好包住物体 1，$A_1\approx A_2$	A_1	1	$C_0/(1/\varepsilon_1+1/\varepsilon_2-1)$
5	介于 3、4 两种情况之间	A_1	1	$C_0/[1/\varepsilon_1+(1/\varepsilon_2-1)A_1/A_2]$

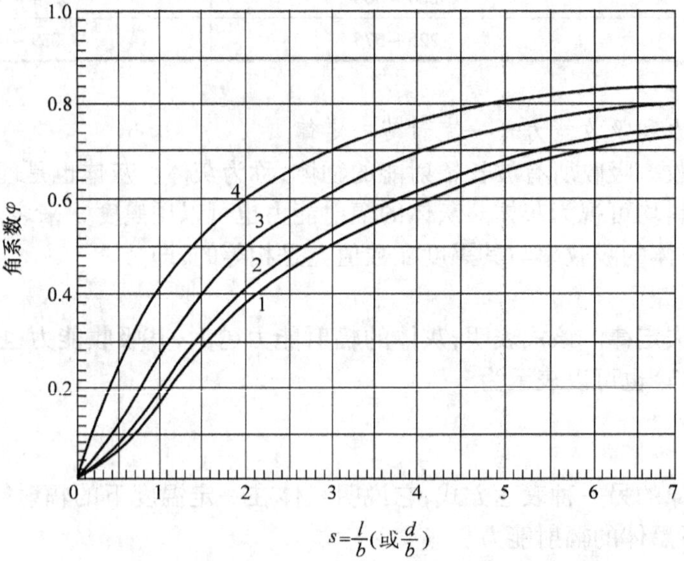

图 3-32 平行面间辐射传热的角系数

1—圆盘形；2—正方形；3—长方形（边长之比为 2∶1）；4—长方形（ 长）

例 3-10 室内有一高为 0.5 m、宽为 1 m 的铸铁炉门，表面温度为 627 ℃，室温为 27 ℃，试求：(1) 炉门的辐射散热速率；(2) 若在炉门前很小距离处平行放置一块同样大小的已氧化的铝制遮热板，达到定常时炉门与遮热板的辐射散热速率。

解 由表 3-9 取铸铁的黑度为 0.78，铝板的黑度为 0.15。

(1) 此时炉门为四壁包围，设壁温等于室温，由表 3-10 知：

$$\varphi=1,\ C_{1-2}=\varepsilon_1 C_0=0.78C_0,\ A=A_1=0.5\times1=0.5\ \text{m}^2$$

$$Q_{1-2}=C_{1-2}\varphi A_1\left[\left(\frac{T_1}{100}\right)^4-\left(\frac{T_2}{100}\right)^4\right]$$

$$=0.78\times5.67\times1\times0.5\times\left[\left(\frac{273+627}{100}\right)^4-\left(\frac{273+27}{100}\right)^4\right]=1.43\times10^4\ \text{W}$$

(2) 因炉门与遮热板相距很近，两者之间的辐射可视为两无限大平板间的热辐射。设遮

热板的温度为 T_3，由表 3-10 知 $C_{1-3}=\dfrac{C_0}{\dfrac{1}{\varepsilon_1}+\dfrac{1}{\varepsilon_3}-1}$，$\varphi=1$，$A=A_2$，所以

$$Q_{1-3}=C_{1-3}\varphi A_1\left[\left(\frac{T_1}{100}\right)^4-\left(\frac{T_3}{100}\right)^4\right]$$

$$=\frac{5.67}{\dfrac{1}{0.78}+\dfrac{1}{0.15}-1}\times 1\times 0.5\times\left[\left(\frac{273+627}{100}\right)^4-\left(\frac{T_3}{100}\right)^4\right]=1.43\times 10^4\ \text{W} \quad (\text{A})$$

遮热板为四周墙壁所包围，所以

$$Q_{3-2}=\varepsilon_3 C_0\varphi A_3\left[\left(\frac{T_3}{100}\right)^4-\left(\frac{T_2}{100}\right)^4\right]=0.15\times 5.67\times 1\times 0.5\times\left[\left(\frac{T_3}{100}\right)^4-\left(\frac{300}{100}\right)^4\right] \quad (\text{B})$$

在定常传热条件下，$Q_{1-3}=Q_{3-2}$，联解式（A）、式（B）可得

$$T_3=755\ \text{K}=482\ ℃$$

$$Q_{1-3}=Q_{3-2}=0.15\times 5.67\times 0.5\times\left[\left(\frac{755}{100}\right)^4-\left(\frac{300}{100}\right)^4\right]=1\ 347\ \text{W}$$

增加遮热板后散热量减少为原来的 9.5%，说明设置隔热板是减少炉门热损失的有效措施。

（四）对流和辐射联合传热

在化工生产中，许多设备的外壁温度常高于环境温度，此时热量将以对流和辐射两种方式自壁面向环境传递而引起热损失。为减少热损失，许多温度较高或较低的设备，如换热器、塔器、反应器及蒸汽管道等都必须进行保温。设备的热损失应为对流与辐射两部分之和。

因对流传热而引起的热量散失为

$$Q_c=\alpha_c A_w(T_w-T) \quad (3\text{-}46)$$

因辐射传热而引起的热量为

$$Q_r=C_{1-2}\varphi A_w\left[\left(\frac{T_w}{100}\right)^4-\left(\frac{T}{100}\right)^4\right] \quad (3\text{-}47)$$

为了方便起见，可将式（3-47）写成对流给热速率方程的形式。

$$Q_r=\alpha_r A_w(T_w-T) \quad (3\text{-}48)$$

则壁面总的散热量为

$$Q=Q_c+Q_r=(\alpha_C+\alpha_r)A_w(T_w-T)=\alpha_t A_w(T_w-T) \quad (3\text{-}49)$$

式中　α_c——对流传热系数；

α_r——辐射传热系数，$\alpha_r=\dfrac{C_{1-2}\left[\left(\dfrac{T_1}{100}\right)^4-\left(\dfrac{T_2}{100}\right)^4\right]}{t_w-t}$；

A_w——壁外表面积；

t_w（或 T_w）——壁面温度；

t 或（T）——环境温度；

α_t——对流－辐射联合传热系数 $\alpha_t=\alpha_c+\alpha_w$，其单位为 w/（$m^2$·℃）。

对于有保温层的设备，其外壁与周围环境的联合传热系数 α_t 可用如下公式估算。

（1）空气自然对流（$t_w<150$ ℃）。

平壁保温层外：

$$\alpha_t = 9.8 + 0.07(t_w - t) \tag{3-50}$$

管或圆筒壁保温层：

$$\alpha_t = 9.4 + 0.052(t_w - t) \tag{3-51}$$

(2)空气沿粗糙壁面强制对流。

空气流速 $u < 5$ m/s：

$$\alpha_t = 6.2 + 4.2\mu \tag{3-52}$$

空气流速 $u > 5$ m/s：

$$\alpha_t = 7.8\mu^{0.78} \tag{3-53}$$

自 测 题

一、填空题

1. 热传递的基本方式是________、________、________。

2. 物体各部分之间不发生相对位移，仅借分子、原子和自由电子等微观粒子的热运动而引起的热量传递称为________；流体各部分之间发生相对位移所引起的热传递过程称为________；因热的原因而产生的电磁波在空间的传递，称为________。

3. 导热系数的单位为________。

4. 多层串联平壁稳定导热，各层平壁的导热速率________。

5. 某单程列管式换热器，水走管程，呈湍流流动，为满足扩大生产需要，在保持水的进口温度不变的条件下，将用水量增大1倍，则水的对流传热膜系数为改变前的________。

二、判断题

1. 物质的导热率均随温度的升高而增大。( )

2. 辐射不需要任何物质做媒介。( )

3. 工业设备的保温材料，一般都取导热系数较小的材料。( )

4. 对于同一种流体，有相变时的 α 值比无相变时的 α 值要大。( )

5. 导热系数是物质导热能力的标志，导热系数值越大，导热能力越弱。( )

6. 通过三层平壁的定态热传导，各层界面间接触均匀，第一层两侧温度为 120 ℃和 80 ℃，第三层外表面温度为 40 ℃，则第一层热阻 R_1 和第二、第三层热阻 R_2、R_3 之间的关系为 $R_1 > R_2 + R_3$。( )

三、选择题

1. 物质导热系数的顺序是：( )。

A. 金属 > 一般固体 > 液体 > 气体　　B. 金属 > 液体 > 一般固体 > 气体

C. 金属 > 气体 > 液体 > 一般固体　　D. 金属 > 液体 > 气体 > 一般固体

2. 下列不能提高对流传热膜系数的是( )。

A. 利用多管程结构　　B. 增大管径

C. 在壳程内装折流挡板　　D. 冷凝时在管壁上开一些纵槽

3. 有一种 30 ℃的流体需加热到 80 ℃，下列三种热流体的热量都能满足要求，选( )有利于节能。

A. 400 ℃的蒸气　B. 300 ℃的蒸气　C. 200 ℃的蒸气　D. 150 ℃的热流体

4. 工业生产中，沸腾传热应设法保持在(　　)。

A. 自然对流区　B. 核状沸腾区　C. 膜状沸腾区　D. 过渡区

5. 蒸气中若含有不凝结气体，将(　　)凝结换热效果。

A. 大大减弱　B. 大大增强

C. 不影响　D. 可能减弱也可能增强

6. 为减少圆形管导热损失，包覆三种保温材料 a、b、c，若三层保温材料厚度相同，导热系数 $\lambda_a > \lambda_b > \lambda_c$，则包覆的顺序从内到外依次为(　　)。

A. a、b、c　B. b、a、c　C. c、a、b　D. c、b、a

7. 下列四种不同的对流给热过程：空气自然对流 α_1，空气强制对流 α_2(流速为 3 m/s)，水强制对流 α_3(流速为 3 m/s)，水蒸气冷凝 α_4。α 值的大小关系为(　　)。

A. $\alpha_3 > \alpha_4 > \alpha_1 > \alpha_2$　B. $\alpha_4 > \alpha_3 > \alpha_2 > \alpha_1$

C. $\alpha_4 > \alpha_2 > \alpha_1 > \alpha_3$　D. $\alpha_3 > \alpha_2 > \alpha_1 > \alpha_4$

四、简答题

圆管内强制湍流的给热系数 α 与流体的导热系数 λ、密度 ρ、黏度 μ、比热容 c_p 有何关系？若流体的流量一定，给热系数与管径 d 有何关系？

五、计算题

1. 已知某炉壁由单层均质材料组成，$\lambda = 0.57$ W/(m·℃)。用热电偶测得炉外壁温度为 50 ℃，距外壁 1/3 厚度处的温度为 250 ℃，求炉内壁温度。[答：$t_1 = 650$ ℃]

2. 某工业炉壁由下列三层依次组成(如附图)，耐火砖的导热系数 $\lambda_1 = 1.05$ W/(m·℃)，厚度为 0.23 m；绝热层导热系数为 $\lambda_2 = 0.144$ W/(m·℃)；红砖的导热系数 $\lambda_3 = 0.94$ W/(m·℃)，厚度为 0.23 m。已知耐火砖内侧温度 $t_1 = 1\ 300$ ℃，红砖外侧温度为 50 ℃，单位面积的热损失为 607 W/m²。试求：①绝热层的厚度；②耐火砖与绝热层的接触温度。[答：①$\delta_2 = 0.230$ m；②$t_2 = 1\ 167$ ℃]

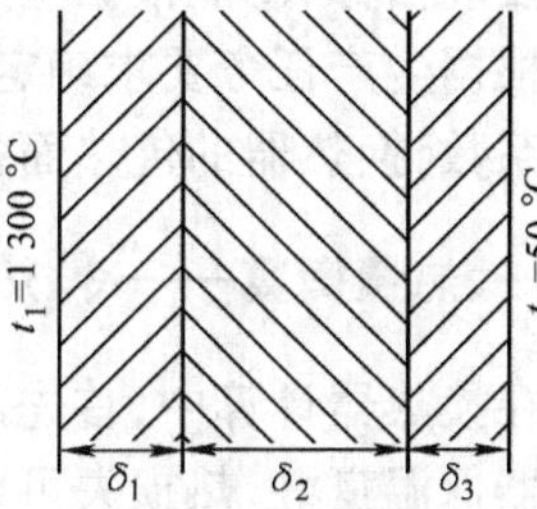

计算题 2　附图

3. 某蒸气管外径为 159 mm，管外保温材料的导热系数 λ/[W/(m·℃)] = 0.11 + 0.000 2 t(式中 t 单位为 ℃)，蒸气管外壁温度为 150 ℃。要求保温层外壁温度不超过 50 ℃，每米管长的热损失不超过 200 W/m，问保温层厚度为多少？[答：$\delta = 40.1$ mm]

4. ϕ76 mm × 3 mm 的钢管外包一层厚 30 mm 的软木后，又包一层厚 30 mm 的石棉。软木和石棉的导热系数分别为 0.04 W/(m·℃) 和 0.16 W/(m·℃)。已知管内壁温度为 −110 ℃，最外层温度为 10 ℃，求每米管道所损失的冷量。[答：$Q/l = -44.8$ W/m]

5. 常压空气在内径为 20 mm 的管内由 20 ℃加热至 100 ℃，空气的平均流速为 12 m/s，试求空气侧的对流给热系数。[答：$\alpha = 55.0$ W/(m·℃)]

6. 水以 1.0 m/s 的流速在长 3 m 的 ϕ25 mm × 2.5 mm 的管内由 20 ℃被加热至 40 ℃，试求水与管壁之间的对流给热系数。若水流流量增大 50%，对流给热系数为多少？[答：①$\alpha = 4.5 \times 10^3$ W/(m²·℃)；②$\alpha' = 6.34 \times 10^3$ W/(m²·℃)]

7. 在常压下用套管换热器将空气由 20 ℃加热至 100 ℃，空气以 60 kg/s 的流量流过套管环隙，已知内管规格为$\phi 57$ mm×3.5 mm，外管规格为$\phi 83$ mm×3.5 mm，求空气的对流给热系数。[答：非圆管过渡流，$\alpha = 37.6$ W/(m^2·℃)]

8. 某种黏稠液体以0.3 m/s流速在内径为50 mm、长4 m的管内流动，若管外用蒸气加热，试求管壁的对流给热系数。已知液体的物性数据为：$\rho = 900$ kg/m^3，$c_p = 1.89$ kJ/(kg·℃)，$\lambda = 0.128$ W/(m·℃)，$\mu = 0.01$ Pa·s。[答：层流，$\alpha = 67.8$ W/(m^2·℃)]

9. 室内分别水平放置两根长度相同、表面温度相同的蒸气管，由于自然对流两管都向周围散失热量，已知小管的$Gr \cdot Pr = 10^9$，大管直径为小管直径的10倍，求两管散失热量的比值。[答：$\alpha_{大} = \alpha_{小}$，$\dfrac{Q_{大}}{Q_{小}} = 10$]

任务四　传热过程工艺条件的确定

任务分析：任务三从传热基本方式、传热机理出发，分析了间壁式换热器两侧冷、热流体传热过程的规律，在此基础上，任务四分析、解决实际传热过程中冷、热流体的消耗量，换热器的传热面积及传热过程的强化等问题。

任务目标：①理解间壁式换热器两侧冷、热流体传热过程；②掌握热传导、对流的基本规律；③理解传热速率、热负荷、平均温度差、传热系数、传热面积的概念并能确定相应参数；④理解并掌握强化传热及节能的具体实施方法。

技能目标：①能根据生产任务要求计算换热器的热负荷，冷、热流体用量，进、出口温度等；②能根据生产任务要求确定换热器各个工艺参数（间壁式换热器冷、热流体传热的总推动力，传热系数，换热器的传热面积）。

一、热量衡算——冷、热流体消耗量的确定

在换热器计算中，首先需要确定换热器的热负荷。在图3-33所示的列管式换热器中，若换热器保温良好，热损失可以忽略不计，对于定常传热过程，根据能量守恒定律，过程传递的热量等于热流体的负焓变，并等于冷流体的焓变。

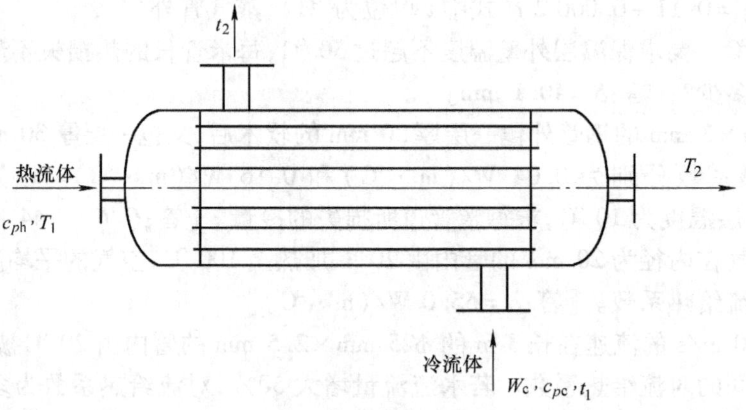

图3-33　换热器的热量衡算

若流体在换热过程中没有相变化,可列出热量衡算式:

$$Q = W_h c_{ph}(T_1 - T_2) = W_c c_{pc}(t_2 - t_1) \tag{3-54}$$

式中　W_h、W_c——热、冷流体的质量流量,kg/s;

c_{ph}、c_{pc}——热、冷流体的平均定压比热容,J/(kg·℃);

T_1、T_2——热流体的进、出口温度,℃;

t_1、t_2——冷流体的进、出口温度,℃;

若换热过程中流体发生相变化,应考虑相变前后焓变的影响。例如,热流体为饱和蒸气,换热过程中在饱和温度下发生冷凝,而冷流体无相变,则

$$Q = W_h r_h = W_c c_{pc}(t_2 - t_1) \tag{3-55}$$

式中　r_h——饱和蒸气的比汽化焓,J/kg。

若冷凝液出口温度低于饱和温度,则应有

$$Q = W_h[r_h + c_{ph}(T_1 - T_2)] = W_c c_{pc}(t_2 - t_1) \tag{3-56}$$

?请思考:若换热器中热流体无相变,冷流体为饱和液体沸腾,则其热量衡算方程是什么?

二、传热速率方程

换热器的热负荷通常是由工艺要求确定的,在一定的热负荷下,需要多大的传热面积才能完成任务呢?经验表明,在定常传热情况下,换热器的热负荷(即传热速率)正比于传热面积和两流体的温度差,并同样可表示为传热总推动力和传热总阻力之比:

$$Q = KA\Delta t_m = \frac{\Delta t_m}{\dfrac{1}{KA}} = \frac{\text{传热总推动力}}{\text{传热总阻力}} \tag{3-57}$$

式中　A——换热器的传热面积,m^2;

Δt_m——热、冷流体的平均温度差,也就是传热的总推动力,℃;

K——传热系数,W/(m^2·℃),它与间壁两侧流体的对流给热系数均有关,在这里实际上是整个传热过程中的平均值。

式(3-57)称为传热速率方程,传热系数K、传热面积A和传热平均温差是传热过程的三要素。

在列管式换热器中,两流体间的传热是通过管壁进行的,故管壁表面积可视作传热面积:

$$A = n\pi dl \tag{3-58}$$

式中　n——管数;

d——管径,m;

l——管长,m。

应予指出,管径d可根据情况选用管内径d_i、管外径d_o或平均直径d_m,则对应的传热面积分别为管内表面积A_i、管外表面积A_0或平均表面积A_m。对于一定的传热任务,若能由式(3-58)确定传热面积,即可在选定管子规格以后,确定管子的长度或根数,并进而完成换热器的工艺设计或选型工作。但是,要使用传热速率方程,必须首先了解传热系数和传热平均温度差的计算方法。

例3-11　用饱和水蒸气将原料液由100 ℃加热到120 ℃,原料液的流量为100 m^3/h,密度为1 080 kg/m^3,平均定压比热容为2.93 kJ/(kg·℃)。已知传热系数为680 W/(m^2·℃),传

热平均温度差为23.3 ℃,饱和水蒸气的比汽化焓为2 168 kJ/kg,试求饱和水蒸气用量和所需的传热面积。

解 热负荷计算:

$$Q = W_c c_{pc}(t_2 - t_1) = \frac{100 \times 1\ 080}{3\ 600} \times 2.93 \times 10^3 \times (120 - 100) = 1.76 \times 10^6\ \text{W}$$

由式(3-55)可得

$$W_h = \frac{Q}{r_h} = \frac{1.76 \times 10^6}{2\ 168 \times 10^3} = 0.812\ \text{kg/s}$$

由传热速率方程可得

$$A = \frac{Q}{K\Delta t_m} = \frac{1.76 \times 10^6}{680 \times 23.3} = 111\ \text{m}^2$$

三、传热平均温度差

间壁两侧流体传热平均温度差的计算,必须考虑两流体的温度沿传热面的变化情况以及流体相互间的流向。流向可分为并流、逆流、错流和折流四类,见图3-34。

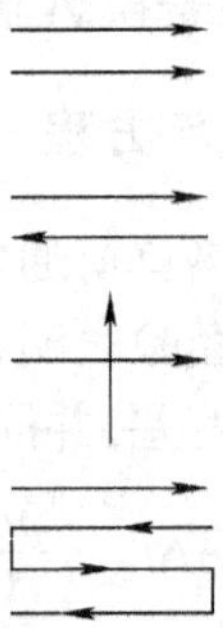

图3-34 换热器中流体流向示意图

(一)恒温传热与变温传热

热、冷流体在定常热交换过程中,温度变化情况可分为两类。

1)恒温传热 在传热的不同位置上,两种流体的温度皆不变化,称为恒温传热。例如,间壁一侧为饱和水蒸气在一定温度下冷凝,另一侧是冷流体在一定温度下沸腾,两流体的温度沿传热面无变化,温差也处处相等,可表示为

$$\Delta t_m = T - t \tag{3-59}$$

式中 T、t 分别表示热、冷流体的温度。

因此,恒温传热时,温差的表示与流向无关。

2)变温传热 若间壁一侧或两侧的流体温度沿着传热面在不断变化,称为变温传热。下面讨论几种常见的情况。

图3-35是单侧流体温度变化的情况。例如,用饱和水蒸气加热冷流体,水蒸气冷凝,温度不变,而冷流体的温度不断上升,见图3-35(a)。又如用不发生相变化的热流体去加热另一在较低温度下沸腾的液体,后者的温度始终保持在沸点不变,见图3-35(b)。

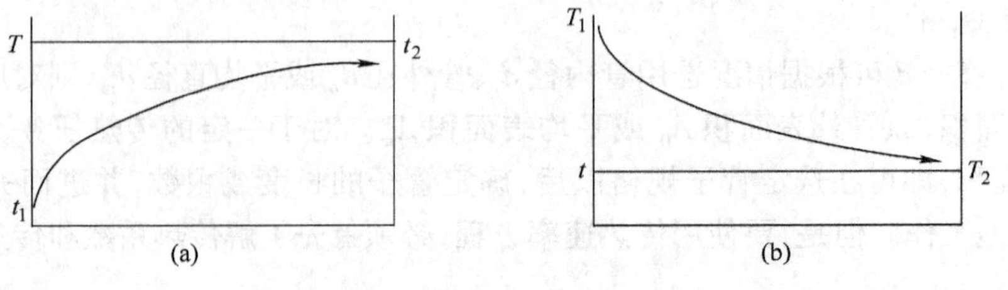

图3-35 一侧流体变温时的温差变化

(a)饱和水蒸气加热冷流体,水蒸气冷凝温度不变 (b)无相变化的热流体使冷流体沸腾汽化,温度不变

图 3-36 是两侧流体温度均变化的情况。其中(a)是逆流,即冷、热流体在传热面两侧流向相反;(b)是并流,即冷、热流体在传热面两侧流向相同。

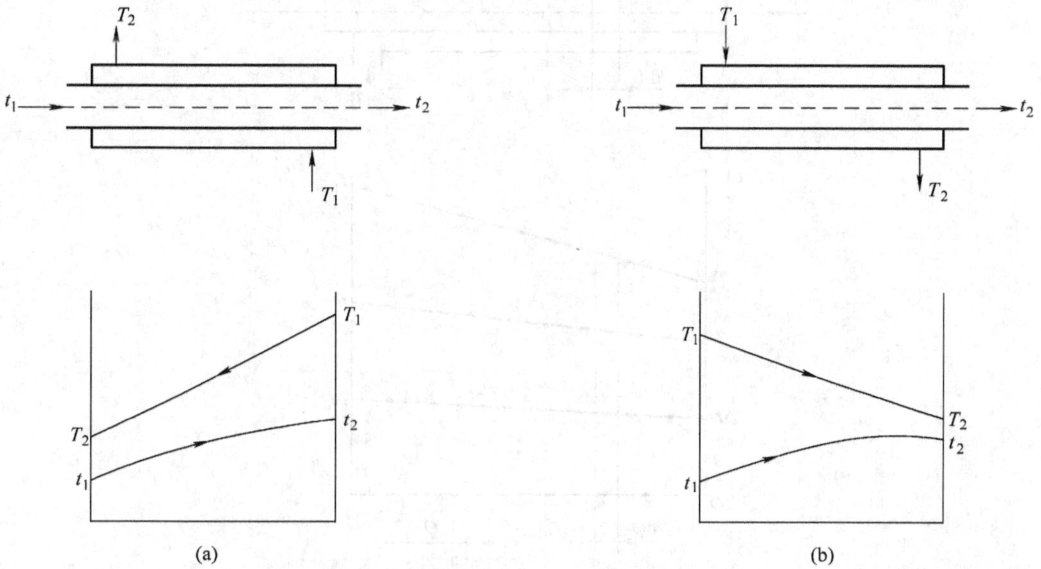

图 3-36 两侧流体变温下的温度差变化

在变温传热时,沿传热面的局部温差是变化的。要进行传热计算,就必须求出传热过程的平均温度差。现推导逆流和并流操作两侧变温传热时平均温差的计算式,其他情况下可利用这一结果进行适当的修正。

(二)平均温度差 Δt_m 的计算

假定:①为定常传热过程,W_h、W_c 均为常数;②沿传热面 c_{ph}、c_{pc} 和 K 值均不变;③换热器的热损失可以忽略。

若在换热器中取一微元段为研究对象,其传热面积为 dA,经过 dA 的热流体因放热而温度下降,冷流体因受热而温度上升 dt,传热量为 dQ(见图 3-37)。列出此微元段内的热量衡算(微分)式,得

$$dQ = W_h c_{ph} dT = W_c c_{pc} dt \tag{3-60}$$

因此,有

$$\frac{dQ}{dT} = W_h c_{ph} = 常数,\ \frac{dQ}{dt} = W_h c_{pc} = 常数$$

于是有

$$\frac{d(T-t)}{dQ} = \frac{dT}{dQ} - \frac{dt}{dQ} = \frac{1}{W_h c_{ph}} - \frac{1}{W_h c_{pc}} = 常数$$

这说明传热量与热、冷流体的温度分别成直线关系。在此条件下,传热量与热、冷流体间的局部温差也必然成直线关系,因此该直线的斜率可表示为

$$\frac{d(\Delta t)}{dQ} = \frac{\Delta t_1 - \Delta t_2}{Q} \tag{3-61}$$

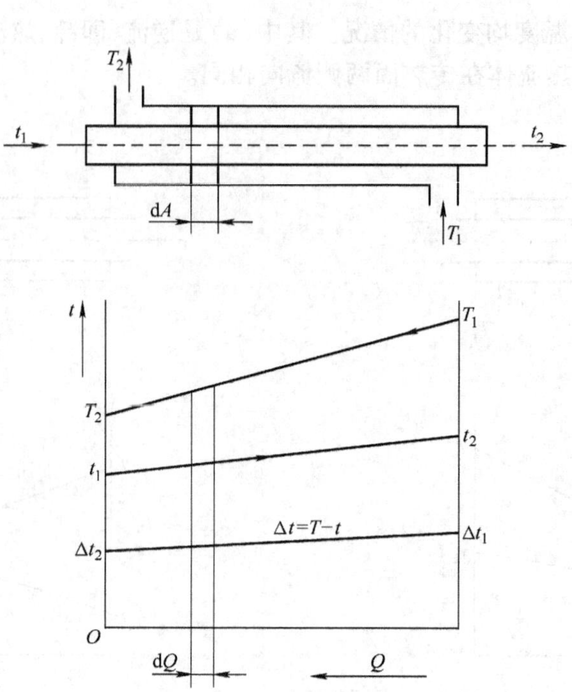

图 3-37 平均温度差计算

式中 Δt_1、Δt_2 分别为热换器两端进口和出口热、冷流体间的温差，Q 是换热的热负荷，对一定的换热器要求，它们均为定值。

在微元段内，热、冷流体的温度可视为不变，利用式(3-57)写出传热速率方程的微分式：

$$dQ = K\Delta t dA \tag{3-62}$$

式中 $\Delta t = T - t$，是微元段内的局部温度差。将式(3-62)代入式(3-61)，可得

$$\frac{d(\Delta t)}{K\Delta t dA} = \frac{\Delta t_1 - \Delta t_2}{Q} \tag{3-63}$$

分离变量并积分，可得

$$\frac{1}{K}\int_{\Delta t_2}^{\Delta t_1} \frac{d(\Delta t)}{\Delta t} = \frac{\Delta t_1 - \Delta t_2}{Q}\int_0^A dA$$

移项得

$$Q = KA\frac{\Delta t_1 - \Delta t_2}{\ln\dfrac{\Delta t_1}{\Delta t_2}} \tag{3-64}$$

与传热速率方程(3-57)比较可得

$$\Delta t_m = \frac{\Delta t_1 - \Delta t_2}{\ln\dfrac{\Delta t_1}{\Delta t_2}} \tag{3-65}$$

因此，平均温度差是换热器进、出口处两种流体温度差的对数平均值，故称为对数平均温度差。

在以上各式推导过程中，并未对流向是并流或逆流做出规定，故这个结果对并流和逆流都

适用，只要将换热器两端热、冷流体的实际温度代入 Δt_1 和 Δt_2 就可以计算出 Δt_m。通常，将两端温度差较大的一个作为 Δt_1，较小的一个作为 Δt_2，计算时比较方便。

当 $\frac{\Delta t_1}{\Delta t_2} \leqslant 2$ 时，可用算术平均值 $\frac{\Delta t_1 + \Delta t_2}{2}$ 代替对数平均值计算，其误差不超过4%。算术平均值实质上就是热、冷流体进口和出口温度平均值的差；对数平均值恒小于算术平均值。换热器两端温差相差越大，对数平均值就越小于算术平均值。在极限情况下，当换热器两端温差有一个为零时，对数平均值温差也为零，这意味着传递指定的热量需要无限大的传热面。用这个观点来分析逆流和并流操作的差别，在冷、热流体进口和出口温度各自相等的条件下，由于并流操作两端温度差相差较大，其对数平均值小于逆流操作。因此，就增大传热过程推动力而言，逆流操作优于并流操作，可以减小传热面积（见例3-12）。

逆流操作的另一优点是可以节约冷却剂或加热剂的用量。因为并流操作时，t_2 总是低于 T_2；而逆流操作时，t_2 却可能高于 T_2（见图3-36）。这样，对于同样的传热量，逆流冷却时，冷却介质的温升比并流大，冷却剂的用量就可少些。同理，逆流加热时，加热剂的用量也可少于并流。当然，在这种情况下，平均温差和传热面积都将变化，逆流的平均温度差就不一定比并流大。

例3-12　现用一列管式换热器加热原油，原油流量为2 000 kg/h，要从60 ℃被加热到120 ℃。某加热剂进口温度为180 ℃，出口温度为140 ℃。试求：(1)并流和逆流的平均温差；(2)若原油的比热容为3 kJ/(kg·℃)，并流、逆流时的 K 均为100 W/(m²·℃)，求并流和逆流时所需的传热面积；(3)若要求加热剂出口温度为120 ℃，此时并流和逆流的 Δt_m 和所需的传热面积又是多少？逆流时的加热剂量可减少多少？（设加热剂的比热容和 K 不变）

解　(1)逆流：

$T_1 \rightarrow T_2$ 从180 ℃到140 ℃　　$\Delta t_1 = T_2 - t_1 = 140 - 60 = 80$ ℃

$t_2 \leftarrow t_1$ 从60 ℃到120 ℃　　$\Delta t_2 = T_1 - t_2 = 180 - 120 = 60$ ℃

$$\Delta t_{m逆} = \frac{80-60}{\ln\frac{80}{60}} = 69.5\ ℃$$

并流：

$T_1 \rightarrow T_2$ 从180 ℃到140 ℃　　$\Delta t_1 = T_1 - t_1 = 180 - 60 = 120$ ℃

$t_1 \rightarrow t_2$ 从60 ℃到120 ℃　　$\Delta t_2 = T_2 - t_2 = 140 - 120 = 20$ ℃

$$\Delta t_m = \frac{120-20}{\ln\frac{120}{20}} = 55.8\ ℃$$

(2)计算热负荷：

$$Q = W_c c_{pc}(t_2 - t_1) = \frac{2\ 000}{3\ 600} \times 3 \times 10^3 \times (120-60) = 10^5\ \text{W}$$

$$A_{逆} = \frac{Q}{K\Delta t_{m逆}} = \frac{10^5}{100 \times 69.5} = 14.4\ \text{m}^2$$

$$A_{并} = \frac{Q}{K\Delta t_{m并}} = \frac{10^5}{100 \times 55.8} = 17.9\ \text{m}^2$$

(3)并流时：

$\Delta t_2 = 120 - 120 = 0, \Delta t_{m并} = 0, A_{并} = \infty$

逆流时：

$$\Delta t_1 = 120 - 60 = 60\ ℃, \Delta t_2 = 180 - 120 = 60\ ℃,$$

$$\Delta t_{m逆} = \frac{\Delta t_1 + \Delta t_2}{2} = 60\ ℃, A_{逆} = \frac{10^5}{100 \times 60} = 16.7\ m^2$$

因为 Q 不变，故$\frac{W'_h}{W_h} = \frac{c_{ph}(T_1 - T_2)}{c_{ph}(T_1 - T'_2)} = \frac{180 - 140}{180 - 120} = \frac{2}{3}$。

计算表明，加热剂的用量比原来减少了$\frac{1}{3}$。

（三）折流和错流的平均温度差

在大多数的间壁式换热器中，两流体并非作简单的并流或逆流，而取比较复杂的流动形式。若参与换热的两种流体在传热面两侧彼此呈垂直交叉方向流动，称为错流；若另一侧流体只沿一个方向流动，另一侧流体反复折流，称为简单折流；若两侧流体均作折流，或既有折流又有错流，则称为复杂折流。

对于错流和折流时的平均温度差，可先按逆流进行计算，然后再乘以校正系数，即

$$\Delta t_m = \varphi \Delta t_{m逆} \tag{3-66}$$

校正系数与冷、热两种流体进口和出口温度的变化量有关。定义

$$R = \frac{T_1 - T_2}{t_2 - t_1} = \frac{热流体的温降}{冷流体的温升}$$

$$P = \frac{t_2 - t_1}{T_1 - t_1} = \frac{冷流体的温升}{两流体的最初温度差}$$

根据这两个参数 R、P，可从相应的图中查出 φ 值。

图 3-38 给出了几种常见流动形式的温差校正系数 φ 与 R、P 的关系。对于列管式换热器，流体走完换热器管束或管壳的一个全长称为一个行程。管内流动的行程称为管程，流体流过管束一次为单管程，往返多次为多管程；管外流动的行程称为壳程，流体流过壳体一次为单壳程，往返多次为多壳程。

由于校正系数 φ 恒小于 1，故折流、错流时的平均温度差总小于逆流。在设计时要注意使 φ 大于 0.8，否则经济上不合理，也影响换热器操作的稳定性，因为此时若操作温度稍有变动，将会使 φ 值急剧下降。所以，当计算得出的 φ 不大于 0.8 时，应改变流动方式后重新计算。

例 3-13 在一单壳程、四管程的列管式换热器中，用水冷却油。冷水在壳程流动，进口温度为 15 ℃，出口温度为 32 ℃。油的进口温度为 100 ℃，出口温度为 40 ℃。试求两流体之间的温度差。

解 已知 $T_1 = 100\ ℃, T_2 = 40\ ℃, t_1 = 15\ ℃, t_2 = 32\ ℃$。

逆流：$T_1 = 100\ ℃ \rightarrow T_2 = 40\ ℃$

$t_2 = 32\ ℃ \leftarrow t_1 = 15\ ℃$

$$\Delta t_{m逆} = \frac{\Delta t_1 - \Delta t_2}{\ln \frac{\Delta t_1}{\Delta t_2}} = \frac{(T_1 - t_2) - (T_2 - t_1)}{\ln \frac{T_1 - t_2}{T_2 - t_1}}$$

$$= \frac{(100 - 32) - (40 - 15)}{\ln \frac{100 - 32}{40 - 15}} = 43.0\ ℃$$

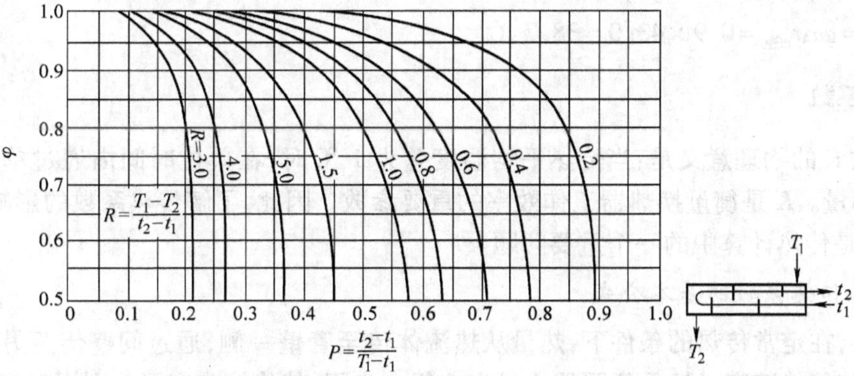

(a)

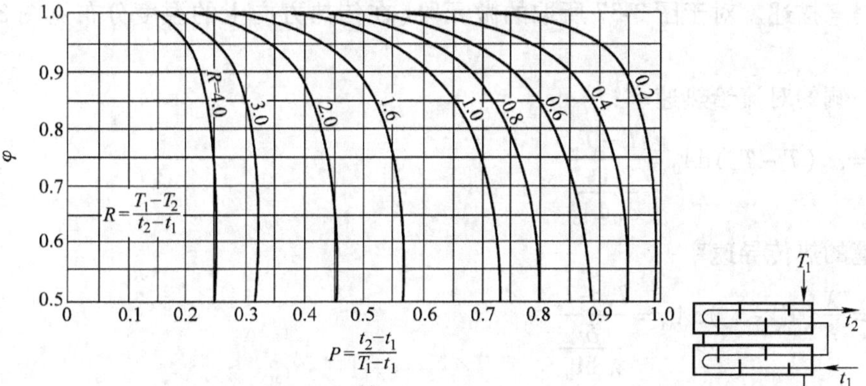

(b)

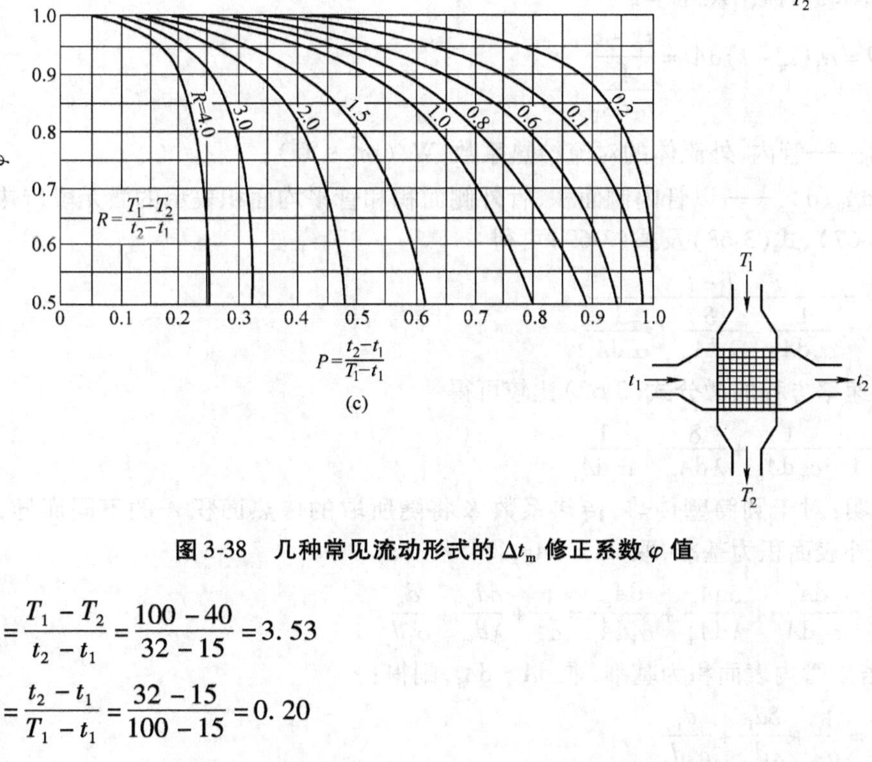

(c)

图 3-38　几种常见流动形式的 Δt_m 修正系数 φ 值

$$R=\frac{T_1-T_2}{t_2-t_1}=\frac{100-40}{32-15}=3.53$$

$$P=\frac{t_2-t_1}{T_1-t_1}=\frac{32-15}{100-15}=0.20$$

查图 3-38(a)得 $\varphi=0.90$。所以

$$\Delta t_m=\varphi\Delta t_{m逆}=0.9\times43.0=38.7\ ℃$$

四、传热系数

传热系数 K 的物理意义是:当传热平均温度差为 1 ℃时,在单位时间内通过单位传热面积所传递的热量。K 是衡量换热器工作效率的重要参数。因此,了解传热系数的影响因素,合理确定 K 值,是传热计算中的一个重要问题。

(一)计算传热系数的基本公式

前已述及,在定常传热的条件下,热量从热流体传至管壁一侧,通过间壁传至另一侧后又传给冷流体,其传热速率必然是相同的。对应于每一步骤,其传热速率可分别用对流给热方程或热传导方程来描述。对于图 3-37 所取的微元段(在传热方向上的温度分布见图 3-24,有以下结果。

热流体一侧的对流给热速率:

$$dQ=\alpha_0(T-T_w)dA_0=\frac{T-T_w}{\dfrac{1}{\alpha_0 dA_0}} \tag{3-67}$$

通过管壁的热传导速率:

$$dQ=\frac{\lambda}{\delta}(T_w-t_w)dA_m=\frac{T_w-t_w}{\dfrac{\delta}{\lambda dA_m}} \tag{3-68}$$

冷流体侧的对流给热速率:

$$dQ=\alpha_i(t_w-t)dA_i=\frac{t_w-t}{\dfrac{1}{\alpha_i dA_i}} \tag{3-69}$$

式中 α_i、α_0——管内、外流体的对流给热系数,W/(m^2·℃);

dA_i、dA_0、dA_m——以管内侧面积、管外侧面积和管平均面积表示的微元段传热面积,m^2;

由式(3-67)、式(3-68)及式(3-69)可得

$$dQ=\frac{T-t}{\dfrac{1}{\alpha_o dA_o}+\dfrac{\delta}{\lambda dA_m}+\dfrac{1}{\alpha_i dA_i}} \tag{3-70}$$

与传热速率方程的微分式(3-62)比较可得

$$\frac{1}{KdA}=\frac{1}{\alpha_o dA_o}+\frac{\delta}{\lambda dA_m}+\frac{1}{\alpha_i dA_i} \tag{3-71}$$

上式说明:对于圆筒壁传热,传热系数 K 将随所取的传热面积 A 的不同而异,但乘积不变。若以管外表面积为基准,取 $dA=dA_0$,得

$$\frac{1}{K_o}=\frac{dA_o}{\alpha_o dA_o}+\frac{\delta dA_o}{\lambda dA_m}+\frac{dA_o}{\alpha_i dA_i}=\frac{1}{\alpha_o}+\frac{\delta d_o}{\lambda d_m}+\frac{d_o}{\alpha_i d_i} \tag{3-72}$$

同理,若以管内表面积为基准,取 $dA=dA_i$,则得:

$$\frac{1}{K_i}=\frac{1}{\alpha_i}+\frac{\delta d_i}{\lambda d_m}+\frac{d_i}{\alpha_o d_o}$$

式中 d_i、d_0、d_m——换热管的内径、外径和平均直径，m。

在传热计算中，用内表面积或外表面积作为传热面积计算结果相同。但工程习惯上以管外表面积作为计算的传热面积，故以下的传热系数 K 都是对应于管外表面积的。

从上述推导过程可知，这里的 K 是对应于微元面积 dA 的局部传热系数。严格地讲，在换热器中，流体的温度不断地沿传热面而变（流体有相变时除外），因此流体的物性、对流给热系数及传热系数都会有所变化。但是，工程计算中所使用的对流给热系数是按系统定性温度所确立的物性参数计算得到的，因而用式（3-72）求得的 K 值也可作为全部的传热面上的平均值，而视为常数。

比较式（3-67）和式（3-70）知，在传热速率计算中，对流给热系数与流体和壁面的温差相联系，但传热系数则直接和热、冷流体的温差相联系。因此，根据式（3-72）由壁面两侧的 α_i 和 α_0 求出 K 后，即可使用式（3-57）进行计算而不必再去计算未知的壁温值，比较简捷。

（二）污垢热阻

以上推导过程中，未考虑传热面上污垢的影响。实际上，换热器运转一段时间后，在传热管的内、外侧都会有不同程度的污垢沉积，使传热速率减小。实践证明，表面污垢会产生相当大的热阻，在传热计算中，污垢热阻常常不能忽略。由于污垢热阻的厚度和导热系数难以测量，工程计算时通常根据经验选用污垢热阻值。表 3-11 列出了工业上常见流体污垢热阻的大致范围以供参考。

若管内、外侧流体的污垢热阻用 R_{si}、R_{so} 表示，按串联热阻的概念，传热系数 K 可由下式计算：

$$\frac{1}{K}=\frac{1}{\alpha_o}+R_{so}+\frac{\delta d_o}{\lambda d_m}+R_{si}\frac{d_o}{d_i}+\frac{d_o}{\alpha_i d_i} \tag{3-73}$$

表 3-11 常见流体的污垢热阻

流体	污垢热阻 $R/(m^2\cdot K/kW)$
水（$u<1$ m/s，$t>50$ ℃）	
蒸馏水	0.09
海水	0.09
清净的河水	0.21
未处理的凉水塔用水	0.58
已处理的凉水塔用水	0.26
已处理的锅炉用水	0.26
硬水、井水	0.58
水蒸气	
优质（不含油）	0.052
劣质（不含油）	0.09
往复机排出	0.176
液体	
处理过的盐水	0.264

续表

流体	污垢热阻 $R/(m^2 \cdot K/kW)$
有机物	0.176
燃料油	1.056
焦油	1.76
气体	
空气	0.26～0.53
溶剂蒸气	0.14

对于易结垢的流体，换热器使用过久，污垢热阻会增大到使传热速率严重下降，故换热器要根据工作条件定期清洗。

(三)几点讨论

(1)当传热面为平壁或薄管壁时，$A_o \approx A_i \approx A_m$，式(3-73)可简化为

$$\frac{1}{K}=\frac{1}{\alpha_o}+R_{so}+\frac{\delta}{\lambda}+R_{si}+\frac{1}{\alpha_i} \tag{3-74}$$

当使用金属薄壁管时，管壁热阻可忽略；若为清洁流体，污垢热阻也可忽略。此时有

$$\frac{1}{K}\approx\frac{1}{\alpha_o}+\frac{1}{\alpha_i} \tag{3-75}$$

式(3-75)说明传热系数 K 必小于任一侧流体的对流给热系数。

(2)在实际生产中，流体的进、出口温度往往受到工艺要求的制约。因此，提高 K 值是强化传热的重要途径之一。欲提高 K 值，原则上减小任何环节的热阻都可提高传热系数。但若各个环节的热阻具有不同的数量级，总热阻由其中数量级最大的热阻所决定。要有效地强化传热，必须着力减小热阻中最大的一个。

(3)K 值除用上述计算方法得到外，还可以选用生产实际的经验数据或直接测量。

在设计换热器时，往往可参照工艺条件相仿、在类似设备上所得的较为成熟的生产数据作为初步估算的依据。表 3-12 列出了列管式换热器中传热系数值的大致范围，可供参考。

表 3-12　列管式换热器 K 值的大致范围

热流体	冷流体	传热系数 K 值/[$W/(m^2 \cdot ℃)$]
水	水	850～1 700
轻油	水	340～910
重油	水	60～280
气体	水	17～280
水蒸气冷凝	水	1 420～4 250
水蒸气冷凝	气体	30～300
低沸点烃类蒸气冷凝(常压)	水	455～1 140
高沸点烃类蒸气冷凝(常压)	水	60～170
水蒸气冷凝	水沸腾	2 000～4 250

续表

热流体	冷流体	传热系数 K 值/[W/(m^2·℃)]
水蒸气冷凝	轻油沸腾	455~1 020
水蒸气冷凝	重油沸腾	140~425

对现有的换热器,其传热面积已知,故可通过测定不同生产条件下两侧流体的进、出口温度及其他有关数据,用传热速率方程计算出 K 值。通过这种查定,还可以了解传热设备的操作性能,从而寻求提高设备能力的途径。

例 3-14　热空气在规格为 $\phi 25\ mm \times 2.5\ mm$ 的钢管外流过,对流给热系数为 50 W/(m^2·K),冷却水在管内流过,对流给热系数为 1 000 W/(m^2·K)。试求:(1)传热系数;(2)若管内对流给热系数增大 1 倍,传热系数有何变化?(3)若管外对流给热系数增大 1 倍,传热系数有何变化?

解　已知 $\alpha_o = 50$ W/(m^2·K),$\alpha_i = 1\ 000$ W/(m^2·K)。

查表 3-2 取钢管的导热系数 $\lambda = 45$ W/(m·K)。

查表 3-11,取水侧污垢热阻 $R_{si} = 0.58 \times 10^{-3}\ m^2 \cdot K/W$,取热空气侧污垢热阻 $R_{so} = 0.5 \times 10^{-3}\ m^2 \cdot K/W$。

(1) $$\frac{1}{K} = \frac{1}{\alpha_o} + R_{so} + \frac{\delta d_o}{\lambda d_m} + R_{si}\frac{d_o}{d_i} + \frac{d_o}{\alpha_i d_i}$$

$$= \frac{1}{50} + 0.5 \times 10^{-3} + \frac{2.5 \times 10^{-3} \times 25}{45 \times 22.5} + 0.58 \times 10^{-3} \times \frac{25}{20} + \frac{25}{1\ 000 \times 20}$$

$$= 0.02 + 0.000\ 5 + 0.000\ 062 + 0.000\ 725 + 0.001\ 25$$

$$= 0.022\ 5\ m^2 \cdot K/W$$

$$K = 44.4\ W/(m^2 \cdot K)$$

可见,空气侧对流给热热阻最大,占总热阻的 88.9%;管壁热阻最小,占总热阻的 0.28%。因此传热系数 K 值接近于空气侧的对流给热系数,即 α 较小的一个。在这种情况下,若忽略管壁热阻与污垢热阻,可得 $K = 47.1$ W/(m^2·K),误差约为 6%。

(2)若管内对流给热系数增大 1 倍,其他条件不变,即

$$\alpha_i' = 2\ 000\ W/(m^2 \cdot K)$$

代入式(3-73)可得

$$\frac{1}{K'} = 0.021\ 9\ m^2 \cdot K/W$$

$$K' = 45.6\ W/(m^2 \cdot K)$$

传热系数仅提高了 2.7%

(3)若管外 α_o 增大一倍,即 $\alpha_o' = 100$ W/(m^2·K),$\frac{1}{\alpha_o'} = 0.01$,则有:

$$\frac{1}{K''} = 0.012\ 5$$

$$K'' = 79.8\ W/(m^2 \cdot K)$$

传热系数提高了近 80%。

上述计算表明:①要有效地提高 K 值,必须设法减小主要热阻,本例中应设法提高空气侧的对流给热系数;②传热系数 K 总小于两侧流体的对流给热系数,而且总是接近 α 较小的一个。

五、传热计算示例与分析

与其他单元操作的计算相同,传热计算也分为设计型与操作型两类。设计型计算是根据已定的生产要求确定所需的换热面积;操作型计算用于判断一个现有的换热器能否完成指定的生产任务,或者预测某些参数的变化对换热能力的影响。两类计算均以热量衡算方程和传热速率方程为基础,但要计算的未知量不同,计算的步骤也有差别。

以无相变化双侧变温传热为例,有

$$Q = W_h c_{ph}(T_1 - T_2) = W_c c_{pc}(t_2 - t_1) = KA\Delta t_m$$

三个方程中包含 Q、W_h、W_c、T_1、T_2、t_1、t_2、K、A 九个独立变量。因此,需给出其中六个独立变量才能算出其余三个未知变量。

(一)设计型计算示例

例 3-15　某厂要求将流量为 1.25 kg/s 的苯由 80 ℃冷却至 30 ℃。冷却水走管外与苯逆流,进口水温为 20 ℃,出口水温不超过 50 ℃。已知苯侧和水侧的对流给热系数分别为 850 W/(m²·℃),1 700 W/(m²·℃),污垢热阻和管壁热阻可忽略,试求换热器的传热面积。已知苯的平均比热容为 1.9 kJ/(kg·℃),水的平均比热容为 4.18 kJ/(kg·℃)。

解　$Q = W_h c_{ph}(T_1 - T_2) = 1.25 \times 1.9 \times 10^3 \times (80 - 30) = 1.19 \times 10^5$ W

根据题意:

$$\frac{1}{K} = \frac{1}{\alpha_o} + \frac{1}{\alpha_i} = \frac{1}{1\ 700} + \frac{1}{850} = 1.77 \times 10^{-3}\ \text{m}^2 \cdot ℃/\text{W}$$

$$K = 565\ \text{W/(m}^2 \cdot ℃)$$

对逆流换热:

$$\Delta t_m = \frac{\Delta t_1 - \Delta t_2}{\ln\dfrac{\Delta t_1}{\Delta t_2}} = \frac{(80-50)-(30-20)}{\ln\dfrac{80-50}{30-20}} = 18.2\ ℃$$

$$A = \frac{Q}{K \cdot \Delta t_m} = \frac{1.19 \times 10^5}{565 \times 18.2} = 11.6\ \text{m}^2$$

此题已知 W_h、T_1、T_2、t_1、t_2 和 K(通过关系式算出),可解出 Q、A 和 W_c,是典型的设计型计算题,要求熟练掌握。

应予指出,实际换热器设计中,设计者通常需要对给定变量的数值做出一系列的选择,计算也要复杂得多。

若已知六个量能否求出其余未知量?为什么?

(二)操作型计算示例

例 3-16　某厂使用初温为 25 ℃的冷却水将流量为 1.4 kg/s 的气体从 50 ℃逆流冷却至 35 ℃,换热器的面积为 20 m²,经测定传热系数约为 230 W/(m²·℃)。已知气体的平均比热容为 1.0 kJ/(kg·℃),试求冷却水用量及出口温度。

解　$Q = W_h c_{ph}(T_1 - T_2) = 1.4 \times 1.0 \times 10^3 \times (50 - 35) = 2.1 \times 10^4$ W

取冷却水的平均比热容为4.18 kJ/(kg·℃),则

$$W_c = \frac{Q}{c_{pc}(t_2 - t_1)} = \frac{2.1\times10^4}{4.18\times10^3\times(t_2-25)} \tag{A}$$

根据传热速率方程 $Q = KA\Delta t_m$ 和流体两端温度的关系:

$$2.1\times10^4 = 230\times20\times\frac{(50-t_2)-(35-25)}{\ln\frac{50-t_2}{35-25}} \tag{B}$$

试差求解(B)式得

$$t_2 = 48.4\ ℃$$

将 t_2 代入(A)式得

$$W_c = 0.215\ \text{kg/s}$$

由于冷流体的流量和出口温度均未知,此题必须通过试差才能求解。但是,如果 Δt_m 可用算术平均值代替,就无须试差了。通常,可先用算术平均值代入公式求出试差初值,以节约试差时间,此外,冷流体的平均比热容是温度的函数,理论上也需要在解出 t_2 以后才能确定,但 c_{pc} 的数值随温度的变化不大,取其估计值,对工程计算还是允许的。

例3-17 某套管换热器,空气从管内流过,温度从 t_1 升至 t_2,管间为水蒸气冷凝,管壁及污垢热阻均可忽略。现欲使空气流量增大1倍,并要求空气出口温度不变,问加热管需比原来长多少倍?

解 由于管壁及污垢热阻均可忽略,可用式(3-75)计算 K 值:

$$\frac{1}{K} = \frac{1}{\alpha_o} + \frac{1}{\alpha_i}$$

又因为管内空气强制湍流的 α_i 远远小于管间水蒸气冷凝的 α_o,所以 $K \approx \alpha_i$。

原工况:

$$Q = W_h r_h = W_c c_{pc}(t_2 - t_1) = KA\Delta t_m \tag{A}$$

新工况:

$$Q' = W'_h r_h = {}'W_c c_{pc}(t_2 - t_1) = K'A'\Delta t_m \tag{B}$$

由题给条件知 $W'_c = 2W_c$,Δt_m 未变,空气的物性未变。

由式(3-15) $Nu = 0.023\,Re^{0.8}Pr^n$ 知,$\alpha_i \propto Re^{0.8} \propto W^{0.8}$,$\frac{\alpha'}{\alpha} = \left(\frac{W'_c}{W_c}\right)^{0.8} = 2^{0.8}$ 所以 $K' \approx \alpha'_i = 2^{0.8}\alpha_i = 2^{0.8}K$

(B)/(A)得

$$2 = \frac{K'}{K}\times\frac{A'}{A} = \frac{K'}{K}\times\frac{l'}{l} = 2^{0.8}\frac{l'}{l}$$

所以 $\frac{l'}{l} = 1.15$,即换热器的管长需增加15%。

通过本例需要指出以下几点。

(1)当一侧流体的对流给热系数小于另一侧的给热系数一个数量级以上且管壁及污垢热阻可忽略时,在工程计算时可近似认为前者约等于传热系数,这也是常用的简化关系。做题时要灵活运用对流传热的知识分析题意,使之合理简化从而获知 K 值或条件变化对 K 值的影响。

(2)流体在圆管内强制湍流的给热系数关系式(3-15)常用且重要。在管径不变、物性也近似不变时,可利用 $\alpha_i \propto Re^{0.8} \propto W^{0.8}$ 的关系分析给热系数随流量或流速的变化。

(3)当需要了解某一给定变量发生变化对待求变量的影响时,可直接将新工况与原工况下包含这些变量的公式进行对比,消去未发生变化的各项,即可得出所求的结论。

例 3-18 有一单程逆流换热器,热空气走管外 $\alpha_o = 50\ W/(m^2 \cdot ℃)$,$T_1 = 120\ ℃$,$T_2 = 80\ ℃$,$\alpha_i = 2\ 000\ W/(m^2 \cdot ℃)$,$t_1 = 15\ ℃$,$t_2 = 90\ ℃$,管壁及污垢热阻均可忽略。当冷却水流量增大 1 倍时,试求:(1)水和空气的出口温度 t'_2 和 T'_2;(2)传热速率 Q' 比原来增大多少?

解 (1)使用新、旧工况对比法求解。

原工况:

$$Q = W_h c_{ph}(T_1 - T_2) = W_c c_{pc}(t_2 - t_1) = KA\Delta t_m \tag{A}$$

新工况:

$$Q' = W_h c_{ph}(T_1 - T'_2) = W'_c c_{pc}(t'_2 - t_1) = K'A\Delta t'_m \tag{B}$$

由题给条件知 $W'_c = 2W_c$,由(A)/(B)得

$$\frac{T_1 - T_2}{T_1 - T'_2} = \frac{t_2 - t_1}{2(t'_2 - t_1)} = \frac{K\Delta t_m}{K'\Delta t'_m} \tag{C}$$

因为

$$\frac{1}{K} = \frac{1}{\alpha_o} + \frac{1}{\alpha_i} = \frac{1}{50} + \frac{1}{2\ 000} = 0.020\ 5\ m^2 \cdot ℃/W$$

$$K = 48.8\ W/(m^2 \cdot ℃)$$

$$\frac{\alpha'_i}{\alpha_i} = \left(\frac{W'_c}{W_c}\right)^{0.8} = 2^{0.8}$$

$$\alpha'_i = 2^{0.8}\alpha_i$$

所以

$$\frac{1}{K'} = \frac{1}{\alpha'_i} + \frac{1}{\alpha_o} = \frac{1}{2^{0.8} \times 2\ 000} + \frac{1}{50} = 0.020\ 3$$

$$K' = 49.3\ W/(m^2 \cdot ℃)$$

将已知条件代入(C)式,用试差法可解出 T'_2 和 t'_2。但如果经过适当的数学处理,也可以避免试差。

在逆流条件下:

$$\Delta t_m = \frac{(T_1 - t_2) - (T_2 - t_1)}{\ln \dfrac{T_1 - t_2}{T_2 - t_1}} = \frac{(120 - 90) - (80 - 15)}{\ln \dfrac{120 - 90}{80 - 15}} = 45.3\ ℃$$

$$T_1 \to T'_2,\ t'_2 \leftarrow t_1$$

$$\Delta t'_m = \frac{(T_1 - t'_2) - (T'_2 - t_1)}{\ln \dfrac{T_1 - t'_2}{T'_2 - t_1}} = \frac{(T_1 - T'_2) - (t'_2 - t_1)}{\ln \dfrac{T_1 - t'_2}{T'_2 - t_1}} \tag{D}$$

为了避免试差,需要设法消去 $\Delta t'_m$ 中的分子项,使分母项可以解出。按此,并运用等比定理整理式(C)为

$$\frac{T_1 - T_2}{T_1 - T'_2} = \frac{(T_1 - T_2) - 0.5(t_2 - t_1)}{(T_1 - T'_2) - (t'_2 - t_1)} = \frac{K\Delta t_m}{K'\dfrac{(T_1 - T'_2) - (t'_2 - t_1)}{\ln \dfrac{T_1 - t'_2}{T'_2 - t_1}}} \tag{E}$$

所以有

$$\ln\frac{T_1-t_2'}{T_2'-t_1}=\frac{K'}{K}\times\frac{(T_1-T_2)-0.5(t_2-t_1)}{\Delta t_m}$$
$$=\frac{49.3}{48.8}\times\frac{(120-80)-0.5\times(90-15)}{45.3}$$
$$=0.055\ 8$$

即有

$$\frac{T_1-t_2'}{T_2'-t}=\frac{120-t_2'}{T_2'-15}=e^{0.055\ 8}=1.057 \tag{F}$$

由式(C)得

$$\frac{120-80}{120-T_2'}=\frac{90-15}{2(t_2'-15)} \tag{G}$$

联解(F)、(G)两式,得

$t_2'=61.9$ ℃,$T_2'=69.9$ ℃

(2)由$\frac{Q'}{Q}=\frac{T_1-T_2'}{T_1-T_2}=\frac{120-69.9}{120-80}=1.25$可知,传热速率增大了25%。

通过本例需要指出以下几点。

(1)解题中首先要弄清某一操作条件变化会引起哪些量发生变化。题中由于$W_c\to W_c'$,使$t_2\to t_2'$,$T_2\to T_2'$,$\Delta t_m\to\Delta t_m'$;同时由于$\alpha_i\propto W_c^{0.8}$,所以有$\alpha_i\to\alpha_i'$,$K\to K'$以及$Q\to Q'$。

(2)对操作型题,经常使用对比法求解。此时往往假设流体的物性未变,这会带来一些误差,但作为工程计算是允许的。

(3)要了解用方程联立求解以代替试差的数学处理方法。请读者自行分析如两流体为并流换热,如何处理才能避免试差。

(4)本例中,气侧给热为传热控制步骤,冷却水量增大,传热系数基本未变,热流量的变化主要是平均推动力增大的结果。

通过对操作型问题的计算和分析,可以了解如何对传热过程实施调节。例如,若换热的目的是使热流体冷却,当热流体的流量或进口温度发生变化,而工艺要求其出口温度保持原数值不变时,可通过调节冷却介质的流量来改变换热器内的传热速率。

如果冷流体的给热系数远大于热流体的给热系数,调节冷却介质的流量,K基本上不会变化,调节作用主要靠Δt_m变化(如例3-18);如果冷流体的给热系数远小于热流体的给热系数或与之相当,此时调节冷却介质的流量会使Δt_m和K皆有较大的变化,因此调节作用较强。

但若换热器在原工况下冷却介质的温升已经很小,增大冷却介质流量不会使Δt_m有较大增大。此时,若热流体给热不是控制步骤,增大冷却介质流量可使K值增大,从而提高传热速率;若热流体给热是控制步骤,增大冷却介质的流量则无调节作用。

当然,改变冷却介质的进口温度也会有效地改变Δt_m,但往往受到客观工程条件的限制。

对于以加热冷流体为目的的传热过程,也可通过改变加热介质的有关参数予以调节,其作用原理相同。

(三)壁温计算

在某些对流给热系数关联式中,需知壁温才能计算;在选择换热器的类型和管子材料时,也需要知道壁温。

对于定常的传热过程,将对流给热方程和热传导方程联立求解,就可以求出管壁两侧的温度。在一般管壁较薄的情况下,金属壁的热阻很小,可认为管壁两侧温度基本相等。

设管内、外截面上流体的平均温度为 t_i 和 t_o,取管壁温度为 t_w,如考虑污垢热阻的影响,壁温可用下式计算:

$$\frac{t_o - t_w}{t_w - t_i} = \frac{\dfrac{1}{\alpha_o} + R_{so}}{\dfrac{1}{\alpha_i} + R_{si}} \tag{3-76}$$

此式表明,传热面两侧温差之比,等于两侧热阻之比,故壁温必接近于热阻较小一侧流体的温度。

例 3-19 某废热锅炉中,管内高温气体进口温度为 550 ℃,$\alpha_i = 150$ W/(m^2 · ℃);管外水在 300 KPa(绝压)下沸腾,$\alpha_o = 10^4$ W/(m^2 · ℃)。试求以下两种情况下的传热系数和壁温:(1)管壁清洁无垢;(2)外侧有污垢存在,$R_{so} = 0.005$ m^2 · ℃/W 。

解 (1)$\dfrac{1}{K} = \dfrac{1}{\alpha_0} + \dfrac{1}{\alpha_i} = \dfrac{1}{10^4} + \dfrac{1}{150} = 6.77 \times 10^{-3}$ m^2 · ℃/W

$K = 148$ W/(m^2 · ℃)

在 300 kPa 绝压下,水的饱和温度为 133.3 ℃。

由式(3-76)得

$$\frac{t_o - t_w}{t_w - t_i} = \frac{\dfrac{1}{\alpha_o}}{\dfrac{1}{\alpha_i}}$$

所以

$$\frac{133.3 - t_w}{t_w - 550} = \frac{\dfrac{1}{10^4}}{\dfrac{1}{450}} \quad t_w = 139.5\ ℃$$

计算表明,传热系数 K 接近于 α 中小的一个,而壁温接近于热阻小(α 大)的一侧的流体温度,在题中为沸腾液体的温度。

(2)由于 $R_{so} = 0.005$ m^2 · ℃/W,则

$$\frac{1}{K} = \frac{1}{\alpha_o} + R_{so} + \frac{1}{\alpha_i} = \frac{1}{10^4} + 0.005 + \frac{1}{150} = 1.18 \times 10^{-2}\ \text{m}^2 \cdot ℃/\text{W}$$

$K = 84.7$ W/(m^2 · ℃)

所以 $$\frac{133.3 - t_w}{t_w - 550} = \frac{\dfrac{1}{10^4} + 0.005}{\dfrac{1}{150}} = 0.765$$

$t_w = 313.9$ ℃

管外侧存在污垢热阻使传热系数急剧下降而壁温大为升高。因此锅炉必须定期除去水垢,以免管壁温度过高而烧毁甚至引起爆炸事故。

自　测　题

一、填空题

1. 要求热流体从300 ℃降到200 ℃，冷流体从50 ℃升高到260 ℃，宜采用________换热。

2. 套管冷凝器的内管走空气，管间走饱和水蒸气，如果蒸汽压力一定，空气进口温度一定，当空气流量增加时传热系数 K 应________。

3. 用120 ℃的饱和水蒸气加热原油，蒸汽冷凝成同温度的水，此时两流体的平均温度差 $\Delta t_{m并}$________$\Delta t_{m逆}$。

4. 有一套管换热器，环隙中有119.6 ℃的蒸气冷凝，管内的空气从20 ℃被加热到50 ℃，管壁温度应接近________。

5. 两种流体的对流传热膜系数分别为 α_1 和 α_2，当 $\alpha_1 \ll \alpha_2$ 时，欲提高传热系数，关键在于提高________的值才有明显的效果。

二、判断题

1. 热负荷是指换热器本身具有的换热能力。(　　)

2. 当冷、热两流体的 α 相差较大时，欲提高换热器的 K 值关键是采取措施提高较小的 α。(　　)

3. 间壁式换热器内热量的传递是由对流传热、热传导、对流传热这三个串联着的过程组成。(　　)

4. 当换热器中热流体的质量流量、进出口温度及冷流体的进出口温度一定时，采用并流操作可节省冷流体用量。(　　)

5. 流体与壁面进行稳定的强制湍流对流传热，层流内层的热阻比湍流主体的热阻大，故层流内层内的传热比湍流主体内的传热速率小。(　　)

三、选择题

1. 用水蒸气在列管式换热器中加热某盐溶液，水蒸气走壳程。为强化传热，下列措施中最为经济有效的是(　　)。

A. 增大换热器尺寸以增大传热面积　　B. 在壳程设置折流挡板

C. 改单管程为双管程　　D. 减小传热壁面厚度

2. 在管壳式换热器中，用饱和蒸气冷凝以加热空气，下面两项判断中(　　)。甲：传热管壁温度接近加热蒸气温度。乙：总传热系数接近于空气侧的对流传热系数。

A. 甲、乙均合理　　B. 甲、乙均不合理

C. 甲合理，乙不合理　　D. 甲不合理，乙合理

3. 在稳定变温传热中，流体的流向选择(　　)时，传热平均温差最大。

A. 并流　　B. 逆流　　C. 错流　　D. 折流

4. 冷、热流体在换热器中进行无相变逆流传热，换热器用久后形成污垢层，在同样的操作条件下，与无垢层相比，结垢后的换热器的 K(　　)。

A. 变大　　B. 变小　　C. 不变　　D. 不确定

5. 对流传热速率等于系数×推动力，其中推动力是(　　)。

A. 两流体的温度差　　B. 流体温度和壁温之差

C. 同一流体的温度差　　　　　　　　D. 两流体的速度差

6. 总传热系数与下列因素中(　　)无关。

A. 传热面积　　B. 流体流动状态　　C. 污垢热阻　　D. 传热间壁壁厚

四、简答题

在一台螺旋板式换热器中,冷、热流量均为 2 000 kg/h,热水进口温度 $T_1=80$ ℃,冷水进口温度 $t_1=10$ ℃,现要求将冷水加热至 50 ℃,请问并流操作能否做到?

五、计算题

1. 流体的质量流量为 1 000 kg/h,试计算下列各过程中流体放出或得到的热量。

①煤油自 130 ℃降至 40 ℃,取煤油的比热容为 2.09 kJ/(kg·℃);

②比热容为 3.77 kJ/(kg·K)的 NaOH 溶液,从 30 ℃被加热至 100 ℃;

③常压下将 30 ℃的空气加热至 140 ℃;

④常压下 100 ℃的水汽化为同温度的饱和水蒸气;

⑤100 ℃的饱和水蒸气冷凝、冷却为 50 ℃的水。

[答:① 5.23×10^4 W;② 7.33×10^4 W;③ 3.08×10^4 W;④ 6.27×10^5 W;⑤ 6.86×10^5 W]

2. 某厂拟用 100 ℃的饱和水蒸气将常压空气从 20 ℃加热至 80 ℃,空气流量为 8 000 kg/h。现仓库有一台单程列式换热器,内有 $\phi25$ mm×2.5 mm 的钢管 300 根,管长为 2 m。若管外水蒸气冷凝的对流给热系数为10^4 W/(m^2·℃),两侧污垢热阻及管壁热阻均可忽略,试计算换热器能否满足工艺要求。(提示:比较换热器的实际面积及计算需要的换热面积)[答:$A_{计}=43.3$ m^2,$A_{实}=47.1$ m^2,换热器可用]

3. 某换热器的传热面积为 30 m^2,用 100 ℃的饱和水蒸气加热物料,物料的进口温度为 30 ℃,流量为 2 kg/s,平均比热容为 4 kJ/(kg·℃),换热器的传热系数为 125 W/(m^2·℃),求:①物料的进口温度;②水蒸气的冷凝量(kg/h)。[答:① $t_2=56.3$ ℃;②$W_h=335$kg/h]

4. 363 K 的丁醇在逆流换热器中被冷却至 323 K,换热器的面积为 30 m^2,传热系数为 150 W/(m^2·℃)。已知丁醇流量为 2 000 kg/h,冷却水的进口温度为 303 K,试求冷却水的流量和出口温度。[答:$t_2=353.4$ K,$W_c=1\ 099$ kg/h]

4. 温度为 20 ℃的物料经套管换热器加热至 45 ℃,对流给热系数为 1 000 W/(m^2·℃);管外用 100 ℃的饱和水蒸气加热,对流给热系数为10^4 W/(m^2·℃),忽略管壁及污垢热阻,计算管壁的平均温度和传热系数 K。[答:$t_w=93.9$ ℃,$K=909.1$ W/(m^2·℃)]

5. 在传热面积为 25 m^2 的列管式换热器中测换热器的给热系数。冷水进口温度为 20 ℃,走管内;热水进口温度为 70 ℃,走管外,逆流操作。当冷水流量为 2.0 kg/s 时测得热水、冷水出口温度分别为 30℃和 40 ℃,当冷水流量增加 1 倍时测得出口温度为 31 ℃,设管壁及污垢热阻可忽略,试计算管内和管外的对流给热系数。(提示:对工况①$1/K=1/\alpha_o+1/\alpha_i$,对工况②$1/K'=1/\alpha_o+1/\alpha_i'$,且 $\alpha_i'=2^{0.8}\alpha_i$)[答:$\alpha_i=1\ 308$ W/(m^2·℃),②$\alpha_0=512$ W/(m^2·℃)]

6. 流量为 30 kg/s 的某油品在列管换热器壳程中,从 150 ℃降至 110 ℃,将管程的原油从 25 ℃加热至 60 ℃。现有一列管式换热器的规格为:壳径 600 mm,壳方单程,管方四程,共有 368 根规格为 $\phi19$ mm×2 mm、长 6 m 的钢管,管心距为 25 mm,正三角形排列,壳程装有缺口(直径方向)为 25% 的弓形挡板,挡板间距为 200 mm。试核算此换热器能否满足换热要求。已知定性温度下两流体的物性如下表所示:

流体名称	比热容 c_p/[kJ/(kg·℃)]	黏度 μ/(Pa·s)	导热系数 λ/[W/(m·℃)]	污垢热阻/(m^2·℃/W)
原油	1.986	0.002 9	0.136	0.001
油品	2.200	0.005 2	0.119	0.005

[答:$A_{计}=114\ m^2$,$A_{实}=131.7\ m^2$,可用]

任务五 原油冷却器的设计和选型

任务分析:该任务要求学生设计一个原油冷却器,通过此次设计使学生掌握化工设计的基本程序和方法,并在查阅技术资料、选用公式和数据、用简洁的文字和图表表达设计结果、制图以及计算机辅助计算等方面得到一次基本训练。同时在设计过程中培养学生正确的设计思想和实事求是、严肃负责的工作作风。

任务目标:①理解列管式换热器的型号与系列标准;②掌握列管式换热器的选型与设计;③掌握换热器传热过程的强化方法。

技能目标:能进行换热器的选型与设计。

一、列管式换热器的型号与系列标准

鉴于列管式换热器应用极广,为便于设计、制造、安装和使用,有关部门已制定了列管式换热器系列标准。

(一)列管式换热器的基本参数和型号表示方法

(1)基本参数。列管式换热器的基本参数包括:①公称换热面积 SN;②公称直径 DN;③公称压力 PN;④换热器管长度 L;⑤换热管规格 ϕ;⑥管程数 N_p。

(2)型号表示方法。列管式换热器的型号由五部分组成:

$$\underset{1}{\underline{X}}\quad\underset{2}{\underline{XXXX}}\ -\underset{3}{\underline{X}}\ -\underset{4}{\underline{XX}}\ -\underset{5}{\underline{XXX}}$$

其中 1——换热器代号;

2——公称直径 DN,mm;

3——管程数,Ⅰ、Ⅱ、Ⅳ、Ⅵ;

4——公称压力 PN,MPa;

5——公称换热面积 SN,m^2。

例如 DN 800 mm、PN0.6 MPa 的单管程、换热面积为 110 m^2 的固定管板式换热器的型号为 G800 Ⅰ -0.6-110,其中 G 为固定管板式换热器的代号。

(二)列管式换热器的系列标准

固定管板式换热器及浮头式换热器的系列标准列于附录十九中,其他形式的列管式换热器的系列标准可参考有关手册。

二、列管式换热器的设计与选型

下面以原油冷却器为例进行设计与选型。通过计算,确定经济合理的传热面积及换热器的其他有关尺寸,以完成生产中所要求的传热任务。

(一)设计的基本原则

1. 流体流径的选择

流体流径的选择是指在管程和壳程各走哪一种流体,此问题受多方面因素的制约,下面以固定管板式换热器为例,介绍一些选择的原则。

(1)不洁净和易结垢的流体宜走管程,因为管程清洗比较方便。

(2)有腐蚀性的流体宜走管程,以免管子和壳体同时被腐蚀,且管程便于检修与更换。

(3)压强高的流体宜走管程,以免壳体受压,可节省壳体金属消耗量。

(4)被冷却的流体宜走壳程,可利用壳体的对外散热作用增强冷却效果。

(5)饱和蒸气宜走壳程,以便于及时排出冷凝液,且蒸气较洁净,一般不需清洗。

(6)有毒、易污染的流体宜走管程,以减少泄漏量。

(7)流量小或黏度大的流体宜走壳程[因流体在有折流挡板的壳程中流动时,由于流速和流向不断改变,在低 Re($Re>100$)的情况下即可达到湍流],以提高传热系数。

(8)若两流体温差较大,宜使对流传热系数大的流体走壳程(因壁面温度与 α 大的流体接近),以减小管壁与壳壁的温差,减小温差应力。

以上原则并不是绝对的,对具体的流体来说,上述原则可能是相互矛盾的。因此,在选择流体的流径时,必须根据具体的情况,抓住主要矛盾进行确定。

2. 流体流速的选择

流体流速的选择涉及传热系数、流动阻力、换热器结构等方面。增大流速,可加大对流传热系数,减少污垢的形成,使总传热系数增大,但同时使流动阻力加大,动力消耗增多;选择高流速,可使管子的数目减少,但对一定的换热面积,将不得不采用较长的管子或增加程数,而管子太长不利于清洗,单程变为多程会使结构变得复杂,平均传热温差下降。因此,一般需通过多方面权衡选择适宜的流速。表3-13至表3-15列出了常用的流速范围,可供设计时参考。选择流速时,应尽可能避免在层流下流动。

表3-13 列管式换热器中常用的流速范围

流体的种类		一般液体	易结垢液体	气体
流速/(m/s)	管程	0.5~3.0	>1.0	5.0~30
	壳程	0.2~1.5	>0.5	3.0~15

表3-14 列管式换热器中不同黏度液体的常用流速

液体黏度/(mPa·s)	>1500	1 000~500	500~100	100~35	35~1	<1
最大流速/(m/s)	0.6	0.75	1.1	1.5	1.8	2.4

表3-15 列管式换热器中易燃、易爆液体的安全允许速度

液体名称	乙醚、二硫化碳、苯	甲醇、乙醇、气油	丙酮
安全允许速度/(m/s)	<1	<2~3	<10

3. 冷却介质(或加热介质)终温的选择

在换热器的设计中,进、出换热器物料的温度一般是由工艺确定的,而冷却介质(或加热介质)的进口温度一般为已知,出口温度则由设计者确定。如用冷却水冷却某种热流体,水的进口温度可根据当地气候条件做出估计,而出口温度需经过经济权衡确定。为了节约用水,可使水的出口温度高些,但所需传热面积加大;反之,为减小传热面积,则可增加水量,降低出口温度。一般来说,设计时冷却水的温度差可取 5 ~ 10 ℃。缺水地区可选用较大的温差,水源丰富的地区可选用较小的温差。若用加热介质加热冷流体,可按同样的原则选择加热介质的出口温度。

4. 管子规格和管间距的确定

(1)管子规格的选择包括管径和管长。目前试行的列管式换热器系列只采用 $\phi25$ mm × 2.5 mm 及 $\phi19$ mm × 2 mm 两种管径规格的换热管。对于洁净的流体,可选择小管径;对于易结垢或不洁净的流体,可选择大管径。管长的选择以清理方便和合理使用管材为原则。我国生产的标准钢管长度为 6 m,故系列标准中管长有 1.5、2、3 和 6 m 四种。此外管长 L 和壳径 D 的比例应适当,一般 L/D 为 4 ~ 6。

(2)管间距。管子的中心距 t 称为管间距,管间距小,有利于提高传热系数,且设备紧凑。但由于制造上的限制,一般 $t = (1.25 \sim 1.5) d_o$,d_o 为管的外径。常用的 d_o 与 t 的对比关系见表 3-16。

表 3-16　列管式换热器 t 与 d_o 的关系

换热管外径 d_o/mm	10 14 19 25 32 38 45 57
换热管中心距 t/mm	14 19 25 32 40 48 57 72

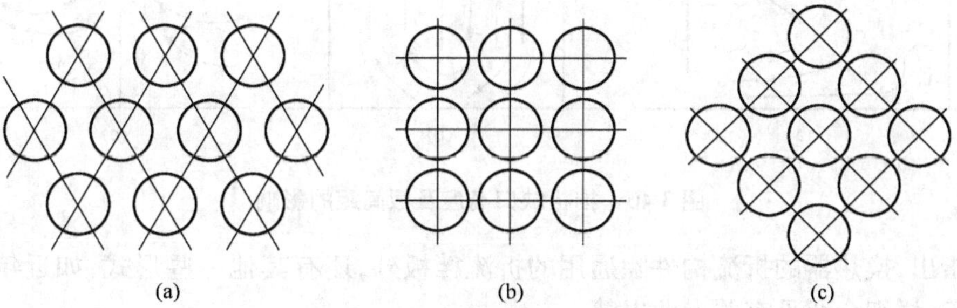

图 3-39　管子在管板上的排列

5. 管程和壳程数的确定

1)管程数的确定　当换热器的换热面积较大而管子又不能很长时,就得排列较多的管子,为了提高流体在管内的流速,需将管束分程。但是程数过多,导致管程流动阻力加大,动力能耗增大,同时使平均温差下降,设计时应权衡考虑。列管式换热器系列标准中管程数有 1、2、4、6 四种。采用多程时,通常应使每程的管子数相等。

管程数 N_p 可按下式计算,即

$$N_p = \frac{u}{u'} \tag{3-77}$$

式中 u——管程内流体的适宜速度，m/s；

u'——管程内流体的实际速度，m/s。

2）壳程数的确定 当温度差校正系数 $\varphi < 0.8$ 时，应采用壳方多程。壳方多程可通过安装与管束平行的隔板来实现。流体在壳内流经的次数称壳程数。但由于壳程隔板在制造、安装和检修方面都很困难，故一般不宜采用。常用的方法是将几个换热器串联使用，以代替壳方多程。

6. 折流挡板的选用

安装折流挡板的目的是加大壳程流体的速度，使湍动程度加剧，提高壳程流体的对流传热系数。

折流挡板有弓形、圆盘形、分流形等形式，其中以弓形挡板应用最多。挡板的形状和间距对壳程流体的流动和传热有重要的影响。弓形挡板的弓形缺口过大或过小都不利于传热，还往往会增加流动阻力。通常切去的弓形高度为外壳内径的 10% ~40%，常用的为 20% 和 25% 两种。挡板应按等间距布置，挡板最小间距应不小于壳体内径的 1/5，且不小于 50 mm；最大间距不应大于壳体内径。系列标准中采用的板间距为：固定管板式有 150、300 和 600 mm 三种；浮头式有 150、200、300、480 和 600 mm 五种。板间距过小，不便于制造和检修，阻力也较大；板间距过大，流体难以垂直流过管束，使对流传热系数下降。

挡板弓形缺口及板间距对流体流动的影响如图 3-40 所示。为了使所有的折流挡板能固定在一定的位置上，通常采用拉杆和定距管结构。

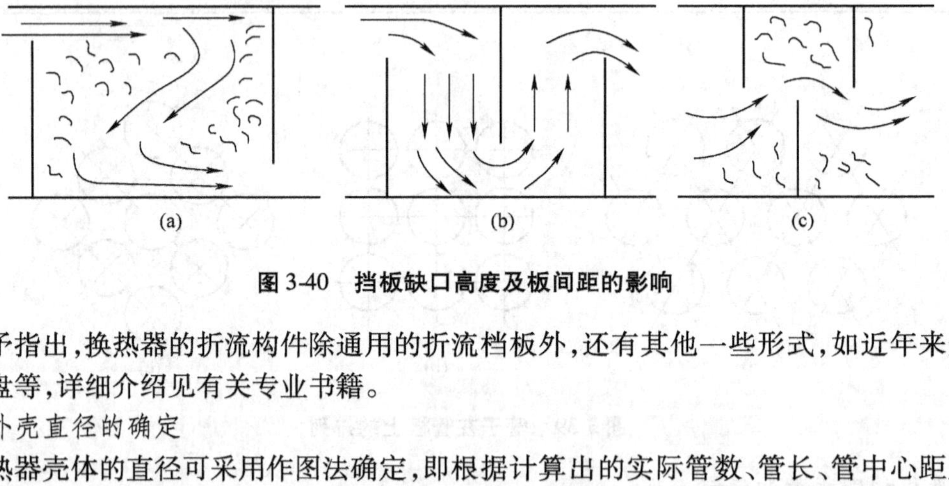

图 3-40 挡板缺口高度及板间距的影响

应予指出，换热器的折流构件除通用的折流档板外，还有其他一些形式，如近年来开发出的折流盘等，详细介绍见有关专业书籍。

7. 外壳直径的确定

换热器壳体的直径可采用作图法确定，即根据计算出的实际管数、管长、管中心距及管子的排列方式等，通过作图得出管板直径，换热器壳体的内径应等于或稍大于管板的直径。但当管数较多又需要反复计算时，用作图法就太麻烦。一般在初步设计中，可参考壳体系列标准或通过估算初选外壳直径，待全部设计完成后，再用作图法画出管子的排列图。为使管子排列均匀，防止流体走“短路”，可以适当增加一些管子或安排一些拉杆。

初步设计可用下式估算外壳直径：

$$D = t(n_c - 1) + 2b' \tag{3-78}$$

式中 D——壳体直径，m；

t——管间距，m；

n_c——位于管束中心线上的管数；

b'——管束中心线上最外层管的中心至壳体内壁的距离，m，一般取 $b'=(1\sim1.5)d_o$。

n_c 值可由下面的公式估算。

管子按正三角形排列：

$$n_c = 1.1\sqrt{n} \tag{3-79}$$

管子按正方形排列：

$$n_c = 1.19\sqrt{n} \tag{3-80}$$

式中　n——换热器的总管数。

应予指出，按上述方法计算出壳内径后应对其进行圆整，壳体标准常用的有 159、273、400、500、600、800、1 000、1 100、1 200 mm 等壳内径。

8. 流体通过换热器的流动阻力（压降）计算

流体流经列管式换热器的阻力，应按管程和壳程分别计算。

1）管程流动阻力的计算　对于多管程换热器，其总阻力 $\sum \Delta p_i$ 为各程直管阻力、回弯阻力及进出口阻力之和。相比之下，进、出口阻力较小，一般可忽略不计。因此，管程总阻力的计算公式为

$$\sum \Delta p_i = (\Delta p_1 + \Delta p_2) F_t N_s N_p \tag{3-81}$$

式中　Δp_1——因直管摩擦阻力引起的压降，Pa；

Δp_2——因回弯阻力引起的压降，Pa；

F_t——管程结垢校正系数，无因次，对 ϕ25 mm × 2.5 mm 的管子 $F_t=1.4$，对 ϕ19 mm × 2 mm 的管子，$F_t=1.5$；

N_s——串联的壳程数；

N_p——管程数。

式(3-81)中的直管阻力可按一般摩擦阻力公式计算：

$$\Delta p_1 = \lambda \frac{l}{d} \times \frac{\rho u_i^2}{2} \tag{3-82}$$

回弯阻力由下面的经验公式估算，即

$$\Delta p_2 = 3 \times \frac{\rho u_i^2}{2} \tag{3-83}$$

2）壳程流动阻力的计算　用于计算壳程流动阻力的公式很多，由于壳程流体的流动状况较为复杂，用不同的公式计算结果差别很大。下面介绍比较简单的计算公式：

$$\Delta p_0 = \lambda_o \frac{D(N_B+1)}{d_e} \cdot \frac{u_o^2 \rho_o}{2} \tag{3-84}$$

式中 $\lambda_o = 1.72\, Re_o^{-0.19}$，$Re_o = \dfrac{d_o u_o \rho}{\mu}$；$u_o$ 为按壳程流通截面积 A_o[$A_o = h(D - n_c d_o)$]计算的流速，m/s；N_B 为折流挡板数，$N_B = \dfrac{l}{h} - 1$；N_c 为折流挡板间距，m。

（二）设计与选型的具体步骤

列管式换热器的设计计算步骤如下。

1)估算传热面积,初选换热器型号　包括以下方面。

(1)根据换热任务,计算传热量。

(2)确定流体在换热器中的流动途径。

(3)确定流体在换热器两端的温度,计算定性温度,确定在定性温度下的流体物性。

(4)计算平均温度差,并根据温度差校正系数不应小于 0.8 的原则,确定壳程数或调整加热介质或冷却介质的终温。

(5)根据两流体的温差和设计要求,确定换热器的形式。

(6)依据换热流体的性质及设计经验,选取总传热系数值 $K_{选}$。

(7)依据总传热速率方程,初步算出传热面积 S,并确定换热器的基本尺寸或按系列标准选择设备规格。

2)计算管、壳程压降　根据初选的设备规格,计算管、壳程的流速和压降,检查计算结果是否合理或满足工艺要求。若压降不符合要求,要调整流速,再确定管程和折流挡板间距,或选择其他型号的换热器,重新计算压降直至满足要求为止。

3)核算总传热系数　计算管、壳程对流传热系数,确定污垢热阻 R_{si} 和 R_{so},再计算总传热系数 $K_{计}$,然后与 $K_{选}$ 比较,若 $K_{计}/K_{选}=1.15\sim1.25$,则初选的换热器合适,否则需另选 $K_{选}$,重复上述计算步骤。

应予指出,上述计算步骤为一般原则,设计时需视具体情况而定。

例 3-20　某炼油厂拟用原油在列管式换热器中回收柴油的热量。已知原油流量为 44 000 kg/h,进口温度为 70 ℃,要求其出口温度不高于 110 ℃;柴油流量为 34 000 kg/h,进口温度为 175 ℃。试选一适当的列管式换热器。已知物性数据如下:

物料	$\rho/(\mathrm{kg/m^3})$	$c_p/(\mathrm{kJ/(kg\cdot℃)})$	$\lambda/(\mathrm{W/(m^2\cdot℃)})$	$\mu/(\mathrm{Pa\cdot s})$
原油	815	2.2	0.148	3×10^{-3}
柴油	715	2.48	0.133	0.64×10^{-3}

解　1. 初选换热器的型号规格

当不计热损失时,换热器的热负荷为

$$Q=W_c c_{pc}(t_2-t_1)=\frac{44\ 000}{3\ 600}\times2.2\times10^{-3}\times(110-70)=1.08\times10^6\ \mathrm{W}$$

柴油出口温度为

$$T_2=T_1-\frac{Q}{W_h c_{ph}}=175-\frac{1.08\times10^6}{\dfrac{34\ 000}{3\ 600}\times2.48\times10^3}=129\ ℃$$

逆流平均温度差:

$$\Delta t_{m逆}=\frac{\Delta t_1-\Delta t_2}{\ln\dfrac{\Delta t_1}{\Delta t_2}}=\frac{(175-110)-(129-70)}{\ln\dfrac{175-110}{129-70}}=61.9\ ℃$$

初步估 φ 值:

$$R=\frac{T_1-T_2}{t_2-t_1}=\frac{175-129}{110-70}=1.15$$

$$P=\frac{t_2-t_1}{T_1-t_1}=\frac{110-70}{175-70}=0.318$$

初步决定采用单壳程、偶数管程的浮头式换热器。由图 3-38 查得校正系数 $\varphi=0.92$。因为 $\varphi>0.8$ 可行，所以有

$$\Delta t_m=\varphi\Delta t_{逆}=0.92\times61.9=56.9\ ℃$$

参照表 3-12，初步估计传热系数 $K_{估}=250\ W/(m^2\cdot ℃)$，则

$$A_{估}=\frac{Q}{K_{估}\ \Delta t_m}=\frac{1.08\times10^6}{250\times56.9}=75.9\ m^2$$

由于两流体温差较大，同时为了便于清洗，参照附录十九中的换热器系列标准，初步选定 BES－600－1.6－95－6/25－4I 型浮头式内导流换热器。有关参数见下表。

外壳直径 D/mm	600	管程数 N_p	4
公称面积/m^2	95	管数 N_t	192
公称压强/MPa	1.6	管子排列方式	正方形错列
管子尺寸/mm	$\phi25\times2.5$	管中心距/mm	32
管长/m	6	计算换热面积/m^2	90.3

2. 计算管、壳程的对流给热系数和压降

1）管程　为充分利用柴油热量，令柴油走管程，原油走壳程。

管程流通面积：

$$S_i=\frac{\pi}{4}d_i^2\cdot\frac{N_t}{N_p}=\frac{\pi}{4}\times0.02^2\times\frac{192}{4}=0.015\ 1\ m^2$$

管内柴油流速：

$$u_i=\frac{W_h}{3\ 600\ \rho_i S_i}=\frac{34\ 000}{3\ 600\times715\times0.015\ 1}=0.875\ m/s$$

$$Re_i=\frac{du_i\rho_i}{\mu_i}=\frac{0.02\times0.875\times715}{0.64\times10^{-3}}=1.96\times10^4$$

管程柴油被冷却，故由式(3-15a)得

$$\alpha_i=0.023\frac{\lambda_i}{d_i}Re_i^{0.8}Pr_i^{0.3}$$

$$=0.023\times\frac{0.133}{0.02}\times(1.96\times10^4)^{0.8}\times\left(\frac{2.48\times10^3\times0.64\times10^{-3}}{0.133}\right)^{0.3}$$

$$=873W/(m^2\cdot ℃)$$

由式(3-81)、式(3-82)和式(3-83)可知，管程压降为

$$\Delta p_i=\left(\lambda\frac{l}{d}+3\right)F_tN_p\frac{u_i^2\rho_i}{2}$$

取管壁粗糙度 $\varepsilon=0.15$ mm，$\varepsilon/d=0.007\ 5$，查图 1-38 可得摩擦系数 $\lambda=0.034$。所以

$$\Delta p_i=\left(0.034\times\frac{6}{0.02}+3\right)\times1.4\times4\times\frac{0.893^2\times715}{2}=2.03\times10^4\ Pa$$

2)壳程　选用缺口高度为25%的弓形挡板，取折流板间距 h 为300 mm，故折流板数目：

$$N_B = \frac{l}{h} - 1 = \frac{6}{0.3} - 1 = 19$$

壳程流通面积：

$$S_o = hD(1 - d_o/t) = 0.3 \times 0.6 \times \left(1 - \frac{0.025}{0.032}\right) = 0.039\ 4\ \text{m}^2$$

壳程中原油流速：

$$u_o = \frac{W_c}{3\ 600\rho_o S_o} = \frac{44\ 000}{3\ 600 \times 815 \times 0.039\ 4} = 0.381\ \text{m/s}$$

正方形排列的当量直径为：

$$d_e = \frac{4\left(t^2 - \frac{\pi}{4}d_o^2\right)}{\pi d_o} = \frac{4 \times \left(0.032^2 - \frac{\pi}{4} \times 0.025^2\right)}{\pi \times 0.025} = 0.027\ \text{m}$$

$$Re_o = \frac{d_e u_o \rho_o}{\mu_o} = \frac{0.027 \times 0.381 \times 815}{3 \times 10^{-3}} = 2.79 \times 10^3$$

$$Pr_o = \frac{c_p \mu}{\lambda} = \frac{2.2 \times 10^3 \times 3 \times 10^{-3}}{0.148} = 44.6$$

壳程中原油被加热，取 $\left(\frac{\mu}{\mu_w}\right)^{0.14} = 1.05$，所以按式(3-23)：

$$\alpha_o = 0.36\frac{\lambda_o}{d_e}Re_o^{0.55}Pr_o^{\frac{1}{3}}\left(\frac{\mu}{\mu_w}\right)^{0.14}$$

$$= 0.36 \times \frac{0.148}{0.027} \times 2\ 790^{0.55} \times 44.6^{\frac{1}{3}} \times 1.05$$

$$= 577\ \text{W/(m}^2 \cdot ℃)$$

$$\lambda_o = 1.72\ Re_o^{-0.19} = 1.72 \times 2\ 790^{-0.228} = 0.381$$

由式(3-84)可知壳程压降为

$$\Delta p_o = \lambda_o \frac{D(N_B + 1)}{d_e} \cdot \frac{u_o^2 \rho_o}{2} = 0.381 \times \frac{0.6 \times (19 + 1)}{0.027} \times \frac{0.381^2 \times 815}{2} = 1.0 \times 10^4\ \text{Pa}$$

3. 计算传热面积

传热系数计算公式为

$$\frac{1}{K_{计}} = \frac{1}{\alpha_o} + R_{so} + \frac{\delta d_o}{\lambda d_m} + R_{si}\frac{d_o}{d_i} + \frac{d_o}{\alpha_i d_i}$$

取 $R_{si} = 0.000\ 2\ \text{m}^2 \cdot ℃/\text{W}$，$R_{so} = 0.001\ \text{m}^2 \cdot ℃/\text{W}$，忽略管壁热阻，则

$$\frac{1}{K_{计}} = \frac{1}{\alpha_o} + R_{so} + \frac{\delta d_o}{\lambda d_m} + R_{si}\frac{d_o}{d_i} + \frac{d_o}{\alpha_i d_i} = 4.4 \times 10^{-3}$$

$$K_{计} = 227\ \text{W/(m}^2 \cdot ℃)$$

$$A_{计} = \frac{Q}{K_{计}\ \Delta t_m} = \frac{1.08 \times 10^6}{227 \times 56.9} = 83.6\ \text{m}^2$$

可见 $K_{计} < K_{估}$，$A_{计} > A_{估}$，原因在于壳程给热系数过低，调整折流挡板间距 h 为200 mm重新计算可得

$$\alpha_o = 722\ \text{W/(m}^2 \cdot ℃)，K_{计} = 247\ \text{W/(m}^2 \cdot ℃)，A_{计} = 76.8\ \text{m}^2$$

与原估值相符。可知该型换热器的传热面积为90.3 m²，故$\frac{A_{实}}{A_{计}}=\frac{90.3}{76.8}=1.18$，即传热面积有18%的裕度。但壳程压降$\Delta p_o=3.13\times10^4$ Pa，增加为原来的3.13倍。

核算表明所选换热器的规格是可以用的。

三、换热器传热过程的强化

所谓换热器传热过程的强化就是使换热器在单位时间内单位传热面积传递的热量尽可能多。其意义在于：在设备投资及输送功耗一定的条件下，获得较大的传热量，从而增大设备容量，提高劳动生产率；在保证设备容量不变的情况下使其结构更加紧凑，减少占有空间，节约材料，降低成本；在某种特定技术过程中使某些特殊工艺要求得以实施等。本部分内容将对传热过程的强化途径予以讨论。

换热器传热计算的基本关系式揭示了换热器中传热速率Q与传热系数K、平均温度差Δt_m以及传热面积S之间的关系。根据此式，要使Q增大，无论是增大K、Δt_m还是S都能收到一定的效果，工艺设计和生产实践中大多是从这些方面着手进行传热过程强化的。

1. 增大传热面积

增大传热面积，可以提高换热器的传热速率。但增大传热面积不能靠增大换热器的尺寸来实现，而是要从设备的结构入手，增大单位体积的传热面积。工业上往往通过改进传热面的结构来实现。目前已研制出多种高效能传热面，它们不仅使传热面得到充分的扩展，而且使流体的流动和换热器的性能得到相应改善。下面介绍几种主要形式。

1）翅化面（肋化面）　用翅（肋）片来扩大传热面面积和促进流体的湍动，从而提高传热效率，是人们在改进传热面进程中最早推出的方法之一。翅化面的种类和形式很多，用材广泛，制造工艺多样，前面讨论的翅片管式换热器、板翅式换热器等均属此类。翅片结构通常用于传热面两侧传热系数小的场合，对气体换热尤为有效。

2）异型表面　用轧制、冲压、打扁或爆炸成形等方法将传热面制造成各种凹凸形、波纹形、扁平状等，使流道截面的形状和大小均发生变化。这不仅使传热表面有所增加，还使流体在流道中的流动状态不断改变，增加扰动，减小边界层厚度，从而使传热过程得到强化。强化传热管是列管式换热器中常用的结构，工程上常用的强化传热管的形式如图3-41所示。

3）多孔物质结构　将细小的金属颗粒烧结或涂敷于传热表面或填充于传热表面间，以实现增大传热面积的目的。其结构如图3-42所示。表面烧结法制成的多孔层厚度一般为0.25～1 mm，空隙率为50%～65%，孔径为1～150 μm。这种多孔表面，不仅增大了传热面积，而且改善了换热状况，对于沸腾传热过程的强化特别有效。

4）小直径管　在管式换热器设计中，减小管子直径，可增大单位体积的传热面积，这是因为管径减小，可以在相同体积内布置更多的传热面，使换热器的结构更为紧凑。据推算，在壳径为1 000 mm以下的列管式换热器中，把换热管直径由ϕ25 mm改为ϕ19 mm，传热面积可增大35%以上。另一方面，减小管径后，管内湍流换热的层流内层减薄，有利于传热的强化。

应予指出，上述方法可提高单位体积的传热面积，使传热过程得到强化。但流道的变化，往往会使流动阻力有所增大，故设计时应综合比较，全面考虑。

2. 增大平均温度差

增大平均温度差，可以提高换热器的传热效率。平均温度差的大小主要取决于两流体的

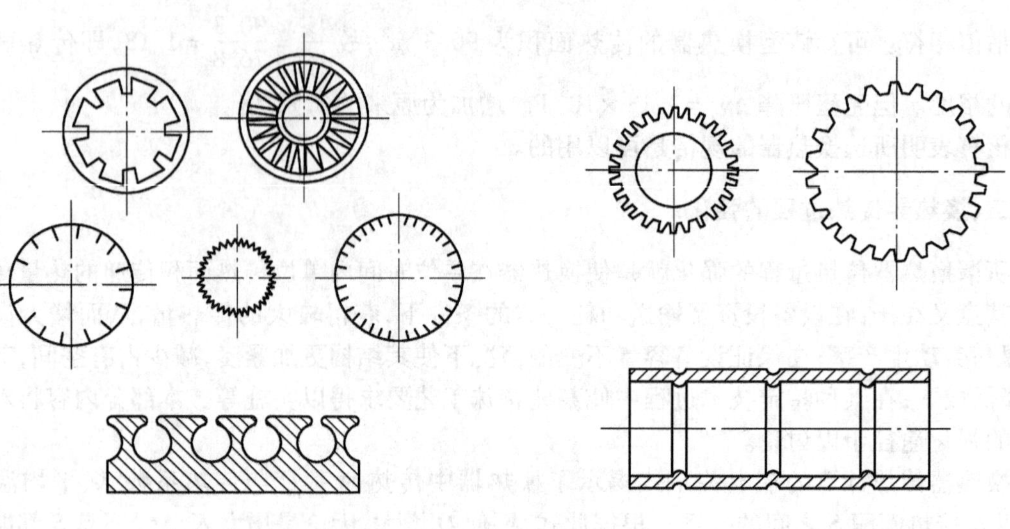

图 3-41 强化传热管的形式

(a)内翅管 (b)纵槽管 (c)T形翅片管 (d)波纹管

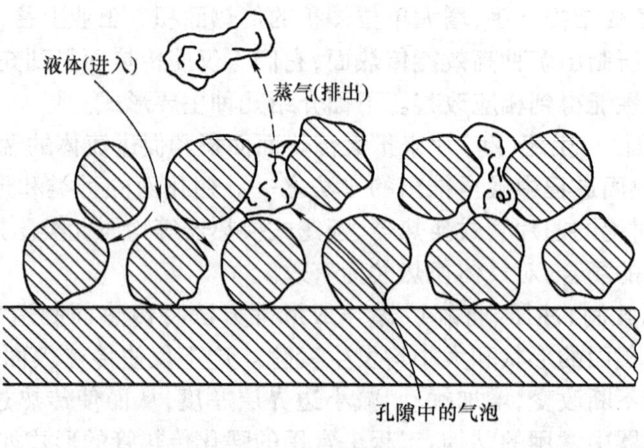

图 3-42 多孔结构

温度条件和两流体在换热器中的流动形式。一般来说,物料的温度由生产工艺决定,不能随意变动,而加热介质或冷却介质的温度由于所选介质不同,可以有很大差异。例如,在化工中常用的加热介质是饱和水蒸气,若提高蒸汽的压力就可以提高蒸汽的温度,从而提高平均温度差。但需指出的是,提高介质的温度必须考虑到技术上的可行性和经济上的合理性。另外,采用逆流操作或增加列管式换热器的壳程数使 $\varphi\Delta t$ 增大,均可得到较大的平均温度差。

3. 增大总传热系数

增大总传热系数,可以提高换热器的传热效率。总传热系数的计算公式为

$$K=\frac{1}{\dfrac{1}{\alpha_o}+R_{so}+\dfrac{\delta d_o}{\lambda d_m}+R_{si}\dfrac{d_o}{d_i}+\dfrac{d_o}{\alpha_i d_i}}$$

由此可见,要提高 K 值,就必须减小各项热阻。因各项热阻所占比例不同,故应设法减小

对 K 值影响较大的热阻。一般来说，在金属材料换热器中，金属材料壁面较薄且导热系数高，不会成为主要热阻；污垢热阻是一个可变因素，在换热器刚投入使用时，污垢热阻很小，不会成为主要矛盾，但随着使用时间的加长，污垢逐渐增多，便可成为妨碍传热的主要因素；对流传热热阻经常是传热过程的主要矛盾，也是应着重研究的内容。

减小热阻主要有以下方法。

1）提高流体的速度　加大流速，使流体的湍动程度加剧，可减小传热边界层中层流内层的厚度，提高对流传热系数，也即减小了对流传热的热阻。例如在列管式换热器中增加管程数和壳程的挡板数，可分别提高管程和壳程的流速。

2）增大对流体的扰动　通过设计特殊的传热面，使流体在流动中不断改变方向，提高湍动程度。

3）防止结垢和及时清除污垢　这样也可以减小污垢热阻。

总之，强化传热的途径是多方面的。对实际的传热过程，要具体问题具体分析，并应对设备结构与制造费用、动力消耗、检修操作等予以全面考虑，采取经济而合理的强化措施。

自　测　题

一、填空题

1. 工业上采用翅片状的暖气管代替圆钢管，其目的是____________________。

2. 在列管式换热器中安装折流挡板的目的是加大壳程流体的________，使湍动程度加剧，以提高壳程对流传热系数。

3. 在列管式换热器中，被冷却的流体宜走壳程，可利用壳体的对外散热作用________。

4. 在列管式换热器中，压强高的流体宜走管程，以免________，可节省壳体金属消耗量。

5. 在列管式换热器中，饱和蒸气宜走壳程，以便于__________，且蒸气较洁净，一般不需清洗。

二、判断题

1. 浮头式换热器具有能消除热应力、便于清洗和检修方便的特点。(　　)

2. 多管程换热器的目的是强化传热。(　　)

3. 换热器投产时，先通入热流体，后通入冷流体。(　　)

4. 换热器冷凝操作应定期排放蒸气侧的不凝气体。(　　)

5. 提高传热速率的最有效途径是增大传热面积。(　　)

6. 换热器正常操作之后才能打开放空阀。(　　)

7. 在列管式换热器中采用多程结构，可增大换热面积。(　　)

8. 换热器开车时，先进冷物料，后进热物料，以防换热器突然受热而变形。(　　)

9. 提高换热器的传热系数，能够有效地提高传热速率。(　　)

三、选择题

1. 列管式换热器中下列流体宜走壳程的是(　　)。

A. 不洁净或易结垢的流体　　B. 有腐蚀性的流体

C. 压强高的流体　　D. 被冷却的流体

2. 下列不属于强化传热方法的是(　　)。

A. 加大传热面积　　B. 加大传热温度差
C. 加大流速　　D. 加装保温层

3. 翅片管换热器的翅片应安装在(　　)。
A. α 小的一侧　　B. α 大的一侧　　C. 管内　　D. 管外

4. 用饱和水蒸气加热空气时，传热管的壁温接近(　　)。
A. 蒸汽的温度　　B. 空气的出口温度
C. 空气进、出口的平均温度　　D. 无法确定

5. 在列管式换热器中，不洁净和易结垢的流体宜走管程，因为管程(　　)。
A. 清洗比较方便　　B. 流速较大　　C. 流通面积小　　D. 易于传热

6. 下列不能提高对流传热膜系数的是(　　)。
A. 利用多管程结构　　B. 增大管径
C. 在壳程内装折流挡板　　D. 冷凝时在管壁上开一些纵槽

7. 下列选项中(　　)不是列管式换热器的主要构成部件。
A. 外壳　　B. 蛇管　　C. 管束　　D. 封头

四、简答题

试分析强化传热的途径。

主要符号说明

英文字母

A——导热面积，m^2
A_o、A_i、A_m——传热壁的外表面积、内表面积、平均表面积，m^2
c_{ph}、c_{pc}——热、冷流体的平均定压比热容，J/(kg·℃)
dt/dx——温度梯度，是导热方向上温度的变化率
F_t——管程结垢校正系数
F_s——壳程结垢校正系数
F——管子排列方式对压降的校正系数
Gr——格拉晓夫数
h——折流挡板间距，m
K——总传热系数，W/(m^2·℃)
K_i、K_o、K_m——基于 A_o、A_i、A_m 的传热系数，W/(m^2·℃)
Nu——努塞尔数
N_s——串联的壳程数
N_p——每壳程的管程数
N_b——折流挡板数
Q——传热速率，J/s 或 W
Q_h——热流体放出的热量，W
Q_c——冷流体吸收的热量，W；因对流引起的热量，W
q——热通量，W/m^2

r——圆筒壁的半径，m

r_m——圆筒壁的对数平均半径，m

r_h——饱和蒸气的比汽化焓，J/kg

P_r——普朗特数

R——换热器的总热阻，$m^2 \cdot K/kW$

Re——雷诺数；

R_{si}、R_{so}——管内、外壁面的污垢热阻，$m^2 \cdot K/kW$

T_1、T_2——热流体的进、出口温度，℃

T_s——饱和蒸气的温度，℃

t_1、t_2——冷流体的进、出口温度，℃

Δt——流体与壁面间温度差的平均值，℃

Δt_1、Δt_2——换热器两端冷、热两流体的温度差，℃

Δt_m——传热平均温度差，℃

u_o——按壳程最大流通面积A_o计算的流，m/s

W_h、W_c——热、冷流体的质量流量，kg/s

Δp_1——因直管摩擦阻力引起的压力降，Pa

Δp_2——因回弯阻力引起的压力降，Pa

希腊字母

λ——导热系数，W/(m·℃)

δ——圆筒壁的厚度，m

δ_t——虚拟膜厚，m

α——对流给热系数，$W/(m^2 \cdot ℃)$

φ——温度差校正系数

项目四　蒸发操作技术

项目介绍

人们用大锅熬卤制盐、榨汁制糖，就是蒸发技术的早期应用。随着现代生产技术的发展，蒸发在化工、食品、制药等工业中被广泛应用。蒸发技术就是用加热的方法，将含有不挥发性溶质的溶液加热至沸腾状况，使部分溶剂汽化并被移除，从而提高溶剂中溶质浓度的操作单元。

现代工业生产中蒸发操作技术主要应用于：①浓缩稀溶液直接制取产品或将浓溶液再处理（如冷却结晶）制取固体产品，例如电解烧碱液的浓缩、食糖水溶液的浓缩及各种果汁的浓缩等；②同时浓缩溶液和回收溶剂，例如有机磷农药苯溶液的浓缩脱苯、中药生产中酒精浸出液的蒸发等；③获得纯净的溶剂，例如海水淡化等。

* * * *　　　* * * *　　　* * * *

任务一　认识蒸发操作技术

任务分析：在了解蒸发浓缩过程的基础上，认识化工生产中蒸发操作工艺，设备的结构、特点和作用。

任务目标：①掌握蒸发操作的过程原理、蒸发操作流程、设备结构；②理解各类蒸发器及其附件的功能。

技能目标：能识别化工生产中典型的化工蒸发设备的结构、特点和使用范围。

一、蒸发操作分类

（一）蒸发过程及其特点

将含有不挥发性物质的稀溶液加热沸腾使部分溶剂汽化并使溶液得到浓缩的过程称为蒸发，它是化工、轻工、食品、医药等工业中常用的一个单元操作。蒸发的目的主要有以下几个。

1）浓缩溶液　如食盐电解得到的氢氧化钠水溶液的浓缩、果汁的浓缩等。当需要从稀溶液中获得固体溶质时，常常先通过蒸发操作使溶液浓缩，然后利用结晶、干燥等操作得到固体产品。

2）制取或回收纯溶剂　如海水淡化、有机磷农药苯溶液的浓缩脱苯等。

蒸发过程的特点如下。

（1）蒸发是一种分离过程，可使溶液中的溶质与溶剂得到部分分离，但溶剂与溶质分离是靠热源传递热量使溶剂沸腾汽化。溶剂的汽化速度取决于传热速率，因此蒸发归属于传热过程。

(2)被蒸发的物料是由挥发性溶剂和不挥发的溶质组成的溶液。在相同的温度下,溶液的蒸气压比纯溶剂的蒸气压要小。在相同的压强下,溶液的沸点比纯溶剂的沸点高,且一般随浓度的增大而升高。

(3)蒸发时需消耗大量的加热蒸气,而溶液汽化又产生大量的二次蒸气,如何充分利用二次蒸气的潜热,提高加热蒸气的经济程度,也是蒸发器设计中的重要问题。

(4)由于被蒸发溶液的种类和性质的不同,蒸发过程所需要的设备和操作方式也随之有很大的差异。如:有些物料是热敏性的,在高温下易变性或分解;有些物料具有较大的腐蚀性或较高的黏度;有些物料在浓缩过程中可能结垢、析出结晶或产生泡沫等。在选择蒸发的方法和设备时,必须考虑物料的这些工艺特性,选用适当的形式。

(二)蒸发过程的分类

1. 按加热方式分类

1)直接加热　通过喷嘴将燃料燃烧产生的高温火焰或烟道气直接喷入被蒸发的溶液中,使溶剂汽化。这类直接接触式蒸发器的传热速率高,金属消耗量小,但应用范围受到被蒸发物料和蒸发要求的限制。

2)间接加热　热量通过间壁式换热设备传给被蒸发溶剂而使溶剂汽化。一般工业蒸发过程多属于此类。

2. 按操作压强分类

1)常压蒸发　蒸发器加热室溶液侧的操作压强略高于大气压强。此时系统不凝气体依靠本身的压强排出。

2)真空蒸发　溶液侧的操作压强略低于大气压强,要依靠真空泵抽出不凝气体并维持系统的真空度。其目的是降低溶液的沸点和有效利用热源。与常压蒸发相比,真空蒸发可以使用低压蒸气或废热蒸气做热源,减少系统热量损失,有利于处理热敏性料液,在相同的热源温度下可提高温度差。但溶液沸腾时传热系数将降低,且系统需用真空装置,因而会增加一些额外的能量消耗和设备。

3)加压蒸发　某些蒸发过程需与前、后生产系统的压强相匹配,如丙烷萃取脱沥青需在2.8~3.9 MPa下进行,则宜采用加压蒸发。

3. 按蒸发器的效数分类

工业生产中被蒸发的物料多为水溶液,且常以饱和水蒸气为热源通过间壁加热。热源蒸气习惯上称为生蒸气,而从蒸发器汽化生成的蒸气称为二次蒸气。

根据二次蒸气是否用作另一蒸发器的加热蒸气,可将蒸发过程分为单效蒸发和多效蒸发。

1)单效蒸发　若前一效的二次蒸气直接冷凝而不再利用,该蒸发过程称为单效蒸发。

2)多效蒸发　若将二次蒸气引至下一蒸发器作为加热蒸气,将多个蒸发器串联,使加热蒸气多次利用,该蒸发过程称为多效蒸发。

4. 按操作方式分类

根据蒸发的过程模式,可将其分为间歇蒸发和连续蒸发。

1)间歇蒸发　间歇蒸发系指分批进料或出料的蒸发操作。间歇操作的特点是:在整个过程中,蒸发器内溶液的浓度和沸点随时间改变,故间歇蒸发为非稳态操作。

2)连续蒸发　通常间歇蒸发适于小规模、多品种的场合,而连续蒸发适于大规模的生产过程。

二、认识蒸发器

蒸发器是蒸发装置中的主体设备，其形式有多种，基本可分为循环型与非循环型两大类。现对常用的几种蒸发器的结构特点作一些简单介绍，供选型参考。

（一）循环型蒸发器

1. 中央循环管式蒸发器

它又称为标准式蒸发器，是应用较广的一种蒸发器。中央循环管式蒸发器的结构如图 4-1 所示，其加热室由一垂直的加热管束（沸腾管束）构成，在管束中央有一根直径较大的管子，称为中央循环管，其截面积一般为加热管束总截面积的 40% ~100% 。当加热介质通入管间加热时，由于加热管内单位体积液体的受热面积大于中央循环管内液体的受热面积，因此加热管内液体的相对密度小，从而造成加热管与中央循环管内液体之间的密度差，这种密度差使得溶液产生自中央循环管下降，再由加热管上升的自然循环流动，以提高传热面积。中央循环管式蒸发器的优点是：结构简单、制造方便、操作可靠、投资费用较小。其缺点是：溶液的循环速度较低（一般在 0.5 m/s 以下），传热系数较低，清洗和维修不够方便。

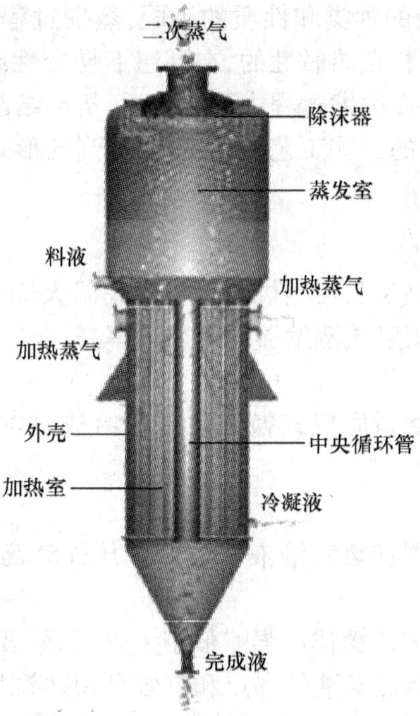

动画4-1 中央循环管式蒸发器

图 4-1 中央循环管式蒸发器

2. 悬筐式蒸发器

悬筐式蒸发器的结构示于图 4-2，它是中央循环管式蒸发器的改进型。其加热室像个悬筐，悬挂在蒸发器壳体的下部，可由顶部取出，便于清洗与更换。加热介质由中央蒸气管进入加热室，而在加热室外壁与蒸发器壳体的内壁之间有环隙通道，其作用类似于中央循环管。操作时，溶液沿环隙下降而沿加热管上升，形成自然循环。一般环隙截面积为加热管总截面积的 100% ~150% ，因而溶液循环速度较高（为 1 ~1.5 m/s）。其优点是：①加热室可从蒸发器顶部取出，清洗和维修都比较方便；②溶液的循环速度较高，使传热系数得以提高；③蒸发器的壳体是与温度较低的循环液体相接触，因此其热损失较小。其缺点是：结构较为复杂，单位传热面积的金属耗量较大。这种蒸发器适用于蒸发易结垢或有晶体析出的溶液。

3. 外热式蒸发器

外热式蒸发器的结构示于图 4-3。加热室置于蒸发室的外侧。加热室与蒸发室分开的优点是：便于清洗与更换，可以降低蒸发器的总高度；可采用较长的加热管束；循环管内的溶液不被加热，两侧管中流体的密度差增大，使溶液的循环速度变大，可达 1.5 m/s，有利于提高传热系数。这种蒸发器的缺点是：单位面积的金属耗量大，热损失也较大。

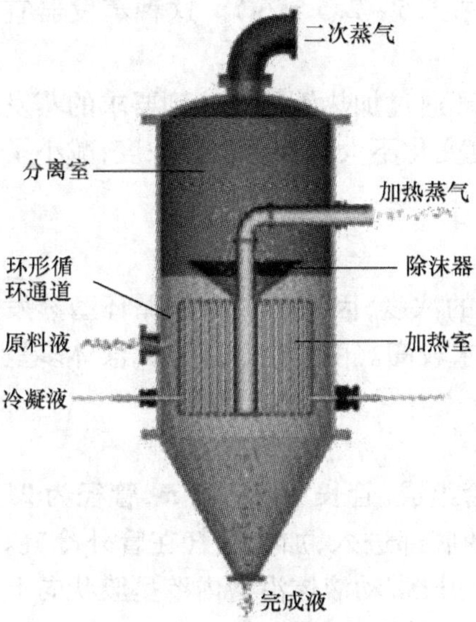

图 4-2　**悬筐式蒸发器**

动画4-2　悬筐蒸发器

动画4-3　外加热式蒸发器

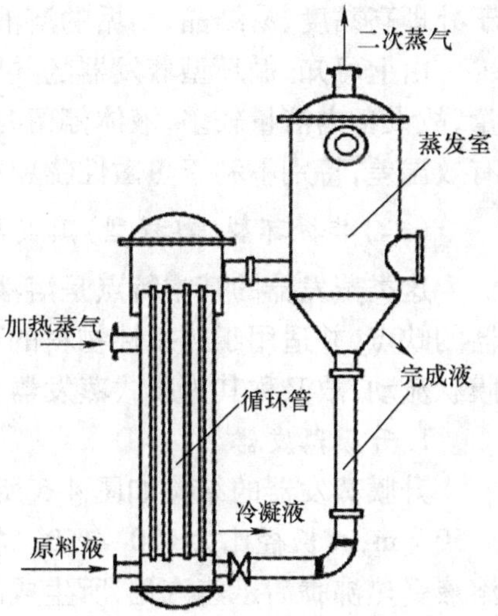

图 4-3　**外热式蒸发器**

1—加热室;2—蒸发室;3—循环管

4. 列文蒸发器

为了进一步提高循环速度,提高传热系数,并使蒸发器更适于处理易结晶、结垢及黏度大的物料,列文蒸发器应运而生。列文蒸发器的结构如图 4-4 所示。这种蒸发器的特点是在加热室的上部增设一沸腾室。这样,加热室内的溶液由于受到这一段附加液柱的作用,只有上升到沸腾室才能汽化。在沸腾室上方装有纵向隔板,其作用是防止气泡长大。此外,因循环管不被加热,溶液循环的推动力较大。循环管的高度一般为 7 ~8 m,其截面积为加热管总截面积的 200% ~350%,因而循环管内的流动阻力较小,循环速度可高达 2 ~3 m/s。列文蒸发器的缺点是设备庞大,单位传热面积金属消耗量大,需要的厂房高,加热管较长,由液柱静压强引起的温差损失大,必须保持较大的温差才能保证较高的循环速度,故要求加热蒸气的压力较高。

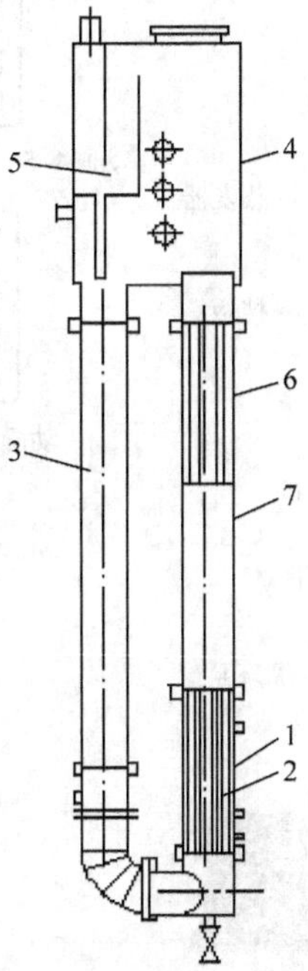

动画4-4　列文式蒸发器

图 4-4　**列文蒸发器**

1—加热室;2—加热管;3—循环管;4—蒸发室;5—除沫器;6—挡板;7—沸腾室

5. 强制循环型蒸发器

上述各种蒸发器均为自然循环型蒸发器,即靠加热管与循环管内溶液的密度差引起溶液的循环,这种循环速度一般都比较低,不宜处理黏度大、易结垢及有大量结晶析出的溶液。对于这类溶液的蒸发,可采用图 4-5 所示的强制循环型蒸发器(立式)。这种蒸发器利用外加动力(循环泵)使溶液沿一定方向作高速循环流动。循环速度的大小可通过调节泵的流量来控制（一般循环速度在1.5～2.5 m/s）。这种蒸发器宜于处理高黏度，易结晶、结垢的溶液。

由上可知，循环型蒸发器的共同点是：溶液必须多次循环通过加热管才能达到要求的蒸发量，故设备内液量较多，液体停留时间较长，容器内溶液浓度变化不大且接近出口浓度，减小了有效温差，特别不利于热敏性物料的蒸发。

（二）非循环型（单程型）蒸发器

这类蒸发器的基本特点是溶液通过加热室即达到要求的浓度，因它可以克服循环型蒸发器的缺点，并适用于热敏性物料的蒸发，但其设计与操作要求较高。由于在加热管内液体多呈膜状流动，故又称其为膜式蒸发器。

1. 升膜蒸发器

升膜蒸发器的结构如图4-6所示，其加热室由垂直长管组成，管长为3～15 m，管径为25～50 mm，其长径比为100～150。料液经预热后由蒸发器的底部进入，加热蒸气在管外冷凝。溶液受热沸腾后迅速汽化，所生成的二次蒸气在管内高速上升，带动液体沿管内壁呈膜状向上流动，上升的液膜因受热而继续蒸发。故溶液自蒸发器底部上升至顶部的过程中逐渐被蒸发，浓溶液进入分离室与二次蒸气分离。

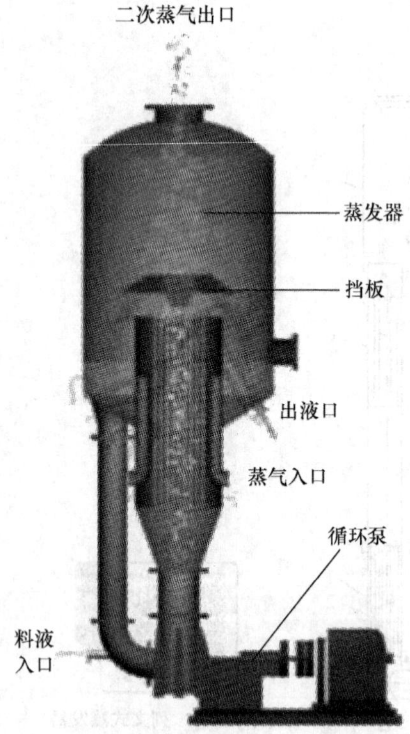

图4-5 强制循环型蒸发器（立式）

动画4-5 强制循环蒸发器（立式）

动画4-6 升膜式蒸发器

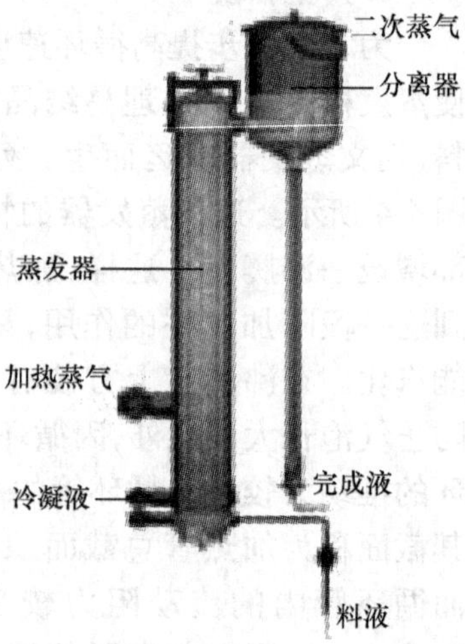

图4-6 升膜蒸发器

为了有效地形成升膜，上升的二次蒸气必须维持高速状态。常压下加热管出口处的二次蒸气速度一般为20～50 m/s，减压操作时，有时可达100～160 m/s。

由于液体在膜状流动下被加热，故传热与蒸发速度快，高速的二次蒸气还有破膜作用，因此这种蒸发器适用于蒸发量较大的溶液（即稀溶液）、热敏性溶液及易起泡沫的溶液，但不适于高黏度、有晶体析出或易结垢的溶液。

2. 降膜蒸发器

降膜蒸发器如图 4-7 所示。它与升膜蒸发器的区别在于料液由加热管的顶部加入。溶液在自身重力作用下沿管内壁呈膜状向下流动，并被蒸发浓缩，气液混合物由加热管底部进入分离室，经气液分离后，完成液由分离器的底部排出。由于二次蒸气与蒸浓液并流而下，故有利于液膜的维持和黏度较高液体的流动。为使溶液沿管壁均布，在加热管顶部每根加热管上设置液体分布器，能否均匀成膜是这种蒸发器操作成功的关键。这种蒸发器不适用于易结晶或易结垢的溶液。

3. 刮板薄膜蒸发器

刮板薄膜蒸发器结构如图 4-8 所示。这种蒸发器利用旋转刮片的刮带作用，使液体分布在加热管壁上。它的突出优点是对物料的适应性很强，对于高黏度、热敏性和易结晶、结垢的物料都适用。它的壳体外部装有加热蒸气夹套，其内部装有可旋转的搅拌刮片，旋转刮片有固定的和活动的两种。前者与壳体内壁的缝隙为 0.75 ~ 1.5 mm，后者与器壁的间隙随搅拌轴的转数而变。料液由蒸发器上部沿切线方向加入后，在重力作用下和旋转刮片带动下，在壳体内壁上形成下旋的薄膜，并在下降过程中不断被蒸发浓缩，在底部得到完成液。

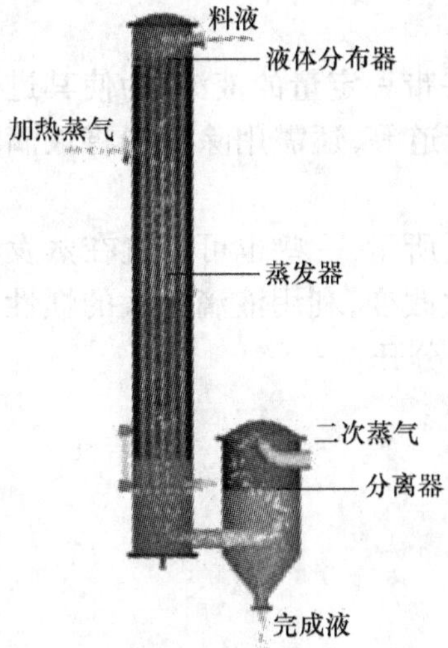

图 4-7　降膜蒸发器

扫一扫

动画4-7　降膜式蒸发器

扫一扫

动画4-8　转子式刮板蒸发器

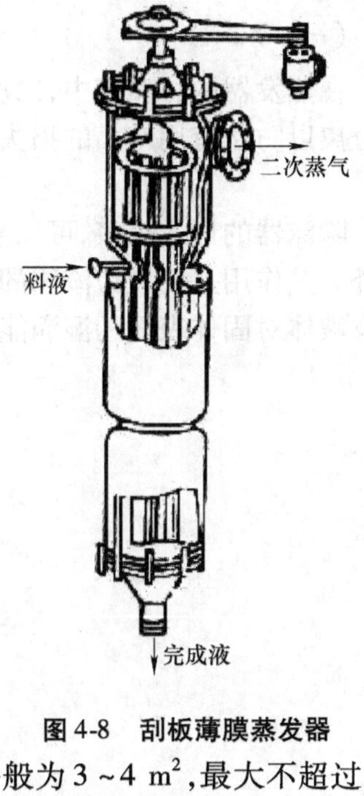

图 4-8　刮板薄膜蒸发器

这类蒸发器的缺点是结构复杂，动力消耗大，传热面积小，一般为 3 ~4 m^2，最大不超过 20 m^2，故其处理量较小。

三、蒸发器的选用原则

蒸发器的结构形式很多，选用时应结合具体的蒸发任务，如被蒸发溶液的性质、处理量、蒸浓程度等工艺要求，选择适宜的形式。表 4-1 给出了常用蒸发器的主要性能比较，供选用参考。

表 4-1 常用蒸发器的性能比较

蒸发器形式	制造价格	传热系数		溶液在加热管中的流速/(m/s)	料液停留时间	浓缩比	处理量	对溶液的适应性					
		低黏度[(1~50)×10^{-3} Pa·s]	高黏度($51~100×10^{-3}$ Pa·s)					稀溶液	高黏度	易起泡	易结垢	热敏性	有结晶析出
标准	最廉	较高	较低	0.1~0.5	长	较高	一般	适	尚可	尚可	尚可	较差	尚可
悬筐	廉	较高	较低	0.1 以下	长	较高	一般	适	尚可	尚可	尚可	较差	尚可
外热	廉	高	较低	0.4~0.5	较长	较高	较大	适	较差	可	尚可	较差	尚可
列文	高	高	较低	1.5~2.5	较长	较高	大	适	较差	尚可	适	较差	尚可
强制循环	高	高	高	2.0~3.5	较长	高	大	适	适	适	适	较差	适
升膜	廉	高	低	0.4~1.0	短	高	大	适	较差	适	尚可	适	不适
降膜	廉	高	较高	0.4~1.0	短	高	较大	能适	适	尚可	尚可	适	不适
刮板	最高	高	高	—	短	高	较大	能适	适	尚可	适	适	适

四、蒸发装置的附属设备

(一)除沫器

在蒸发器的分离室中,二次蒸气与液体分离后,其中还会夹带一定量的液沫,为使其进一步分离以防止有用产品的损失,或防止冷凝液被污染或堵塞管道等,还需用除沫器将液滴除掉。

除沫器的形式很多,可以直接设置在蒸发器顶部,如图 4-9 所示,一些也可设置在蒸发器之外。其作用是使夹带液沫的二次蒸气的速度和方向发生多次改变,利用液滴较大的惯性力以及液体对固体表面的湿润能力使之黏附于固体表面并与蒸气分开。

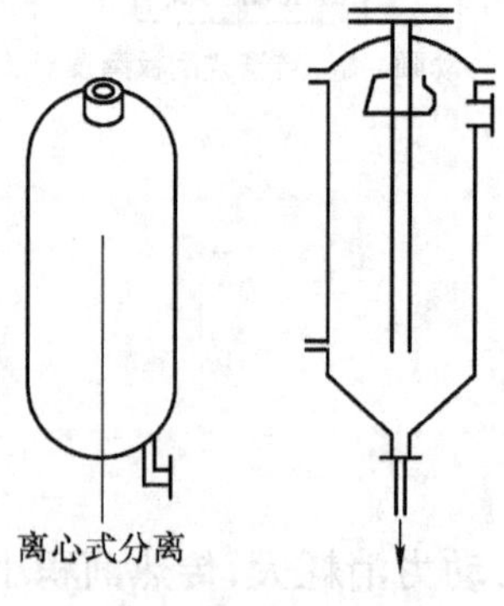

图 4-9 除沫器的主要形式

(二) 冷凝器

冷凝器的作用是使二次蒸气冷凝。当冷凝液需要回收时,采用间壁式冷凝器;当二次蒸气为水蒸气且不再利用时,一般采用混合式(直接接触式)冷凝器,以节省投资,简化操作。图 4-10 所示为常用的混合式冷凝器。器内装有若干块钻有小孔的淋水板,冷却水从上而下沿淋水板往下淋洒,与上升的二次蒸气逆流接触,水蒸气被冷凝后与冷却水一起由下部流出,不凝气体则从顶部排出。

当蒸发过程在减压下进行时,不凝气体需要用真空装置(常用的有水环式真空泵、喷射泵或往复式真空泵)抽出,冷凝液和冷却水的混合物常依靠自己的位头沿气压管(也称“大气腿”)排出。气压管底部是一个水封装置,大气腿需要有足够的高度以保证冷凝器中的水能依靠高位自动流出,并避免外界空气被吸入。当冷凝器顶部操作压强为 40 kPa时,读者可按流体静力学方程计算一下大气腿的最小高度。

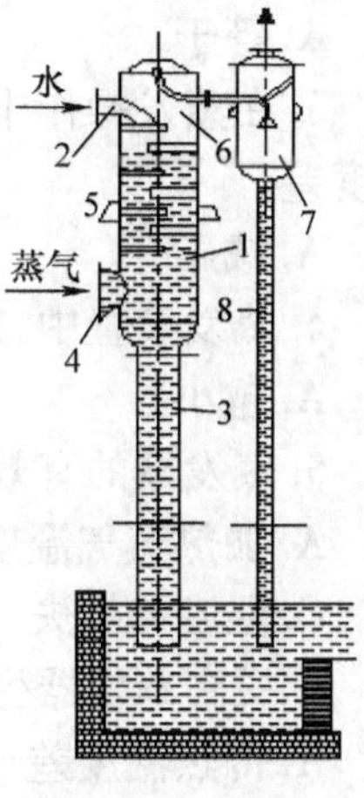

图 4-10　直接接触式冷凝器

自　测　题

一、填空题

1. 蒸发的目的主要是________、________。

2. 蒸发器是蒸发装置中的主体设备,其形式有多种,基本可分为________与________两大类。

3. 蒸发是__________________的单元操作。

4. 为了保证蒸发操作能顺利进行,必须不断地向溶液供给______________,并随时排出汽化出来的______________。

5. 蒸发操作按蒸发器内的压力可分为__________、__________、__________蒸发。

二、判断题

1. 在多效蒸发时,后一效的压力一定比前一效的低。(　)

2. 蒸发过程的实质是通过间壁的传热过程。(　)

3. 多效蒸发的目的是节约加热蒸气。(　)

4. 蒸发操作中,少量不凝性气体的存在对传热的影响可忽略不计。(　)

5. 蒸发过程中操作压力增大,则溶质的沸点升高。(　)

6. 溶剂蒸气在蒸发设备内长时间停留会对蒸发速率产生影响。(　)

7. 在膜式蒸发器的加热管内,液体沿管壁呈膜状流动,管内没有液层,故因液柱静压强而引起的温度差损失可忽略。(　)

8. 蒸发是溶剂在热量的作用下从液相转移到气相的过程,故属传热传质过程。(　)

三、选择题

1. 蒸发操作中,从溶液中汽化出来的蒸气常称为(　)。

A. 生蒸气　　B. 二次蒸气　　C. 额外蒸气

2. 蒸发室内溶液的沸点(　　)二次蒸气的温度。

A. 等于　　B. 高于　　C. 低于

3. 在蒸发操作中,若使溶液在(　　)下沸腾蒸发,可降低溶液沸点而增大蒸发器的有效温度差。

A. 减压　　B. 常压　　C. 加压

4. 蒸发装置中,效数越多,温度差损失(　　)。

A. 越小　　B. 越大　　C. 不变

5. 蒸发器的有效温度差是指(　　)。

A. 加热蒸气温度与溶液的沸点之差　　B. 加热蒸气与二次蒸气温度之差

C. 温度差损失

6. 提高蒸发器生产强度的主要途径是增大(　　)。

A. 传热温度差　　B. 加热蒸气压力　　C. 传热系数　　D. 传热面积

7. 中央循环管式蒸发器属于(　　)蒸发器。

A. 自然循环　　B. 强制循环　　C. 膜式

8. 蒸发热敏性而不易结晶的溶液时,宜采用(　　)蒸发器。

A. 列文　　B. 膜式　　C. 外加热式　　D. 标准式

9. 多效蒸发可以提高加热蒸气的经济程度,所以多效蒸发的操作费用是随效数的增加而(　　)。

A. 减少　　B. 增加　　C. 不变

10. 对热敏性及易生泡沫的稀溶液的蒸发,宜采用(　　)蒸发器。

A. 中央循环管式　　B. 列文　　C. 升膜

四、简答题

什么是蒸发操作? 其目的是什么? 蒸发操作属于何过程?

任务二　蒸发器的工艺计算

任务分析:通过任务一对蒸发操作技术的原理、作用,蒸发器的种类、结构有了基本的认识,在此基础上,学习不同蒸发技术流程中,完成一定蒸发浓缩生产任务的溶剂蒸发量、加热蒸气消耗量等的工艺计算。

任务目标:①掌握蒸发操作的物料衡算、热量衡算;②理解单效蒸发、多效蒸发过程,掌握多效蒸发操作的流程及最佳效数的确定。

技能目标:能完成不同蒸发技术中溶剂蒸发量、加热蒸气消耗量的计算。

一、单效蒸发过程

单效蒸发过程的计算包括蒸发器的物料衡算、热量衡算和传热面积的计算。本部分讨论的是单效、间接加热、连续定常操作的水溶液的蒸发过程,可供进行其他溶液蒸发计算时参考。

(一)单效蒸发流程

图 4-11 为单效蒸发流程示意图。蒸发装置包括蒸发器和冷凝器(如用真空蒸发,则在冷

凝器后接真空泵)。在蒸发器内用加热蒸气(一般为饱和水蒸气)加热水溶液,使水沸腾汽化。蒸发器下部为加热室,相当于一个间壁式换热器(通常是列管式),应保证足够的传热面积和较高的传热系数;上部为蒸发室,沸腾的气液两相在蒸发室中分离,因此也称之为分离室,它应有足够的分离空间和横截面积。在蒸发室顶部设有除沫装置以除去二次蒸气中带的液滴。二次蒸气进入冷凝器用冷却水冷凝,冷凝水由下部经水封排出,不凝气体由冷凝器顶部排出。不凝气体的来源有系统中原有的空气、进料液中溶解的气体或在减压操作时漏入的空气。

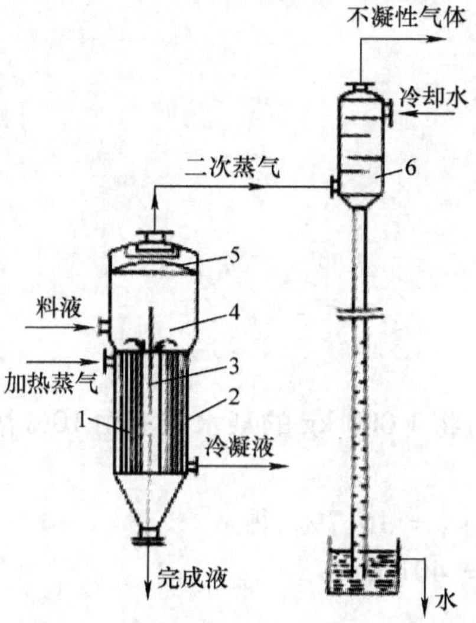

动画4-9　单效蒸发示意图

图 4-11　单效蒸发流程示意

1—加热管;2—加热室;3—中央循环管;4—蒸发室;5—除沫器;6—冷凝器

(二)单效蒸发过程的计算

按物料衡算与热量衡算的要求先画出过程衡算示意图(见图 4-12),注明出、入系统的各物流和物流变量。以 1 h 为物料衡算基准。令:

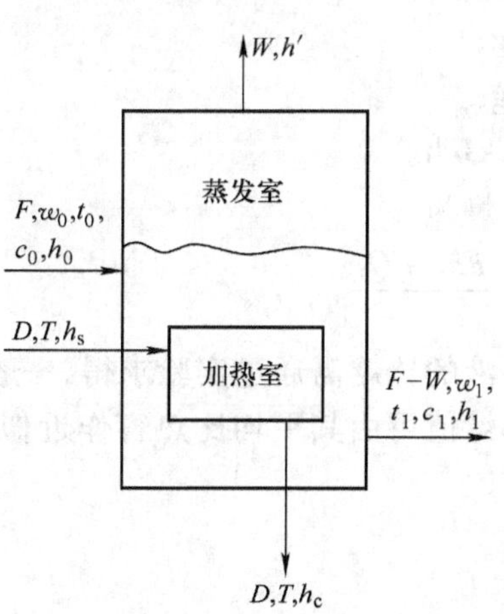

图 4-12　单效蒸发的物料衡算和热量衡算示意

F——原料液量，kg/h；

w_0——原料液中溶质的质量分数；

w_1——完成液中溶质的质量分数；

W——水分蒸发量(即二次蒸气量)，kg/h；

D——加热蒸气用量，kg/h。

1. 水分蒸发量的计算

设溶质在蒸发过程中不挥发，故进出口溶液中的溶质量不变。

对蒸发器作溶质的物料衡算，可得

$$Fw_0=(F-W)w_1 \tag{4-1}$$

由上式可得蒸发器的水分蒸发量：

$$W=F\left(1-\frac{w_0}{w_1}\right) \tag{4-1a}$$

或完成液的质量分数：

$$w_1=\frac{Fw_0}{F-W} \tag{4-1b}$$

例 4-1 在单效连续蒸发器中，每小时将 1 000 kg 的某水溶液由 10% 浓缩至 16.7%（均为质量分数），试计算所需蒸发的水分量。

解 已知 $F=1\ 000$ kg/h，$w_0=10\%$，$w_1=16.7\%$，得

$W=1\ 000\times(1-10\%/16.7\%)=401$ kg/h

2. 加热蒸气消耗量的计算

对图 4-12 所示的系统作热量衡算，可得

$$Dh_s+Fh_0=Wh'+(F-W)h_1+Dh_c+Q_L \tag{4-2}$$

式中 D——加热蒸气耗量，kg/h；

h_s——加热蒸气的焓，kJ/kg；

h_0——原料液的焓，kJ/kg；

h'——二次蒸气的焓，kJ/kg；

h_1——完成液的焓，kJ/kg；

h_c——冷凝水的焓，kJ/kg；

Q_L——蒸发器的热损失，kJ/h。

由式(4-2)可得加热蒸气用量为

$$D=\frac{Wh'+(F-W)h_1-Fh_0+Q_L}{h_s-h_c} \tag{4-2a}$$

对一定的焓基准态，各种溶液的比焓需通过实验求得，一般溶液的比焓随其浓度和温度变化。对于浓缩热不大的溶液，其焓值可由其平均比热容作近似计算。取 0 ℃下的液态水与固体溶质为溶液焓的基准态，则有

$$h_0=c_0t_0 \tag{4-3}$$

$$h_1=c_1t_1 \tag{4-4}$$

式中 t_0——原料液进口的温度，℃；

t_1——完成液出口的温度，℃；

c_0——原料液在 $0 \sim t_0$ ℃之间的平均定压比热容,kJ/(kg·℃);

c_1——完成液在 $0 \sim t_1$ ℃之间的平均定压比热容,kJ/(kg·℃)。

当溶液溶解的热效应不大时,其比热容可近似按线性加和原则,由水的比热容和溶质的比热容加和计算,即

$$c_0 = c_w(1 - w_0) + c_B w_0 \tag{4-5}$$

$$c_1 = c_w(1 - w_1) + c_B w_1 \tag{4-6}$$

式中　c_w——水的平均定压比热容,kJ/(kg·℃);

c_B——溶质的平均定压比热容,kJ/(kg·℃)。

由式(4-5)得

$$c_B = \frac{c_0 - c_w + c_w w_0}{w_0}$$

将式(4-1b)代入(4-6),化简可得

$$(F - W)c_1 = Fc_0 - Wc_w$$

再将上式代入式(4-2a)中,并整理得

$$D = \frac{W(h' - c_w t_1) + Fc_0(t_1 - t_0) + Q_L}{h_s - h_c} \tag{4-7}$$

若假定加热蒸气的冷凝水在饱和温度下排出,则上式中的 $h_s - h_c$ 为加热蒸气的冷凝潜热,即

$$h_s - h_c = r \tag{4-8}$$

且近似地有

$$h' - h_1 = h' - c_w t_1 \approx r' \tag{4-9}$$

式中　r——加热蒸气的冷凝潜热,kJ/kg;

r'——二次蒸气的冷凝潜热,kJ/kg。

将式(4-8)及式(4-9)代入式(4-7)中,可得

$$Dr = Fc_0(t_1 - t_0) + Wr' + Q_L \tag{4-10}$$

上式表示加热蒸气放出的热量用于:①原料液由 t_0 升温到沸点 t_1;②使水在 t_1 下汽化成二次蒸气;③补偿蒸发器的热损失。

定义 $D/W = e$,称为单位蒸气消耗量,即每汽化 1 kg 水需要消耗的加热蒸气量,单位为 kg 蒸气/kg 水。这是蒸发器的一项重要的技术经济指标。

若原料液在沸点下进入蒸发器并同时忽略热损失,则由式(4-10)可得单位蒸气消耗量为

$$e = \frac{D}{W} = \frac{r'}{r} \tag{4-11}$$

一般水的汽化潜热随压力变化不大,即 $r = r'$,则 $D \approx W$ 或 $e \approx 1$。换言之,采用单效蒸发,理论上每蒸发 1 kg 水约需 1 kg 加热蒸气。但实际上,由于溶液的热效应和热损失等因素,$e \geqslant 1.1$。

例 4-2　若例 4-1 中的单效蒸发器的平均操作压强为 40 *kPa*,相应的溶液沸点为 80 ℃,该温度下的比汽化焓为 2 307 *kJ/kg*。原料液的绝压为 200 *kPa*,原料液的平均定压比热容为 3.70 *kJ/(kg·K)*,蒸发器的热损失为 10 *kW*,原料液的初始温度为 20 ℃,忽略溶液的浓缩热和沸点上升的影响。试求加热蒸气的消耗量。

解 查附录七得200 *kPa* 下饱和水蒸气的比汽化焓 $r=2\ 205$ kJ/kg,80 ℃下的比汽化焓 $r'=2\ 307$ *kJ/kg*。

根据已知得

$$D=\frac{1\ 000\times3.70\times(80-20)+401\times2\ 307+10\times3\ 600}{2\ 205}=537\ \text{kg/h}$$

则 $e=\dfrac{537}{401}=1.34$ kg 蒸气/kg 水。

3. 加热室的传热面积的计算

根据间壁式换热器的传热速率方程可得

$$A=\frac{Q}{K\Delta t_m} \tag{4-12}$$

式中 A——蒸发器的传热面积,m^2;

Q——蒸发器的热负荷或传热速率或传热量,W;

K——总传热系数,W/(m^2·℃);

Δt_m——平均传热温差,℃ 。

1)蒸发器的热负荷 Q 由于蒸发器的热损失占总供热负荷的比例较小,所以 Q 可近似按下式计算:

$$Q\approx D(h_s-h_c)=Dr \tag{4-13}$$

2)蒸发器的总传热系数 K 蒸发器的总传热系数的表达式原则上与普通换热器相同,即

$$K=\frac{1}{\dfrac{1}{\alpha_o}+R_{so}+\dfrac{\delta}{\lambda}\dfrac{d_o}{d_m}+R_{si}\dfrac{d_o}{d_i}+\dfrac{d_o}{\alpha_i d_i}} \tag{4-14}$$

式中 α——对流传热系数,W/(m^2·℃);

d——管径,m;

R_s——垢层热阻,(m^2·℃)/ W;

δ——管壁厚度,m;

λ——管材的导热系数,W/(m^2·℃);

下标 i 表示管内侧,o 表示外侧,m 表示平均。

式(4-14)中,管外蒸气冷凝的传热系数 α_o 可按膜式冷凝的传热系数公式计算,垢层热阻值 R_s 可按经验值估计。

但管内溶液沸腾的传热系数则受较多因素的影响,例如溶液的性质、蒸发器的形式、沸腾传热的形式以及蒸发操作的条件等。由于管内溶液沸腾传热的复杂性,现有的计算关联式的准确性较差。表4-2给出几种常用蒸发器管内沸腾传热系数的经验关联式,供设计计算时参考。

表4-2 各种蒸发器的传热系数 K 值

蒸发器的形式	传热系数 K/[W/(m^2·℃)]
标准式(自然循环)	600~3 000
悬筐式	600~3 000
外热式(自然循环)	1 200~6 000

续表

蒸发器的形式	传热系数 $K/[W/(m^2 \cdot ℃)]$
外热式(强制循环)	1 200～7 000
升膜式	1 200～6 000

3)加热室的有效温度差 Δt_m　对于一侧是水蒸气冷凝、另一侧为液体沸腾的情况,理论上的温度差为加热蒸气的饱和温度与液体在操作压强下的沸点温度差。在加热室中,管外的加热蒸气温度与蒸气压强的关系可直接由附录查得;而被蒸发的溶液沸点随管内液体种类、浓度和液面上方(即分离室)的操作压强而变,在加热室不同高度处沸点也不同。

例 4-3　采用单效真空蒸发装置连续蒸发氢氧化钠水溶液,其浓度由 0.20 浓缩至 0.50,加热蒸气压强为 0.3 MPa(表压),已知加热蒸气消耗量为 4 000 kg/h,蒸发器的传热系数为 1 500 W/(m² · ℃),有效温度差为 17.4 ℃。求蒸发器所需的传热面积。

解　查附录七得 0.4 MPa 绝压下水蒸气的比汽化焓 r =2 138 kJ/kg,按式(4-13)可得

$$Q = Dr = \frac{4\ 000}{3\ 600} \times 2\ 138 = 2\ 376\ \text{kW}$$

蒸发器的传热面积为

$$A = \frac{Q}{K\Delta t_m} = \frac{2\ 376 \times 1\ 000}{1\ 500 \times 17.4} = 91.0\ \text{m}^2$$

4. 蒸发器的有效温度差

1)蒸发装置的最大可能温度差 Δt_{max}　如果不考虑由于溶质存在引起的溶液沸点升高,也不考虑加热室加热管中液柱高度对液体内部实际压强的影响以及被蒸发出的二次蒸气从分离室流到冷凝器的管路阻力引起的压降,那么蒸发器中溶液的沸腾温度可视为冷凝器操作压强 p_c 下水的沸点 t_c,因此蒸发装置加热室两侧的最大温度差为

$$\Delta t_{max} = t_s - t_c \tag{4-15}$$

式中 t_s 为加热管外加热蒸气压强下的温度,℃。

2)温差损失　实际上上述的假设并不成立,加热室管内溶液的平均沸点 $\overline{t_B}$ 要高于 t_c,令 $\overline{t_B} - t_c = \Delta$,称为单效蒸发装置的总温度差损失:

$$\Delta = \Delta' + \Delta'' + \Delta''' \tag{4-16}$$

式中　Δ'——由于溶质的存在使溶液沸点升高引起的温度差损失,℃;

Δ''——由于加热管中的液柱高度引起沸点升高导致的温差损失,℃;

Δ'''——由二次蒸气从分离室流至冷凝器的管路阻力引起的温差损失,℃。

下面分别讨论各种温差损失的求取。

(1)Δ'的求取。最常用的是杜林法则,即一定浓度的某种溶液的沸点为相同的压强下标准液体的沸点的线性函数。由于不同压强下水的沸点可由水蒸气表查得,故一般取纯水为标准液体。根据杜林法则,以溶液的沸点 t_B 为纵坐标,以同压强下水的沸点 t_w 为横坐标,只要已知某溶液在两个压强下的沸点值,并查出这两个压强下纯水的沸点,即可作图得一直线,直线方程为

$$t_B = K_d t_w + m \tag{4-17}$$

或

$$\frac{t'_B - t_B}{t'_W - t_W} = K_d \tag{4-17a}$$

式中 t'_B、t_B——该溶液在压强 p'、p 下的沸点,℃;

t'_w、t_w——p'、p 下水的沸点,℃;

K_d——杜林线的斜率,无因次。

图 4-13 为 NaOH 溶液在不同浓度下的杜林线图,图中不同的沸点对应于不同的压强。由图可知:每一浓度下溶液的杜林线与浓度为零的溶液(即纯水)的杜林线之间的垂直距离即为相应压强下该溶液的沸点升高值,也即温差损失 Δ'。

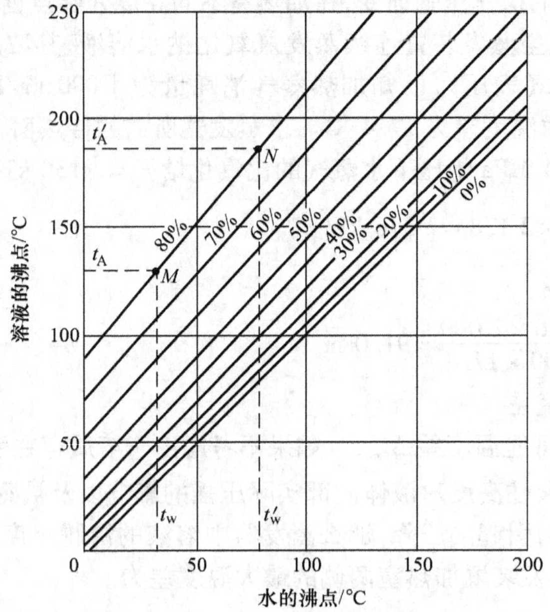

图 4-13 NaOH 水溶液的杜林线

当溶液浓度较低时,其杜林线斜率接近于 1,说明一定浓度的稀溶液的沸点升高值随压强变化甚小。

Δ'的值随溶液的性质、浓度及液面上方(即蒸发室)的操作压强而变化,一般有机溶液的 Δ'值较小,而无机溶液的值较大。

②Δ''的求取。在蒸发器操作中,加热管内必有一定高度的静液柱。按流体静力学方程,不同液层深度处压强不同,而溶液的沸点随液层深度增加而升高。一般取溶液的平均沸点为加热管内静液柱中部的平均压强 p_m 下的沸点:

$$p_m = p + \frac{\rho g l}{2} \tag{4-18}$$

式中 p——分离室内的压强,Pa;

ρ——溶液的密度,kg/m³;

l——加热管内的静液柱高度,m,一般为加热管长的 1/2 ~2/3。

由于溶液浓度对沸点升高的影响已在 Δ'中计算,因此静液柱高度引起的温差损失为

$$\Delta'' = t_{p_m} - t_p \tag{4-19}$$

式中 t_{p_m}、t_p 分别为压强 p_m、p 下水的沸点,℃。

(3)Δ'''的求取。由二次蒸气在管道内的流动阻力产生的压降使分离室上方的压强高于冷凝器中的压强 p_c,这也是使 t_B 高于 t_c 的一个因素,由此引起的温差损失为 Δ''',此值与二次蒸气的流速、连接分离室与冷凝器间的管道长度和管件以及除沫器等有关,通常根据经验可取1~1.5 ℃。

3)蒸发装置的有效传热温度差 Δt_m　用下式计算:

$$\Delta t_m = \Delta t_{max} - \Delta \tag{4-20}$$

例4-4　若例4-3中的加热器内液柱维持在2 *m*,冷凝器的真空度为54.7 *kPa*,大气压强为100 *kPa*,蒸发室内溶液的密度为1 500 kg/m^3。试求蒸发器的有效温度差。

解　1.蒸发装置的最大可能温差 Δt_{max}

由附录七查得0.3 kPa的饱和水蒸气温度 $t_s = 143.4$ ℃。

冷凝器的操作压强 $p_c = 100 - 54.7 = 45.3$ kPa,用内插法由附录七查得相应的饱和温度为 $t_c = 78.3$ ℃。

按式(4-15)可得

$$\Delta t_{max} = t_s - t_c = 143.4 - 78.3 = 65.1\ ℃$$

2.计算温差损失 Δ

(1)由二次蒸气流动引起的温差损失 $\Delta''' = 1$ ℃。

(2)分离室中二次蒸气的压强 P 应为与 t_p 相对应的饱和蒸气压,而

$$t_p = t_c + \Delta''' = 78.3 + 1 = 79.3\ ℃$$

由附录七内插可得 $p = 46.14$ kPa,因此加热管中的平均压强按式(4-18)计算应为

$$p_m = p + \frac{\rho g l}{2} = 46.14 \times 10^3 + \frac{1\ 500 \times 9.81 \times 2}{2} = 60\ 855\ \text{Pa} = 60.86\ \text{kPa}$$

则 p_m 下水的沸点 $t_{p_m} = 86.0$ ℃。

按式(4-19)得 $\Delta'' = t_{p_m} - t_p = 86.0 - 79.3 = 6.7$ ℃。

(3)在 p_m 下水的沸点 $t_{p_m} = 86.0$ ℃,当浓缩液浓度为0.5时,由图4-13查得沸点为126 ℃。故 $\Delta' = 126 - 86 = 40$ ℃。

按式(4-16)得 $\Delta = \Delta' + \Delta'' + \Delta''' = 40 + 6.7 + 1 = 47.7$ ℃。

3.蒸发器的有效温度差 Δt_m

按式(4-20)得 $\Delta t_m = \Delta t_{max} - \Delta = 65.1 - 47.7 = 17.4$ ℃。

(三)蒸发器的生产能力与生产强度

1)蒸发器的生产能力　蒸发器的生产能力是指单位时间内蒸发的溶剂(水)量,kg/s、kg/h,由生产要求确定。

2)蒸发器的生产强度　蒸发器的生产强度简称蒸发强度,是指单位时间单位传热面积上所蒸发的溶剂量,用下式表示:

$$U = \frac{W}{A} \tag{4-21}$$

式中　U——蒸发强度,$kg/(m^2 \cdot s)$;

W——蒸发器的生产能力,kg/s;

A——蒸发器加热室的传热面积,m^2。

对于一定的蒸发任务，要求蒸发量 W 一定，若蒸发器的 U 愈大，所需的传热面积愈小，即蒸发过程的设备投资愈小，故蒸发器的生产强度也是评价蒸发器性能优劣的一个重要指标。

二、多效蒸发过程

多效蒸发的目的主要是通过二次蒸气的再次利用节约能耗，从而提高蒸发装置的经济性。

（一）多效蒸发的操作流程

图 4-14 为并流加料的三效蒸发操作流程，按加热蒸气的流向，第一个蒸发器（称为第一效）中蒸的二次蒸气作为第二个蒸发器的加热蒸气；第二效蒸出的二次蒸气作为第三效的加热蒸气；第三效蒸出的二次蒸气进入冷凝器，用冷却水冷却后由水封排出。由该流程可见，料液的流向与蒸气的流向是相同的，故称为并流加料。各效的加热蒸气温度 t_{si} 应高于各效加热管内溶液的沸腾温度 t_i，故应有

$$t_{s1} > t_1 > t_{s2} > t_2 > t_{s3} > t_3 > t_c$$

这里的 t_c 仍为冷凝器内压强 p_c 下的饱和温度。各效分离室的操作压强 p_i 也必须依次降低，即 $p_1 > p_2 > p_3 > p_c$，以保证料液沸点逐效降低。

多效蒸发中溶液的流向可以有不同的方式，按溶液与加热蒸气流向的相对关系可有以下四种操作流程。

1. 并流加料流程

并流加料流程（参见图 4-14）在生产中用得较多。并流法的优点如下。

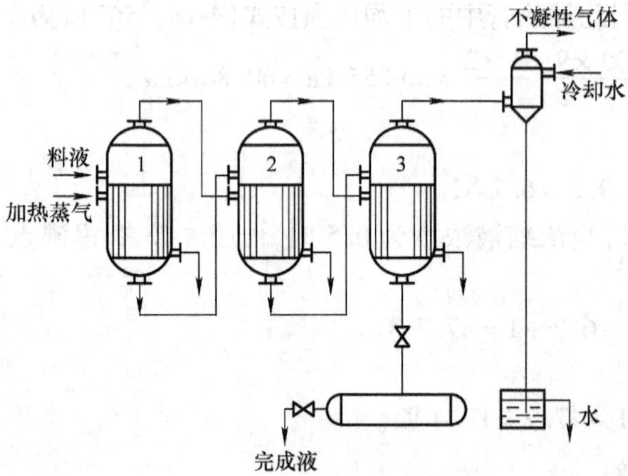

扫一扫

动画4–10 并流加料的多效蒸发流程

图 4-14 并流加料多效蒸发操作流程

（1）溶液从压力和温度较高的蒸发器流向压力和温度较低的蒸发器，故溶液在效间的输送可以利用效间的压差，不需要泵送。

（2）溶液流入温度和压力较低的后一效时处于过热状态，会发生自蒸发（闪蒸），因而可以多产生一部分二次蒸气。此外，此法操作简便，工艺条件稳定。

（3）完成液在末效排出，温度较低，故总的热量消耗较低。

并流法的缺点是：随着溶液从前一效逐效流向后面各效，其浓度增高，而温度反而降低，致使溶液的黏度增大，蒸发器的传热系数下降。因此，对于随浓度的增加黏度变化很大的料液不

宜采用并流。

2. 逆流加料流程

图 4-15 为逆流加料三效蒸发操作流程。溶液的流向与蒸气的流向相反。

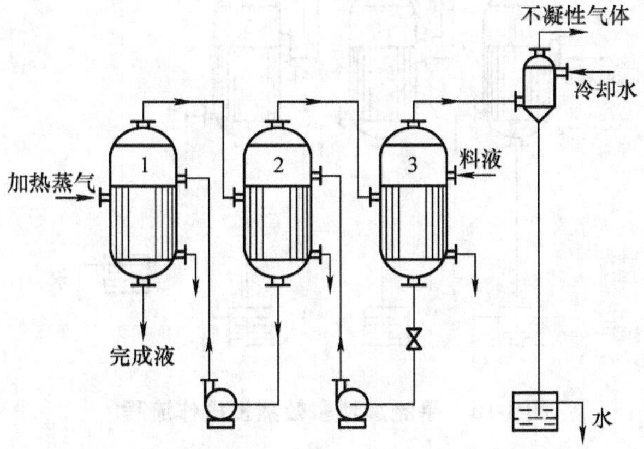

图 4-15　逆流加料多效蒸发操作流程

逆流法的优点是:随溶液的浓度沿着流动方向的增高,其温度也随之升高,因此因浓度增高使黏度增大的影响大致与因温度升高使黏度减小的影响相抵,故各效溶液的黏度较为接近,各效的传热系数也大致相同。

逆流法的缺点如下。

(1)溶液在效间的流动是由低压流向高压,由低温流向高温,因此必须用泵输送,故能量消耗大。

(2)各效(末效除外)均在低于沸点下进料,没有自蒸发,与并流法相比,所产生的二次蒸气量较少。

(3)完成液在第一效排出,其温度较高,带走的热量较多,不利于热敏性物料的蒸发。

3. 分流加料(习惯上也称平流加料)流程

图 4 – 16 为分流加料流程,料液平行加入各效,完成液亦分别自各效排出。其特点是溶液不在效间流动。此种流程适合处理蒸发过程中有结晶析出的溶液。

4. 错流加料流程

错流加料中采用部分并流加料和部分逆流加料,以利用逆流和并流流程各自的长处。一般在末几效采用并流加料。该流程操作比较复杂。

采用哪一种蒸发操作流程,应根据所处理溶液的具体情况和特性及操作要求来选定。

(二)多效蒸发中的最佳效数

在单效蒸发中,已知每蒸发 1 kg 水需要消耗多于 1 kg 的加热蒸气。在工业生产中,采用多效蒸发可以节约能源,减少热源蒸气(即生蒸气)的单位能耗量,提高其利用率。

显然,当蒸发器的生产能力一定时,采用多效蒸发所需的生蒸气消耗量远小于单效。理论上的单位消耗量 D/W 对单效为 1,双效为 1/2,三效为 1/3,n 效为 $1/n$;但实际上因为存在各种温差损失和热损失,多效蒸发达不到上述指标。表 4-3 列出了五效蒸发器各效的$(D/W)_{min}$经验值。

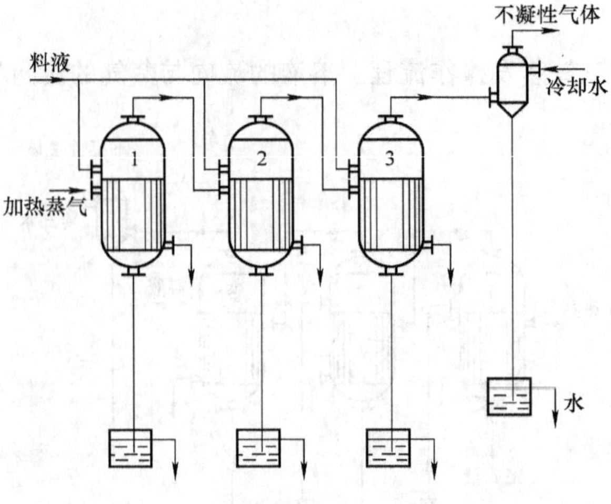

图 4-16 平流加料多效蒸发操作流程

表 4-3 蒸发过程的单位蒸气消耗量

效数	单效	双效	三效	四效	五效
理想值	1	0.5	0.33	0.25	0.2
实际平均值	1.1	0.57	0.4	0.3	0.27

由上述讨论可知，随着多效蒸发效数的增加，温差损失加大。某些溶液的蒸发还可能出现总温差损失大于或等于总温差的极端情况，此时蒸发操作无法进行。因此多效蒸发的效数是有一定限制的。

(三)多效蒸发过程的计算

1. 水分蒸发量 W 的计算

对整个蒸发过程作物料衡算：

$$Fw_0 = (F - W)w_3 \tag{4-22}$$

上式化简为

$$W = F\left(1 - \frac{w_0}{w_3}\right)$$

式中的原料液量 F、原料液与完成液的组成 w_0 与 w_3，一般由工艺要求确定。

2. 假定各效的水分蒸发量，估计各效溶液的浓度

由于各效的水分蒸发量(W_1、W_2、W_3)及相应溶液的组成(w_1、w_2)均未知，在计算中常先假设各效的水分蒸发量。

水分蒸发量的初值有两种假设方法。

(1)假设各效蒸发量相等，即

$$W_1 = W_2 = W_3 \tag{4-23}$$

(2)对于并流加料流程，考虑有自蒸发，可假设

$$W_1 : W_2 : W_3 = 1 : 1.1 : 1.2 \tag{4-23a}$$

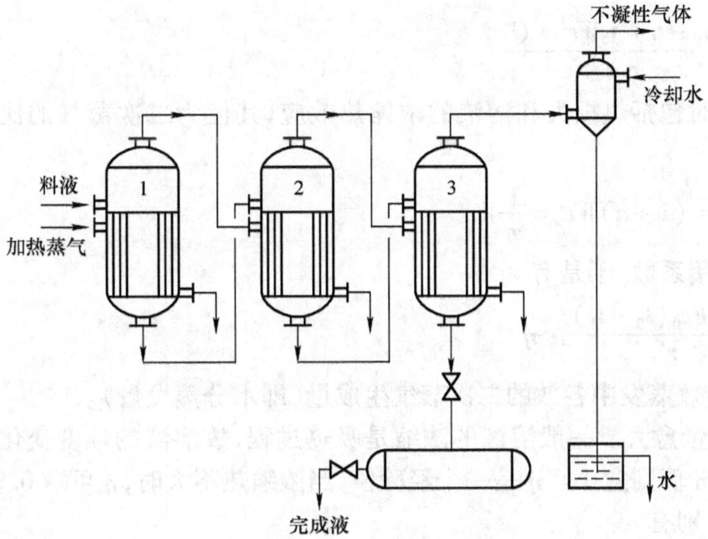

图 4-17　并流加料三效蒸发操作流程

由水分物料衡算有

$$W = W_1 + W_2 + W_3 \tag{4-24}$$

由式(4-23)和式(4-24)可求得 W_1、W_2、W_3 的初始值，然后对各效作溶质物料衡算可得

$$w_1 = \frac{Fw_0}{F - W_1} \tag{4-25}$$

$$w_2 = \frac{Fw_0}{F - W_1 - W_2} \tag{4-26}$$

3. 假定各效压强，估算各效的温度差

若假设各效压差 Δp_i 相等，则

$$\Delta p_i = \frac{p_s - p_c}{3} \tag{4-27}$$

式中　Δp_i——各效间的压差，kPa；

p_s——加热蒸气的压强，kPa；

p_c——冷凝器的操作压强，kPa。

由上式可得各效的操作压强 p_i：

$$\left.\begin{aligned} p_1 &= p_s - \Delta p_1 \\ p_2 &= p_1 - \Delta p_2 \\ p_3 &= p_2 - \Delta p_3 \approx p_c \end{aligned}\right\} \tag{4-28}$$

然后仿照单效蒸发计算中温差损失的求取方法，求出各效的温差损失

$$\Delta_i = \Delta'_i + \Delta''_i + \Delta'''_i \tag{4-29}$$

4. 对各效作热量衡算，计算生蒸气用量和各效的水分蒸发量

由单效蒸发的热量衡算式(4-10)得

$$Wr' + Q_L = Dr + Fc_0(t_0 - t_1)$$

移项得

$$D=\frac{Fc_0(t_1-t_0)+Wr'+Q_L}{r}$$

若令 Q_L 项同时包括热损失和溶液的浓缩热效应，其值为二次蒸气的比汽化焓的一个分数 a，即有

$$Wr'+Q_L=(1+a)Wr'=\frac{1}{\eta}Wr'$$

式中 η——热利用系数，于是有

$$W=\frac{Dr+Fc_0(t_0-t_1)}{r'}\cdot\eta \tag{4-30}$$

上式可用于计算多效蒸发中各效的二次蒸气生成量（即水分蒸发量）。

η 愈大则蒸发量愈大。一般溶液的浓缩是吸热过程，故溶液的浓度变化愈大或热损失量愈大，a 值就愈大，η 值则愈小。η 是一个经验值，当浓缩热不大时，η 可取 0.96～0.98。

对各效蒸发分别有

$$W_1=\frac{Dr_1+Fc_0(t_0-t_1)}{r_1'}\times\eta_1 \tag{4-30a}$$

$$W_2=\frac{W_1r_1'+(Fc_0-W_1c_w)(t_1-t_2)}{r_2'}\times\eta_2 \tag{4-30b}$$

$$W_3=\frac{W_2r_2'+(Fc_0-W_1c_w-W_2c_w)(t_2-t_3)}{r_3'}\times\eta_3 \tag{4-30c}$$

实际上 r_1'、r_2' 并不完全相等，在近似计算中，各效二次蒸气的比汽化焓 r_i' 可取其在 p_i 下之值，各效溶液的沸点 t_i 可由各效二次蒸气温度 t'_i 及温差损失 Δ_i 求得。

5. 求各效的传热面积

$$A_i=\frac{Q_i}{K_i\Delta t_{mi}} \tag{4-31}$$

式中 A_i——各效的传热面积，m^2；

Q_i——各效的传热量，J/s；

K_i——各效加热室的传热系数，W/(m^2 · ℃)；

Δt_{mi}——各效的有效温度差，℃，与单效的相仿，有 $\Delta t_{mi}=(\Delta t_{mi})_{max}-\Delta_i$。

如果计算得到的 A_1、A_2、A_3 不相等，需重新调整使 A_i 相等，其关键在于调整各效的有效传热温差，因为在第一次计算时，若各效的蒸发量确定，各效的传热量 Q_i 基本被确定，所以调整后的传热速率方程为

$$\left.\begin{aligned}Q_1&=K_1A\Delta t_{m1}'\\Q_2&=K_2A\Delta t_{m2}'\\Q_3&=K_3A\Delta t_{m3}'\end{aligned}\right\}$$

式中的 Δt_{m1}、Δt_{m2}、Δt_{m3} 为调整后各效的有效温差，单位为℃。

由上式可得

$$\frac{A_1\Delta t_{m1}}{A\Delta t_{m1}'}=\frac{A_2\Delta t_{m2}}{A\Delta t_{m2}'}=\frac{A_3\Delta t_{m3}}{A\Delta t_{m3}'}=\frac{A_1\Delta t_{m1}+A_2\Delta t_{m2}+A_3\Delta t_{m3}}{A(\Delta t_{m1}'+\Delta t_{m2}'+\Delta t_{m3}')}=1$$

在生蒸气温度 t_s、冷凝器压强 p_c 以及各效温度差损失 Δ_i 均一定时，总有效温差是一个定值，即

$$\sum \Delta t'_{mi} = \sum \Delta t_{mi} = (t_s - t_c) - \sum \Delta_i$$

所以

$$A = \frac{A_1 \Delta t_{m1} + A_2 \Delta t_{m2} + A_3 \Delta t_{m3}}{\sum \Delta t'_{mi}}$$

各效的有效温差应分别调整为

$$\Delta t'_{mi} = \frac{A_i \Delta t_{mi}}{A}$$

然后，再由 $\Delta t'_{mi}$ 重新确定各效的压强。

自　测　题

一、填空题

1. 在蒸发过程中产生的蒸气称为二次蒸气，按二次蒸气的利用情况可将蒸发分为______和______。

2. 在单效蒸发中，每小时将 2 000 kg 的某种水溶液从 10% 连续浓缩到 30%，水分的蒸发量为______ kg/h。

3. 在蒸发操作中，降低单位蒸气消耗量的主要方法有______、______、______。

4. 蒸发操作中，加热蒸气放出的热量主要用于：①______；②______；③______。

5. 并流加料的多效蒸发装置中，各效的蒸发量略有增加，其原因是料液从前一效进入后一效时有______。

二、判断题

1. 采用多效蒸发的主要目的是充分利用二次蒸气。效数越多，单位蒸气耗用量越小，因此过程越经济。(　　)

2. 多效蒸发流程中，主要用在蒸发过程中有晶体析出场合的是平流加料。(　　)

3. 在多效蒸发流程中，并流加料的优点是各效的压力依次降低，溶液可以自动地从前一效流入后一效，不需用泵输送。(　　)

4. 用分流进料方式蒸发时，得到的各份溶液浓度相等。(　　)

三、选择题

1. 采用多效蒸发的目的是提高(　　)。

A. 完成液的浓度　　B. 加热蒸气的经济程度

C. 生产能力

2. 多效蒸发中，蒸气消耗量的减少是用增大(　　)换取的。

A. 传热面积　　B. 加热蒸气压力　　C. 传热系数

3. 多效蒸发中，由于温差损失的影响，效数越多，温差损失越大，分配到每效的有效温差就(　　)。

A. 越小　　　　　　B. 越大　　　　　　C. 不变

4. (　　)加料的多效蒸发流程的缺点是料液黏度沿流动方向逐效增大，致使后效的传热系数降低。

A. 并流　　　　　　B. 逆流　　　　　　C. 平流

四、简答题

1. 蒸发操作中，温差损失是指什么？造成温差损失的原因有哪些？

2. 常用的多效蒸发操作有哪几种流程，各有什么特点？

3. 蒸发器的生产强度和生产能力有何区别？

四、计算题

1. 一常压操作的单效蒸发器，蒸发10%的NaOH水溶液，处理的原料液量为10 t/h，要求浓缩至25%（以上均为质量分数）。试计算水分蒸发量。[答:6 000 kg/h]

2. 已知质量分数为16.7%的氢氧化钠水溶液在6.2 kPa(绝压)下的沸点为40 ℃，在85.2 kPa(绝压)下的沸点为100 ℃。试用杜林法则计算此溶液在40 kPa下的沸点。[答:79.7 ℃]

3. 在一单效常压蒸发器中蒸发某盐类水溶液，加热室内液层高度为2 m，完成液浓度为40%，其相应的密度为1 300 kg/m^3，已知常压下该溶液的沸点为120 ℃当地大气压为100 kPa。试求加热管内液层静压强引起的温差损失及加热管内溶液的平均沸点。[答:3.1 ℃，123.1 ℃]

4. 采用单效真空蒸发装置将10%的氢氧化钠溶液蒸发至50%（以上均为质量分数），此时的密度为1 500 kg/m^3，蒸发器内液层高度维持在1.5 m，冷凝器内操作压强为40 kPa加热蒸气压强为400 kPa(以上均为绝压)。原料液处理量为2 t/h，料液温度为20 ℃，其平均定压比热容为3.77 kJ/(kg·K)，热损失为5%，蒸发器的传热系数为1 200 W/(m^2·℃)。试求：①水分蒸发量；②蒸发器的有效温差；③加热蒸气的消耗量及单位蒸气消耗量；④加热所需的传热面积和蒸发器的生产强度。[答:① 1 600 kg/h；②16.4 ℃；③2 210 kg/h，1.38 kg/h；④ 63.5 m^2，25.2 kg/(m^2·h)]

5. 在并流操作的双效蒸发装置中蒸发氢氧化钠水溶液，加料量为1 000 kg/h，原料液浓度为10%，沸点加料，要求完成液浓度为50%（以上均为质量分数），加热蒸气压强为400 kPa（绝压）。1、2效蒸发器的传热系数分别为1 200和800 W/(m^2·℃)，冷凝器操作压强为20 kPa(绝压)，原料液的平均定压比热容为3.77 kJ/(kg·℃)，蒸发器中的加热管内液层高度均为1.4 m，1、2效中的平均密度分别为1 100和1 500 kg/m^3，加热蒸气冷凝液均在饱和温度下排出。试计算：①总蒸发水量和各效蒸发水量；②生蒸气用量；③蒸发器所需的传热面积（要求各效传热面积相等）。[答：① 800 kg/h，403.6 kg/h，396.4 kg/h；② 438.7 kg/h；③ 18.3 m^2]

阅读材料——蒸发工国家职业技能鉴定标准

一、鉴定要求

1. 适用对象

适用于化工生产中操作蒸发器的操作人员。

2. 申报要求

(1)文化程度:高中毕业。

(2)现有技术等级证书级别:中级工技术等级证书,持证四年。

(3)身体状况:健康。

(4)本工种工作年限:六年。技工学校和职业高中本专业毕业生申报高级工为三年。

3. 考生与考评员比例

(1)知识:15:1。

(2)技能:1:3。

4. 鉴定方式和时间

(1)知识:闭卷、笔试,限时 90 min。满分 100 分,60 分及格。

(2)技能:进行逐人抽题口试、笔试或模拟操作,根据考试要求确定时间。满分 100 分,60 分及格。

二、鉴定内容

1. 知识要求

项目	鉴定范围	鉴定内容	鉴定比重/%
基本知识	1. 基础知识	(1)具有高中及高中以上物理、化学知识,如: ①电子技术、放射性同位素的初步知识; ②液体的汽化理论; ③电化学基础理论; ④相平衡、溶度积、缓冲溶液的基本理论; ⑤影响化学反应速率的因素及催化理论; ⑥烃类化合物、络合物的基本结构和性质。 (2)具有有关的化工基础知识,如: ①蒸发设备的分类、结构与特性; ②强化传热的途径与热绝缘的方法; ③蒸发器的物料衡算与热量衡算; ④升膜式、降膜式蒸发的流程及传热特点; ⑤气液分离器、蒸发冷凝器的形式与特性	11
	2. 安全防护知识	①本产品生产中的原料、成品的危害性、爆炸性、毒害性的控制、预防方法; ②与本产品生产相关的防火、防爆、防静电设施的性能及使用知识	5

续表

项目	鉴定范围	鉴定内容	鉴定比重/%
专业知识	1. 工艺技术知识	①工业常用蒸发装置的设备结构、工艺流程及相互区别，本工种选用的蒸发装置的优缺点； ②多效蒸发各种流程，如并流、逆流、平流等选择的原则，二次蒸气的利用、多效蒸发温差损失、效数确定的依据； ③本产品生产工艺规程中，主要技术指标制定的依据； ④蒸气压力、温度等技术参数，冷却水，电网供电波动等因素对蒸发作业的影响	40
	2. 设备装置知识	①蒸发装置缺陷的定性分析判断，一般零部件的检修常识，如加热管堵漏、管件、阀门的更换等； ②各类蒸发器的构造、设备能力、适应范围、防腐、保温设施以及防腐、保温的新材料、新技术应用状况； ③蒸发装置设备的检修内容及设备验收、投产标准	20
	3. 分析检验知识	①蒸发的原料液、浓缩液各分析项目的分析方法； ②容量分析常用的基本方法、络合滴定法及仪器分析的初步知识	6
	4. 电器、仪表计量器具知识	①工业常用干燥装置仪表连锁、自控的一般原理和使用方法； ②蒸发装置及辅助设备的电器回路及保护设施； ③蒸发装置使用的电器、仪表、计量器具选用的原则和技术要求	6
相关知识	1. “三废”处理知识	①本产品生产中“三废”排放的种类、数量、性质、排放标准； ②蒸发装置所采用的环保设施的机理及使用方法，降低“三废”排放的途径	6
	2. 管理知识	①全面质量管理及现代化管理常用方法的内容； ②专业管理的基本内容和要求，如生产管理、设备管理、安全管理等	6

2. 技能要求

项目	鉴定范围	鉴定内容	鉴定比重/%
操作技能	1. 工艺操作能力	①正确地进行蒸发工种生产全过程的开、停车和正常操作； ②掌握蒸发工种被测参数的技术条件与制定依据，正确判断蒸发生产过程中的一切变化情况，及时调整操作并与有关工种、岗位协调，控制技术操作指标达到先进水平和经济合理	30
	2. 应变和事故处理能力	①正确处理蒸发工种生产过程中的各种异常现象和事故，如突然大减量、真空度消失、突然停电、停蒸气等； ②对蒸发工种同类型装置，或新增设备验收试车和开工生产操作； ③严格执行安全技术规程，对蒸发工种生产过程全面安全检查，保持安全防护装置完备，做到安全生产； ④严格执行产品生产工艺规程，正确分析、判断各类事故原因，及时提出预防，消除隐患	30

续表

项目	鉴定范围	鉴定内容	鉴定比重/%
工具设备的使用和维护	设备及仪表使用维护能力	①正确使用和维护保养蒸发工种的设备、电器、仪表、计量器具； ②开工时，按操作规程要求进行单体吹扫、试压、查漏，经检查合格投料开车，对本工种设备运行中发生的不正常情况，提出能否继续运行的意见，能正确地指出修理部位，采取相应的措施； ③掌握本工种所用各类电气、仪表使用知识，能正确判断电气、仪表运行正常与否，及时联系和处理故障； ④提出本工种设备的检修、清扫项目和要求，并能在检修后进行验收试车和开车操作	20
其他能力	1. 工艺计算能力	进行蒸发装置的物料、能量计算，生产能力计算，并对生产数据进行统计分析	8
	2. 识图制图能力	①看懂产品生产工艺流程图、蒸发工种静止设备装配图； ②绘制蒸发系统带控制点工艺流程示意图，绘制蒸发罐（器）等主要设备简图和一般零部件草图	6
	3. 管理能力	①对蒸发过程运用全面质量管理手段进行备项管理工作，并能提出课题、攻关，提高生产水平； ②开展班组经济活动，提出并实施保证产品质量、降低消耗定额的措施	3
	4. 语言文字领会与表达能力	①识阅和理解有关的技术资料及管理文件，并能写出技术报告和通报有关情况； ②具备培训初、中级工应知、应会的能力	3

说明：本标准为中华人民共和国劳动和社会保障部颁发的“国家职业技能鉴定规范（化工行业特有工种考核大纲）”蒸发工（高级）技能鉴定标准。

主要符号说明

英文字母

A——蒸发器的传热面积或蒸发器加热室的传热面积，m^2

A_i——各效的传热面积，m^2

c_B——溶质的平均定压比热容，kJ/(kg·℃)

c_i——组成为 w_i($i=0,1,2,\cdots$)的溶液的平均定压比热容，kJ/(kg·℃)

c_w——水的平均定压比热容，kJ/(kg·℃)

D——加热蒸气用量，kg/h

d——管径，m

F——原料液量，kg/h

h'——二次蒸气的焓，kJ/kg

h_1——完成液的焓，kJ/kg

h_c——冷凝水的焓，kJ/kg

h_0——原料液的焓，kJ/kg

h_s——加热蒸气的焓，kJ/kg

K——总传热系数，W/(m^2·℃)
K_d——杜林线的斜率，无因次
K_i——各效加热室的传热系数，W/(m^2·℃)；
p_c——冷凝器的操作压强，kPa
p_s——加热蒸气的压强，kPa
Q——蒸发器的热负荷或传热速率或传热量，W
Q_i——各效的传热量，J/s
Q_L——蒸发器的热损失，kJ/h
r——加热蒸气的冷凝潜热，kJ/kg
r'——二次蒸气的冷凝潜热，kJ/kg
R_s——垢层热阻，(m^2·℃)/W
t_1——完成液出口的温度，℃
t'_B、t_B——溶液在压强 p'、p 下的沸点，℃
t_0——原料液进口的温度，℃
t'_w、t_w——p'、p 下水的沸点，℃
U——蒸发强度，kg/(m^2·s)
W——水分蒸发量(即二次蒸气量)或蒸发器的生产能力，kg/h
w_i——完成液中溶质的质量分数
w_0——原料液中溶质的质量分数

希腊字母

α——对流传热系数，W/(m^2·℃)
Δ'——由于溶质的存在使溶液沸点升高引起的温差损失，℃
Δ''——由于加热管中的液柱高度引起沸点升高导致的温差损失，℃
Δ'''——由二次蒸气从分离室流至冷凝器的管路阻力引起的温差损失，℃
Δp_i——各效间压差，kPa
Δt_m——平均传热温差，℃
Δt_{mi}——第 i 效蒸发器的平均传热温差，有效温差，℃
δ——管壁厚度，m
η_i——第 i 效蒸发器的热利用系数
λ——管材的导热系数，W/(m^2.℃)

项目五　干燥操作技术

项目介绍

在石油化工、制药、纺织、造纸、食品、农产品加工等行业，常常需要将固体物料中的湿分除去，以便于贮藏、运输及进一步加工，达到生产规定的要求。工业去湿的方法很多，其中用加热的方法使水分或其他溶剂汽化，以除去固体物料中湿分的操作，称为干燥。由于热量可以不同的方式传递给湿物料，干燥过程又可分为传导干燥、对流干燥、辐射干燥和介电加热干燥，其中对流干燥在工业上应用最为广泛。本项目将主要介绍以空气为干燥介质、湿分为水分的对流干燥过程。

* * * *　　　　* * * *　　　　* * * *

任务一　认识干燥过程及设备

任务分析：干燥技术是目前化工生产中应用最为广泛的一种去湿方法，工业干燥过程是如何进行的？常用干燥设备结构有什么特点？首先一起来认识干燥过程及干燥设备。

任务目标：①掌握干燥过程的分类，理解对流干燥过程；②掌握干燥器的结构。

技能目标：能说明对流干燥过程，能识别各类干燥设备。

一、认识干燥过程

（一）固体物料的去湿方法

工业生产中有些固体原料、半成品和成品为便于贮存、运输、使用或进一步加工，需除去其中的湿分（水分或其他液体），称为去湿。常用的去湿方法有以下三种。

1. 机械去湿

当固体湿物料中含液体较多时，可采用沉降、过滤、离心分离等机械分离的方法除去其中大部分的液体。这些方法能耗较少，但湿分不能完全除去。

2. 物理化学去湿

将干燥剂如无水氯化钙、硅胶、石灰等与固体湿物料共存，使湿物料中的湿分经气相转入干燥剂内。这种方法费用较高，只适用于实验室小批量低湿分固体物料（或工业气体）的去湿。

3. 加热去湿

向湿物料供热，使其中的湿分汽化并将生成的湿分蒸气移走。这种去湿方法称为物料的干燥，它是化工生产中不可缺少的一种单元操作，广泛应用于食品、轻工、医药、纺织、农林产品加工以及建材等工业部门。例如，合成树脂必须进行干燥以防止在加工成塑料制品的过程中生成气泡;谷物、蔬菜经干燥后可以长期贮存;纸张、木材经干燥后便于使用和贮存等。

一般在工业生产中要除去的湿分多为水分。干燥法能耗较大,工业上往往将机械分离法与干燥法联合起来除湿,即先用机械方法尽可能除去湿物料中的大部分湿分,再利用干燥方法继续除湿。

(二)干燥过程的分类

1. 按操作压强分

主要有常压干燥和真空干燥。真空干燥时温度较低,蒸气不易外泄,适于处理热敏性、易氧化、易爆或有毒物料以及产品要求含湿量较低、要求防止污染及湿分蒸气需要回收的情况。加压干燥只在特殊情况下应用,通常是在压力下加热后突然减压,湿分瞬间发生汽化,使物料发生破碎或膨化。

2. 按操作方式分

有连续干燥和间歇干燥。工业生产中多为连续干燥,其生产能力大,产品质量较均匀,热效率较高,劳动条件也较好;间歇干燥的投资费用较低,操作控制灵活方便,故适用于小批量、多品种或要求干燥时间较长的物料。

3. 按热量供给方式分

有传导干燥、对流干燥、辐射干燥和介电加热干燥。

1)传导干燥　将湿物料堆放或贴附于高温的固体壁面上,以传导的方式获取热量,使其中的湿分汽化,湿气由周围气流带走或用抽气装置抽出,因此它是间接加热,常用饱和水蒸气、热烟道气或电热作为间接热源,其热利用率较高,但与传热壁面接触的物料易过热,物料层不宜太厚,而且金属消耗量较大。

2)对流干燥　使高温热气流(热空气或热烟道气等,称为干燥介质)与湿物料直接接触,以对流的方式向物料供热,汽化后生成的湿气也由干燥介质带走。热气流的温度和湿含量调节方便,物料不易过热。对流干燥生产能力较大,相对来说设备投资较小,操作控制方便,是应用最为广泛的一种干燥方式;其缺点是热气流用量大,带走的热量较多,热利用率比传导干燥要低。

3)辐射干燥　以辐射方式将热辐射波段(红外或远红外波段)能量投射到湿物料表面,被物料吸收后转化为热能,使湿分汽化并用外加气流或抽气装置排出。辐射干燥特别适用于物料表面薄层的干燥。辐射源可按被干燥物件的形状布置,这种情况下辐射干燥比传导或对流干燥的生产强度大几十倍,产品干燥程度均匀而不受污染,干燥时间短,如汽车漆层的干燥,但电能消耗大。

4)介电加热干燥(包括高频干燥、微波干燥)　将湿物料置于高频电场内,利用高频电场的交变作用使物料分子发生频繁的转动,物料从内到外都同时产生热效应使其中的湿分汽化。这种干燥的特点是,物料中湿分含量越高的部位获得的热量越多,故加热特别均匀。这是由于湿分的介电常数比固体物料大得多,而一般物料内部的含湿量比表面高,因此介电加热干燥时物料内部的温度比表面要高。与其他加热方式不同,介电加热干燥时传热的方向与湿分扩散方向是一致的,这样可以加快湿分由物料内部向表面的扩散和汽化,缩短干燥时间,得到的干燥产品质量均匀,自动化程度很高。尤其适用于加热不均匀会引起变形、表面结壳或变质的物料,或内部湿分较难除去的物料。但是,其电能消耗量大,设备和操作费用都很高,目前主要用于食品、医药、生物制品等贵重物料的干燥。

在工业上对湿分较高的散粒状物料，常常是先用机械分离或蒸发的方法除去湿物料中的大部分湿分，然后采用对流干燥方法获得合格的干燥产品。其他加热方式也往往同对流方式结合使用。本部分主要讨论以空气为干燥介质、除去的湿分为水分的对流干燥过程。

（三）对流干燥过程

1. 对流干燥流程

化工生产中作为干燥介质的热气流常为空气。图 5-1 是典型的对流干燥流程示意图。空气经鼓风机在预热器中被加热至一定温度后进入干燥器，与进入干燥器的湿物料直接接触，热空气流将热量传给湿物料使其水分汽化得到干燥产品，气流温度则逐步降低，并夹带被汽化的水汽作为废气排出。

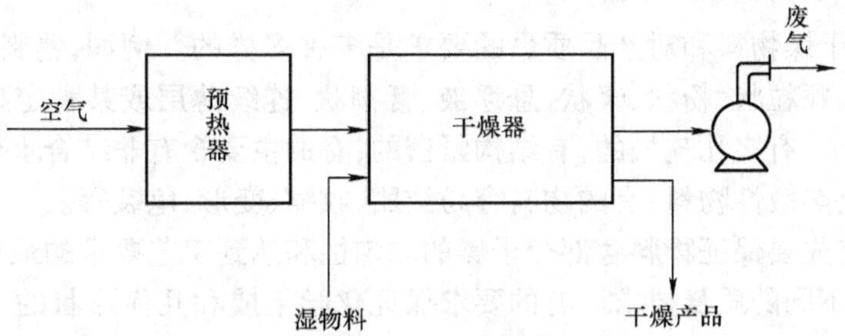

图 5-1　对流干燥流程示意

对流干燥可以连续操作，也可以间歇操作。连续操作时物料被连续加入和排出，物料和气流可以并流、逆流或其他形式进行接触；间歇操作时物料成批置于干燥器内，热空气流可连续通入和排出，待物料干燥至一定含湿要求后一次取出。

2. 对流干燥过程的特点

在图 5-1 所示的干燥器中，热空气与湿物料直接接触后，热气流将热量传至湿物料表面，再由湿物料表面传至物料内部。如图 5-2 所示，若热空气主体温度为 t，湿物料表面温度为 t_w，则传热推动力为 $\Delta t = t - t_w$；热量由干燥介质传向湿物料，而水分则从物料内部以液态水或水汽的形式扩散至物料的表面，再以水汽形式扩散至热气流中。若湿物料表面的水汽分压为 p_s，热空气流主体中的水汽分压为 p_w，则水汽的传质推动力为 $\Delta p = p_s - p_w$，传质方向由固体物料传向干燥介质主体。按虚拟膜的观点，厚度为 δ 的虚拟气膜层构成了传热、传质的阻力。由此可得以下结论。

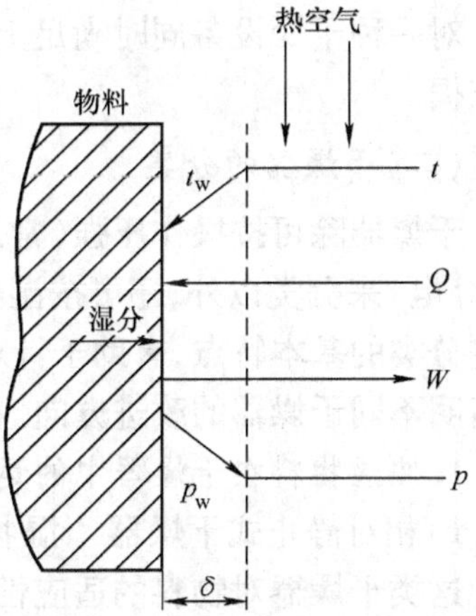

图 5-2　热空气与物料间的传热与传质

（1）对流干燥过程是气、固两相间进行的热、质同时反向传递的过程。一般情况下，这种质量传递属于单组分、单向传递。

（2）只要气流中的水汽分压 p_w 低于湿物料表面的水汽分压 p_s，即 $\Delta p = p_s - p_w > 0$，干燥过程就可以继续进行下去。显然，Δp 愈大，干燥过程进行得愈快，这是干燥过程得以进行的必要条件。

(3)作为干燥介质的热空气,既是载热体,又是载湿体。

(4)湿物料升温与水分汽化焓变所需吸收的热量(俗称汽化潜热)是由干燥介质的温度降低(放出显热)而提供的,它通过气、固两相间的温差传递给湿物料,与此同时,固体湿物料表面和干燥介质中的水汽分压都将变化,因此热量传递与质量传递既是同时发生的,也是相互制约的。

(5)既然对流干燥过程是干燥介质(一般为热空气)与湿物料之间相互作用的结果,就有必要了解空气和湿物料在干燥过程中的有关性质及其对过程的影响。

二、干燥设备

(一)化工生产对干燥器的要求

化工生产中被干燥物料和对产品质量的要求是多种多样的。例如,物料的形状,有块状、片状、饼状、纤维状、颗粒状、粉状、浆状、悬浮液、膏糊状、连续薄层或某种定型体等。又如,物料的结构与干燥特征,有多孔疏松的,有结构紧密的;有的主要含有非结合水分,有的含有较多的结合水分;有的是热敏性物料;有的物料容易结团、收缩、变形、龟裂等。

对干燥产品,首先要保证物料各部分干燥的均匀性和达到工艺要求的最终含水量,同时根据物料的情况又有不同的质量要求。有的要求保证化学组成和几何形状的不变性,颗粒物料要求有一定的堆积密度和一定的粒度、流动性或易溶性,有的必须防止干燥中的污染,有的湿分还需要回收利用等。

物料和产品质量要求的多样性,带来了干燥器的多样性。每一类型的干燥器也都各有其适应性和局限性。总体来说,对干燥器有以下要求:①适应性强,能满足干燥产品的质量要求;②设备生产强度大,生产强度可用单位时间、单位设备容积内除去的水分量来表示,其单位为 $kg/(m^3 \cdot s)$;③热效率高;④设备系统的流体阻力小,以节约流体输送的能耗;⑤本体结构和附属结构比较简单,投资费用低;⑥操作控制方便。

对一种干燥设备同时满足上述各项要求是较困难的,但这些要求可以作为干燥设备的评价依据。

(二)干燥器的分类

干燥器除可按操作压强(常压、真空)、操作方式(间歇、连续)和加热方式(对流、传导、辐射、介电)来分类以外,还可按湿物料的运动方式、气流的运动方式和结构特征来分类。了解这些分类的基本特点,有助于针对不同的干燥要求选择适当的干燥方式和干燥器结构,并且可以指明不同干燥器的改进方向。

1. 按湿物料在干燥器中的运动特点分类

1)相对静止式干燥器　湿物料之间不发生相对运动,故物料与热源的接触面积是一定的。这类干燥器对物料的适应性很强。物料在干燥器内的停留时间相同,但物料不同部位的干燥条件较难保持一致,特别在对流干燥条件下,干燥介质分布难以完全均匀,介质状态也在不断变化。这类干燥器又可分为湿物料完全静止与湿物料发生整体移动两种。前者如厢式干燥器,它必然是间歇操作;后者可以连续操作,包括输送机式干燥器(物料在固定的干燥室内由不同的输送机构带动而发生整体移动,例如由一长列逐步移动的物料小车构成的洞道式干燥器、由输送带或输送链驱动的输送带式干燥器)、滚筒式干燥器(物料在干燥旋转滚筒外部表面上一起运动)等。

2)搅动式干燥器　由于外力的作用,湿物料各部分之间发生不同程度的相对运动,物料的搅动使干燥器内各处空间的干燥条件变得比较均匀,有利于物料与热源的接触,提高了干燥强度。但由于物料受到的搅动往往具有一定的随机性,因此物料在干燥器内的停留时间与被加热的时间不能保证完全均匀。

这类干燥器按搅拌方式不同可分为立式干燥器(颗粒物料借助自身重力逐渐下降并与热气流接触)、机械搅拌式干燥器(器身固定,内部设有不同形式的机械搅拌装置,使物料发生相对运动与混合)、回转式干燥器(器身旋转使物料发生相对运动)、流化床式和气流式干燥器(利用气流速度使颗粒物料分散悬浮并作相对运动)、振动式干燥器(干燥器本身在偏心轮作用下发生往复运动,同时由下而上通入气流,使颗粒物料在机械力和气流双重作用下半悬浮地跳跃前进,因而它兼有流化床式和输送机式干燥器的某些长处)。

3)喷雾式干燥器　它专用于处理液态物料的直接干燥,即将液体雾化成细滴分散到热气流中,使液滴迅速汽化,因而它主要使用对流加热方式。

2. 按气流的运动方式分

在以上这些干燥器中,对流干燥是最常遇到的。在连续干燥时,按物料与气流间的总体流动方式可分为并流、逆流和错流三种。

1)并流干燥器　含水量高的初始湿物料首先与高温低湿度的干燥介质相遇,干燥推动力最大,随物料向前移动,推动力逐渐减小。由于物料在干燥前期处于恒速干燥阶段,其表面温度不会超过空气的湿球温度,而废气出口处的温度最低、湿度最高,故出口处的物料含水量就不可能降得很低,温度也不会过高。因此这种干燥操作适用于湿物料快速干燥(非结合水含量高)而干物料又不耐高温的场合以及干物料吸湿性差或最终含水量较高的场合。

2)逆流干燥器　这时整个干燥器内的干燥推动力比较均匀,故较适于干物料能耐高温但湿物料不宜快速干燥(如陶瓷坯料)以及要求产品含水量较低的场合。

3)错流干燥器　常用于颗粒物料如谷物等的干燥。颗粒物料总体移动方向与气流方向垂直。这时由于干燥推动力普遍较高,干燥能力及强度较大,但由于气流量较大,故热效率通常较低。

在生产实践中,往往根据具体情况对气体运动方式采用不同的组合,也常利用废气循环来调节干燥介质的状态以求达到最佳效果。下面将以一些典型干燥器为例说明其结构特征。读者可结合本节对干燥器的分类特征进一步理解和分析它们的优缺点和应用场合。

(三)常用干燥器简介

1. 厢式干燥器

图5-3为一常压厢式干燥器,又称盘架式干燥器。湿物料置于厢内支架上的浅盘内,浅盘装在小车上推入厢内。空气由入口进入干燥器与废气混合后进入风扇,由风扇出来的混合气一部分由废气出口放空,大部分经加热器加热后沿挡板尽量均匀地掠过各层湿物料表面,增湿降温后的废气再循环进入风扇。浅盘内的湿物料经干燥一定时间达到产品质量要求后由干燥器中取出。

厢式干燥器的优点是:结构简单,制作较容易,设备投资小,适应性较强,可以同时干燥多种不同物料。适用于干燥小批量的粒状、片状、膏状物料和较贵重的物料,或易碎、脆性物料;干燥程度可以通过改变干燥时间和干燥介质状态来调节。

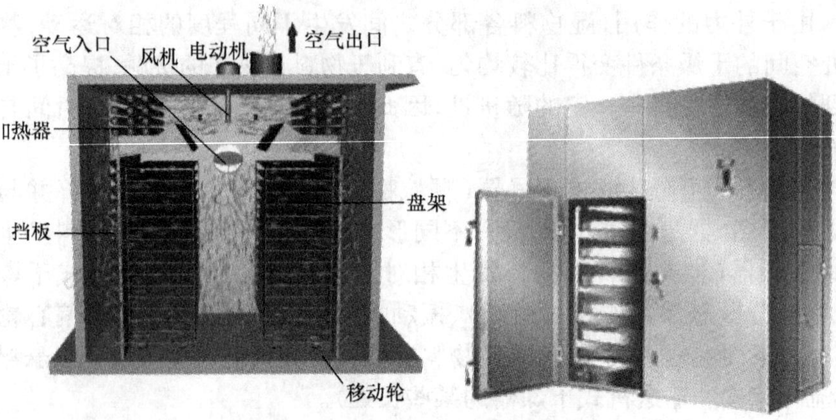

动画5-1 厢式干燥器

图 5-3 厢式干燥器

这种干燥器的缺点是:由于物料层是静止的,气流依次并行掠过各层的表面,故产品的干燥程度不均匀,生产能力低,装卸物料的劳动强度大,操作条件较差。为了提高干燥均匀性和干燥速率,可改成穿流式,即在浅盘底部开出许多通气小孔,使干燥介质穿过料层,但结构相对较复杂。

2. 转筒干燥器

如图 5-4 所示的连续操作的对流转筒干燥器,主要用于干燥块状或粒状物料,其主体是与水平面稍成倾斜角度的慢速旋转圆筒,直径一般为 0.3 ~ 6 m,长度与直径之比通常为 4 ~ 8。物料自高端加入,低端排出。为使物料均匀分散并与干燥介质密切接触,同时使物料向排出口方向逐渐移动,在筒壁装有各种形式的抄板,用以升举和洒落物料,图 5-5 所示为常用抄板的几种形式。

转筒干燥器常用的干燥介质是热空气,也可以是烟道气或其他气体。干燥介质与物料在筒内总体上可作并流或逆流流动。气流速度通常较低,以减少粉尘的飞扬和随气流带出。若物料粒径在 1 mm 左右,气速为 0.3 ~ 1.0 m/s;若物料粒径为 5 mm 左右,气速以小于 3 m/s 为宜。

物料在干燥器内的停留时间可通过调节转筒的转速而改变,以保证产品的含水量降至要求值。通常转筒转速为 0.5 ~ 4 r/min,物料在干燥器内的停留时间为 5 min 至 2 h。

转筒干燥器的主要优点是生产能力和生产强度大,操作稳定可靠,流体阻力小,产品质量均匀;其缺点是结构复杂,设备笨重,金属消耗量大,热利用率低,传动与密封部分安装维修较复杂,占地面积大,物料在筒内上下起落易于破碎,并使出口气体带尘等。

有的转筒干燥器为了保证产品的洁净,避免受到介质的污染,也可设计成通过壁面传导的间壁加热方式。

3. 气流干燥器

如图 5-6 所示,并流操作的连续对流干燥器主要用于分散状物体的干燥,其主体为直径为 0.2 ~ 0.85 m 的直立干燥管,管长 10 ~ 20 m。空气由风机吸入,经预热器预热至指定温度后进入干燥管底部。湿物料经料斗由螺旋加料器连续送入干燥管,在干燥管中被高速上升的热气流分散并呈悬浮状和热气流一起向上运动,物料被迅速加热,其中的水分不断汽化,到干燥管

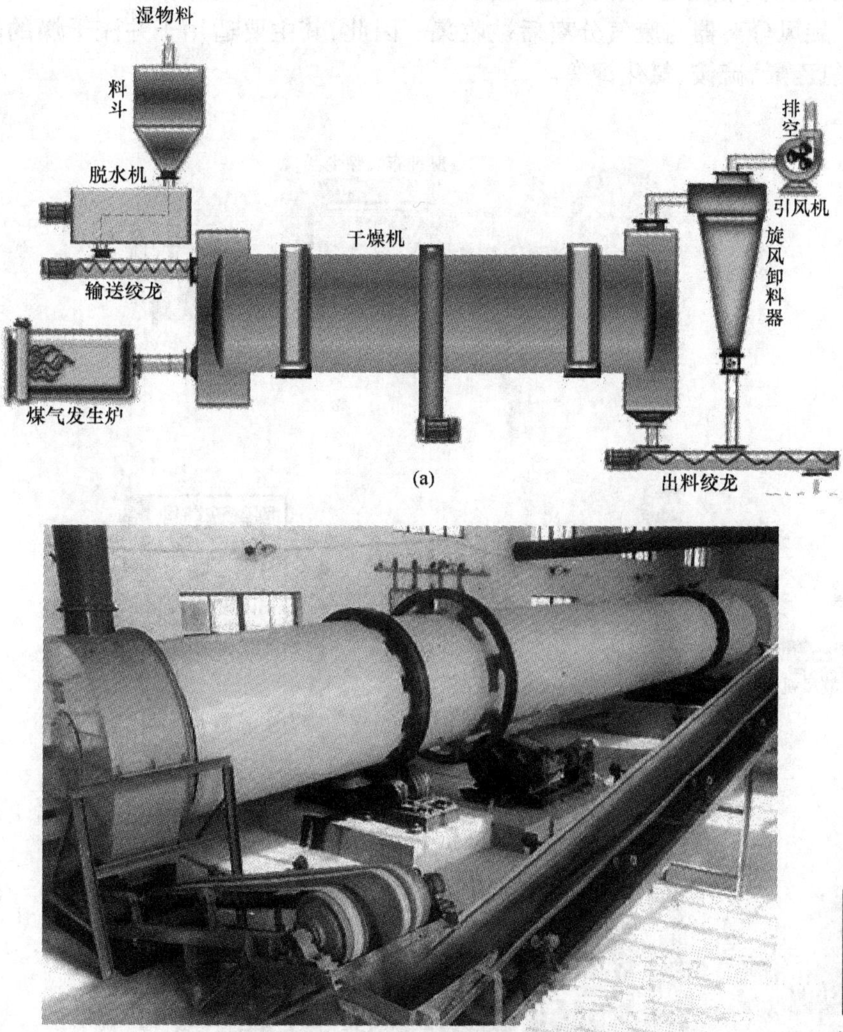

(b)

动画5-2　转筒干燥器

图 5-4　转筒干燥器及干燥流程

(a)热空气直接加热的转筒干燥流程 (b)转筒干燥器外观

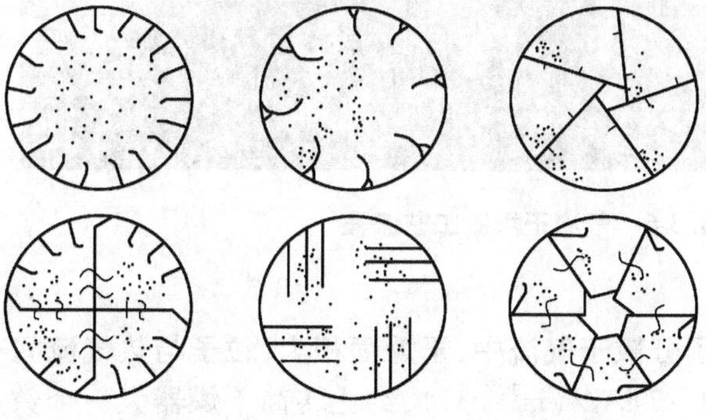

动画5-3　转筒干燥器抄板

图 5-5　常用抄板的形式

上端达到规定的干燥要求、干燥管空截面气速一般可达 10 ~ 20 m/s，也有高达 20 ~ 40 m/s的，干燥产品随气流进入旋风分离器与废气分离后被收集。因此，其主要适用于并流干燥的晶体或小颗粒物料，如聚氯乙烯、硫铵、氯化钾等。

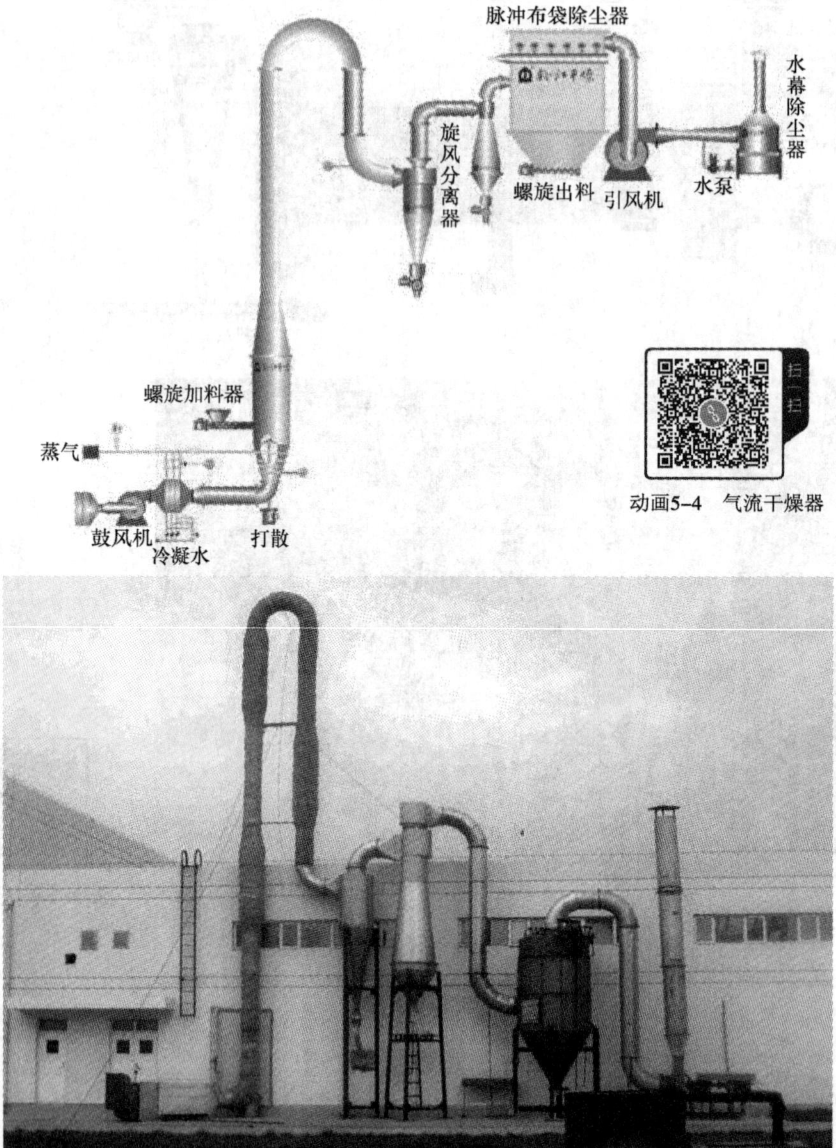

动画5-4　气流干燥器

图 5-6　气流干燥器工艺流程

气流干燥器有以下主要优点。

(1)生产强度高。由于物料粒子分散于气流中，干燥面积大，粒子与热气流间有一定的相对速度，体积对流给热系数可达 2.3 ~ 7 kW/(m^3 · ℃)，约比转筒干燥器大一个数量级。干燥介质允许采用较高的入口温度。粒子所需干燥时间短(0.2 ~ 5 s)，故适用于除去热敏性物料的非结合水分。

(2)热能利用较好。由于允许采用高温气体,空气消耗量较小,同时气流干燥器的散热面积小,热损失也小,故热效率较高。

(3)设备结构简单紧凑,操作连续稳定、方便,造价低,占地面积小。

气流干燥器的主要缺点如下。

(1)由于气流速度与气固混合物流动阻力大,需要消耗较高的输送动力。

(2)物料对器壁的磨损比较严重,物料也易破碎或被粉化。

(3)细粉物料回收较为困难,要求配置高效的粉尘捕集装置。

(4)由于物料在干燥器内停留时间短,不适用于需要除去较多结合水分的情况。

(5)对原料的适应性和操作调节性能较差。

4. 沸腾床干燥器(又称流化床干燥器)

沸腾床干燥和气流干燥都是流态化技术在干燥过程中的应用,并都适用于分散状物料。图 5-7 所示是一种单层圆筒沸腾床干燥器。散粒状湿物料由进料器加到筒内多孔分布板的上方,空气由风机抽入经加热后自下而上通过分布板与物料层接触。当按空截面计算的气流速度较低时,颗粒层静止堆积于分布板上,气流从颗粒间的空隙通过,这样的颗粒层称为固定床。当气速继续增大时,颗粒开始松动,床层略有膨胀,但颗粒间仍保持接触。气速再增大超过某一定值时,颗粒开始在床层中悬浮,此时形成的气固两相混合床称为流化床。在流化床中,颗粒作剧烈的不规则运动,大体是在中央上升而沿器壁流下,但并不脱离床层,因此床层有一个起伏的上界面,床层内部除有较均匀的气固混合相外还有含固体量很少的气泡穿过床层,这些都与液体沸腾情况有些类似,因此又称为为沸腾床。由固定床转化为流化床时的空截面气速称为临界流化速度。气速增大,流化床层随之增高,若气速再增至与颗粒间的相对速度等于颗粒的自由沉降速度,颗粒同气流一起向上运动而转变为相当于气流干燥的状态,此时的空截面气速称为带出速度。可见沸腾床干燥器中的适宜气速在临界流化速度与带出速度之间,这时颗粒在热气流中上下翻动、互相混合和碰撞,与热气流间进行迅速的热、质传递使物料得以干燥。悬浮的流化床层宏观上具有类似液体的流动性。因此,经干燥后的颗粒产品可由床层侧面的出料管溢流卸出,气流则由顶部排出,经旋风分离器回收其中夹带的粉尘。

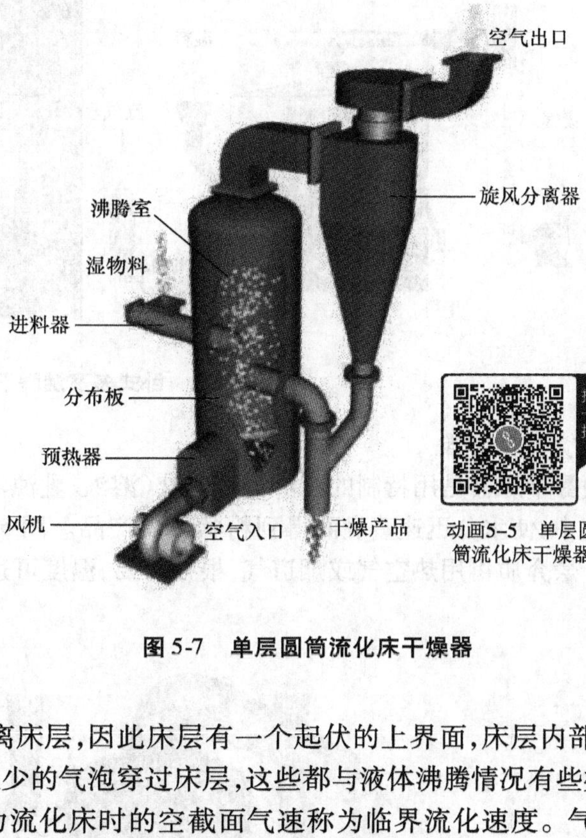

动画5–5　单层圆筒流化床干燥器

图 5-7　单层圆筒流化床干燥器

沸腾床干燥器的主要优点是:颗粒在器内的平均停留时间比在气流干燥器内长,而且进出物料的速度、气流的温度和速度调节都比较方便,因而产品的最终含水量较低,对物料的适应性较好；由于气、固两相接触较好，床内温度比较均匀，体积对流给热系数与气流干燥器相仿，但气体流速比气流干燥器低得多，因此器壁的磨损和物料的破碎程度较轻，除尘负荷和流体阻力较小；结构简单紧凑、造价低，可动部件少，维修费用较低，便于连续操作，也可以间歇操作。

沸腾床干燥器主要缺点是：物料的干燥程度不够均匀，这是由于在沸腾床中可能出现局部物料的短路和返混，使物料在床内的停留时间有较大的区别。

由此可知，当物料干燥过程在降速阶段时，采用沸腾干燥较为有利，对于干燥要求较高或所需干燥时间较长的物料，还可采用如图 5-8 所示的卧式多室沸腾床干燥器。根据干燥要求，可向各室中分别通入不同状态的干燥介质，物料从一室溢流至下一室，从而使干燥停留时间比较均匀。

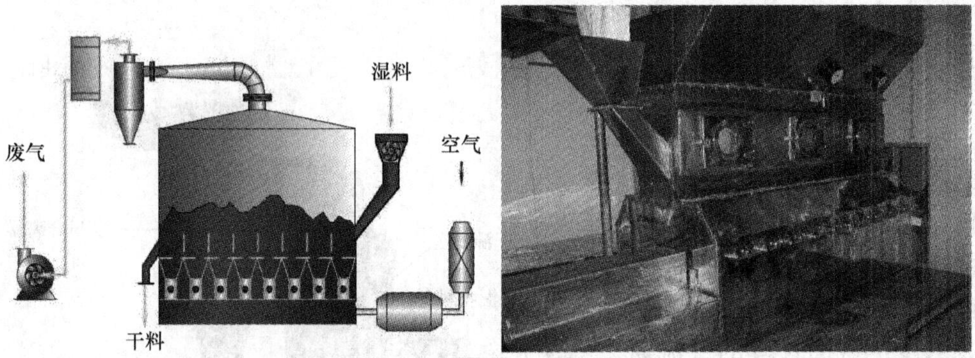

图 5-8　卧式多室沸腾干燥器

5. 喷雾干燥器

喷雾干燥器是用特制的喷雾器将料液（溶液、乳浊液、悬浮液、浆料等）喷成细雾滴分散于热气流中，使水分迅速蒸发而得到粉状干燥产品。图 5-9 所示为一种喷雾干燥器的工艺流程图。干燥介质可用热空气或烟道气，根据需要，温度可达 500 ~ 1 000 K。

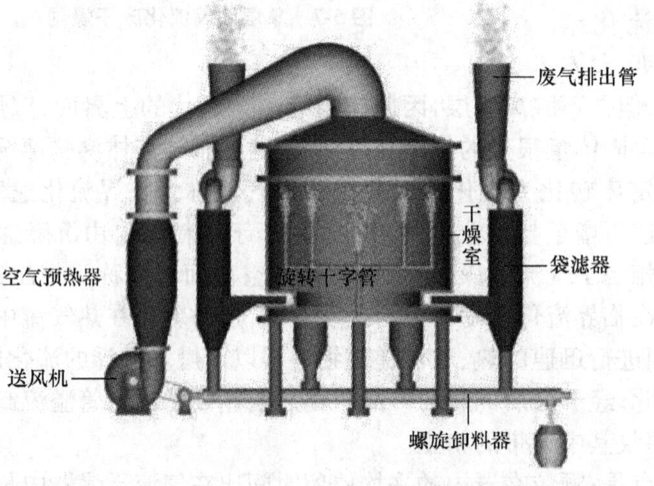

动画5-6　卧式多室沸腾干燥器

动画5-7　喷雾干燥设备流程

图 5-9　喷雾干燥器的工艺流程

喷雾干燥器主要有以下优点。

(1)由料液直接得到粉粒状产品。通常可用于处理含水量在40%～60%甚至高达90%的物料,可省去蒸发、结晶、分离、粉碎等某些中间过程,从而简化了生产工艺流程。

(2)干燥时间很短。物料以极细雾滴分散在气流中,干燥表面积很大,例如将1 L料液雾化成50 μm的细液滴,其表面积可达120 m^2,因而干燥过程进行得很快,一般只需几十秒甚至几秒。

(3)干燥过程中液滴的温度不高,产品质量好。这是由于液滴在高温介质中表面温度接近于气流的湿球温度,因而适用于热敏性物料的干燥。

(4)可利用喷雾器与气流参数的改变,调节雾滴的大小、汽化速度快慢与停留时间长短,使产品具有良好的分散性、流动性和易溶性,得到所要求的一定大小的实心或空心的干燥颗粒。

(5)操作过程控制方便,适于连续化、自动化的大规模生产。

(6)能改善生产环境和劳动条件。喷雾干燥是在密闭的干燥塔内进行的,可以避免粉尘飞扬,对有毒气体、有臭气的物料,还可采用封闭循环的生产流程,防止对大气的污染。

其主要缺点如下。

(1)设备庞大,体积对流给热系数小。为了避免液滴喷到干燥器壁上产生物料粘壁现象,一般干燥室直径较大(可达数米),同时为保证物料在器内的停留时间,干燥室一般也较高(可达4～10 m),所以其容积汽化强度小,体积对流给热系数为23～93 W/(m^3·℃)。

(2)干燥介质用量大,热效率低,输送能耗较大。

(3)回收物料微粒的废气分离装置要求高。当生产粒径很小的产品时,废气会夹带20%左右的粉尘,需要高效的分离装置,因而使后处理设备结构较复杂,投资费用增加。

虽然如此,由于喷雾干燥器具有某些不可替代的特点,故在化工、轻工、食品、医药等工业中应用比较广泛,如乳粉、洗涤剂粉等的干燥。

喷雾器是喷雾干燥器的主要部分,它影响到产品的质量和能量消耗。喷雾分散度愈高,干燥效能愈大,雾化愈均匀,产品的含水量也愈均匀。在实际生产中,如果液滴尺寸分布不匀,往往会出现大液滴没干透,而小液滴已经过干的现象。因而,喷雾器必须既保证料液的分散度,又将粒度变化控制在较窄的范围内。

常用的喷雾器一般有以下三种方式。

(1)压力式喷雾器。高压(3～20 MPa)下的料液通过特制喷嘴转化为高速旋转的状态并高速喷出而形成细雾。这种喷雾器的单个生产能力和操作弹性都比较低,喷嘴也比较容易磨损、腐蚀或堵塞,产品粒度不够均匀,但价格较廉,动力消耗较低,可制备粗颗粒产品。

(2)转盘式喷雾器。料液经不同结构的高速转盘受到强大的离心力作用而分散,一般转盘转速为4 000～20 000 r/min,转盘圆周速度为100～160 m/s。这种形式的喷雾器生产能力较大,产品粒度比较均匀,调节性较好,适应性较强,但产品颗粒较粗,价格和安装要求都较高。

(3)气流式喷雾器。用表压为200～700 kPa的压缩空气通过喷嘴将液体喷出,利用气流的高速运动(一般为200～300 m/s),使气流与液料间存在相当高的相对速度和剪切力,料液先形成液膜并继续被拉成丝状再分裂成细小的雾滴。这类喷雾器可用来处理黏度较大的料液并可制备细粒状产品,但动力消耗很大。

6. 滚筒式干燥器

滚筒式干燥器是间接加热的连续干燥器,单滚筒和双滚筒式适用于溶液、悬浊液、胶体溶液等有流动性的物料的干燥,而多滚筒式则用于连续薄层物料如纸张、织物等的干燥。图5-10所示为一种双滚筒式干燥器,滚筒内通有加热蒸气,通过筒壁将热量传给湿物料。两滚筒的旋转方向相反,图中湿物料由上部加入,随滚筒的缓慢旋转,被干燥物料呈薄膜状附着于滚筒外而被干燥,干燥后的产品由刮刀刮下。滚筒的转速视干燥所需时间而定。由于湿物料不存在相对运动,故筒壁上的料层厚度有一定的限制,一般为0.3~5 mm,可用两滚筒间的空隙来调节。

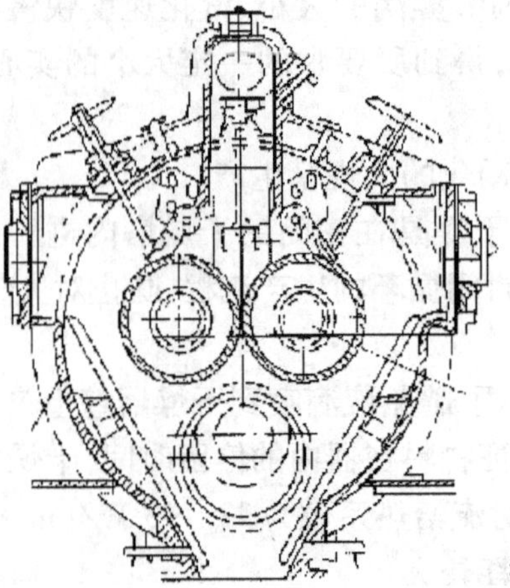

动画5-8 中央进料的双滚筒干燥器

图5-10 中央进料的双滚筒干燥器

滚筒式干燥器与喷雾干燥器相比,具有动力消耗低、投资小、维修费用低、干燥温度和时间易调节等优点,但其生产能力小,劳动条件差。

7. 红外线干燥器

将表面涂有特殊辐射材料(如 TiO_2、ZrO 和 Fe_2O_3)的辐射器发出的近红外线(波长为0.76~3 μm)或远红外线(波长为3~1 000 μm)直接投射到被干燥的物料上,被物料吸收后转变成热能使湿分汽化。物料不同,对红外线的吸收能力也不同。如氢、氮、氧等双原子分子不吸收红外线,而水、溶剂、树脂等有机物则能较好吸收红外线。此外,红外辐射首先在物料表层被吸收,转化的热能以传导等方式向物料内部传递。因此,红外线干燥器主要用于薄层物料或物料表层的干燥,如油漆表面的干燥,并可与其他加热方式结合使用。

表5-1 干燥器的性能特点及应用场合

类型	构造及原理	性能特点	应用场合
厢式干燥器	多层长方形浅盘叠置在框架上,湿物料在浅盘中,厚度通常为10~100 mm,一般浅盘的面积为0.3~1 m^2。新鲜空气由风机抽入,经加热后沿挡板均匀地进入各层之间,平行流过湿物料表面,带走物料中的湿分	构造简单,设备投资小,适应性强,物料损失小,盘易清洗。但物料得不到分散,干燥时间长,热利用率低,产品质量不均匀,装卸物料的劳动强度大	多应用在规模小、品种多、干燥条件变动大、干燥时间长的场合。如实验室或中试的干燥装置

续表

类型	构造及原理	性能特点	应用场合
洞道式干燥器	干燥器为一较长的通道，被干燥物料放置在小车内、运输带上、架子上或自由地堆置在运输设备上，沿通道向前移动，并一次通过通道。空气连续地在洞道内被加热并强制地流过物料	可进行连续或半连续操作；制造和操作都比较简单，能量的消耗也不大	适用于具有一定形状的比较大的物料，如皮革、木材、陶瓷等的干燥
转筒干燥器	湿物料从干燥器一端投入后，在筒内抄板的翻动下，物料在干燥器内均匀分布与分散，并与并流（逆流）的热空气充分接触。在干燥过程中，物料在带有倾斜度的抄板和热气流的作用下，可调控地运动至干燥器另一段的星形卸料阀排出成品	生产能力大，操作稳定可靠，对不同物料的适应性强，操作弹性大，机械化程度较高。但设备笨重，一次性投资大；结构复杂，传动部分需经常维修，拆卸困难；物料在干燥器内停留时间长，且物料颗粒之间的停留时间差异较大	主要用于处理散粒状物料，亦可处理含水量很高的物料或膏糊状物料，也可以干燥溶液、悬浮液、胶体溶液等流动性物料
气流式干燥器	直立圆筒形的干燥管，其长度一般为10～20 m，热空气（或烟道气）进入干燥管底部，将加料器连续送入的湿物料吹散，并悬浮在其中。一般物料在干燥管中的停留时间为0.5～3 s，被干燥后的物料随气流进入旋风分离器，产品由下部收集	干燥速率大，接触时间短，热效率高；操作稳定，成品质量稳定；结构相对简单，易于维修，成本费用低。但对除尘设备要求严格，系统流动阻力大，对厂房要求有一定高度	适于干燥热敏性物料或临界含水量低的细粒或粉末物料
流化床干燥器	湿物料由床层的一侧加入，由另一侧导出。热气流由下方通过多孔分布板均匀地吹入床层，与固体颗粒充分接触后，由顶部导出，经旋风器分离回收其中夹带的粉尘后排出。颗粒在热气流中上下翻动，彼此碰撞和混合，气、固间进行传热、传质，以达到干燥的目的	传热、传质速率高，设备简单，成本费用低，操作控制容易。但操作控制要求高，而且由于颗粒在床中高度混合，可能引起物料的返混和短路，从而造成物料干燥不充分	适于处理粉粒状物料，而且粒径最好在30～60 μm范围
喷雾干燥器	热空气与喷雾液滴都由干燥器顶部加入，气流作螺旋形流动旋转下降，液滴在接触干燥室内壁前已完成干燥过程，大颗粒被收集到干燥器底部后排出，细粉随气体进入旋风分离器分出。废气在排空前经湿法洗涤塔（或其他除尘器）除尘以提高回收率，并防止污染	干燥过程极快，可直接获得干燥产品，因而可省去蒸发、结晶、过滤、粉碎等工序；能得到速溶的粉末或空心细颗粒；易于连续化、自动化操作。但热效率低，设备占地面积大，设备成本费高，粉尘回收麻烦	适用于干燥士林蓝及士林黄染料等

红外线干燥器的设备结构简单，操作方便灵活，可以适应被干燥物料几何形状的变化（例如沿物料表面不同位置设置红外辐射源）；能保持干燥系统的密闭性，以避免干燥过程中溶剂或毒物挥发对人体的危害以及避免空气中的尘粒污染。因此，它广泛应用于化工、药品、食品加工以及机械、印染等行业，但其能量消耗较大。

（四）干燥器的选用

在化工生产中，为完成一定的干燥任务，需要选择适宜的干燥器形式，目前干燥器的选型还带有很大的经验性。通常应考虑以下几个方面。

(1)物料和产品的特点。如物料的形态和性质,颗粒的粒度和强度,初始含水量及水分存在形式,物料是否有毒、易燃、易氧化,产品要求的最终含水量,最高允许温度,产品是否允许污染等。物料的干燥特性一般先经试验测定。

(2)与生产过程有关的条件。如物料处理量、生产能力、干燥要求以及干燥操作前后工序的情况、除去的湿分是否需要回收等。

(3)干燥器的操作性能和经济指标。

经上述三方面的综合考虑,对各类干燥器进行比较筛选,然后进行小试或中试,寻找最适宜的操作条件,最后根据设备投资费用和操作费用进行经济核算,从中选出最适宜的干燥器形式,并确定其规格和尺寸。

在表5-1中列出了不同结构类型干燥器的分类特征、适用的物料特征和用途示例,可供选型参考。读者可结合其分类特征思考一下,不同的干燥器各有其不同的适用对象与范围的原因,并可进一步考虑它们固有的一些缺点以及可能采取的改进措施。例如,如何改进对流干燥器中气流的均匀分布、搅动干燥器中物料的停留时间分布,如何采用各种组合流动方式、加热方式或结构形式以取长补短,使干燥器的性能和经济指标得以不断提高。

自 测 题

一、填空题

1. 干燥过程,按热量供给方式分,有________、________、________和________。

2. 固体物料的去湿方法有________、________、________。

3. 干燥进行的必要条件是物料表面所产生的水汽(或其他蒸气)压力________。

4. 干燥这一单元操作,既属于传热过程,又属________。

5. 常见的空气干燥器的类型有________、________、________、________等。

6. 在对流干燥器中最常用的干燥介质是________,它既是________又是________。

二、判断题

1. 干燥过程既是传热过程又是传质过程。( )

2. 用喷雾干燥器干燥得不到粒状产品。( )

3. 干燥操作的目的是将物料中的含水量降至规定的指标以上。( )

4. 沸腾床干燥器中的适宜气速应大于带出速度,小于临界速度。( )

5. 空气干燥器包括空气预热器和干燥器两大部分。( )

三、选择题

1. 干燥进行的条件是被干燥物料表面所产生的水蒸气的分压( )干燥介质中水蒸气分压。

A. 小于　　B. 等于　　C. 大于　　D. 不等于

2. 以下关于对流干燥的特点,不正确的是( )。

A. 对流干燥过程是气、固两相热、质同时传递的过程

B. 对流干燥过程中气体传热给固体

C. 对流干燥过程中湿物料中的水被汽化进入气相

D. 对流干燥过程中湿物料表面温度始终恒定等于空气的湿球温度

3. 将氯化钙与湿物料放在一起，物料中的水分被除去，这是采用(　　)去湿方法。

A. 机械去湿　B. 吸附去湿　C. 供热去湿　D. 无法确定

4. 气流干燥器适于干燥(　　)介质。

A. 热固性　B. 热敏性　C. 热稳定性　D. 一般性

5. 干燥是(　　)过程。

A. 传质　B. 传热　C. 传热和传质

6. 若需由牛奶料液直接得到奶粉制品，选用(　　)。

A. 沸腾床干燥器　B. 气流干燥器　C. 转筒干燥器　D. 喷雾干燥器

7. 在(　　)两种干燥器中，固体物料和干燥介质呈悬浮状态接触。

A. 厢式与气流　B. 厢式与流化床　C. 洞道式与气流　D. 气流与流化床

四、简答题

什么是对流干燥过程？简述对流干燥过程的特点。

任务二　学习湿空气的性质和湿度图的应用

任务分析：从任务一中可知，以空气为干燥介质的对流干燥技术在工业上应用较为广泛，在干燥过程中空气既是载热体，又是载湿体，对干燥过程起着重要的作用。空气的温度、水汽含量、比焓等性质对干燥过程有重要的影响，在任务二中一起来学习湿空气的相关性质及其之间的关系。

任务目标：①理解湿空气的各个性质的意义及其相互关系；②掌握湿度图的基本组成及应用。

技能目标：能熟练应用湿度图读取湿空气的相关性质。

一、湿空气的性质

湿空气是绝干空气和水汽的混合物，在干燥操作中通常可作为理想气体来处理。在干燥过程中，湿空气的温度、水汽含量、比焓等都将发生变化，而绝干空气的质量是不变的，因此在讨论湿空气的性质和干燥过程计算中常取绝干空气作为物料基准。

(一)湿空气中的水汽分压 p_w

作为干燥介质的湿空气应为不饱和空气，即空气中水汽的分压低于同温度下水的饱和蒸气压。根据道尔顿分压定律，有

$$p = p_g + p_w \tag{5-1}$$

式中　p——湿空气的总压强，Pa；

p_g——湿空气中绝干空气的分压，Pa；

p_w——湿空气中水汽的分压，Pa。

当总压 p 一定时，湿空气中水汽的分压 p_w 愈大，表明空气中水汽的含量(质量分数或质量比)愈高。

（二）湿度 H

湿度又称湿含量或绝对湿度（简称湿度），其定义为

$$H=\frac{\text{湿空气中水汽的质量}}{\text{湿空气中绝干气的质量}}$$

其单位为 kg 水/kg 绝干气。因此，湿度实际上是以绝干气量为基准的水汽的质量比。由于气体的质量（kg）等于气体的物质的量（千摩尔）乘以千摩尔质量，则

$$H=\frac{n_w\cdot M_w}{n_g\cdot M_g} \tag{5-2}$$

式中 n_w、n_g——湿空气中水汽、绝干空气的物质的量，kmol；

M_w、M_g——水汽和绝干空气的千摩尔质量，kg/kmol。

根据分压定律，有以下关系：

$$\frac{n_w}{n_g}=\frac{p_w}{p_g}=\frac{p_w}{p-p_w} \tag{5-3}$$

将式（5-3）代入式（5-2）可得

$$H=\frac{p_w}{p-p_w}\cdot\frac{M_w}{M_g} \tag{5-2a}$$

对于空气－水系统，$M_w=18$ kg/kmol，$M_g=29$ kg/kmol，代入式（5-2a）得

$$H=0.622\frac{p_w}{p-p_w} \tag{5-4}$$

由式（5-4）可见，湿度 H 与空气的总压 p 及水汽分压 p_w 有关；当总压 p 一定时，H 只与 p_w 有关。

当水汽分压 p_w 等于该空气温度下水的饱和蒸气压 p_s 时，表明湿空气被水汽饱和，此时空气的湿度称为饱和湿度，用 H_s 表示，即有

$$H_s=0.622\frac{p_s}{p-p_s} \tag{5-5}$$

式中 H_s——湿空气的饱和湿度，kg 水/kg 绝干气；

p_s——湿空气温度 t 下的饱和水蒸气压，Pa。

式（5-5）说明，在一定总压 p 下，空气的饱和湿度 H_s 只取决于其温度。

（三）相对湿度（或相对湿度百分数）φ

在一定总压 p 下，相对湿度 φ 的定义为

$$\varphi=\frac{p_w}{p_s}(\times 100\%) \tag{5-6}$$

由上式可知，在一定总压 p 下，$p_w=\varphi p_s$，代入式（5-4）可得

$$H=0.622\frac{\varphi p_s}{p-\varphi p_s} \tag{5-7}$$

式（5-7）表明，当总压 p 一定时，湿空气的湿度 H 随空气的相对湿度 φ 和空气的温度 t 变化。

当 $\varphi=1$（或 100%）时，即 $p_w=p_s$，表明该空气已达到饱和状态；对于不饱和湿空气，$\varphi<1$，φ 值愈小，表明该空气偏离饱和程度愈远，它能容纳水汽的能力愈大。显然，从减少干燥介质

的用量和提高传质推动力的角度看，干燥介质的 φ 值愈小愈好。但是，作为干燥介质的湿空气多直接取自大气，在干燥计算中，湿空气的初始性质要按当地气象资料选取。由于夏季空气的 H、φ 值比冬季大得多，通常可取夏季平均最高值作为设计数据。

?请思考：如果是氢气－水系统，其湿度表示式与式(5-4)有无区别？

例 5-1 已知湿空气中水汽分压为 10 kPa，总压为 100 kPa。试求该空气成为饱和湿空气时的温度和湿度。

解 (1)当 $\varphi=1$ 时，$p_w=p_s=10$ kPa，其相应的饱和温度可查附录七，得到该饱和湿空气的温度 $t=45.3$ ℃；

(2)该饱和湿空气的湿度(饱和湿度)为

$$H=H_s=0.622\frac{p_s}{p-p_s}=0.622\times\frac{10}{100-10}=0.0691\ \text{kg 水/kg 绝干气}$$

例 5-2 若将例 5-1 的湿空气分别加热至 60 ℃和 90 ℃，其相对湿度各为多少？

(1)当加热至 60 ℃时，查附录七得到 60 ℃下水的饱和蒸气压 $p_{s1}=19.92$ kPa，则

$$\varphi_1=\frac{p_w}{p_{s1}}=\frac{10}{19.92}=0.502\ \text{或}\ 50.2\%$$

(2)当加热至 90 ℃时，$p_{s2}=70.14$ kPa，则

$$\varphi_2=\frac{p_w}{p_{s2}}=\frac{10}{70.14}=0.143\ \text{或}\ 14.3\%$$

由上两例可知，对于不饱和湿空气，当总压 p 和水汽分压 p_w 一定时，空气的湿度 H 一定，说明 p_w 和 H 是等价的；而相对湿度 φ 则随温度升高而降低，说明当总压 p，空气的温度 t、湿度 H 一定时，空气的相对湿度 φ 才为一定值。因此，湿度 H 只表示空气中水汽含量的绝对值，而相对湿度 φ 才能反映容纳水分能力的大小。温度升高，一定总压 p 和一定湿度 H 的湿空气的载湿能力将随之增加。换言之，对不饱和湿空气需规定三个独立强度性质变量才能使系统的状态一定。而对饱和湿空气，只要规定两个强度性质(如总压 p 和温度 t)，则其水汽分压和相对湿度($\varphi=1$)等都为定值。

(四)湿空气的比容 v_H

湿空气的比容也称为湿容积，它是指 1 kg 绝干气及其所带的 H kg 水汽所占有的总体积，其单位为 m^3 湿气/kg 绝干气(即以 1 kg 绝干气为基准)。

按理想气体定律，在总压 p、温度 t 下，1 kg 绝干气的体积为

$$v_g=\frac{22.41}{M_g}\cdot\frac{273+t}{273}\cdot\frac{101.33}{p}=0.773\times\frac{273+t}{273}\times\frac{101.33}{p}\ \text{m}^3/\text{kg 绝干气} \tag{5-8}$$

1 kg 水汽的体积为

$$v_w=\frac{22.41}{M_w}\cdot\frac{273+t}{273}\cdot\frac{101.33}{p}=1.244\times\frac{273+t}{273}\times\frac{101.33}{p}\ \text{m}^3/\text{kg 水汽} \tag{5-9}$$

所以，湿空气的比容为

$$v_H=v_g+Hv_w=(0.773+1.244H)\times\frac{273+t}{273}\times\frac{101.33}{p} \tag{5-10}$$

即在总压 p 一定时，不饱和湿空气的比容 v_H 随其 t、H 而变化。

?请思考：若要计算饱和湿空气的比容，在 p、t 一定后，H 是否仍然是独立的强度性质？

能否导出饱和湿空气的比容计算式?

例 5-3 试计算总压为 101.33 kPa、20 ℃下,湿度为 0.01 kg 水/kg 绝干气的湿空气的水汽分压和以质量流量为 1.5 kg/s 进入风机时的体积流量(m^3/s)。

解 已知 $H = 0.01$ kg 水/kg 绝干气,$t = 20$ ℃,$p = 101.33$ kPa。

由式(5-4)有

$$p_w = \frac{Hp}{0.622 + H} = \frac{0.01 \times 101.33}{0.622 + 0.01} = 1.603\ \text{kPa}$$

1.5 kg/s 的湿空气中绝干空气的质量流量为

$$\frac{1.5}{1 + H} = \frac{1.5}{1 + 0.01} = 1.485\ \text{kg 绝干气/s}$$

由式(5-10)得湿空气的比容:

$$v_H = (0.773 + 1.244H) \times \frac{273 + t}{273} = (0.773 + 1.244 \times 0.01) \times \frac{273 + 20}{273}$$

$$= 0.843\ \text{m}^3/\text{kg 绝干气}$$

所以,进入风机时湿空气的体积流量为

$$V_s = 1.485 \times 0.843 = 1.25\ \text{m}^3/\text{s}$$

计算时,必须注意湿空气的比容是以 1 kg 绝干气为基准来表示的湿空气体积。

(五)湿空气的比热容 c_H

它是指以 1 kg 绝干气为基准的湿空气(湿度为 H)温度升高 1 ℃所需的热量,其单位为 kJ/(kg 绝干气 · ℃),即

$$c_H = c_g + c_v H \tag{5-11}$$

式中 c_g——干空气的平均定压比热容,kJ/(kg 绝干气 · ℃);

c_v——水汽的平均定压比热容,kJ/(kg 水汽 · ℃)。

在工程计算中,常取 c_g 和 c_v 为常数,即 $c_g = 1.01$ kJ/(kg 绝干气 · ℃),$c_v = 1.88$ kJ/(kg 水汽 · ℃),所以,湿空气的比热容为

$$c_H = 1.01 + 1.88H \tag{5-11a}$$

即湿空气的比热容只随空气的湿度 H 而变化。

(六)湿空气的焓 I

它是以 1 kg 绝干气为基准的干空气的焓与所含水汽的焓之和,其单位为 kJ/kg 绝干空气,即

$$I = I_g + HI_v \tag{5-12}$$

式中 I_g——干空气的焓,kJ/kg 绝干空气;

I_v——水汽的焓,kJ/kg 水汽。

由于焓为相对值,在计算时通常取 0 ℃的液态水和 0 ℃的空气为基准态,即有

$$I_g = c_g t \tag{5-13}$$

$$I_v = r_0 + c_v t \tag{5-14}$$

式中 r_0——0 ℃时水的比汽化焓,$r_0 = 2\ 492$ kJ/kg。

所以,式(5-12)可以写为

$$I = (1.01 + 1.88H)t + 2\ 492H \tag{5-15}$$

由式(5-15)可知，湿空气的焓 I 值随空气的温度 t、湿度 H 而变化。

例 5-4　若将例题 5-3 中的湿空气用饱和水蒸气间接加热到 90 ℃，需供给多少热量(kW)？

解　由式(5-15)可计算出湿空气在 20 ℃和 90 ℃时的焓值 I_1 和 I_2。湿空气在被加热的过程中质量不变，将 1 kg 绝干气以及其所带的 H kg 水汽由 20 ℃加热到 90 ℃所需供给的热量为

$$\Delta I = I_2 - I_1$$

由式(5-15)得

$$I_1 = (1.01 + 1.88H)t_1 + 2\,492H$$

$$I_2 = (1.01 + 1.88H)t_2 + 2\,492H$$

所以

$$\Delta I = (1.01 + 1.88H)(t_2 - t_1) = (1.01 + 1.88 \times 0.01) \times (90 - 20) = 72.0 \text{ kJ/kg 绝干气}$$

由例 5-3 已求得绝干气的质量流量为 1.485 kg 绝干空气/s，则需供给的总热量为

$$Q = 1.485 \times 72.0 = 107 \text{ kJ/s} = 107 \text{ kW}$$

这里，无论是湿空气的湿度 H、比容 v_H，还是焓 I，都是以 1 kg 绝干气为基准的湿空气的相应值。在后面的学习中可以看到取绝干空气为基准进行物料衡算和热量衡算都比较简便。

(七)湿空气的露点 t_d

不饱和湿空气在总压 p 和湿度 H 不变的情况下进行冷却，出现第一颗液滴(即空气刚刚达到饱和状态)时的温度，称为该空气的露点 t_d，此时湿空气的湿度 H 就是其露点 t_d 下的饱和湿度 H_s。而式(5-5)中的 p_s 为露点 t_d 下水的饱和蒸气压。显然，在一定总压 p 下，空气的露点 t_d 就愈高，相应的饱和蒸气压愈高，其湿度也就愈大，因而空气的露点是湿空气的一个特征温度(或状态参数)。

例 5-5　试计算例题 5-3 中的湿空气的露点。

解　由式(5-5)可得露点 t_d 下的饱和湿度为

$$H_s = 0.622 \frac{p_s}{p - p_s}$$

则

$$p_s = \frac{pH_s}{0.622 + H_s}$$

现已知 $p = 101.33$ kPa，$H_s = H = 0.01$ kg 水/kg 绝干气，代入上式得

$$p_s = \frac{101.33 \times 0.01}{0.622 + 0.01} = 1.603 \text{ kPa}$$

查附录七经内插得湿空气的露点 $t_d = 13.4$ ℃。

对照例 5-3 中 $p_w = 1.603$ kPa，与露点 t_d 下的 p_s 相等。读者可思考一下两者为什么相等。

反过来，若已知湿空气的露点，可由此查得相应的饱和蒸气压，并由式(5-5)求出该空气在一定总压 p 下的湿度 H 值。工程上用露点温度计来测定空气的露点，然后求算 H 值。

?请思考：蒸馏中双组分系统的露点与这里湿空气的露点有什么异同？

(八)湿空气的湿球温度 t_w

如图5-11所示,令一定温度 t 与湿度 H 的空气流稳定流过温度计A与B。温度计A的感温球在湿空气流中测得的空气温度称为该湿空气的干球温度,用t表示,它是湿空气的实际温度。若将温度计B的感温球用湿纱布包裹,纱布用水保持表面润湿,在湿空气流中经过一定时间后其示值趋于一定,此时测得的平衡温度称为湿空气的湿球温度,用 t_w 表示。不饱和湿空气的湿球温度 t_w 恒低于干球温度 t。

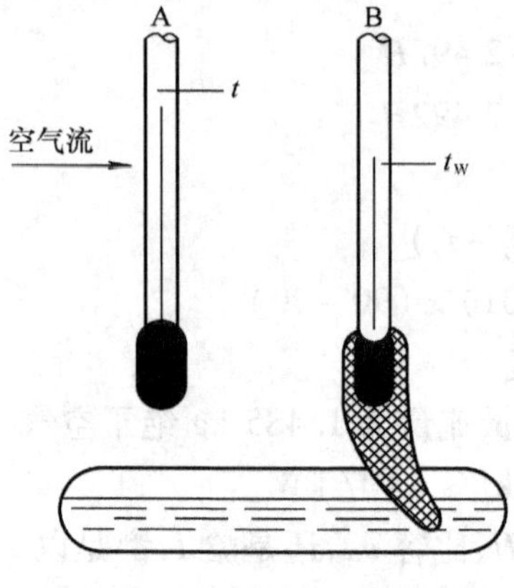

图5-11 干湿球温度计

测定湿球温度的机理如下:温度为 t、湿度为 H(或水汽分压为 p_w)的不饱和湿空气以一定流速流过湿球温度计的湿纱布表面,若开始时纱布表面的温度也为 t,则纱布表面在 t 下的平衡水蒸汽分压 p_s 必大于空气的 p_w,其相应的饱和湿度 H_s 必大于空气的 H,即有

$$\Delta p = p_s - p_w > 0, \Delta H = H_s - H > 0$$

这时在传质推动力 Δp 或 ΔH 的作用下,湿纱布表面的水将汽化并向空气主体中扩散,水汽化所需热量首先取自纱布本身温度降低而放出的热量(显热),相应地温度计 B 的示值将下降。而当纱布温度开始低于气流温度 t 时,由于存在温差必将产生空气流向湿纱布的热量传递,从而开始提供一些使水汽化需要的热量,但尚不足以补偿水汽化的全部热量。于是,湿纱布的温度继续下降,其表面的平衡蒸气分压与饱和湿度也随之下降,从而使 Δp 与 ΔH 下降而温差上升,即传递的汽化量减少而传递的热量增加。此过程将继续进行,直至单位时间内空气流传给湿纱布的热量恰好等于自湿纱布表面水汽化所需的热量时,过程达到动态平衡,此时湿纱布的温度及温度计B的示值保持恒定,这个恒定的温度即为湿空气的湿球温度 t_w。

由于流过湿球温度计的空气流量大,而从湿纱布表面汽化的水分量相对很少,可以认为湿空气的 t 和 H 并不变化。不论纱布的初始温度如何,在一定状态(p、t、H)的湿空气稳定流过时,最后总会达到上述的动态平衡和同样的湿球温度,因此湿球温度 t_w 也是湿空气的一个特征温度。

由上可知,在达到湿球温度 t_w 时,空气向湿纱布表面的传热速率为

$$Q = \alpha A(t - t_w) \tag{5-16}$$

式中 Q——传热速率,kW;

α——空气与湿纱布表面间的对流给热系数,kW/(m²·℃);

A——湿纱布的表面积,m²。

湿纱布表面水分向空气的传质速率为

$$W = k_H(H_W - H) \tag{5-17}$$

式中　W——水分的传质速率，kg/(m²·s)；

k_H——以湿度差为推动力的传质膜系数，kg/(m²·s·ΔH)；

H_w——湿空气在温度 t_w 下的饱和湿度，kg 水/kg 绝干气；

H——湿空气的湿度，kg 水/kg 绝干气。

单位时间水自湿纱布表面汽化所需的热量为

$$Q = WAr_w \tag{5-18}$$

式中　r_w——水在 t_w 下的比汽化焓，kJ/kg。

式(5-18)也可理解为以潜热方式由湿纱布表面向空气主体的传热速率。达到动态平衡时，两个传热速率应数值相等而方向相反。由式 (5-16)、式(5-17)和式(5-18)可得

$$\alpha A(t - t_w) = k_H A(H_w - H) r_w$$

整理上式得

$$t_w = t - \frac{k_H \cdot r_w}{\alpha}(H_w - H) \tag{5-19}$$

当空气流速足够大且温度不太高时，可认为湿空气流与湿纱布表面间的热、质反向传递均以对流方式为主，k_H与 α 为通过同一气膜的传质系数与对流给热系数。实验表明，在一定范围内，k_H与 α 都与气流的 Re 数的 0.8 次方成正比，因而 k_H 与 α 的比值与流速无关，只与物性有关。对于空气 - 水系统，经实验测定，当气流速度大于 5 m/s 时，$\alpha/k_H \doteq 1.09$ kJ/(kg·℃)。

在一定总压下，H_w 由 t_w 决定，故由式(5-19)可知，湿球温度 t_w 是湿空气的温度 t 与湿度 H 的函数，这就定量地说明了湿球温度也是空气的一个状态参数或特征温度。对于一定温度的湿空气，其温度与相对湿度愈低，即离开饱和状态愈远，湿球温度 t_w 也愈低；对于饱和空气，其湿球温度与干球温度相等。反之，气流的干球温度与湿球温度的差值愈大，则其温度与相对湿度也愈低，生产上常通过对干、湿球温度的测量来确定空气的湿度。

例 5-6　(1)求例题 5-3 中湿空气的湿球温度 t_w 和相对湿度 φ；(2)若空气的压强与温度和例题 5-3 相同，测得其湿球温度为 10 ℃，求算此空气的湿度和相对湿度。

解　(1)若利用式(5-19)计算湿空气的 t_w，需知 H_w 值，故应通过试差法求解。

若设 $t_w = 17$ ℃，查附录七得 $p_s = 2.0$ kPa，$r_w = 2\,453$ kJ/kg，则

$$H_w = 0.622\frac{p_s}{p - p_s} = 0.622 \times \frac{2.0}{101.33 - 2.0} = 0.012\,52 \text{ kg 水/kg 绝干气}$$

于是，由式(5-19)得

$$t_w = t - \frac{r_w}{\alpha/k_H}(H_w - H) = 20 - \frac{2\,453}{1.09} \times (0.012\,52 - 0.01) = 14.3 \text{ ℃} < 17 \text{ ℃(假设值)}$$

第二次设 $t_w = 16.3$ ℃，可求得 $p_s = 1.870$ kPa，$r_w = 2\,454.9$ kJ/kg，$H_w = 0.011\,69$ kg 水/kg 绝干气，$t_w = 16.2$ ℃，此值与假设值接近，即可认为该空气的湿球温度 $t_w = 16.2$ ℃。

空气的相对湿度可由式(5-6)求取，在 20 ℃下水的饱和蒸气压 $p_s = 2.335$ kPa，所以该空气的相对湿度：

$$\varphi = \frac{1.603}{2.335} = 0.687 \text{ 或 } 68.7\%$$

(2)已知 $t=20$ ℃,$t_w=10$ ℃,查得 10 ℃下水的饱和蒸气压 p_s 为 1.226 kPa,比汽化焓 r_w 为 2 469 kJ/kg,则

$$H_w=0.622\times\frac{1.226}{101.33-1.226}=0.007\ 62\ \text{kg 水/kg 绝干气}$$

按式(5-19)求得

$$H=H_w-(t-t_w)\frac{\alpha}{k_H r_w}=0.007\ 62-(20-10)\times\frac{1.09}{246\ 9}=0.003\ 21\ \text{kg 水/kg 绝干气}$$

按式(5-4)得

$$p_w=\frac{Hp}{0.622+H}=\frac{0.003\ 21\times101.33}{0.622+0.003\ 21}=0.520\ \text{kPa}$$

于是,其相对湿度为

$$\varphi=\frac{p_w}{p_s}=\frac{0.523}{2.335}=0.223\ \text{或}\ 22.3\%$$

(九)绝热饱和温度 t_{as}

如图 5-12 所示,一定温度 t 和湿度 H 的不饱和空气在绝热增湿塔(或称绝热饱和器)内与大量水逆流密切接触,水用泵循环经喷洒器喷出,操作条件达到稳定时,塔内水的温度将达到某一恒定的数值,若设备保温良好,可认为与周围环境是绝热的,则热量只在气、液两相间传递。若截面上水温下的饱和湿度高于空气的湿度,水将汽化进入空气中,水汽化所需的热量由空气温度降低而提供,因此空气的温度下降而湿度增大。按照热量衡算关系,空气降温所放出的热量全部用于水汽化并且又随水汽回到空气中,对空气来说其焓值基本上没有变化,因此,这种空气的绝热增湿(或称绝热饱和)过程可近似看作等焓过程。如果空气与水接触的时间足够,空气在出口时将被水汽饱和,此时空气的出口温度就等于循环水的温度而不再下降,这个温度称为该空气的绝热饱和温度,用 t_{as} 表示,其对应的饱和湿度为 H_{as},循环水的温度也恒定为 t_{as}。操作中为了保证循环水量不变,需要向循环水中加入温度为 t_{as} 的水以补充水在塔中的汽化量。

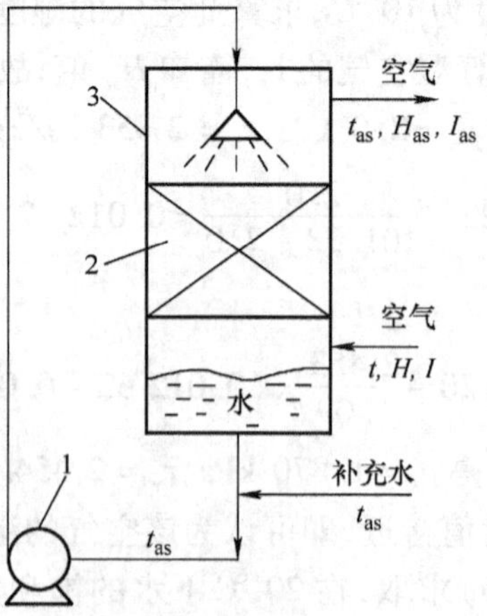

图 5-12 绝热增湿塔

1—循环泵;2—填料层;3—增湿

进入绝热增湿塔的湿空气的焓为

$$I = c_H \cdot t + Hr_0 \tag{5-20}$$

离开绝热增湿塔的饱和湿空气的焓为

$$I_{as} = c_{H_{as}} \cdot t_{as} + H_{as} r_0 \tag{5-21}$$

式中 r_0——0 ℃时水的比汽化焓，kJ/kg；

$c_{H_{as}}$——空气在 H_{as} 下的比热容，kJ/(kg·℃)；

H_{as}——在 t_{as} 下空气的饱和湿度，kg 水/kg 绝空气。

对每千克进塔的绝干气，水在塔内的汽化量为 $(H_{as}-H)$，故补充水带入的焓为 $c_w(H_{as}-H)\cdot t_{as}$，以 1 kg 绝干气为基准，对全塔系统的热量衡算（过程绝热），有

$$I + c_w(H_{as}-H)t_{as} = I_{as} \tag{5-22}$$

式中 c_w——液态水的平均比热容，kJ/(kg·℃)。

由于 $c_H = 1.01 + 1.88H$，$c_{H_{as}} = 1.01 + 1.88H_{as}$，其中 H 和 H_{as} 为绝热增湿塔进、出口空气的湿度，其值一般均很小，因此，若忽略补充水的焓值，即认为 $I \approx I_{as}$，且将式(5-21)中的 $c_{H_{as}}$ 用 c_H 代替，这两种近似处理引起的误差都很小，且可相互抵消。将式(5-20)、式(5-21)代入式(5-22)可得

$$t_{as} = t - \frac{r_0}{c_H}(H_{as} - H) \tag{5-23}$$

式(5-23)表明，当总压不变，原始湿空气的 t、H 一定时，c_H 即为一定值，H_{as} 由 t_{as} 而定，则空气的绝热饱和温度 t_{as} 也只取决于空气的 t 和 H 值，因此 t_{as} 也是空气的一个特征温度或状态参数。

实验测定表明，对空气－水系统，空气的流速在 3.8～10.2 m/s 的范围内，$\alpha/k_H \approx c_H$。这样，对比式 (5-19)和式(5-23)，可得 $t_{as} \approx t_w$。

必须强调湿空气的湿球温度 t_w 和绝热饱和温度 t_{as} 是两个完全不同的概念。前者是由温差引起的传热速率与由湿度差引起的汽化传质速率达到动态平衡的结果，空气状态并不发生变化，它是湿感温球表面达到的温度；而后者则是在一定的条件下，空气经历绝热冷却增湿过程时，对进出状态变化进行热量衡算的结果。但在一定总压下，它们都是空气的 t、H 的函数，对空气－水系统，两者在数值上近似相等。如果物系不是空气－水系统，$\alpha/k_H \neq c_H$，t_w 也不再等于 t_{as}。

从上述讨论可知，表示湿空气性质的特征温度有干球温度 t、露点 t_d、湿球温度 t_w 和绝热饱和温度 t_{as}。对空气－水系统，它们之间的关系如下。

不饱和湿空气：$t > t_w \approx t_{as} > t_d$。

饱和湿空气：$t = t_w \approx t_{as} = t_d$。

二、湿空气的湿度图及应用

在干燥操作中，通常湿空气经预热器升高温度后进入干燥器，与湿物料间发生传热和传质过程，然后从干燥器排出。整个过程中空气的各项性质参数都在不断变化，因此无论是干燥的设计型还是操作型计算，确定空气状态都是非常必要的。

与干燥过程有关的湿空气状态参数有 p、p_w、H、t、φ、c_H、v_H、I、t_d、t_w、t_{as} 等十一个。根据相律，只要规定其中三个相互独立的参数，不饱和湿空气的状态和其余的状态参数的值将完全被

确定。通常干燥过程的总压 p 是一定的,因此只要再规定两个独立状态参数就可以了。例如 $\{t、H\}$、$\{I、H\}$、$\{p_w、t\}$、$\{H、t_w\}$、$\{t_d、t_{as}\}$ 等。要注意的是,有些空气状态参数间并不相互独立,例如 $\{p_w、H\}$、$\{p_w、t_d\}$、$\{c_H、H\}$ 等,因为这些组合内的两个参数可以直接相互推导出来,它们是等价的而不是彼此独立的。

在一定总压 p 下,当确定了两个独立状态参数后,湿空气的其他各项性质都可通过上述公式逐一进行计算,但由前面的例题可知,它们的计算比较繁杂,有的还需用试差法求解(如求 t_w 和 t_{as})。工程上为方便起见,常将有关各性质参数之间的关系制成算图——称为湿空气的湿度图,使计算过程简化;也可通过湿度图进一步理解这些状态参数之间的相互关系以及湿空气作为干燥介质在干燥操作中的状态变化过程。

湿度图依选用的坐标参数的不同有好几种形式。这里介绍的是工程上常用的一种湿空气的湿度图——H-I 图。

(一)H-I 图的构造

图 5-13 是在总压 $p=101.33$ kPa 下,以湿空气的焓 I 为纵坐标,湿度 H 为横坐标绘成的湿度图。为避免图中线条过于密集,影响正确读数,纵轴 I 和横轴 H 之间的夹角取为 135°;又为了便于读取 H 的数值,将横轴上的 H 值投影到水平辅助轴(与 I 轴正交)上。

动画5–9 空气焓湿图

湿度图由以下五种线构成。

1)等湿度线(等 H 线) 它是一组与纵轴 I 平行的直线,在同一条等 H 线上不同的点都具有相同的 H 值,其值在水平辅助轴上读出。

2)等焓线(等 I 线) 它是一组与横轴平行的直线,在同一条等 I 线上不同点都具有相同的焓值,其值在纵轴上读出。

3)等温线(等 t 线) 由式(5-15)可得

$$I=1.01t+(1.88t+2\,492)H \tag{5-15a}$$

由式(5-15a)可知,当温度一定时,I 与 H 呈直线关系,直线的斜率为$(1.88\,t+2\,492)$,因此等 t 线也是一组直线,直线的斜率随 t 升高而增大,故等 t 线并不相互平行。温度值也在纵轴上读出。

4)等相对湿度线(等 φ 线) 饱和蒸气压 p_s 是温度 t 的单值函数,因此式(5-7)实际上表明了 φ、t、H 之间的关系。

取一定的 φ 值,在不同 t 下求出 H 值,就可画出一条等 φ 线。显然,每一条等 φ 线上,随 t 升高 p_s 增大,H 也增大,而且温度愈高,p_s 与 H 增大愈快。图 5-13 中的等 φ 线为 $\varphi=5\%$ 至 100% 的一簇曲线。

由图 5-13 可见,当湿空气的 H 一定时,随温度 t 升高,其 φ 值降低。对于干燥介质,既要求其作为具有适当温度的载热体,又要求其具有较高的载湿能力。因此,常使湿空气先经预热器加热提高其温度,与此同时降低其相对湿度。

图 5-13 中最下面一条等 φ 线为 $\varphi=100\%$ 的曲线,称为饱和空气线,线上任意点的空气均为一定温度下被水汽饱和的饱和空气,该点对应的湿度也就是该温度下的饱和湿度。此线以上的区域称为不饱和区,作为干燥介质的空气状态点必在此区域内。

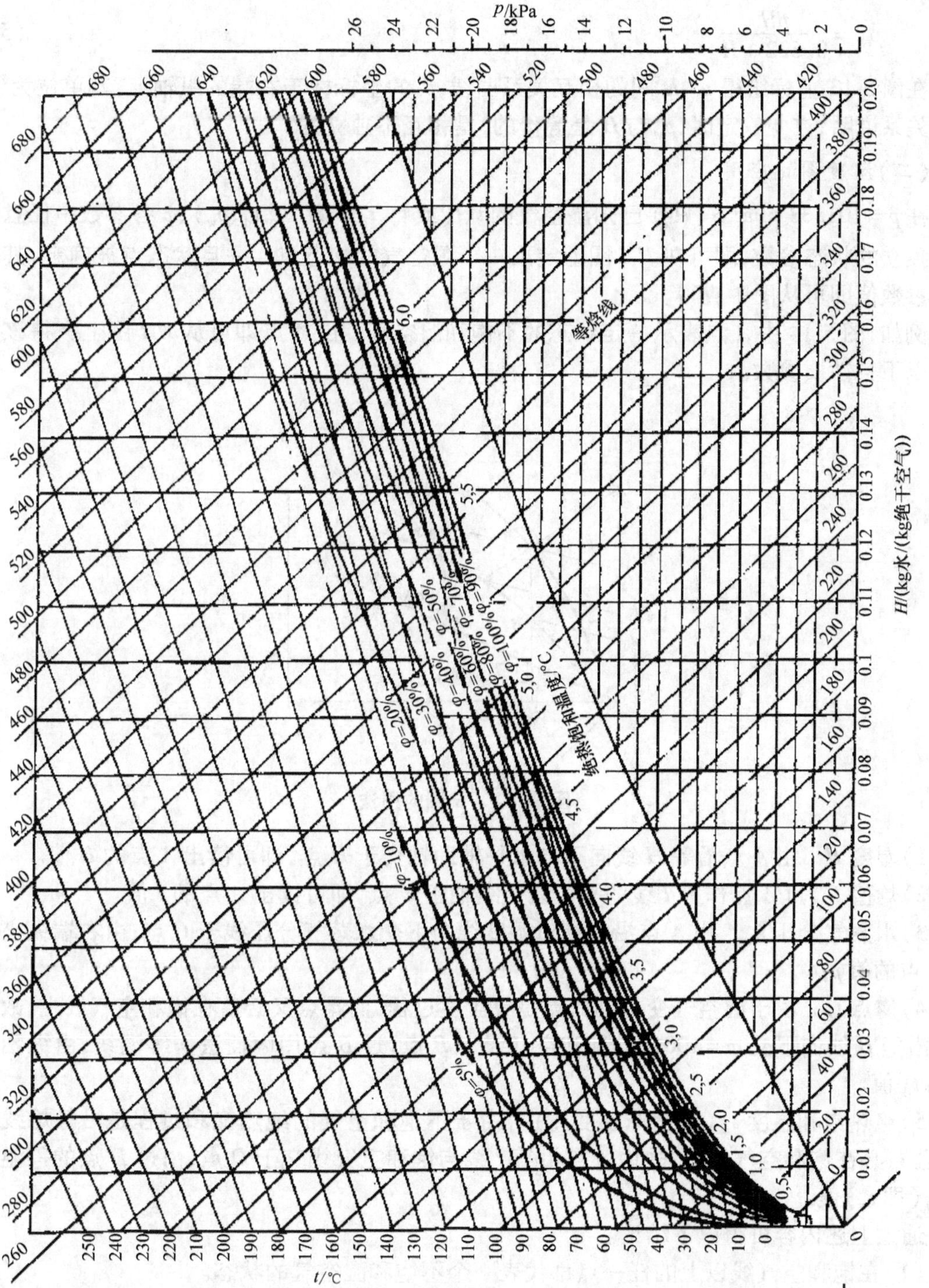

图 5-13　湿空气的 *H*-*I* 图

5)水汽分压 p_w线　由式(5-4)可得

$$p_W = \frac{pH}{0.622 + H} \tag{5-4a}$$

在图 5-13 上标绘得 p_w-H 间的相互关系曲线,p_w的坐标标于右端的纵轴上,其单位为 kPa。这个关系说明,在 p 一定时,p_w与 H 是等价的,是相互不独立的。

(二)湿度图的应用

在 $p = 101.33$ kPa 下,只要已知湿空气的 t、I(或 t_w、t_{as})、H(或 t_d、p_w)、φ 各参数中任意两个相互独立的状态参数,即可在 H-I 图上定出一个湿空气的状态点。一旦状态点被确定,其他各状态参数值即可从图中查得。

例如,图 5-14 中 A 点表示一定状态的不饱和湿空气。由 A 点即可从 H-I 图上查得该湿空气的以下各性质参数。

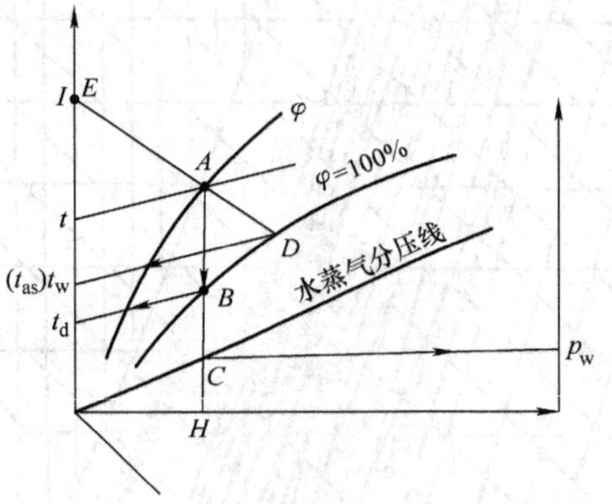

图 5-14　I-H 图的用法

1)湿度 H　由 A 点沿等 H 线向下与水平辅助轴交于 H 点,即可读出 A 点的 H 值。

2)焓值 I　过 A 点作等 I 线的平行线交纵轴于 E 点,即可读出 A 点的 I 值。

3)水蒸气分压 p_w　由 A 点沿等相对湿度线向下交水蒸气分压线于 C 点,由右端纵坐标读出 C 点的值 p_w。

4)露点 t_d　由于湿空气变化到露点是等湿度过程,而露点又必落在饱和空气线上,故可由 A 点沿等 H 线向下交 $\varphi = 100\%$ 的饱和空气线于 B 点,过 B 点用内插法作等温线,由纵轴读出露点 t_d 值。

5)绝热饱和温度 t_{as}(或湿球温度 t_w)　由于不饱和空气的绝热饱和过程是沿等焓线进行的,且 t_{as}必在饱和空气线上,故由 A 点沿等 I 线与饱和空气线交于 D 点,由过 D 点的等温线读出 t_{as}(即 t_w)值。

通过上述内容可得以下结论。

(1)在饱和空气线以上的任一点都代表一个不饱和湿空气的状态。

(2)等 H 线可以看成是等露点线或等水气分压线,因为在此线上每一点的空气状态都对应同一个露点和同一个蒸气分压,因此,H 与 t_d、p_w 是等价的,彼此互不独立。

(3)等 I 线可以看成等绝热饱和温度线(或等湿球温度线),因为在等 I 线上每一点所代表的空气状态都对应同一个 t_{as}(或 t_w),因此,I 和 t_{as}(或 t_w)是等价的,彼此不独立。

(4)每一个不饱和空气状态点实际上都是 I、H、t、φ 四条等参数线中任意两条线的交点；或者说 I、H、t、φ 这四个独立状态参数中任意两个都可以确定一个不饱和湿空气的状态。反之，也可以说，在湿度图上，上述任意两条等参数线有交点时，这两个参数是相互独立的；如果两条等参数线无交点，如 $\{t_d、H\}$、$\{t_w、I\}$、$\{t_w、t_{as}\}$ 等，则它们彼此不是独立的。

(5)通常情况下，已知 $\{t、t_w\}$、$\{t、t_d\}$ 或 $\{t、\varphi\}$ 等均可确定空气的状态点。

读者可根据图 5-15(a)、(b)、(c)中所示在不同的已知条件下确定空气的状态点。

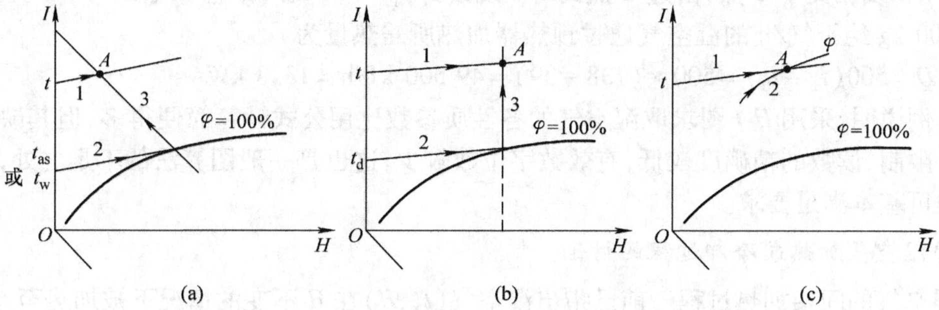

图 5-15　湿空气状态在 I-H 上的确定

(a)已知 t,t_w　(b)已知 t,t_d　(c)已知 t,φ

例 5-7　已知湿空气的总压为 101.33 kPa，相对湿度为 50%，干球温度为 20 ℃。试用 H-I 图求取此空气的(1)水汽分压 p_w、(2)湿度 H、(3)焓 I、(4)露点 t_d、(5)湿球温度 t_w 以及(6)含 500 kg 绝干空气/h 的湿空气预热到 117 ℃所需供给的热量 Q(kW)。

解　由已知条件 $p=101.33$ kPa，$t=20$ ℃，$\varphi=50\%$，在 H-I 图上得到等 t($t=20$ ℃)线与等 φ($\varphi=50\%$)线的交点即此空气的状态点 A。再由 A 点求其余各参数(见图 5-16)。

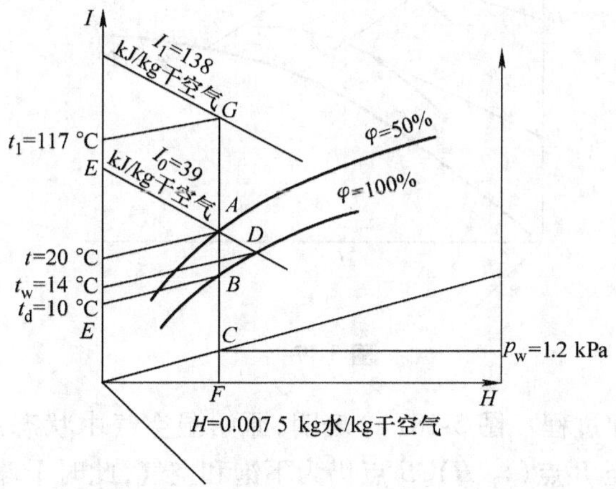

图 5-16　例 5-7 附图

(1)水汽分压 p_w。由 A 点沿等 H 线向下交水汽分压线于 C 点，在图右端纵坐标读得 $p_w=1.2$ kPa。

(2)湿度 H。由 A 点沿等 H 线向下与水平辅助轴交于 F 点，读得 $H=0.007\ 5$ kg 水/kg 绝干气。

(3)焓 I_0。由 A 点作等 I 线的平行线交纵轴于 E 点,读得 $I_0=39$ kJ/kg 绝干空气。

(4)露点 t_d。由 A 点沿等 H 线向下交 $\varphi=100\%$ 的饱和空气线于 B 点,由过 B 点的等 t 线在纵轴上读得 $t_d=10$ ℃。

(5)湿球温度 t_w(即绝热饱和温度 t_{as})。由 A 点沿等 I 线与 $\varphi=100\%$ 的饱和空气线交于 D 点,由过 D 点的等温线读得 $t_w=14$ ℃。

(6)需供给的热量 Q。湿空气在预热器中间接加热时 H 不变,由 A 点沿等 H 线向上与 $t=117$ ℃的等 t 线相交于 G 点,由过 G 点的等 I 线读得 $I_1=138$ kJ/kg 绝干气。

含 500 kg 绝干气/h 的湿空气通过预热器加热所需热量为

$$Q=500(I_1-I_0)=500\times(138-39)=49\ 500\ \text{kJ/h}=13.8\ \text{kW}$$

由本例说明,采用 H-I 图求取湿空气的各性质参数比用公式计算简便得多,但其缺点是受图幅大小限制,读数的精确度较低,有效数字位数较少,这也是一般图算法的不足之处,但在工程计算中可基本满足要求。

(三)湿空气加热或冷却过程的讨论

1)湿空气的间接加热过程 前已指出湿空气(t_A、H)在 H 不变的情况下被加热至 t_B 时,若原始湿空气的状态点为 A(即等 t_A 线与等 H 线的交点),过 A 点沿等 H 线向上交等 t_B 线于 B 点(t_B、H)。AB 线就是这一加热过程的图示。由图 5-17 可见,当空气状态由 A 变至 B 点时,H 不变,干球温度升高,相对湿度减小,焓增加,湿球温度升高,露点不变,水汽分压不变。焓增加说明这一过程需要传入热量。

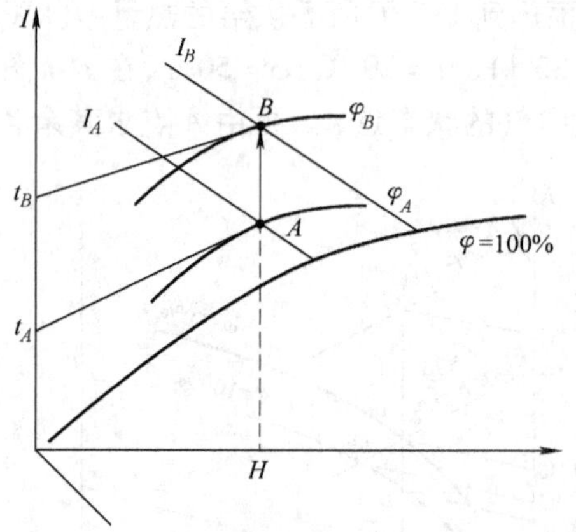

图 5-17

2)湿空气的间接冷却过程 图 5-18(a)表明,原始湿空气由状态点 A(t_A、H)在间壁式冷却器中沿等 H 线被冷却至 B 点(t_B、H),B 点仍为不饱和空气,此时干球温度由 t_A 降为 t_B,相对湿度由 φ_A 增大到 φ_B,焓由 I_A 降为 I_B,而露点 t_d、水汽分压 p_w 和湿度 H 均不变化,但湿球温度由 t_{wA}降低为 t_{wB}。空气的焓降低说明这一过程将放出热量,如绝干气量为 L kg/s,则放出热量为 $L(I_A-I_B)$ kJ/s。

图 5-18(b)表明湿空气从 A 点间接冷却至该空气露点以下的情况。当原始湿空气由 A 点沿等 H 线间接冷却至与饱和空气线交于 B 点时,开始出现微量露滴,即 $t_B=t_d$;继续冷却,空气状态将沿饱和空气线移动直至 C 点($t_C<t_d$),从 B 至 C 点的冷却过程中将有水凝出。凝结水

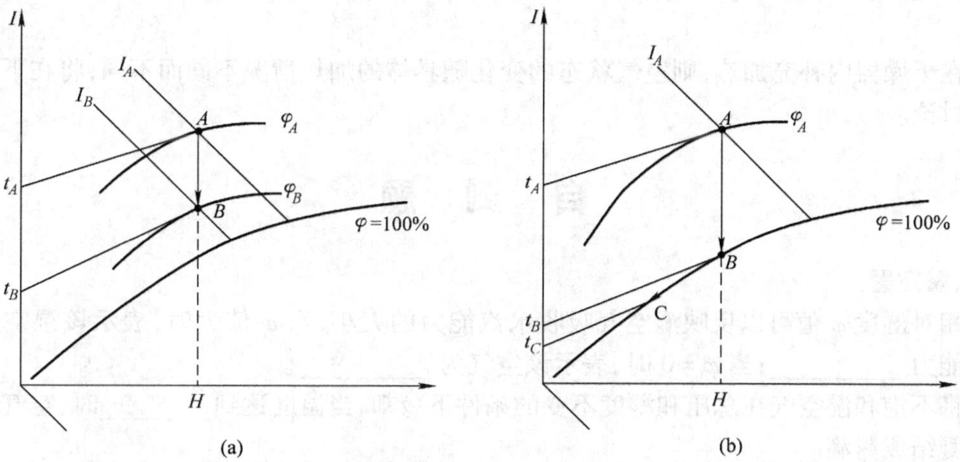

图 5-18　湿空气的间接冷却

(a)湿空气的间接冷却过程　(b)湿空气间接冷却至饱和

量为 $L(H_A - H_C)$ kg/s。

请思考:在图 5-18(b)所示的 $A \rightarrow B \rightarrow C$ 过程中,其他状态参数(如 H、p_w、t_d、t_w、φ、I)的变化。

3)湿空气在干燥器内与湿物料直接接触时的冷却过程　作为干燥介质的不饱和热空气,若其温度高于湿物料,在与湿物料接触时,湿空气的干球温度下降,焓值降低,湿物料中水分的汽化使空气的湿度增大。若出口空气温度规定为 t_C,则此时可能出现如图 5-19 所示的两种情况。

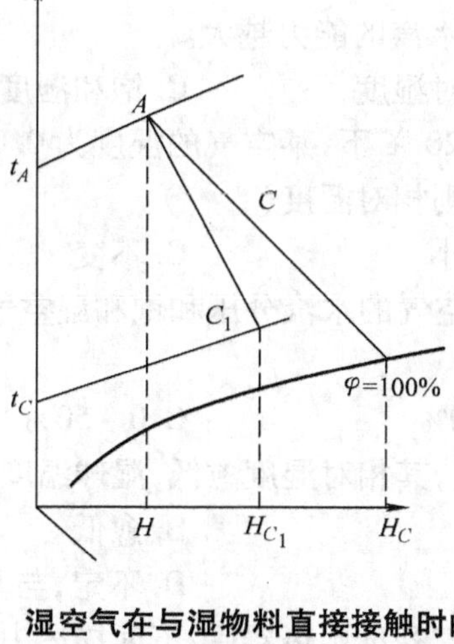

图 5-19　湿空气在与湿物料直接接触时的冷却

(1)在干燥器绝热(保温良好,无热量损失)且忽略湿物料进、出口焓值变化的条件下,空气温度降低提供的热量全部用于湿物料中水分的汽化,因而空气在干燥器内经历的是绝热冷却增湿过程,其焓值不变,即如图 5-19 中 AC 线所示。

(2)若干燥器保温不好,或湿物料的出口温度很高,空气放出的热量有一部分不能用于水分汽化，如空气出口温度 t_C 不变，则其出口湿度将减小，焓值也随之降低，如图 5-19 中 AC_1 线所示。

若在干燥器内补充加热，则空气状态的变化随具体的加热情况不同而不同，将在下一任务中专门讨论。

自 测 题

一、填空题

1. 相对湿度 φ 值可以反映湿空气吸收水汽能力的大小，当 φ 值大时，表示该湿空气吸收水汽的能力__________；当 $\varphi=0$ 时，表示该空气为__________。

2. 将不饱和湿空气在总压和湿度不变的条件下冷却，当温度达到__________时，空气中的水汽开始凝结成露滴。

二、判断题

1. 具有一定湿度 H 的气体，当总压 p 加大时，露点温度 t_d 升高。（　　）

2. 湿空气温度一定时，相对湿度越低，湿球温度也越低。（　　）

3. 空气的干球温度和湿球温度相差越大，说明该空气偏移饱和状态的程度就越大。（　　）

4. 若相对湿度为零，说明空气中水汽含量为零。（　　）

5. 相对湿度越低，则距饱和状态越远，表明该湿空气吸收水汽的能力越弱。（　　）

三、选择题

1. 下列叙述正确的是（　　）。

A. 空气的相对湿度越大，吸湿能力越强　　B. 湿空气的比体积为 1 kg 湿空气的体积

C. 湿球温度与绝热饱和温度必相等　　D. 对流干燥中，空气是最常用的干燥介质

2. （　　）越少，湿空气吸收水汽的能力越大。

A. 湿度　　B. 绝对湿度　　C. 饱和湿度　　D. 相对湿度

3. 在总压 101.33 kPa、温度 20 ℃下，某空气的湿度为 0.01 kg 水/ kg 绝干气，现维持总压不变，将空气温度升高到 50 ℃，则相对湿度（　　）。

A. 增大　　B. 减小　　C. 不变　　D. 无法判断

4. 在一定温度和总压下，湿空气的水汽分压和饱和湿空气的水汽分压相等，则湿空气的相对湿度为（　　）。

A. 0　　B. 100%　　C. 0 ~ 50%　　D. 50%

5. 对于一定干球温度的空气，其相对湿度愈低，湿球温度（　　）。

A. 愈高　　B. 愈低

C. 不变　　D. 不定，与其他因素有关

6. 在对流干燥过程中，湿空气经过预热器后，下面描述中不正确的是（　　）。

A. 湿空气的比容增大　　B. 湿空气的焓增大

C. 湿空气的湿度下降　　D. 空气的吸湿能力增强

7. 某一对流干燥流程需一风机，风机的安装位置有两种情况：(1) 装在预热器之前，即新鲜空气入口处；(2) 装在预热器之后。比较 (1)、(2) 两种情况下风机的风量 V_{s1} 和 V_{s2}，则有（

)。

A. $V_{s1}=V_{s2}$　　B. $V_{s1}>V_{s2}$　　C. $V_{s1}<V_{s2}$　　D. 无法判断

四、简答题

1. 表示湿空气性质的参数有哪些？如何确定空气的状态？在总压一定时，哪些参数彼此是等价的？

2. 为什么可用干、湿球温度计测空气的湿度？

五、计算题

1. 已知空气中水汽分压为 3 kPa，总压为 100 kPa，求该空气的湿度。[答：0.019 2 kg 水/kg 绝干气]

2. 氮气与苯蒸气的混合气体，在总压 100 kPa、温度 297 K 时相对湿度为 60%，试求每千克氮气中苯蒸气的含量。已知 297 K 时苯的饱和蒸气压为 12.2 kPa。(答：0.220 kg 苯蒸气/kg 氮气)

3. 湿空气在总压 101.33 kPa 下的湿度为 0.005 kg 水/kg 绝干气。试用计算法求取：①该空气在 5℃时的相对湿度；②将该空气加热到 303 K 时的相对湿度。[答：①$\varphi=92.6\%$；②$\varphi=19.0\%$]

4. 空气的总压为 101.33 kPa，干球温度为 30 ℃，相对湿度为 70%。试求该空气的：①湿度 H；②饱和湿度 H_s；③水汽分压 p_w；④露点 t_d；⑤湿球温度 t_w；⑥焓 I；⑦湿比容 v_H。[答：①$H=0.018\ 8$ kg 水/kg 绝干气；②$H_s=0.027\ 2$ kg 水/kg 绝干气；③$p_w=2.973$ kPa；④$t_d=23.4$ ℃；⑤$t_w=25.5$ ℃；⑥$I=78.2$ kJ/kg；⑦$v_H=0.884\ m^3/kg$]

任务三　干燥过程工艺条件的确定

任务分析：干燥过程的主要任务是根据生产要求除去湿物料中一定量的湿分。为了确定一定干燥任务下除去的水分量、除去水分所消耗的湿空气的量及干燥过程所消耗的热量等干燥过程工艺条件，需要对干燥过程进行物料衡算和热量衡算。这一任务中，我们一起学习干燥过程的物料衡算和热量衡算。

任务目标：①掌握湿物料中水分蒸发量、原始空气消耗量以及干燥过程所需热量的计算；②确定干燥设备的工艺尺寸，选择适宜型号的鼓风机、换热器等。

技能目标：能完成一定干燥任务下水分蒸发量、空气消耗量、热量消耗量等相关计算。

一、干燥过程水分蒸发量、空气消耗量的确定

(一)物料含水量的表示方法

1)湿基含水量 w　它以湿物料为计算基准，以质量分数或质量百分数表示，即

$$w=\frac{\text{湿物料中水分的质量}}{\text{湿物料的总质量}}(\times 100\%) \tag{5-24}$$

2)干基含水量 X　它是以湿物料中绝干物料(即不含水的固体物料)为基准的水分的质量比表示，即

$$X=\frac{\text{湿物料中水分的质量}}{\text{湿物料中绝干物料的质量}} \tag{5-25}$$

其单位为 kg 水/kg 绝干料。

通常在工业生产中常以湿基含水量表示物料中水分的多少;而在干燥计算中,由于湿物料中绝干物料在干燥过程中不发生变化,故用干基含水量进行计算较为简便。质量分数 w 与质量比 X 之间的相互换算关系为:$X=\frac{w}{1-w}$,$w=\frac{X}{1+X}$。

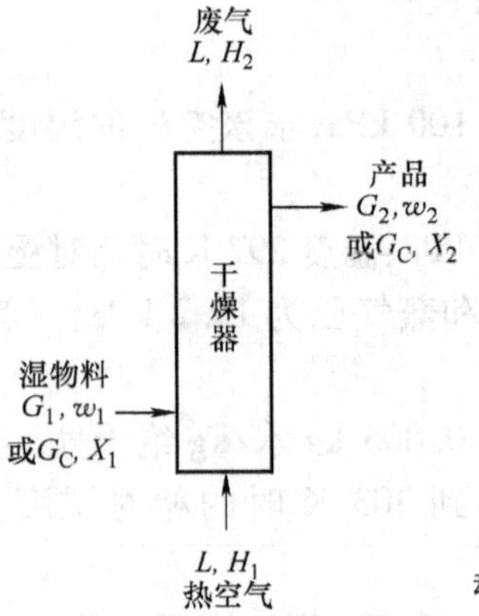

动画5-10 干燥过程物料衡算

图 5-20 干燥器的物料衡算

(二)物料衡算

图 5-20 为一连续干燥器的物料衡算示意图。通过干燥器的物料衡算来确定物料蒸发的水分量和空气消耗量。

对于连续干燥过程,以 1 h 为衡算基准。令:

G_1——进入干燥器的湿物料的质量流量,kg/h;

G_2——出干燥器的产品的质量流量,kg/h;

G_C——湿物料中绝干物料的质量流量,kg/h;

w_1、w_2——湿物料与产品的湿基含水量,以质量分数表示;

X_1、X_2——湿物料和产品的干基含水量,kg 水/kg 绝干料;

L——进、出干燥器的绝干空气的质量流量,kg/h;

H_1、H_2——进、出干燥器的湿空气的湿度,kg 水/kg 绝干气;

W——湿物料在干燥器中蒸发的水量,kg/h。

若不计干燥过程中的物料损失,则干燥前、后物料中绝干物料的质量不变,即

$$G_C=G_1(1-w_1)=G_2(1-w_2) \tag{5-26}$$

1. 水分蒸发量 W 的计算

$$W=G_C(X_1-X_2) \tag{5-27}$$

例 5-8 聚氯乙烯树脂的湿基含水量为 6%,干燥后产品的湿基含水量为 0.3%。干燥产品量为 5 000 kg/h。试求树脂在干燥器中蒸发的水分量(kg/h)。

解 已知 $w_1=6\%$,$w_2=0.3\%$,则

$$X_1=\frac{w_1}{1-w_1}=\frac{0.06}{1-0.06}=0.063\ 8\ \text{kg 水/kg 绝干料}$$

$$X_2 = \frac{w_2}{1-w_2} = \frac{0.003}{1-0.003} = 0.003 \text{ kg 水/kg 绝干料}$$

按式(5-26)得

$$G_C = G_2(1-w_2) = 5\,000 \times (1-0.003) = 4\,985 \text{ kg/h}$$

由式(5-27),蒸发的水分量为

$$W = G_C(X_1 - X_2) = 4\,985 \times (0.063\,8 - 0.003) = 303 \text{ kg/h}$$

2. 空气消耗量的计算

热空气通过干燥器时,其中的绝干气量不变,且湿物料蒸发的水分全部被空气所带走,即有

$$W = L(H_2 - H_1) \tag{5-28}$$

则干空气消耗量为

$$L = \frac{W}{H_2 - H_1} \tag{5-29}$$

故汽化 1 kg 水分所消耗的空气量为

$$l = \frac{L}{W} = \frac{1}{H_2 - H_1} \tag{5-30}$$

式中　l——单位空气消耗量,kg 绝干气/kg 水。

例 5-9　例 5-8 的干燥过程中,若原始空气的湿度为 0.011 7 kg 水/kg 绝干气,t 为 20 ℃,经预热器加热至 60 ℃后进入干燥器,出干燥器时废气的湿度为 0.028 4 kg 水/kg 绝干气。(1)试求绝干空气的消耗量(kg 绝干气/h)、单位空气消耗量(kg 绝干气/kg 水)和鼓风机入口的风量(m^3/h)。(2)如果在夏季生产,干燥任务与出口废气的湿度仍保持不变,空气消耗量将如何变化?

解　(1)计算 L、l 和 V_h。

已知原始空气的湿度 $H_0 = 0.011\,7$ kg 水/kg 绝干气,且 $H_1 = H_0$,由例 5-8 已得 $W = 303$ kg/h,按式(5-29)和式(5-30)得

$$L = \frac{W}{H_2 - H_1} = \frac{303}{0.028\,4 - 0.011\,7} = 1.814 \times 10^4 \text{ kg 绝干气/h}$$

$$l = \frac{1}{H_2 - H_1} = \frac{1}{0.028\,4 - 0.011\,7} = 59.9 \text{ kg 绝干气/kg 水}$$

而

$$\begin{aligned} v_H &= (0.773 + 1.244 H_0) \times \frac{273 + t_0}{273} \\ &= (0.773 + 1.244 \times 0.0117) \times \frac{273 + 20}{273} \\ &= 0.845 \text{ m}^3\text{/kg 绝干气} \end{aligned}$$

故鼓风机入口的风量为

$$V_h = L v_H = 1.814 \times 10^4 \times 0.845 = 1.533 \times 10^4 \ m^3/h$$

(2)如果在夏季生产,气温升高,湿度 H_0 与相对湿度 φ_0 都会增大,H_1 也相应增大,在要求 H_2 不变的情况下,l 将随之增大,所以在干燥计算中一般按夏季平均最高值条件来计算空气消耗量,据此选择风机的容量。

二、完成一定干燥任务所消耗热量的确定

通过干燥系统的热量衡算可以确定干燥系统所消耗的热量、加热剂的用量以及干燥器出口的空气状态，并据此计算预热器或干燥器内补充加热器的传热面积。

图 5-21 为对流干燥系统的热量衡算示意图，常压下的原始湿空气（t_0、H_0、I_0）经预热器加热后（t_1、$H_1=H_0$、I_1）进入干燥器与湿物料逆流接触，其温度降低，湿度增大，然后作为废气（t_2、H_2、I_2）由干燥器排出；湿物料（质量流量 G_1、温度 t'_1、湿基含水量 w_1、焓 I'_1）与热空气接触后水分被蒸发得到干燥产品（G_2、t'_2、w_2、I'_2）。今分别对预热器和干燥全系统进行热量衡算，以1 s为衡算基准，以 0 ℃为基准温度，以 0 ℃液态水和绝干物料的焓为零。

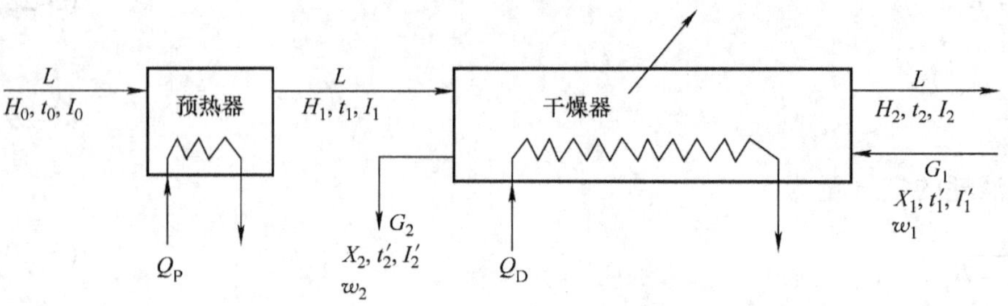

动画5-11 干燥过程热量衡算

图 5-21 干燥系统的热量衡算

（一）预热器的热量衡算

若不计热损失，预热器的热量衡算为

$$Q_P + LI_0 = LI_1 \tag{5-31}$$

或

$$Q_P = L(I_1 - I_0) \tag{5-31a}$$

式中 Q_P——预热器的供热量，kW；

L——绝干空气流量，kg 绝干气/s。

（二）干燥全系统的热量衡算

作包括预热器和干燥器在内（见图 5-21）的热量衡算。令：

Q_D——干燥器内补充热量，kW；

Q_L——干燥系统损失的热量，kW；

I'_1、I'_2——以 1 kg 绝干物料为基准的干燥器进、出口的物料的焓，kJ/kg 绝干料。

物料的焓 I'的计算式为

$$I' = c_C t' + X c_w t' = (c_C + X c_w) t' = c_m t' \tag{5-32}$$

式中 t'——物料的温度，℃；

c_C——绝干物料的平均比热容，kJ/(kg 绝干料 · ℃)；

c_w——液态水的平均比热容，kJ/(kg 水 · ℃)；

c_m——以 1 kg 绝干物料为基准的湿物料的平均比热容，kJ/kg 绝干料；

X——物料的干基含水量，kg 水/kg 绝干料。

对整个系统作热量衡算得

$$LI_0 + G_C I_1' + Q_P + Q_D = LI_2 + G_C I_2' + Q_L \tag{5-33}$$

$$Q = Q_P + Q_D = L(I_2 - I_0) + G_C(I_2' - I_1') + Q_L \tag{5-33a}$$

式中　Q——干燥系统所需加入的总热量,kW。

式(5-33)或(5-33a)为干燥系统总热量衡算式。

将式(5-38a)中等式右侧的第一、二项作如下简化。

(1) $L(I_2 - I_0) = L[(1.01 + 1.88H_2)t_2 + 2\,492H_2] - L[(1.01 + 1.88H_0)t_0 + 2\,492H_0]$

$$= 1.01L(t_2 - t_0) + \frac{W}{H_2 - H_0}[(1.88t_2 + 2\,492)H_2 - (1.88t_0 + 2\,492)H_0]$$

假设 $1.88t_0 + 2\,492 \approx 1.88t_2 + 2\,492$,则得

$$L(I_2 - I_0) \approx 1.01L(t_2 - t_0) + W(1.88t_2 + 2\,492)$$

(2)假设 $G_C(I_2' - I_1') = G_C(c_{m2}t_2' - c_{m1}t_1')$,$c_C + X_1c_w = c_C + X_2c_w$,即 $c_{m1} = c_{m2}$,则

$$G_C(I_2' - I_1') = G_C c_{m2}(t_2' - t_1')$$

以上两项假设所引起的误差可以相互抵消一部分。于是,式(5-33a)可改写为

$$Q = Q_P + Q_D = 1.01L(t_2 - t_0) + W(1.88t_2 + 2\,492) + G_C c_{m2}(t_2' - t_1') + Q_L \tag{5-34}$$

由式(5-34)可见,加入干燥系统的总热量用于加热空气、蒸发水分、加热物料以及补偿系统的热损失。

例 5-10　用热空气干燥某湿物料,要求干燥产品为 0.1 kg/s,进干燥器时湿物料温度为 15 ℃,含水量为 13%(湿基)。出干燥器的产品温度为 40 ℃,含水量为 1%(湿基)。原始空气的温度为 15 ℃,湿度为 0.007 3 kg 水/kg 绝干气,在预热器中加热至 100 ℃进入干燥器,出干燥器时的废气温度为 50 ℃,湿度为 0.023 5 kg 水/kg 绝干气。

已知绝干物料的平均比热容为 1.25 kJ/(kg·℃),干燥器内不补充热量。

求:(1)当预热器中采用 200 kPa(绝压)的饱和水蒸气做热源时每小时需消耗的蒸汽量(kg);(2)干燥系统的热损失(kW)。

解　根据题意画出该对流干燥系统的示意图。取 1 s 为基准。

(1)要求预热器中的蒸汽用量,应先通过物料衡算求出水分蒸发量和空气消耗量。

将物料的湿基含水量换算为干基含水量:

$$X_1 = \frac{w_1}{1 - w_1} = \frac{0.13}{1 - 0.13} = 0.149\ \text{kg 水/kg 绝干气}$$

$$X_2 = \frac{w_2}{1 - w_2} = \frac{0.01}{1 - 0.01} = 0.010\,1\ \text{kg 水/kg 绝干气}$$

由式(5-26)、式(5-27)和式(5-29)得

$$G_C = G_2(1 - w_2) = 0.1 \times (1 - 0.01) = 0.099\ \text{kg/s}$$

$$W = G_C(X_1 - X_2) = 0.099 \times (0.149 - 0.010\,1) = 0.013\,75\ \text{kg/s}$$

$$L = \frac{W}{H_2 - H_0} = \frac{0.013\,75}{0.023\,5 - 0.007\,3} = 0.849\ \text{kg/s}$$

由式(5-36a)得

$$Q_P = L(I_1 - I_0) = L(1.01 + 1.88H_0)(t_1 - t_0)$$

$$= 0.849 \times (1.01 + 1.88 \times 0.007\,3) \times (100 - 15) = 73.9\ \text{kW}$$

(2)当采用 200 kPa(绝压)的饱和水蒸气做热源时,由附录七查得其比汽化焓 $r = 2\,205$

kJ/kg,则蒸汽消耗量为

$$D=\frac{Q_P}{r}=\frac{73.9}{2\ 205}=0.033\ 5\ \text{kg/s}=120.6\ \text{kg/h}$$

由题意知 $Q_D=0$,则可由式(5-34)得

$$Q_L=Q_P-[1.01L(t_2-t_0)+W(1.88t_2+2\ 492)+G_C c_{m2}(t_2'-t_1')]$$

再由式(5-32)知

$$c_{m2}=c_C+X_2c_w=1.25+0.010\ 1\times4.187=1.292\ \text{kJ/(kg 绝干料·℃)}$$

所以

$$Q_L=73.9-[1.01\times0.849\times(50-15)+0.013\ 75\times(1.88\times50+2\ 492)+0.099\times1.292\times(40-15)]$$
$$=73.9-(30.0+35.6+3.2)=5.1\ \text{kW}$$

热损失占加入总热量的百分数为

$$\frac{Q_L}{Q_P}\times100\%=\frac{5.1}{73.9}\times100\%=6.9\%$$

它从一个侧面反映了干燥系统的热利用情况。

由本例的计算结果可知,预热器提供的热量用于加热空气、蒸发水分、加热物料以及补偿热量损失(散失于周围大气中的热量),其中前两项是主要的。

三、干燥器进、出口气体状态的确定

对于热空气进入干燥器的状态,一般根据物料的性质与干燥的具体要求按经验定出空气进口温度 t_1,而 $H_1=H_0$,H_0 则由当地大气状态确定(前已述及应当取当地夏季的最高平均值)。

当热空气通过干燥器时,与湿物料进行热、质同时传递的过程,空气的温度降低而湿度增大,有时需在干燥器中补充加热,且一般干燥器均有一定的热量损失,因此要确定出干燥器的状态较为复杂。通常根据空气在干燥器中焓值的变化情况将干燥过程分为等焓干燥和非等焓干燥两大类。

(一)等焓干燥过程

当热空气流与湿物料在常压干燥器中相互接触时,若满足下列条件:①干燥器内不补充热量,即 $Q_D=0$;②干燥器保温良好,热损失可忽略不计,即 $Q_L=0$;③湿物料进出干燥器的焓值可认为近似相等,即 $I_1'=I_2'$,则由式(5-33a)可得

$$Q_P=L(I_2-I_0) \tag{5-33b}$$

又由式(5-31a)知

$$Q_P=L(I_1-I_0)$$

于是可得 $I_1=I_2$,说明此时空气在干燥器内经历近似等焓过程,即可认为进入干燥器的空气状态是沿等 I_1 线变化的,所以只要确定出口废气的另一个独立状态参数(如规定出口废气的温度 t_2 或相对湿度 φ_2),出干燥器的废气状态即被完全确定,如图 5-22 中的 BC 线所示。

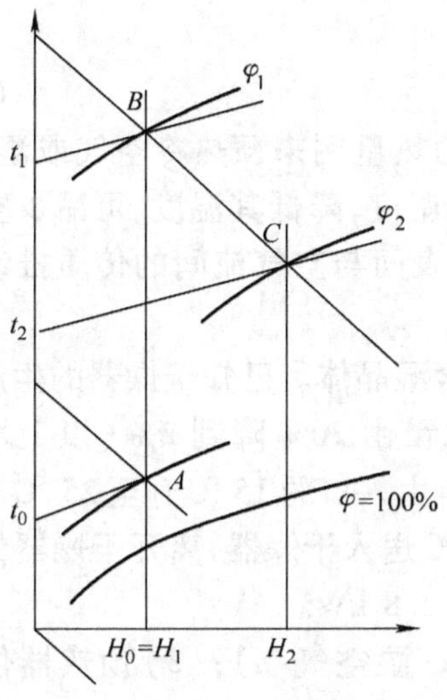

图 5-22　等焓干燥空气状态变化

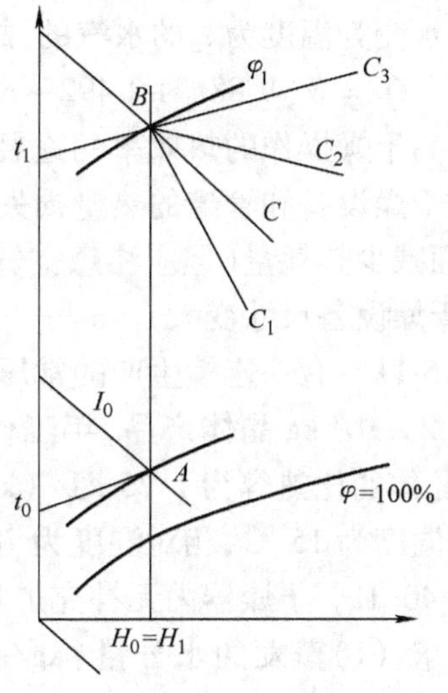

图 5-23　非等焓干燥空气状态变化

（二）非等焓干燥过程

由于出干燥器的干燥产品的温度升高会带走一部分热量、有的物料干燥过程要求在干燥器内补充加热（如为避免物料过热分解或变形等，入口气流温度不宜过高）、干燥器的损失不能忽略等，实际干燥过程常为非等焓干燥过程。

非等焓干燥过程（又称非绝热干燥过程）通常又分为以下两种情况。

（1）若干燥器内不补充加热，即 $Q_D=0$，而进、出口干燥器物料的焓差及热损失不能忽略，由式(5-33a)得

$$Q_P=L(I_1-I_0)=L(I_2-I_0)+G_C(I_2'-I_1')+Q_L$$

或

$$L(I_1-I_2)=G_C(I_2'-I_1')+Q_L \tag{5-35}$$

式(5-35)中等号右侧总为正值，故 $I_2<I_1$，说明空气通过干燥器后焓值降低，此过程如图 5-23 中 BC_1 线所示，BC_1线位于 BC 线下方。显然若出口 t_2 一定，H_2 将减小。如果水分蒸发量不变，则空气用量将随之增加。

（2）若干燥器内补充加热，即 $Q_D>0$，则由式(5-33a)得

$$L(I_2-I_1)=Q_D-[G_C(I_2'-I_1')+Q_L] \tag{5-36}$$

此时，①若 $Q_D>G_C(I_2'-I_1')+Q_L$，则 $I_2>I_1$，空气状态沿图 5-23 中 BC_2 线变化，BC_2 线位于 BC 线上方；②若 $Q_D<G_C(I_2'-I_1')+Q_L$，则 $I_2<I_1$，与 $Q_D=0$ 时的情况一样。

上述 BC、BC_1或 BC_2线称为干燥的操作线，它表示干燥介质在干燥器内的状态变化过程。由以上讨论可知干燥器的出口状态需通过物料衡算联合求解。

四、干燥器的热效率

干燥器的热效率 η 可定义为蒸发水分所消耗的热量与加入干燥系统的总热量之比，即

$$\eta=\frac{\text{干燥系统中蒸发水分所消耗的热量 } Q_1}{\text{加入干燥系统的总热量}(Q_P+Q_D)}\times 100\% \tag{5-37}$$

η 值的大小表明干燥系统热利用程度的高低，由于水分是由温度为 t_1'（湿物料入口温度）的液态水变为温度为 t_2 的水汽的，故：

$$Q_1 = W(1.88t_2 + 2\,492 - c_w t_1') \tag{5-38}$$

提高干燥操作的热效率的途径有：①回收出口废气中的热量用来预热冷空气或湿物料；②减少干燥设备和管道的热量损失；③适当增大出口废气的湿度，降低其温度，可减少空气耗量，从而减少热耗量（但应注意空气湿度的增大会使湿物料表面与空气流间的传质推动力下降，使干燥设备尺寸变大）。

例 5-11 有一连续生产的常压气流干燥器用于干燥某含湿晶体。已知干燥器的生产能力为年产 2×10^6 kg 晶体产品，年工作日为 300 日。物料含水量由 20% 降到 2%（以上均为湿基）。晶体的比热容为 1.25 kJ/（kg·℃）。在干燥器内物料由入口的 15 ℃升至 25 ℃。原始空气的温度为 15 ℃，相对湿度为 70%，经预热器加热至 90 ℃送入干燥器，离开干燥器的废气温度为 40 ℃。干燥器内无补充加热。干燥系统的热损失为 2.8 kW。

试求：(1)蒸发的水分量(kg/s)；(2)原始空气用量(m^3 湿空气/h)；(3)预热器供热量(kW)；④干燥系统的热效率。

解 根据题意画出干燥系统的热量衡算示意图。取 1 s 为物料衡算基准，以 0 ℃下的液态水及绝干物料为焓的基准态。

(1)蒸发的水分量 W。

已知产品量：

$$G_2 = 2\times10^6\ \text{kg/年} = 2\times10^6/(300\times24\times3\,600) = 0.077\,2\ \text{kg/s}$$

则绝干物料量为

$$G_C = G_2(1-w_2) = 0.077\,2\times(1-0.02) = 0.075\,6\ \text{kg/s}$$

已知湿基含水量 $w_1 = 0.20$，$w_2 = 0.02$。换算为干基含水量为

$$X_1 = \frac{w_1}{1-w_1} = \frac{0.20}{1-0.20} = 0.25\ \text{kg 水/kg 绝干料}$$

$$X_2 = \frac{w_2}{1-w_2} = \frac{0.02}{1-0.02} = 0.020\,4\ \text{kg 水/kg 绝干料}$$

则水分蒸发量为

$$W = G_C(X_1 - X_2) = 0.075\,6\times(0.25-0.020\,4) = 0.017\,4\ \text{kg/s}$$

(2)空气用量 V_h。

已知 $t_0 = 15$ ℃，$\varphi_0 = 70\%$，查得 15 ℃下的饱和水蒸气压 $p_s = 1.707$ kPa，由式(5-7)求得

$$H_0 = 0.622\frac{\varphi_0 p_s}{p-\varphi_0 p_s} = 0.622\times\frac{0.70\times1.707}{101.33-0.70\times1.707} = 0.007\,42\ \text{kg 水/kg 绝干气}$$

由式(5-29)得

$$L = \frac{W}{H_2-H_1} = \frac{W}{H_2-H_0} = \frac{0.017\,4}{H_2-0.007\,42} \tag{A}$$

但上式中 H_2 未知，需通过热量衡算求取。

由式(5-35)有

$$L(I_1-I_2) = G_C(I_2'-I_1') + Q_L$$

即：

$$L[(1.01+1.88H_0)t_1+2\,492H_0]-L[(1.01+1.88H_2)t_2+2\,492H_2]$$
$$=G_C(c_C+X_2c_w)(t_2'-t_1')+Q_L$$

将已知数据代入上式得

$$L[(1.01+1.88\times0.007\,42)\times90+2\,492\times0.007\,42]-L[(1.01+1.88H_2)\times40+2\,492H_2]$$
$$=0.075\,6\times(1.25+0.020\,4\times4.187)\times(25-15)+2.8$$

上式简化可得

$$L=\frac{3.81}{70.2-2\,567.2H_2} \tag{B}$$

由式(A)、(B)联立:

$$\frac{0.017\,4}{H_2-0.007\,42}=\frac{3.81}{70.2-2\,567.2H_2}$$

则解得

$H_2=0.025\,78$ kg 水/kg 绝干气

$L=0.948$ kg 绝干气/s

按式(5-10)求出原始气体的比容:

$$v_H=(0.773+1.244H_0)\times\frac{273+t_0}{273}$$
$$=(0.773+1.244\times0.007\,42)\times\frac{273+15}{273}=0.825\ \text{m}^3/\text{kg 绝干气}$$

则原始空气体积:

$$V_h=Lv_H\times3\,600=0.948\times0.825\times3\,600=2\,816\ m^3/h$$

(3)预热器供热量 Q_P。

$$Q_P=L(I_1-I_0)=L(1.01+1.88H_0)(t_1-t_0)$$
$$=0.948\times(1.01+1.88\times0.007\,42)\times(90-15)=72.8\ \text{kW}$$

(4)干燥系统的热效率。

按式(5-37)得

$$\eta=\frac{Q_1}{Q_P}\times100\%=\frac{W(1.88t_2+2\,492-c_wt_1')}{Q_P}\times100\%$$
$$=\frac{0.017\,4\times(1.88\times40+2\,492-4.187\times15)}{72.8}\times100\%=59.9\%$$

请思考:用 $G_C(I_2'-I_1')=G_C(c_C+X_2c_w)(t_2'-t_1')$ 引起的误差有多大?占总热量的百分数是多少?

自　测　题

一、填空题

1. 作为干燥介质的湿空气,其预热的目的是____________________。

2. 当空气的湿含量一定时,其温度愈高,则相对湿度愈________,表明空气的吸湿能力愈________,所以湿空气在进入干燥器之________都要经________。

3. 湿空气通过预热器预热后,其湿度__________,热焓__________,相对湿度__________。(增大、减小、不变)

4. 50 kg 湿物料中含水 10 kg,则干基含水量为____________。

二、判断题

1. 湿空气进入干燥器前预热,不能降低其含水量。( )

2. 若以湿空气作为干燥介质,由于夏季的气温高,则湿空气用量就少。( )

3. 湿空气在预热过程中露点是不变的参数。( )

三、选择题

1. 对于对流干燥器,干燥介质的出口温度应( )。

A. 低于露点　B. 等于露点　C. 高于露点　D. 不能确定

2. 干燥计算中,湿空气初始绝对湿度及相对湿度应取( )。

A. 冬季平均最低值　B. 冬季平均最高值

C. 夏季平均最高值　D. 夏季平均最低值

3. 干燥热敏性物料时,为提高干燥速率,不宜采用的措施是( )。

A. 提高干燥介质的温度　B. 改变物料与干燥介质的接触方式

C. 降低干燥介质相对湿度　D. 增大干燥介质流速

四、简答题

干燥器出口废气温度的高低对干燥过程会有哪些影响?其温度选择受什么因素的限制?

五、计算题

1. 在某连续干燥器中,总压为 95 kPa,每秒钟从被干燥物料中除去的水分量为 0.028 kg。原始空气的温度为 15 ℃,相对湿度为 80%,离开干燥器的空气温度为 40 ℃,相对湿度为 60%。试求:①进入风机的原始空气流量(m^3/h);②若预热至 95 ℃,用 200 kPa(绝压)的饱和水蒸汽加热的蒸气用量(kg/h)。[答:①3 909 m^3/h;②176 kg/h]

2. 用一连续常压干燥器干燥某物料。已知湿物料的处理量为 1 000 kg/h,含水量由 40% 降低到 5%(均为湿基)。试计算所需蒸发的水分量。[答:368.5 kg/h]

3. 在常压连续干燥器中,将某湿物料从含水量 5% 干燥至 0.5%(均为湿基)。干燥器的生产能力为 7 200 kg 干料/h。已知物料进口温度为 25 ℃,出口温度为 65 ℃。干燥介质为空气,其初温为 20 ℃,湿度为 0.007 kg 水/kg 绝干气,经预热器加热至 120 ℃进入干燥室,出口废气温度为 80 ℃,干物料的比热容为 1.76 kJ/(kg·℃)。若不计热损失,干燥器内不补充加热。求绝干空气的消耗量及废气的湿度。[答:$L=3.39\times10^4$ kg/h;$H_2=0.016\ 8$ kg 水/kg 绝干气]

4. 在常压气流干燥器中干燥某树脂产品。干燥产品量为 280 kg/h.,产品的干基含水量为 0.01,物料入口温度为 20 ℃,出口温度为 40 ℃;在干燥器中蒸发水分量为 35 kg/h。原始空气温度为 15 ℃,湿度为 0.072 kg 水/kg 绝干气。已知空气用量为 2 000 kg 绝干气/h,经预热器加热至 90 ℃后通入干燥器。若干燥系统的热量损失为 1 500 kJ/h,绝干物料的平均比热容为 1.4 kJ/(kg·℃),试求气体出口温度和湿度。[答:$H_2=0.024\ 7$ kg 水/kg 绝干气;$t_2=41.8$ ℃]

5. 某湿物料在常压气流干燥器内进行干燥。湿物料处理量为 1.01 kg/s,其含水量由 10% 降至 2%(以上均为湿基)。空气的初始温度为 20 ℃,湿度为 0.006 kg 水/kg 绝干气,空气由预热器预热至140 ℃进入干燥器。假设干燥过程近似为等焓过程。若废气出口温度为80 ℃，试求预热器所需提供的热量及干燥过程的热效率。系统的热损失可忽略。[答：Q_p = 431.4 kW；η = 48.4%]

任务四　干燥时间的确定

任务分析：干燥过程是一个热、质同时传递的过程，这个传递过程的终点及干燥条件决定了干燥过程的长短（即干燥时间的长短）。这一任务中，从分析气、固两相间的性质出发，通过干燥曲线和干燥速率曲线，确定完成一定干燥任务所需要的时间。

任务目标：①掌握湿物料中水分的分类及特点；②理解恒定干燥条件下干燥曲线、干燥速率曲线的意义，掌握其影响因素；③掌握干燥时间的计算。

技能目标：①能对一定干燥过程进行分析，会计算完成一定干燥任务所需要的时间。

一、水分在气、固两相间的平衡关系

（一）物料的 φ-X 平衡曲线

当某种物料与某种状态下的空气进行长时间接触时，物料中的水分将会被除去或吸收，直至物料表面的蒸气压与空气中的水汽分压相等为止。只要空气状态不变，物料中所含水分最后将达到某一恒定值，即处于动态平衡状态，这时物料中的含水量称为该空气状态下的平衡水分，用 X^* 表示，其单位为 kg 水/kg 绝干料。同样空气状态下不同物料的平衡水分随物料的性质而异，图 5-24 表示在常压、25 ℃下某些物料的 φ- X^* 平衡曲线。由该图可见：①当空气的状态（t、φ）一定时，不同物料的平衡水分数值差异很大，例如玻璃丝、瓷土等无孔隙固体，其平衡水分接近于零，木材、羊毛、皮革等纤维或胶质的有机物质，其平衡水分则较大；②对同一种物料，平衡水分随 φ 增大而增大；③当空气的相对湿度为零时，物料的平衡水分均为零，也就是说，只有当物料与 $\varphi = 0$ 的绝干空气接触时才能获得绝干物料。所以，平衡水分表示物料在一定空气状态下能被干燥的限度。通常物料的平衡水分均由实验测定。

（二）物料中水分的分类

1）平衡水分与自由水分　如图 5-24 的 φ- X^* 曲线可知，在一定干燥条件下，物料中不能除去的那部分水分就是平衡水分，而可以被除去的水分称为自由水分，故

物料中的总水分 = 平衡水分 + 自由水分

显然，这种水分的分类不仅与物料本身的性质有关，还取决于空气的状态。

2）结合水分与非结合水分　借化学力和物理化学力与固体物料结合的水分称为结合水分。如某些固体物料内毛细管中的水分、生物细胞壁内的水分、胶体结构物料中的水分等。由于这种水分与物料的结合力较强，其平衡蒸气压低于同温度下纯水的饱和蒸气压，并随结合力的大小而不同，故不仅使干燥过程推动力降低，而且使去除不同形态的结合水的干燥条件更为苛刻。结合力越大，水分除去越困难。

物料中的非结合水分是指物料中除结合水分以外的那部分水分，这种水分只是机械地附着于固体物料表面。如物料表面的吸附水分、较大孔隙（如颗粒堆积层中的空隙）中的水分等。这种水分的蒸气压与同温下纯水的饱和蒸气压相等。于是

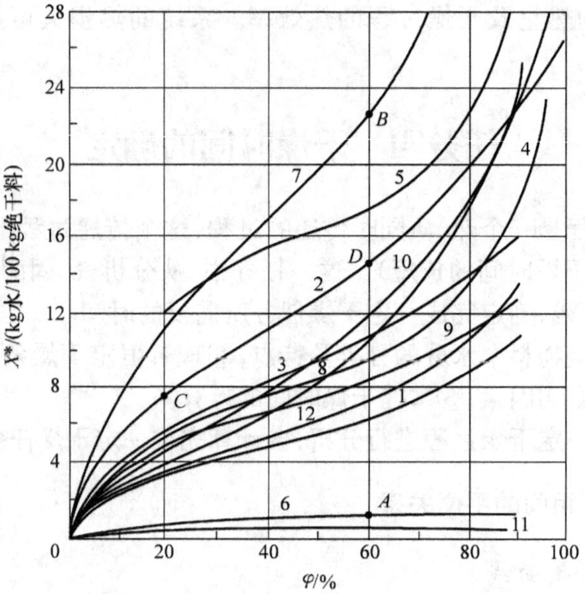

图 5-24 室温下某些物料的平衡曲线

—新闻纸;2—羊毛、毛织品;3—硝化纤维;4—天然丝;5—皮革;6—瓷土;
7—烟叶;8—肥皂;9—牛皮胶;10—木材;11—玻璃丝;12—棉毛

物料中的总水分 = 结合水分 + 非结合水分

非结合水分的汽化与纯水无异,因此在干燥过程中最先被除去的是非结合水分。

图 5-25 表示固体物料中所含水分的性质。如总水分 $X=0.3$ kg 水/kg 绝干料,当空气的相对湿度 $\varphi=50\%$ 时,平衡水分 $X^*=0.085$ kg 水/kg 绝干料,则

$$自由水分 = X - X^* = 0.30 - 0.085 = 0.215 \text{ kg 水/kg 绝干料}$$

φ-X 线(图 5-25 中的实线部分)一般由实验测定,根据非结合水分与结合水分的区别,可将平衡曲线延长(图中的虚线部分)与 $\varphi=100\%$ 的纵轴相交,交点 B 以上的水分为非结合水分,它是当空气达到饱和时可以除去的水分;B 点以下的水分为结合水分。如图所示,物料的结合水分为 0.24 kg/kg 绝干料,则

$$非结合水分 = X - 结合水分 = 0.30 - 0.24 = 0.06 \text{ kg 水/kg 绝干料}$$

二、恒定干燥条件下的干燥过程

(一)恒定干燥条件下的干燥曲线与干燥速率曲线

由于物料的干燥过程较为复杂,为简化其影响因素,测定物料干燥速率的实验是在恒定干燥条件下用大量空气干燥少量湿物料的情况下进行的。这种测定既可了解物料中所含水分的性质和数量以及干燥条件的影响,也为设计干燥器、计算干燥时间提供必要依据。

1)恒定干燥条件　恒定干燥条件是指干燥介质(空气)的温度、相对湿度、流过物料表面的速度、与物料的接触方式以及物料的尺寸或料层的厚度恒定。在此条件下考察湿物料在干燥过程中有关参数的变化。

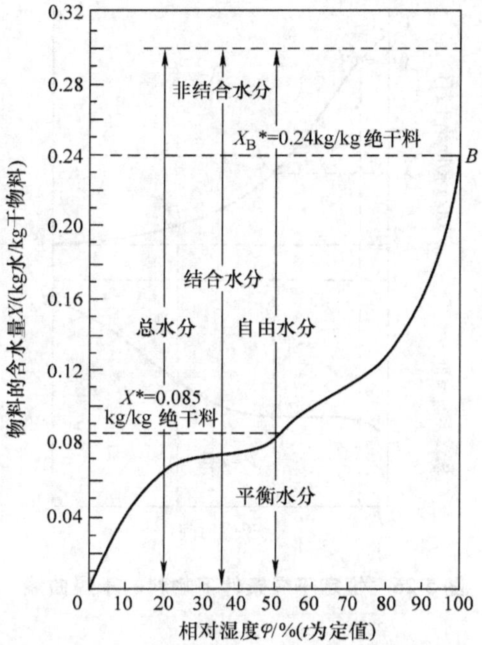

图 5-25　固体物料中所含水分的性质

2）干燥速率 u　干燥速率是指单位时间内在单位干燥面积上汽化的水分质量，用微分式表示为

$$u=\frac{dW}{Ad\tau} \tag{5-39}$$

式中　u——干燥速率，kg/(m^2·h)；

W——汽化的水分量，kg；

A——物料的干燥表面积，m^2；

τ——干燥所需时间，h。

而　　$dW=-G_C dX$

于是，式(5-39)可写为

$$u=\frac{-G_C dX}{Ad\tau} \tag{5-40}$$

式中　G_C——湿物料中绝干物料量，kg；

X——湿物料的干基含水量，kg 水/kg 绝干料。

式中负号表示物料含水量随干燥时间的增加而减少。

3）干燥曲线与干燥速率曲线　在上述恒定干燥条件下，测定物料的干基含水量 X 和物料表面温度 t' 随干燥时间 τ 的变化关系并绘成曲线，称为干燥曲线。图 5-26 定性地表示湿物料在恒定干燥条件下的比较典型的 X-τ、t'-τ 曲线关系。

图 5-27 是由图 5-26 的 X-τ 曲线转化而来的干燥速率曲线（u-X 曲线）。

由这两个图可得出以下结论。

(1)湿物料的初始状态点为 A，在干燥开始的短时间内，若物料温度低于热空气温度，则物

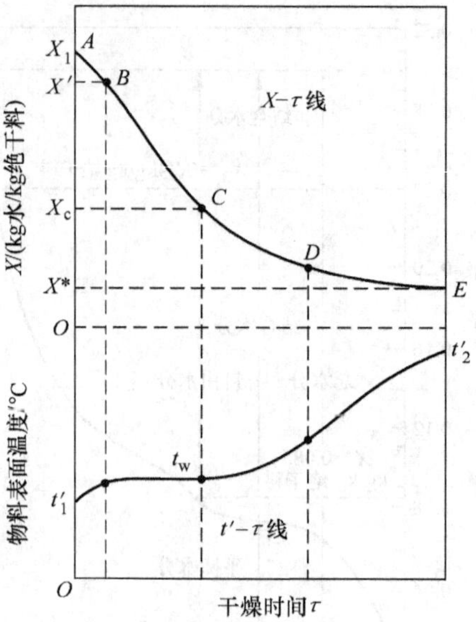

图 5-26 恒定干燥条件下物料的干燥曲线

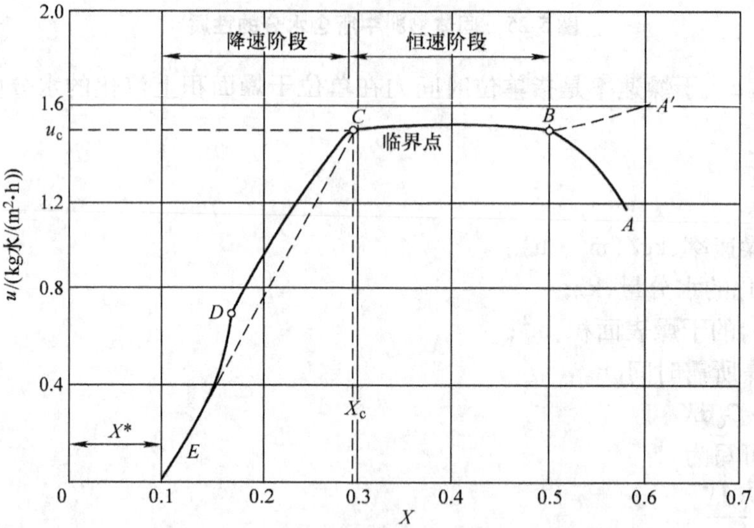

图 5-27 恒定干燥条件下的干燥速率曲线

料从热空气中由于温差接受的热量主要用于物料的预热，物料的表面温度逐渐升高，从而传热速率降低，传质速率（即干燥速率）升高，含水量 X 有所降低，即图中的 AB 段，称为预热阶段。

（2）自 B 点起，传热速率与传质速率达到动态平衡，物料的表面温度趋于恒定，空气传给物料的热量均用于水分的汽化，如同湿球温度计上的湿纱布一样，其表面温度即为该空气的湿球温度，即图中的 BC 段。此阶段中空气与物料表面的温差一定，故传热速率恒定；相应地物料表面的饱和湿度与空气的湿度差也为恒定值，即传质速率也恒定，故 X-τ 曲线中的 BC 段斜率不变，u-X 线中的 BC 段为一水平线。在此阶段中，干燥速率不随 X 减小而变，因此 BC 段为恒速干燥阶段。

(3) C 点以后，X-τ 线的斜率不断变小，即含水量的减少越来越慢，与此同时，t'-τ 曲线的斜率逐渐增大，物料表面温度逐渐升高，在 u-X 线上表现为随 X 降低干燥速率 u 也不断减小；当物料的含水量达到该空气条件下的平衡水分 X^* 时，干燥速率 u 为零。此阶段由图中的 CDE 曲线所表示，称为降速干燥阶段。

(二)恒速干燥阶段与降速干燥阶段

由上述实验曲线可知，在恒定干燥条件下，干燥过程主要包括两个阶段：恒速干燥阶段(由于物料的预热阶段时间很短，常并入恒速干燥阶段)和降速干燥阶段。

1)恒速干燥阶段　此阶段中物料表面充满着非结合水分，这是由于物料内部水分向表面扩散的速率大于表面水分的汽化速率，使物料表面始终被非结合水分充分湿润，物料表面的温度近似等于热空气的湿球温度，汽化的水分全部为非结合水分。因此，恒速干燥阶段的干燥速率只取决于物料表面水分的汽化速率，即取决于物料外部的干燥条件，与物料的性质和含水量多少无关，因而恒速干燥阶段又称为表面汽化控制阶段。

2)降速干燥阶段　当物料的含水量降至 C 点(对应的含水量为 X_c)之后，便转入降速干燥阶段，故 C 点是一个临界点，X_c 称为临界水分或临界含水量。此时水分自物料内部向表面扩散的速率开始低于物料表面水分的汽化速率，物料表面逐渐出现“干区”，结合水分开始发生汽化，物料的温度也随之上升，随着物料内部含水量的不断减少，水分向表面扩散的速率也不断降低，于是汽化表面逐渐向物料内部移动，干燥速率也就愈来愈低。在此阶段中，干燥速率的大小取决于物料本身的结构、形状和尺寸，而与外部的干燥介质条件关系不大，所以降速干燥阶段又称为物料内部扩散控制阶段，此阶段除去的水分为剩余的非结合水分和一部分结合水分。

降速干燥阶段的干燥曲线的形状随物料结构与水分形态不同而异，一般通过实验测得，如图 5-27 所示降速干燥阶段的干燥曲线又分为第一干燥阶段 CD 和第二降速阶段 DE，后者比前者随 X 减小降速更快。但也有物料只有一种降速阶段。

3)临界水分 X_c　前述干燥过程的两个阶段是以物料的临界水分 X_c 来区分的，X_c 值愈大，干燥过程将愈早地转入降速阶段，使在相同的干燥任务下所需的干燥时间愈长。

X_c 的值不仅与物料的性质、、堆积厚度有关，还与干燥介质条件(t、H、流速等)及干燥器类型有关。在一定的干燥条件下，物料层愈厚，物料内部水分的扩散阻力愈大，X_c 也愈高；干燥介质的温度或流速愈高，湿度愈低，则恒速阶段的干燥速率愈大，进入降速干燥阶段愈早，即 X_c 愈大，越有利于干燥。读者可试着从水分在物料内部扩散的速率与表面汽化速率的关系来理解这些现象。

三、恒定干燥条件下干燥时间的计算

在恒定干燥条件下，物料从干基含水量 X_1 干燥到 X_2 所需的时间 τ，可根据相同条件下的恒定干燥速率曲线和式(5-40)求取。

(一)恒速干燥阶段

恒速干燥阶段的干燥速率为常数，并等于临界水分 X_c 下的干燥速率 u_c，根据式(5-40)有

$$u_c = \frac{G_C dX}{A d\tau} \tag{5-40a}$$

将上式分离变量后积分：

$$\int_0^{\tau_1} d\tau = -\frac{G_C}{A u_c}\int_{X_1}^{X_c} dX$$

则

$$\tau_1 = \frac{G_C}{A u_c}(X_1 - X_c) \tag{5-41}$$

（二）降速干燥阶段

降速干燥阶段的干燥速率 u 随物料中的瞬时自由水分量$(X-X^*)$而变化，故 u 可表示为$(X-X^*)$的函数$f(X-X^*)$，即有

$$u = -\frac{G_C dX}{A d\tau} = f(X-X^*)$$

若要求物料的最终含水量为 X_2，则降速干燥阶段的干燥时间为

$$\tau_2 = -\frac{G_C}{A}\int_{X_c}^{X_2}\frac{dX}{f(X-X^*)} = \frac{G_C}{A}\int_{X_2-X^*}^{X_c-X^*}\frac{d(X-X^*)}{f(X-X^*)} \tag{5-42}$$

如果已获得实验干燥速率曲线，则$f(X-X^*)$、X_c、X^*均为已知，可用图解积分法求取式(5-42)中的积分值，如图 5-28 所示，纵坐标为$\frac{1}{f(X-X^*)}$，横坐标为$(X-X^*)$，其积分限为(X_2-X^*)至(X_c-X^*)。

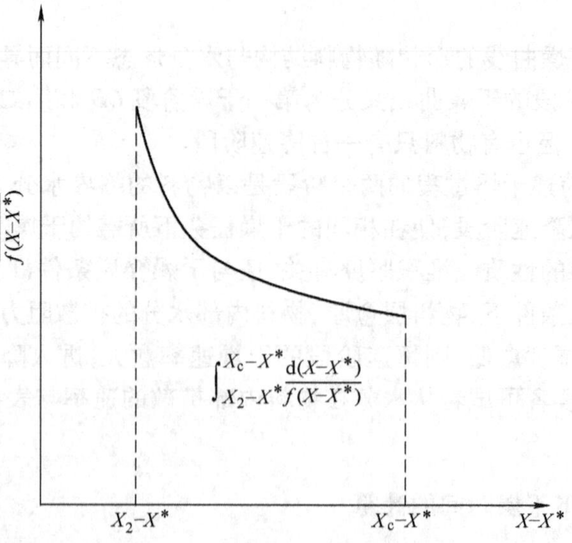

图 5-28 图解积分法求 τ_2

当缺乏物料在降速阶段的干燥速率实验曲线时，可用近似计算处理，即假设在降速阶段中 u 与物料中的自由水分含量$(X-X^*)$成正比，相当于图 5-27 中用 C 点(X_c)与 E 点(X^*)的连线 CE 代替 CDE 曲线，则可得

$$u = -\frac{G_C}{A}\cdot\frac{dX}{d\tau} = K(X - X^*) \tag{5-43}$$

式中　K——比例系数，$kg/(m^2 \cdot h \cdot \Delta X)$，即 CE 线的斜率。

上式分离变量得

$$\int_0^{\tau_2} d\tau = -\frac{G_C}{KA}\int_{X_c}^{X_2}\frac{dX}{X - X^*} = -\frac{G_C}{KA}\int_{X_c - X^*}^{X_2 - X^*}\frac{d(X - X^*)}{X - X^*}$$

积分可得

$$\tau_2 = \frac{G_C}{KA}\ln\frac{X_c - X^*}{X_2 - X^*} \tag{5-44}$$

干燥物料所需的时间为

$$\tau = \tau_1 + \tau_2 \tag{5-45}$$

例 5-12　恒定干燥条件下的间歇式干燥器，已得物料的干燥速率曲线如图 5 − 27 所示。若将该物料由湿基含水量27%干燥到10%，湿物料的处理量为200 kg，其干燥表面积为0.025 m^2/kg 绝干料。试确定该物料干燥所需时间。

解　绝干物料量由式(5-26)得

$$G_C = G_1(1 - w_1) = 200 \times (1 - 0.27) = 146\ \text{kg}$$

干燥总表面积为

$$A = 146 \times 0.025 = 3.65\ \text{m}^2$$

物料的干基含水量为

$$X_1 = \frac{w_1}{1 - w_1} = \frac{0.27}{1 - 0.27} = 0.370\ \text{kg 水/kg 绝干料}$$

$$X_2 = \frac{w_2}{1 - w_2} = \frac{0.1}{1 - 0.1} = 0.111\ \text{kg 水/kg 绝干料}$$

由图 5-25 查得该物料的临界含水量 $X_c = 0.29$ kg 水/kg 绝干料，平衡含水量 $X^* = 0.1$ kg 水/kg 绝干料。

由于 $X_2 < X_c < X_1$，所以此干燥过程包括恒速干燥与降速干燥两个阶段

(1)恒速干燥阶段：除去的水分量为$(X_1 - X_c)$。由图 5-27 查得 $u_c = 1.5\ kg/(m^2 \cdot h)$，于是由式(5-41)得

$$\tau_1 = \frac{G_C}{Au_c}(X_1 - X_c) = \frac{146}{3.65 \times 1.5} \times (0.370 - 0.29) = 2.13\ \text{h}$$

(2)降速干燥阶段：除去的水分量为$(X_c - X_2)$。若用近似计算法，则 CE 线的斜率为

$$K = \frac{u_c}{X_c - X^*} = \frac{1.5}{0.29 - 0.1} = 7.89$$

于是，由式(5-44)得

$$\tau_2 = \frac{G_C}{KA}\ln\frac{X_c - X^*}{X_2 - X^*} = \frac{146}{7.89 \times 3.65}\ln\frac{0.29 - 0.1}{0.111 - 0.1} = 14.44\ \text{h}$$

因此，每批物料所需干燥时间(即物料在干燥器内需停留的时间)为

$$\tau = \tau_1 + \tau_2 = 2.13 + 14.44 = 16.57\ \text{h}$$

由此可见，要干燥等量的水分降速阶段所需的干燥时间远比恒速阶段长，而且物料的含水

量愈接近平衡水分,干燥速率愈低。

在实际干燥器中空气的状态是在不断变化的,不可能保持恒定的干燥条件,这时往往需要将物料衡算、热量衡算与传热速率方程和传质速率方程联立求解,以确定干燥所需时间,但由于在不同条件下传热系数与传质系数没有统一的计算式,因此到目前为止不同形式的干燥器设计时,仍采用经验或半经验方法。

自 测 题

一、填空题

1. 在一定空气状态下干燥某物料,能用干燥方法除去的水分为__________;首先除去的水分为__________;不能用干燥方法除去的水分为__________。

2. 在恒速干燥阶段,干燥速率____________,物料表面始终保持被润湿,物料表面的温度等于_______________,而在干燥的降速阶段物料的温度_______________。

3. 由干燥速率曲线可知恒速干燥阶段所除去的水分是__________,降速干燥阶段除去的水分是_____________。

4. 干燥速率曲线一般分为__________、__________和__________三个阶段。

二、判断题

1. 同一种物料在一定的干燥速率下,物料愈厚,则其临界含水量愈高。(　　)

2. 恒速干燥阶段,湿物料表面的湿度也维持不变。(　　)

3. 同一物料,如恒速阶段的干燥速率加快,则该物料的临界含水量将增大。(　　)

4. 对流干燥中湿物料的平衡水分与湿空气的性质有关。(　　)

三、选择题

1. 当 $\varphi < 100\%$ 时,物料的平衡水分一定是(　　)。

A. 非结合水分　　B. 自由水分　　C. 结合水分　　D. 临界水分

2. 用对流干燥方法干燥湿物料时,不能除去的水分为(　　)。

A. 平衡水分　　B. 自由水分　　C. 非结合水分　　D. 结合水分

3. 影响干燥速率的主要因素除了湿物料、干燥设备外,还有一个重要因素是(　　)。

A. 绝干物料　　B. 平衡水分　　C. 干燥介质　　D. 湿球温度

4. 利用空气做介质干燥热敏性物料,且干燥处于降速阶段,欲缩短干燥时间,则可采取的最有效措施是(　　)。

A. 提高介质温度　　B. 增大干燥面积,减薄物料厚度

C. 降低介质相对湿度　　D. 提高介质流速

5. 某物料在干燥过程中达到临界含水量后的干燥时间过长,为提高干燥速率,下列措施中最为有效的是(　　)。

A. 提高气速　　B. 提高气温　　C. 提高物料温度　　D. 减小颗粒的粒度

6. 将水喷洒于空气中而使空气减湿,应该使水温(　　)。

A. 等于湿球温度　　B. 低于湿球温度　　C. 高于露点　　D. 低于露点

7. 在一定空气状态下,用对流干燥方法干燥湿物料时能除去的水分为(　　)。

A. 结合水分　　B. 非结合水分　　C. 平衡水分　　D. 自由水分

四、简答题

两吸湿性物料 A 和 B 具有相同的干燥面积。若在相同的恒定干燥条件下进行干燥，它们在恒速干燥阶段的干燥速率 u_A 和 u_B 是否相等？为什么？

五、计算题

某湿物料质量为 20 kg，均匀地铺在底面积为 0.5 m^2 的浅盘内，在恒定干燥条件下进行干燥。物料的初始含水量为 15%，平衡水分为 1%，临界水分为 6%（以上均为湿基）。恒速干燥阶段的干燥速率为 0.4 kg/(m^2 · h)，假定降速干燥阶段的干燥速率与自由含水量（干基）之间呈线性关系，若将物料干燥至 2%（湿基），所需干燥时间为多少？[答：15 h]

阅读材料——干燥工国家职业技能鉴定标准

一、鉴定要求

1. 适用对象

适用于化工生产中操作专用干燥设备的操作人员。

2. 申报要求

(1) 文化程度：高中毕业。

(2) 现有技术等级证书级别：中级工技术等级证书，持证四年。

(3) 身体状况：健康。

(4) 本工种工作年限：六年。技工学校和职业高中本专业毕业生申报高级工为三年。

3. 考生与考评员比例

(1) 知识：15∶1。

(2) 技能：1∶3。

4. 鉴定方式和时间

(1) 知识：闭卷、笔试，限时 90 min。满分 100 分，60 分及格。

(2) 技能：进行逐人抽题口试、笔试或模拟操作，根据考试要求确定时间。满分 100 分，60 分及格。

二、鉴定内容

1. 知识要求

项目	鉴定范围	鉴定内容	鉴定比重/%
基本知识	1. 基础知识	(1)具有本工种有关高中、高中以上物理、化学知识,如: ①电子技术、放射性同位素的初步知识; ②液体的汽化理论; ③电化学基础理论; ④相平衡、溶度积、缓冲溶液的基本理论; ⑤影响化学反应速率的因素及催化理论; ⑥烃类化合物、络合物的基本结构和性质。 (2)具有本工种有关的化工基础知识,如: ①雷诺数、流体阻力的基本理论与计算; ②强化传热的途径与热绝缘的方法; ③利用湿度图进行工艺参数的计算; ④热损失的分析与计算; ⑤干燥器选型的依据; ⑥干燥过程的能量衡算	11
	2. 安全防护知识	①本产品生产中的原料、成品的危害性、爆炸性、毒害性的控制、预防方法; ②与本产品生产相关的防火、防爆、防静电设施的性能及使用知识	5
专业知识	1. 工艺技术知识	①工业常用干燥装置的设备结构、工艺流程及相互区别,本工种选用的技术装置的优缺点; ②干燥装置、被干燥物料等条件的变化对于干燥速率、干燥时间的影响; ③本产品生产工艺规程中,主要技术指标制定的依据; ④蒸气压力、过热度等技术参数,电网供电波动等因素对干燥作业的影响	40
	2. 设备装置知识	①本工种设备缺陷的定性分析判断,一般零部件的检修常识,如传动带、传动链的更换,管件、阀门的更换等; ②各类干燥器的构造、设备能力、适应范围、防腐、保温设施以及防腐、保温的新材料、新技术应用状况; ③本工种设备的检修内容及设备验收、投产标准	20
	3. 分析检验知识	①干燥物料、干燥成品各分析项目的分析方法; ②容量分析常用的基本方法、络合滴定法及仪器分析的初步知识	6
	4. 电器、仪表、计量器具知识	①工业常用干燥装置仪表连锁、自控的一般原理和使用方法; ②干燥装置及辅助设备的电器回路及保护设施; ③本工种使用的电器、仪表、计量器具选用的原则和技术要求	6
相关知识	1.“三废”处理知识	①本产品生产中“三废”排放的种类、数量、性质、排放标准; ②本工种所采用的环保设施的机理及使用方法,降低“三废”排放的途径	6
	2. 管理知识	①全面质量管理及现代化管理常用方法的内容; ②专业管理的基本内容和要求,如生产管理、设备管理、安全管理等	6

2. 技能要求

项目	鉴定范围	鉴定内容	鉴定比重/%
操作技能	1. 工艺操作能力	①正确地进行干燥生产全过程的开、停车和正常操作； ②掌握干燥工种被测参数的技术条件与制定依据，正确判断干燥生产过程中的一切变化情况，及时调节操作并与有关工种、岗位协调，控制技术操作指标达到先进水平和经济合理	30
	2. 应变和事故处理能力	①正确处理干燥生产过程中的各种异常现象和事故，如突然大减量、压力超、突然停电、停油或停气等； ②对干燥工种同类型装置或新增设备验收试车和开工生产操作； ③严格执行安全技术规程和安全卫生制度，对干燥生产过程进行全面安全检查，保持安全防护装置正常完备； ④严格执行产品生产工艺规程，正确分析、判断各类事故原因，提出预防和整改方案，消除隐患	30
工具设备的使用和维护	设备及仪表使用维护能力	①正确使用和维护保养干燥工种的设备、电器、仪表、计量器具； ②开工时，按操作规程要求进行单体吹扫、试压、查漏，经检查合格投料开车，需要预热和加热的设备必须掌握正确的升温速度； ③掌握本工种所用各类电气、仪表使用知识，能正确判断电气、仪表指示正确与否； ④提出本工种设备的大、中修及清扫项目，并能在检修后进行验收试车和开车操作	20
其他能力	1. 工艺计算能力	进行干燥装置的物料、能量计算，湿度与干燥效率等工艺技术参数的计算，并对生产数据进行统计分析	8
	2. 识图制图能力	①看懂产品生产工艺流程图、干燥工种静止设备装配图； ②绘制干燥系统带控制点工艺流程示意图，绘制干燥器(炉)等主要设备简图和一般零部件草图	6
	3. 管理能力	①对干燥过程运用全面质量管理手段进行各项管理工作，并能提出课题，攻关，提高生产水平； ②开展班组经济活动，以产品消耗定额为基础，分析保证产品质量、降低消耗定额的措施	3
	4. 语言文字领会与表达能力	①识阅和理解有关的技术资料及管理文件，并能写出技术报告和通报有关情况； ②具备培训初、中级工应知、应会的能力	3

说明：本标准为中华人民共和国劳动和社会保障部颁发的“国家职业技能鉴定规范(化工行业特有工种考核大纲)”干燥工(高级)技能鉴定标准。

主要符号说明

英文字母

A——传热面积(干燥面积)，m^2

c_H——湿空气的平均定压比热容，kJ/(kg 绝干空气·℃)

c_v——水汽的平均定压比热容,kJ/(kg·℃)
c_g——绝干空气的平均定压比热容,kJ/(kg 绝干气·℃)
c_w——液态水的平均定压比热容,kJ/(kg·℃)
D——预热器中饱和水蒸气用量,kg /h
H——湿度(湿空气中水汽含量),kg 水/kg 绝干空气
H_w——湿空气在温度 t_w 下的饱和湿度,kg 水/kg 绝干气
H_{as}——湿空气在温度 t_{as} 下的饱和湿度,kg 水/kg 绝干气
I——湿空气的焓,kJ/kg 绝干气
I_g——绝干空气的焓,kJ/kg 绝干气
I_v——水蒸气的焓,kJ/kg 水汽
k_H——以湿度差为推动力的对流传质系数,kg/(m^2·s·ΔH)
K——比例系数(降速阶段干燥速率曲线的斜率),kg/(m^2·h·ΔX)
L——绝干空气流量,kg 绝干气/h
l——单位空气消耗量,kg 绝干气/kg 水
p_w——湿空气中水汽的分压,Pa
p_g——湿空气中绝干空气的分压,Pa
Q_D——干燥器补充热量,kW
Q_L——干燥系统损失的热量,kW
Q_p——预热器的供热量,kW
Q_1——用于蒸发水分所需的热量,kW
r_0——0 ℃时水的比汽化焓,2 492 kJ/kg
r_{as}——水在 t_{as} 下的比汽化焓,kJ/kg
r_w——水在 t_w 下的比汽化焓,kJ/kg
t_{as}——湿空气的绝热饱和温度,℃
t_d——湿空气的露点,℃
t_w——湿空气的湿球温度,℃
u——干燥速率,kg/(m^2·s)
u_c——恒速阶段的干燥速率,kg/(m^2·s)
v_H——湿空气的比容,m^3/kg 绝干空气
v_w——水汽的比容,m^3/kg
W——干燥过程中物料蒸发的水分量,kg/h;水分的传质速率,kg/(m^2·s)
w——物料的湿基含水量,以质量分数或质量百分数表示
X——物料的干基含水量,kg 水/kg 绝干料
X_c——临界含水量(或临界水分),kg 水/kg 绝干料
X^*——物料的平均含水量(或平衡水分),kg 水/kg 绝干料

希腊字母

φ——空气的相对湿度,%
η——干燥过程的热效率,%

下标

C——绝干物料

g——绝干空气

s——饱和状态

项目六　蒸馏技术

项目介绍

日常生活中常见的白酒，大多是以高粱、大米等谷物为原料，经过发酵、蒸馏等工序加工而成的。酒的主要成分是乙醇，其余是水。发酵制酒时得到的液体产物中乙醇的质量分数只有10%左右，而通常人们爱喝的白酒中乙醇的质量分数在60%左右。用微生物发酵的方法还可以得到丙酮、丁醇等一系列物质，但它们的浓度都不高，达不到通常的使用要求。在化工生产中也存在许多同样的问题，或者是产品的浓度不够需要增浓，或者是产物由好几种物质组成，而人们需要的只是其中的一种或几种物质。于是，怎样提高液体混合物中某种物质的浓度及怎样从液体混合物中分离出某一种物质等问题就摆在了我们的面前。经过长期的生产实践，人们发现用蒸馏的方法可以解决这些问题。

现在，蒸馏已经是化学工程领域极为重要的单元操作之一，也是应用最早和最广的化工分离过程之一，广泛地应用于化工、石油、医药、食品、环保等领域，在国民经济中占有重要地位。目前，随着化学工业的迅猛发展，蒸馏技术理论及设备都有了很大的发展，是化工类学生必须掌握的单元操作之一。

* * * *　　　　* * * *　　　　* * * *

任务一　认识蒸馏、精馏过程

任务分析：蒸馏是化工生产过程中重要的分离液相混合物的单元操作，蒸馏操作可以提高混合物中某一组分的浓度，那么这一过程在生产中是如何实现的呢？首先一起了解一下蒸馏、精馏过程。

任务目标：①了解精馏操作的分类及工艺流程；②理解平衡蒸馏、简单蒸馏、精馏的特点。

技能目标：①能识别各种蒸馏流程；②能说明精馏操作的工艺流程。

一、工业生产中的简单蒸馏装置

(一)简单蒸馏装置

动画6-1所示为常用的简单蒸馏装置，类似于在实验室中用三口烧瓶和玻璃冷凝管组成的蒸馏装置(见图6-1)。操作时将原料液一次性加入蒸馏釜1中，在一定压强下通过加热使之沸腾汽化，产生的蒸气引入冷凝器2中，冷凝后的馏出液分别装入不同的容器3中。由于在蒸馏过程中不断地将蒸气移走，使釜内液体易挥发组分的浓度不断地下降，因此，所得的馏出液易挥发组分的浓度也在不断下降，将馏出液分段收集，分别装入容器中，即得到不同组成的塔顶产品。当蒸馏釜内残液的组成降到规定值时，停止操作，釜液一次性排出。简单蒸馏是一种间歇、单级的蒸馏操作。

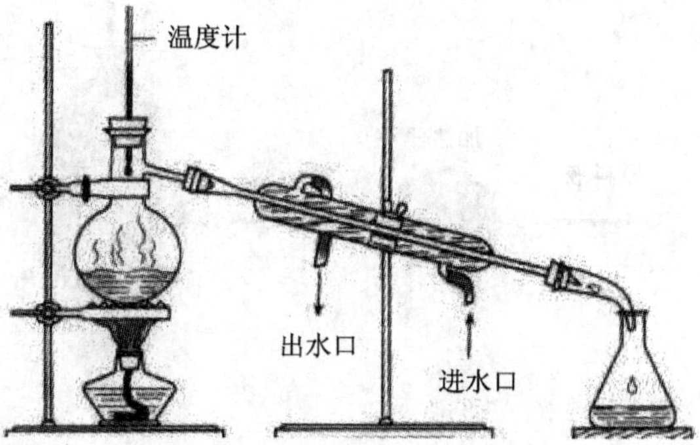

图 6-1　实验室蒸馏装置

动画6-1　简单蒸馏装置

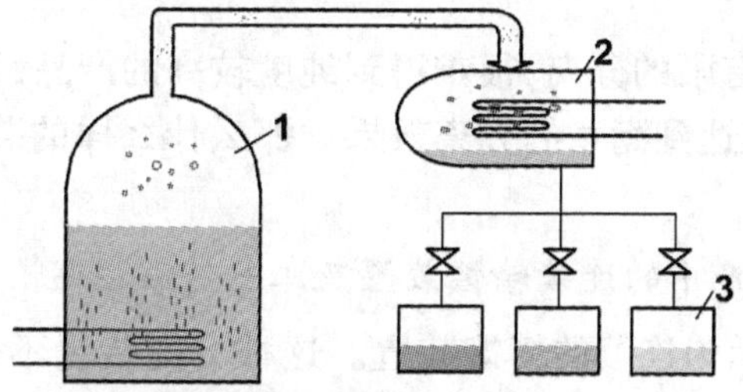

动画 6-1　简单蒸馏装置

1—蒸馏釜;2—冷凝器;3—容器

?请思考 1:为什么简单蒸馏装置采用了三个容器贮存产品?

?请思考 2:若将简单蒸馏一直进行下去,最后蒸馏釜内的残余液量是多少?得到的气相组成是怎样的?

?请思考 3:在简单蒸馏过程中,蒸馏釜 1 中的温度是否变化?

(二)平衡蒸馏装置

平衡蒸馏(又称闪蒸)装置如动画 6-2 所示。平衡蒸馏为连续、单级蒸馏操作。操作时原料液经加压后连续加入加热器中,加热至指定温度后经减压阀急剧减压至规定的压强进入分离器(又称闪蒸器)中。由于压强突然降低,在分离器内,过热液体部分汽化并引出,其中易挥发组分含量较高,称作气相产品;另一部分未汽化的液体易挥发组分含量较低,由分离器底部抽出,称作液相产品。

?请思考:在平衡蒸馏过程中,分离器中的温度是否变化?顶部产品及底部产品的组成是否变化?

二、工业生产中的精馏装置及工艺流程描述

简单蒸馏是一个间歇操作过程,随着蒸馏的进行产品浓度不断降低,不能实现较为完全的分离。平衡蒸馏是一个连续操作过程,物料在分离器中迅速汽化分离,分离器顶部、底部得到的产品(量、组成)相对稳定,但产品的浓度不可能很高。可见简单蒸馏和平衡蒸馏都只能使

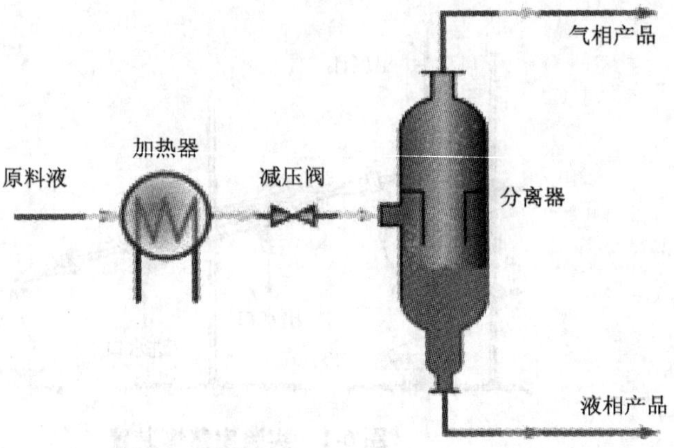

动画6-2 平衡蒸馏装置

动画 6-2 平衡蒸馏装置

液体混合物得到有限的分离，很难得到纯度较高的产品，且如果混合物中各组分的挥发能力相差不大，更是无法达到满意的分离效果。那么什么样的装置能使混合液分离且能得到高纯度的产品呢？

(一)工业生产中的连续精馏装置及工艺流程描述

动画 6-3 所示为连续的精馏装置。这种分离装置不仅能实现连续生产操作，而且能得到高纯度的产品。这种装置主要包括精馏塔（板式塔或填料塔）、再沸器（或称蒸馏釜）、冷凝器（换热器）等。

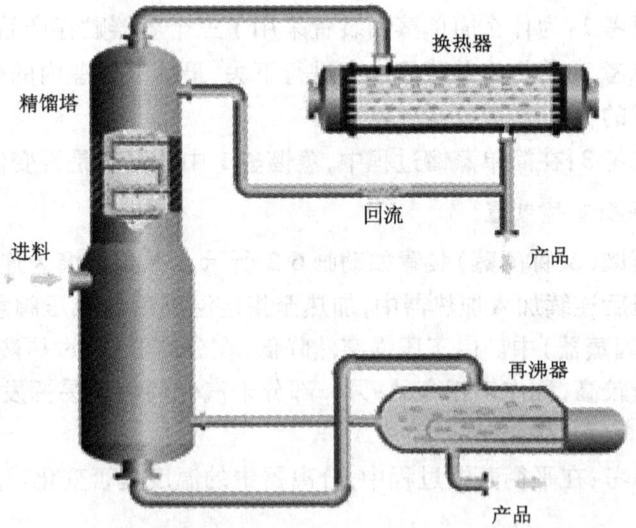

动画6-3 简单蒸馏装置

动画 6-3 连续精馏装置

以板式塔为例（见动画 6-4），原料液预热至指定的温度后从塔中段的适当位置加入精馏塔，与塔内的物流混合在一起。液体顺着层层塔板向下流动，最后流入塔底再沸器中，在再沸器内液体被加热至一定温度，部分汽化，另一部分液体作为塔底产品排出。汽化后的蒸气引回塔内作为塔底气相回流，蒸气逐板上升，在塔板上与液体接触进行充分的传质与传热。上升到塔顶的蒸气进入塔顶冷凝器中，经冷凝器全部冷凝为液体，部分冷凝液作为塔顶回流液体，其余部分经冷却后作为塔顶产品。

扫一扫

动画6-4 板式塔内流体的流动

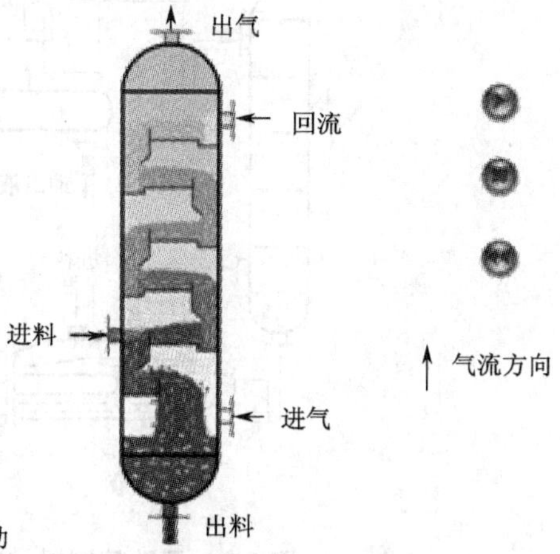

动画 6-4 板式塔内流体的流动

通常将原料加入的那层塔板称为加料板，加料口将塔分为上下两段。在加料板以上，上升蒸气中的难挥发组分向液相传递，而下降液体中的易挥发组分向气相传递。两相间传质使上升蒸气中的易挥发组分含量逐渐增加，到达塔顶时，蒸气将成为高纯度的易挥发组分，因此，塔的上半段完成了上升蒸气中易挥发组分的精制，称为精馏段。加料板以下（包括加料板）同样进行着下降液体中的易挥发组分向气相传递，上升蒸气中的难挥发组分向液相传递的过程。两相间传质的结果是在塔底获得高纯度的难挥发组分，因此，塔的下半段完成了下降液体中难挥发组分的提浓，称为提馏段，从塔釜排出的液体称为塔底产品或釜残液。一个完整的精馏塔应包括精馏段和提馏段，才能实现较高程度的分离。

连续精馏在整个操作过程中各个参数都是稳定不变的，适用于大规模生产。

（二）工业生产中的间歇精馏装置及工艺流程描述

图 6-2 所示为间歇精馏装置。这种分离装置也能得到相对高纯度的产品。其主要设备和连续精馏装置相同，不同之处是原料液在操作前一次性加入塔釜中，逐渐加热汽化，自塔顶引出的蒸气经冷凝后，一部分作为馏出液产品，另一部分作为回流液返回塔内。因而间歇精馏塔只有精馏段而没有提馏段，只能获得较纯的易挥发组分。此外，间歇精馏釜液组成不断变化，在塔底上升蒸气量和塔顶回流液量恒定的条件下，馏出液的组成逐渐降低。当釜液达到规定的组成后，精馏操作即被停止，并排出釜残液。可见，在间歇精馏操作过程中，馏出液、釜残液的浓度以及各层塔板上气液相的状态都在不断变化，属于不稳定操作。

间歇精馏通常采用不断加大回流比以保持馏出液组成恒定或回流比保持恒定、馏出液组成逐渐降低这两种操作方式。在实际生产中，往往采用联合操作方式，即一阶段采用恒馏出液组成的操作，另一阶段采用恒回流比的操作。

工业上多采用连续精馏操作，但在某些场合却宜采用间歇精馏操作。比如某些化学反应是分批进行的，其反应产物的分离可采用间歇精馏；若待分离的混合液量不多，或浓度经常变

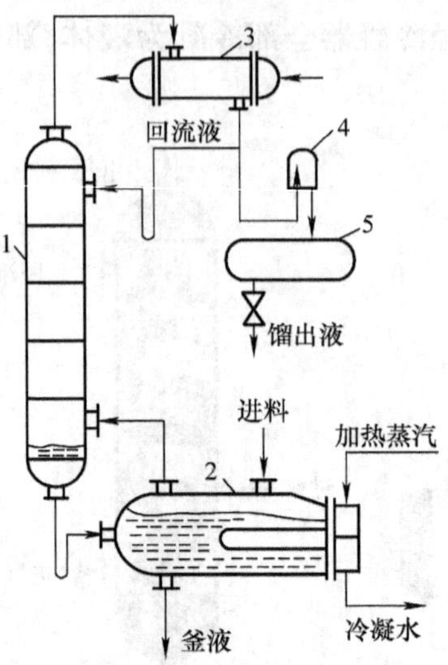

图 6-2 间歇精馏操作流程

1—精馏塔;2—再沸器;3—冷凝器;4—观察罩;5—贮槽

动,也可采用间歇精馏;在实验室或科研室中,采用间歇精馏更灵活、方便。但由于间歇精馏设备利用率不高,开、停车频繁,操作不方便,难于得到高纯度产品,一般只在不适合采用连续精馏的情况下才考虑间歇精馏。

请思考:上述几种蒸馏装置,设备及流程哪些是相同的?哪些是不相同的?

三、工业生产中蒸馏操作的分类

工业蒸馏过程的应用非常广泛,除了上述几种常见的蒸馏操作外,还可以按以下方法将其分类。

(一)按操作方式分类

按操作方式蒸馏可分为间歇蒸馏和连续蒸馏。

间歇蒸馏过程操作设备简单,处理量小,生产不连续,主要应用于小规模、多品种或某些有特殊要求的场合;连续蒸馏过程处理量大,质量稳定,便于自动化控制,工业中以连续蒸馏为主。

(二)按被分离混合物中组分的数目分类

按被分离混合物中组分的数目蒸馏可分为双组分(二元)蒸馏和多组分蒸馏。

在工业生产中,绝大多数为多组分蒸馏,但双组分蒸馏的原理及计算原则同样适用于多组分蒸馏,只是处理多组分蒸馏过程更为复杂,因此常以双组分蒸馏为基础。

(三)按操作压强分类

按操作压强蒸馏可分为常压、加压和减压蒸馏。

在大气压(常压)下操作的蒸馏过程称为常压蒸馏。若被分离混合液在常压下各组分的挥发能力差异较大,可用冷却水进行气相的冷凝或冷却,可用水蒸气加热进行液相的汽化,应采用常压操作。

在塔顶压强高于大气压下操作的蒸馏过程称为加压蒸馏。在常压下为气态(如空气、石油气)或在常压下泡点为室温的混合物常采用加压蒸馏;在常压下虽是混合液体,但沸点较低(一般低于30 ℃),蒸气难以用一般的冷凝水冷却下来,需用冷冻盐水或其他较昂贵的制冷剂,也可采用加压蒸馏。

在低于1 atm下操作的蒸馏过程称为减压蒸馏,真空度高的减压蒸馏(塔顶绝对压强小于40 kPa)也称真空蒸馏。对于在常压下泡点较高或热敏性的混合物(在高温下易发生氧化、分解和聚合等变质现象)宜采用减压蒸馏,以降低操作温度。

(四)按蒸馏方式及分离程度分类

按蒸馏方式及分离程度蒸馏可分为简单蒸馏、平衡蒸馏和精馏。

当分离程度要求不高或较易分离时,可采用简单蒸馏或平衡蒸馏;当分离程度要求较高时,可采用精馏。

在化工生产中,常常遇到要分离的各组分之间挥发度差别很小,用普通的精馏方法难以分离的情况,这时通常采用特殊精馏。向混合物中加入恒沸剂,使之与混合物中的某一组分形成共沸物而被蒸出的特殊精馏称为恒沸精馏;向混合物中加入萃取剂,使混合物中某一组分的沸点升高,从而被分离的特殊精馏称为萃取精馏。

若精馏时混合液的组分间发生化学反应,称为反应精馏,这是将化学反应与分离操作耦合的新型操作过程。

对于含有高沸点杂质的混合液,若它与水不互溶,可采用水蒸气蒸馏,从而降低操作温度。对于热敏性混合液,可采用在高真空下操作的分子蒸馏。

以上从不同的角度对精馏操作进行了说明,在生产中主要根据物料的性质,原料的组成,对产品纯度的要求,设备、能源的来源等具体情况,因地制宜地选择合理的操作条件。

自 测 题

一、填空题

1. 工业上的精馏装置由________塔、________器、________器等构成。

2. 一般将精馏塔分为两段,加料板以上称为________段,加料板以下称为________段,加料板属于________段。

二、判断题

1. 对热敏性混合液进行精馏必须采用加压分离。( )

2. 间歇蒸馏塔塔顶馏出液中的轻组分浓度随着操作的进行逐渐增大。( )

3. 回流是精馏稳定、连续进行的必要条件。( )

三、选择题

1. 在精馏塔中每一块塔板上( )。

A. 只进行传质过程　　B. 只进行传热过程

C. 同时进行传质、传热过程　　D. 无传质、传热过程

2. 组分较重、沸点较高的物料采用( )分离。

A. 常压蒸馏　　B. 减压蒸馏　　C. 加压蒸馏　　D. 间歇蒸馏

3. ( )是保证精馏过程连续、稳定操作的必不可少的条件之一。

A. 液相回流　　B. 进料　　C. 侧线抽出　　D. 产品提纯

4. (　　)的作用是提供一定量的上升蒸气流。

A. 冷凝器　　B. 蒸发器　　C. 再沸器　　D. 换热器

5. 按操作流程可将蒸馏操作分为间歇蒸馏和(　　)。

A. 简单蒸馏　　B. 平衡蒸馏　　C. 连续蒸馏　　D. 特殊蒸馏

6. 多数板式塔内气液两相的流动,从总体上看是(　　)流,而在塔板上为(　　)流。

A. 逆,错　　B. 逆,并　　C. 错,逆　　D. 并,逆

四、简答题

精馏塔的精馏段和提馏段在精馏操作中各起什么作用?

任务二　认识板式精馏塔

任务分析:由上述内容可知,塔设备是工业上实现某些混合溶液高纯度分离的设备,其作用是提供气液两相充分接触的场所,什么样的结构才能提供良好的气液接触界面,以实现组分的高纯度分离?在这一任务中将通过参观实训室来认识精馏塔设备的结构。

任务目标:理解板式塔的主要类型与结构特点,板式塔塔板上的气液两相接触状况。

技能目标:①能识别各类塔设备;②能说明塔设备内部构件的名称与作用。

在塔设备内,液相靠重力作用自上而下流动,气相则靠压差作用自下而上与液相逆流流动,两相之间要有良好的接触界面,这种界面由塔内装填的塔板或填料提供,装填塔板的塔称为板式塔,装填填料的塔称为填料塔。板式塔内沿塔高装有若干层塔板,相邻的两板有一定的间隔,气液两相在塔板上接触,进行传热和传质,属于逐级接触式塔设备。填料塔内装有填料,气液两相在被润湿的填料表面进行传热和传质,属于连续接触式塔设备。通常将用于精馏操作的塔设备称为精馏塔,精馏塔可以是板式塔也可以是填料塔。在精馏技术中重点介绍板式塔,填料塔将在吸收技术中介绍。

一、板式精馏塔的结构

板式塔早在1813年就应用于工业生产,其结构如动画6-5所示,主要构件如下。

塔体:塔体是塔设备的外壳。常见的塔体由等直径、等壁厚的钢制圆筒和上、下椭圆形封头组成。

塔体支座:塔体支座是塔体安放到基础上的连接部件,它必须保证塔体在确定的位置上正常工作。生产中最常用的塔体支座是裙式支座,简称裙座。

塔内部件:板式塔内部件主要有塔盘(塔板、降液管、溢流堰、受液盘、堪盘支撑件、紧固件)及除沫装置等。

接管:接管是用以连接工艺管线,把塔设备与相关设备连成系统的管件。

塔附件:塔附件主要包括人孔或手孔、吊柱、平台、扶梯等,以方便安装和检修。

塔盘是板式塔中气液充分接触的场所,由气液接触元件、塔板、降液管、溢流堰、受液盘、塔盘支撑件和紧固件组成。塔板:逐级接触式,气液传质在板上的液层空间内进行,两相的组成沿塔高呈阶梯式变化,在正常操作下,液相为连续相,气相为分散相。降液管:作为液体从上层塔板流至下层塔板的通道。溢流堰:维持塔板上一定高度的液层,以保证在塔板上气液两相有

动画6-5　板式塔结构

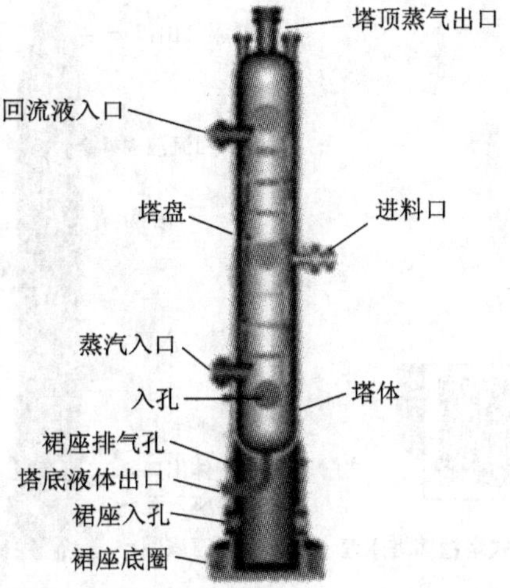

动画 6-5　板式塔的结构

足够的接触面积。受液盘:接受上一层塔板下流液体的部位。

塔体上设置了各种接管,按用途可分为进料管、回流管、进气管、出气管、出料管等。

塔顶空间:塔顶第一块塔板到塔顶切线的距离。

塔底空间:塔底最后一块塔板到塔底切线的距离。

下面简单介绍一下板式塔的主要构件。

(一)塔盘

塔盘是板式塔中气液充分接触的场所。塔盘有错流、逆流两种,如动画 6-7 所示。逆流塔盘上无降液管装置,气液两相同时通过孔道逆流,处理量大,压降小,但效率低,操作弹性较差。错流塔盘设有降液管,液体横向流过塔板,气体经过塔板上的孔道上升,在塔板上气液两相错流接触。适当调整降液管和溢流堰的高度,可以控制板上液层的厚度,从而获得较高的传质效率,目前在生产中应用广泛。下面简单介绍错流塔盘的结构。

1. 塔板

根据塔径大小,塔板分为整块式与分块式两种。整块式即塔板为一整块,多用于塔径小于 0.8 m 的塔。当塔径大于 1.2 m 时,多采用由几块板合并而成的分块式塔板,以便通过人孔装、拆塔板。塔径为 0.8～1.2 m 的塔,可根据制造与安装的具体情况任意选取一种结构。塔板厚度的选取,除经济性外,主要考虑塔板的刚性和耐腐蚀性。

分块式塔板的板块数与塔径有关,见表 6-1。

表 6-1　分块式塔板的板块数与塔径的关系

塔径/mm	800～1 200	1 400～1 600	1 800～2 000	2 200～2 400
塔板的板块数	3	4	5	6

2. 降液管

降液管有圆形和弓形之分。圆形降液管制造方便,但流通截面小,对溢流周边的利用不充

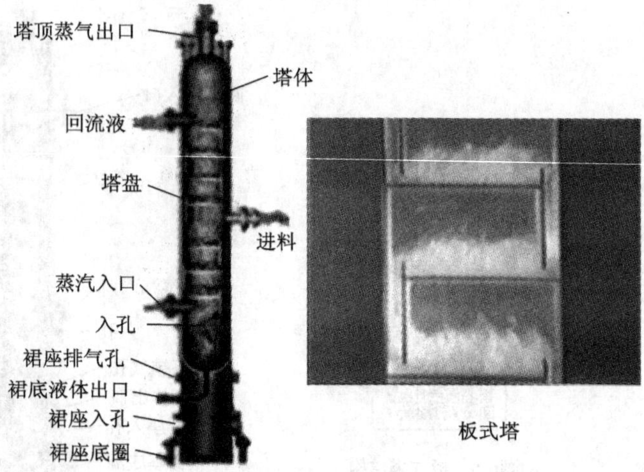

动画6-6 板式塔精馏塔原理

动画 6-6 板式精馏塔的原理

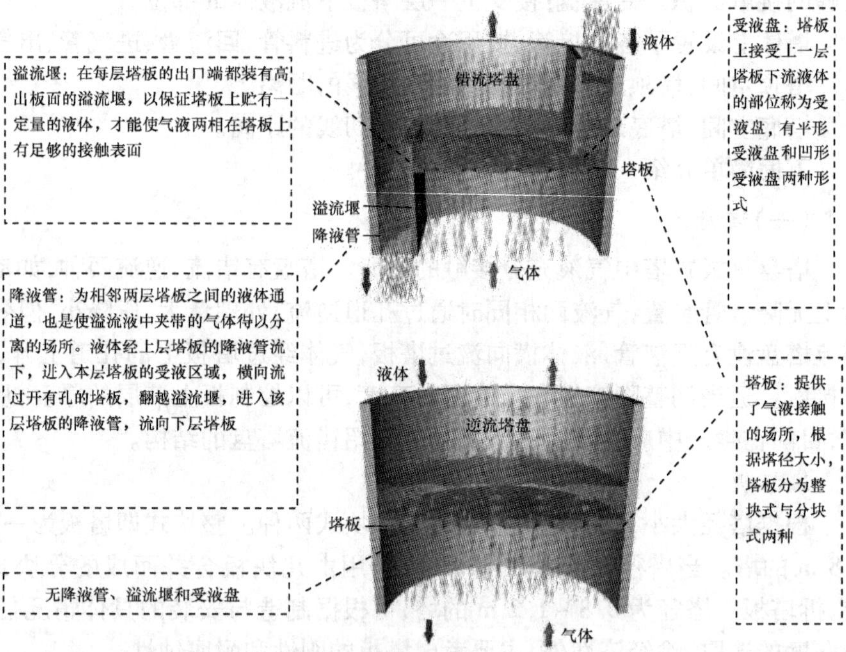

动画6-7 错流塔板（a）

动画6-7 逆流塔板（b）

动画 6-7 塔盘类型

分，多用于液体流量小或塔径较小的情况。一般多采用弓形降液管，如图 6-3 所示。

3. 溢流堰

为了使板上维持一定高度的液层，溢流堰通常为平直堰，如图 6-4 所示，其尺寸由堰高 h_w 和堰长 l_w 决定。如果液流量较小，可采用齿形堰，如图 6-5 所示，其中 h_n 表示齿缝的深度。两种溢流堰见视频 6-1。

4. 受液盘

受液盘有平形受液盘和凹形受液盘两种形式，如图 6-6 所示。平形受液盘结构简单，但需

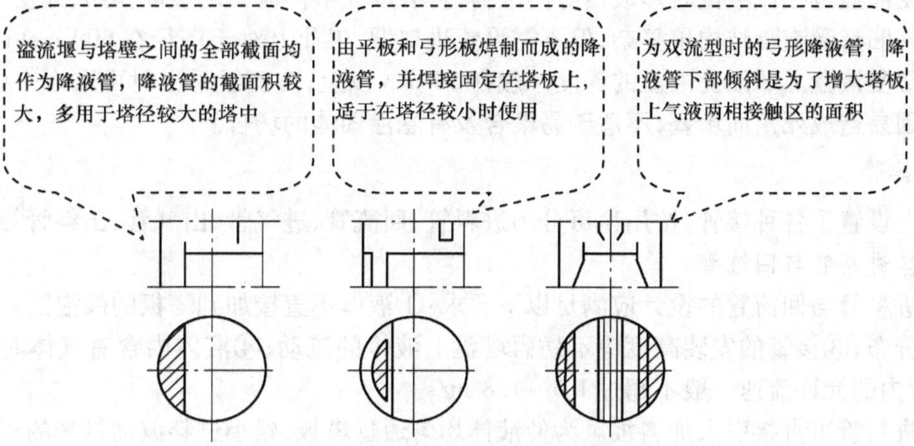

图 6-3　弓形降液管的结构形式

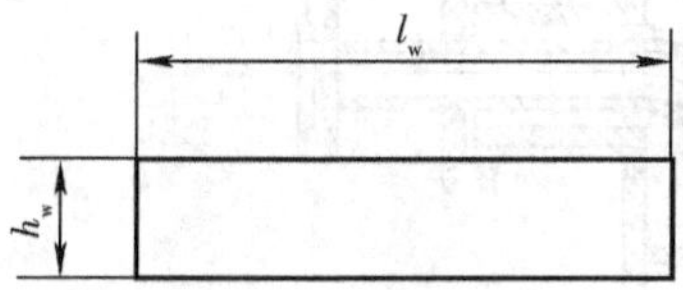

图 6-4　平直堰示意

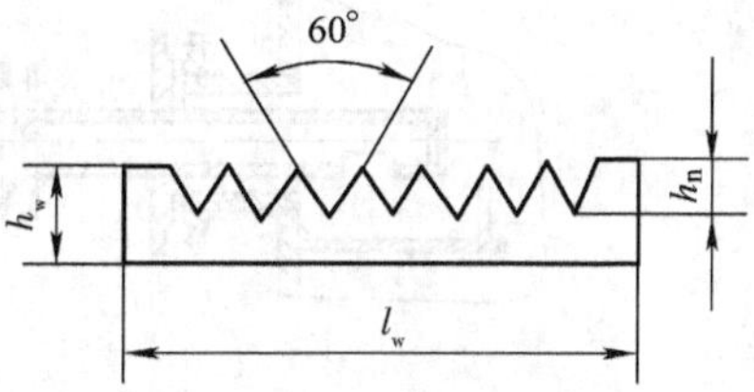

图 6-5　齿形堰示意

视频6-1　两种溢流堰

视频 6-1　两种溢流堰

在塔板上设置进口堰,以保证降液管的液封,并使液体在板上分布均匀。但设置进口堰很容易使沉淀物淤积于此处而造成塔板阻塞,并且会过多地占用塔板板面。

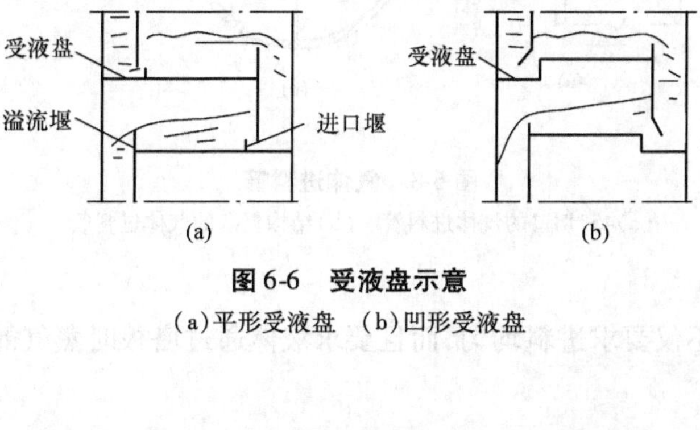

图 6-6　受液盘示意

(a)平形受液盘　(b)凹形受液盘

凹形受液盘可在低液量时形成良好的液封,且有改变液体流向的缓冲作用,并便于液体从侧线抽出。凹形受液盘结构稍复杂,但不需设置进口堰,工业上对于塔径在600 mm以上的塔多采用凹形受液盘。凹形受液盘的深度一般在50 mm以上,有侧线采出时可取大一些。但凹形受液盘因易造成死角而堵塞,不适于易聚合及有悬浮固体的场合。

(二)接管

塔体上设置了各种接管,按用途可分为进料管、回流管、进气管、出气管、出料管等。

1. 液体进料管与回流管

液体进料管与回流管的设计应满足以下要求:①液体不直接加到塔板的鼓泡区;②尽量使液体均匀分布;③接管的安装高度应不妨碍塔盘上液体的流动;④液体内含有气体时,应设法排出;⑤管内的允许流速一般不超过1.5~1.8 m/s。

液体进料管可直接引入加料板。为使液体均匀通过塔板,减小进料波动带来的影响,通常在加料板上设进口堰,结构如图6-5所示。

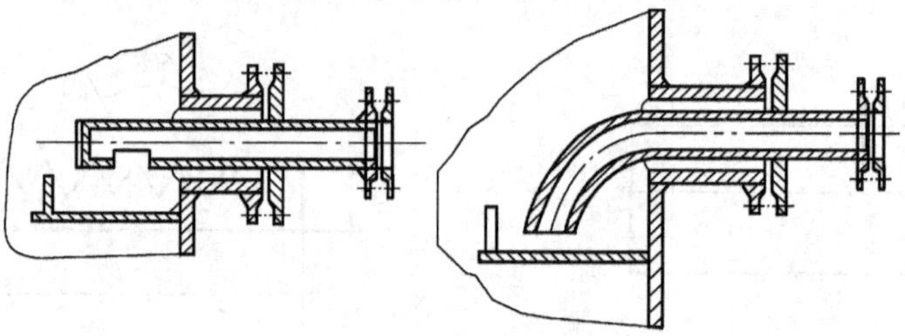

图6-7 液体进料管

2. 气体进料管

为保证气体均匀分布,气体进料管一般做成45°切口,见图6-8(a)。当塔径较大或对气体分布均匀要求高时,可采用较复杂的如图6-8(b)所示的结构。

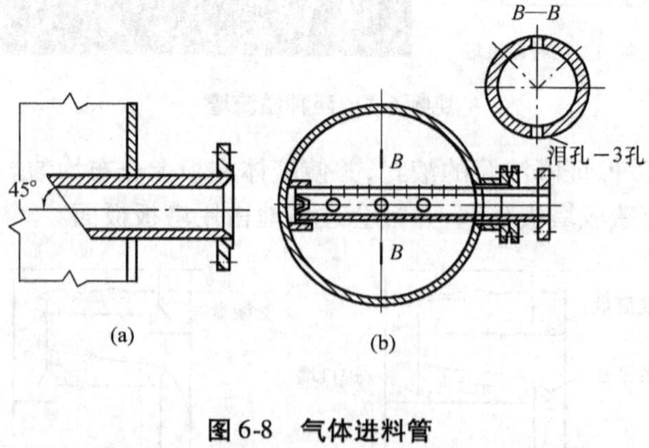

图6-8 气体进料管

(a)45°切口的气体进料管 (b)结构复杂的气体进料管

3. 气液混合进料管

气液混合进料管不仅要求进料均匀,而且要求液体通过塔板时蒸气能被分离出来,工业上多采用具有螺旋形导向板的切线进料口结构，如图 6-9 所示，这种结构可使加料板板间距增大，有利于气液分离，同时可保护塔壁不受冲击。

4. 塔顶气体出料管

塔顶气体出料管直径不宜过小，以减小出口压降，避免出塔气体夹带液滴。通常在出口处装设挡板，如图 6-10 所示。当液滴较多或对夹带液滴量有严格要求时，应安装除沫装置。

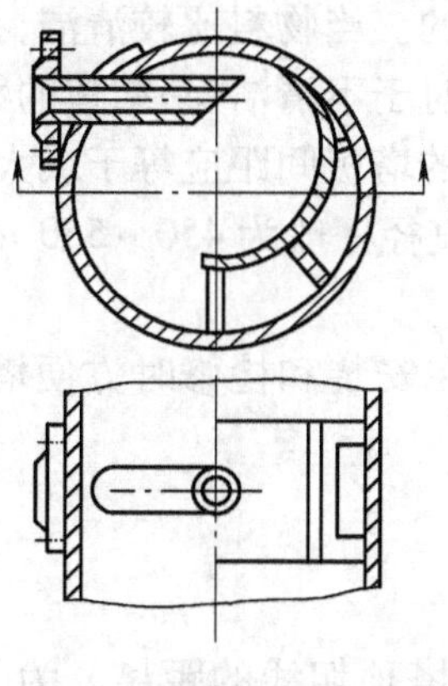

图 6-9　气液混合进料管

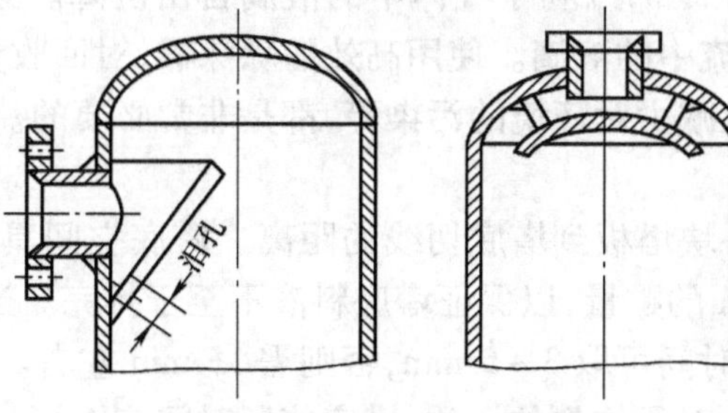

图 6-10　塔顶气体出料管

5. 塔底液体出料管

塔底液体出料管直径一般与工艺管线直径相同。当釜液从塔底出口管流出时，在一定条件下会在出口管中心形成一个向下的旋涡流，使塔釜液面不稳定，且能带出少量气体。如果出口管路中有泵，气体进入泵内会影响泵的正常运转。所以，一般釜液出口处都应装设防涡流挡板。塔底液体出料管的结构如图 6-11 所示。

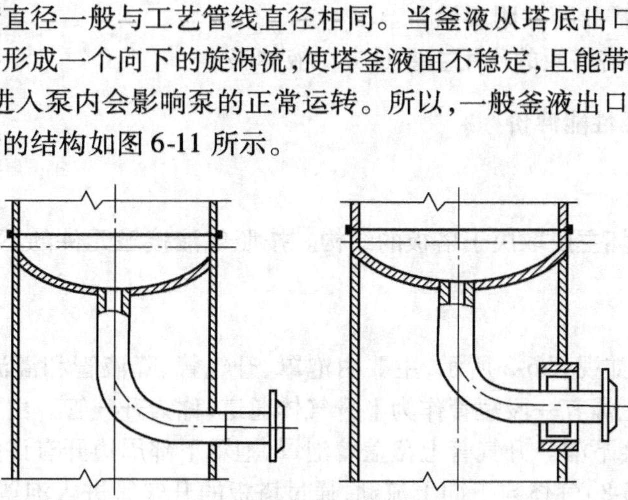

图 6-11　塔底液体出料管

（三）塔附件

1. 人孔或手孔

人孔是安装和检修人员进出塔的唯一通道，通过人孔检修人员可以到达各塔板。手孔是手和手提灯能伸入的设备孔口，用于不便进入或不必进入设备即可检查和检修的场合。当塔径比较大时设置人孔，当塔径比较小（小于 800 mm）时可以设置手孔。人孔的数目是根据塔板安装方便和物料的清洁程度而定的。当物料比较清洁，在操作中不需要经常清理时，一般每隔 8 ~ 10 块塔板设置一个人孔。但对于不清洁、易结焦的物料，为便于清洗，需要每隔 3 ~ 4 块塔板设置一个人孔。凡是有人孔处的塔板间距应等于或大于 600 mm，人孔的中心距操作平台一般应为 800 ~ 1 200 mm。人孔的直径一般为 450 ~ 550 mm，也有特殊的长形人孔。

2. 吊柱

吊柱一般设置在塔顶，目的是在安装和检修时方便塔内部件的运送。一般直径在 1 500 mm 以上的塔都要设置吊柱。

（四）塔顶、塔底空间

1. 塔顶空间

塔顶空间是塔顶第一块塔板到塔顶切线的距离。为了减少塔顶出口气体中夹带的液体量，塔顶空间一般取 1. 2 ~ 1. 5 m，以利于气体中的液滴自由沉降。必要时塔顶还要设置破沫网，主要用于捕集夹带在气流中的液滴。使用高效的除沫器，对回收贵重物料、提高分离效率、改善板式塔的操作状况以及减少对环境的污染等，都是非常必要的。

2. 塔底空间

塔底空间是塔底最后一块塔板到塔底切线的距离。塔底空间具有中间贮槽作用，一般釜液最好在塔底有 10 ~ 15 min 的贮量，以保证塔底料液不至于排完。当进料有 15 min 缓冲时间的容量时，塔底产品的停留时间可取 3 ~ 5 min，否则需 15 min 左右。塔底产品量较大的塔，停留时间一般也取 3 ~ 5 min。对易结焦的介质，塔底停留时间应缩短，一般取 1 ~ 1. 5 min。为满足上述条件，通常塔底空间取 1. 3 ~ 1. 5 m。

?请思考 1：前面已经详细地描述了板式塔的结构，请结合精馏过程的工艺流程想一想一套完整的精馏装置还需要哪些附属设备。

?请思考 2：精馏塔塔板的作用主要是支撑液体吗？

二、塔板的类型及性能评价

（一）塔板的类型

板式塔性能的好坏主要取决于塔板的结构。按照气液接触元件的不同，塔板可分为多种形式。

1. 泡罩塔板

泡罩塔板的结构如视频 6-2 所示，主要由泡罩、升气管、降液管和溢流堰构成。塔板上开有若干个圆形孔，孔上焊有一段短管作为上升气体通道，称为升气管。由于升气管高出塔板板面，故板上的液体不会下漏。升气管上覆盖着泡罩，泡罩下部周边开有许多长条形或长圆形齿缝。操作时（见动画 6-8）气体自下而上流动，通过塔板的升气管进入泡罩，再折转向下由泡罩下端的齿缝以鼓泡的形式穿过塔板上的液层与液体进行热量和质量交换。液体则由上层塔板的降液管流向受液盘,横穿塔板,翻越溢流堰,再沿降液管流至下层塔板,见动画6-8。

泡罩塔的优点是不容易发生漏液现象,操作弹性比较大,不易堵塞,对各种物料的适应能力强,操作稳定可靠。但它的结构复杂,造价高,安装和维修麻烦,气相压降较大。

视频6-2　泡罩塔板结构

视频 6-2　泡罩塔板的结构

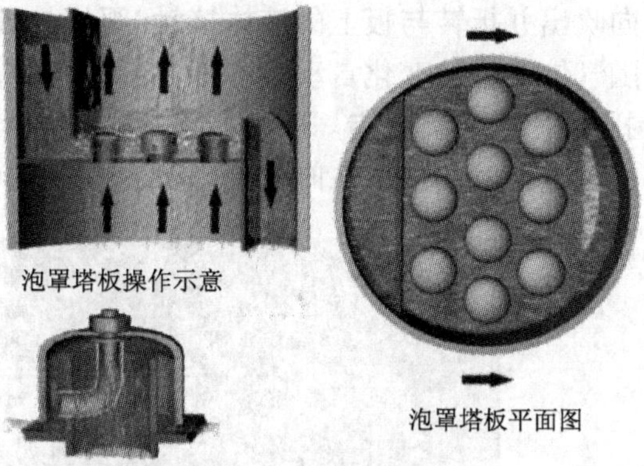

动画6-8　泡罩塔板工作过程

动画 6-8　泡罩塔板的工作过程

2. 筛孔塔板

筛孔塔板是一种最简单的错流塔板。塔板上开有大量均匀分布的小孔,称为筛孔。筛孔是板上的气体通道,降液管是板上的液体通道。操作时,气体从下而上经筛孔分散成小股气流,进入液层鼓泡而出,与液体在塔板上充分接触进行传质和传热。液体则从降液管流下,横经筛孔区,再由降液管进入下层塔板。正常操作时,通过筛孔上升的气流能阻止液体经筛孔向下泄漏。筛孔塔板的结构及气液接触状况如图6-12所示。

筛板塔的优点是结构简单,制造和维修方便,生产能力大,塔板压降较小,塔板效率较高。但它的操作弹性较小,小孔径筛孔易堵塞,故不宜处理不清洁的、黏性大的和带有固体颗粒的料液。

3. 浮阀塔板

浮阀塔板是在筛孔塔板和泡罩塔板的基础上发展起来的,结合了两种塔板的优点。其结

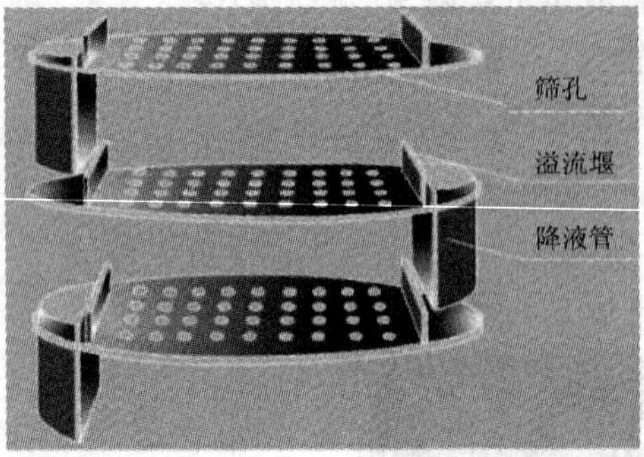

(a)

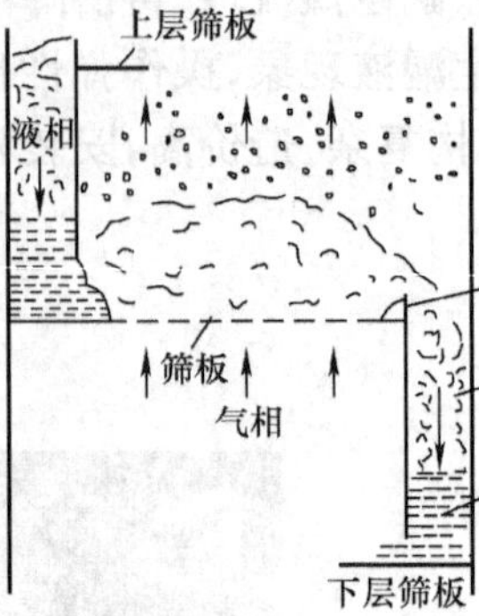

(b)

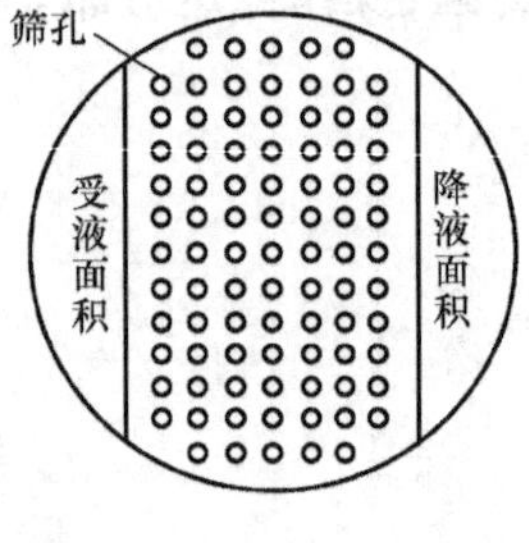

(c)

图 6-12 筛孔塔板

(a)结构 (b)操作状态示意 (c)平面图

构特点是塔板上开有若干个较大的孔，每个孔处安装了一个可以上下浮动的阀片(称为浮阀)，如图 6-13 和动画 6-9 所示。浮阀的形式很多，最常见和使用最多的是 F1 型、V-4 型及 T 型等，如图 6-14 所示。工作时(见动画 6-10 和视频 6-3)，由孔上升的气流经过阀片与塔板的间隙从水平方向吹出并折转与板上的液体接触，阀片与塔板的间隙即为气体在板上的通道，此通道的大小可随气体流量的变化自动调节。气量较大时，阀片浮起，由底脚钩住塔板来维持最大开度，并限制阀片不被气体吹走。阀片周边冲出几个略向下弯的定距片。气量较小时，阀片靠定距片与塔板呈点接触而坐落在阀孔上，阀片与塔板点接触也防止停工后阀片与板面黏结。

图 6-13 浮阀塔板

扫一扫

动画6-9 浮阀3D动画

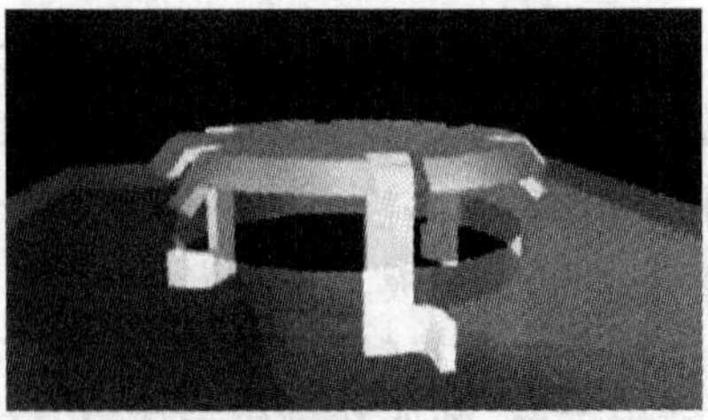

动画 6-9 浮阀 3D 动画

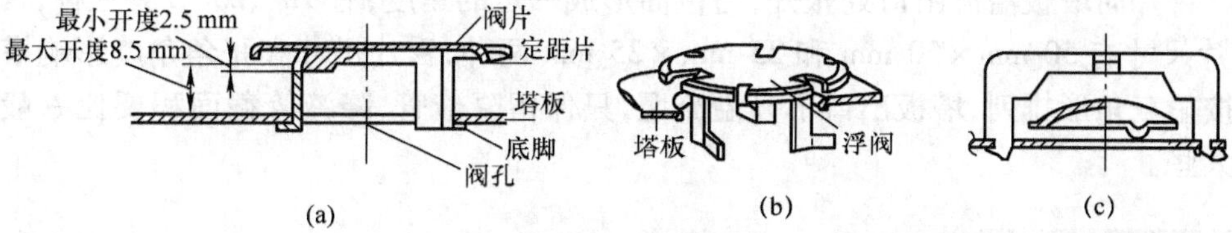

图 6-14　浮阀的类型

(a)F1 型浮阀　(b)V－4 型浮阀　(c)T 型浮阀

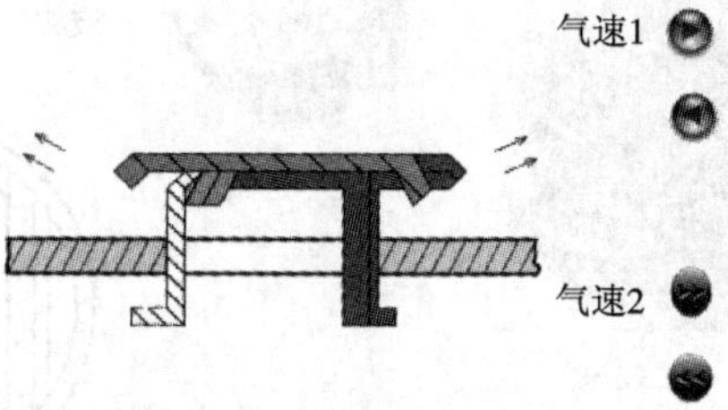

动画6-10　F1型浮阀工作原理

动画 6-10　F1 型浮阀的工作原理

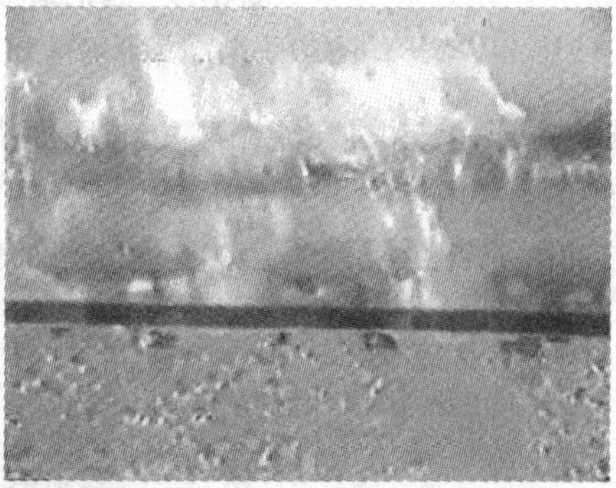

视频6-3　浮阀塔板工作状态

视频 6-3　浮阀塔板的工作状态

浮阀塔结构简单,制造方便,造价低,塔板开孔面积大,生产能力大,操作弹性大,塔板效率高。浮阀塔的主要缺点是处理易结焦、高黏度物料时,阀片容易被卡住、锈住或黏住,从而影响其自由开启。且浮阀要求具有较好的耐腐蚀性能,一般要用不锈钢制造,所以造价较高。

4. 喷射型塔板

上述三种塔板,气体在塔板上均以鼓泡或泡沫状态和液体接触。在喷射型塔板上,气体沿水平方向喷出,不再竖直向上穿过较厚的液层而鼓泡,显著降低了塔板压降,也避免了气速较高时产生严重的液沫夹带现象,故可采用较大的操作气速。此类塔板的形式很多,常见的有以下几种。

1)舌形塔板

舌形塔板如图 6-15 所示,塔板上开有与液流方向相同的舌形孔,舌孔有三面切口和拱形切口两种。舌片向塔板溢流出口处张开，与板面形成一定的角度，有 18°、20°、25°三种，常用的为 20°，舌片尺寸有 50 mm × 50 mm 和 25 mm × 25 mm 两种，舌片尺寸和张角角度影响塔板效率。舌孔按正三角形排列，塔板出口不设溢流堰，只保留降液管，降液管截面积要比一般的塔板设计得大些。

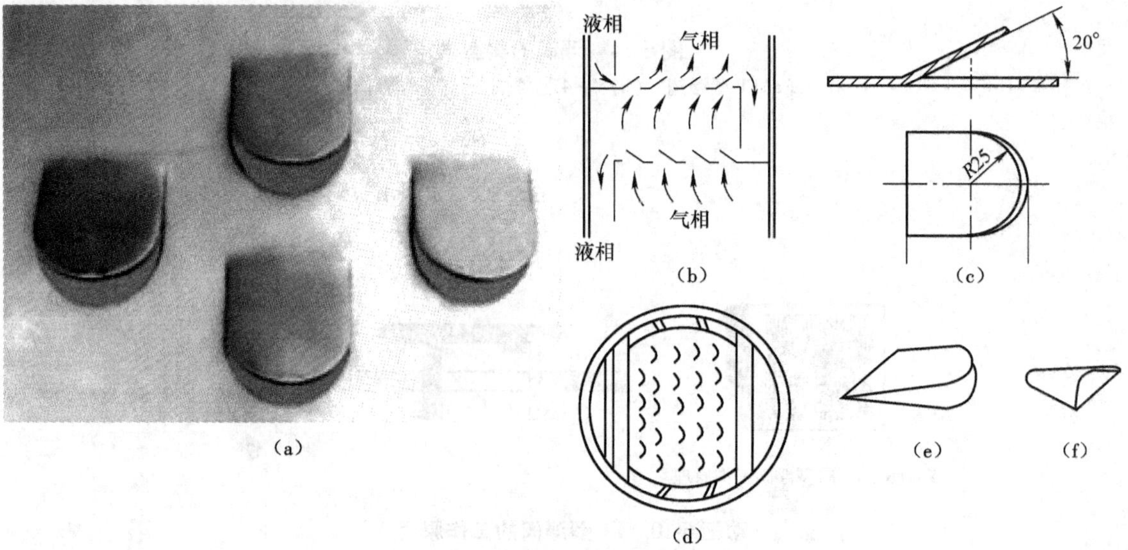

图 6-15　舌形塔板

(a)形状　(b)操作状态示意　(c)舌片　(d)平面图　(e)三面切口舌片　(f)弓形切口舌片

操作时(见动画 6-11)，上升的气流以较大的速度沿舌孔喷出，喷出速度可达 20 ~ 30 m/s。从上层塔板的降液管流出的液体流过舌孔时，即被喷出的气流强烈扰动而产生液沫，被斜向喷射到液层上方，喷射的液流冲至降液管上方的塔壁后流入降液管，再流到下一层塔板。

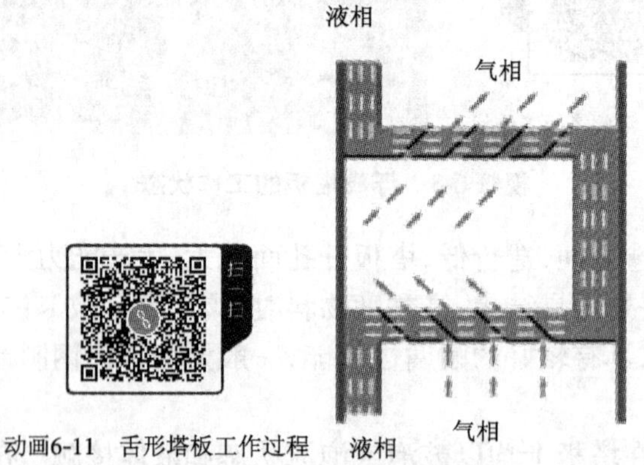

动画 6-11　舌形塔板工作示意

舌形塔板由于舌孔方向与液流方向一致，故气体从舌孔喷出时气液两相并流，可减薄板上的液层，使液面落差减小。此外，舌形塔板开孔率较大，故可采用较大的空速，塔板压降小，生产能力大，但操作弹性较小，板上液流易将气泡带到下层塔板，使板效率下降。

2）浮舌塔板

浮舌塔板是在塔盘的孔内装设了可以上下浮动的舌片（见图 6-16），即结合了浮阀和固定舌形塔板的优点，浮舌的开启程度可以随着气相负荷的变化自行调节，工作过程如动画 6-12 和视频 6-4 所示。浮舌塔板具有生产能力大、操作弹性大、压降小、稳定性好及塔板效率高等优点，特别适于热敏性物系的减压分离过程。其缺点是在操作过程中浮舌比较容易磨损。

图 6-16　浮舌塔板

扫一扫

动画6-12　浮舌塔板工作过程

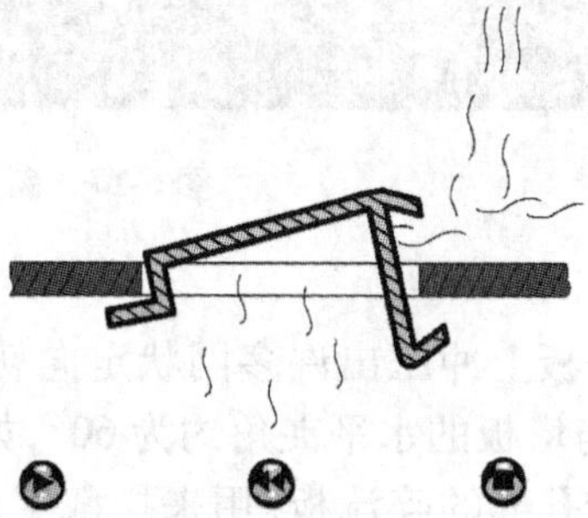

动画 6-12　浮舌塔板示意

扫一扫

视频6-4　浮舌塔板工作录像

视频 6-4　浮阀塔板的工作状态

3)斜孔塔板

斜孔塔板是在分析了筛孔塔板、浮阀塔板和舌形塔板上的气液流动和液沫夹带产生的机理之后开发出的一种新型塔板,如图 6-17 所示。斜孔塔板上冲有一定形状的斜孔,孔口与板面成一定的角度,斜孔开口方向与液流方向垂直,同一排孔的孔口方向一致,相邻两排孔的孔口方向相反,使通过相邻两排孔的气体反方向喷出,避免了气液并流造成的液流不断加速和气流对吹现象,既可在水平方向上得到较大的气速,又阻止了液沫夹带,使板面上的液层低而均匀,气体和液体不断分散和聚集,表面不断更新,气液接触良好,传质效率较高。

斜孔塔板的生产能力比浮阀塔板大 30% 左右,效率与之相当,且结构简单,加工制造方便,是一种性能优良的塔板。

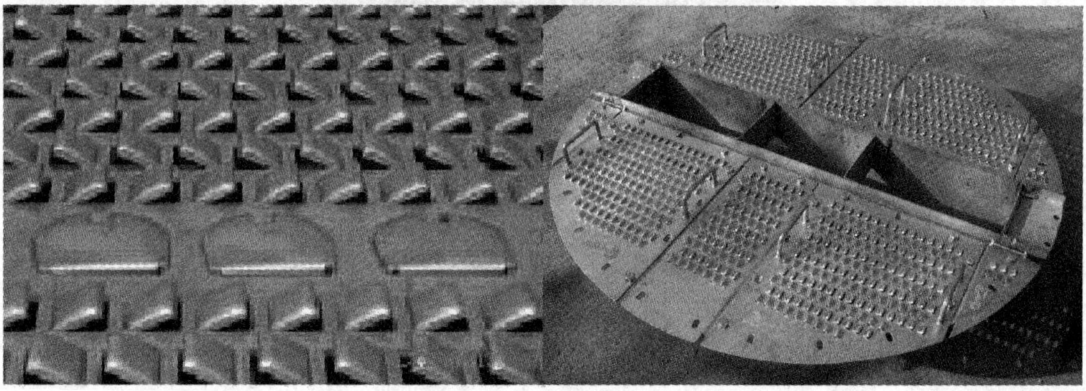

图 6-17　斜孔塔板

4)网孔塔板

网孔塔板是在塔板上冲压出许多网状定向切口,宽度为 2 ~ 5 mm,开口方向与塔板的水平夹角约为 60°,如图 6-18 所示。塔板上方装有带孔缝的碎流板,用来拦截气流携带的微小液滴,同时,在碎流板上气液之间也进行传质,充分利用了塔板上方的空间。塔板按碎流板的安放位置分成一定的区域,不同区域内网孔的开口方向不同,使液体在板上多程折流,以增加液体的流程,提高塔板效率。网孔塔板也不需设出口堰。

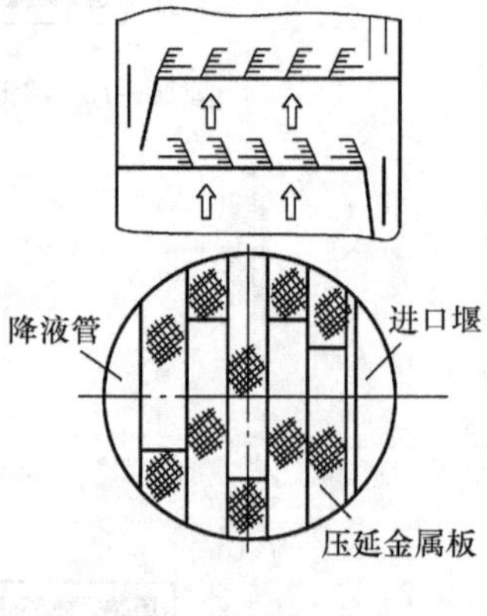

图 6-18　网孔塔板

操作时,气流通过网孔与板上的液体充分接触,由于气速高,将液体分散成细小的液滴,形成喷射状态。当气液两相在塔板上从某一区域流入另一区域时,方向发生 90°变化,增加了气液两相的接触时间,并且可以通过合理设置网孔的开口方向消除塔板上的死区。网孔塔板具有处理能力大、压降小及塔板效率高等优点,特别适用于直径大于 1 200 mm 的大塔,在小塔径塔中布置塔板和碎流板都很困难,分离效果也不好。

5)垂直筛板

垂直筛板是近年来开发出的一种新型喷射型塔板,由塔板上开有若干个直径为 100 ~ 200 mm 的大筛孔和侧壁开有许多小筛孔的圆形泡罩组成,其结构如图 6-19 所示。泡罩下缘与塔板有一定的间隙，液体能进入罩内。

图 6-19　垂直筛板

操作时，板上的液体被经大筛孔上升的气体拉成膜状沿泡罩内壁向上流动，并与气流一起经泡罩侧壁的筛孔水平喷出，之后气体上升，液体落回塔板。落回塔板的液体重新进入泡罩，再次被吹成液滴由筛孔喷出。液体自塔板入口流至降液管，多次经过上述过程，从而为气液两相传质提供了很大的不断更新的相际接触表面，提高了塔板效率。垂直筛板要求一定的液层高度，以维持泡罩底部的液封并保证一定的进入泡罩的液体量，故必须设置溢流堰。

垂直筛板集合了泡罩塔板、筛孔塔板及喷射型塔板的特点，具有液沫夹带量小、生产能力大及传质效率高等优点，综合性能优于斜孔塔板。

6）导向浮阀塔板

浮阀塔板的类型有多种，前面讲过，工业上常用的 F1 型浮阀塔板具有不少优点。但随着科技的不断进步，人们加深了对塔设备的研究，逐渐发现了 F1 型浮阀塔板的一些不足之处。比如塔板上液面梯度较大，使气体在液体流动方向上分布不均匀，在塔板的进口端易产生过量的泄漏。F1 型浮阀为圆形，从阀孔出来的气体向四方吹出，使塔板上的液体返混程度较大，这些都会使塔板效率降低。另外，在操作中 F1 型浮阀不停地转动，浮阀和阀孔容易被磨损，浮阀易脱落。

为了克服 F1 型浮阀塔板的上述缺点，开发和研制了导向浮阀塔板，如图 6-20 所示。导向浮阀塔板上配有导向浮阀，浮阀上有一个或两个导向孔，导向孔的开口方向与塔板上的液流方向一致。在操作中，从导向孔喷出的少量气体推动塔板上的液体流动，从而可明显减小甚至完全消除塔板上的液面梯度。导向浮阀为矩形，两端设有阀腿。在操作中，气体从浮阀的两侧流出，气体流出的方向垂直于塔板上液体的流动方向。由于导向浮阀在操作中不转动，浮阀无磨损，不脱落。

实验表明，在同样的条件下，导向浮阀塔板的压降较小，雾沫夹带较少，泄漏较少，塔板效率较高。与 F1 型浮阀塔板相比，其生产能力可提高 30%，塔板效率提高 10% ~ 20%，塔板压降减小 20% 以上。对加压或常压操作条件下的蒸馏、吸收、气提等传质过程，用导向浮阀塔板代替 F1 型浮阀塔板，可获得显著的经济效益。

（二）塔板的性能评价

对各式塔板进行比较，做出正确的评价，对合理选择塔板类型具有重要的指导意义。塔板的性能不仅与塔型有关，还与塔板的结构尺寸、被处理物系的性质及操作状况等因素有关。一个好的塔板结构，应当在较大程度上满足如下要求。

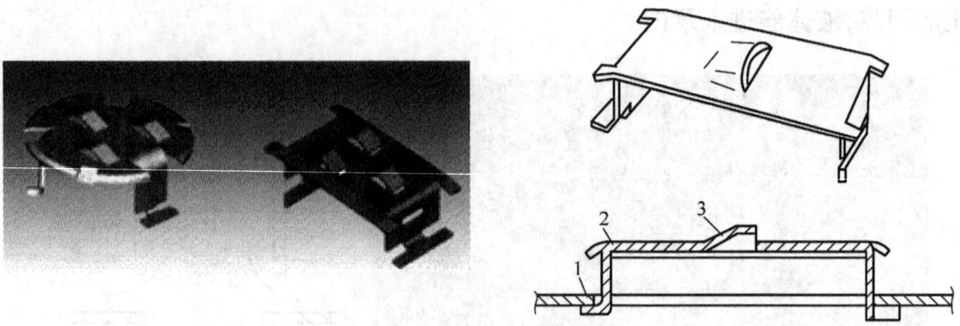

图 6-20 导向浮阀塔板

1—阀孔板;2—导向浮阀;3—导向孔

(1)生产能力大,即单位塔截面积上所能通过的气液相流量大。

(2)塔板效率高,即完成一定的分离任务所需的塔板少。这对难以分离、要求塔板较多的系统尤其重要。

(3)操作稳定,弹性大,即塔内气液相流量波动时,两相均能维持正常的流动,且仍能在较高的传质效率下进行稳定的操作。

(4)压降小,即气体通过单板的压降小,能耗低。

(5)结构简单,选材合理,制造、安装及检修方便,造价低廉。

实际上,对于现有的任何一种塔板,以上各要素很难同时满足,不同类型的板式塔各具特色,也各自有适用的场合,而各种生产过程对塔板的要求也有所侧重。在生产中应根据具体的工艺条件选择适当的塔板形式。

基于上述评价指标,工业上常用的几种塔板的性能比较见表 6-2,可作为选择时的参考。

表 6-2 工业上常用的几种塔板的性能比较

塔板类型	生产能力	塔板效率	操作弹性	压力降	结构	成本	优点	缺点	适用范围
泡罩塔板	1.0	1.0	中	大	复杂	1.0	较成熟,操作范围宽	结构复杂,阻力大,生产能力低	某些要求弹性大的特殊塔
筛孔塔板	1.2~1.4	1.1	小	小	简单	0.4~0.5	效率较高,成本低	安装要求水平,易堵,操作范围窄	分离要求高,塔板较多;化工丙烯塔
浮阀塔板	1.2~1.3	1.1~1.2	大	中	一般	0.7~0.8	效率较高,操作范围宽	采用不锈钢,浮阀易脱落	分离要求高,负荷变化大;原油常压分离塔
舌形塔板	1.3~1.5	1.1	小	小	简单	0.5~0.6	结构简单,生产能力大	操作范围窄,效率较低	分离要求较低的闪蒸塔
斜孔塔板	1.5~1.8	1.1	中	小	简单	0.5~0.6	生产能力大,效率高	操作范围比浮阀和泡罩塔板窄	分离要求高,生产能力大

注:以上比较均以泡罩塔板为基准。

三、板式精馏塔内的气液两相存在状态

(一)塔板上气液两相的接触状态

塔板上气液两相的接触状态是决定塔板上的传质和传热规律的重要因素。气体通过板孔的速度不同,两相在塔板上的接触状态也不同,随着气速增大,大致可以分为以下三种气液接触状态。

1. 鼓泡接触状态

当上升蒸气流速较低时,通过筛孔的气体断裂成气泡在塔板上的液层中自由浮升,在塔板上两相形成鼓泡接触状态(见视频6-5)。塔板上存在大量的返混液,液体是连续相,两相的接触面为气泡表面。此时气液比较小,气泡的数量少,气泡表面的湍动程度低,传质阻力大,气液相接触面积不大,传质效果不好。

扫一扫

视频6-5　鼓泡接触状态

视频6-5　鼓泡接触状态

2. 泡沫接触状态

随着气速连续增大,气泡的数量急剧增加,气泡不断碰撞和破裂,此时,板上的液体大部分以液膜的形式存在于气泡之间,形成一些直径较小,搅动十分剧烈、动态且不断更新的气泡,仅在靠近塔板表面处才能看到少许清液,清液层的高度随着气流速度增大而减小,这种状态为泡沫接触状态(见视频6-6)。处于泡沫接触状态的泡沫因表面活性的作用不会稳定存在,在不断湍动的过程中不断地合并与破裂,为传质、传热提供了良好的条件,气液接触好,泡沫接触所提供的表面积大,传质效率较高,是一种较好的塔板工作状态。

3. 喷射接触状态

当气速继续增大时,由于气体的动能很大,不能形成气泡,把塔板上的液体向上喷成大小不等的液滴,液滴到达一定高度后受重力作用落回塔板上,然后再次被抛出,而直径较小的液滴容易被气流带走形成液沫夹带,这种气液接触状态称为喷射接触状态(见视频6-7)。前两种状态的液相都是连续相,气体为分散相,而此状态的气体为连续相,液体为分散相。在喷射接触状态下,气流速度很大,液相分散较好,不断更新的液滴为气液接触提供了良好的条件,也是一种较好的工作状态。

泡沫接触状态与喷射接触状态均能提供良好的气液接触条件,但喷射接触状态是塔板操作的极限,易引起较多的液沫夹带,所以多数塔操作均控制在泡沫接触状态(见视频6-8和动

视频6-6　泡沫接触状态

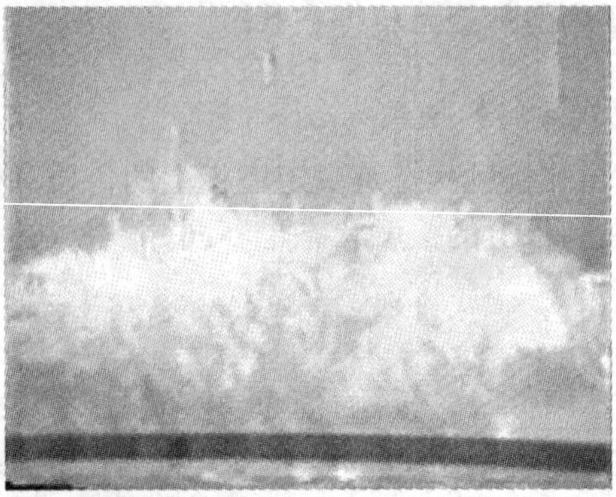

视频 6-6　泡沫接触状态

视频6-7　喷射接触状态

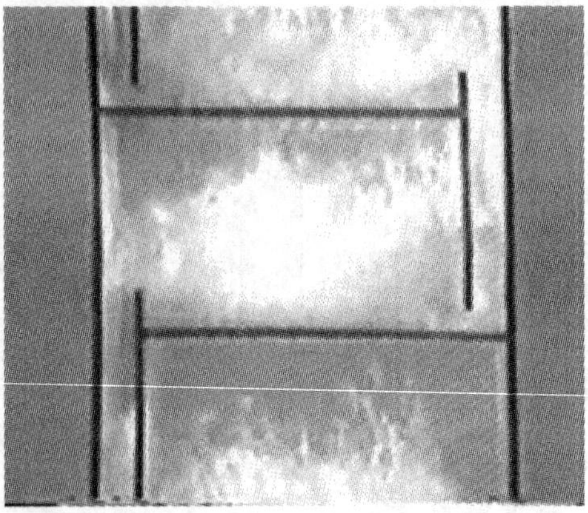

视频 6-7　喷射接触状态

画 6-13）。

视频6-8　正常操作状态

视频 6-8　正常操作状态

动画6-13　正常操作状态

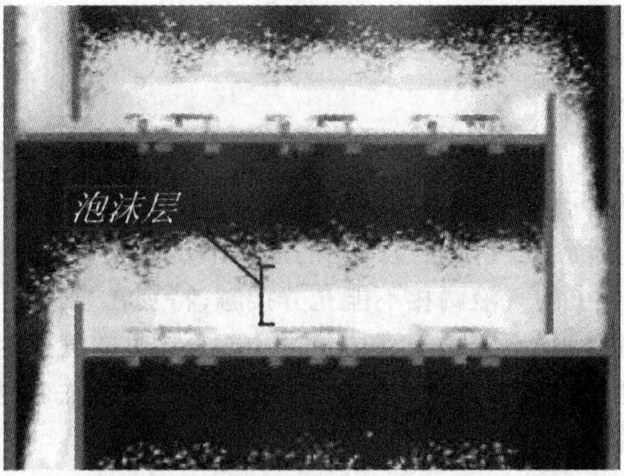

动画 6-13　正常操作状态

（二）气体通过塔板的压降

上升气流通过塔板时需要克服一定的阻力，该阻力即造成塔板压降。塔板压降是影响板式塔的操作特性的重要因素。塔板压降增大，塔板上气液两相的接触时间延长，塔板效率升高，完成同样的分离任务所需的实际塔板减少，设备费用降低；但塔板压降增大，塔釜压强必须增大，釜温就会升高，能耗增加，操作费用增多。通常，在保证较高效率的前提下，力求减小塔板压降，以降低能耗。

（三）塔板上的液面落差

当液体横向流过塔板时，由于处在不同部位的液体流程不同，流动阻力也就不同。在塔板中央部分的液体流程较短，所以阻力较小，流速大；相反，塔板边缘处的液体行程长，故阻力大，流速小（见视频6-9）。同时，液体要克服板上部件（泡罩、浮阀等）的局部压力，这样势必会造成塔板的进口处液层薄，出口处液层厚，其高度差称为液面落差。液面落差会导致气流分布不均，从而易造成漏液现象，使塔板效率下降。液面落差与塔板结构、塔径及液体流量有关。对于直径较大的塔，可采用双溢流或阶梯流等形式来减小液面落差。

视频6-9　塔板流速分布

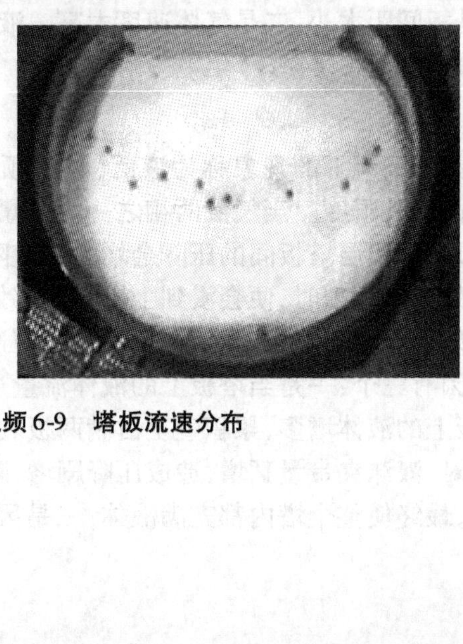

视频 6-9　塔板流速分布

四、板式塔的异常操作现象

(一)漏液

在精馏塔内,液体与气体应在板上错流接触,但当气速较低时,液体不经正常的降液管而是从塔板上的开孔处流到下一层塔板,这种现象称为漏液(见视频6-10)。造成漏液的原因是上升气流流速低致使气体通过筛孔的动压不足以阻止板上的液体经筛孔下流。液体经筛孔向下泄漏时,塔板上的气液两相不能充分接触,特别在靠近进口堰处漏液会使板效率严重下降。工程上规定,漏液量不应大于液体量的10%,此时的气速为漏液速度,它是操作气速的下限。漏液降低了塔的分离效率,严重的漏液会使塔板上无法建立起液层而不能正常操作,以致分离效率严重下降。

扫一扫

视频6-10 漏液

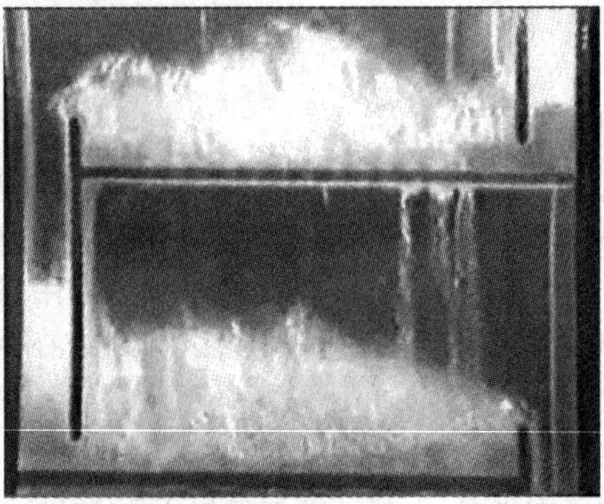

视频6-10 漏液

(二)液沫夹带

当气速增大时,塔板上的一部分液体被上升气流带至上层塔板的现象称为液沫夹带(见视频6-11)。液沫夹带是一种与液体主流方向相反的流动,属返混现象。生成液沫虽然可增大气液两相的接触面积,但液相在塔板间返混会导致塔板效率严重下降。产生液沫夹带的原因主要有两种,一是板间距太小,二是气体速度太高。液沫夹带会使塔板的分离能力不能得到充分发挥,从而导致分离效率下降。

(三)液泛

液体在塔内不能顺畅流下的现象称为液泛(见视频6-12)。直径一定的塔可供气液两相逆流流动的自由截面有其限度。当气液两相之一的流量增大到某一数值,塔内某一塔板的降液管有堵塞现象时,上下两层塔板间的压降会增大到使降液管内的液体不能顺畅流下,当管内液体达到上层塔板的溢流堰顶时,便会漫到上层塔板,致使液泛。发生液泛时,塔的压降急剧增大,效率急剧下降,操作极不稳定,随后全塔的操作便遭到破坏。

发生液泛的原因有三个:一是当塔板上的液体流量过大时,降液管的截面不足以使液体及时通过,滞留在塔板上的液体增多,累积直至占满两板之间的空间,并逐步推向塔顶;二是当上升气体的速度很高时,液沫夹带量猛增,造成压降剧增,降液管内的液体不能顺畅地流下,塔板间充满气液混合物,最终使整个塔内都充满液体;三是因其他原因降液管局部堵塞而变窄,降

视频6-11　液沫夹带

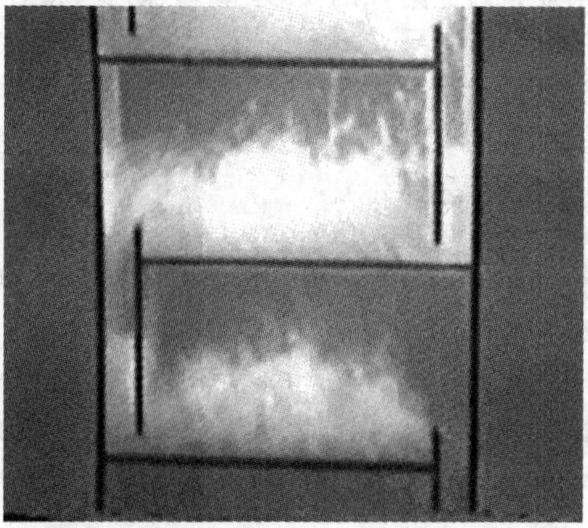

视频 6-11　液沫夹带

视频6-12　液泛

视频 6-12　液泛

液管通道小，流动阻力大，液体不能顺利地通过降液管流下，从而在塔板上累积而充满整个塔板空间。总之，液泛时物料大量返混，气液接触面积大大减小，严重影响塔的正常操作，在操作中必须避免。

请思考：气体分布不均匀是精馏塔的不正常操作现象吗？

自　测　题

一、填空题

1. 塔设备通常有________和________两类。

2. 板式塔的类型有________、________、________等。

3. 将板式塔中的泡罩塔、浮阀塔、筛板塔相比较，操作弹性最大的是________，造价最昂贵的是________，单板压降最小的是________。

4. 板式塔的不正常操作现象有________种，分别是________、________、________。

5. 为了便于塔设备内部附件的安装、修理、防腐、检查和清洗，往往要开设__________或__________。

6. 由气体和液体流量过大共同造成的是______________现象。

7. 板式塔塔板上的气液两相接触状态有__________种，分别是__________、__________、__________。

二、判断题

1. 筛板塔结构简单，造价低，但分离效率较泡罩塔低，因此已逐步被淘汰。（　　）

2. 安装出口堰是为了保证气液两相在塔板上有充足的接触时间。（　　）

3. 降液管是塔板间的液流通道，也是溢流液中夹带的气体被分离的场所。（　　）

4. 精馏塔的操作弹性越大，保证该塔正常操作的范围越大，操作越稳定。（　　）

5. 雾沫夹带过量是造成精馏塔液泛的原因之一。（　　）

三、选择题

1. 在精馏塔中，加料板以下的塔段（包括加料板）称为（　　）。

A. 精馏段　　B. 提馏段　　C. 进料段　　D. 都不是

2. 在精馏塔中，原料液进入的那层塔板称为（　　）。

A. 浮阀板　　B. 喷射板　　C. 加料板　　D. 分离板

3. 舌形塔盘属于（　　）。

A. 泡罩型塔盘　　B. 浮阀型塔盘　　C. 筛板型塔盘　　D. 喷射型塔盘

4. 下列判断中不正确的是（　　）。

A. 上升气速过大会引起漏液　　B. 上升气速过大会造成过量雾沫夹带

C. 上升气速过大会引起液泛　　D. 上升气速过大会造成大量气泡夹带

四、简答题

1. 连续精馏流程主要由哪些设备所组成？辅助设备有哪些？

2. 简述板式精馏塔的主要构造以及各部分的作用。

任务三　学习精馏操作的基本理论知识

任务分析：在任务一、任务二中，已经了解了混合液加热产生蒸气，蒸气冷凝后其中某一组分的浓度将比在原来的混合液中的浓度高，也对完成蒸馏操作的设备有了初步的认识。为什么蒸馏操作可以提高混合物中某一组分的浓度？为什么要实现较高程度的分离就要借助于塔设备？在这一任务中，将从气液两相的平衡关系出发，引导大家理解精馏的原理及塔板的作用。

任务目标：①了解非理想物系的气液相平衡；②理解简单蒸馏、平衡蒸馏的计算；③掌握精馏的原理与过程分析、双组分理想物系的气液相平衡关系及其图形表示。

技能目标：能应用气液平衡相图说明精馏操作工艺的原理及塔板的作用。

一、双组分溶液的气液相平衡基础

众所周知，液体具有挥发成为蒸气的能力，但不同的液体在一定温度下的挥发能力各不相同。挥发能力大的液体，其饱和蒸气压就较高，而沸点较低；反之，挥发能力小的液体，其饱和蒸气压就较低，而沸点较高。如果混合液中各组分的挥发能力不同，对混合液进行加热使之部分汽化时，因沸点低的易于汽化，故在产生的蒸气中，低沸点组分的浓度将高于原始混合液中该组分的浓度。若将汽化的蒸气全部冷凝，便可获得低沸点组分浓度高于原始混合液的产品，即使混合液得到某种程度的分离。习惯上，把混合液中挥发能力大的组分称为易挥发组分或轻组分，以 A 表示；把挥发能力小的组分称为难挥发组分或重组分，以 B 表示。

蒸馏操作正是利用混合液中各组分挥发能力的差异分离液体均相混合物的。了解气液相平衡是理解和掌握蒸馏过程的基本条件，下面首先介绍蒸馏过程的热力学基础——气液相平衡。

(一)相组成的表示方法

若多种物质混合在一起形成均相混合物，每一种物质称为该混合物的一个组分，该组分在混合物中的相对数量关系称为该组分的组成(或浓度)。组成可用多种方法表示，常用的有下列几种。

1. 质量分数和摩尔分数(质量分率和摩尔分率)

1)质量分数质量分数是混合物中某组分的质量与混合物的总质量之比，以 w 表示。

若均相混合物中含有组分 A，B，…，N，则有

$$w_A=\frac{m_A}{m},w_B=\frac{m_B}{m},\cdots,w_N=\frac{m_N}{m}$$

式中　w_A、w_B、…、w_N——组分 A，B，…，N 的质量分数；

m_A、m_B、…、m_N——组分 A，B，…，N 的质量，kg；

m——混合物的总质量，kg。

$$w_A+w_B+\cdots+w_N=\sum_i w_i=1 \tag{6-1}$$

即各组分的质量分数之和等于 1。

对于双组分物系，有 $w_A+w_B=1$，若令组分 A 的质量分数为 w，则组分 B 的质量分数为 $1-w$，于是下标 A、B 可以略去。

2)摩尔分数　摩尔分数是混合物中某组分的摩尔数与混合物的总摩尔数之比，以 x 表示。其在传质过程的计算中用得较多，表达式为

$$x_A=\frac{n_A}{n},x_B=\frac{n_B}{n},\cdots,x_N=\frac{x_N}{n}$$

式中　x_A、x_B、…、x_N——组分 A，B，…，N 的摩尔分数；

n_A、n_B、…、n_N——组分 A，B，…，N 的摩尔数，kmol；

n——混合物的总摩尔数，kmol。

$$x_A+x_B+\cdots+x_N=\sum_i x_i=1 \tag{6-2}$$

同理，对于双组分物系，有 $x_A+x_B=1$，若令组分 A 的摩尔分数为 x，则组分 B 的摩尔分数为 $1-x$，于是下标 A、B 可以略去。在传质计算中通常用 x 表示液相的摩尔分数，用 y 表示气相的摩尔分数。

2. 压强分数和体积分数

气体混合物中各组分的组成除可采用上述两种表示方法外，还可用各组分的压强分数和体积分数表示。气体混合物在压强不太高、温度不太低的情况下，可视为理想气体，则有以下

定义。

1)压强分数　压强分数指混合气体中某组分的分压与混合气体的总压之比,对理想气体混合物而言,某组分的压强分数等于其摩尔分数:

$$y_A = \frac{p_A}{p} = \frac{n_A}{n}, y_B = \frac{p_B}{p} = \frac{n_B}{n}, \cdots, y_N = \frac{p_N}{p} = \frac{n_N}{n} \tag{6-3}$$

式中　p_A、p_B——混合气体中组分 A、B 的分压,kPa;

p——混合气体的总压,kPa。

2)体积分数　体积分数指混合气体中的某组分在总压下的体积与混合气体的总体积之比,对理想气体混合物而言,某组分的体积分数等于其摩尔分数:

$$v_A = \frac{V_A}{V} = \frac{n_A}{n}, v_B = \frac{V_B}{V} = \frac{n_B}{n}, \cdots, v_N = \frac{V_N}{V} = \frac{n_N}{n} \tag{6-4}$$

式中　V_A、V_B——混合气体中的组分 A、B 在总压下的体积,m^3;

V——混合气体的总体积,m^3;

v_A、v_B——混合气体中组分 A、B 的体积分数。

例 6-1　已知由 25 kg 乙醇和 15 kg 水组成的混合溶液,试求乙醇和水的质量分数、摩尔分数及混合液的平均摩尔质量。($M_{乙醇} = 46$ kg/kmol,$M_{水} = 18$ kg/kmol)

解　(1)质量分数:

$$w_{乙醇} = \frac{m_{乙醇}}{m} = \frac{25}{25+15} = 0.625$$

$$w_{水} = 1 - w_{乙醇} = 1 - 0.625 = 0.375$$

(2)摩尔分数:

$$x_{乙醇} = \frac{\frac{25}{46}}{\frac{25}{46} + \frac{15}{18}} = 0.395$$

$$x_{水} = 1 - x_{乙醇} = 1 - 0.395 = 0.605$$

(3)混合液的平均摩尔质量:

$$\overline{M} = M_{乙醇}x_{乙醇} + M_{水}x_{水} = 46 \times 0.395 + 18 \times 0.605 = 29.06 \text{ kg/kmol}$$

例 6-2　已知空气中氮和氧的质量分数分别为 76.7% 和 23.3%,总压为 101.3 kPa,试求它们的摩尔分数、体积分数及分压。

解　(1)摩尔分数:

$$y_{氮} = \frac{w_i/M_i}{\sum_i w_i/M_i} = \frac{\frac{w_{氮}}{M_{氮}}}{\frac{w_{氮}}{M_{氮}} + \frac{w_{氧}}{M_{氧}}} = \frac{\frac{0.767}{28}}{\frac{0.767}{28} + \frac{0.233}{32}} = 0.79$$

$$y_{氧} = 1 - y_{氮} = 1 - 0.79 = 0.21$$

(2)体积分数:

$$v_{氮} = \frac{V_{氮}}{V} = y_{氮} = 0.79$$

$$v_{氧} = \frac{V_{氧}}{V} = y_{氧} = 0.21$$

(3)分压:

$$p_{氮} = py_{氮} = 101.3 \times 0.79 = 80.0\ \text{kPa}$$

$$p_{氧} = py_{氧} = 101.3 \times 0.21 = 21.3\ \text{kPa}$$

(二)双组分理想物系的气液相平衡

气液相平衡关系是溶液与其上方的蒸气达到平衡时,各组分在气液两相间的组成关系。蒸馏过程是物质(组分)在气液两相间的传质过程,气液两相达到平衡状态是传质过程的极限。气液相平衡关系是分析蒸馏原理和解决精馏计算问题的基础。这里重点讨论双组分理想物系的气液相平衡。

根据溶液中同分子间与异分子间作用力的差异,可将溶液分为理想溶液和非理想溶液。所谓理想物系是液相和气相符合以下条件的物系。

(1)液相为理想溶液,服从拉乌尔定律;

(2)气相为理想气体,服从道尔顿分压定律,当总压不太高(一般不高于 10^4 kPa)时气相可视为理想气体。

严格地讲,理想溶液并不存在,但由化学结构相似、性质极相近的组分,如苯和甲苯、甲醇和乙醇等有机同系物形成的溶液,可作为理想溶液处理。

1. 用饱和蒸气压表示气液相平衡关系

实验证明,理想溶液的气液相平衡遵循拉乌尔定律,即在一定温度下,气液两相达到平衡时,溶液上方的气相中任意组分的分压等于该组分在纯态、相同的温度下的饱和蒸气压与该组分在液相中的摩尔分数之乘积,用数学式表示为

$$p_A = p_A^o x_A \tag{6-5}$$

$$p_B = p_B^o x_B = p_B^o (1 - x_A) \tag{6-6}$$

式中　p_A、p_B——平衡时溶液上方组分 A、B 的分压,Pa;

p_A^o、p_B^o——纯组分 A、B 在平衡温度下的饱和蒸气压,Pa;

x_A、x_B——液相中组分 A、B 的摩尔分数。

在指定压强下,溶液沸腾的条件是

$$p = p_A + p_B \tag{6-7}$$

整理式(6-5)、式(6-6)、式(6-7)得

$$x_A = \frac{p - p_B^o}{p_A^o - p_B^o} \tag{6-8}$$

式(6-8)表示气液平衡时液相组成与平衡温度之间的关系,称为泡点方程。因为纯组分的饱和蒸气压仅为温度的函数,该方程反映了理想溶液气液相达到平衡时,温度、压强及各组分在液相中的组成之间的关系。在一定的压强下,液体混合物加热到某一温度,出现第一个气泡,即刚开始沸腾生成第二个相时的温度称为泡点温度,简称泡点。

根据道尔顿分压定律:

$$y_A = \frac{p_A}{p} = \frac{p_A^o x_A}{p} = \frac{p_A^o}{p}\frac{p - p_B^o}{p_A^o - p_B^o} \tag{6-9}$$

式(6-9)表示气液平衡时气相组成与平衡温度之间的关系,称为露点方程。因为纯组分的饱和蒸气压仅为温度的函数,该方程反映了理想溶液气液相达到平衡时,温度、压强及各组分

在气相中的组成之间的关系。在一定压强下，混合蒸气冷凝产生第一个液滴，即生成第二个相时的温度称为露点温度，简称露点。

在一定的压强下，已知溶液的沸点，可根据纯组分的饱和蒸气压直接计算出液相组成，通过式(6-9)又可由液相组成求出气相组成。对于双组分体系，$x_B = 1 - x_A$，$y_B = 1 - y_A$。反之，若已知总压和某个相的组成，可求得与之平衡的另一个相的组成及平均温度，但通常需采用试差法。

表6-3所列为通过计算得到的一定温度下苯－甲苯混合液沸腾汽化达到气液平衡时的液相组成与气相组成数据。通过这些数据不难看出，将苯－甲苯混合液加热至沸腾汽化时，由于两者的饱和蒸气压不同，其在液相中和气相中的组成是不同的，易挥发的苯在气相中的组成总是大于在液相中的组成，将这样的蒸气全部冷凝，所得的冷凝液与原混合液相比，其中易挥发组分——苯的浓度增大了，难挥发组分——甲苯的浓度却减小了，这正是通过精馏分离苯－甲苯混合液的依据。

表6-3中纯组分的饱和蒸气压 p_A^o、p_B^o 仅与温度 T 有关，可采用实测数据或用安托尼方程推算：

$$\ln p^o = A - \frac{B}{T + C} \tag{6-10}$$

式中 A、B、C 均为安托尼常数，可从有关数据手册中查取。

表6-3　苯－甲苯混合液的相平衡组成(总压 $p = 101.3$ kPa)

沸点/℃	p_A^o/kPa	p_B^o/kPa	x_A	y_A
80.2	101.3	39.9	1.000	1.000
84.0	113.3	44.3	0.826	0.924
88.0	127.3	50.5	0.661	0.831
92.0	143.4	57.5	0.509	0.721
96.0	160.1	65.5	0.378	0.579
100.0	178.8	74.3	0.258	0.454
104.0	198.8	83.1	0.157	0.308
108.0	220.6	93.7	0.059	0.128
110.4	232.5	101.3	0.000	0.000

?请思考：混合液的沸点只与外界压强有关吗？

例6-3　已知常压下正庚烷(A)和正辛烷(B)的饱和蒸气压与温度数据如下：

温度 t/℃	p_A^o/kPa	p_B^o/kPa	温度 t/℃	p_A^o/kPa	p_B^o/kPa
98.4	101.3	44.4	115.0	160.0	74.8
105.0	125.3	55.6	120.0	180.0	86.6
110.0	140.0	64.5	126.6	205.0	101.3

此混合液服从拉乌尔定律。

试计算：(1)正庚烷和正辛烷混合液在110 ℃下沸腾时，气液相的平衡组成；(2)含正庚烷

0.5（摩尔分数）的正庚烷和正辛烷混合液在总压为101.3 kPa时的泡点。

解　(1)已知110 ℃时 $p_A^\circ=140.0$ kPa，$p_B^\circ=64.5$ kPa，则液相组成为

$$x_A=\frac{p-p_B^\circ}{p_A^\circ-p_B^\circ}=\frac{101.3-64.5}{140.0-64.5}=0.487$$

$$x_B=1-x_A=1-0.487=0.513$$

气相组成为

$$y_A=\frac{p_A^\circ x_A}{p}=\frac{140.0\times0.487}{101.3}=0.673$$

$$y_B=1-y_A=1-0.673=0.327$$

(2)因为混合液服从拉乌尔定律，故求泡点可用泡点方程式(6-8)计算。因由泡点方程无法直接解出泡点，故需用试差法求解。

设泡点为108 ℃，查正庚烷和正辛烷的饱和蒸气压与温度数据，内插求得 p_A° 与 p_B°：

$p_A^\circ=134.12$ kPa，$p_B^\circ=60.94$ kPa

由泡点方程式(6-8)求出 x_A：

$$x_A=\frac{p-p_B^\circ}{p_A^\circ-p_B^\circ}=\frac{101.3-60.94}{134.12-60.94}=0.552>0.5$$

再设泡点 $t=109.6$ ℃，求得

$p_A^\circ=138.82$ kPa，$p_B^\circ=63.79$ kPa

于是

$$x_A=\frac{p-p_B^\circ}{p_A^\circ-p_B^\circ}=\frac{101.3-63.79}{138.82-63.79}=0.500$$

假设正确，即所求泡点为109.6 ℃。

2. 用相对挥发度表示气液相平衡关系

在一定的压强下理想物系的气液相平衡关系还可用相对挥发度表示。

挥发度表示物质挥发能力的大小。对混合液体，某组分的挥发度可用气相中该组分的蒸气分压与平衡时该组分的液相摩尔分数之比来表示，即对由A和B组成的双组分混合液有

$$\upsilon_A=\frac{p_A}{x_A}\tag{6-11}$$

$$\upsilon_B=\frac{p_B}{x_B}\tag{6-11a}$$

式中 υ_A、υ_B 分别为溶液中A、B两组分的挥发度。

理想溶液服从拉乌尔定律，则有

$\upsilon_A=p_A^\circ$，$\upsilon_B=p_B^\circ$

显然，溶液中组分的挥发度随温度而变，使用不太方便，故引出相对挥发度的概念。习惯上将易挥发组分与难挥发组分的挥发度之比称为相对挥发度，以 α 表示，即

$$\alpha=\frac{\upsilon_A}{\upsilon_B}=\frac{p_A/x_A}{p_B/x_B}\tag{6-12}$$

对理想物系，气相遵循道尔顿分压定律，则式(6－12)可改写为

$$\alpha=\frac{py_A/x_A}{py_B/x_B}=\frac{y_Ax_B}{y_Bx_A}\tag{6-13}$$

式(6－13)为相对挥发度的定义式，对于双组分溶液，式(6-13)略去下标整理得

$$y=\frac{\alpha x}{1+(\alpha-1)x} \tag{6-14}$$

式(6-14)称为气液平衡方程(或相平衡方程)，它表示在同一总压下互成平衡的气液两相组成之间的关系。确定了物系的相对挥发度 α 后，便可通过式(6-14)求得平衡时的气液相组成。

α 表示组分 A、B 挥发能力的差异，反映了溶液用蒸馏分离的难易程度。

若 $\alpha=1$，可知 $y=x$，混合物的气相组成与液相组成相等，此时不能用普通蒸馏的方法分离此混合物，需要采用特殊精馏或其他分离方法。

若 $\alpha>1$，则 $y>x$，说明组分 A 较 B 容易挥发，该溶液可以用蒸馏的方法来分离，α 偏离 1 的程度愈大，挥发度的差异越大，分离越容易。$\alpha<1$，表示组分 B 为易挥发组分，同样也可以用蒸馏的方法进行分离，但在实际应用中需重新定义轻组分与重组分，使 $\alpha>1$。

对理想溶液，有

$$\alpha=\frac{p_A^\circ}{p_B^\circ} \tag{6-15}$$

式(6-15)可用于计算理想溶液的相对挥发度，表示理想溶液的相对挥发度为同温度下纯组分 A 和 B 的饱和蒸气压之比。纯组分的饱和蒸气压为温度的函数，随温度升高而增大，因此 α 也为温度的函数。但 p_A°、p_B° 随温度同方向变化，因而两者的比值变化不大，计算时一般可将 α 取常数或取操作温度范围内的平均值，称为平均相对挥发度，以 α_m 表示。

平均相对挥发度的取法有多种，通常取算术平均值，即

$$\alpha_m=\frac{1}{n}\sum_{i=1}^{n}\alpha_i \tag{6-16}$$

在精馏塔内，当压强和温度变化都比较小时，也可用几何平均值，即

$$\alpha_m=\sqrt{\alpha_{顶}\times\alpha_{釜}} \tag{6-16a}$$

式中 $\alpha_{顶}$——塔顶的相对挥发度；

$\alpha_{釜}$——塔釜的相对挥发度。

实际体系的相对挥发度常由实验测定。

例 6-4 利用表 6-3 中苯、甲苯的饱和蒸气压和温度数据及拉乌尔定律，分别计算苯－甲苯混合液在总压为 101.3 kPa 下的气液平衡数据、相对挥发度和用相对挥发度表示的气液平衡方程。

解 (1)利用拉乌尔定律计算气液平衡数据。

由表 6-3 可查出不同温度下纯组分苯与甲苯的饱和蒸气压 p_A° 与 p_B°，应用式(6-8)、式(6-9)即可求出在该温度下平衡时的液相组成 x 和气相组成 y。

以 $t=96.0$ ℃为例，计算过程如下：

$$x=\frac{p-p_B^\circ}{p_A^\circ-p_B^\circ}=\frac{101.3-65.5}{160.1-65.5}=0.378$$

$$y=\frac{p_A^\circ}{p}x=\frac{160.1}{101.3}\times0.378=0.597$$

其他温度下的计算结果列于本题附表 1 中。

例 6-4 附表 1

t/℃	80.2	84.0	88.0	92.0	96.0	100.0	104.0	108.0	110.4
x	1.000	0.826	0.661	0.510	0.378	0.258	0.157	0.060	0.000
y	1.000	0.924	0.831	0.722	0.597	0.455	0.308	0.131	0.000

(2)利用相对挥发度计算气液平衡数据。

因苯－甲苯混合液为理想溶液,其相对挥发度可用式(6-15)计算,即

$$\alpha=\frac{p_A^o}{p_B^o}$$

以 $t=96.0$ ℃为例:

$$\alpha=\frac{p_A^o}{p_B^o}=\frac{160.1}{65.5}=2.44$$

其他温度下的 α 值列于本题附表 2 中。由此可见,α 随温度变化,但变化不大,所以利用式(6-14)计算相平衡关系时,式中的 α 可用 α_m 代替,即可取温度范围内的平均相对挥发度。在本题的条件下,附表 2 中两端温度下的 α 数据除外(因对应的是纯组分,即 y-x 曲线上的两端点),可取温度为 84.0 ℃和 108.0 ℃下 α 的平均值,即

$$\alpha_m=\frac{2.56+2.35}{2}=2.46$$

将平均相对挥发度代入式(6-14)中,即

$$y=\frac{\alpha x}{1+(\alpha-1)x}=\frac{2.46x}{1+1.46x}$$

按附表 1 中的各 x 值,由上式即可计算出平衡气相组成 y,计算结果列于附表 2 中。

比较附表 1 和附表 2,可以看出用两种方法求得的 y-x 数据基本一致。对双组分溶液,用平均相对挥发度表示气液平衡关系比较简便。

例 6-4 附表 2

t/℃	80.2	84.0	88.0	92.0	96.0	100.0	104.0	108.0	110.4
α	2.54	2.56	2.52	2.49	2.44	2.41	2.39	2.35	2.30
x	1.000	0.826	0.661	0.510	0.378	0.258	0.157	0.060	0.000
y	1.000	0.921	0.827	0.719	0.600	0.461	0.314	0.136	0.000

3. 双组分理想溶液的气液平衡相图

由前述内容可知,可用方程式描述理想溶液气液相达到平衡时,温度、压强及各组分在气液相中的组成之间的关系。在工程中,为了更简明地表示理想溶液达到气液平衡时压强、温度和两相组成之间的关系,通常采用绘图的方法,这样能比较直观、清晰地反映出影响精馏过程的因素,同时对双组分精馏过程的分析计算也非常方便。在精馏中,常用的相图有恒压下的温度－组成图及气－液相组成图两种。

1)温度－组成图(t-x-y 图)　在总压 p 为恒定值的条件下,根据实验测定的饱和蒸气压数据(见表 6-3)并按式(6-8)和式(6-9)计算得到的苯－甲苯混合液的气(液)相组成与温度的关系可表达成如图 6-21 所示的曲线。实际生产中的精馏操作总是在操作压强一定的设备内进

行的，因此，总压一定的 t-x-y 图是分析精馏过程的基础。

如图 6-21，在直角坐标图中，纵坐标为温度，横坐标为组成 x、y（x 和 y 分别为易挥发组分在液相和气相中的摩尔分数），该图常被称为理想溶液的 t-x-y 图。图中有两条曲线，上曲线为 t-y 线，表示平衡时气相组成与温度的关系，称为气相线，又称饱和蒸气线或露点线；下曲线为 t-x 线，表示平衡时液相组成与温度的关系，称为液相线，又称饱和液体线或泡点线。这两条曲线将整个图形分成三个区域，液相线以下的区域代表溶液处于尚未沸腾的状态，称为液相区；气相线以上的区域代表溶液全部汽化为蒸气，称为气相区，又称过热蒸气区；两条曲线包围的区域代表气液两相同时存在，称为气液共存区（见动画 6-16）。

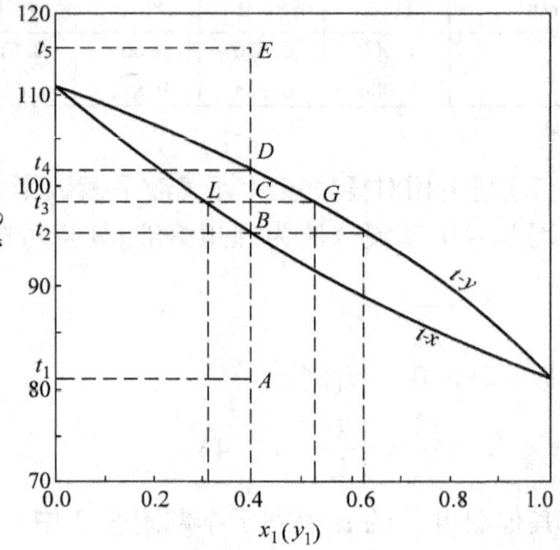

图 6-21　苯－甲苯混合液的 t-x-y 图

动画6-14　温度-组成图

动画 6-14　温度－组成图

在恒定的总压下，将组成为 x_1、温度为 t_1（图 6－21 中的 A 点）的混合液加热至 t_2（B 点）时，第一个气泡产生，溶液开始沸腾。t_2 即为该溶液的泡点，因此饱和液体线又称泡点线。将其继续加热至 t_3（图中的 C 点），此物系被分成互成平衡的气液两相，加热至 t_4（图中的 D 点）则全部汽化为饱和蒸气，组成 $y_1 = x_1$。继续加热则变成过热蒸气。反之，将温度为 t_5、组成为 y_1（图中的 E 点）的过热蒸气降温，则当温度降至 t_4 时蒸气开始冷凝产生第一个液滴，t_4 称为该混合气体的露点，因此饱和蒸气线又称露点线。由图还可以看出，溶液的沸点随组成而变。实际生产中的蒸馏过程，随着易挥发组分不断汽化，溶液的组成不断地变化，沸点也不断地变化。

通常，t-x-y 数据由实验测得。理想溶液也可以用纯组分的饱和蒸气压数据按拉乌尔定律和道尔顿分压定律计算。

例 6-5　已知苯－甲苯混合液在总压 $p = 101.3$ kPa 下的 t-x-y 图，如图 6-21 所示。若已知混合液含苯 0.40（摩尔分数），温度为 80 ℃，试用此图求取以下结果。

（1）混合液的泡点及其平衡蒸气的瞬间组成。

（2）将溶液加热至 98 ℃，此时溶液处于什么状态？各相的量与组成为多少？

(3)将溶液加热至何温度才能全部汽化？此时蒸气的瞬间组成为多少？

(4)加热至115 ℃时溶液处于何状态？其组成为多少？

解　由图6-21知，总压为101.3 kPa时纯苯的沸点为80.2 ℃，纯甲苯的沸点为110.4 ℃，图中的A点为该溶液的初始状态点。由A点作垂线可表示该溶液的加热和降温过程。由图可知：

(1)溶液的泡点为95.5 ℃，其平衡蒸气的瞬间组成$y=0.62$。

(2)加热至98 ℃时，已有部分溶液汽化，气液共存，气相组成$y=0.53$(点G)，液相组成$x=0.32$(点L)，由杠杆法则知，此时气相量与液相量之比为

$$\frac{G}{L}=\frac{LC}{CG}=\frac{0.40-0.32}{0.53-0.40}=\frac{0.08}{0.13}=0.62$$

工程上常将处于平衡状态的气液混合物的气相分数和液相分数称为此混合液的汽化率和液化率。在本题的具体条件下：

$$\text{汽化率}=\frac{LC}{LG}=\frac{0.40-0.32}{0.53-0.32}=\frac{0.08}{0.21}=0.38$$

$$\text{液化率}=\frac{CG}{LG}=\frac{0.53-0.40}{0.53-0.32}=\frac{0.13}{0.21}=0.62$$

(3)加热至102 ℃时，溶液全部汽化为饱和蒸气，其瞬间组成为$y=0.40$。

(4)加热至115 ℃时成为过热蒸气，其组成仍为$y=0.40$。

2)气-液相组成图(y-x图)　在工程上，蒸馏计算广泛应用的不是t-x-y图，而是在一定的总压下由气相组成y和液相组成x的平衡关系绘制的y-x图(相平衡曲线)。图6-22所示为苯-甲苯混合液在总压一定时的y-x图。该图以x为横坐标，y为纵坐标，曲线表示达到平衡时气液相组成间的关系，称为平衡曲线。曲线上的任一点D表示组成为x_1的液相与组成为y_1的气相互成平衡。对角线为$y=x$的直线。对于易挥发组分，达到气液平衡时，y总是大于x，平衡线总是位于对角线的上方。平衡线偏离对角线愈远，表示溶液愈易分离。溶液的y-x数据一般由实验测出载于有关手册中，也可通过t-x-y图查取。

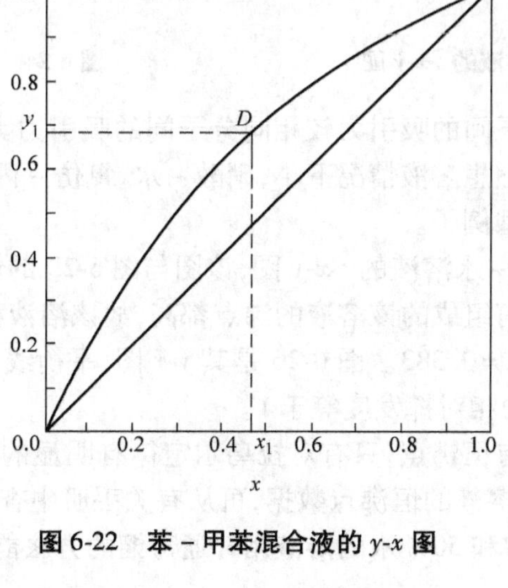

图6-22　苯-甲苯混合液的y-x图

必须指出，实验证明，总压对气液平衡数据的影响不大。当总压变化范围为20% ~30%时，y-x平衡曲线的变化不超过2%。因此，在工程计算中，若总压变化不大，可不考虑总压对平衡曲线的影响。而t-x-y图随总压的变化比较大，一般不能忽略。由此可知，在精馏计算中使用y-x图比使用t-x-y图方便。

二、非理想物系的气液相平衡

在工业生产中，理想溶液很少，原因在于同种分子间的作用力与异种分子间的作用力不同，因偏差有正有负，故将溶液分为对拉乌尔定律具有正偏差的溶液和具有负偏差的溶液。

若混合溶液中相异分子间的吸引力较相同分子间的吸引力小，分子容易汽化，因此，溶液上方各组分的蒸气分压较理想溶液情况下大，乙醇－水、丙醇－水等物系是对拉乌尔定律具有很大正偏差的溶液的典型例子。

图6-23为常压下乙醇－水溶液的t-x-y图。由图可见，液相线和气相线在点M重合，即点M所示的两相组成相等。常压下点M处的组成为$x_M=0.894$，称为恒沸组成。点M处的温度为78.15 ℃，称为恒沸点。该点的溶液称为恒沸液。因点M处的温度比任何组成的该溶液的沸点都低，故该溶液称为具有最低恒沸点的溶液。图6-24是其y-x图，平衡线与对角线的交点与图6-23中的点M相对应，该点溶液的相对挥发度等于1。

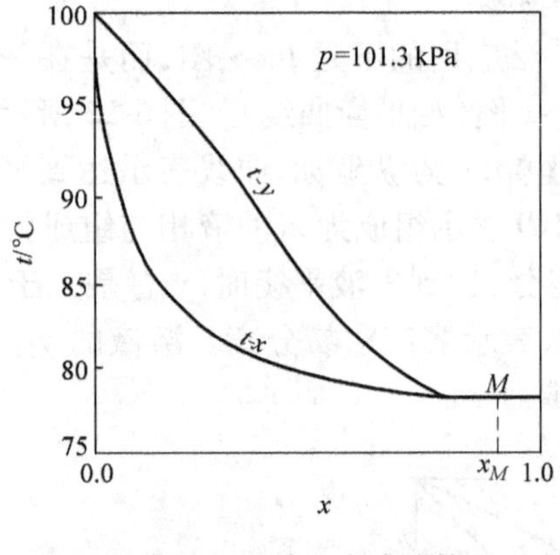

图6-23 常压下乙醇－水溶液的t-x-y图

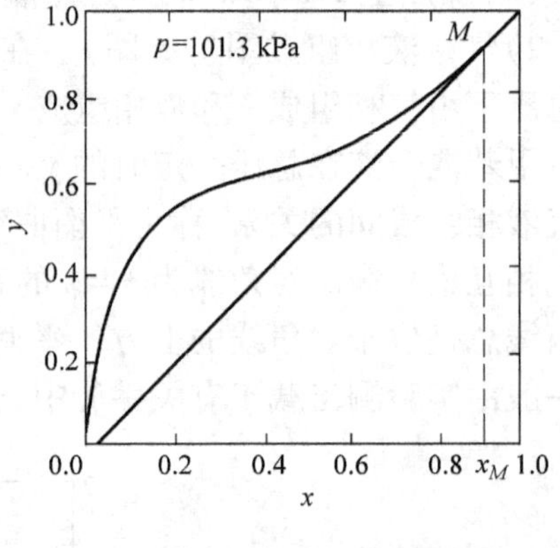

图6-24 常压下乙醇－水溶液的y-x图

若混合溶液中相异分子间的吸引力较相同分子间的吸引力大，分子不易汽化，因此，溶液上方各组分的蒸气分压较理想溶液情况下小，硝酸－水、氯仿－丙酮等物系是对拉乌尔定律具有很大负偏差的溶液的典型例子。

图6-25为常压下硝酸－水溶液的t-x-y图，该图与图6-23的情况相似，不同的是恒沸点M处的温度（121.9 ℃）比任何组成的该溶液的沸点都高，故该溶液称为具有最高恒沸点的溶液。点M所对应的恒沸组成$x_M=0.383$。图6-26是其y-x图，平衡线与对角线的交点与图6-25中的点M相对应，该点溶液的相对挥发度等于1。

非理想溶液不一定都有恒沸点，只有对拉乌尔定律有明显的偏差的非理想溶液才具有恒沸点（见图6-27）。非理想溶液的恒沸点数据，可从有关手册中查到。

❓请思考：含50%乙醇和50%水的溶液用普通蒸馏的方法能否获得98%的乙醇水溶液？

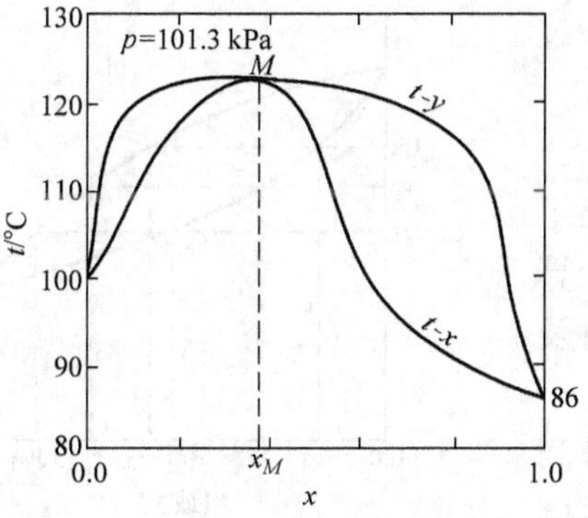

图 6-25　常压下硝酸－水溶液的 t-x-y 图

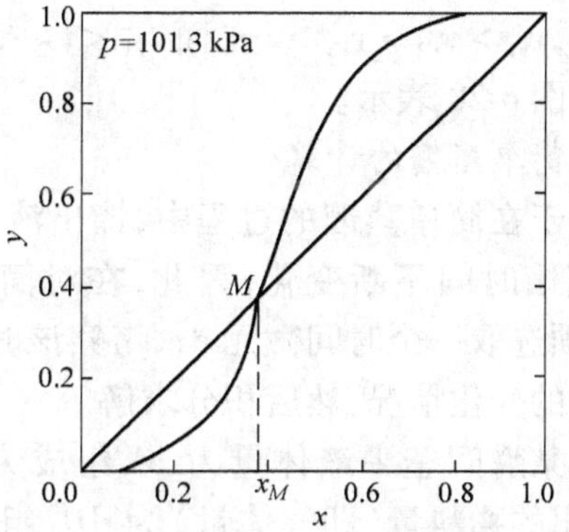

图 6-26　常压下硝酸－水溶液的 x-y 图

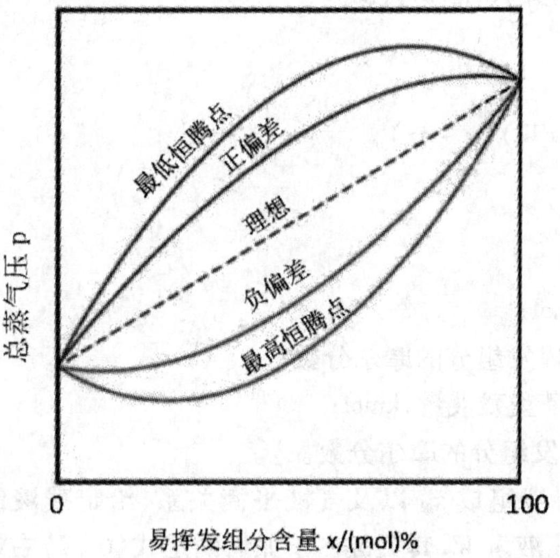

图 6-27　非理想物系的 p-x 图

三、简单蒸馏与平衡蒸馏

（一）简单蒸馏

简单蒸馏也称微分蒸馏，是间歇非稳态操作（unsteady batch operation），在蒸馏过程中系统的温度和气液相组成均随时间改变。这里着重分析这一过程的特点，并对其计算进行讨论。

1. 简单蒸馏过程的分析

加入蒸馏釜的原料液持续加热沸腾汽化，产生的蒸气由釜顶连续引入冷凝器得馏出液产品。釜内任一时刻的气液两相组成互成平衡，易挥发组分在蒸气中的含量 y 始终大于在釜内的液相中的含量 x。组成为 x_{F1} 的混合液在蒸馏釜中被加热至泡点 t_{F1} 而汽化，与之平衡的蒸气组成为 y_{F1}，且 $y_{F1}>x_{F1}$，将蒸气冷凝，即得到易挥发组分浓度高于原始溶液的馏出液。随着过程的进行，蒸气不断地引出，釜中料液的易挥发组分浓度不断减小，产生的蒸气组成随之降低，釜内溶液的泡点则逐渐升高。即 $x_{F1}>x_{F2}>x_{F3}>\cdots$，与之相应地，$y_{F1}>y_{F2}>y_{F3}>\cdots$，而 $t_{F1}<t_{F2}<t_{F3}<\cdots$。这一过程可由图 6-28 表示。

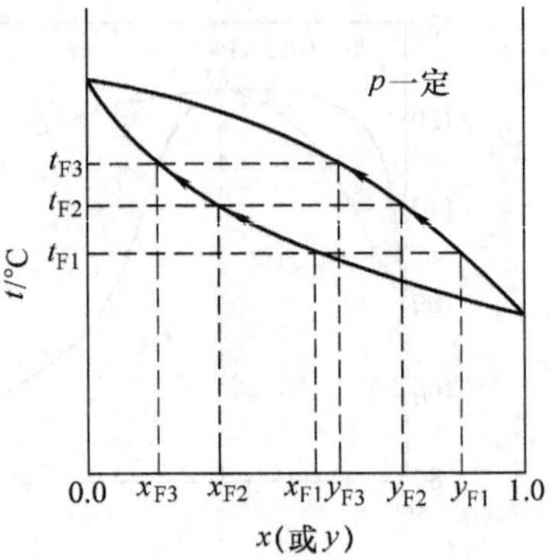

图 6-28 简单蒸馏过程温度和组成之关系

2. 简单蒸馏的计算

由于在简单蒸馏的过程中，馏出液、釜残液的量及组成随蒸馏时间不断变化，因此，在对简单蒸馏进行计算时，必须选取一个时间微元 $d\tau$，考察该时间微元内物料及各组分的变化情况，然后积分求解。

设某瞬间釜中液体量为 W，组成为 x，经 $d\tau$ 的时间后，蒸出的物料量（即气体量）为 dD，组成为 y，则釜内剩余液体量为 $W-dW$，组成相应地由 x 降为 $x-dx$，y 与 x 呈平衡关系。

作 $d\tau$ 时间内的物料衡算，得总物料衡算

$$dW=dD$$

易挥发组分的物料衡算

$$Wx=y\,dD+(W-dW)(x-dx)$$

联立上两式，积分得

$$\ln\frac{F}{W}=\int_{x_W}^{x_F}\frac{dx}{y-x} \tag{6-17}$$

式中 F——原料液量，kmol；

x_F——原料液中易挥发组分的摩尔分数；

W——过程终了时塔釜残液量，kmol；

x_W——残液中易挥发组分的摩尔分数。

已知原料液量 F、原料液组成 x_F 以及气液平衡关系，给定残液组成 x_W 时，便可由式(6-17)计算出过程终了时釜残液量 W，其关键在于如何确定式(6-17)右端的积分式。

若气液平衡关系可用式(6-14)表示，则代入式(6-17)并积分得

$$\ln\frac{F}{W}=\frac{1}{\alpha-1}\left(\ln\frac{x_F}{x_W}+\alpha\ln\frac{1-x_W}{1-x_F}\right) \tag{6-18}$$

馏出液的平均组成 $\bar{y}$（或 x_D）可通过一批操作的物料衡算确定，即总物料衡算

$$D=F-W$$

易挥发组分的物料衡算

$$D\bar{y}=Fx_F-Wx_W$$

联立上两式，整理得

$$\bar{y}=\frac{Fx_F-Wx_W}{D}=\frac{Fx_F-Wx_W}{F-W} \tag{6-19}$$

（二）平衡蒸馏

平衡蒸馏是液体一次部分汽化或蒸气一次部分冷凝的蒸馏操作。其流程及操作过程如前所述，这里仅对这一过程的特点进行分析，并对其计算进行讨论。

1. 平衡蒸馏过程的分析

在平衡蒸馏的过程中，原料液流经节流阀后压强骤然降低成为过热液体，过热液体在分离器中部分汽化，处于平衡的气液两相及时被分离，这一过程也称为闪蒸。在分离器中压强和温度均保持恒定，蒸气与液体处于平衡状态，即在分离器内通过一次部分汽化使混合液得到了一定程度的分离。将闪蒸过程表示在如图 6-29 所示的 t-x-y 图中，原料液组成为 x_F，经一次部分汽化，得到相互平衡的气相组成 y_D 和液相组成 x_W，并且 $x_W < x_F < y_D$，将气相组成为 y_D 的蒸气冷凝下来，即得到易挥发组分浓度较高的塔顶产品，而塔釜产品中易挥发组分浓度较低。

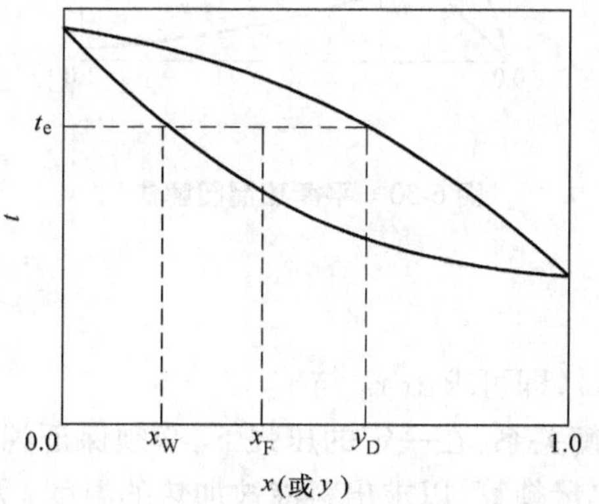

图 6-29　闪蒸过程温度和组成之关系

2. 平衡蒸馏的计算

通常，已知原料液量 F、组成 x_F、初温 t_0，规定汽化率，求解气相组成 y_D 和液相组成 x_W，具体计算过程如下。

1）物料衡算　对平衡蒸馏过程作物料衡算，总物料衡算

$$F = D + W$$

易挥发组分的物料衡算

$$Fx_F = Dx_D + Wx_W$$

塔顶为全凝器，则 $y_D = x_D$，联立上两式并整理得

$$\frac{D}{F} = \frac{x_F - x_W}{y_D - x_W} \tag{6-20}$$

令液相产品量占总加料量的摩尔分数 $W/F = q$，q 称为液化率，则汽化率 $D/F = 1 - q$，代入式(6-20)并整理得

$$y_D = \frac{q}{q-1}x_W - \frac{x_F}{q-1} \tag{6-21}$$

式(6-21)为平衡蒸馏的物料衡算式，它表示在一定的汽化率下，组成为 x_F 的原料液经闪蒸后分成互相平衡的气液两部分，其气相组成 y_D 与液相组成 x_W 应满足的关系。若 q 为定值，该式为直线方程。在 y-x 图上，其代表通过点 $F(x_F, x_F)$、斜率为 $q/(1-q)$ 的直线 KF，如图 6-30 所示。

2）气液平衡关系　由于在闪蒸器内气液两相处于平衡状态，即两相温度相等，组成互为平衡，故气液两相组成 y_D 与 x_W 应满足相平衡方程。若为理想物系，则有

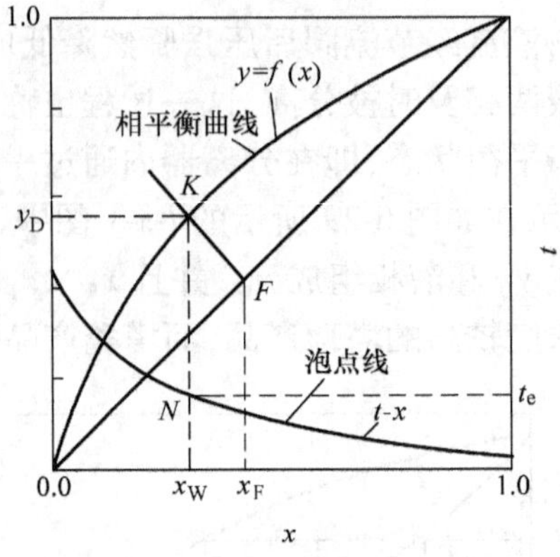

图 6-30 平衡蒸馏图解法

$$y_D=\frac{\alpha x_W}{1+(\alpha-1)x_W} \tag{6-22}$$

联立式(6-21)与式(6-22),即可求出 y_D 与 x_W。

为了确保 y_D 与 x_W 的平衡关系,在一定的压强下,必须保证闪蒸器内的温度 t_e 一定,如图 6-30 所示。因此,需要进行热量衡算,以求出料液被加热的温度 t 及加热器加入的热量。

3)热量衡算 若动画 6-2 中加热器的热损失可忽略,则加热物料所需的热量为

$$Q=Fc_p(t-t_F) \tag{6-23}$$

式中 Q——加热器的热负荷,kJ/h 或 kW;

F——原料液流量,kmol/h 或 kmol/s;

c_p——原料液的平均比热容,kJ/(kmol · ℃);

t——通过加热器后料液的温度,℃;

t_F——原料液的温度,℃。

原料液经节流阀进入分离器后,料液汽化所需的潜热由料液本身的显热提供,因此,过程完成后系统的温度下降,有

$$Fc_p(t-t_e)=(1-q)Fr \tag{6-24}$$

式中 t_e——分离器中的平衡温度,℃;

r——平均摩尔汽化潜热,kJ/kmol。

整理式(6-24),得料液离开加热器的温度为

$$t=t_e+(1-q)\frac{r}{c_p} \tag{6-25}$$

应用上述三类基本关系,即可计算平衡蒸馏中气液相的平衡组成及平衡温度。平衡蒸馏的图解计算如图 6-30 所示。

例 6-6 在常压下蒸馏分离苯 - 甲苯混合液,原料液中苯的摩尔分数为 0.5,处理量为 100 kmol,物系的平均相对挥发度为 2.5,试计算:(1)进行简单蒸馏,馏出液量为原料液量的 2/5 时,釜残液的组成及馏出液的平均组成各为多少?(2)改为平衡蒸馏,汽化率为 2/5 时,所获得的气液相组成各为多少?

解 (1)简单蒸馏。由题意知,馏出液的量为

$$D = \frac{2}{5}F = \frac{2}{5} \times 100 = 40 \text{ kmol}$$

则　$W = F - D = 100 - 40 = 60 \text{ kmol}$

将有关数据代入式(6-18),可求得釜残液的组成 $x_W = 0.387$。

馏出液的平均组成由式(6-19)计算:

$$\bar{y} = \frac{Fx_F - Wx_W}{D} = \frac{100 \times 0.5 - 60 \times 0.387}{40} = 0.6695$$

(2)平衡蒸馏。由题意知,汽化率为2/5,则液化率 $q = 1 - 2/5 = 0.6$。

由物料衡算式有

$$y_D = \frac{q}{q-1}x_W - \frac{x_F}{q-1} = \frac{0.6}{0.6-1}x_W - \frac{0.5}{0.6-1} = 1.25 - 1.5x_W$$

由相平衡方程式有

$$y_D = \frac{\alpha x_W}{1 + (\alpha - 1)x_W} = \frac{2.5x_W}{1 + 1.5x_W}$$

联立上两式,得平衡时的气液相组成为:$y_D = 0.635$,$x_W = 0.41$。

由计算结果可知,在相同的汽化率下,简单蒸馏塔顶产品平均组成高于平衡蒸馏塔顶产品组成,即简单蒸馏较平衡蒸馏可获得更好的分离效果,而平衡蒸馏的优点是操作连续。

四、精馏的原理

由对简单蒸馏和平衡蒸馏的讨论可知,其分离程度很低,不可能满足高纯度的分离要求。若要使液体混合物得到几乎完全的分离,必须进行多次部分汽化和冷凝,该过程即所谓的精馏。精馏是利用混合液中各组分间挥发度的差异,借助“回流”技术实现混合液高纯度分离的一种操作。

1. 多次部分汽化和多次部分冷凝

将单级蒸馏分离加以组合,变成如图6-31所示的多级分离流程(以3级为例)。将第1级溶液部分汽化所得的气相产品在冷凝器中冷凝,然后将冷凝液在第2级中部分汽化,此时所得的气相组成为 y_2,$y_2 > y_1$,这种部分汽化的次数(级数)愈多,所得到的蒸气浓度愈高,最后可得到几乎纯态的易挥发组分。同理,将各分离器所得到的液相产品进行多次部分汽化和分离,这种级数愈多,得到的液相浓度愈低,最后可得到几乎纯态的难挥发组分。

精馏过程的原理也可用 t-x-y 图来说明。如图6-32所示,将组成为 x_F 的某混合液加热至泡点以上,则该混合物部分汽化,产生气液两相,组成分别为 y_1 和 x_1,$y_1 > x_F > x_1$。将气液两相分离,并将组成为 y_1 的气相部分冷凝,可得到组成为 y_2 的气相和组成为 x_2 的液相。继续将组成为 y_2 的气相部分冷凝,可得到组成为 y_3 的气相和组成为 x_3 的液相,显然 $y_3 > y_2 > y_1$。如此进行下去,最终的气相全部冷凝,即可获得高纯度的易挥发组分产品。同时,将组成为 x_1 的液相部分汽化,可得到组成为 y_2' 的气相和组成为 x_2' 的液相。继续将组成为 x_2' 的液相部分汽化,可得到组成为 y_3' 的气相和组成为 x_3' 的液相,显然 $x_3' < x_2' < x_1$。如此进行下去,最终的液相即为高纯度的难挥发组分产品。

由此可见,每一次部分汽化和部分冷凝,都使气液两相的组成发生了变化,同时进行多次部分汽化和多次部分冷凝,在原理上可实现两组分的高纯度分离。但是整个分离过程需要使

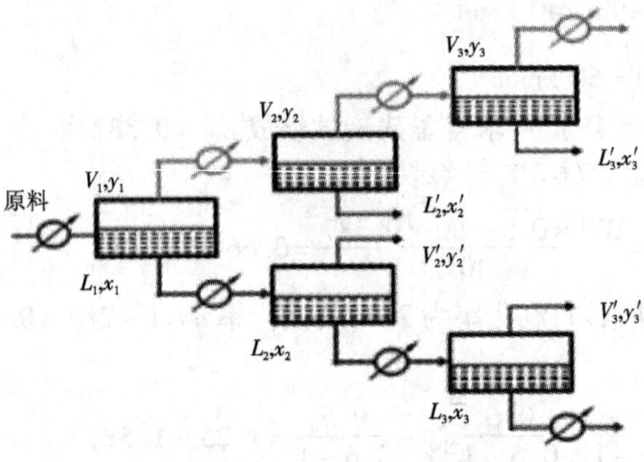

图6-31　多次部分汽化和多次部分冷凝的分离示意

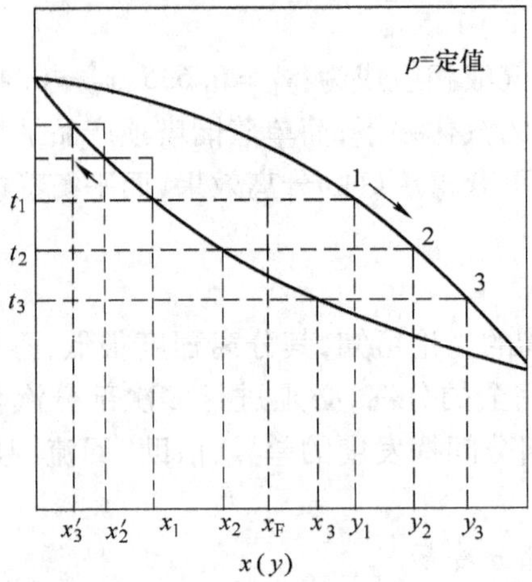

图6-32　多次部分汽化和冷凝的 t-x-y 图

用很多加热器和冷凝器，产生大量中间馏分而使所得产品量极少，收率很低，同时设备庞大、操作烦琐、能耗大，很不经济，因此这一过程在工业生产中是不能采用的。

同时，由图6－33可以看出，当第1级产生的蒸气与第3级下降的液体直接混合时，由于液相温度低于气相温度，因此高温的蒸气（潜热）将加热低温的液体，使液体部分汽化，蒸气则被部分冷凝。

由此可见，温度不同且互不平衡的气液两相接触时，必然会同时产生传热和传质的双重作用，所以使上一级的液相回流与下一级的气相直接接触，就可以将图6－31所示的流程演变为图6－33所示的流程，从而省去了逐级使用的中间加热器和冷凝器。

2. 实现精馏操作的条件

由图6－33可知，将每一级中间产品送到下一级中，不仅可以提高产品的收率，而且是过程进行的必要条件。例如，对第2级而言，如没有液体回流（无中间加热器和冷凝器），就不会有溶液的部分汽化和蒸气的部分冷凝，第2级也就没有分离作用了。因此，每一级都需有回流液。

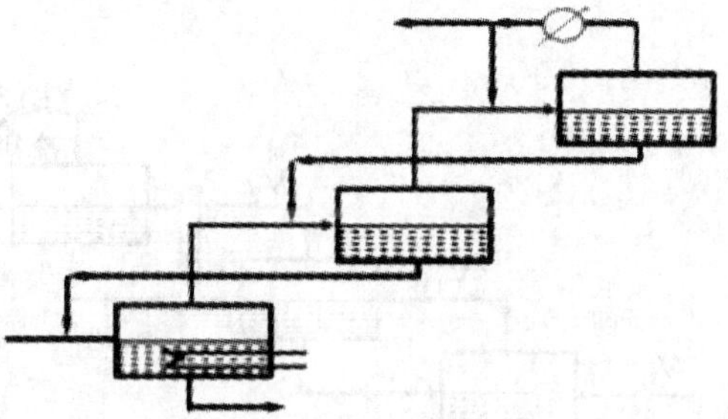

图 6-33 无中间产品的多次部分汽化的分离示意

对最高级(第 3 级)而言,气相冷凝后不是全部作为产品,而是一部分返回与下一级的气相混合,这是最简单的回流方法。通常将部分产品引回设备的操作称为回流。回流是保证精馏过程连续稳定操作的必要条件之一。

对增浓难挥发组分来说,道理是完全相同的。进入最低级的蒸气只能由从最低级下降的液体部分汽化得到,汽化的热量由加热器(称为再沸器)供给。在再沸器中,溶液部分汽化而产生上升蒸气(又称气相回流),如同塔顶回流一样,这是精馏过程连续稳定操作的另一个必要条件。

混合液体多次部分汽化,釜液的组成沿 t-$x(y)$ 相图的泡点线变化,可得难挥发组分含量很高而易挥发组分含量很低的釜液。

混合蒸气多次部分冷凝,蒸气的组成沿 t-$x(y)$ 相图的露点线变化,可得易挥发组分含量很高而难挥发组分含量很低的蒸气。

工业上的精馏过程是在精馏塔内将部分汽化和部分冷凝过程有机耦合而进行的。精馏就是多次且同时进行部分汽化和部分冷凝,使混合液得到分离的过程。

那么,怎样实现同时进行多次部分汽化和多次部分冷凝呢?在工业上,板式塔以塔板作为气液两相接触传质的基本构件。

3. 塔板的作用

精馏塔用若干块塔板取代了中间的各级分离器,提供了气液两相传质和传热的场所。可见,在精馏操作中塔板具有非常重要的作用。如图 6-35 所示,以板式塔为例,讨论精馏塔内气液两相的传质和传热情况。

任取精馏塔内相邻的三块塔板:第 $n-1$ 块板、第 n 块板、第 $n+1$ 块板,各板的温度与对应的组成如图 6-35(a)所示。从总体上看,塔顶物料轻组分较多,故其温度较低;塔釜物料难挥发组分较多,故其温度较高,即必有 $t_{n+1}>t_n>t_{n-1}$,见图 6-35(b)。由第 $n-1$ 块板下降的液体(温度为 t_{n-1},组成为 x_{n-1})与从第 $n+1$ 块板上升的蒸气(温度为 t_{n+1},组成为 y_{n+1})在第 n 块板上相遇,因它们是不平衡的,即存在温度差和浓度差,故必将在第 n 块板上进行传质和传热过程。蒸气将放出热量,自身部分冷凝,部分难挥发组分向液相扩散,即经过第 n 块板,气相组成由 y_{n+1}变为 y_n,且 $y_n>y_{n+1}$;而液体将吸收热量,自身部分汽化,部分易挥发组分向气相扩散,即经过第 n 块板,液相组成由 x_{n-1}变为 x_n,且 $x_n<x_{n-1}$。在第 n 块板上相遇的两相物流进行传热、传质,若两相物流接触充分,则离开塔板的气液两相组成 y_n 与 x_n 可能达到平衡,且两相温度均为 t_n。

由于经过一块塔板,上升蒸气中的轻组分和下降液体中的重组分分别得到一次提浓,因

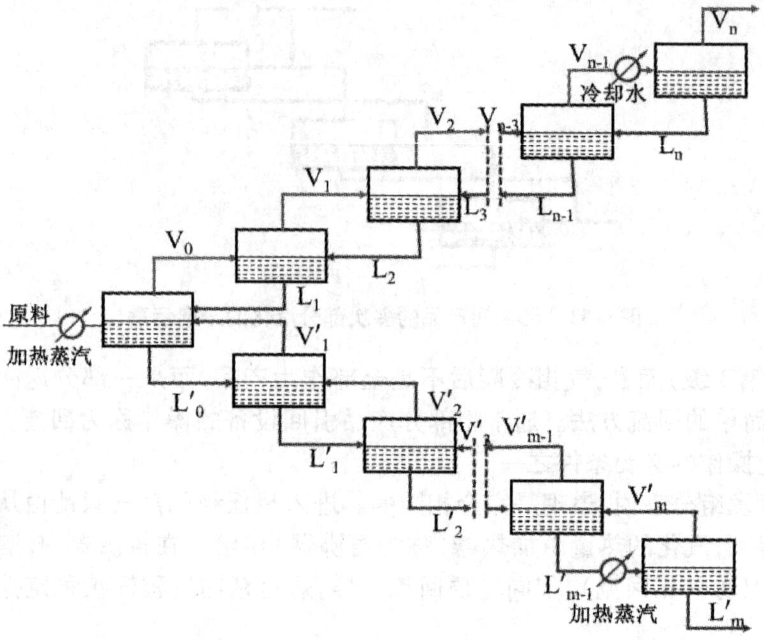

图 6-34 无中间产品的多次部分汽化的分离示意图

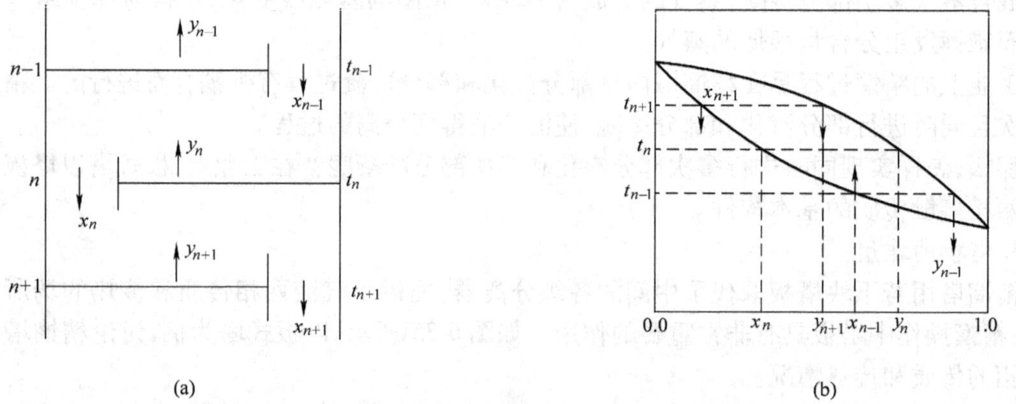

图 6-35 相邻塔板上的温度与组成

(a)相邻塔板上的温度与组成示意 (b)相邻塔板上温度与组成关系的 t-x-y 图

此,经过的塔板数越多,提浓程度越高,经过整个精馏过程,最终可以在塔顶得到高纯度的易挥发组分(塔顶馏出液),塔釜得到的基本上是难挥发组分,即可使混合液得到较为完全的分离。

请思考:结合塔板的作用想一想,塔盘上设置降液管、出口堰(溢流堰)的作用是什么?

4. 精馏过程的回流

由上面的分析可知,为了实现混合液体的分离,除了必须有塔板层数足够的精馏塔之外,还必须保证每块塔板上都有下降液流和上升气流。要保证每块塔板上都有下降液流,必须从塔顶加入一股液体,这股液体就称为塔顶液相回流;为了使每块塔板上都有上升气流,必须从塔釜连续不断地提供一定浓度的上升蒸气,这股蒸气就称为塔釜气相回流。即精馏过程的回流包括塔顶液相回流及塔釜气相回流，回流既是气液两相传质的必要条件，又是维持精馏操作连续稳定的必要条件。

1）塔顶液相回流　工业生产中产生塔顶液相回流通常有以下三种方法。

（1）泡点回流：塔顶冷凝器采用全凝器，从塔顶第一块塔板上升的组成为 y_1 的蒸气在全凝器中全部冷凝成组成为 x_D 的饱和液体，即有 $y_1=x_D$，其中一部分作为塔顶产品，另外一部分引回塔顶作为回流液，这种回流称为泡点回流，如图 6-36 所示。

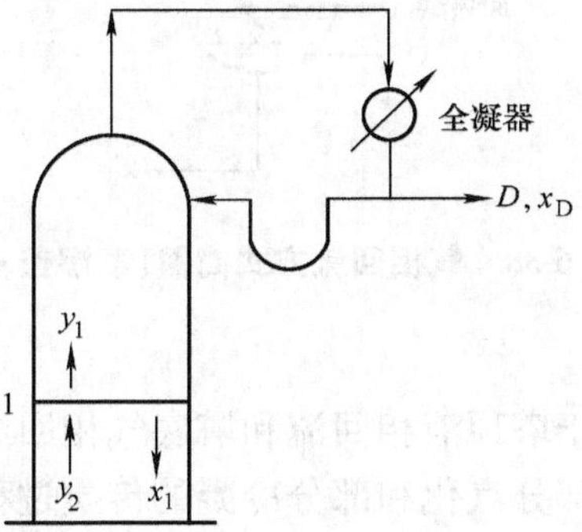

图 6-36　液相回流方式简图（全凝器）

（2）冷液回流：将图 6-36 中的全凝器得到的组成为 x_D 的饱和液体进一步冷却降温后再部分引回塔内作为塔顶回流液，由于回流液体的温度较低，将使上升气相冷凝量增加，第一块塔板的提浓程度将增大，下降液体量也会增加。

（3）塔顶采用分凝器产生液相回流：由塔顶第一块板上升的组成为 y_1 的蒸气在分凝器中部分冷凝，得到相平衡的气液两相，组成分别为 y_0 和 x_0，组成为 x_0 的液体回到塔顶作为液相回流，组成为 y_0 的蒸气经全凝器全部冷凝得到组成为 x_D 的塔顶产品，$x_D=y_0$，如图 6-37 所示。

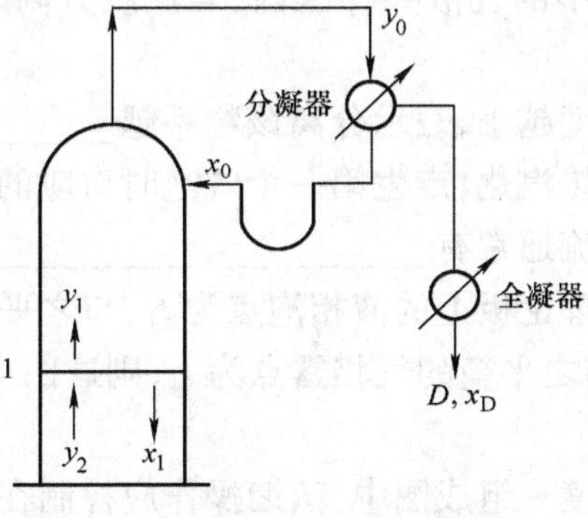

图 6-37　液相回流方式简图（分凝器）

2）塔釜气相回流　为了保证每一块塔板上都有上升蒸气，工业上最简单的方法是在精馏塔塔底设置一个蒸馏釜，用安装在釜内的水蒸气加热管间接加热釜中的液体，使从最后一块塔板下降的液体部分汽化，产生组成为 y_W 的蒸气作为气相回流，组成为 x_W 的液体作为塔底产品，如图 6-38 所示。

在工业生产的精馏装置中，蒸馏釜还可被设置在塔外的换热器代替，称作再沸器（或重沸

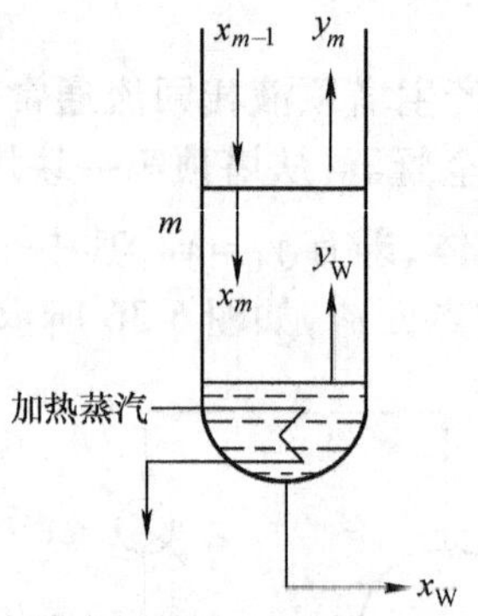

图6-38 气相回流方式简图(蒸馏釜)

器),其作用与蒸馏釜完全一样。

综上所述,工业用精馏塔由于塔顶液相回流和塔底气相回流,为各层塔板提供了气液流来源,又因在各层塔板上同时进行部分汽化和部分冷凝的传质过程,使混合液中的各组分获得了较高纯度的分离。

应当指出的是,挥发度的差异只是精馏过程的物理化学基础,挥发度大并不能实现致高纯度的分离,只有在精馏过程中采取回流这一措施,才能使这一物理化学原理达到工程应用之目的。

自 测 题

一、填空题

1. 在温度-组成(t-x-y)图中的气液共存区内,当温度升高时,液相中易挥发组分的含量会__________。

2. 两组分物系的相对挥发度越小,表示分离该物系越____________。

3. 混合液在一定压强下加热汽化,产生第一个气泡时对应的温度称为________。

4. 工业上产生塔顶液相回流通常有__________、__________、__________三种方式。

5. 已知精馏塔塔顶第一层理论板上的液相泡点为 t_1,与之平衡的气相露点为 t_2,该塔塔底某理论板上的液相泡点为 t_3,与之平衡的气相露点为 t_4,则这四个温度的高低顺序为____________________。

6. 在双组分理想溶液的温度-组成图中,蒸馏操作应控制在________________区域内,才能使混合物得到分离。

7. 简单蒸馏属于__________、__________蒸馏操作。

二、判断题

1. 在精馏塔内,从塔板上升的蒸气,越向上重组分浓度越高。( )

2. 在二元溶液的 y-x 图中,平衡线与对角线的距离越远,该溶液就越易分离。( )

3. 与塔底相比,精馏塔的塔顶易挥发组分浓度最高,气液流量最小。( )

4. 理想溶液中两组分的相对挥发度等于同温度下两纯组分的饱和蒸气压之比。( )

5. 丙烯与丙烷的挥发度相当接近，故分离丙烯与丙烷混合液所需要的塔板数很多。(　　)

6. 泡点方程反映了理想溶液气液相达到平衡时，温度、压强与各组分在气相中的组成间的关系。(　　)

7. 气液两相在塔板上达到相平衡后，两相间不再进行传质、传热。(　　)

三、选择题

1. 某二元混合物，若液相组成 x_A 为0.45，相应的泡点为 t_1，气相组成 y_A 为0.45，相应的露点为 t_2，则(　　)。

A. $t_1 < t_2$　B. $t_1 = t_2$　C. $t_1 > t_2$　D. 不能判断

2. 在再沸器中溶液(　　)而产生上升蒸气，是精馏得以连续稳定操作的一个必不可少的条件。

A. 部分冷凝　B. 全部冷凝　C. 部分汽化　D. 全部汽化

3. 在一定的操作压强下，塔釜、塔顶温度可以反映出(　　)。

A. 生产能力　B. 产品质量　C. 操作条件　D. 不确定

4. 蒸馏分离的依据是混合物中各组分的(　　)不同。

A. 浓度　B. 挥发度　C. 温度　D. 溶解度

5. 在蒸馏单元操作中，对产品质量影响最大的因素是(　　)。

A. 压强　B. 温度　C. 塔釜液位　D. 进料量

6. 精馏塔自上而下(　　)。

A. 分为精馏段、加料板和提馏段三个部分　B. 温度依次降低

C. 易挥发组分浓度依次降低　D. 蒸气质量依次减小

7. 若要求将双组分混合液分离成两个较纯的组分，则应采用(　　)。

A. 平衡蒸馏　B. 一般蒸馏　C. 精馏　D. 无法确定

8. (　　)是保证精馏过程连续稳定操作的必要条件之一。

A. 液相回流　B. 进料　C. 侧线抽出　D. 产品提纯

9. 有关精馏操作的叙述错误的是(　　)。

A. 精馏的实质是多级蒸馏

B. 精馏装置的主要设备有精馏塔、再沸器、冷凝器、回流罐和输送设备等

C. 精馏塔以进料板为界，上部为精馏段，下部为提馏段

D. 精馏是利用各组分的密度不同分离互溶液体混合物的单元操作

10. 拉乌尔定律适用于(　　)。

A. 理想溶液　B. 非理想溶液　C. 稀溶液　D. 各种溶液

四、简答题

1. 精馏操作为什么要有回流？

2. 简述精馏的原理。

3. 在蒸馏生产中，为什么可采用改变操作温度的办法来调节液相产品的组成？

五、计算题

1. 质量分数与摩尔分数相互换算：

①在甲醇－水溶液中，甲醇(CH_3OH)的摩尔分数为0.45，试求其质量分数；

②在苯 - 甲苯混合液中，苯的质量分数为 0.21，试求其摩尔分数。[答：①0.593；②0.239]

2. 设在 101.3 kPa 的压强下，苯 - 甲苯混合液在 96 ℃下沸腾，试求该温度下的气液平衡组成。已知 96 ℃时，$p_A^o = 160.52$ kPa，$p_B^o = 65.66$ kPa。[答：$x_A = 0.376$，$y_A = 0.595$]

3. 在 101.3 kPa 的压强下，正己烷 - 正庚烷物系的平衡数据如下：

t/℃	30	36	40	46	50	56	58
x	1.000	0.715	0.524	0.374	0.214	0.091	0.000
y	1.000	0.856	0.770	0.625	0.449	0.228	0.000

试求：①正己烷的摩尔分数为 0.5 的溶液的泡点及其平衡蒸气的组成。②将该溶液加热到 45 ℃时，溶液处于什么状态？各相的组成是多少？③将溶液加热到什么温度才能使其全部汽化为饱和蒸气？这时蒸气的组成是多少？[答：①$t_s = 41$ ℃，$y_A = 0.75$；②$x_A = 0.38$，$y_A = 0.64$；③49 ℃，$y_A = 0.5$]

4. 苯 - 甲苯的饱和蒸气压数据如下：

t/℃	80.2	88.0	96.0	104.0	110.4
p_A^o/kPa	101.3	127.3	160.1	198.8	232.5
p_B^o/kPa	39.9	50.5	65.5	83.1	101.3

计算出平均相对挥发度并写出相平衡方程式。[答：$\alpha_m = 2.44$；$y = \dfrac{2.44x}{1 + 1.44x}$]

任务四　精馏技术仿真技能训练

任务分析：在前面的任务中，已经学习了化工精馏过程的工艺流程、设备结构、工艺原理等内容，接下来通过仿真 DCS 系统模拟化工生产中的实际精馏过程，以进一步熟悉精馏操作的工艺流程，并掌握精馏操作的控制要点。

任务目标：①理解精馏的工艺流程；②掌握精馏塔的开、停车及正常操作技术；③掌握简单的自动化控制体系；④掌握精馏过程中常见事故的处理方法。

技能目标：①能按操作规程进行精馏塔的冷态开车、正常停车、正常运行操作，并保持塔内气液相稳定；②能根据产品质量要求调节并控制适宜的回流比；③能准确控制塔顶、塔釜产品采出量，维持全塔的物料平衡；④能准确判断精馏过程的实时情况并采取措施使其恢复正常。

一、认识精馏单元的流程

如图 6-39 和图 6-40 所示，采用精馏的方法在脱丁烷塔中将丁烷从脱丙烷塔塔釜混合物中分离出来。精馏是将液体混合物部分汽化，利用其中各组分相对挥发度的不同，通过液相和气相间的质量传递实现混合物的分离。本装置将脱丙烷塔釜混合物部分汽化，由于丁烷的沸点较低，即挥发度较高，故丁烷易于从液相中汽

视频6-13　精馏仿真单元操作

化出来，将汽化的蒸气冷凝，可得到丁烷的组成高于原料的混合物，经过多次汽化、冷凝，即可达到分离混合物中的丁烷的目的。

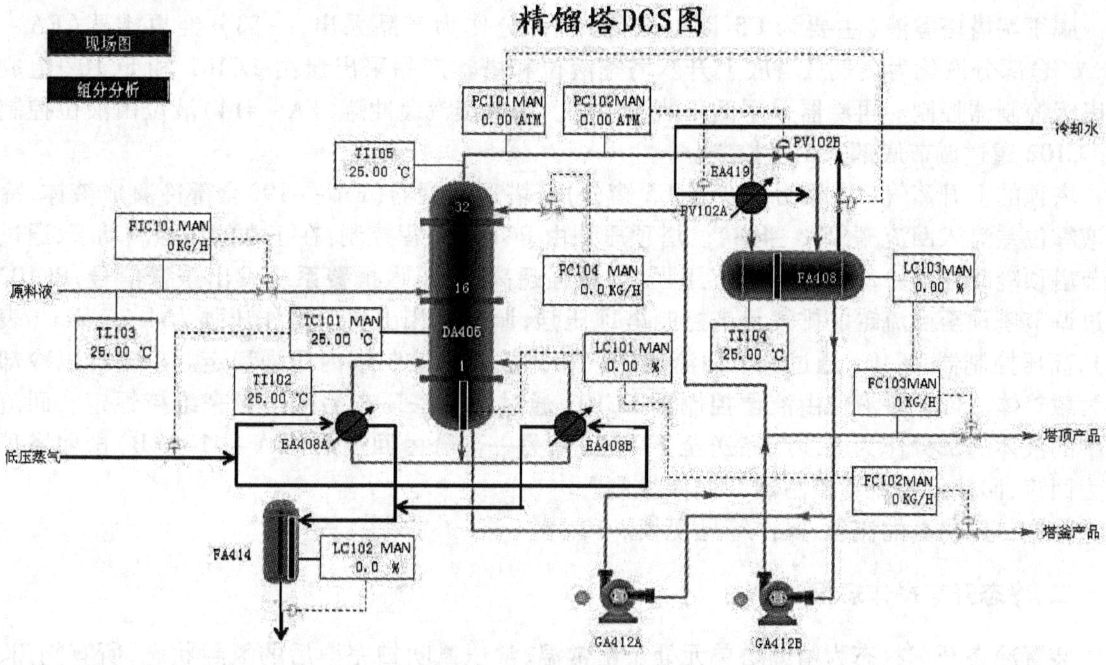

图 6-39 精馏塔 DCS 界面

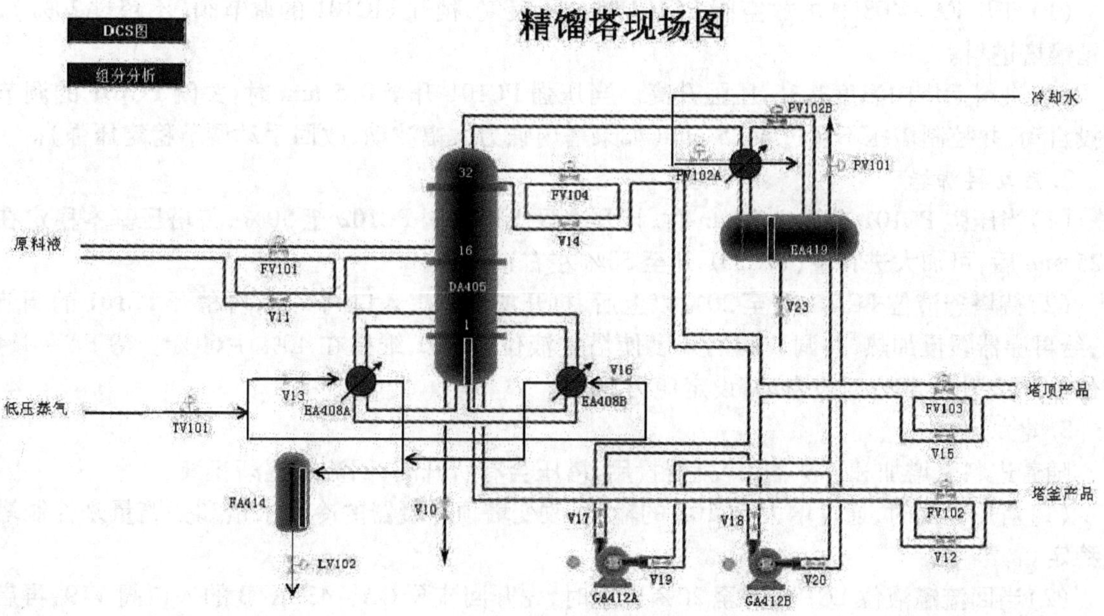

图 6-40 精馏塔现场界面

原料为67.8 ℃的脱丙烷塔釜液（主要有C4、C5、C6、C7等），由脱丁烷塔（DA－405）的第16块板进料（全塔共32块板），进料量由流量控制器FIC101控制。调节器TC101通过调节再沸器的加热蒸汽流量来控制提馏段的灵敏板温度，从而控制丁烷的分离质量。

脱丁烷塔塔釜液（主要为C5以上馏分）一部分作为产品采出，一部分经再沸器（EA－418A/B）部分汽化为蒸气从塔底上升。塔釜液位和塔釜产品采出量由LC101和FC102组成的串级控制器控制。再沸器采用低压蒸汽加热。塔釜蒸汽缓冲罐（FA－414）液位由液位控制器LC102通过调节底部采出量控制。

塔顶的上升蒸气（C4馏分和少量C5馏分）经塔顶冷凝器（EA－419）全部冷凝成液体，冷凝液靠位差流入回流罐（FA－408）。塔顶压强由PC102分程控制：在正常的压强波动下，通过调节塔顶冷凝器的冷却水量来调节压强，当压强超高时，压强报警系统发出报警信号，PC102通过调节塔顶至回流罐的排气量来控制塔顶压强，调节气相出料。操作压强为4.25 atm（表压），高压控制器PC101通过调节回流罐的气相排放量来控制塔内压强稳定。冷凝器以冷却水为载热体。回流罐液位由液位控制器LC103通过调节塔顶产品采出量来维持恒定。回流罐中的液体一部分作为塔顶产品送至下一工序，另一部分由回流泵（GA－412A/B）送回塔顶作为回流，回流量由流量控制器FC104控制。

精馏单元仿真的流程、操作等见视频6-12。

二、冷态开车操作规程

装置冷态开车状态为精馏塔单元处于由常温、常压氮吹扫完毕后的氮封状态，所有阀门、机泵都处于关停状态。

1. 进料

（1）打开FA－408顶的放空阀PC101排放不凝气，稍开FIC101的调节阀（不超过20%），向精馏塔进料。

（2）进料后塔内温度略升，压强升高。当压强PC101升至0.5 atm时，关闭PC101的调节阀投自动，并控制塔压不超过4.25 atm（如果塔内强力大幅波动，改回手动调节稳定压强）。

2. 启动再沸器

（1）当压强PC101升至0.5 atm时，打开冷凝水调节阀PC102至50%；待塔压基本稳定在4.25 atm后，可加大进料量（FIC101开至50%左右）。

（2）待塔釜液位LC101升至20%以上后，打开加热蒸汽入口阀V13，再稍开TC101的调节阀，给再沸器缓慢加热，并调节阀的开度使塔釜液位LC101维持在40%～60%。待FA－414液位LC102升至50%时投自动，设定值为50%。

3. 建立回流

随着进料量增加和再沸器、冷凝器投用，塔压会有所升高，回流罐逐渐积液。

（1）塔压升高时，通过增大PC102的输出，改变塔顶冷凝器的冷却水量和旁路量来控制塔压稳定。

（2）当回流罐液位LC103升至20%以上时，先开回流泵GA－412A/B的入口阀V19，再启动泵，然后开出口阀V17，启动回流泵。

（3）通过FC104的阀的开度控制回流量，维持回流罐液位不超高，同时逐渐停止进料，转为全回流操作。

4. 调整至正常

(1)当各项操作指标都趋近正常值时,打开进料阀 FIC101。

(2)逐步调整进料量 FIC101 至正常值。

(3)通过 TC101 调节再沸器加热量使灵敏板温度达到正常值。

(4)逐步调整回流量 FC104 至正常值。

(5)打开 FC103 和 FC102 出料,注意塔釜、回流罐液位。

三、认识精馏单元中的设备、仪表

认真观察如图 6-39 和图 6-40 所示的精馏工艺流程图,结合精馏工艺流程描述熟悉精馏单元的主要设备及仪表,完成下表。

	位号	作用	位号	作用
设备	DA－405		GA－412A/B	
	EA－419		EA－418A/B	
	FA－408		FA－414	
仪表	FIC101		LC101	
	FC102		LC102	
	FC103		LC103	
	FC104		TI102	
	PC101		TI103	
	PC102		TI104	
	TC101		TI105	

任务五　双组分连续精馏工艺条件的确定

任务分析:在任务四中阐述了通过控制回流液体量,进料量,塔顶、塔底产品采出量等实现体系的稳定。在工业生产中蒸馏操作占有重要的地位,而蒸馏操作以精馏为主,如何确保操作稳定,当操作参数波动时如何采取正确的方法调整其恢复正常,对精馏操作是至关重要的。在这一任务中,主要探讨精馏操作中的可控参数及各参数之间的关系。

任务目标:①理解并掌握精馏过程的物料衡算;②理解进料热状况对精馏过程的影响;③理解并掌握最小回流比和操作回流比的确定;④掌握完成一定精馏任务的塔板层数的确定。

技能目标:①能应用操作线方程确定完成一定精馏任务的塔板层数和适宜的进料位置。

一、理论板与恒摩尔流假设

(一)理论板的概念

如前所述,在精馏塔内由塔顶逐板下降的回流液与由塔底逐板上升的蒸气在塔板上接触,同时进行部分汽化和部分冷凝,在每一块塔板上同时进行着传热与传质作用。所谓理论板是离开该板的蒸气和液体的组成达到平衡的塔板，这里的平衡指在传热、传质两方面都达到平衡状态，即两相温度相同，组成互成平衡。如果进入该板的气液两相在塔板上接触良好，并且有足够长的接触时间，可在离开该板时达到平衡，则该塔板称为理论板。实际上，由于气液两相接触面积有限、接触时间短暂等原因，离开塔板的蒸气与液体通常难以达到平衡状态，也就是说难以达到理论板的传质分离效果。因此，理论板并不存在，它仅作为衡量实际塔板分离效果的依据和标准。在工程设计中，首先求出理论塔板数，再根据塔板效率确定实际塔板数。总之，引入理论板的概念，可用相平衡方程和泡点方程描述塔板上的传质过程，这对精馏过程的分析和计算是十分有利的。

(二)恒摩尔流假设

精馏过程比较复杂，过程的影响因素也很多，为了使计算简化，通常引入恒摩尔流假设。

(1)恒摩尔气流 指从精馏段或提馏段的每块塔板上升的蒸气摩尔流量相等。用数学表达式描述为精馏段

$$V_1 = V_2 = V_3 = \cdots = V_i = V = 常数$$

提馏段

$$V_1' = V_2' = V_3' = \cdots = V_i' = V' = 常数$$

(2)恒摩尔液流 指从精馏段或提馏段每块塔板下降的液体摩尔流量相等。用数学表达式描述为

精馏段 $L_1 = L_2 = L_3 = \cdots = L_i = L = 常数$

提馏段 $L_1' = L_2' = L_3' = \cdots = L_i' = L' = 常数$

式中 V_i、L_i——从精馏段任意塔板 i 上升的蒸气、下降的液体的摩尔流量，kmol/h；

V_i'、L_i'——从提馏段任意塔板 i 上升的蒸气、下降的液体的摩尔流量，kmol/h。

由于进料的影响，两段上升的蒸气摩尔流量不一定相等(即 V_i不一定等于 V_i')，下降的液体摩尔流量亦不一定相等(即 L_i不一定等于 L_i')。

气液两相在塔板上接触时，若有一千摩尔蒸气冷凝，相应地就有一千摩尔液体汽化，恒摩尔流假设才能成立，因此，恒摩尔流假设必须基于以下条件：①各组分的摩尔汽化焓相等；②气液接触时因温度不同而交换的显热可以忽略；③塔设备保温良好，热损失可以忽略不计。

在很多情况下，恒摩尔流假设是与实际情况很接近的。

二、物料衡算与操作线方程及其应用

(一)全塔物料衡算

通过全塔物料衡算可以求得精馏产品的流量、组成和进料的流量、组成之间的关系。

对图 6-41 所示的连续精馏塔，取虚线划定的范围对全塔进行物料衡算，以单位时间(1 h)作为物料衡算的基准，则有总物料衡算

$$F = D + W \tag{6-26}$$

易挥发组分的物料衡算

$$Fx_F = Dx_D + Wx_W \tag{6-27}$$

式中 F——原料液流量，kmol/h；

D——塔顶产品(馏出液)流量，kmol/h；

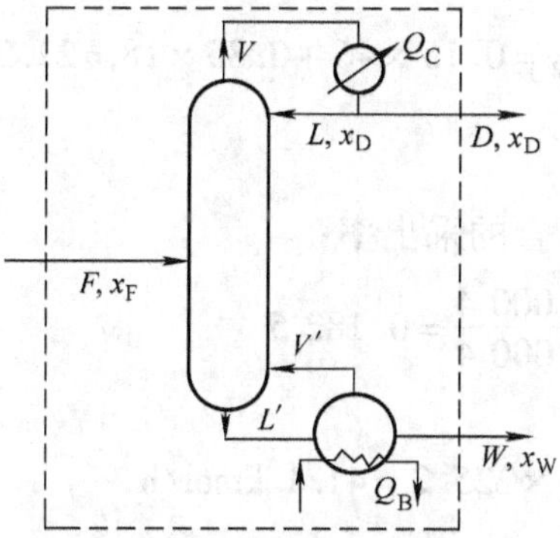

图 6-41　全塔物料衡算

W——塔釜产品(釜残液)流量,kmol/h;

x_F——原料液中易挥发组分的摩尔分数;

x_D——馏出液中易挥发组分的摩尔分数;

x_W——釜残液中易挥发组分的摩尔分数。

联立式(6-26)、式(6-27)可得

$$D = \frac{F(x_F - x_W)}{x_D - x_W} \text{ 或 } \frac{D}{F} = \frac{x_F - x_W}{x_D - x_W} \tag{6-28}$$

$$W = \frac{F(x_D - x_F)}{x_D - x_W} \text{ 或 } \frac{W}{F} = \frac{x_D - x_F}{x_D - x_W} \tag{6-29}$$

D/F 为馏出液采出率,W/F 为釜残液采出率。

在精馏计算中,分离要求除用塔顶和塔釜产品的组成表示外,有时还用回收率表示。回收率是回收了原料中易挥发(或难挥发)组分的百分数,即塔顶易挥发组分的回收率

$$\eta_D = \frac{Dx_D}{Fx_F} \times 100\% \tag{6-30a}$$

塔釜难挥发组分的回收率

$$\eta_W = \frac{W(1 - x_W)}{F(1 - x_F)} \times 100\% \tag{6-30b}$$

全塔物料衡算方程虽然简单,但对指导精馏生产却至关重要。在实际生产中,精馏塔的进料是由上一工序送来的,进料组成 x_F 为定值,由式(6-28)和式(6-29)可知,此时塔的品质、产量是相互制约的,即:①规定了塔顶、塔底产品品质 x_D、x_W 后,D/F、W/F 为定值,该塔的产率就已经确定,不能任意选择;②若规定了塔顶产品采出率 D/F 和品质 x_D,则塔底产品采出率 W/F 和品质 x_W 也不能自由选择,反之亦然;③提高产品品质是以降低产品产率为代价的。因为进料量 F 和组成 x_F 以及釜残液组成 x_W 一定,馏出液中轻组分含量 x_D 越大,馏出液量 D 就越小,釜残液流量和组成之间也存在类似的关系。

例 6-7　在常压连续精馏塔中分离乙醇-水溶液,已知原料液中乙醇的摩尔分数为 15%,加料量为 5 000 kg/h。要求馏出液中乙醇的摩尔分数为 82%,釜残液中乙醇的摩尔分数不高于 0.04%,求:①塔顶馏出液量、塔釜釜残液量;②塔顶易挥发组分的回收率和采出率。

解　乙醇的摩尔质量为 46 kg/kmol,水的摩尔质量为 18 kg/kmol。原料液的平均摩尔质

量为

$$M_F = x_F M_A + (1 - x_F) M_B = 0.15 \times 46 + 0.85 \times 18 = 22.2\ \text{kg/kmol}$$

$$F = \frac{5\ 000}{22.2} = 225.2\ \text{kmol/h}$$

由式(6-28)求塔顶易挥发组合的采出率：

$$\frac{D}{F} = \frac{x_F - x_W}{x_D - x_W} = \frac{0.15 - 0.000\ 4}{0.82 - 0.000\ 4} = 0.182\ 5$$

得塔顶馏出液量为

$$D = 0.182\ 5F = 0.182\ 5 \times 225.2 = 41.1\ \text{kmol/h}$$

塔釜釜残液量为

$$W = F - D = 225.2 - 41.1 = 184.1\ \text{kmol/h}$$

由式(6-30a)求出塔顶易挥发组分的回收率：

$$\eta_D = \frac{Dx_D}{Fx_F} \times 100\% = \frac{41.1 \times 0.82}{225.2 \times 0.15} \times 100\% = 99.8\%$$

注意：在使用全塔物料衡算的公式时一定要注意物料的流量与组成的单位统一，即质量流量与质量浓度、摩尔流量与摩尔浓度相对应。

（二）精馏段物料衡算

在图6-42中虚线划定的范围（包括精馏段中第 $n+1$ 块塔板以上的塔段及全凝器在内）内作物料衡算。

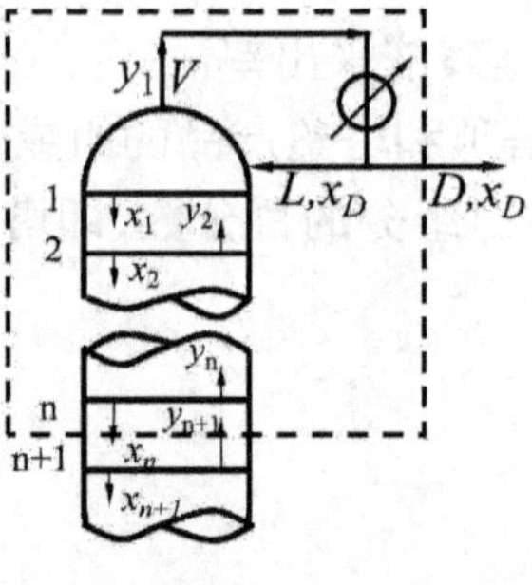

图6-42 精馏段操作线方程推导示意

总物料衡算：

$$V = L + D \tag{6-31}$$

易挥发组分的物料衡算：

$$Vy_{n+1} = Lx_n + Dx_D \tag{6-32}$$

式中 V——精馏段内每块塔板上升的蒸气的摩尔流量，kmol/h；

L——精馏段内每块塔板下降的液体的摩尔流量，kmol/h；

y_{n+1}——精馏段第 $n+1$ 块板的上升蒸气中易挥发组分的摩尔分数；

x_n——精馏段第 n 块板的下降液体中易挥发组分的摩尔分数。

联立式(6－31)、式(6－32)整理得

$$y_{n+1}=\frac{L}{V}x_n+\frac{D}{V}x_D \text{ 或 } y_{n+1}=\frac{L/D}{L/D+1}x_n+\frac{1}{L/D+1}x_D \tag{6-33}$$

令 $R=L/D$，R 称为回流比，于是式(6－33)可写为

$$y_{n+1}=\frac{R}{R+1}x_n+\frac{1}{R+1}x_D \tag{6-34}$$

式(6-33)和式(6-34)称为精馏段操作线方程。它们表达了在一定的操作条件下，从精馏段内任意一块板（第 n 块板）下降的液体的组成 x_n 与从下一块板（第 $n+1$ 块板）上升的蒸气的组成 y_{n+1} 之间的关系。

若回流比 R 及馏出液量 D 已知，则由 $L=RD$ 及 $V=L+D=(R+1)D$ 可直接求出精馏段内的液相流量 L 和气相流量 V。

在定常连续操作过程中，D 为定值，根据恒摩尔流假设 L、V 均为常数，故精馏段操作线方程为一个直线方程。将 $x_n=x_D$ 代入式(6-34)中，得 $y_{n+1}=x_D$，可见，该直线过对角线上的 a 点 (x_D,x_D)，以 $R/(R+1)$ 为斜率，在 y 轴上的截距为 $x_D/(R+1)$，即图 6-43 中的直线 ab。

（三）提馏段操作线方程

进料板以下的塔段（包括进料板）为提馏段。对图 6-44 中的虚线范围（包括提馏段第 m 块板以下的塔段及再沸器）作物料衡算。

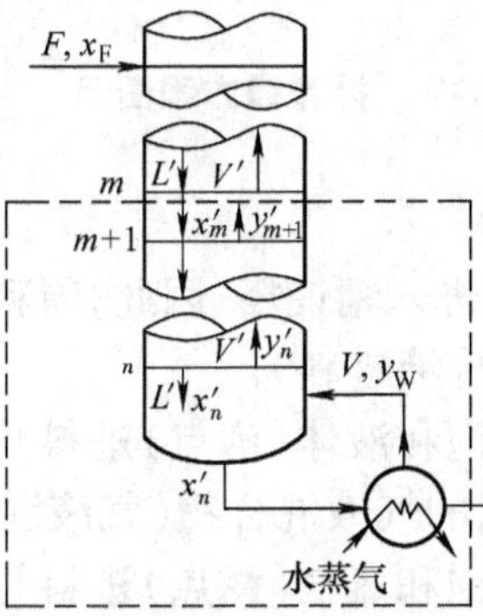

图 6-44　提馏段操作线方程推导示意

总物料衡算：

$$L'=V'+W \tag{6-35}$$

易挥发组分的物料衡算：

$$L'x_m=V'y_{m+1}+Wx_W \tag{6-36}$$

式中　V'——提馏段内每块塔板上升的蒸气的摩尔流量，kmol/h；

L'——提馏段内每块塔板下降的液体的摩尔流量，kmol/h；

y_{m+1}——提馏段第 $m+1$ 块板上升的蒸气中易挥发组分的摩尔分数；

x_m——提馏段第 m 块板下降的液体中易挥发组分的摩尔分数。

整理得

$$y'_{m+1}=\frac{L'}{V'}x'_m-\frac{W}{V'}x_W \text{ 或 } y'_{m+1}=\frac{L'}{L'-W}x'_m-\frac{W}{L'-W}x_W \tag{6-37}$$

式(6-37)称为提馏段操作线方程。它表达了在一定的操作条件下，提馏段内任意两块塔

板间上升蒸气的组成 y'_{m+1} 与下降液体的组成 x'_m 之间的关系。

若泡点进料，进料量为 F，则 $L' = L + F$，$V' = V$。

在定常连续操作过程中，W、x_W 为定值，又根据恒摩尔流假设 L'、V' 为常数，故提馏段操作线亦为一条直线。当 $x'_m = x_W$ 时，代入式(6-37)中，可得 $y'_{m+1} = x_W$，即该直线过对角线上的 b 点(x_W，x_W)，以 L'/V' 为斜率，在 y 轴上的截距为 $-\frac{W}{V'}x'_W$，即图 6-43 中的直线 cd。实际上，提馏段液体流量 L' 不像精馏段液体流量 L 那样容易确定，即使在 L 一定的情况下，L' 还与进料量 F 及进料热状况有关。

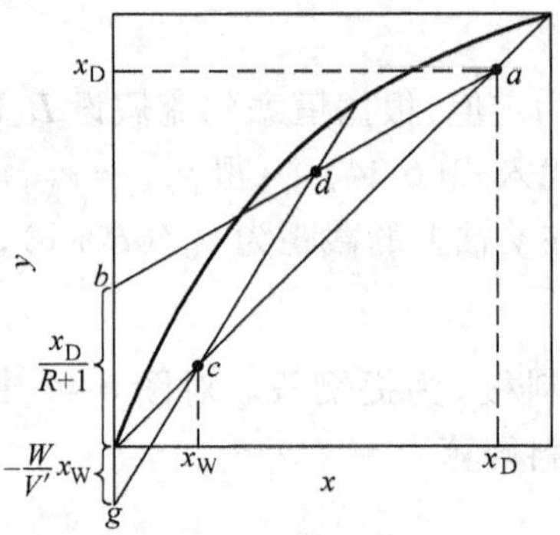

图 6-43　操作线方程图示

(四)进料热状况的影响和 q 线方程

在实际生产中，原料液需经预热后进入精馏塔，因此，原料液可能有五种不同的受热情况。

(1)进料温度低于泡点的冷液体(冷液进料)。

(2)进料温度为泡点的饱和液体[饱和液体(泡点)进料]。

(3)进料温度介于泡点和露点之间的气液混合物(气液混合物进料)。

(4)进料温度为露点的饱和蒸气[饱和蒸气(露点)进料]。

(5)进料温度高于露点的过热蒸气(过热蒸气进料)。

显然，在不同的热状况下进料，进料的焓值不同，进料段(进料板的上方)的混合结果也不同，使从进料板上升的蒸气量及下降的液体量发生变化，因此，精馏塔内精馏段与提馏段上升的蒸气量及下降的液体量与进料热状况之间存在某种数值上的联系。为此，引入进料热状况参数 q。

1. 进料热状况参数

对进料板作物料衡算和热量衡算，衡算范围见图 6-45 的虚线区域。

物料衡算：

$$F + L + V' = L' + V \tag{6-38}$$

热量衡算：

$$FI_F + LI_L + V'I_{V'} = L'I_{L'} + VI_V \tag{6-39}$$

式中　I_F——进料状况下原料的摩尔焓，kJ/kmol；

I_L、$I_{L'}$——进入进料板和离开进料板的饱和液体的摩尔焓，kJ/kmol；

I_V、$I_{V'}$——离开进料板和进入进料板的饱和蒸气的摩尔焓，kJ/kmol。

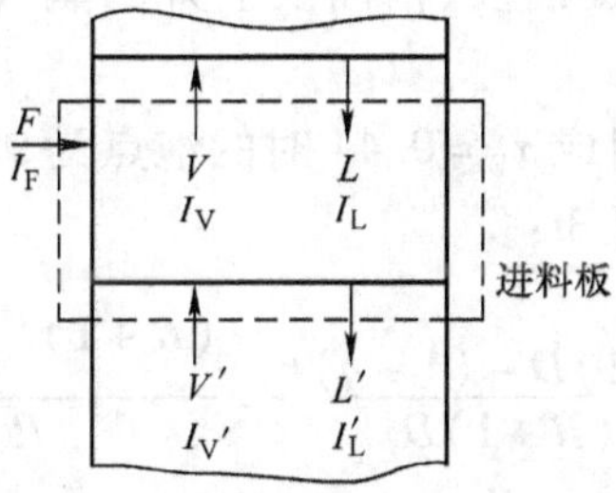

6-45　进料板的物料衡算和热量衡算

因塔内各板上的液体和蒸气均呈饱和状态，相邻两板的温度及气液组成变化不太大，近似认为

$I_L \approx I_{L'} \approx$ 原料在饱和液体状态下的摩尔焓

$I_V \approx I_{V'} \approx$ 原料在饱和蒸气状态下的摩尔焓

将以上关系式整理可得

$$\frac{L'-L}{F}=\frac{I_V-I_F}{I_V-I_L} \tag{6-40}$$

令

$$q=\frac{I_V-I_F}{I_V-I_L}=\frac{\text{使原料从进料状况变为饱和蒸气所需的热量}}{\text{原料由饱和液体变为饱和蒸气所需的热量}} \tag{6-41}$$

q 称为进料热状况参数。q 值的意义为每进料 1 kmol/h 时，提馏段中的液体流量 L' 较精馏段中的液体流量 L 增大的值(kmol/h)。对于泡点、露点、气液混合物进料，q 值相当于进料中饱和液体所占的分数。由式(6-40)可得精馏、提馏两段液体的摩尔流量与进料热状况的关系，即

$$L'=L+qF \tag{6-42}$$

将式(6-38)代入式(6-42)中，可得

$$V'=V-(1-q)F \tag{6-43}$$

由式(6-41)计算的 q 值，可确定五种不同的进料热状况对精馏、提馏两段上升蒸气量及下降液体量的影响，如表 6-4 所示。

表 6-4　进料热状况参数 q 值及其与精馏段、提馏段流量之间的关系

进料热状况	进料的摩尔焓	q 值	L'、L 之关系	V、V' 之关系
冷液	$I_F<I_L$	$q>1$	$L'>L+F, L'=L+qF$	$V'>V, V'=V-(1-q)F$
饱和液体	$I_F=I_L$	$q=1$	$L'=L+qF$	$V'=V$
气液混合物	$I_L<I_F<I_V$	$0<q<1$	$L<L'<L+F, L'=L+qF$	$V'=V-(1-q)F$
饱和蒸气	$I_F=I_V$	$q=0$	$L'=L$	$V'=V-F$
过热蒸气	$I_F>I_V$	$q<0$	$L'<L, L'=L+qF$	$V'<V-F, V'=V-(1-q)F$

例 6-8　进料组成为 0.44(摩尔分数，下同)的苯 - 甲苯混合液用常压精馏塔分离。要求 $x_D=0.975$，$x_W=0.0235$，操作回流比为 3.5，试求：(1)20 ℃进料；(2)泡点进料；(3)气液混合

物进料,汽化率为1/4三种情况下提馏段、精馏段上升的蒸气量及下降的液体量之比,即V'/V,L'/L。

已知苯-甲苯混合液在进料组成$x_F=0.44$时的泡点为93 ℃。

解 由式(6-42)和式(6-43)可知:

$$\frac{V'}{V}=\frac{V-(1-q)F}{V}=\frac{(R+1)D-(1-q)F}{(R+1)D}=\frac{(R+1)-(1-q)\frac{F}{D}}{R+1} \tag{A}$$

$$\frac{L'}{L}=\frac{L+qF}{L}=\frac{RD+qF}{RD}=\frac{R+q\frac{F}{D}}{R} \tag{B}$$

为求得$\frac{V'}{V}$与$\frac{L'}{L}$,必先求出F/D和q。

F/D由式(6-28)求得,即

$$\frac{F}{D}=\frac{x_D-x_W}{x_F-x_W}=\frac{0.975-0.0235}{0.44-0.0235}=2.28$$

(1)因$t_F=20$ ℃ $<t_s=93$ ℃,故为冷液进料。

已知苯-甲苯混合液在进料组成$x_F=0.44$时的泡点为93 ℃,由附录查取在平均温度$=\frac{93+20}{2}=56.5$ ℃下苯和甲苯的比热容均为1.84 kJ/(kg·℃),于是原料液的平均定压摩尔热容为

$$\begin{aligned}c_{pm}&=x_Ac_{pA}+x_Bc_{pB}\\&=0.44\times1.84\times78+0.56\times1.84\times92\\&=158\ \text{kJ/(kmol·℃)}\end{aligned}$$

由附录查得$t_s=93$ ℃时,苯、甲苯的汽化焓分别为389.4 kJ/kg和360.1 kJ/kg,故原料液的平均摩尔汽化焓为

$$\begin{aligned}r_{cm}&=x_Ar_A+x_Br_B\\&=0.44\times389.4\times78+0.56\times360.1\times92\\&=31\,917\ \text{kJ/kmol}\end{aligned}$$

由q的定义式可知

$$\begin{aligned}q&=\frac{c_{pm}(t_s-t_F)+r_{cm}}{r_{cm}}\\&=\frac{158\times(93-20)+31\,917}{31\,917}=1.361\end{aligned}$$

将求得的q值及F/D代入式(A)、式(B)中,即

$$\begin{aligned}\frac{V'}{V}&=\frac{(R+1)-(1-q)\frac{F}{D}}{R+1}\\&=\frac{(3.5+1)-(1-1.361)\times2.28}{3.5+1}=1.183\end{aligned}$$

$$\frac{L'}{L}=\frac{R+q\frac{F}{D}}{R}$$

$$=\frac{3.5+1.361\times 2.28}{3.5}=1.887$$

(2)泡点进料,$q=1$,故

$$\frac{V'}{V}=1$$

即

$$V'=V$$

$$\frac{L'}{L}=\frac{R+q\dfrac{F}{D}}{R}=\frac{3.5+1\times 2.28}{3.5}=1.651$$

(3)气液混合物进料,汽化率为1/4,即气相占总进料的1/4,液相占总进料的3/4。

对进料板作物料衡算,液相:

$$L'=L+\frac{3}{4}F \tag{C}$$

气相:

$$V=V'+\frac{1}{4}F \tag{D}$$

由式(C)可得

$$\frac{L'-L}{F}=\frac{3}{4}=q$$

即对于气液混合物进料,进料热状况参数 q 在数值上与原料的液化率相等,于是

$$\frac{V'}{V}=\frac{(R+1)-(1-q)\dfrac{F}{D}}{R+1}$$

$$=\frac{(3.5+1)-\left(1-\dfrac{3}{4}\right)\times 2.28}{3.5+1}=0.873$$

$$\frac{L'}{L}=\frac{R+q\dfrac{F}{D}}{R}=\frac{3.5+\dfrac{3}{4}\times 2.28}{3.5}=1.489$$

2.q 线方程

将精馏段操作线方程与提馏段操作线方程联立,便得到精馏段操作线与提馏段操作线交点的轨迹方程,此轨迹方程称为 q 线方程,也称作进料方程。当进料热状况参数及进料组成确定后,在 y-x 图上可以首先绘出 q 线,然后便可很方便地绘出提馏段操作线,还可以同时利用 q 线方程分析进料热状况对精馏塔设计及操作的影响。

将式(6-33)和式(6-37)联立并省略下标,得

$$y=\frac{L}{V}x+\frac{D}{V}x_D \tag{6-33a}$$

$$y=\frac{L'}{V'}x-\frac{W}{V'}x_W \tag{6-37a}$$

两线交点的轨迹应同时满足式(6－33a)和式(6－37a)。

再将 $L'=L+qF$, $V'=V-(1-q)F$ 及 $Wx_W=Fx_F-Dx_D$ 代入式(6-37a),消去 L'、V'及 Wx_W

并整理,得

$$y = \frac{q}{q-1}x - \frac{x_F}{q-1} \tag{6-44}$$

式(6-44)称为 q 线方程。在进料热状况及进料组成确定的条件下,q 及 x_F 为定值,则式(6-44)为直线方程。当 $x = x_F$ 时,由式(6-44)计算得 $y = x_F$,则 q 线在 y-x 图上是过对角线上的 e 点(x_F,x_F),以 $\frac{q}{q-1}$ 为斜率的直线。

将五种不同的进料热状况下的 q 线标绘在图 6-46 上并将参数列于表 6-5 中。

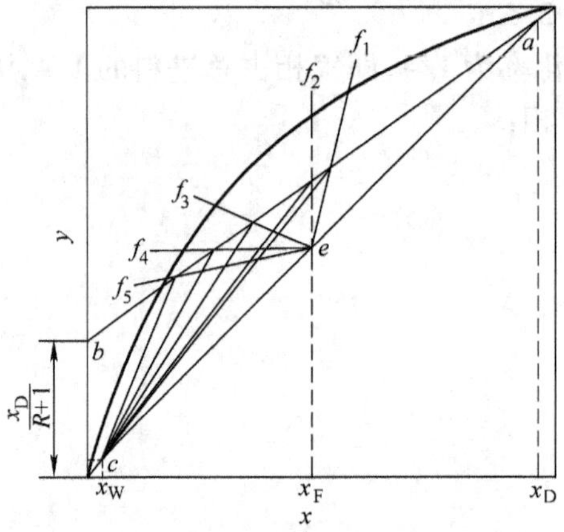

6-46 y-x 图上的 q 线位置及其对操作线的影响

表 6-5 q 线斜率及 q 线在 y-x 图上的方位

进料热状况	进料的摩尔焓	q 值	q 线斜率 $q/(q-1)$	q 线在 y-x 图上的方位
冷液	$I_F < I_L$	$q > 1$	+	ef_1(↗)
饱和液体	$I_F = I_L$	$q = 1$	∞	ef_2(↑)
气液混合物	$I_L < I_F < I_V$	$0 < q < 1$	-	ef_3(↖)
饱和蒸气	$I_F = I_V$	$q = 0$	0	ef_4(←)
过热蒸气	$I_F > I_V$	$q < 0$	+	ef_5(↙)

(五)理论塔板数的确定

工程上确定完成一定的生产任务所需的塔板数 N_P 时,通常先确定所需的理论塔板数 N_T。求理论塔板数可采用逐板计算、图解法或捷算法法,逐板计算法和图解法均以物系的相平衡关系和操作线方程为依据。

1. 逐板计算法

连续操作的精馏塔,若采用泡点进料,塔顶冷凝器为全凝器,泡点回流,塔釜采用间接蒸汽加热,如图 6-47 所示。

因塔顶冷凝器为全凝器,故从塔顶最上一层塔板(第一块板)上升的蒸气进入冷凝器后被全部冷凝,塔顶馏出液的组成即为塔顶最上一层塔板的上升蒸气的组成,即 $y_1 = x_D$,而离开第一块理论板的液体的组成 x_1 与从该板上升的蒸气的组成 y_1 平衡,故可由气液相平衡方程式

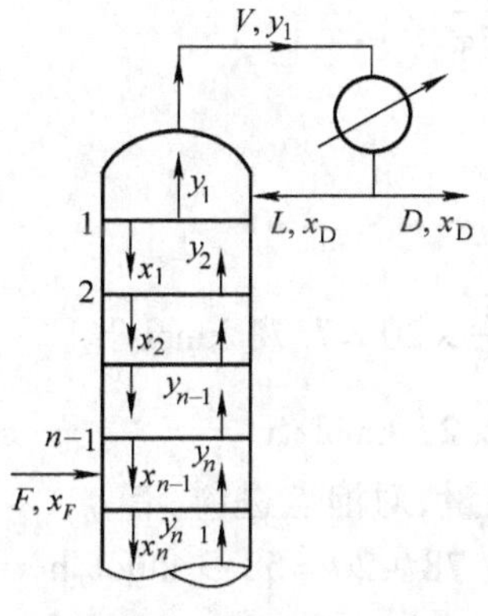

图 6-47　逐板计算法示意

(6-14)求得 x_1,即

$$x_1=\frac{y_1}{\alpha-(\alpha-1)y_1}$$

因从第二块理论板上升的蒸气的组成 y_2 与从第一块理论板下降的液体的组成 x_1 满足精馏段操作线方程,故有

$$y_2=\frac{R}{R+1}x_1+\frac{x_D}{R+1}$$

同理,y_2 与 x_2 满足相平衡方程,用相平衡方程可求出 x_2,而 y_3 与 x_2 满足精馏段操作线方程,用操作线方程可求出 y_3。以此类推,重复计算,直至计算到 $x_n \leqslant x_F$(仅适用于泡点进料时),第 n 块板即为进料板,也就是说每使用一次相平衡关系,便相当于对应了一块理论板。习惯上把进料板作为提馏段的第一块板,故精馏段所需的理论板数为 $n-1$ 块。

然后,改用相平衡方程和提馏段操作线方程计算提馏段塔板上的组成,直至计算到 $x_m \leqslant x_W$ 为止。由于离开再沸器的气液两相达到平衡,相当于一块理论板,所以提馏段所需的理论板数为 $m-1$ 块。

现在将逐板计算过程归纳如下:

$x_D \xlongequal{\text{全凝器}} y_1 \xrightarrow{\text{相平衡关系}} x_1 \xrightarrow{\text{操作关系(精)}} y_2 \xrightarrow{\text{相平衡关系}} x_2 \longrightarrow \cdots\cdots x_n \leqslant x_F \longrightarrow$改用提馏段操作线方程$\cdots\cdots \xrightarrow{\text{操作关系(提)}} y'_m \xrightarrow{\text{相平衡关系}} x'_m \leqslant x_W$ 为止

在此过程中使用了几次相平衡关系便需要几块理论塔板(包括塔釜再沸器的一块)。

用逐板计算法计算理论塔板数,结果较准确,但计算过程很烦琐,特别是当理论塔板较多时显得更加突出。不过随着计算机应用技术的发展,这种方法越来越多地被设计部门采用。

例 6-9　在苯 - 甲苯精馏系统中,已知物系的相对挥发度为 2.47,每小时处理的料液量为 20 kmol,原料液组成 $x_F=0.4$,馏出液组成 $x_D=0.95$,釜残液组成 $x_W=0.05$(以上均为摩尔分数),操作回流比为 5,塔顶冷凝器为全凝器,泡点进料,塔釜采用间接蒸汽加热。求所需的理论塔板数和从塔顶算起的第三块理论塔板上上升蒸气的组成。

解　首先求出气液相平衡方程与操作线方程,然后用逐板计算法求理论塔板数。

相平衡方程:

$$y=\frac{\alpha x}{1+(\alpha-1)x}=\frac{2.47x}{1+1.47x}$$

即

$$x=\frac{y}{2.47-1.47y}$$

由物料衡算求出 D 与 W：

$$D=\frac{x_F-x_W}{x_D-x_W}F=\frac{0.4-0.05}{0.95-0.05}\times 20=7.78\ \text{kmol/h}$$

$$W=F-D=20-7.78=12.22\ \text{kmol/h}$$

求出提馏段下降液体的摩尔流量，对泡点进料，有

$$L'=L+F=RD+F=5\times 7.78+20=58.9\ \text{kmol/h}$$

写出两段的操作线方程如下。

精馏段操作线方程：

$$y_{n+1}=\frac{R}{R+1}x_n+\frac{x_D}{R+1}=\frac{5}{5+1}x_n+\frac{0.95}{5+1}=0.833x_n+0.158$$

提馏段操作线方程：

$$y'_{m+1}=\frac{L'}{L'-W}x'_m-\frac{W}{L'-W}x_W=\frac{58.9}{58.9-12.22}x'_m-\frac{12.22}{58.9-12.22}\times 0.05$$

$$=1.26x'_m-0.013$$

第一块板上升蒸气的组成：

$$y_1=x_D=0.95$$

第一块板下降液体的组成：

$$x_1=\frac{y_1}{2.47-1.47y_1}=\frac{0.95}{2.47-1.47\times 0.95}=0.885$$

第二块板上升蒸气的组成：

$$y_2=0.833x_1+0.158=0.833\times 0.885+0.158=0.895$$

第二块板下降液体的组成：

$$x_2=\frac{y_2}{2.47-1.47y_2}=\frac{0.895}{2.47-1.47\times 0.895}=0.775$$

第三块板上升蒸气的组成：

$$y_3=0.833x_2+0.158=0.833\times 0.775+0.158=0.804$$

依上述方法反复计算，在 $x_n\leqslant x_F$ 后改用提馏段操作线方程。现将计算结果列表表示：

组成＼板数	1	2	3	4	5	6	7	8	9
y	0.95	0.895	0.804	0.678	0.541	0.394	0.25	0.137	0.063
x	0.885	0.775	0.624	0.46	$0.323<x_F$	0.208	0.119	0.06	$0.03<x_W$

精馏塔内理论塔板数为 9－1＝8 块，其中精馏段 4 块板，提馏段 4 块板，第 5 块为进料板。从塔顶算起第三块板上升蒸气的组成 $y_3=0.804$。

2. 图解法

逐板计算法虽然较为烦琐，但是告诉了我们一个求解理论塔板数的计算要点，即从塔顶开始，交替使用相平衡方程和操作线方程。这一过程也可通过图解法完成，即在 y-x 图上分别绘出精馏段操作线、提馏段操作线和相平衡曲线，然后从塔顶开始，依次在平衡线与操作线之间绘直角梯级，直至 $x_m \leqslant x_W$ 为止，其间有几个直角梯级便得到几块理论板（包括塔釜再沸器的一块）。具体求解步骤如下。

1）绘相平衡曲线　在直角坐标系中绘出待分离物系的相平衡曲线，即 y-x 图，并作出对角线，如图 6-48 所示。

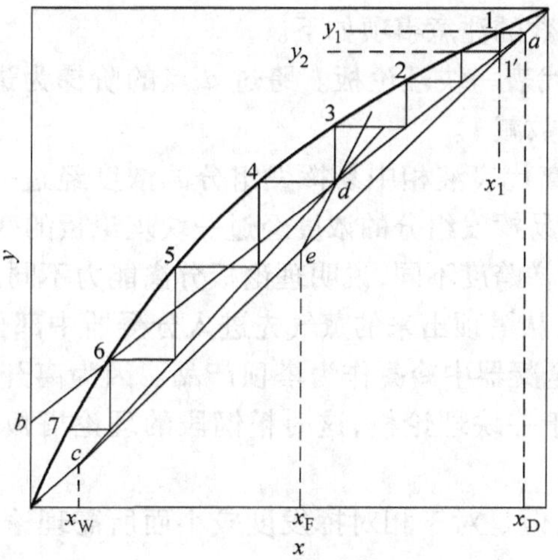

图 6-48　图解法求理论塔板数示意

2）绘操作线　在 y-x 图上分别绘出两段操作线，如图 6-48 所示。

（1）精馏段操作线的作法。绘制精馏段操作线常用的有两种方法。

①斜率 - 截距法。由精馏段操作线方程 $y = \frac{R}{R+1}x + \frac{x_D}{R+1}$，直接利用斜率 $\frac{R}{R+1}$、截距 $\frac{x_D}{R+1}$ 绘出精馏段操作线，但此法比较麻烦，很少采用。

②定点 - 截距法。将精馏段操作线方程与对角线联立，当 $x = x_D$ 时，$y = x_D$，故在 y-x 图的对角线上可确定 a 点（x_D，x_D），然后在 y 轴上取截距为 $\frac{x_D}{R+1}$（或以 $\frac{R}{R+1}$ 为斜率）作直线 ab，即为精馏段操作线。

（2）提馏段操作线的作法。绘制提馏段操作线常用的有三种方法。

①斜率 - 截距法。与精馏段相同，也可利用提馏段操作线方程中的斜率和截距绘出提馏段操作线，但此法同样比较麻烦，很少采用。

②定点 - 截距法。将提馏段操作线方程与对角线联立，当 $x = x_W$ 时，$y = x_W$，故在 y-x 图的对角线上可以确定 c 点（x_W，x_W），然后在 y 轴上取截距 $\frac{W}{L'-W}$（或以 $\frac{L'}{L'-W}$ 为斜率）作直线 dc，即为提馏段操作线。但实际上，由于其截距值一般很小（通常在 10^{-2} 以下），作图很难准确，而且这种作图方法不能直接反映出进料热状况的影响，所以很少采用此法作图。

③借助 q 线法。将 q 线方程 $y=\frac{q}{q-1}x-\frac{x_F}{q-1}$ 与对角线联立，当 $x=x_F$ 时，$y=x_F$，故在 y-x 图的对角线上可以确定 e 点(x_F,x_F)，再以 $\frac{q}{q-1}$ 为斜率作直线 ed，即为 q 线。此线与精馏段操作线交于 d 点，d 点即是两操作线的交点，连接 c(x_W,x_W)、d 两点可得提馏段操作线 cd。

3)绘直角梯级即理论塔板　从 a 点开始，在精馏段操作线与平衡线之间作水平线与竖直线构成直角梯级，梯级跨越两操作线的交点 d 后，改在提馏段操作线与平衡线间作直角梯级，直至梯级的竖直线达到或跨越 c 点为止，其间所绘梯级的数目即为理论塔板数(包括塔釜再沸器的一块)，其中跨越 d 点的梯级为进料板。

用图解法求取理论塔板数的注意事项如下。

(1)图中每个直角阶梯代表一块理论板。跨过 d 点的阶梯为进料板，最后一个阶梯为再沸器。总理论塔板数为阶梯数减 1。

(2)阶梯中水平线的距离代表液相中易挥发组分的浓度经过一块理论板后的变化，阶梯中竖直线的距离代表气相中易挥发组分的浓度经过一块理论板的变化，因此，阶梯的跨度就代表了理论板的分离程度。阶梯跨度不同，说明理论板分离能力不同。

(3)有时在精馏操作中，从塔顶出来的蒸气先进入分凝器中部分冷凝，冷凝液作为塔顶回流液，未冷凝的蒸气再进入全凝器中冷凝作为塔顶产品。因为离开分凝器的气液两相可视为互成平衡，故分凝器也相当于一块理论板，这时精馏段的理论塔板数应在相应的阶梯数上减1。

(4)图解法虽简单直观，但是对于相对挥发度较小而所需理论塔板较多的场合是不适合的。

3. 最优进料位置的选择

在工业生产中，一般选在塔内液相或气相组成与进料组成相近或相同的塔板上进料。进料板是精馏段与提馏段交接处的提馏段第一块塔板，当用图解法计算理论塔板数时，适宜的进料位置应为跨越三条线的交点 d 所对应的阶梯，因为这样完成一定的分离任务所需的理论塔板最少。若跨过两操作线的交点后继续在精馏段操作线与平衡线之间作阶梯，或没有跨过交点就过早地更换操作线，都将使所需的理论塔板数增加。如图 6-49 所示，其中(c)为最优进料位置。

对于已有的精馏装置，在适宜的进料位置进料，可获得最佳分离效果。在实际操作中，如果进料位置不当，会使馏出液和釜残液不能同时达到预期的分离要求。进料位置过高，使馏出液的组成偏低(难挥发组分的浓度偏高)；反之，进料位置偏低，使釜残液中易挥发组分的浓度偏高，从而降低馏出液中易挥发组分的收率。

在实际生产中，精馏塔往往设有 2~3 个进料口，以在进料组成及进料热况态变动时，能够选择适宜的进料位置，使进料组成与进料板上的液体组成接近。

例 6-10　用图解法求例 6-9 的理论塔板数。已知：$x_D=0.95$，$x_W=0.05$，$x_F=0.4$。两操作线方程及相平衡方程见例 6-9。

解　根据相平衡方程计算出若干组气液平衡数据，见下表：

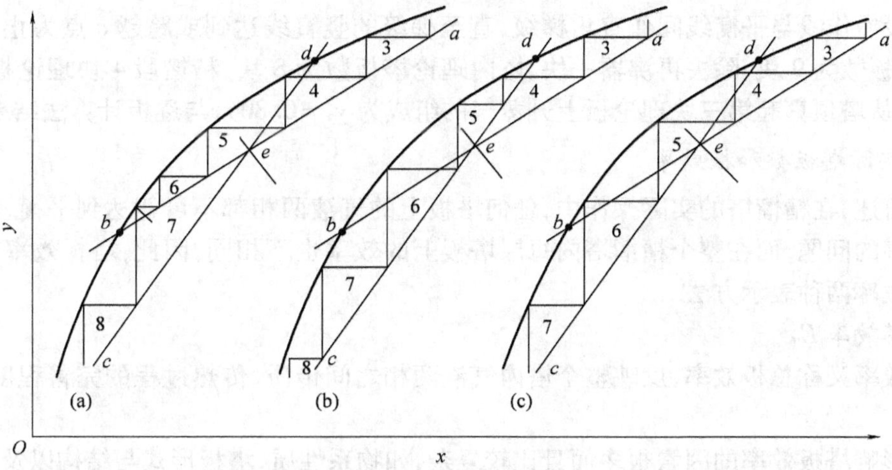

图 6-49 进料位置的比较

(a)进料位置在两操作线的交点以下 (b)进料位置在两操作线的交点以上 (c)最优进料位置

x	1.000	0.780	0.581	0.411	0.258	0.130	0.000
y	1.000	0.900	0.774	0.633	0.462	0.270	0.000

在直角坐标系中绘出 y-x 图,见图 6-50。

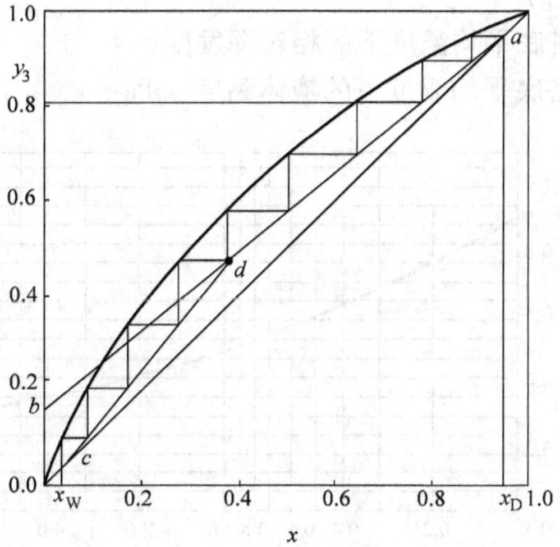

图 6-50 例 6-10 附图

根据精馏段操作线方程

$$y_{n+1}=0.833x_n+0.158$$

找到 $a(0.95,0.95)$,$b(0,0.158)$两点,连接 ab,即得到精馏段操作线。

已知泡点进料,过点(0.4,0)可作一条垂直于横轴的直线即 q 线,q 线和精馏段操作线交于 d 点,连接 d 点和 c 点(0.05,0.05)即得到提馏段操作线。

从 a 点开始，在精馏段操作线与平衡线之间作直角梯级，梯级跨越两操作线的交点 d 后，改在提馏段操作线与平衡线间作直角梯级，直至梯级的竖直线达到或跨越 c 点为止。由图可见，理论塔板数为 9 块，除去再沸器一块，塔内理论塔板数为 8 块，精馏段 4 块理论板，第 5 块为进料板，从塔顶算起第三块理论板上升蒸气的组成为 $y_3=0.804$，与逐板计算法结果一致。

（六）实际塔板数和板效率

如前所述，在精馏塔的实际操作中，任何塔板上的气液两相都不可能达到平衡，即存在一个塔板效率的问题，而在整个精馏塔内每层塔板上的效率也不相同，因此，塔板效率有全塔效率和单板效率两种表示方法。

1. 全塔效率 E_T

全塔效率又称总板效率，反映整个塔内气液两相之间传质、传热过程的完善程度，其值恒小于 1。

由于影响塔板效率的因素很多而且比较复杂，如物系性质、塔板形式与结构以及操作条件等，目前还没有比较满意的计算公式，比较可靠的是通过实验测定。其方法是装配一套精馏塔，根据实验测定的原料液组成 x_F、进料热状况参数（通常采用泡点进料）以及实际测定的塔顶、塔底产品组成，回流比等，在 y-x 图上用图解法求出完成该分离任务所需的理论塔板数 N_T，然后将理论塔板数与实际装置的塔板数 N_P 相比，比值即为该塔的全塔效率。用这种方法测定的数据也可用在工艺条件相似、设备相同的其他塔的设计中。

在缺乏实验数据的情况下，可以按照如图 6-51 所示的曲线作近似的估算，该曲线也可用关联式表示，即

$$E_T=0.49\times(\alpha\mu_L)^{-0.245} \tag{6-45}$$

式中 α——在塔顶与塔底平均温度下的相对挥发度；

μ_L——在塔顶与塔底平均温度下的液体黏度，mPa · s。

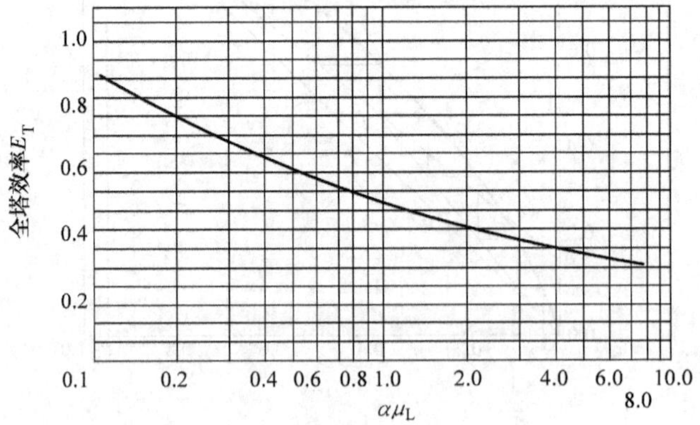

图 6-51　精馏塔效率关联图

2. 单板效率

单板效率又称默弗里板效率，是气相或液相经过一块实际塔板前后的组成变化与经过一块理论塔板前后的组成变化之比值，按气液相组成的变化可表示为

$$E_{MV}=\frac{y_n-y_{n+1}}{y_n^*-y_{n+1}} \text{或} E_{ML}=\frac{x_{n-1}-x_n}{x_{n-1}-x_n^*} \tag{6-46}$$

式中　E_{MV}——以气相表示的单板效率；

E_{ML}——以液相表示的单板效率；

y_n^*、x_n^*——在第 n 块板上达到平衡的气液相组成。

需要指出，单板效率可直接反映该块塔板的传质效果，板式塔各块塔板的单板效率并不相同。

3. 实际塔板数

在塔设备的实际操作中，由于气液两相接触时间及接触面积的限制，离开塔板的气液两相不可能达到平衡。实际上，进行精馏操作所需要的实际塔板要比理论塔板多。若已知全塔效率 E_T，可求得实际塔板数：

$$N_P = \frac{N_T}{E_T} \tag{6-47}$$

式中　N_T——理论塔板数；

N_P——实际塔板数。

例 6-11　若例 6-9 中的精馏塔全塔效率为 50%，求实际塔板数及进料位置。

解　由例 6-9 的计算结果知：

理论塔板数 $N_T = 9 - 1 = 8$（不包括再沸器）；

精馏段理论塔板数 = 4，第 5 块板为进料板。

$E_T = 0.5$，所以实际塔板数 $N_P = 8/0.5 = 16$（不包括再沸器）；

精馏段实际塔板数 = 4/0.5 = 8，加料板为第 9 块板（从塔顶往下数）。

（七）回流比的影响及选择

从前面对精馏原理的分析可知：回流是精馏操作的基本特征，精馏过程的回流包括塔顶液相回流和塔底气相回流。从精馏操作线方程不难看出，回流比 R 的大小直接影响操作线的位置，工业生产中所指的回流、回流比是针对塔顶液相回流而言的。回流比 R 的大小也直接影到精馏操作费用和设备费用，因此这里着重讨论回流比 R 的大小究竟对精馏操作有何影响，在操作中怎样选择一个合适的回流比。

回流比有两个极限，一个是全回流时的回流比，另一个是最小回流比。生产中采用的回流比应介于两者之间。

1. 全回流与最小理论塔板数

1）全回流的特点　全回流就是塔顶上升的蒸气冷凝后全部引回塔内。全回流时精馏塔不加料也不出料，即 $F = 0, D = 0, W = 0$，精馏塔无精馏段与提馏段之分；回流比 $R = \frac{L}{D} \to \infty$，此时平衡线与操作线距离最远，对应的理论塔板数最小，以 N_{min} 表示。

2）全回流时的操作线方程　操作线的斜率：

$$\frac{R}{R+1} = \frac{1}{1+\frac{1}{R}} \xrightarrow{R\to\infty} 1$$

在 y 轴上的截距：

$$\frac{x_D}{R+1} \xrightarrow{R\to\infty} 0$$

可见操作线与 y-x 图上的对角线重合，于是全回流时的操作线方程可写作 $y_{n+1}=x_n$，即任意板间截面上升蒸气的组成与下降液体的组成相等。

3）全回流时理论塔板数的确定 （1）逐板计算法。方法同前，此时操作线方程更为简单。

（2）图解法。根据分离要求，从 a 点（x_D，x_D）开始在对角线与平衡线之间绘直角梯级，直至 $x_n \leqslant x_W$ 为止。梯级的数目即为最小理论塔板数 N_{min}（包括塔釜再沸器），如图 6-52 所示。

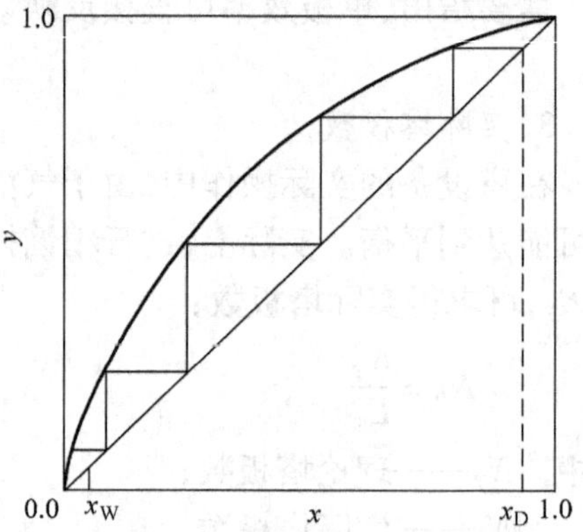

图 6-52 全回流时的最小理论塔板数

（3）用芬斯克方程计算：

$$N_{min}+1=\frac{\lg\left[\left(\frac{x_D}{1-x_D}\right)\left(\frac{1-x_W}{x_W}\right)\right]}{\lg \alpha_m} \qquad (6\text{-}48)$$

式中 N_{min}——全回流所需的小理论塔板数（不包括再沸器）；

α_m——全塔平均相对挥发度，一般可取塔顶、塔底或塔顶、塔底、进料的平均值。

从上面的分析可知，全回流时所需的理论板最少，那么在生产中是不是采用全回流操作最好呢？情况并非如此。全回流操作时无塔顶产品，正常生产并不采用，全回流是操作回流比的上限，只在设备开工、调试及实验研究时采用，或用在生产不正常时精馏塔的自身调整操作中，短时间内采用全回流操作便于过程的稳定和控制。

2. 最小回流比

当回流比减小时，精馏段操作线的斜率减小，两操作线向平衡线靠近（见动画 6-15），在规定的分离要求下，即塔顶、塔釜产品组成确定时，所需的理论塔板数增加，如图 6-53 所示。当回流比减小到某一数值时，两操作线的交点（图 6-53 中的 d 点）恰好落在平衡线上，或操作线与平衡线相切（图 6-54 中的 g 点），这时的回流比称为完成该预定的分离要求的最小回流比，以 R_{min} 表示。此时，若在交点附近用图解法求塔板数，则需无穷多块塔板，即完成这种状态下的分离需要无限多块塔板。在最小回流比条件下操作时，d 点上下各板（进料板上下区域）的气液两相组成基本不变，即无增浓作用，故此区域称为恒浓区，d 点称为夹紧点。

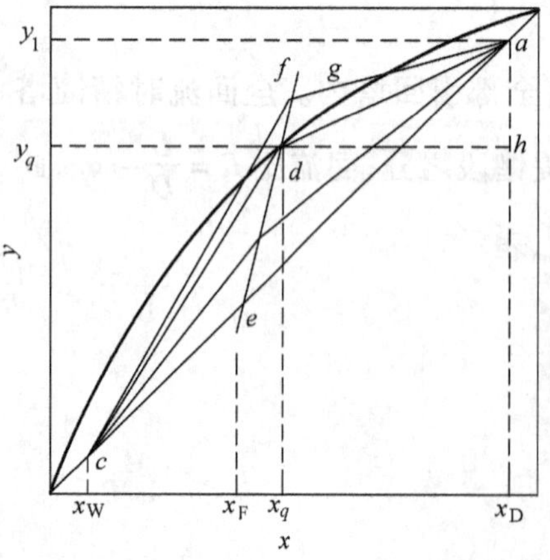

图 6-53 最小回流比图解

动画6-15 回流比对操作线的影响

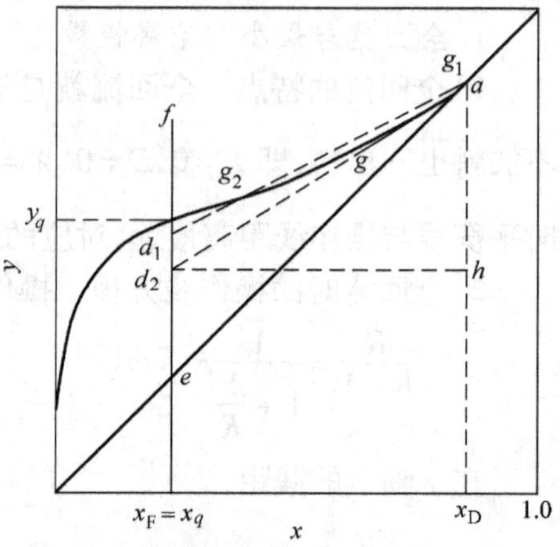

图 6-54 平衡线不规则时的 R_{min} 图解

显然,在实际生产中,最小回流比也不会被采用。但最小回流比是精馏塔设计计算中的一个重要参数,实际回流比必须大于最小回流比,才能完成指定的分离任务。通常用如下的图解法求最小回流比 R_{min}。

1)平衡线规则　此时,平衡线无明显下凹,如图 6-53 所示。ad 线为最小回流比下的精馏段操作线,a 点坐标为(x_D,x_D)。过 e 点(x_F,x_F)作 q 线,当 q 线与平衡线相交于 d 点(x_q,y_q)时,由图中的几何关系可求得 ad 线的斜率为

$$\frac{R_{min}}{R_{min}+1}=\frac{x_D-y_q}{x_D-x_q}$$

整理上式解出最小回流比

$$R_{min}=\frac{x_D-y_q}{y_q-x_q} \tag{6-49}$$

式中 x_q、y_q 为 q 线与平衡线的交点的坐标,用图解法由图中读得,或由 q 线方程和平衡线方程联解确定。泡点进料时,$x_q=x_F$,y_q 由相平衡方程确定,即 $y_q=\dfrac{\alpha x_q}{1+(\alpha-1)x_q}$;饱和蒸气进料时,$y_q=y_F$,$x_q$ 由相平衡方程确定,即 $x_q=\dfrac{y_q}{\alpha-(\alpha-1)y_q}$。

2)平衡线不规则　当平衡线明显下凹时,在操作线与 q 线的交点尚未落在平衡线上之前,精馏段操作线或提馏段操作线就有可能与平衡线在某点相切,如图 6-54 所示。这时切点即为夹紧点,其对应的回流比即为最小回流比 R_{min}。最小回流比仍可用式(6-49)计算,但式中的 x_q、y_q 改用 q 线与具有该最小回流比的操作线的交点的坐标,其值可由图中 d 点的坐标读出。也可以读取精馏段操作线的截距 $\dfrac{x_D}{R_{min}+1}$,然后计算出 R_{min}。

最后必须指出,精馏操作的最小回流比是对一定的分离要求而言的,脱离了一定的分离要求而只谈最小回流比是毫无意义的。换句话说,若采用的回流比小于最小回流比,操作虽然能够进行,但不可能达到规定的分离要求。

3. 适宜回流比

通过上面的分析可知实际的回流比应介于这两个极限之间,最适宜回流比应通过经济衡算确定,即以完成给定的生产任务所需的操作费用与设备折旧费用之和最小为原则来选取。

精馏操作费用主要取决于再沸器中加热剂用量和冷凝器中冷却剂用量的大小,这些都由塔内的上升蒸气量,即 $V=(R+1)D$ 和 $V'=V-(1-q)F$ 决定。当 F、q 和 D 一定时,R 增大,V 和 V' 都增大,故操作费用增加,如图 6-55(b 线)所示。

设备折旧费用等于精馏塔、再沸器及冷凝器等设备的投资乘以相应的折旧率,它主要取决于设备尺寸。在最小回流比下,理论塔板无穷多,故设备折旧费用骤减。增大回流比,所需的理论塔板数下降变慢,由于冷凝器、再沸器的热负荷和传热面积增大,总的设备折旧费用又有所增加,如图 6-55(a 线)所示。

图 6-55(c 线)表示了总费用与回流比的定向关系。显然存在一个总费用最低点,与此对应的回流比即为适宜回流比。通常适宜回流比可取最小回流比的 1.1~2.0 倍,即

$$R=(1.1\sim2.0)R_{min} \tag{6-50}$$

式(6-50)是根据经验选取的,对于实际生产过程,回流比还应视具体情况而定,例如,对于

难分离的混合液应选用较大的回流比。

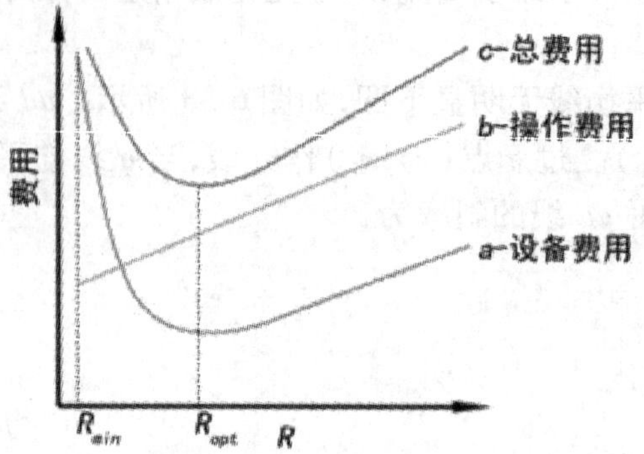

图6-55 适宜回流比的确定

例6-12 正庚烷与正辛烷的混合液在一个常压精馏塔中分离。原料液中正庚烷的含量为40%(摩尔分数,下同),泡点进料,要使塔顶产品含92%的正庚烷,塔釜产品含95%的正辛烷。求:(1)完成上述分离任务所需的最小理论塔板数;(2)若回流比取最小回流比的1.5倍,求实际回流比。已知物系的平均相对挥发度为2.16。

解 (1)所需的最小理论塔板数可用芬斯克方程求解:

$$N_{\min}=\frac{\lg\left[\left(\frac{x_D}{1-x_D}\right)\left(\frac{1-x_W}{x_W}\right)\right]}{\lg\alpha_m}-1$$

$$=\frac{\lg\left[\left(\frac{0.92}{1-0.92}\right)\left(\frac{1-0.05}{0.05}\right)\right]}{\lg 2.16}-1=5.99$$

即

$N_{\min}=6$(不包括再沸器)

也可以用逐板计算法求解,结果见附表。

例6-12 附表 全回流逐板计算法求 $N_{\min}$ 的结果

板号/组成	1	2	3	4	5	6	7
y	0.92	0.842	0.711	0.533	0.346	0.197	0.102
x	0.842	0.711	0.533	0.346	0.197	0.102	0.0495 < 0.05

平衡线方程:$y_n=\dfrac{2.16x_n}{1+1.16x_n}$;

操作线方程:$y_{n+1}=x_n$。

设塔顶采用全凝器,塔釜采用间接蒸汽加热。

由计算结果可见,$N_{\min}=6$(不包括再沸器),与用芬斯克方程求解结果相同。

(2)因泡点进料,故 $q=1$,于是

$x_q=x_F=0.4$

$$y_q=\frac{\alpha x_q}{1+(\alpha-1)x_q}=\frac{2.16\times0.4}{1+1.16\times0.4}=0.59$$

由式(6-49)求 R_{min}：

$$R_{min}=\frac{x_D-y_q}{y_q-x_q}=\frac{0.92-0.59}{0.59-0.4}=1.737$$

$$R=1.5\times1.737=2.61$$

例 6-13　若例 6-12 中的进料组成 x_F 及塔釜产品组成 x_W 不变，将塔顶产品组成提高至 95%，求以下几种情况时的最小回流比：(1)泡点进料；(2)气液混合物进料，气液摩尔流量各占一半；(3)饱和蒸气进料。

解　(1)泡点进料，$x_q=x_F=0.4$，则

$$y_q=\frac{\alpha x_q}{1+(\alpha-1)x_q}=\frac{2.16\times0.4}{1+1.16\times0.4}=0.59$$

$$R_{min}=\frac{x_D-y_q}{y_q-x_q}=\frac{0.95-0.59}{0.59-0.4}=1.895$$

与例 6-12 比较可知，由于 x_D 提高，R_{min} 也有所增大。

(2)气液混合物进料，此时 q 为液化率，当气液摩尔流量各占一半时，$q=0.5$，于是 q 线方程可写为

$$y=\frac{q}{q-1}x-\frac{x_F}{q-1}=\frac{0.5}{0.5-1}x-\frac{0.4}{0.5-1}=-x+0.8 \tag{A}$$

平衡线方程为

$$y=\frac{2.16x}{1+1.16x} \tag{B}$$

联立式(A)、式(B)，求出交点的坐标(x_q, y_q)：

$x_{q1}=0.309$，$x_{q2}=-2.232$(舍去)，$y_q=0.491$

$$R_{min}=\frac{x_D-y_q}{y_q-x_q}=\frac{0.95-0.491}{0.491-0.309}=2.52$$

(3)饱和蒸气进料，$q=0$，$y_q=0.4$，则

$$x_q=\frac{y_q}{\alpha-(\alpha-1)y_q}=\frac{0.4}{2.16-1.16\times0.4}=0.236$$

$$R_{min}=\frac{x_D-y_q}{y_q-x_q}=\frac{0.95-0.4}{0.4-0.236}=3.35$$

由以上两个例题可得以下结论。

(1)相同的物系，达到相同的分离要求，由于进料热状况不同，导致最小回流比不同。进料热状况参数 q 值越小，对应的最小回流比越大。

(2)同一物系，进料组成及热状况相同，达到不同的分离要求(x_D不同)，最小回流比也不相同。x_D越大，R_{min}就越大。可见，最小回流比的大小是与一定的分离要求相联系的。

(八)理论塔板数的简捷计算法

精馏塔理论塔板数的计算除前述的逐板计算法与图解法外，还可以用简捷计算法。此方法特别适合在塔板比较多的情况下作初步估算，但误差较大。现将简捷计算法介绍如下。

首先根据物系的分离要求求出最小回流比 R_{min} 及全回流时的最小理论塔板数 N_{min}，然后借助于吉利兰关联图找到 R_{min}、R、N_{min} 与 N_T 之间的关系，从而由所选的 R 值求出理论塔板数 N_T。图 6-56 即为吉利兰关联图。

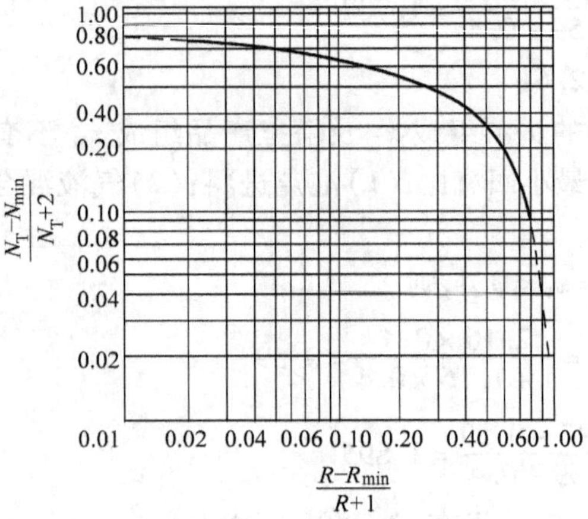

图 6-56　吉利兰关联图

图中横坐标为$\frac{R-R_{min}}{R+1}$，纵坐标为$\frac{N_T-N_{min}}{N_T+2}$。注意 N_T 与 N_{min} 均为不包括再沸器的理论塔板数。

吉利兰关联图是由一些生产实际数据归纳得到的，其适用范围是：组分数目 2 ~ 11；五种进料热状况；$R_{min}=0.53\sim7.00$；$\alpha=1.26\sim4.05$；$N=2.4\sim43.1$。此图不仅适用于双组分精馏计算，也适用于多组分精馏计算。

例 6-14　用简捷计算法求例 6-12 的理论塔板数。

解　由例 6-12 已知 $x_D=0.92$，$x_F=0.4$，$x_W=0.05$，$R_{min}=1.737$，$R=2.61$，$N_{min}=6$，于是

$$\frac{R-R_{min}}{R+1}=\frac{2.61-1.737}{2.61+1}=0.242$$

查图 6-56 可得

$$\frac{N_T-N_{min}}{N_T+2}=0.39$$

将 $N_{min}=6$ 代入上式，求得

$$N_T=11.1\text{（不包括再沸器）}$$

用逐板计算法求理论塔板数的结果如下。

精馏段操作线方程：

$$y_{n+1}=0.723x_n+0.255$$

提馏段操作线方程：

$$y_{m+1}=1.41x_m-0.021$$

平衡线方程：

$$y_n=\frac{2.16x_n}{1+1.16x_n}$$

板号 组成	1	2	3	4	5	6	7	8	9	10	11	12	13
y	0.92	0.864	0.794	0.719	0.647	0.587	0.538	0.473	0.393	0.304	0.216	0.138	0.071
x	0.841	0.746	0.641	0.542	0.459	0.397	0.351	0.294	0.231	0.168	0.113	0.069	0.037

用逐板计算法求得 $N_T = 12$（不包括再沸器），与简捷计算法稍有差异。

（九）精馏装置的热量衡算

通过热量衡算可确定冷凝器、再沸器的热负荷以及冷却剂、加热剂的用量。

1. 冷凝器的热量衡算

对图 6-57 所示的冷凝器（冷凝器为全凝器）作热量衡算，以单位时间（1 h）为基准，并忽略热损失。

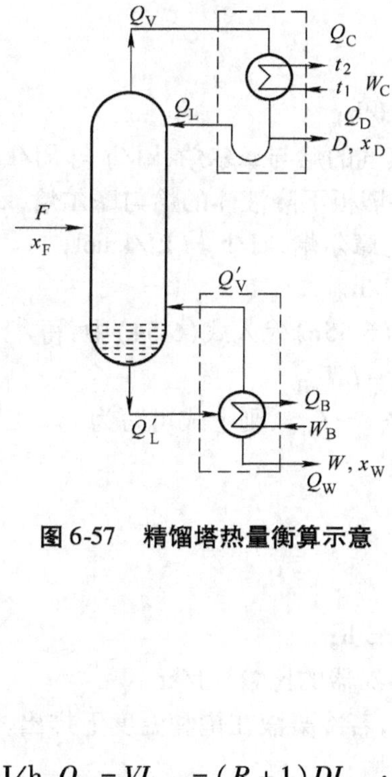

图 6-57　精馏塔热量衡算示意

热量衡算式为

$$Q_V = Q_C + Q_L + Q_D$$

即

$$Q_C = Q_V - (Q_L + Q_D) \tag{6-51}$$

式中　Q_V——塔顶蒸气的焓，kJ/h，$Q_V = VI_{m,V} = (R+1)DI_{m,V}$；

$I_{m,V}$——塔顶蒸气的摩尔焓，kJ/kmol；

Q_L——回流液的焓，kJ/h，$Q_L = LI_{m,L} = RDI_{m,L}$；

$I_{m,L}$——塔顶馏出液的摩尔焓，kJ/kmol；

Q_D——塔顶馏出液的焓，kJ/h，$Q_D = DI_{m,L}$。

于是

$$Q_C = (R+1)DI_{m,V} - (RDI_{m,L} + DI_{m,L})$$

整理上式可得到冷凝器的热负荷 Q_C：

$$Q_C = (R+1)D(I_{m,V} - I_{m,L}) \tag{6-52}$$

冷却剂的消耗量 W_C 为

$$W_C = \frac{Q_C}{c_p(t_2 - t_1)} \tag{6-53}$$

式中 W_C——冷却剂的消耗量,kg/h;

c_p——冷却剂的平均比热容,kJ/(kg·℃);

t_1、t_2——冷却剂的进、出口温度,℃。

2. 再沸器的热量衡算

对图6-57所示的再沸器作热量衡算,仍以单位时间(1 h)为基准。

热量衡算式为

$$Q_B + Q'_L = Q'_V + Q_W + Q'$$

即

$$Q_B = Q'_V + Q_W + Q' - Q'_L \tag{6-54}$$

$$Q'_V = V' I'_{m,V} \tag{6-55a}$$

$$Q'_L = L' I'_{m,L} \tag{6-55b}$$

$$Q_W = W I_{m,W} \tag{6-55c}$$

式中 Q_B——再沸器的热负荷,kJ/h;

Q'_V、$I'_{m,V}$——再沸器上升蒸气的焓与摩尔焓,kJ/h与kJ/kmol;

Q'_L、$I'_{m,L}$——提馏段最底层塔板下降液体的焓与摩尔焓,kJ/h与kJ/kmol;

Q_W、$I_{m,W}$——釜残液的焓与摩尔焓,kJ/h与kJ/kmol;

Q'——再沸器的热损失,kJ/h。

将式(6-55a)、式(6-55b)、式(6-55c)代入式(6-54)中,得

$$Q_B = V' I'_{m,V} + W I_{m,W} + Q' - L' I'_{m,L}$$

根据 $L' = V' + W$,并近似取 $I'_{m,L} \approx I_{m,W}$,则上式可写为

$$Q_B \approx V'(I'_{m,V} - I_{m,W}) + Q' \tag{6-56}$$

加热剂的消耗量 W_B 为

$$W_B = \frac{Q_B}{I_{B1} - I_{B2}} \tag{6-57}$$

式中 W_B——加热剂的消耗量,kg/h;

I_{B1}、I_{B2}——加热剂进、出再沸器的比焓,kJ/kg。

常用饱和水蒸气作为加热剂,若冷凝液在饱和温度下排出,则

$$I_{B1} - I_{B2} = r$$

式中 r——饱和水蒸气的比汽化焓,kJ/kg。

于是

$$W_B = \frac{Q_B}{r} \tag{6-58}$$

再沸器的热负荷也可以通过全塔的热量衡算求得,详见有关书籍。

自　测　题

一、填空题

1. 某精馏塔的馏出液量是 50 kmol/h，回流比是 2，则精馏段的回流液量是________kmol/h。

2. 正常操作的二元精馏塔，塔内某截面上升气相的组成 y_{n+1} 和下降液相的组成 x_n 的关系是________。

3. 精馏操作有五种进料热状况，其中________进料时，进料位置最高；而________进料时，进料位置最低。

4. 精馏塔在 x_F、q、R 一定下操作时，将加料口向上移动一块塔板，塔顶产品的浓度 x_D 将________，塔底产品的浓度 x_W 将________。

5. 精馏操作时，增大回流比，其他操作条件不变，则精馏液气比 L/V ________，馏出液组成 x_D ________，釜残液组成 x_W ________。

6. 精馏操作时，若其他操作条件均不变，只将塔顶的泡点回流改为过冷液体回流，则塔顶产品组成 x_D 的变化为________。

7. 某二元混合物，$\alpha=3$，在全回流条件下 $x_n=0.3$，$y_{n-1}=$________。

8. 塔顶全凝器改为分凝器后，其他操作条件不变，则所需的理论塔板数________。

9. 在相同的 R、x_D、x_F、x_W 下，q 值越大，所需的理论塔板数________。

二、判断题

1. 要实现规定的分离要求，所需的实际塔板数比理论塔板数多。(　　)

2. 根据恒摩尔流假设，精馏塔中每块塔板上液体的摩尔流量和蒸气的摩尔流量均相等。(　　)

3. 在精馏操作中，操作回流比小于最小回流比时，精馏塔不能正常工作。(　　)

4. 最小回流比状态下的理论塔板数为最小理论塔板数。(　　)

5. 在精馏操作中，操作回流比必须大于最小回流比。(　　)

6. 已知某精馏塔操作时的 q 线方程为 $y=0.6$，则该塔的进料热状况为饱和液体进料。(　　)

7. 精馏塔内的温度随易挥发组分浓度增大而降低。(　　)

8. 用某精馏塔分离二元混合物，规定产品组成 x_D、x_W。当进料组成为 x_{F1} 时，相应的回流比为 R_1，当进料组成为 x_{F2} 时，相应的回流比为 R_2。若 $x_{F1}<x_{F2}$，进料热状况不变，则 $R_1<R_2$。(　　)

9. 理想的进料板位置是其气体和液体的组成与进料的气体和液体的组成最接近。(　　)

10. 精馏操作时，若 F、D、x_F、q、R、进料板位置都不变，将塔顶泡点回流改为冷液回流，则塔顶产品组成 x_D 变大。(　　)

11. 分离任务要求一定，当回流比一定时，在五种进料热状况中，冷液进料的 q 值最大，提馏段操作线与平衡线之间的距离最小，分离所需的总理论塔板数最多。(　　)

三、选择题

1. 不影响理论塔板数的是进料的(　　)。

A. 位置　B. 热状况　C. 组成　D. 量

2. 在其他条件不变的情况下,增大回流比能(　　)。

A. 减少操作费用　B. 增加设备费用　C. 提高产品纯度　D. 增大塔的生产能力

3. 加大回流比,塔顶轻组分的组成将(　　)。

A. 不变　B. 变小　C. 变大　D. 忽大忽小

4. 只要求从混合液中得到高纯度的难挥发组分,采用只有提馏段的半截塔,则进料口应位于塔的(　　)部。

A. 顶　B. 中　C. 中下　D. 底

5. 从节能的观点出发,适宜回流比 R 应取(　　)倍最小回流比 R_{min}。

A. 1.1　B. 1.3　C. 1.7　D. 2.0

6. 在二元溶液连续精馏计算中,物料的进料状况变化将引起(　　)的变化。

A. 相平衡线　B. 进料线和提馏段操作线

C. 精馏段操作线　D. 相平衡线和操作线

7. 降低精馏塔的操作压强,可以(　　)。

A. 降低操作温度,改善传热效果　B. 降低操作温度,改善分离效果

C. 提高生产能力,削弱分离效果　D. 降低生产能力,削弱传热效果

8. 某精馏塔的理论塔板数为 17 块(包括塔釜),全塔效率为 0.5,则实际塔板数为(　　)块。

A. 34　B. 31　C. 33　D. 32

9. 在连续精馏中,精馏段操作线随(　　)而变。

A. 回流比　B. 进料热状况　C. 釜残液组成　D. 进料组成

10. 精馏塔在操作中保持进料量 F、进料组成 x_F、进料热状况参数 q、塔釜加热量 Q 不变,减少塔顶馏出液量 D,则塔顶易挥发组分的回收率 η(　　)。

A. 变大　B. 变小　C. 不变　D. 不确定

11. 精馏塔回流量增加,则(　　)。

A. 塔压差明显减小,塔顶产品纯度会提高

B. 塔压差明显增大,塔顶产品纯度会提高

C. 塔压差明显增大,塔顶产品纯度会降低

D. 塔压差明显减小,塔顶产品纯度会降低

12. 精馏塔釜温度指示较实际温度高,会造成(　　)。

A. 轻组分损失增加　B. 塔顶馏出液作为产品质量不合格

C. 釜残液作为产品质量不合格　D. 塔板严重漏液

13. 回流比的(　　)值为全回流。

A. 上限　B. 下限　C. 平均　D. 混合

14. 某二元混合物,进料量为 100 kmol/h,$x_F=0.6$,要求 x_D 不小于 0.9,则塔顶最大产量为(　　)。

A. 60 kmol/h　B. 66.7 kmol/h　C. 90 kmol/h　D. 100 kmol/h

15. 若进料量、进料组成、进料热状况都不变，要提高 x_D，可采用(　　)的措施。

A. 减小回流比　　B. 增加提馏段理论塔板数

C. 增加精馏段理论塔板数　　D. 使塔釜保温良好

16. 下列说法中错误的是(　　)。

A. 回流比增大时，操作线偏离平衡线越远越接近对角线

B. 全回流时所需的理论塔板数最少，生产中最好选用全回流操作

C. 全回流有一定的实用价值

D. 实际回流比应在全回流和最小回流比之间

四、简答题

1. 何为挥发度与相对挥发度？

2. 何为理论板？理论塔板数是如何求取的？

3. 恒摩尔流假设的内容是什么？

4. 什么位置为适宜的进料位置？为什么？

5. 什么是回流？在精馏操作过程中回流有什么作用？

五、计算题

1. 在连续精馏塔中分离苯－苯乙烯混合液。原料液量为 5 000 kg/h，组成为含苯 0.45，要求馏出液中含苯 0.95，釜残液中含苯不超过 0.06(以上均为质量分数)。试求：馏出液量及塔釜产品量各为多少？(以摩尔流量表示)[答：$D=27.8$ kmol/h，$W=27.5$ kmol/h]

2. 在连续精馏塔中分离苯－甲苯混合液，要求馏出液中苯的含量为 0.97(摩尔分数)，馏出液量为 6 000 kg/h，塔顶采用全凝器，平均相对挥发度为 2.46，回流比为 2.5，试求：①从第一块塔板下降的液体的组成 x_1；②精馏段各板的上升蒸气量及下降液体量。[答：①$x_1=0.929$；②$V=267.8$ kmol/h，$L=191.3$ kmol/h]

3. 连续精馏塔的操作线方程如下。

精馏段：$y=0.75x+0.205$；

提馏段：$y=1.25x-0.020$。

试求泡点进料时，原料液、馏出液、釜残液的组成及回流比。[答：$x_F=0.45$，$x_D=0.82$，$x_W=0.08$，$R=3$]

4. 某连续精馏塔处理苯－氯仿混合液，要求馏出液中含有 96%(摩尔分数，下同)的苯。进料量为 75 kmol/h，进料中含苯 45%，釜残液中苯含量为 10%，回流比为 3，泡点进料，求：①从冷凝器回流至塔顶的回流液量及自塔釜上升的蒸气的摩尔流量；②精馏段、提馏段操作线方程。[答：①$L=91.57$ kmol/h，$V'=267.8$ kmol/h；②$y_{n+1}=0.75x_n+0.24$，$y'_{m+1}=1.36x'_m-0.0364$]

5. 某理想混合液用常压精馏塔进行分离。进料含 A 81.5%，含 B 18.5%(均为摩尔分数)，饱和液体进料，塔顶采用全凝器，塔釜采用间接蒸汽加热。要求塔顶产品含 A 95%，塔釜产品含 B 95%，此物系的相对挥发度为 2.0，回流比为 4.0。试用：①逐板计算法；②图解法分别求出所需的理论塔板数及进料板位置。[答：10 块，第 3 块板进料]

6. 在常压下用连续精馏塔分离甲醇－水溶液。已知：$x_F=0.35$，$x_D=0.95$，$x_W=0.05$(均为甲醇的摩尔分数)，泡点进料，塔顶采用全凝器，塔釜采用间接蒸汽加热，操作回流比为最小回流比的 2 倍。求：①理论塔板数及进料板位置；②从第 2 块理论板上升的蒸气的组成。

甲醇－水溶液的平衡数据如下：

温度/℃	液相中甲醇的摩尔分数 x	气相中甲醇的摩尔分数 y	温度/℃	液相中甲醇的摩尔分数 x	气相中甲醇的摩尔分数 y
100.0	0.00	0.000	75.3	0.40	0.729
96.4	0.02	0.134	73.1	0.50	0.779
93.5	0.04	0.234	71.2	0.60	0.825
91.2	0.06	0.304	69.3	0.70	0.870
89.3	0.08	0.365	67.6	0.80	0.815
87.7	0.10	0.418	66.0	0.90	0.958
84.4	0.15	0.517	65.0	0.95	0.979
81.7	0.20	0.579	64.5	1.00	1.000
78.0	0.30	0.665			

[答：①$N_T=8$(包括再沸器)，第6块板为进料板；②$y_2=0.91$]

7. 丙烯－丙烷精馏塔的进料组成为含丙烯80%、丙烷20%（均为摩尔分数），常压操作，进料为饱和液体，要使塔顶产品含95%的丙烯，塔釜产品含95%的丙烷，物系的相对挥发度为1.16，试计算：①最小回流比；②所需的最小理论塔板数。[答：①$R_{min}=5.52$；②$N_{min}=40$(包括塔釜)]

8. 若上题进料浓度改为含丙烯50%（摩尔分数），求：①最小回流比；②所需的最小理论塔板数。[答：①$R_{min}=11.15$；②$N_{min}=40$]

9. 用常压操作的连续精馏塔分离某理想溶液，原料液组成为0.4，馏出液组成为0.95(均为轻组分的摩尔分数)，在操作条件下物系的相对挥发度$\alpha=2.0$，若操作回流比$R=1.5R_{min}$，进料热状况参数$q=1.5$，塔顶采用全凝器，试计算第2块理论板上升蒸气的组成和下降液体的组成。[答：$y_2=0.918$，$x_2=0.848$]

任务六　精馏技术实操技能训练

任务分析：该任务要求学生在实操实训室进行酒精－水的分离操作，学生已经对这一过程进行了模拟仿真操作，也学习了相应的理论知识，在此基础上进行实操操作以锻炼学生的实际动手能力，强化学生将理论知识应用在实践中的能力，达到理论与实践相统一。

任务目标：①理解精馏操作的工作原理；②理解精馏操作实操工艺流程；③掌握精馏塔安全操作规程。

技能目标：①能做好精馏塔开车前的准备工作，检查电源、水源、仪表、管道、设备等；②能熟练进行精馏塔开、停车并控制稳定操作；③能准确判断精馏塔的异常操作现象并调整恢复其正常操作；④能绘制精馏操作工艺流程图。

一、影响精馏操作的主要因素

对于现有的精馏装置和特定的物系，精馏操作的基本要求是使设备具有尽可能大的生产能力，达到预期的分离效果，操作费用最低。影响精馏装置稳态、高效操作的主要因素包括操作压强、进料组成和热状况、塔顶回流、全塔的物料平衡和稳定、冷凝器和再沸器的传热性能、设备散热情况等。以下对主要影响因素予以简要分析。

1. 物料平衡的影响和制约

根据精馏塔的总物料衡算可知，对于一定的原料液流量 F 和组成 x_F，只要确定了分离程度 x_D 和 x_W，馏出液流量 D 和釜残液流量 W 也就被确定了。而 x_D 和 x_W 决定了气液平衡关系、x_F、q、R 和理论塔板数 N_T（适宜的进料位置），因此 D 与 W 或采出率 D/F 与 W/F 只能根据 x_D 和 x_W 确定，而不能任意增减，否则进、出塔的两个组分的量不平衡，必然导致塔内组成变化，操作波动，使操作不能达到预期的分离要求。

在精馏塔的操作中，需维持塔顶和塔底产品的稳定，保持精馏装置的物料平衡是精馏塔稳态操作的必要条件。通常由塔底液位来控制精馏塔的物料平衡。

2. 塔顶回流的影响

回流比是影响精馏塔分离效果的主要因素，在生产中经常用回流比来调节、控制产品的质量。当回流比增大时，精馏产品质量提高；反之，当回流比减小时，x_D 减小而 x_W 增大，使分离效果变差。

回流比增大，塔内上升蒸气量及下降液体量均增加，若塔内气液负荷超过允许值，可能引起塔板效率下降，此时应减小原料液流量。

调节回流比的方法有如下几种。

（1）减少塔顶采出量，以增大回流比。

（2）塔顶冷凝器为分凝器时，可增加塔顶冷却剂的用量，以提高凝液量，增大回流比。

（3）对有回流液中间贮槽的强制回流操作，可暂时加大回流量，以增长回流比，但不得将回流贮槽抽空。

必须注意，在规定馏出液采出率 D/F 的条件下，增大回流比 R 以提高 x_D 的方法并非总是有效。此外，加大操作回流比意味着加大蒸发量与冷凝量，这些数值还将受到塔釜及冷凝器的传热面的限制。

3. 进料热状况的影响

当进料状况（x_F 和 q）发生变化时，应适当改变进料位置，并及时调节回流比 R。一般精馏塔常设几个进料位置，以适应生产中的进料状况，保证在精馏塔的适宜位置进料。如进料状况改变而进料位置不变，必然引起馏出液和釜残液组成的变化。

进料状况对精馏操作有重要意义。常见的进料热状况有五种，其显著地直接影响提馏段的回流量和塔内的气液平衡。精馏塔较为理想的进料热状况是泡点进料，它较为经济和最为常用。对特定的精馏塔，若 x_F 减小，将使 x_D 和 x_W 均减小，欲保持 x_D 不变，应增大回流比。

4. 塔釜温度的影响

釜温是由釜压和物料组成决定的。在精馏过程中，只有保持规定的釜温，才能确保产品质量。因此釜温是精馏操作中重要的控制指标之一。

提高塔釜温度，会使塔内液相中易挥发组分的浓度减小，同时，使上升蒸气的速度增大，有利于提高传质效率。如果由塔顶得到产品，则塔釜排出的难挥发物中易挥发组分的浓度减小，损失减少；如果塔釜排出物为产品，则可提高产品质量，但塔顶排出的易挥发组分中夹带的难挥发组分浓度增大，从而增加损失。因此，在提高塔釜温度的时候，既要考虑到产品质量，又要考虑到工艺损失。在一般情况下,习惯于用塔釜温度来提高产品质量,降低工艺损失。

当釜温变化时,通常改变蒸馏釜的加热蒸汽量,将釜温调节至正常。当釜温低于规定值时,应加大蒸汽用量,以提高釜液的汽化量,使釜液中重组分的含量增加,泡点升高,釜温升高。当釜温高于规定值时,应减少蒸汽用量,以减少釜液的汽化量,使釜液中轻组分的浓度增大,泡点降低,釜温降低。此外,还有与液位串级调节的方法等。

5. 操作压强的影响

塔的压强是精馏塔主要的控制指标之一。在精馏操作中,常常规定操作压强的调节范围。塔压波动过大,会破坏全塔的气液平衡和物料平衡,使产品达不到所要求的质量。

提高操作压强,可以相应地提高塔的生产能力,使操作稳定。但在塔釜难挥发产品中,易挥发组分的浓度将增大。如果从塔顶得到产品,则可提高产品的质量和易挥发组分的浓度。

影响塔压的因素是多方面的,例如塔顶温度、塔釜温度、进料组成、进料流量、回流量、冷却剂量、冷却剂压强等以及仪表故障、设备和管道冻堵等。真空精馏的真空系统出了故障,塔顶冷凝器的冷却剂突然停止等都会引起塔压升高。

对常压塔压强的控制主要有以下三种方法。

(1)在对塔顶压强的稳定性要求不高的情况下,无须安装压强控制系统,应当在精馏设备(冷凝器或回流罐)上设置一个通大气的管道,以保证塔内压强接近大气压。

(2)对塔顶压强的稳定性要求较高或被分离的物料不能和空气接触时,若塔顶冷凝器为全凝器,塔压多靠冷却剂量的大小来调节。

(3)用调节塔釜加热蒸汽量的方法来调节塔釜气相的压强。

在生产中,当塔压变化时,控制塔压的调节机构会自动动作,使塔压恢复正常。当塔压发生变化时,首先要判断引起变化的原因,而不要简单地只从调节上使塔压恢复正常,要从根本上消除引起变化的原因,才能不破坏塔的正常操作。如釜温过低引起塔压降低,若不提高釜温,单靠减少塔顶采出来恢复正常塔压,将造成釜液中轻组分大量增加。由于设备原因而影响了塔压的正常调节时,应考虑改变其他操作因素以维持生产,严重时要停车检修。

二、精馏塔的开车、停车操作

(一)开车操作

(1)接到开车命令后,马上与有关岗位联系,进行开车。

(2)严格遵守工艺规程、岗位操作法,加强巡回检查。

(3)精心调节。进料要求平稳,塔釜见液面后,缓慢升温至工艺指标。随着塔压强的升高,逐渐排除设备内的惰性气体,并逐渐加大塔顶冷凝器的冷却剂量,当回流液槽的液面达1/2以上时,开始打回流。当塔釜液面达2/3时,可根据釜温的情况决定是否采出釜液或减少甚至停止塔的进料,但是一定要保持塔釜液面在1/2~2/3处。操作平稳后,应进行物料分析,对不合格的物料可进行少量采出或全回流操作,待分析合格后转入连续生产。

空塔加料时,由于没有回流液体,精馏段的塔板处于干板操作的状态。由于没气液接触,气相中的难挥发组分容易被直接带入精馏段。如果升温速度过快,难挥发组分会大量地被带到精馏段,不易为易挥发组分所置换,塔顶产品的质量不易达到合格,造成开车时间长。当塔顶有了回流液,塔板上建立了液体层后,升温速度可适当地提高。减压精馏塔的升温速度对开车成功与否的影响更为显著。例如,对苯酚减压精馏,已有经验证明,升温速度一般应维持塔内上升蒸气的速度为1.5～3 m/s,每块塔板的阻力压降为1～3 mmHg。如果升温速度太快,顶部尾气的排出量太大,真空设备的负荷较大,在真空泵最大负荷的限制下,可能使塔内的真空度下降,开车不易成功。

(4)开车时,对阀门、仪表的调节一定要勤调、慢调,合理使用。

(5)发现不正常现象应及时分析原因,果断进行处理。

(二)停车操作

精馏塔的停车可分为临时停车和长期停车两种情况。

1. 临时停车

接到停车命令后,马上停止塔的进料、塔顶采出和塔釜采出,进行全回流操作。适当地减少塔顶冷却剂量及塔釜加热剂量,使全塔处于保温、保压的状态。如果停车时间较短,可根据塔的具体情况处理,只停塔的进料,不停塔顶采出(此时为产品),以免影响后面工序的生产,但塔釜采出应停止。这种操作破坏了正常的物料平衡,不可长时间应用,否则产品质量会下降。

2. 长期停车

接到停车命令后,立即停止塔的进料,产品可继续采出,当分析结果不合格时,停止采出,同时停止塔釜加热和塔顶冷凝,然后放尽釜液。对于分离低沸点物料的塔,釜液的放尽要缓慢地进行,以防止节流造成过低的温度使设备材质冷脆。放尽完毕后,把设备内的余压泄除,再用氮气置换,合格后才能进行检修。若设备内须进人检修,还需用空气置换氮气,在设备内气体的氧含量达19%(体积分数)以上后,才允许检修人员进入。

阅读材料——蒸馏工国家职业技能鉴定标准

一、鉴定要求

1. 适用对象

从事蒸馏塔操作,进行多组分溶液分离的操作人员。

2. 申报要求

(1)文化程度:高中毕业。

(2)现有技术等级证书级别:中级工技术等级证书,持证八年。

(3)身体状况:健康。

(4)本工种工作年限:八年。

3. 考生与考评员比例

(1)知识:20∶1。

(2)技能:5∶1。

4. 鉴定方式和时间

(1)知识:笔试,限时90 min;满分100分,60分及格。

(2)技能:笔试、口试、模拟,按实际需要确定时间;满分100分,60分及格。

二、鉴定内容

1. 知识要求

项目	鉴定范围	鉴定内容	比重/%
基本知识	1. 基础知识	①有高中或相当于高中毕业的文化水平； ②具有有机化学、物理化学、化工原理和机械制图的基础知识	10
	2. 安全防护知识	①深刻理解上级有关部门颁布的安全生产规范、消防条例及安全规章制度等有关规定； ②突发重大事故应急处置措施，事故现场保护和分析，重大事故预防及处理知识	30
专业知识	1. 工艺技术知识	①本装置工艺指标及原材料、水、电、气消耗定额指标的制定依据； ②本装置蒸馏操作的原理、流程特点和影响产品质量的各项因素； ③掌握各岗位的蒸馏系统工艺规程和岗位操作法； ④溶液气液相平衡原理、相变化、传质、传热知识	40
	2. 分析检验知识	本装置主要分析检测项目的分析方法及各项指标的制定依据	2
	3. 工具、设备知识	本装置所有设备、结构、性能、设计和使用条件、技术特点、选用原则及一般维修知识	8
	4. 电器、仪表、计量器具知识	本装置所有电器、仪表（包括计算机）、计量器具的一般工作原理、技术要求和选用原则	3
相关知识	1. 三废处理知识	①《中华人民共和国环境保护法》； ②本装置的三废治理方法、工艺流程、原理、综合利用、环境评价知识	3
	2. 管理知识	①全面管理知识、技术管理知识和现场管理知识； ②本装置的经济核算知识	4

2. 技能要求

项目	鉴定范围	鉴定内容	比重/%
操作技能	1. 工艺操作能力	①能按工艺规程和岗位操作法进行本装置各岗位的正常操作及开、停车，能指导蒸馏系统的操作，判断生产过程的种种变化情况，选择最佳条件使技术、经济指标达到先进水平； ②能不断总结生产经验，对工艺规程和岗位操作法提出改进意见； ③能参与编制本装置的临时开、停车方案，指导本装置或同类装置蒸馏系统的验收、试车，对同类新装置的开、停车方案提出建设性意见	25
	2. 应变和事故处理能力	①能正确处理本装置蒸馏过程中的异常现象、生产事故，分析判断事故发生的原因，并提出预防措施； ②能对蒸馏装置进行全面安全检查，提出安全措施和方案	25
工具、设备的使用和维护	设备及仪表的使用、维护能力	①熟悉本装置设备的性能，能排除设备运行中的一般性故障，提出设备大、中修项目和改进意见； ②能判断本装置的各种电器及控制仪表工作是否正常，并根据工艺调整控制仪表的控制状态	20

续表

项目	鉴定范围	鉴定内容	比重/%
其他能力	1. 工艺计算能力	能对蒸馏塔、换热器等主要设备进行物料计算和简单的热量计算,并了解主要参数间的关系	5
	2. 识图制图能力	①能看懂本装置的带控制点的工艺流程图、工艺配管图及类似装置的工艺流程图; ②能画出本装置的工艺流程图、设备平面布置图和主要设备结构图	10
	3. 管理能力	①能正确运用全面质量管理的方法对本装置存在的问题进行改进并写出书面报告; ②能对本装置进行经济核算,并提出课题进行攻关	10
	4. 语言文字领会与表达能力	①能对本装置的生产情况、技术改造情况写出书面技术报告; ②能带教中级工	5

说明:本标准为中华人民共和国劳动和社会保障部颁发的《国家职业技能鉴定规范(化工行业特有工种考核大纲)》蒸馏工(高级)技能鉴定标准。

主要符号说明

英文字母

D——塔顶馏出液量,kmol/h 或 kg/h

F——原料液量,kmol/h 或 kg/h

L——下降液体的摩尔流量,kmol/h

N——塔板数

p^{o}——纯组分的饱和蒸气压,kPa

q——进料热状况参数

r——比汽化焓,kJ/kg

R——回流比

v——挥发度

V——上升蒸气的摩尔流量,kmol/h

W——塔釜釜残液量,kmol/h 或 kg/h

x——双组分系统液相中易挥发组分的摩尔分数

y——双组分系统气相中易挥发组分的摩尔分数

A_a——鼓泡区面积,m^2

A_f——降液管横截面积,m^2

A_T——塔横截面积,m^2

D——塔径,m

d_0——筛孔直径,m

E——液流收缩系数

E_{MV}——气相单板效率

E_{ML}——液相单板效率

E_o——全塔效率
e_v——每千克干气所夹带的液体量,kg 液体/kg 干气体
F_a——气体动能因子,$kg^{0.5}/(m^{0.5}\cdot s)$
H_d——降液管内清液层高度,m
H_T——板间距,m
h_D——塔顶空间高度,m
h_b——塔底空间高度,m
h_d——气体通过干板的压降,m 清液柱
h_L——$h_L = h_W + h_{OW}$,m
h_0——降液管底隙,m
W_d——降液管宽度,m
W_s——安定区宽度,m
Z——填料或有效塔段高,m
h_{OW}——堰上清液层高度或堰液头,m
h_p——气体通过塔板的压降,m 清液柱
h_r——液体通过降液管的压降,m 清液柱
h_W——堰高,m
l_W——溢流堰堰长,m
N_p——实际塔板数
N_T——理论塔板数
n——筛孔数目
u——气体空塔速度,$u = V_g/A_T$,m/s
u'——通过有效截面的气体速度,$u' = V_g/(A_T - A_f)$,m/s
u_a——通过泡沫区的气体速度,$u_a = V_g/(A_T - 2A_f)$,m/s
u_0——通过筛孔的气速,$u_0 = V_g/A_0$,m/s
u_{OW}——漏液点气速,m/s
V_G——气体的体积流量,m^3/h 或 m^3/s
V_L——液体的体积流量,m^3/h 或 m^3/s
W_c——塔板边缘的宽度,m

希腊字母

α——相对挥发度
η——回收率
φ——泡沫的密度
φ——开孔率
β——充气系数
σ——表面张力,N/m
Δ——液面落差,m

下标

A——易挥发组分

B——难挥发组分或再沸器
C——冷却器
D——塔顶
F——进料
i——任意组分
L——液相
q——进料状况
V——气相
W——塔底

项目七　吸收技术

项目介绍

工业上常用的盐酸、硝酸分别是 HCl、NO_2 溶于水中得到的，大家喜欢喝的碳酸饮料中溶解了一定量的 CO_2，这些过程都是气体溶解在液体中的过程，工业上通常称为吸收。在化工生产中，常常需要从气体混合物中分离出一种或若干种组分，可选用某种合适的液体选择性地溶解气体混合物中的一种或若干种组分，实现混合气体中各组分的分离，即根据气体混合物中的各组分在某种溶剂中的溶解度不同进行分离，因此吸收可以说是分离气体混合物的典型单元操作。

在气体吸收操作中所用的溶剂称为吸收剂，用 S 表示；气体中能溶于溶剂的组分称为溶质，用 A 表示；基本上不溶于溶剂的组分统称为惰性气体，用 B 表示。惰性气体可以是一种或多种组分。

* * * *　　　* * * *　　　* * * *

任务一　认识气体吸收过程

任务分析：吸收是化工生产过程中重要的分离气相混合物的单元操作，吸收操作可以净化或精制气体，将气态产品制成溶液或中间产品，在工业上应用广泛，首先了解一下吸收过程。

任务目标：①了解吸收操作的分类及工艺流程；②理解吸收－解吸流程的特点。

技能目标：能识别并说明吸收操作工艺流程。

一、用气体吸收法净化合成氨生产中的 CO_2 气体

图 7-1 为合成氨生产中的 CO_2 气体净化工艺流程。合成氨原料气从底部进入吸收塔，塔顶喷入乙醇胺溶液，气液逆流接触传质。乙醇胺吸收了 CO_2 后从塔底排出，从塔顶排出的气体中 CO_2 降至 0.5%（体积分数）以下。将吸收塔底排出的含 CO_2 的乙醇胺溶液用泵送入加热器，加热至 130 ℃左右后从解吸塔顶喷淋下来，与从塔底送入的水蒸气逆流接触，CO_2 在高温低压下自溶液中解吸出来。从解吸塔顶排出的气体经冷却、冷凝后得到可用的 CO_2。从解吸塔底排出的含少量 CO_2 的乙醇胺溶液经冷却降温至 50 ℃左右，经加压后仍可作为吸收剂进入吸收塔循环使用。

❓请思考 1：合成氨生产中的 CO_2 气体净化工艺流程设置加热器和冷却器的作用是什么？

❓请思考 2：操作压强是怎样变化的？为什么要这样改变操作压强呢？

❓请思考 3：在吸收过程中混合气体失去了什么？吸收剂乙醇胺得到了什么？

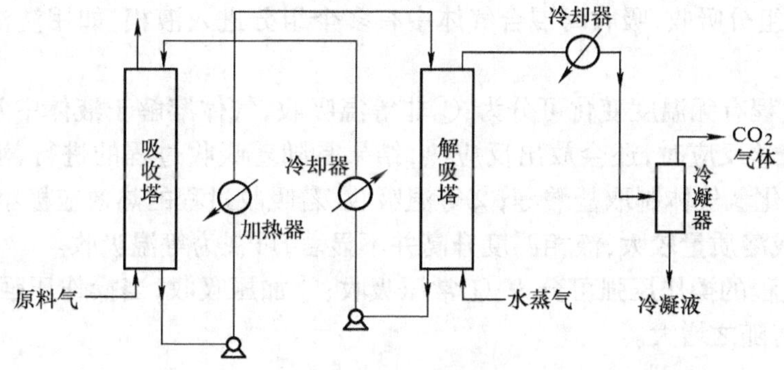

图 7-1 吸收与解吸流程

二、吸收操作在工业上的应用与分类

(一)吸收操作的应用

吸收操作在工业生产中主要用来达到以下目的。

1. 净化或精制气体

除去原料气中所含的杂质,吸收是最常用的方法。如用乙醇胺溶液脱除石油裂解气或天然气中的硫化氢,乙烯直接氧化制环氧乙烷生产中原料气的脱硫、脱卤化物,合成甲烷工业中的脱硫、脱 CO_2,二氯乙烷生产过程中用水去除氯化氢等。

2. 分离气体混合物

用以得到目的产物或回收其中的一些组分,如石油裂解气的油吸收,将 C2 以上的组分与甲烷、氢气分开;用 N－甲基吡咯烷酮做溶剂,将天然气部分氧化所得的裂解气中的乙炔分离出来;焦炉气的油吸收,以回收苯;乙烯直接氧化制环氧乙烷生产中用吸收法分离反应气体中的环氧乙烷等。

3. 将气态产品制成溶液或中间产品

将气体中需用的组分以指定的溶剂吸收出来,成为液态的产品或半成品,如用水吸收氯化氢气体制成盐酸;在甲醇蒸气被氧化后用水吸收甲醛蒸气制甲醛溶液;用水吸收丙烯腈作为中间产物等。

4. 治理废气

很多工业废气中含 SO_2、NO_x(主要是 NO 及 NO_2)、汞蒸气等有害成分,虽然浓度一般很低,但对人体和环境的危害甚大,必须进行治理,这类环境保护问题在我国愈来愈受重视。选择适当的工艺和溶剂进行吸收,是废气处理中应用较广的方法。

(二)吸收操作的分类

吸收操作通常有以下几种分类方法。

(1)按过程有无化学反应可分为:①物理吸收,在吸收过程中溶质与吸收剂之间不发生明显的化学反应,如用水吸收二氧化碳等;②化学吸收,在吸收过程中溶质与吸收剂之间有显著的化学反应,如用碱液吸收二氧化碳等。

(2)按被吸收的组分的数目可分为:①单组分吸收,吸收时混合气体中只有一个组分(溶质)进入液相,如用碱液吸收合成氨原料气中的二氧化碳等,其他组分的溶解度极小,可视为单组分吸收;②多组分吸收,吸收时混合气体中有多个组分进入液相,如用洗油吸收焦炉煤气中的苯、二甲苯等。

(3)按吸收过程有无温度变化可分为:①非等温吸收,气体溶解于液体中常常伴随着溶解热的放出,当有化学反应时,还会放出反应热,结果是随着吸收过程的进行,液相温度逐渐升高,如用水吸收氯化氢气体制取盐酸等;②等温吸收,若吸收过程的热效应极小,溶质在混合气体中的浓度较低或溶质量较大,液相温度升高并不显著,可视为等温吸收。

(4)按吸收过程的操作压强可分为:①常压吸收;②加压吸收,当操作压强增大时,溶质在溶剂中的溶解度将随之增大。

三、吸收剂的选择

在吸收操作中,吸收剂性能的优劣常常是吸收操作是否良好的关键。在选择吸收剂时,应注意考虑以下几方面的问题。

(1)溶解度。吸收剂对溶质组分应具有较大的溶解度,或者说在一定的温度与浓度下,溶质组分的气相平衡分压要低。这样从平衡的角度讲,处理一定量的混合气体所需的吸收剂量较少,吸收尾气中溶质的极限残余浓度较低。就传质速率而言,溶解度越大,吸收速率越大,所需设备的尺寸就小。

(2)选择性。吸收剂要在对溶质组分有良好的吸收能力的同时,对混合气体中的其他组分基本上不吸收或吸收甚微,否则不能实现有效的分离。

(3)挥发度。在操作温度下吸收剂的挥发度要小,因为挥发度越大,吸收剂损失量越大,分离后气体中的溶剂量也越大。

(4)黏度。在操作温度下吸收剂的黏度越小,在塔内流动性越好,从而吸收速率越大,且有助于降低泵的输送功耗,吸收剂的传热阻力亦减小。

(5)再生性。吸收剂要易于再生。吸收质在吸收剂中的溶解度应对温度的变化比较敏感,即不仅在低温下溶解度要大,而且随温度升高,溶解度应迅速下降,这样才比较容易利用解吸操作使吸收剂再生。

(6)稳定性。吸收剂的化学稳定性要好,以免在操作过程中发生变质。

(7)其他。吸收剂要求无毒,无腐蚀性,不易燃,不易产生泡沫,冰点低,价廉易得。

工业上的气体吸收操作中,很多用水做吸收剂,只有对难溶于水的吸收质,才采用特殊的吸收剂,如用清油吸收苯和二甲苯。有时为了提高吸收的效果,也采用化学吸收,例如用铜氨溶液吸收一氧化碳和用碱液吸收二氧化碳等。总之,吸收剂的选用应从生产的具体要求和条件出发,全面考虑各方面的因素,做出经济合理的选择。

自 测 题

一、填空题

1. 吸收是利用混合气体中各组分____________的差异对其进行分离的,而蒸馏是利用各组分__________的不同来分离均相液体混合物的。

2. 混合物中被液相吸收的组分称为______________。

二、判断题

1. 吸收既可以用板式塔，也可以用填料塔。(　　)

2. 当吸收剂需循环使用时，吸收塔的吸收剂入口条件将受到解吸操作条件的制约。(　　)

3. 吸收操作的依据是根据混合物中各组分的挥发度不同而达到分离的目的。(　　)

三、选择题

1. 选择吸收剂时不需要考虑的是(　　)。

A. 对溶质的溶解度　B. 对溶质的选择性

C. 操作条件下的挥发度　D. 操作温度下的密度

2. 选择吸收剂时应重点考虑的是(　　)。

A. 挥发度和再生性　B. 选择性和再生性　C. 挥发度和选择性　D. 溶解度和选择性

3. 吸收操作的目的是分离(　　)。

A. 气体混合物　B. 液体均相混合物

C. 气液混合物　D. 部分互溶的均相混合物

4. 吸收过程是溶质(　　)传递的过程。

A. 从气相向液相　B. 在气液两相之间　C. 从液相向气相　D. 任一相态

5. 从解吸塔出来的半贫液一般进入吸收塔的(　　)，以循环使用。

A. 中部　B. 上部　C. 底部　D. 上述均可

四、简答题

1. 吸收过程在化工生产中有哪些应用？

2. 吸收剂如何选择？

任务二　认识填料吸收塔

任务分析：从上述内容可知，吸收操作也需要气液两相充分接触，以使溶质更好地溶解在吸收剂中。塔设备能够实现气液两相充分接触，在这一任务中将通过参观实训室认识吸收塔设备的结构。

任务目标：理解填料塔的主要类型与结构特点；②理解填料层上的气液两相接触状况。

技能目标：①能识别各类填料；②能说明填料塔设备内部构件的名称与作用。

吸收操作常用的设备是塔设备，塔设备分为板式塔和填料塔两大类。这里着重介绍连续接触式的吸收设备——填料塔。填料塔由塔体、填料、液体分布装置、填料压板（有时可不用）、填料支承装置、液体再分布装置等构成，如图7-2所示。

填料塔操作时，自塔上部进入的液体通过液体分布器均匀喷洒在塔截面上并沿填料表面呈膜状流下。由于液体有向塔壁面偏流的倾向，当塔较高时，液体分布逐渐变得不均匀，因而经过一定高度的填料层需要设置液体再分布器，将液体重新均匀分布到下段填料层的截面上，最后液体经填料支承装置由塔下部排出。

气体经气体分布装置送入塔下部，通过填料支承装置在填料缝隙中的自由空间上升并与下降的液体接触，最后从塔上部排出。离开填料层的气体可能夹带少量雾状液滴，因此在气体出口——塔顶常安装有除沫器。气液两相在填料层内呈逆流接触，填料的润湿表面即为气液两相的主要传质面，两相的组成沿塔高连续变化。

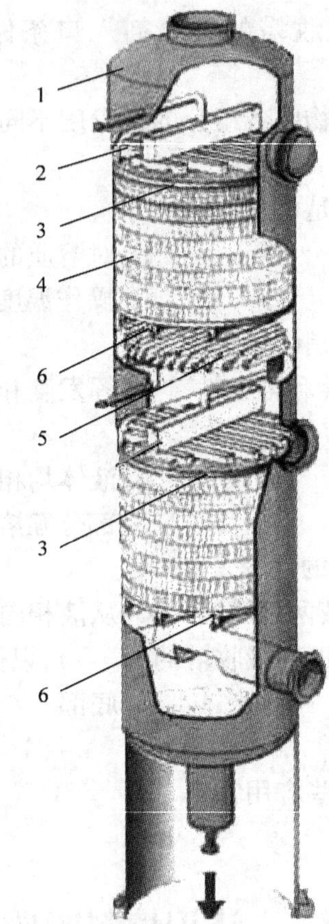

图 7-2 填料塔示意

1—塔体;2—液体分布器;3—填料压紧装置;4—填料层;
5—液体再分布器;6—填料支承装置

视频7-1 填料塔总体结构

动画 7-1 填料塔的总体结构

视频7-2 填料塔结构

动画 7-2 填料塔的结构

一、填料吸收塔的结构

1. 塔体

塔体除用金属材料制作以外,还可以用陶瓷、塑料等非金属材料制作,或在金属壳体内壁衬以橡胶或搪瓷。金属或陶瓷塔体一般均为圆柱形,圆柱形塔体有利于气体和液体均匀分布,但大型的耐酸石或耐酸砖塔则以砌成方形或多边形为便。

在选择塔体材料时,除考虑介质的腐蚀性外,还应考虑操作温度及压强等因素。陶瓷塔体每分钟的温度变化不应超过 8 ℃,否则可能导致塔体破裂;对搪瓷设备来说,温度升降也不宜过快。

当所处理的气体和液体具有强烈的腐蚀性时,应选择耐腐蚀的材料制作塔体。习惯上,塔径不大的塔,工作压强低时,多采用耐酸陶瓷制作塔体。大型塔可用耐酸石、砖或耐酸水泥制作。

塔体应具有一定的竖直度,以保证液体在塔截面上均匀分布。塔体还应有足够的强度和稳定性,以承受塔体的自重和塔内液体的重量,并应考虑风载及地震因素的影响。

2. 填料

填料是填料塔的核心部分,它提供了气液两相接触传质的界面,是决定填料塔的性能的主要因素。对操作影响较大的填料特性有比表面积、空隙率、单位体积内堆积填料的数目和填料因子。

1)填料特性　填料是具有一定几何形体结构的固体元件。填料塔操作性能的优劣与所选择的填料密切相关,因此,根据填料特性合理选择填料显得非常重要。填料的主要性能可由以下特征量表示。

(1)比表面积 a。比表面积为单位体积填料的表面积,其单位为 m^2/m^3。填料的比表面积越大,则能提供的气液接触面积越大。同一种填料,尺寸越小,则其比表面积越大。在操作中有部分填料表面是不被润湿的,真正被润湿的表面积只占全部填料表面积的 20%~50%,所以应注意比表面积与有效的传质比表面积的区分。

(2)空隙率 ε。空隙率为单位体积填料所具有的空隙体积,是一个无因次的量。填料的空隙率越大,气体通过它的阻力越小,通过能力越强。

(3)单位体积内堆积填料的数目 n。单位体积内堆积填料的数目是由填料的尺寸决定的。对同一种填料,填料尺寸减小,填料比表面积增大,填料数目增加,单位体积填料的造价增加,空隙率下降,气体阻力增大。反之,填料尺寸过大,在靠近壁面处,填料与塔壁之间的空隙较大,将有大量气体由此短路通过。为了控制气液流动分布不均现象,填料的尺寸不应大于塔径 D 的 1/8。

(4)填料因子。在填料被润湿前后,其比表面积 a 与空隙率 ε 均有所不同,可用干填料因子和湿填料因子来表征这种差别。

干填料因子定义为 a/ε^3,单位为 1/m,其值由实验测定。

湿填料因子简称填料因子,用符号 φ 表示,单位亦为 1/m,其值亦由实验测定。

干、湿填料因子分别表示气体通过干填料层与湿填料层时流动特征的优劣。

除以上特性外,还要从经济性、适应性等方面考察各种填料的优劣。尽量选用造价低、坚固耐用、机械强度高、化学稳定性好及耐腐蚀的填料。

2)常用填料

常用填料分为散装填料和整砌填料两种,前者分散随机堆放,后者在塔中整齐、有规律地排列。早期使用的填料为碎石、焦炭等天然块状物,后来广泛用瓷环和木栅等人造填料,下面分别介绍。

(1)拉西环填料。拉西环填料是一段高度和外径相等的短管[见图 7-3(a),动画 7-3],常用的直径为 25~75 mm,金属环壁厚 0.6~1.6 mm。拉西环填料形状简单,制造容易,但当其横卧放置时,内表面不易被液体润湿且气体不能通过,而且容易彼此重叠,使部分表面互相屏蔽,气液有效接触面积减小,流体阻力增大。目前,拉西环填料在工业上应用日趋减少。

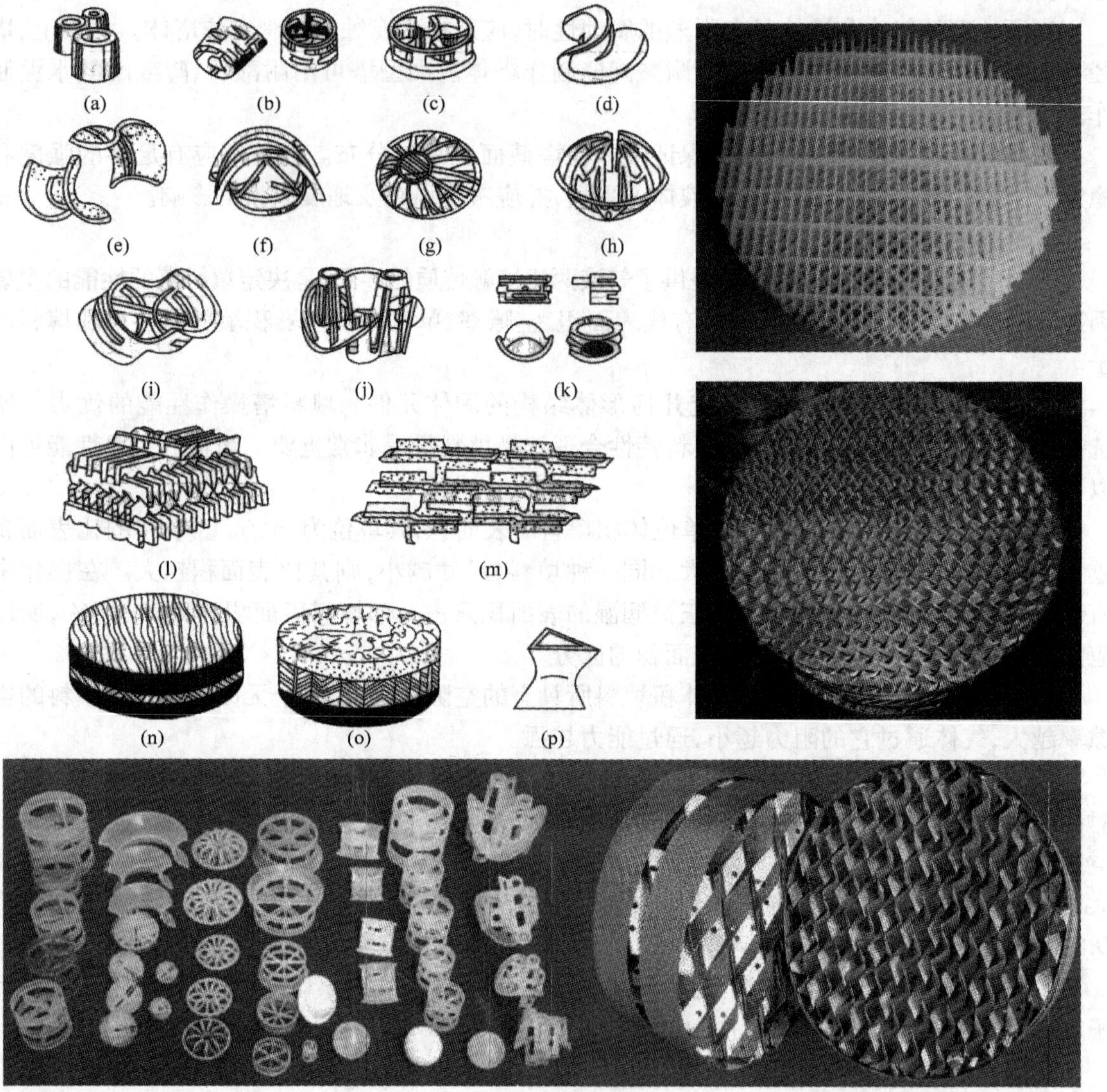

图7-3 几种常见填料的外形

(a)拉西环填料 (b)鲍尔环填料 (c)阶梯环填料 (d)弧鞍形填料 (e)矩鞍形填料 (f)金属环矩鞍形填料
(g)多面球形填料 (h)TRI 球形填料 (i)共轭环填料 (j)海尔环填料 (k)纳特环填料
(l)木格栅填料 (m)格里奇格栅填料 (n)金属丝网波纹填料 (o)金属孔板波纹填料 (p)脉冲填料

(2)鲍尔环填料。鲍尔环填料是在拉西环填料的基础上发展起来的[见图7-3(b),动画7-4]。在金属质拉西环填料上冲出一排或两排正方形或长方形的金属条,条的一边仍与圆环相连,其余边向内弯向环的中心形成舌片,从而在环上形成开孔。无论鲍尔环填料如何堆积,其气液流通均顺畅,气体阻力均较小,液体有多次聚集、滴落和分散的机会,并且内外表面均可有效利用。此外,使用鲍尔环填料不会产生严重的偏流和沟流现象,即使填料层较高,一般也不需要分段,也无须设置液体再分布装置。鲍尔环填料以其优良的性能被广泛应用于工业生产中。

视频7-3　拉西环

动画 7-3　拉西环填料

视频7-4　塑料鲍尔环

动画 7-4　塑料鲍尔环填料

(3)阶梯环填料。其结构[见图 7-3(c)]与鲍尔环填料相似,只是长径比略小,其高度通常只有直径的一半,环上也有开孔和内弯的舌片。因阶梯环填料的一端有向外翻的喇叭口,故在散装堆积过程中环与环之间呈点接触,互相屏蔽的可能性大为减小,使床层均匀且空隙率增大。

(4)弧鞍形填料。弧鞍形填料又称贝尔鞍填料[见图 7-3(d)、图 7-4],其外形似马鞍,两面是对称的,使液体在两侧的分布同样均匀。但由于其结构的特点,弧鞍形填料容易重叠,使有效比表面积减小。另外,其因壁较薄,机械强度低而容易破碎。

视频7-5　鞍形填料

图 7-4　弧鞍形填料

(5)矩鞍形填料。矩鞍形填料如图 7-3(e)所示,它是在弧鞍形填料的基础上发展起来的。其结构不对称,填料两面大小不等,堆积时不会重叠,填料层的均匀性大为提高,气体流动阻力小,处理能力大,制造比较方便,是一种性能优良的填料。

(6)金属环矩鞍形填料。人们通过对环状填料及鞍形填料的研究认识到,鞍形填料对流体的分布总是比环状填料好,而通量则比环状填料差。1978 年美国 Norton 公司开发了金属环矩鞍形填料[见图 7-3(f)],它兼具两种填料的特点,集鲍尔环(壁上开孔,有舌片)、矩鞍环(鞍形)和阶梯环(长径比小,且环间呈点接触)填料的优点于一身,是一种性能优良的新型填料。

(7)球形填料。球形填料一般采用塑料注塑而成,其结构有许多种,如图 7-3(g)和图 7-3(h)所示。球体为空心,允许气体、液体从内部通过。填料装填密度均匀,不易产生空穴和架桥,气液分散性能好。球形填料一般适用于某些特定场合,在工程上应用较少。

(8)波纹填料。处理高沸点物料或热敏性物料时,要求填料塔在减压下操作,填料塔的压降应尽可能地小,以维持塔底的真空度和较低的沸点。由于散装填料阻力较大,便出现了具有规则气液通道的新型整砌填料,即如图 7-3(n)和图 7-3(o)所示的波纹填料。波纹填料由许多层波纹薄板或金属网组成,高度相同但长度不等的若干块波纹薄板搭配排列成波纹填料盘。波纹与水平方向成 45°倾角,相邻盘旋转 90°后重叠放置,故其波纹倾斜方向互相垂直。波纹填料盘的直径略小于塔体内径，若干块波纹填料盘叠放于塔内。气液两相在各波纹盘内曲折流动，以增加湍动程度。

视频7-6　波纹填料

图片 7-5

波纹填料具有气液分布均匀，气液接触面积大，通量大，传质效率高，流体阻力小等优点，是一种高效节能的新型填料。这种填料的缺点是造价高，不适于有沉淀物，容易结疤、聚合或黏度较大的物料。此外，填料的装卸、清理也较困难。

波纹填料可用金属、陶瓷、塑料、玻璃钢等材料制造，可根据不同的操作温度及物料腐蚀性选用适当的材质。

几种填料的综合性能评价见表 7-1。

表 7-1　几种填料的综合性能评价

填料名称	评估值	评价	排序	填料名称	评估值	评价	排序
丝网波纹填料	0.86	很好	1	金属鲍尔环填料	0.51	一般好	6
孔板波纹填料	0.61	相当好	2	瓷鞍环填料	0.41	较好	7
金属鞍环填料	0.59	相当好	3	瓷鞍形填料	0.38	略好	8
金属鞍形填料	0.57	相当好	4	瓷拉西环填料	0.36	略好	9
金属阶梯环填料	0.53	一般好	5				

(9)脉冲填料。脉冲填料是由带缩颈的中空棱柱形单体按一定方式拼装而成的一种整砌填料，如图 7-3(p)所示。其流道收缩、扩大交替重复，实现了“脉冲”传质过程。脉冲填料的特点是处理量大，压降小。它是真空蒸馏的理想填料，其因优良的液体分布性能使放大效应减小，特别适用于大塔径的场合。

3. 填料支承装置

填料支承装置(见动画 7-5)的作用是支承填料层及其所持液体的重量，故要有足够高的机械强度，同时为了保证气液顺利通过及正常操作，支承装置这一区域的空隙率应大于填料层中的空隙率，否则当气速增大时将首先在支承装置处出现液泛现象。

常用的填料支承装置有栅板式、孔管式、驼峰式等，如图 7-6 所示。选择哪种支承装置，主要根据塔径、使用的填料的种类及型号、塔体及填料的材质、气液流速等而定。

4. 填料压紧装置

为了防止在高压降、瞬时负荷波动等情况下填料床层发生松动和跳动等现象，保持操作中填料床层高度恒定，常需在填料层上方安装填料压紧装置(见动画 7-6)。

视频7-7　填料支承装置

动画 7-5　填料支承装置

(a)　　(b)　　(c)

图 7-6　填料支承装置

(a)栅板式　(b)孔管式　(c)驼峰式

填料压紧装置分为填料压板和床层限制板两大类,图 7-7 列出了几种常用的填料压紧装置。填料压板自由放置于填料层上端,靠自身的重量将填料压紧,适用于陶瓷、石墨制的散装填料。当填料层破碎时,填料层空隙率下降,此时填料压板可随填料层一起下落,紧紧压住填料而使填料不会松动。床层限制板用于金属散装填料、塑料散装填料及所有规整填料。金属及塑料填料不易破碎,且有弹性,在装填正确时不会下沉。床层限制板要固定在塔壁上,为不影响液体分布器的安装和使用,不能采用连续的塔圈固定,小塔可用螺钉固定于塔壁上,大塔则用支耳固定。

视频7-8　填料压紧装置

动画 7-6　填料压紧装置

5. 液体分布装置

为了向填料层提供数量足够且分布适当的喷淋点,保证液体初始均匀分布,在塔顶设置液体分布装置(见动画 7-7)。若液体初始分布不均匀,则填料层的有效润湿面积会减小,并可能出现偏流和沟流现象,塔的传质分离效果降低。填料塔直径越大,液体分布装置越重要。

常用的液体分布装置如图 7-8 所示。

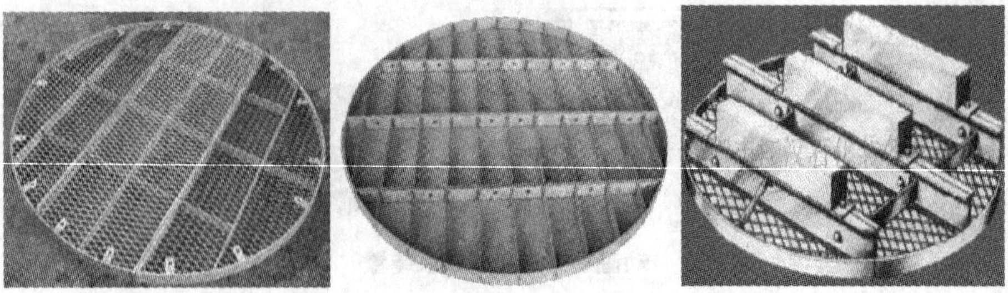

图 7-7 填料压紧装置

(a)压紧网板 (b)压紧栅板 (c)905 型金属压板

莲蓬式分布器如图 7-8(a)所示。其结构简单，但因小孔容易堵塞，一般适用于处理清洁液体，且直径小于 600 mm 的小塔。操作时液体压力必须维持恒定，否则会改变喷淋角和喷淋半径，影响液体分布的均匀性。

视频7-9 液体分布装置

动画 7-7 液体分布装置

盘式分布器有盘式筛孔式分布器、盘式溢流管式分布器等形式，如图 7-8(b)、国库券 7-8(c)所示。液体加至分布盘上，经筛孔或溢流管流下。盘式分布器常用于直径较大的塔，能基本保证液体分布均匀，但其制造较麻烦。

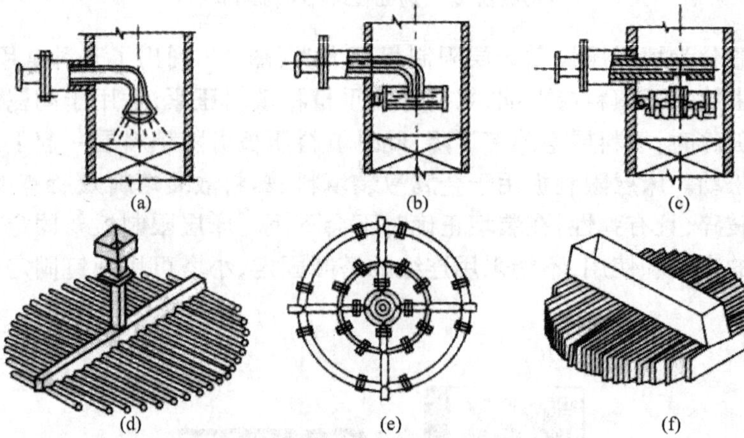

图 7-8 液体分布装置

(a)莲蓬式 (b)盘式筛孔式 (c)盘式溢流管式 (d)排管式 (e)环管式 (f)槽式

管式分布器由不同结构形式的开孔管制成，如图 7-8(d)、国库券 7-8(e)所示，其突出的特点是结构简单，气体阻力小，特别适用于液量小而气量大的填料塔。

槽式分布器如图 7-6(f)所示。这种分布器自由截面积大，不易堵塞，多用于气液负荷大及含有固体悬浮物、黏度大的分离场合。

6. 液体再分布装置

在液体由填料层向下流动的过程中，由于靠近塔壁处空隙大，流动阻力小，液体有偏向塔

视频7-10　喷头式液体分布器

动画 7-8　喷头式液体分布器

视频7-11　盒式筛孔液体分布器

动画 7-9　盒式筛孔液体分布器

视频7-12　排管式液体分布器

动画 7-10　排管式液体分布器

视频7-13　环管式液体分布器

动画 7-11　环管式液体分布器

视频7-14　槽式液体分布器

动画 7-12　槽式液体分布器

视频7-15　槽盘式液体分布器

动画 7-13　槽盘式液体分布器

视频7-16　液体再分布装置

动画 7-14　液体再分布装置

壁流动的现象,这种现象称为壁流。为了避免在液体填料层中发生偏流现象而使液体分布不均匀,可在填料层中每隔一定距离设液体再分布装置(见动画 7-14)。

常用的液体再分布装置为截锥式,如图 7-9、动画 7-15 所示。图 7-9(a)所示的结构最简单,它是将截锥筒焊在塔上。图 7-9(b)所示的结构是在截锥筒的上方加设支承板,截锥下面要隔一段距离再放填料,以便分段卸出填料。

7. 除沫装置

气体出口处既要保证气体流动畅通,又要清除被气体夹带的液体雾沫。因此,常需使用各种除沫装置,常用的有折板除沫器[见图 7-10(a)]、丝网除沫器[见图 7-10(b)]及填料除沫器[见图 7-10(c)]。

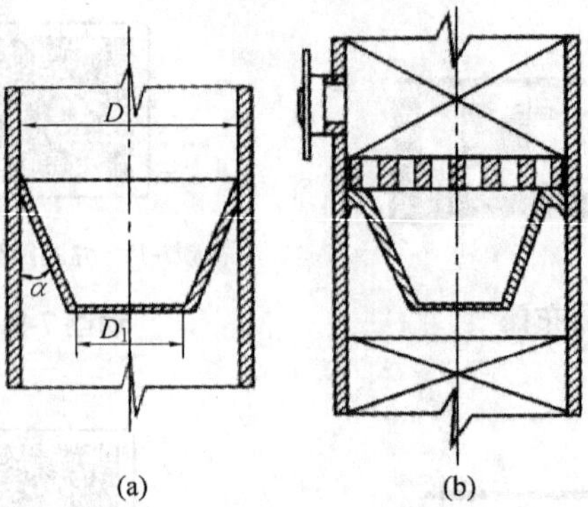

图 7-9　液体再分布装置

(a)简单截锥式结构　(b)上方加支承板的截锥式结构

视频7-19　截锥式再分布器

动画 7-15　截锥式液体再分布器

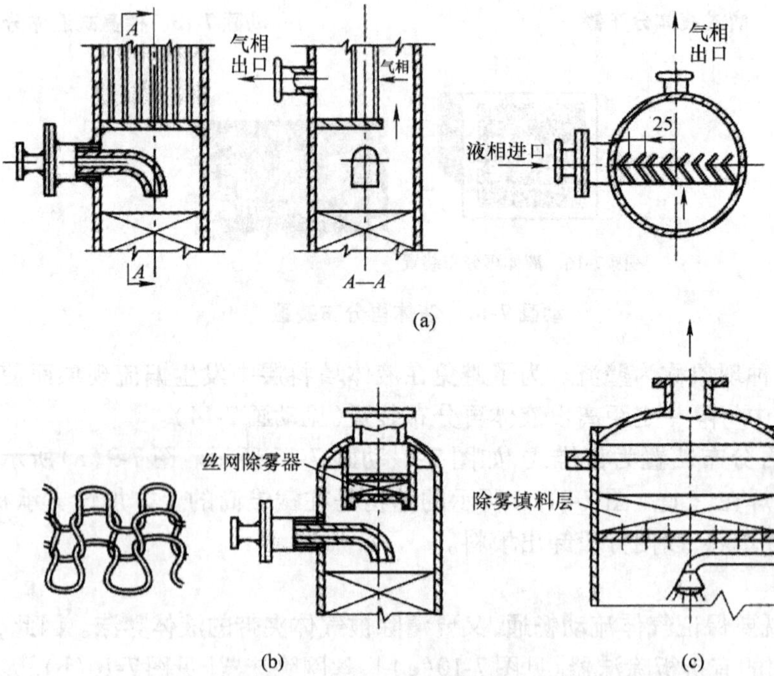

图 7-10　除沫装置

(a)折板除沫器　(b)丝网除沫器　(c)填料除沫器

二、填料上气液两相的接触状态及填料塔的流体力学特性

(一)填料上气液两相的接触状态

吸收经常在填料塔内进行,液体从塔上部进入,通过塔顶的液体分布器均匀喷洒到填料的上层表面,液体分布于填料表面形成液膜,靠重力作用自上而下地流动,从塔底流出。气体靠压差的作用流经全塔,逆流时气体从塔底经气体分布器(即填料支承板)进入填料层后,在压差的作用下自下而上通过填料间隙从塔顶引出,并流时则相反。因为在相同的吸收条件下,逆流可获得较大的传质推动力,因而能有效提高传质速率,同时逆流可以减小吸收剂的用量、提高溶质的吸收率,所以吸收塔通常采用逆流操作。

气体在填料间隙所形成的曲折通道中流过,提高了湍动程度。液体从不规则的填料表面流动,通过填料间的接触点从一个填料流向另一个填料,这对液体的湍动和表面更新非常有利。但壁流会导致填料层内气液分布不均,使传质效率下降。所以,当填料层较高时,填料层需分段,段间设置液体再分布器,将靠近塔壁处的液体收集后再重新分布。

填料塔中气液两相间的传质主要是在填料表面流动的液膜上进行的。严格地说,液体自动成膜的条件是

$$t_{LS}+t_{GL}<t_{GS}$$

式中 t_{LS}、t_{GL}及 t_{GS}分别是液固、气液及气固间的界面张力。适当选择填料的材质和表面性能,液体将具有较大的铺展能力,可使用较少的液体获得较大的润湿表面。如果填料的材质选择不当,液体将不呈膜状而呈细流下降,使气液传质面积大大减小。

在填料塔内,气液两相连续接触,两相的组成沿塔高连续变化,一般情况下,液相为分散相,气相为连续相。

(二)填料塔的流体力学特性

1. 气体通过填料塔的压降

在逆流操作的填料塔中,液膜与填料表面的摩擦及液膜与上升气体的摩擦构成了液膜流动的阻力,造成了填料层的压降。实践证明,填料层的压降与液体喷淋量及空塔气速有关,在一定的空塔气速下,液体喷淋量愈大,压降愈大;在一定的液体喷淋量下,空塔气速愈大,压降也愈大。将不同液体喷淋量下单位高度填料层的压降$\frac{\Delta p}{Z}$与空塔气速 u 的对应关系标绘在对数坐标纸上,可得如图 7-11 所示的线簇。

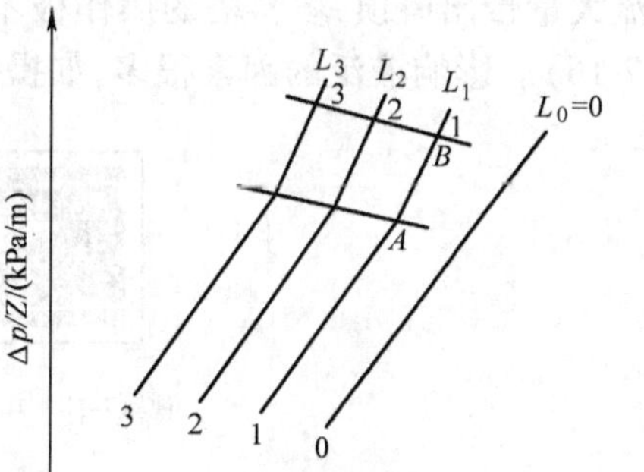

图 7-11　填料层的$\frac{\Delta p}{Z}-u$关系

在图 7-11 中,直线 0 表示无液体喷淋,即液体喷淋量 $L_0=0$ 时干填料层的$\frac{\Delta p}{Z}$与 u 呈直线关系,称为干填料压降线;曲线 1、2、3 表示不同的液体喷淋量下填料层的$\frac{\Delta p}{Z}-u$ 关系,称为填料操作压降线。从图中可看出,填料操作压降线为折线,存在两个转折点,下转折点称为载点,上转折点

称为泛点。这两个转折点将$\frac{\Delta p}{Z}-u$关系线分为三个区段。

1）恒持液量区　当气速低于A点时，气速较小，液膜受气体流动的曳力很小，液体在填料层内向下流动几乎与气速无关。在恒定的液体喷淋量下，填料表面覆盖的液膜厚度基本不变，因而填料层的持液量不变（填料层的持液量是在一定的操作条件下，单位体积填料内所积存的液体体积），所以该区域称为恒持液量区。此区域的$\frac{\Delta p}{Z}-u$关系线为一条直线，位于干填料压降线的左侧，且基本上与干填料压降线平行，斜率为1.8～2。

2）载液区　当气速超过A点时，下降的液膜受向上流动的气体的曳力较大，开始阻碍液体顺利下流，使液膜增厚，填料层的持液量开始随气速增大而增加，此种现象称为拦液现象。开始发生拦液现象的空塔气速称为载点气速。超过载点气速后，$\frac{\Delta p}{Z}-u$关系线的斜率大于2。

3）液泛区　如果气速持续增大，到达B点，由于液体不能顺利下流，填料层的持液量不断增加，填料层内几乎充满液体。气速增大很小便会引起压降急剧升高，出现液泛现象。达到泛点时的空塔气速称为液泛气速或泛点气速。

从载点到泛点的区域称为载液区，泛点以上的区域称为液泛区。液泛区的$\frac{\Delta p}{Z}-u$关系线的斜率可达10以上。

在同样的气液负荷下，不同填料的$\frac{\Delta p}{Z}-u$关系线有所差异，但基本形状相近。对于某些填料，载点和泛点并不明显，所以上述三个区域间并无截然的界限。

2. *液泛*

当气速超过泛点气速时，持液量增大使液相由分散相变为连续相，液体充满填料层的空隙，而气相由连续相变为分散相，气体只能以气泡的形式通过液层。此时，气流出现脉动，液体被气流大量带出塔顶，填料塔的操作极不稳定，甚至会被破坏，这种情况称为液泛或淹塔（见动画7-16）。影响液泛的因素很多，如操作液气比、流体的物性及填料特性等。

视频7-18　填料塔液泛

动画16　填料塔液泛

操作的液气比愈大，在一定气速下液体喷淋量愈大，填料层持液量愈大，空隙率愈小，则泛点气速愈小。

流体物性的影响主要体现在气体密度、液体的密度及黏度上。气体的密度愈小，液体的密度愈大，液体的黏度愈小，则泛点气速愈大。

填料特性集中体现在填料因子上。实践表明，填料因子愈小，泛点气速愈大，愈不易发生液泛。

泛点气速可以通过实验确定。由实验测得填料塔在一定液体喷淋量下的$\frac{\Delta p}{Z}-u$关系线。发生液泛时，填料塔的$\frac{\Delta p}{Z}-u$曲线将发生非常明显的转折，所以可用$\frac{\Delta p}{Z}-u$曲线的转折点来确定泛点气速。发生液泛时，塔内将出现明显的液体积累现象，所以也可以通过观察塔内的操作状况来确定泛点气速。

3. 持液量

填料层的持液量是在一定的操作条件下，单位体积填料内所积存的液体体积。持液量可分为静持液量H_s、动持液量H_o和总持液量H_t。静持液量是当填料被充分润湿后，停止气液两相进料，并排液至无液滴流出时存留于填料层中的液体量，其取决于填料和流体的特性，与气液负荷无关。动持液量是填料塔停止气液两相进料时流出的液体量，它与填料、液体的特性及气液负荷有关。总持液量是在一定的操作条件下存留于填料层中的液体总量。显然，总持液量为静持液量和动持液量之和，即$H_t=H_s+H_o$。

填料层的持液量可由实验测出，也可由经验公式计算。一般来说，适当的持液量对填料塔操作的稳定性和传质是有益的，但持液量过大，将减少填料层的空隙和气相流通截面，使压降增大，处理能力下降。

自　测　题

一、填空题

1. 在填料塔的$\frac{\Delta p}{Z}-u$曲线图上，有__________和__________两个转折点。

2. 填料的比表面积是____________________，同一种填料，其规格越小则比表面积越____________。

3. 评价填料性能优劣的主要参数是__________、__________和__________。

4. 在吸收操作中，若气流达到__________，将有大量液体被气流带出，操作极不稳定。

5. 逆流操作的填料塔，液体自塔________部进入，在填料表面呈__________状流下。

二、判断题

1. 填料塔的基本结构包括圆柱形塔体、填料、填料压板、填料支承板、液体分布装置、液体再分布装置。(　　)

2. 填料吸收塔正常操作时的气速必须小于载点气速。(　　)

3. 填料塔开车时，总是先采用较大的吸收剂流量来润湿填料表面，甚至淹塔，然后调节到正常的吸收剂流量，这样吸收效果较好。(　　)

4. 填料乱堆安装时，首先应将填料塔注满水。(　　)

三、选择题

1. 为改善液体的壁流现象而安装的装置是(　　)装置。

A. 填料支承　　B. 液体分布　　C. 液体再分布　　D. 除沫

2. 逆流填料塔的泛点气速与液体喷淋量的关系是(　　)。

A. 液体喷淋量减小，泛点气速减小　　B. 无关

C. 液体喷淋量减小,泛点气速增大　　　　D. 液体喷淋量增大,泛点气速增大

3. 填料支承装置是填料塔的主要附件之一,填料支承装置的自由截面积应(　　)填料层的自由截面积。

A. 小于　　B. 大于　　C. 等于　　D. A、B、C 都可以

4. 吸收操作大多采用填料塔,(　　)不属于填料塔的构件。

A. 液体分布器　　B. 疏水器　　C. 填料　　D. 液体再分布器

5. 目前工业生产中应用十分广泛的吸收设备是(　　)。

A. 板式塔　　B. 填料塔　　C. 湍球塔　　D. 喷射式吸收器

6. 在填料吸收塔中,为了保证吸收剂液体的均匀分布,塔顶需设置(　　)。

A. 液体喷淋装置　　B. 再分布器　　C. 冷凝器　　D. 塔釜

7. 吸收操作的气速一般(　　)。

A. 大于泛点气速　　B. 小于载点气速

C. 大于泛点气速而小于载点气速　　D. 大于载点气速而小于泛点气速

8. 吸收过程多采用逆流流程,主要是因为逆流(　　)。

A. 流体阻力最小　　B. 传质推动力最大

C. 流程最简单　　D. 操作最方便

四、简答题

简述填料塔的构造以及主要部件的作用。

任务三　吸收技术仿真技能训练

任务分析:在前面的任务中,已经学习了化工吸收过程的工艺流程、设备结构、工艺原理等内容,接下来通过仿真 DCS 系统模拟化工生产中的实际吸收－解吸过程,以进一步熟悉吸收操作的工艺流程,并掌握吸收操作的控制要点。

任务目标:①理解吸收的工艺流程;②掌握吸收塔的开、停车及正常操作技术;③掌握简单的自动化控制体系;④掌握吸收过程中常见事故的处理方法。

技能目标:①能按操作规程进行吸收塔的冷态开车、正常停车、正常运行操作,并保持塔内气液相稳定,维持全塔的物料平衡;②能准确判断吸收过程的实时情况并采取措施使其恢复正常。

一、认识吸收单元的流程

来自前一工序的生成气[富气,其中 C4、C3、C2 占 25.13%(体积分数,下同),CO 和 CO_2 占 6.26%,N_2占 64.58%,H_2占 3.5%,O_2占 0.53%]从板式吸收塔 DA302 底部经手操阀 V1 进入,与自上而下的吸收油(贫油,C6 油)接触,其中的 C4 组分被吸收,未被吸收的不凝气(贫气)由塔顶排出,经手操阀 V2 选后进入盐水冷却器 EA－306 的壳程和尾气分离罐 FA304,通过手操阀 V22 回收冷凝的 C6 和 C4,尾气经压强调节器 PIC－308 的输出调节阀排至放空总管进入大气。PIC－308 的输出调节阀设有前阀 V4、后阀 V5 和旁路手操阀 V3。冷却盐水经手操阀 V26 进入 EA－306 的管程,通过手操阀 V27 排出。

C6 油通过手操阀 V6 进入吸收油贮罐 FA311,经罐底出口阀 V7 和 V8 至泵 G2A(G2B 为

备用泵），由出口阀 V9 排出，通过吸收油流量调节器 FRC－311 的输出调节阀（其前阀为 V12，后阀为 V13）打入塔顶，与自下而上的生成气接触，吸收其中的 C4 组分成为富油，从吸收塔底排出。塔底的富油经出口阀 V14、出口富油流量调节器 FIC－310 的输出调节阀（其前阀为 V15，后阀为 V16），再经贫、富油热交换器 EA－311 的壳程，通过手操阀 V17 进入解吸塔 DA303。解吸塔塔顶生产出 C4 产品，解吸塔底部的 C6 油通过塔釜液位调节器 LIC－312 的输出调节阀（其前阀为 V19，后阀为 V18）进入贫、富油热交换器 EA－311 的管程，经手操阀 V20 进入贫油冷却器 EA－312 的壳程，再经手操阀 V21 返回吸收油贮罐 FA311 循环使用。EA－312 采用冷冻盐水使贫油的温度下降，有利于提高吸收效率。盐水由入口阀 V24 进入 EA－312 的管程，经温度调节器 TIC－312 的输出调节阀，再经手操阀 V25 排出。随着生产过程的进行，尾气分离罐的液位将上升，因吸收油部分损耗导致吸收油贮罐的液位有所下降。要定期用 V22 排放尾气分离罐内的液体，用 V6 补充新鲜的 C6 油入吸收油贮罐。

扫一扫

视频7-19　吸收解吸实训

动画 17　吸收－解吸实训

二、认识吸收单元中的设备、阀门、仪表

认真观察如图 7-12 所示的吸收－解吸工艺流程图，结合吸收工艺流程描述熟悉吸收单元的主要设备、阀门、仪表，完成下表。

	位号	作用	位号	作用
设备	DA302		DA303	
	FA－311		FA304	
	EA－306		EA－312	
	EA－311		G2A/B	
仪表	FI－308		PI－306	
	FI－309		PI－307	
	TI－310		LI－311	
	TI－309		LI－309	
	TI－311		TI－308	
	LIC－310		LIC－312	
	FIC－310		FRC－311	
	TIC－312		PIC－308	

续表

	位号	作用	位号	作用
手操阀、开关及快开阀门	V1		V2	
	V3		V4、V5	
	V6		V7	
	V8、V9		V10、V11	
	V12、V13		V14	
	V15、V16		V17	
	V18、V19		V20、V21	
	V22		V23	
	V24、V25		VN2	
	V26、V27		GYG	
	YBT		N2H	
	N2S		V01	
	V06		AKB	
分析器	AI－301		AI－302	
	AI－303			

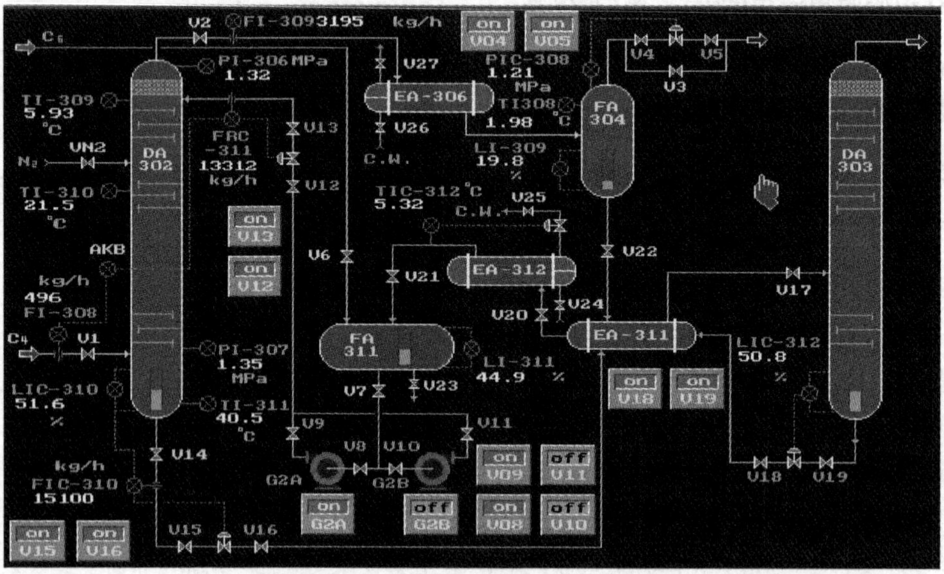

图 7-12　吸收－解吸仿真操作工艺流程

任务四　学习吸收操作的基本理论知识

任务分析：从前面的任务中，我们已经了解了溶质溶解在吸收液中可以实现气体混合物的分离，那么溶质在吸收液中的溶解快慢、溶解量受到哪些因素的影响呢？本任务将从气体溶解过程的气液两相平衡关系出发，引导大家理解吸收机理及其影响因素。

任务目标：①理解吸收过程的气液相平衡、吸收机理；②理解影响吸收过程的因素；③理解并掌握传质速率的计算。

技能目标：能分析吸收过程的影响因素。

一、吸收过程的相平衡关系

（一）相组成的表示方法

前面已经介绍了几种常用的相组成的表示方法，如质量分数和摩尔分数（质量分率和摩尔分率）、质量浓度和摩尔浓度等。对于双组分物系，为了计算方便，通常以某一组分为基础来表示混合物中其他组分的组成，这样表示的相组成称为质量比或摩尔比。

对于双组分（A+B）物系，以 B 组合为基准，A 组分的组成可以表示如下。

质量比：

$$W=\frac{m_A}{m_B}$$

摩尔比：

$$X=\frac{n_A}{n_B}$$

于是有以下关系。

（1）质量比与质量分数的关系：

$$W=\frac{w}{1-w},w=\frac{W}{1+W} \tag{7-1}$$

（2）摩尔比与摩尔分数的关系：

$$X=\frac{x}{1-x},x=\frac{X}{1+X} \tag{7-2}$$

（3）质量比与摩尔比的关系：

$$W=X\frac{M_A}{M_B} \tag{7-3}$$

例 7-1　某吸收塔在常压、25 ℃下操作，已知原料混合气体中含 CO_2 29%（体积分数，下同），其余为 N_2、H_2 和 CO（可看作惰性气体），经吸收后，出塔气体中 CO_2 的含量为 1%，试分别计算以摩尔分数、摩尔比和摩尔浓度表示的原料混合气体和出塔气体中 CO_2 的组成。

解　系统可视为由溶质 CO_2 和惰性组分组成的双组分系统。以下标 1、2 分别表示入、出塔的气体。

（1）原料混合气体（入塔气体）。

摩尔分数：理想气体的体积分数等于摩尔分数，所以 $y_1=0.29$。

摩尔浓度：由分压定律知，

$$p_{A1}=py_1=101.3\times0.29=29.38\ \text{kPa}$$

所以　$$c_{A1}=\frac{p_{A1}}{RT}=\frac{29.38}{8.314\times298}=0.011\ 9\ \text{kmol/m}^3$$

摩尔比：由式(7-2)知，

$$Y_1=\frac{y_1}{1-y_1}=\frac{0.29}{1-0.29}=0.408$$

(2)出塔气体。

$$y_2=0.01$$

$$c_{A2}=\frac{p_{A2}}{RT}=\frac{101.3\times0.01}{8.314\times298}=4.09\times10^{-4}\ \mathrm{kmol/m^3}$$

$$Y_2=\frac{y_2}{1-y_2}=\frac{0.01}{1-0.01}=0.0101$$

例 7-2 氨水中氨的质量分数为 0.25，求氨水中氨的质量比、摩尔分数和摩尔比。

解 已知氨的质量分数 $w=0.25$。

质量比：

$$W=\frac{w}{1-w}=\frac{0.25}{1-0.25}=0.333$$

摩尔分数：氨的分子量 $M_A=17$，水的分子量 $M_B=18$，

$$x=\frac{\frac{w}{M_A}}{\frac{w}{M_A}+\frac{1-w}{M_B}}=\frac{\frac{0.25}{17}}{\frac{0.25}{17}+\frac{0.75}{18}}=0.261$$

摩尔比：

$$X=\frac{x}{1-x}=\frac{0.261}{1-0.261}=0.353$$

(二)气体在液体中的溶解度

1. 平衡溶解度

在一定的温度和压强下，使一定量的吸收剂与混合气体接触，气相中的溶质便向液相溶剂中转移，直至液相中溶质的组成达到饱和为止。此时并非没有溶质分子进入液相，只是在任何时刻进入液相的溶质分子数与从液相逸出的溶质分子数恰好相等，从表面上看过程就像停止了一样。这种状态称为相际动平衡，简称相平衡或平衡。平衡状态下气相中的溶质分压称为平衡分压或饱和分压，液相中的溶质组成称为平衡组成或饱和组成。气体在液体中的溶解度就是气体在液体中的饱和组成。

气体在液体中的溶解度表明了一定条件下吸收过程可能达到的极限程度。要确定吸收设备内任何位置上气液的实际组成与平衡组成的差距，从而计算过程进行的速率，需要知道系统的平衡关系。任何平衡状态都是有条件的。一般而言，气体溶质在一定液体中的溶解度与整个物系的温度、压强及该溶质在气体中的组成密切相关。单组分的物理吸收涉及由 A、B、S 三个组分构成的气液两相物系，由相律可知其自由度 $f=$组分数$(C)-$相数$(P)+2=3-2+2=3$。这表明在系统的温度、压强，气相组成和液相组成四个变量中，有三个是自变量，余下的一个是它们的函数。所以，在一定的温度和总压下，气体溶质在液相中的溶解度(组成)只取决于它在气相中的组成。但在总压不很高时，可认为气体在液体中的溶解度只取决于该气体的分压而与总压无关。

不同气体在同一溶剂中的溶解度有很大的差异。图 7-13、图 7-14 和图 7-15 分别为总压不

很高时氨、二氧化硫和氧在水中的溶解度与其在气相中的分压之间的关系。图中的关系曲线称为溶解度(或相平衡)曲线。从图中可看出,当温度为 20 ℃、溶质分压为 20 kPa 时,1 000 kg 水所能溶解的氨、二氧化硫和氧的质量分别为 170 kg、22 kg 和 0.009 kg。这表明氨易溶于水,氧难溶于水,二氧化硫居中。从图中也可看出,在 20 ℃时,若分别有 100 kg 氨和 100 kg 二氧化硫溶于 1 000 kg 水中,则氨在其溶液上方的分压仅为 10 kPa(见图 7-13 中的 A 点),而二氧化硫在其溶液上方的分压为 90 kPa(见图 7-14 中的 B 点)。至于氧,即使在 1 000 kg 水中溶解 0.1 kg 时,氧在其溶液上方的分压也已超过 220 kPa。显然,对于同样组成的溶液,易溶气体溶液上方的分压小,而难溶气体溶液上方的分压大。换言之,欲得到同样组成的溶液,易溶气体所需的分压较低,而难溶气体所需的分压较高。从图中还可看出,溶质在水中的溶解度均随分压增大而增大,随温度升高而减小,这反映了气体在液体中的溶解度随温度和压强变化的一般规律。

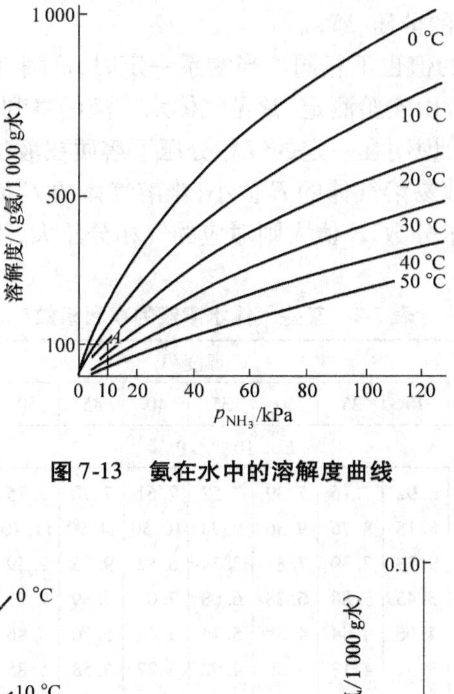

图 7-13　氨在水中的溶解度曲线

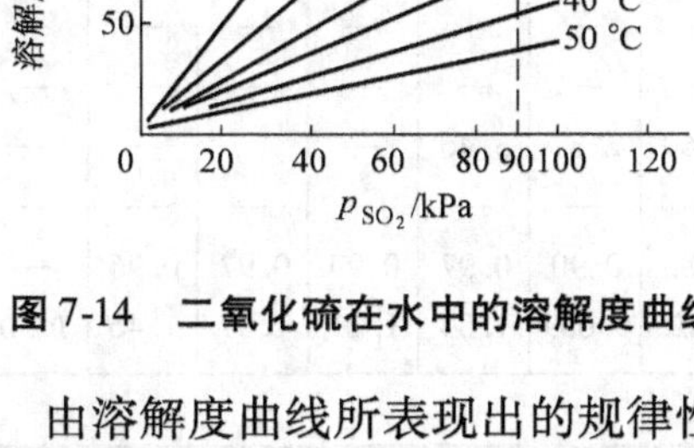

图 7-14　二氧化硫在水中的溶解度曲线

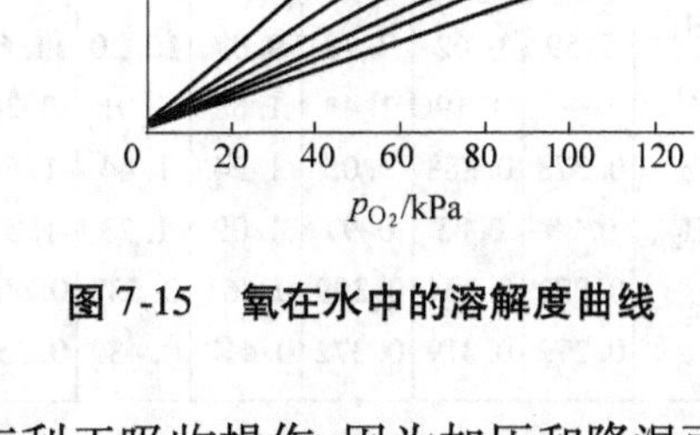

图 7-15　氧在水中的溶解度曲线

由溶解度曲线所表现出的规律性可知,加压和降温有利于吸收操作,因为加压和降温可提高气体溶质的溶解度。反之,减压和升温则有利于解吸操作。

2. 亨利定律

亨利定律是气液相平衡关系的一个特例，适用于气体溶解后所形成的溶液为稀溶液的情况。当总压不高（一般约低于 500 kPa）时，在一定的温度下，稀溶液上方溶质的平衡分压与其在液相中的摩尔分数成正比；反过来，也可以说溶质在稀溶液中的平衡摩尔分数与溶液上方气相中溶质的分压成正比。其数学表达式为

$$p_A^* = Ex \tag{7-4}$$

或

$$x^* = p_A/E \tag{7-4a}$$

式中 p_A^*——溶质在气相中的平衡分压，kPa；

x——溶质在液相中的摩尔分数；

E——亨利系数，kPa；

x^*——溶质在液相中的平衡摩尔分数；

p_A——溶质在气相中的分压，kPa。

物系不同，亨利系数 E 的值也不相同。当物系一定时，E 随系统的温度而变化。通常，温度升高，E 值增大。亨利系数由实验测定，常见气体水溶液的亨利系数值见表 7-2。

由式(7-4)可知，E 值小，说明在一定的气相分压下溶质在液相中的摩尔分数大，即溶质的溶解度大，吸收就易进行。故易溶气体的 E 值小，难溶气体的 E 值大。反过来，由式(7-4a)可知，对于一定的液相平衡摩尔分数，E 值大则对应的气相分压大，不利于吸收，但有利于解吸。

表 7-2 某些气体水溶液的亨利系数

气体种类	温度/℃															
	0	5	10	15	20	25	30	35	40	45	50	60	70	80	90	100
	$E\times10^{-6}$/kPa															
H_2	5.87	6.16	6.44	6.70	6.92	7.16	7.39	7.52	7.61	7.70	7.75	7.75	7.71	7.65	7.61	7.55
N_2	5.35	6.05	6.77	7.48	8.15	8.76	9.36	9.98	10.50	11.00	11.40	12.20	12.70	12.80	12.80	12.80
空气	4.38	4.94	5.65	6.15	9.73	7.30	7.81	8.34	8.82	9.23	9.59	10.20	10.60	10.80	10.90	10.80
CO	3.57	4.01	4.48	4.95	5.43	5.88	6.28	6.68	7.05	7.39	7.71	8.32	8.57	8.57	8.57	8.57
O_2	2.58	2.95	3.31	3.69	4.06	4.44	4.81	5.14	5.42	5.70	5.96	6.37	6.72	6.96	7.08	7.10
CH_4	2.27	2.62	3.01	3.41	3.81	4.18	4.55	4.92	5.27	5.58	5.85	6.34	6.75	6.91	7.01	7.10
NO	1.71	1.96	2.21	2.45	2.67	2.91	3.14	3.35	3.57	3.77	3.95	4.24	4.44	4.45	4.58	4.60
C_2H_6	1.28	1.57	1.92	2.90	2.66	3.06	3.47	3.88	4.29	4.69	5.07	5.72	6.31	6.70	6.96	7.01
	$E\times10^{-5}$/kPa															
C_2H_4	5.59	6.62	7.78	9.07	10.30	11.60	12.90	—	—	—	—	—	—	—	—	—
N_2O	—	1.19	1.43	1.68	2.01	2.28	2.62	3.06	—	—	—	—	—	—	—	—
CO_2	0.378	0.888	1.05	1.24	1.44	1.66	1.881	2.12	2.36	2.60	2.87	3.46	—	—	—	—
C_2H_2	0.73	0.85	0.97	1.09	1.23	1.35	1.48	—	—	—	—	—	—	—	—	—
Cl_2	0.272	0.334	0.399	0.461	0.537	0.604	0.699	0.74	0.80	0.86	0.90	0.97	0.99	0.97	0.96	—
H_2S	0.272	0.319	0.372	0.418	0.489	0.552	0.617	0.686	0.755	0.825	0.689	1.04	1.21	1.37	1.46	1.50
	$E\times10^{-4}$/kPa															

续表

气体种类	温度/℃															
	0	5	10	15	20	25	30	35	40	45	50	60	70	80	90	100
SO_2	0.167	0.203	0.245	0.294	0.355	0.413	0.485	0.567	0.661	0.763	0.871	1.110	1.390	1.700	2.010	—

由于气液相组成的表示方法不同,亨利定律常表示为如下几种形式。

(1)当气相组成用分压,液相组成用摩尔浓度表示时,亨利定律可表示为

$$p_A^* = c_A/H \tag{7-5}$$

或

$$c_A^* = Hp_A \tag{7-5a}$$

与式(7-4)比较可知

$$H = \frac{c}{E} \tag{7-6}$$

式中　H——溶解度系数,$kmol/(m^3 \cdot kPa)$;

c_A^*——与气体中的溶质平衡的液体中溶质的摩尔浓度,$kmol/m^3$。

溶解度系数 H 可视为在一定温度下溶质在气体中的分压为 1 kPa 时液相的平衡摩尔浓度,所以 H 值愈大说明溶解度愈大。

(2)当气液两相组成都用摩尔分数表示时,亨利定律可表示为

$$y^* = mx \tag{7-7}$$

或

$$x^* = y/m \tag{7-7a}$$

式中　m——相平衡常数。

由式(7-4)及式(7-7)得

$$m = \frac{E}{p} \tag{7-8}$$

式(7-8)说明,对于一定的物系,相平衡常数是温度和总压的函数。当总压 p 一定时,温度升高,E 增大,m 值也随之增大,平衡线的斜率增大;当温度一定时,总压 p 增大,E 值不变而 m 值减小,平衡线的斜率减小。温度降低,总压升高,都使 m 值减小,在相同的气相摩尔分数下液相中的摩尔分数增大。前面已指出,这种情况对吸收有利。反之,升温和减压不利于吸收,而有利于解吸。

(3)气液两相组成均用摩尔比表示。

对于单组分吸收的气液平衡系统,用摩尔比表示时计算比较方便。

$$x = \frac{X}{1+X}, y = \frac{Y}{1+Y}$$

将上述关系式代入式(7-7)中,整理可得

$$Y^* = \frac{mX}{1+(1-m)X} = MX \tag{7-9}$$

式中　Y^*——与 X 平衡时气相中溶质的摩尔比。

由式(7-9)知,对于一定的物系,在一定的温度、总压下,m 为常数,但 M 却不是常数,它随

液相中溶质的摩尔比而变化。

在 $m=1$ 或 $X=0$ 这两种极端情况下，$M=m$；如果由于 m 很接近 1 或者 X 很小，使得 $(1-m)X\ll1$，$M\approx m$，此时可把亨利定律近似写为

$$Y^*=mX$$

例 7-3　压强为 101.3 kPa、温度为 20 ℃时，测出 100 g 水中含 2 g 氨，此时溶液上方氨的平衡分压为 1.6 kPa。试求 E、m、H。

解　取 100 g 水为基准，含氨 2 g，已知氨的分子量 $M_A=17$，水的分子量 $M_S=18$，所以

$$x=\frac{\frac{2}{17}}{\frac{2}{17}+\frac{100}{18}}=0.020\,7$$

由 $p_A^*=Ex$ 可得

$$E=p_A^*/x=1.6/0.020\,7=77.3\ \text{kPa}$$

$$m=\frac{E}{p}=\frac{77.3}{101.3}=0.763$$

由式(7-6)知

$$H=c/E$$

溶液的总浓度 c 可以 1 m^3 溶液为基准计算，即

$$c=\frac{\rho}{M_m}$$

式中　M_m——溶液的平均分子量或摩尔质量，kg/kmol。

$$M_m=M_Ax+M_S(1-x)=17\times0.020\,7+18\times(1-0.020\,7)=17.98\ \text{kg/kmol}$$

若能查得溶液的密度就可求出溶液的总浓度 c。对于稀溶液，由于 x 很小，可近似按溶剂的密度 ρ_S 等于溶液的密度计算。所以

$$c=\frac{\rho}{M_m}\approx\frac{\rho_S}{M_m}=\frac{1\,000}{17.98}=55.6\ \text{kmol/m}^3$$

$$H=\frac{c}{E}=\frac{55.6}{77.3}=0.719\ \text{kmol/(m}^3\cdot\text{kPa)}$$

由计算知溶液很稀时 $M_m\approx M_S$，所以稀溶液的总浓度 c 也可按下式近似计算：

$$c=\frac{\rho_S}{M_S}$$

例 7-4　例 7-3 中的溶液在 101.3 kPa 下升温至 50 ℃，此时氨水上方氨的分压为 5.94 kPa，求此时的 E、m、H。

解　由题知溶液中氨的浓度没有变化，但在新的温度下达到了新的平衡。

$$E=p_A^*/x=5.94/0.020\,7=287.0\ \text{kPa}$$

$$m=\frac{E}{p}=\frac{287.0}{101.3}=2.833$$

$$H=\frac{c}{E}\approx\frac{\rho_S}{EM_S}=\frac{1\,000}{287.0\times18}=0.194\ \text{kmol/(m}^3\cdot\text{kPa)}$$

例 7-5　对例 7-3 中的平衡系统，若用充惰性气体的方法使总压升至 202.6 kPa，但系统的

温度仍为 20 ℃,求此时的 E、m、H。

解　由于总压升高是加入惰性气体造成的,气相中氨的分压并无变化,由公式 $E=p_A^*/x$ 和 $H=c/E$ 知,E 和 H 都不变化,即 E 和 H 仅是温度的函数,与总压无关。

但是由于惰性气体的加入,总压变化对 m 有影响。

$$m=\frac{E}{p}=\frac{77.3}{202.6}=0.382$$

这是气相中的平衡摩尔分数减小的缘故。

?请思考:温度和总压变化对 E、m、H 的影响。特别注意:加入惰性气体引起总压增大和保持气相中溶质的摩尔分数不变而增大总压两者的差别。

(三)气液相平衡与吸收过程的关系

1. 相际传质方向的判断

对于一切未达到相际平衡的系统,组分将由一相向另一相传递,结果使系统趋于相平衡。所以,传质的方向是系统向达到平衡的方向变化。例如,溶质分压为 p_A 的气相与溶液浓度为 c_A(或 x)的液相接触,溶质组分 A 是由液相向气相移动还是由气相向液相移动,可用相平衡关系进行判断。下面举例说明。

例 7-6　某理想气体混合物溶质 A 的浓度为 0.06(体积分数),与溶质 A 的浓度为 0.012(摩尔比)的水溶液接触,两相平衡关系为 $Y^*=2.52X$。试判断传质的方向。

解　已知

$y=0.06$ kmol A/kmol(A + B)

$X=0.012$ kmol A/kmol B,$Y^*=2.52X$

实际气相摩尔比为

$Y=y/(1-y)=0.06/(1-0.06)=0.0638$ kmol A/kmol B

由相平衡关系可得与实际液相平衡的气相摩尔比:

$Y^*=2.52X=2.52\times0.012=0.0302$ kmol A/kmol B

由于 $Y>Y^*$,故两相接触时气相中的溶质 A 将向溶剂水中转移,即发生吸收过程。

同理,此过程也可以理解为实际气相摩尔比 $Y=0.638$,与实际气相平衡的液相摩尔比为

$X^*=Y/2.52=0.0638/2.52=0.0249$ kmol A/kmol B

由于 $X^*>X$,故两相接触时气相中的溶质 A 将向溶剂水中转移。

上述过程反映在图上,是在平衡线 OE 以上的区域中的各状态点(c_A,p_A)发生吸收,在平衡线以下的区域中的各状态点发生解吸,位于平衡线上的点则处于平衡状态。如图 7-16(a)所示,点 $A(c_A,p_A)$代表两相的实际组成,平衡线上的点代表平衡时的气液相组成,显然,由于 $p_A>p_A^*$($c_A<c_A^*$),故发生吸收。相反,如图 7-16(b)中的 B 点所示,$p_A<p_A^*$($c_A>c_A^*$),则发生解吸。

2. 相际传质的推动力

当其他条件一定时,系统越远离平衡,过程进行得越快。传热是这样,传质也是这样。所以,相际传质的推动力必然取决于两相远离平衡的程度。在吸收过程中,通常以实际浓度与平衡浓度的偏离程度来表示吸收过程的传质推动力。

图 7-17 中 m—n 为吸收塔的某一截面,在该截面上气液相互接触,气相中溶质的摩尔比为 Y(与之平衡的液相中溶质的摩尔比为 X^*),液相中溶质的摩尔比为 X(与之平衡的气相中溶

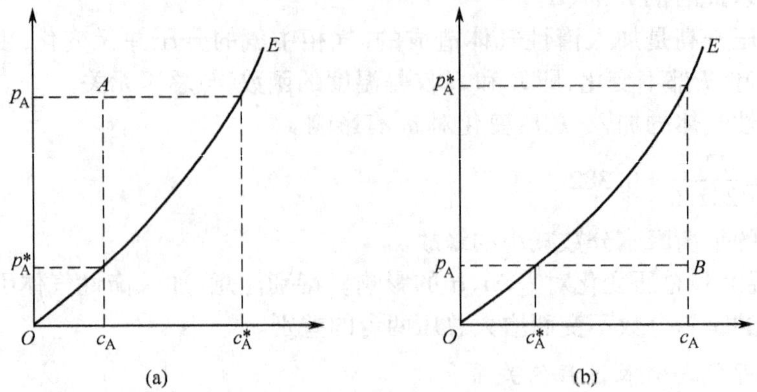

图 7-16 传质的方向

(a) A 点在平衡线以上，发生吸收 (b) B 点在平衡线以下，发生解吸

质的摩尔比为 Y^*)。在 $Y-X$ 平衡曲线图上，该截面的两相实际状态如点 A 所示。$Y-Y^*$ 或者 $X-X^*$ 表征着该体系远离平衡的程度，也表示了吸收过程的相际传质推动力。$Y-Y^*$ 称为以气相浓度差（此处为摩尔比差）表示的吸收推动力；X^*-X 称为以液相浓度差（此处为摩尔比差）表示的吸收推动力。

请思考 1：例 7-6 的吸收过程传质推动力是多少？

请思考 2：当气液两相平衡关系用 y-x 或 p_A-x 关系表示时，如何判断传质方向？相际传质的推动力如何表示？

3. 相际传质的极限

由上面的分析可知相际传质的极限是相互接触的两相达到相平衡状态。如图 7-17 所示的逆流吸收塔，气体以定常的浓度 Y_1 由塔底进入，液体以定常的浓度 X_2 由塔顶进入，则塔底的液相浓度最大限度只能达到 X_1^*，而塔顶的气相浓度最大限度也只能降低到 $Y_2{}^*$（与 X_2 平衡的气相浓度）。

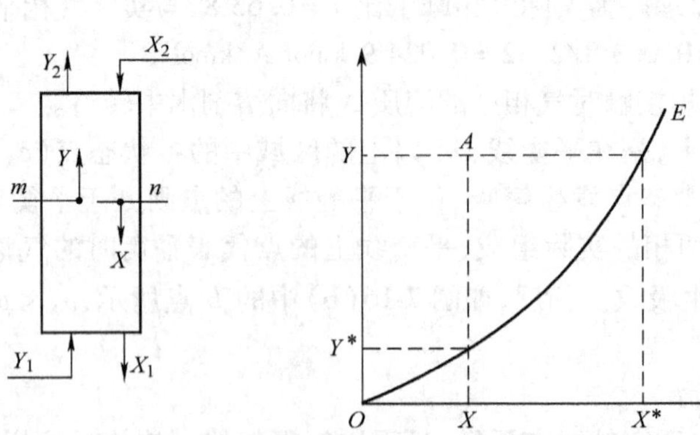

图 7-17 相际传质的推动力

二、吸收传质机理

任何过程都需要解决两个基本问题：过程的极限和过程的速率。传质过程是吸收等单元

操作的基本过程,它涉及气液两相间的物质传递,包括三个步骤。

(1)溶质由气相主体传递到气液界面,即气相内的物质传递。

(2)溶质在相界面上溶解,溶质由气相进入液相。

(3)溶质由液相侧界面向溶液主体传递,即液相内的物质传递。

这样的物质传递过程与间壁式换热器中两流体通过间壁传热的过程类似,但更为复杂。为了研究物质的相际传递过程,必须首先了解相内传质问题。

(一)相内传质

1. 扩散现象

将装有两种气体的两个容器连通,经过一段时间,两种气体就在两个容器中混合均匀,这种现象叫作扩散。扩散现象是物质在单一相中迁移的现象。如果扩散仅仅靠微观的分子热运动进行,没有流体质点的宏观不规则运动,则这种扩散称为分子扩散。当流体有宏观运动时,依靠流体质点的不规则运动即湍动进行的扩散称为湍流扩散或涡流扩散。在实际传质过程中,流体是运动的,而分子热运动与流体总体是否运动无关,所以在实际传质操作中分子扩散与涡流扩散常常同时存在。通常把分子扩散与涡流扩散的总和称为对流扩散或对流传质。

2. 分子扩散

分子扩散是物质在一相内部有浓度差异的条件下,由流体分子的无规则热运动引起的物质传递现象。习惯上把分子扩散称为扩散。

根据菲克定律,当物质 A 在介质 B 中发生分子扩散时,分子扩散速率与其在扩散方向上的浓度梯度成正比,即

$$J_A = -D_{AB}\frac{dc_A}{dZ} \tag{7-10}$$

式中　J_A——A 组分在 Z 方向上的扩散速率,kmol/(m^2·s);

$\frac{dc_A}{dZ}$——A 组分在 Z 方向上的浓度梯度,kmol/m^4;

D——扩散时的扩散系数,m^2/s。

式中负号表示扩散沿着组分 A 浓度降低的方向进行,与浓度梯度的方向相反。扩散系数 D 与物系的性质、流体的湍动程度有关。扩散系数越大,表明分子扩散越快。扩散系数一般由实验方法求取,也可由经验公式估算。

菲克定律是一个实验定律,它表明只要混合物中存在着浓度梯度,就必然会产生物质的分子扩散流。

3. 涡流扩散

在有浓度差异的条件下,物质通过湍流主体的传递过程称为涡流扩散。涡流扩散时,扩散物质不仅靠分子本身的扩散作用,还借助湍流主体的携带作用而转移,而且后一种作用是主要的。涡流扩散速率比分子扩散速率大得多。由于涡流扩散系数难于测定和计算,常将分子扩散与涡流扩散两种传质作用结合起来考虑,即对流扩散过程。

4. 对流扩散(对流传质)

与传热过程中的对流传热类似,对流扩散就是湍流主体与相界面之间的涡流扩散与分子扩散两种传质作用。由于对流扩散过程极为复杂,影响因素很多,所以对流扩散也采用类似对流传热的处理方法,依靠实验测定。对流扩散速率一般可用下式表达:

$$J_A = -(D + D_e)\frac{dc_A}{dZ} \quad (7\text{-}11)$$

式中 J_A——组分 A 的扩散速率,kmol/(m^2·s);

c_A——组分 A 的浓度,kmol/m^3;

Z——沿扩散方向的距离,m;

D——分子扩散系数,m^2/s;

D_e——涡流扩散系数,m^2/s。

涡流扩散系数 D_e不是物质的物性常数,它与湍动程度有关,且随位置不同而不同。实验测定表明,对于多数气体涡流扩散系数比分子扩散系数大超过 100 倍,对于液体则涡流扩散系数比分子扩散系数大 100 000 倍甚至更多。

(二)相际传质——双膜理论

对于气液两相间的传质过程机理曾提出多种不同的理论,其中应用最广泛的是刘易斯和惠特曼在 20 世纪 20 年代提出的双膜理论,其模型如图 7-18 所示。

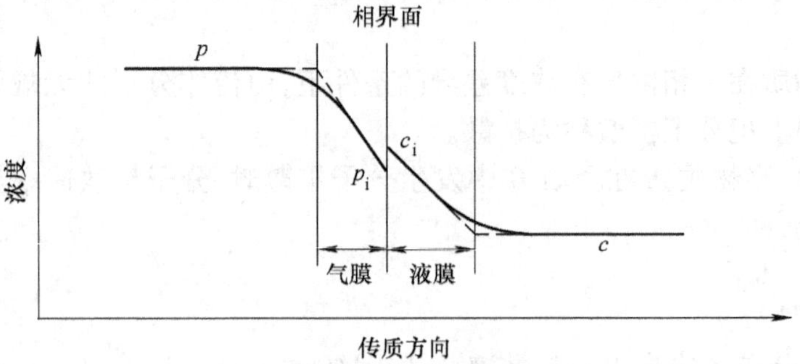

图 7-18 双膜理论示意

双膜理论的基本论点如下。

(1)在气液两流体接触处,有一个稳定的分界面,叫相界面。在相界面两侧附近分别有一层稳定的气膜和液膜。这两层薄膜可以认为是由气液两流体的滞流层组成的,即虚拟的层流膜层,吸收质以分子扩散的方式通过这两个膜层。膜层的厚度随流体的流速而变,流速愈大膜层的厚度愈小。

(2)在两个膜层以外的气液两相分别称为气相主体与液相主体。在气液两相的主体中,由于流体充分湍动,吸收质的浓度基本上是均匀的,即两相主体内的浓度梯度皆为零,全部浓度变化集中在这两个膜层内,即阻力集中在两个膜层之中。

(3)无论气液两相主体中吸收质的浓度是否达到相平衡,在相界面处,吸收质在气液两相中的浓度达到平衡,即界面上没有阻力。

对于具有稳定相界面的系统以及流动速度不高的两流体间的传质,双膜理论与实际情况是相当符合的,根据这一理论的基本概念确定的吸收过程的传质速率关系至今仍是吸收设备设计的主要依据,这一理论对生产实际具有重要的指导意义。但是对于具有自由相界面的系统,尤其是高度湍动的两流体间的传质,双膜理论表现出了局限性。针对其局限性,后来相继提出了一些新的理论,如溶质渗透理论、表面更新理论、界面动力状态理论等。这些理论对相际传质过程的界面状态及流体力学因素的影响等方面的研究和描述都有所进步，但由于其数学模型太复杂，目前应用于传质设备的计算或解决实际问题比较困难。

三、吸收速率

由传质机理可知，吸收过程的相际传质由气相与界面的对流传质、界面上溶质的溶解、界面与液相的对流传质三个过程构成。

按照双膜理论描述的界面两侧的浓度分布，图7-19中 p_A、p_i 代表定常吸收过程中某一塔截面上气相主体中及相界面气相侧溶质组分A的分压；而 c_i、c_A 代表该截面的相界面液相侧及液相主体中溶质组分A的摩尔浓度，$p_A > p_i$，$c_i > c_A$。在这种情况下，相内传质速率方程式为气相：

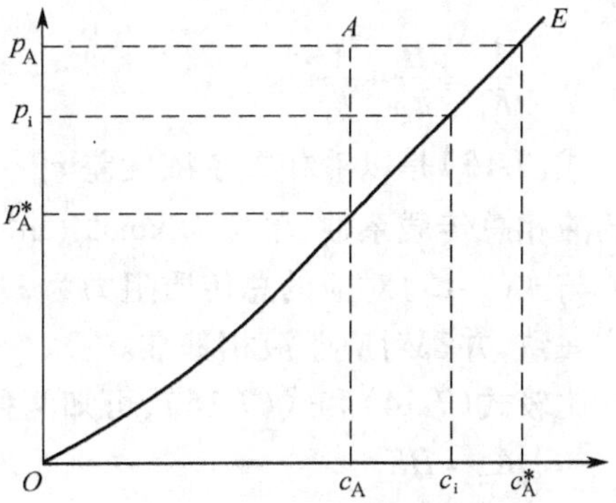

图7-19　主体浓度与界面浓度

$$N_A = k_g(p_A - p_i)$$

液相：

$$N_A = k_l(c_i - c_A)$$

在相界面上 p_i 与 c_i 达到平衡，即 $p_i = c_i/H$。

由于界面状态参数 p_i、c_i 很难测定，在求总传质速率时最好设法将其消去，以简化计算。

（一）吸收总传质速率方程

如果在两相组成 c_A、p_A 所涉及的范围内平衡线为直线，设其斜率为 $1/H$，可得

$$\frac{1}{H} = \frac{p_A - p_i}{c_A^* - c_i} = \frac{p_i - p_A^*}{c_i - c_A}$$

在定常传质过程中：

$$N_A = \frac{p_A - p_i}{1/k_g} = \frac{c_i - c_A}{1/k_l} \tag{7-12}$$

将式(7－12)右端的分子、分母均除以 H，并根据串联过程的加和性原则得到

$$N_A = \frac{(p_A - p_i) + (c_i - c_A)/H}{\frac{1}{k_g} + \frac{1}{k_l H}} = \frac{(p_A - p_i) + (p_i - p_A^*)}{\frac{1}{k_g} + \frac{1}{k_l \mathrm{H}}} = \frac{p_A - p_A^*}{\frac{1}{k_g} + \frac{1}{k_l H}}$$

于是，以气相分压差为推动力的总传质速率方程可表示为

$$N_A = K_g(p_A - p_A^*) \tag{7-13}$$

式中

$$\frac{1}{K_g} = \frac{1}{k_g} + \frac{1}{Hk_l} \tag{7-14}$$

K_g——以气相分压差 Δp 为推动力的气相总传质系数，kmol/(m^2·s·kPa)。

式(7-14)表明，吸收过程中的相际传质总阻力 $1/K_g$ 是气膜阻力 $1/k_g$ 和液膜阻力 $1/Hk_l$ 之和。显然，k_g 与 k_l 不仅单位不同，对应的相态也不同，但 k_l 与 H 相乘后，Hk_l 和 k_g、K_g 单位一致，并都以气相为基准。

类似地，也可将式(7-12)中间一项的分子、分母均乘以 H，并根据串联过程的加和性原则

得到

$$N_A=\frac{(p_A-p_i)H+(c_i-c_A)}{\frac{H}{k_g}+\frac{1}{k_l}}=\frac{c_A^*-c_A}{\frac{H}{k_g}+\frac{1}{k_l}}=K_l(c_A^*-c_A) \tag{7-15}$$

式中

$$\frac{1}{K_l}=\frac{H}{k_g}+\frac{1}{k_l} \tag{7-16}$$

式(7-15)是以液相摩尔浓度差 $c_A^*-c_A$ 为推动力的总传质速率方程；K_l 为与此推动力相应的液相总传质系数，单位为 kmol/(m^2·s·kmol/m^3)或 m/s。

与式(7-15)对应的总传质阻力为 $1/K_l$，此时的气膜阻力为 H/k_g，液膜阻力为 $1/k_l$，它们的单位一致，并都对应于液相基准。

比较式(7-14)和式(7-16)，可知两种总传质系数之间有如下关系：

$$K_g=HK_l \tag{7-17}$$

（二）气膜控制与液膜控制

易溶气体 H 值很大，在 k_g 和 k_l 数量级相同或接近的情况下，存在如下关系：

$$\frac{1}{Hk_l}\ll\frac{1}{k_g}$$

则

$$K_g\approx k_g \tag{7-18}$$

此时吸收过程阻力的绝大部分存在于气膜之中，液膜阻力可以忽略，即气膜阻力控制着整个吸收过程，吸收总推动力的绝大部分用于克服气膜阻力，这种吸收称为气膜控制吸收。例如用水吸收 NH_3、HCl 等过程。对于气膜控制的吸收过程，要强化传质过程，提高吸收速率，在选择设备形式及确定操作条件时，应特别注意减小气膜阻力。

难溶气体 H 值很小，在 k_g 和 k_l 数量级相同或接近的情况下，存在如下关系：

$$\frac{H}{k_g}\ll\frac{1}{k_l}$$

则

$$K_l\approx k_l \tag{7-19}$$

即液膜阻力控制着整个吸收过程，吸收总推动力的绝大部分用于克服液膜阻力，这种吸收称为液膜控制吸收。例如用水吸收 O_2、CO_2 等过程。对于液膜控制的吸收过程，要强化传质过程，提高吸收速率，在选择设备形式及确定操作条件时，应特别注意减小液膜阻力。

对具有中等溶解度的气体的吸收过程，如用水吸收 SO_2，气膜阻力与液膜阻力均不可忽略，要提高传质速率，必须设法同时减小气液两膜的阻力，方能得到比较满意的效果。

例 7-7　已知吸收塔截面上气相主体中溶质 A 的分压 $p_A=10.13$ kPa，液相主体中溶质 A 的摩尔浓度 $c_A=2.78\times10^{-3}$ kmol/m^3，$k_g=5.0\times10^{-6}$ kmol/(m^2·s·kPa)，$k_l=1.5\times10^{-4}$ kmol/(m^2·s·kmol/m^3)，相平衡关系为 $p_A^*=c_A/H$。(1)当 $H=0.667$ kmol/(m^3·kPa)时，求此条件下的 K_g、K_l 和 N_A；(2)若吸收另一种较难溶的气体，$H=1.4\times10^{-3}$ kmol/(m^3·kPa)，其他数据不变，求此条件下的 K_g、K_l 和 N_A；(3)比较两问的计算结果。

解　(1)按气相总传质系数计算，

$$\frac{1}{K_g}=\frac{1}{k_g}+\frac{1}{Hk_l}=\frac{1}{5.0\times10^{-6}}+\frac{1}{0.667\times1.5\times10^{-4}}=21\times10^4\ m^2\cdot s\cdot kPa/kmol$$

所以

$$K_g=4.76\times10^{-6}\ kmol/(m^2\cdot s\cdot kPa)$$

气膜阻力 $1/k_g$ 占总阻力 $1/K_g$ 的比例为

$$\frac{1/k_g}{1/K_g}=\frac{20\times10^4}{21\times10^4}=0.95$$

$$p_A^*=c_A/H=\frac{2.78\times10^{-3}}{0.667}=4.17\times10^{-3}\ kPa$$

$$N_A=K_g(p_A-p_A^*)=4.76\times10^{-6}\times(10.13-4.17\times10^{-3})=4.82\times10^{-5}\ kmol/(m^2\cdot s)$$

按液相总传质系数计算，

$$\frac{1}{K_l}=\frac{H}{k_g}+\frac{1}{k_l}=\frac{0.667}{5.0\times10^{-6}}+\frac{1}{1.5\times10^{-4}}=1.33\times10^5+0.667\times10^4=1.40\times10^5$$

$$K_l=7.14\times10^{-6}\ kmol/(m^2\cdot s\cdot kmol/m^3)$$

气膜阻力 H/k_g 占总阻力 $1/K_l$ 的比例为

$$\frac{H/k_g}{1/K_l}=\frac{1.33\times10^5}{1.40\times10^5}=0.95$$

$$c_A^*=Hp_A=0.667\times10.13=6.76\ kmol/m^3$$

$$N_A=K_l(c_A^*-c_A)=7.14\times10^{-6}\times(6.76-2.78\times10^{-3})=4.82\times10^{-5}\ kmol/(m^2\cdot s)$$

上述计算表明：①对于一定的传质过程，无论用哪个传质速率方程计算，传质速率值都相同；②当传质速率方程不同时，气膜阻力的形式也不相同，但是气（液）膜阻力与总传质阻力之比是不变的；③本情况属于气膜控制。

（2）当 $H=1.4\times10^{-3}\ kmol/(m^3\cdot kPa)$ 时，可用同样的方法计算。得

$$K_g=2.00\times10^{-7}\ kmol/(m^2\cdot s\cdot kPa)$$

$$K_l=1.44\times10^{-4}\ kmol/(m^2\cdot s\cdot kmol/m^3)$$

$$c_A^*=Hp_A=1.4\times10^{-3}\times10.13=1.42\times10^{-2}\ kmol/m^3$$

$$N_A=1.64\times10^{-6}\ kmol/(m^2\cdot s)$$

气膜阻力/总阻力 = 0.04

（3）将（1）和（2）的计算结果列表比较如下：

	（1）的计算结果	（2）的计算结果
$H/[kmol/(m^3\cdot kPa)]$	0.667	1.4×10^{-3}
$K_g/[kmol/(m^2\cdot s\cdot kPa)]$	4.76×10^{-6}	2.00×10^{-7}
$K_l/[kmol/(m^2\cdot s\cdot kmol/m^3)]$	7.14×10^{-6}	1.44×10^{-4}
$c_A^*-c_A/(kmol/m^3)$	6.757	1.14×10^{-2}
$p_A-p_A^*/kPa$	10.13	8.14
$N_A/[kmol/(m^2\cdot s)]$	4.82×10^{-5}	1.64×10^{-6}
气膜阻力/总阻力	0.95	0.04

①在(1)的条件下,H 值较大,相当于易溶气体吸收,通过比较知 K_g 非常接近 k_g,属于气膜控制;在(2)的条件下,H 值很小,相当于难溶气体吸收,其 K_l 很接近 k_l,属于液膜控制。

②气膜控制时的传质速率大于液膜控制。以气相分压差为总推动力时,H 增大,$p_A - p_A^*$ 增大,K_g 也增大,所以 N_A 增大。应注意,以液相摩尔浓度差为总推动力时,H 增大,K_l 是减小的,但 $c_A^* - c_A$ 增大很多,故 N_A 仍然增大。一般计算时,气膜控制常采用气相总传质速率方程,而液膜控制常采用液相总传质速率方程。

由此可以得出结论:易溶气体与难溶气体相比,不仅溶解度大得多,而且溶解速率也大得多。因此,选择吸收剂时要注意对溶质气体有较大的溶解度。

对例 7-7 的条件,若 $H = 1.0 \times 10^{-2}$ kmol/(m^3 · kPa),读者可自行求出界面状态参数 c_i 和 p_i,计算气膜阻力和液膜阻力的比例,并提出强化传质的措施[提示:将式(7-29)和平衡线方程 $p_i = c_i/H$ 联立求解出 p_i 和 c_i]。

?请思考:若气相、液相组成用摩尔分数或摩尔比表示,总传质速率方程是什么结果?请将结果填在表 7-3 中。

由表 7-3 可见,传质速率方程的形式比传热速率方程更多样,使用时要注意以下几点。

(1)传质系数与推动力的表示方程必须对应。传质分系数 k 要和相内传质推动力对应;总传质系数 K 要和相际传质的总推动力对应。

(2)要弄清各传质系数的单位和对应的基准。

传质系数 = 传质速率/传质推动力,其单位为 kmol/(m^2 · s ·〔推动力〕)。当推动力以无因次的摩尔比(或摩尔分数)表示时,传质系数的单位与传质速率相同,计算时比较方便。但必须注意:①$K_Y \neq K_y$;②$K_X \neq K_x$,因为它们对应的推动力与基准并不相同。因此,初学时可在传质系数的单位中注明推动力表达式,以免混淆。

(3)传质阻力的表达形式也必须与推动力的表达形式对应。例如,用 $Y - Y^*$ 表示总推动力时,相际传质总阻力为 $1/K_Y$,气膜阻力为 $1/k_Y$,液膜阻力为 m/k_X。以($X^* - X$ 表示总推动力时,气膜阻力为 $1/mk_Y$,液膜阻力为 $1/k_X$。对于一定的传质过程,总推动力的表达形式不同,气膜阻力或液膜阻力的数值是不同的,但气膜阻力与液膜阻力的比值是不变的(参见例 7-7)。

以上介绍的所有传质速率方程都是以传质方向上的气液两相浓度及其分布不随时间而变为前提的,仅适用于描述定常操作的吸收塔内某一横截面上的传质速率关系。

表 7-3 吸收中各种形式的传质速率方程

相平衡方程		$p_A^* = c_A/H$		
相内传质	气相	$N_A = k_g(p_A - p_i)$		
	液相	$N_A = k_l(c_i - c_A)$		

续表

相平衡方程		$p_A^* = c_A/H$		
相际传质	用气相组成表示	$N_A = K_g(p_A - p_A^*)$		
		$\frac{1}{K_g} = \frac{1}{k_g} + \frac{1}{Hk_l}$		
		气膜控制时 $K_g \approx k_g$	气膜控制时	气膜控制时
	用液相组成表示	$N_A = K_l(c_A^* - c_A)$		
		$\frac{1}{K_l} = \frac{H}{k_g} + \frac{1}{k_l}$		
		液膜控制时 $K_l \approx k_l$	液膜控制时	液膜控制时
	相互关系	$K_g = HK_l$		

例 7-8 对于例 7-7 的条件,若操作压强 $p = 101.3$ kPa,液相为水溶液,求在(1)的条件下的 K_Y、K_X、N_A。

解 $Y = \frac{p_A}{p - p_A} = \frac{10.13}{101.3 - 10.13} = 0.111$

对于稀水溶液,总浓度可近似取纯净水的浓度,$c = 55.6\ \text{kmol/m}^3$。

$$x = \frac{c_A}{c} = 2.78 \times 10^{-3}/55.6 = 5.0 \times 10^{-5}$$

$$X = \frac{x}{1 - x} = \frac{5.0 \times 10^{-5}}{1 - 5.0 \times 10^{-5}} \approx 5.0 \times 10^{-5}$$

当 $H = 0.667\ \text{kmol/(m}^3 \cdot \text{kPa)}$ 时,由于

$$E = mp = \frac{c}{H}$$

所以 $$m = \frac{c}{Hp} = \frac{55.6}{0.667 \times 101.3} = 0.823$$

$$M = \frac{m}{1 + (1 - m)X} = \frac{0.823}{1 + (1 - 0.823) \times 5.0 \times 10^{-5}} \approx 0.823$$

即可认为 $m \approx M$,平衡关系式可写为 $Y^* = 0.823X$。所以

$$Y^* = 0.823X = 0.823 \times 5.0 \times 10^{-5} = 4.12 \times 10^{-5}$$

$$Y - Y^* = 0.111 - 4.12 \times 10^{-5} \approx 0.111$$

$$N_A = K_g(p_A - p_A^*) = pK_g\left(\frac{p_A}{p} - \frac{p_A^*}{p}\right) = pK_g(y - y^*)$$

$$= pK_g\left(\frac{Y}{1 + Y} - \frac{Y^*}{1 + Y^*}\right) = \frac{pK_g}{(1 + Y)(1 + Y^*)}(Y - Y^*) = K_Y(Y - Y^*)$$

即 $$K_Y = \frac{pK_g}{(1 + Y)(1 + Y^*)} = \frac{101.3 \times 4.76 \times 10^{-6}}{(1 + 0.111)(1 + 4.12 \times 10^{-5})} = 4.34 \times 10^{-4}\ \text{mol/(m}^2 \cdot \text{s)}$$

$$K_X = mK_Y = 0.823 \times 4.34 \times 10^{-4} = 3.57 \times 10^{-4}\ \text{kmol/(m}^2 \cdot \text{s)}$$

$$N_A = K_Y(Y - Y^*) = 4.34 \times 10^{-4} \times 0.111 = 4.82 \times 10^{-5}\ \text{kmol/(m}^2 \cdot \text{s)}$$

由计算结果可知,对于稀溶液,$X \approx x$,$M \approx m$。传质速率的计算结果和例 7-7 相同。

自 测 题

一、填空题

1. 已知常压、20 ℃时稀氨水的相平衡关系为 $Y^* = 0.94X$，使含氨的摩尔分数为6% 的混合气体与 $X = 0.05$ 的氨水接触，将发生____________。

2. 氨水的摩尔分数为20%，则它的摩尔比是______________。

3. 溶解度较小时，气体在液体中的溶解度遵循________定律。

4. 在吸收操作中，操作温度升高，其他条件不变，相平衡常数 m __________。

5. 对接近常压的溶质浓度低的气液平衡系统，当总压增大时，亨利系数 E __________，相平衡常数 m ________________，溶解度系数__________________。

6. 在吸收操作中，吸收塔某一截面上的总推动力（以液相组成差表示）为____________。

7. 分子扩散的推动力是____________。

二、判断题

1. 根据双膜理论，吸收过程的阻力集中在两流体的双膜内。（　　）

2. 水吸收氨－空气混合气中的氨的过程属于液膜控制。（　　）

3. 根据双膜理论，在气液两相界面处传质阻力最大。（　　）

4. 亨利系数随温度升高而减小，由亨利定律可知，当温度升高时，气体的溶解度增大。（　　）

5. 当气体的溶解度很大时，吸收阻力集中在液膜上。（　　）

三、选择题

1. 当 $X^* > X$ 时，（　　）。

A. 发生吸收过程　　B. 发生解吸过程　　C. 吸收推动力为零　　D. 解吸推动力为零

2. 对气体吸收有利的操作条件是（　　）。

A. 低温＋高压　　B. 高温＋高压　　C. 低温＋低压　　D. 高温＋低压

3. 下述说法中错误的是（　　）。

A. 溶解度系数 H 值很大，为易溶气体　　B. 亨利系数 E 值很大，为易溶气体

C. 亨利系数 E 值很大，为难溶气体　　D. 相平衡常数 m 值很大，为难溶气体

4. 在一个符合亨利定律的气液平衡系统中，溶质在气相中的摩尔浓度与其在液相中的摩尔浓度的差值为（　　）。

A. 正值　　B. 负值　　C. 零　　D. 不确定

5. 温度（　　），有利于解吸的进行。

A. 降低　　B. 升高　　C. 变化　　D. 不变

6. 只要组分在气相中的分压（　　）液相中该组分的平衡分压，解吸就会继续进行，直至达到新的平衡为止。

A. 大于　　B. 小于　　C. 等于　　D. 不等于

7. 某吸收过程，已知 $k_y = 4 \times 10^{-1}$ kmol/(m^2·s)，$k_x = 8 \times 10^{-4}$ kmol/(m^2·s)，由此可知该过程（　　）。

A. 为液膜控制　　B. 为气膜控制

C. 判断依据不足　　D. 液膜阻力和气膜阻力相差不大

8. 根据双膜理论,用水吸收空气中的氨的过程是(　　)。

A. 气膜控制　　B. 液膜控制　　C. 双膜控制　　D. 不能确定

9. 在气膜控制的吸收过程中,增加吸收剂用量,则(　　)。

A. 吸收传质阻力明显减小　　B. 吸收传质阻力基本不变

C. 吸收传质推动力减小　　D. 操作费用减少

10. 用水吸收下列气体时,吸收(　　)属于液膜控制。

A. 氯化氢　　B. 氨　　C. 氯气　　D. 三氧化硫

11. 在吸收塔内,不同截面处的吸收速率(　　)。

A. 各不相同　　B. 基本相同　　C. 完全相同　　D. 均为 0

12. 液膜控制吸收过程的条件是(　　)。

A. 易溶气体,气膜阻力可忽略　　B. 难溶气体,气膜阻力可忽略

C. 易溶气体,液膜阻力可忽略　　D. 难溶气体,液膜阻力可忽略

四、简答题

1. 什么是亨利定律？为什么其有不同的表达形式？

2. 温度和压强对吸收过程的平衡关系有何影响？

3. 什么是气膜控制和液膜控制？

五、计算题

1. 在 101.3 kPa、293 K 下,空气中 CCl_4 的分压为 21 mmHg,求 CCl_4 的摩尔分数、摩尔浓度和摩尔比。[答:$y=0.027\ 6$,$c_A=1.15\times10^{-3}$ kmol/m^3,$Y=0.028\ 4$]

2. 在 101.3 kPa、20 ℃下,100 kg 水中含 1 kg 氨时,液面上方的平衡分压为 0.8 kPa,求气液相组成(以摩尔分数、摩尔比、摩尔浓度表示)。[答:气相 $y=7.9\times10^{-3}$,$Y=7.96\times10^{-3}$,$c_{Ag}=3.28\times10^{-4}$ kmol/m^3;液相 $x=0.010\ 5$,$X=0.010\ 6$,$c_{Al}=0.588$ kmol/m^3]

3. 若某组分在气体中各处的摩尔分数不变,将总压增大一倍,但质量流量不变,试分析 k_g、k_y、k_Y 和 N_A 的变化情况。[答:$k'_g=\frac{1}{2}k_g$,$k'_y=k_y$,$k'_Y=k_Y$,$N'_A=N_A$]

4. 在 101.3 kPa 下,求与空气接触的水中氧的最大浓度(kg/m^3)及相平衡常数。氧在空气中的体积分数为 21%。(1)温度为 20 ℃;(2)温度为 50 ℃。[答:(1)$\rho_{A1}=9.34\times10^{-3}$ kg/m^3,$m_1=4\times10^4$;(2)$\rho_{A2}=6.34\times10^{-3}$ kg/m^3,$m_2=5.88\times10^4$]

5. 在常压、25 ℃下,气相中溶质 A 的分压为 5.47 kPa 的混合气体分别与下面三种水溶液接触,已知 $E=15.2\times10^4$ kPa,求三种情况下的传质方向和传质推动力:(1)$c_{A1}=0.001$ kmol/m^3;(2)$c_{A2}=0.002$ kmol/m^3;(3)$c_{A3}=0.003$ kmol/m^3。[答:(1)吸收,$p_A-p_A^*=2.70$ kPa;(2)平衡;(3)解吸,$p_A^*-p_A=2.70$ kPa]

6. 在吸收塔的某截面上,含 CO_2 3%(体积分数)的空气与含 CO_2 0.000 5 kmol/m^{3}的水溶液接触。在 101.3 kPa、25 ℃下,已知 $k_g=3.15\times10^{-6}$ kmol/(m^2·s·kPa),$k_l=1.81\times10^{-4}$ kmol/(m^2·s·kmol/m^3)。求:(1)气相总传质系数 K_g、K_Y、K_y;(2)液相总传质系数 K_l、K_x、K_X;(3)气液两相的传质阻力所占的比例;(4)传质速率 N_A。[答:(1)$K_g=5.98\times10^{-8}$ kmol/(m^2·s·kPa),$K_Y=5.79\times10^{-6}$ kmol/(m^2·s),$K_y=6.06\times10^{-6}$ kmol/(m^2·s);(2)$K_l=1.77\times$

10^{-4} kmol/(m^2·s·kmol/m^3)，$K_x=9.9\times10^{-3}$ kmol/(m^2·s)，$K_X=9.43\times10^{-3}$ kmol/(m^2·s)；(3)气相阻力占1.9%，液相阻力占98.1%；(4)$N_A=9.33\times10^{-8}$ kmol/(m^2·s)]

7. 用填料塔进行逆流吸收操作。在操作条件下，$k_X=k_Y=0.026$ kmol/(m^2·s)，试分别计算 $m=0.1$ 及 $m=50$ 两种情况下吸收操作的阻力分配情况。[答：$m=0.1$ 时，气相阻力占90.8%；$m=50$ 时，气相阻力占1.9%]

任务五 吸收过程工艺条件的确定

任务分析：由任务三知，来自上一工段的气体的量及组成、塔内压强、吸收液温度、新鲜吸收剂用量和循环吸收液体用量相互制约着，如何确保操作稳定，当操作参数发生波动时，如何采取正确的方法调整其恢复正常，对吸收操作是至关重要的。在任务五中，主要探讨吸收操作中的可控参数及各参数之间的关系。

任务目标：①理解并掌握吸收过程的物料衡算；②掌握吸收剂用量、填料层高度的计算。

技能目标：能应用操作线方程确定吸收过程消耗的吸收剂用量、完成一定吸收任务所需的填料层高度。

吸收过程既可采用板式塔又可采用填料塔。本任务主要结合定常连续操作的填料塔进行吸收计算。将吸收过程的气液平衡关系、传质速率方程与物料、热量衡算结合起来，就可以进行吸收塔的计算。在设计型计算中，主要需选定吸收剂及其用量，计算塔径和塔的填料层高度，在必要时还要确定某些操作极限。

一、物料衡算和操作线方程

在填料塔内气液两相可逆流流动，也可并流流动。

(一)逆流定常吸收过程的物料衡算和操作线方程

1. 全塔物料衡算

在单组分气体吸收过程中，通过吸收塔的惰性气体量和吸收剂量可认为不变，因而在进行物料衡算时气液两相组成用摩尔比表示十分方便。

图7-20所示为定常操作状态下单组分吸收逆流接触的填料吸收塔。图中：

V——通过吸收塔的惰性气体的量，kmol/s；

L——通过吸收塔的吸收剂的量，kmol/s；

Y_1、Y_2——分别为进塔、出塔气体中溶质A的摩尔比；

X_1、X_2——分别为出塔、进塔溶液中溶质A的摩尔比。

从塔底入塔的气体中溶质的含量(Y_1)最高，沿塔上升不断减小，至出塔时含量降至 Y_2；溶液从塔顶入塔时溶质的含量(X_2)最低，在沿塔下降的过程中不断增大，至塔底出塔时含量为 X_1。因而，逆流吸收塔塔底截面的状态点为(X_1,Y_1)，塔顶截面的状态点为(X_2,Y_2)。对单位时间内进、出塔的溶质的量作全塔物料衡算，可得

$$V(Y_1-Y_2)=L(X_1-X_2) \tag{7-20}$$

在设计型计算中，进塔混合气体的组成和流量是已知的。根据吸收任务规定的溶质回收率 η(单位时间内被吸收的溶质量与入塔混合气中溶质的量之比)，

$$\eta = \frac{Y_1 - Y_2}{Y_1} \quad (7\text{-}21)$$

可以求出出塔时溶质的组成 Y_2；反之，若规定 Y_2，也可求出 η。若选定吸收剂的用量及进塔组成 X_2，则可由式(7-20)计算出塔液体的组成 X_1（或规定 X_1，计算吸收剂的用量 L）。

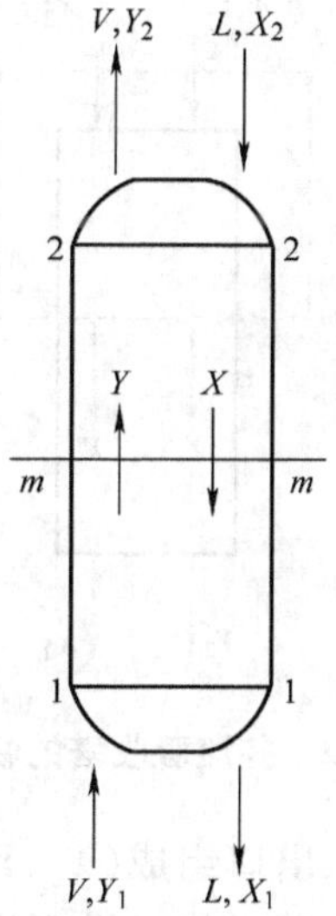

图 7-20　逆流吸收塔的物料衡算

2. 操作线方程与操作线

在图 7-20 所示的塔内任取 $m—m$ 截面与塔顶作溶质的物料衡算，得

$$Y = \frac{L}{V}X + \left(Y_2 - \frac{L}{V}X_2\right) \quad (7\text{-}22)$$

式中　Y—— $m—m$ 截面上气相中溶质的摩尔比；

X—— $m—m$ 截面上液相中溶质的摩尔比。

在 $m—m$ 截面与塔底之间作溶质的物料衡算，可得

$$Y = \frac{L}{V}X + \left(Y_1 - \frac{L}{V}X_1\right) \quad (7\text{-}22a)$$

式(7-22)和式(7-22a)是等价的，皆可称为逆流吸收的操作线方程。它表明通过塔内任意截面的上升气体的组成 Y 与下降液体的组成 X 之间呈直线关系，直线的斜率为 $\frac{L}{V}$，且必通过 $B(X_1, Y_1)$ 和 $T(X_2, Y_2)$ 两状态点。标绘在图 7-21 中的 TB 线称为操作线。图中 OE 曲线是平衡线。

吸收塔内任意截面上气液两相间的传质推动力是由操作线和平衡线的相对位置决定的。操作线上的任意点的坐标代表塔内某一截面上气液两相的组成状态，该点与平衡线间的竖直距离为该截面上以气相摩尔比表示的吸收总推动力$(Y - Y^*)$；该点与平衡线间的水平距离为该截面上以液相摩尔比表示的吸收总推动力$(X^* - X)$。操作线与平衡线之间的距离越远，则传质推动力越大。

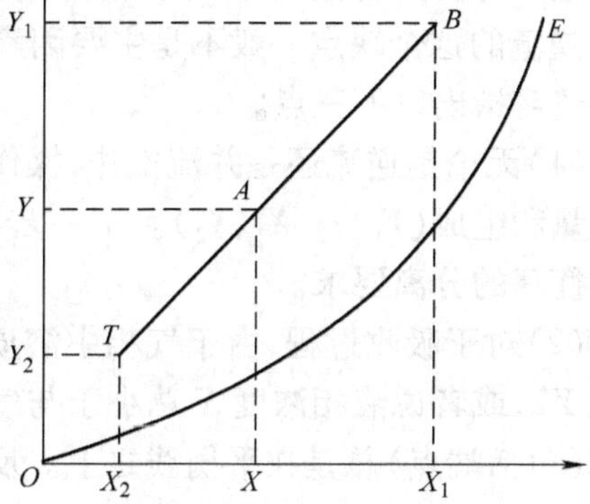

图 7-21　逆流吸收的操作线及推动力的变化

（二）并流定常吸收过程的物料衡算和操作线方程

填料塔内气液两相并流流动时，如图 7-22 所示，气液相进、出塔的组成表示符号不变，则全塔物料衡算式与逆流时相同，即

$$V(Y_1 - Y_2) = L(X_1 - X_2)$$

在塔内任意截面与塔顶入口截面间作溶质的物料衡算，得

$$Y = -\frac{L}{V}X + \left(Y_1 + \frac{L}{V}X_2\right) \quad (7\text{-}23)$$

式(7-23)为并流操作线方程，如图 7-23 中的 AB 线所示，操作线的斜率为 $-\frac{L}{V}$。

为了便于比较，将逆流吸收的操作线也绘于图 7-23 中，如虚线 CD 所示。由图可见，在气

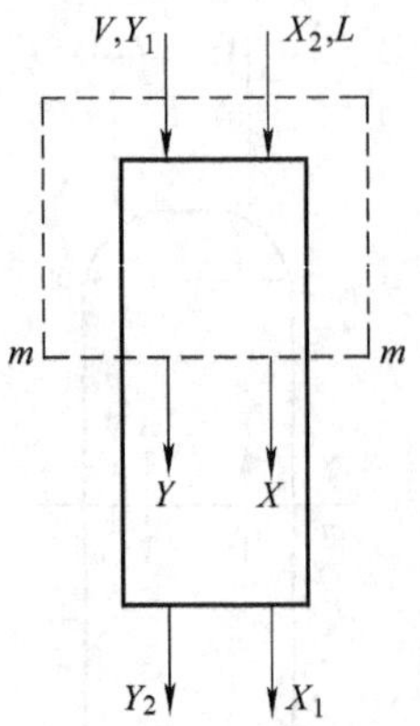

图 7-22 并流吸收塔的物料衡算

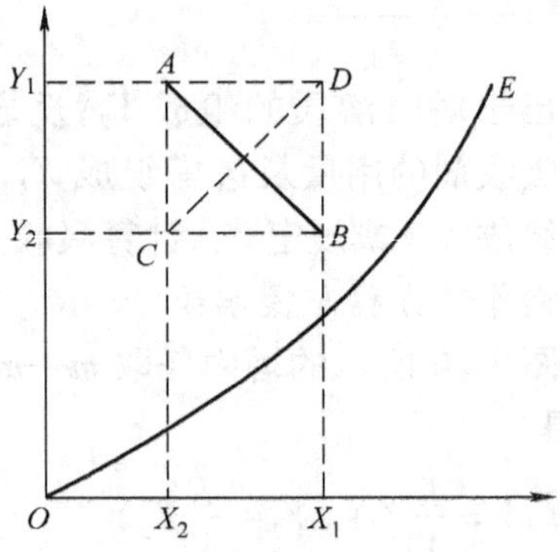

图 7-23 并、逆流吸收操作线的比较

液相进、出口组成（Y_1、Y_2、X_1、X_2）相同的条件下，逆流操作时各截面上的传质推动力比较均匀，而并流吸收时塔顶推动力很大，塔底推动力很小。和传热类似，逆流的平均推动力大于并流，故可减小传质面积或减少吸收剂的用量。而且逆流操作时，下降至塔底的液体与刚进塔的气体相接触，有可能提高出塔液体的浓度；而上升至塔顶的气体与刚进塔的新鲜吸收剂相接触，有可能降低出塔气体的浓度，提高吸收率。而并流操作时最多只可能使出口气体与出口液体达到相平衡状态。不过，逆流操作时向下流动的液体受到上升气流的作用力（称为曳力），曳力过大时会阻碍液体顺利下流，因而限制了吸收塔允许的液体和气体流量（称为通过能力），逆流的这个缺点一般不是主要因素，故吸收塔多采用逆流操作。

还需指出以下三点。

（1）无论是逆流还是并流操作，操作线方程都是由物料衡算式决定的，仅取决于气液两相的流量和组成（Y_1、Y_2、X_1、X_2）。下一步的计算就是如何适当地确定这些因素的数值，以达到物料衡算的分离要求。

（2）对于吸收过程，由于气相中溶质的浓度 Y 总是大于与液相中溶质的浓度平衡的气相浓度 Y^*；或者说液相浓度 X 总小于与气相浓度平衡的液相浓度 X^*，故吸收操作线上的各状态点（包括端点）总是在平衡线之上。反之，若操作线位于平衡线之下，则必为解吸过程。

（3）传质过程的极限是气液两相达到平衡。换句话说，操作线的两个端点最多只能落在平衡线上，而不可能跨越平衡线，即一个在平衡线上方，一个在平衡线下方。

（三）吸收剂的选择和最小气液比

在一般情况下，需要处理的气体流量及气体的初、终浓度（Y_1 和 Y_2）由设计任务规定，吸收剂选定后其入塔浓度 X_2 可知，但吸收剂的用量有待设计者自定。由逆流吸收塔的物料衡算知：

$$\frac{L}{V}=\frac{Y_1-Y_2}{X_1-X_2} \tag{7-20a}$$

在 V、Y_1、Y_2、X_2 已知的情况下，吸收塔操作线的一个端点 $T(Y_2,X_2)$ 固定，另一个端点 B 在 $Y=Y_1$ 的水平线上移动，点 B 的横坐标取决于操作线的斜率，见图 7-24。

操作线的斜率 L/V 称为液气比，它是吸收剂与惰性气体摩尔流量的比率，反映了单位气体处理量的吸收剂耗用量。液气比对吸收设备的尺寸和操作费用有决定性影响。

当吸收剂的用量增大，即操作线的斜率 L/V 增大时，操作线向远离平衡线的方向移动，此时操作线和平衡线之间的距离增大，即各截面上的吸收推动力（$Y-Y^*$）增大。若在单位时间内吸收同样数量的溶质，设备尺寸可以减小，设备费用降低；但是，吸收剂耗量增加，出塔液体中溶质含量降低，吸收剂再生所需的设备费用和操作费用均增加。

若吸收剂的用量减小，L/V 减小，操作线向平衡线靠近，传质推动力（$Y-Y^*$）必然减小，所需设备尺寸增大，设备费用增加。当吸收剂用量减小到使操作线的一个端点与平衡线相交（图 7-24 中的 TB^* 线）或在某点相切（图 7-25 中的 TB' 线）时，在交点（或切点）处相遇的气液两相组成相互平衡，此时传质推动力为零，因而达到此平衡组成所需的传质面积无限大（塔高无限）。这种极限情况下的吸收剂用量称为最小吸收剂用量，用 L_{min} 表示，相应的液气比称为最小液气比，用 $\left(\frac{L}{V}\right)_{min}$ 表示。显然，对于一定的吸收任务，吸收剂的用量存在着一个最低极限，若 $\left(\frac{L}{V}\right)\leqslant\left(\frac{L}{V}\right)_{min}$，便不能达到设计规定的分离要求。

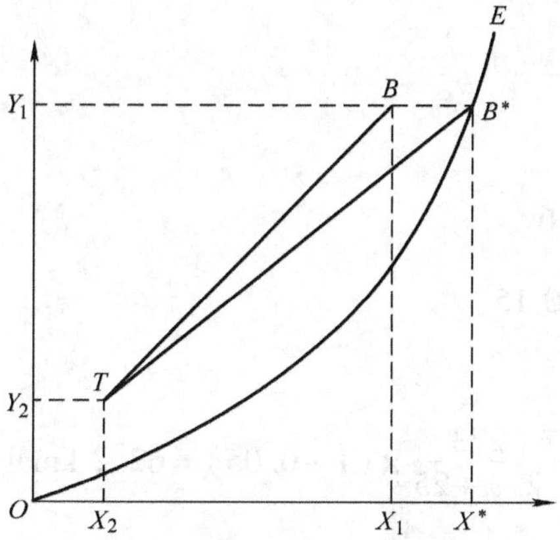

图 7-24　吸收塔的最小液气比

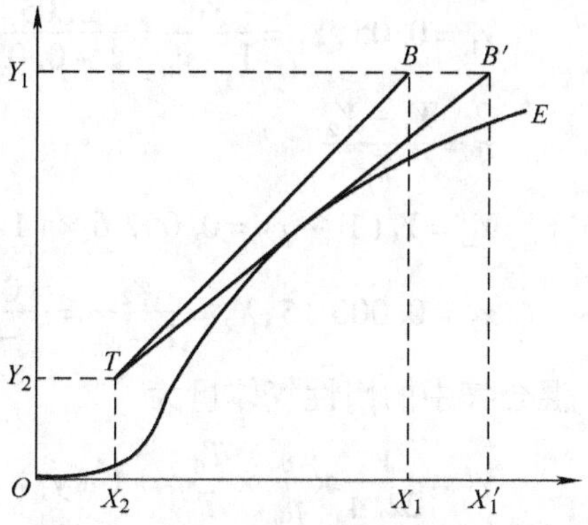

图 7-25　特殊相平衡曲线时的最小液气比

最小液气比可用图解或计算法求出。

（1）在一般情况下，平衡线如图 7-24 所示，由图读出与 Y_1 平衡的 X^* 的数值后，用式（7－24）计算最小液气比：

$$\left(\frac{L}{V}\right)_{min}=\frac{Y_1-Y_2}{X_1^*-X_2} \tag{7-24}$$

（2）如果平衡线呈图 7-25 所示的形状，则应读出 B' 点的横坐标的数值，然后按式（7－25）计算：

$$\left(\frac{L}{V}\right)_{min}=\frac{Y_1-Y_2}{X_1'-X_2} \tag{7-25}$$

（3）若平衡线为直线并可表示为 $Y^*=mX$，式（7-24）可写为

$$\left(\frac{L}{V}\right)_{min}=\frac{Y_1-Y_2}{\frac{Y_1}{m}-X_2} \tag{7-24a}$$

实际液气比必须大于最小液气比，才有可能完成规定的吸收任务，应综合考虑其对生产过程中设备费用和操作费用的影响，选择一个适宜的液气比，使两项费用之和最小。根据实践经验，一般情况下液气比为最小液气比的1.1～1.2倍较为适宜，即

$$\frac{L}{V}=(1.1\sim1.2)\left(\frac{L}{V}\right)_{\min} \tag{7-26}$$

还应指出，为了保证填料表面被液体充分润湿，以提供充足的气液接触面积，单位塔截面上单位时间内流下的液体量不能小于某一最低值（称为最小喷淋密度），这是一个操作极限。若按式(7-26)算出的吸收剂用量不能满足充分润湿填料的要求，则应采用更大的液气比。

例 7-9 在一个填料塔中，用洗油逆流吸收混合气中的苯。已知混合气的流量为1 600 m^3/h，进塔气体中含苯0.05（摩尔分数，下同），要求吸收率为90%，操作温度为25 ℃，操作压强为101.3 kPa，相平衡关系为$Y^*=26X$，操作液气比为最小液气比的1.3倍。试求：(1)洗油进塔浓度$x_2=0.000\ 15$时的吸收剂用量和出塔洗油中苯的浓度；(2)洗油进塔浓度为0时的吸收剂用量和出塔洗油中苯的浓度。

解 先进行组成换算：

$$y_1=0.05,\ Y_1=\frac{y_1}{1-y_1}=\frac{0.05}{1-0.05}=0.052\ 6$$

$$\eta=\frac{Y_1-Y_2}{Y_1}$$

$$Y_2=Y_1(1-\eta)=0.052\ 6\times(1-0.9)=0.005\ 26$$

$$x_2=0.000\ 15,\ X_2=\frac{x_2}{1-x_2}=\frac{0.000\ 15}{1-0.000\ 15}=0.000\ 15$$

混合气中的惰性气体量为

$$V'=\frac{V}{22.4}\times\frac{p}{p_0}\times\frac{T_0}{T}\times(1-y_1)=\frac{1\ 600}{22.4}\times\frac{101.3}{101.3}\times\frac{273}{273+25}\times(1-0.05)=62.2\ \text{kmol/h}$$

(1)由于气液平衡关系为直线，$m=26$，则

$$\left(\frac{L}{V}\right)_{\min}=\frac{Y_1-Y_2}{\frac{Y_1}{m}-X_2}=\frac{0.052\ 6-0.005\ 26}{\frac{0.052\ 6}{26}-0.000\ 15}=25.3$$

实际液气比为

$$\frac{L}{V}=1.3\times\left(\frac{L}{V}\right)_{\min}=1.3\times25.3=32.9$$

$$L=32.9V=32.9\times62.2=2.05\times10^3\ \text{kmol/h}$$

出塔洗油中苯的浓度为

$$X_1=\frac{V(Y_1-Y_2)}{L}+X_2=\frac{62.2}{2.05\times10^3}\times(0.052\ 6-0.005\ 26)+0.000\ 15$$
$$=1.59\times10^{-3}$$

(2)当$x_2=0$时，$X_2=0$，则有

$$\left(\frac{L}{V}\right)_{\min}=\frac{Y_1-Y_2}{\frac{Y_1}{m}}=m\eta=26\times0.9=23.4$$

$$\frac{L}{V}=1.3\times\left(\frac{L}{V}\right)_{\min}=1.3\times23.4=30.4$$

$$L=30.4V=30.4\times62.2=1.89\times10^{3}\ \mathrm{kmol/h}$$

$$X_1=\frac{V(Y_1-Y_2)}{L}=\frac{Y_1-Y_2}{L/V}=\frac{Y_1\eta}{1.3m\eta}=\frac{Y_1}{1.3m}=\frac{0.0526}{1.3\times26}=1.56\times10^{-3}$$

由计算结果知：①在吸收率相同的条件下，吸收剂入塔时溶质含量越低，最小液气比越小，吸收剂用量越少；②当入塔吸收剂不含溶质（$X_2=0$）时，最小液气比$\left(\frac{L}{V}\right)_{\min}=m\eta$，可直接和吸收率关联起来，会给解题带来方便；③混合气体量与惰性气体量不同，应注意其换算方法。

例 7-10　如图 7-26 所示的流程，气相溶质浓度很低，气液平衡关系为 $Y^*=mX$，试粗略绘出该流程对应的平衡线和操作线，并用图中所给的符号标明各操作线端点（状态点）的坐标。若只有 Y_{2b} 未知，试由作图法得出其值。

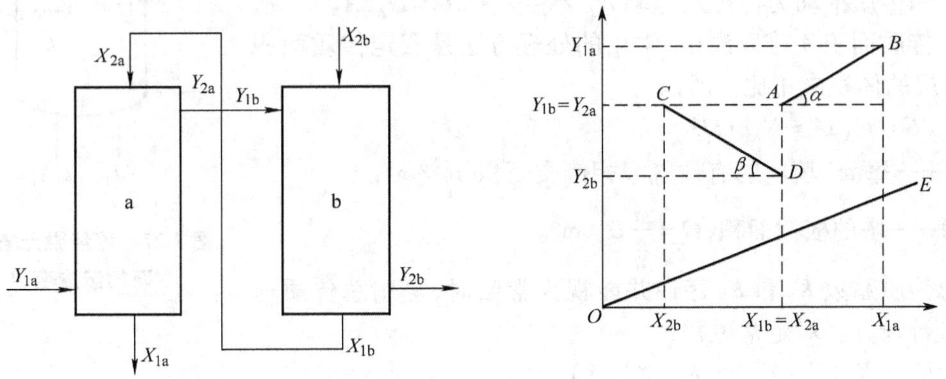

图 7-26　例 7-10 附图

解　本题中塔 a 逆流操作，塔 b 并流操作，两塔的操作液气比 L/V 相同。在 $Y-X$ 图上平衡线为过原点的直线 OE。

塔 a 的操作线：依塔底气液相组成定出点 $B(X_{1a},Y_{1a})$，依塔顶气液相组成定出点 $A(X_{2a},Y_{2a})$，连接 AB 即为塔 a 的操作线。

塔 b 的操作线：依塔顶气液相组成定出点 $C(X_{2b},Y_{1b})$，注意 $Y_{1b}=Y_{2a}$，故 C 与 A 必在同一条水平线上；由于 a、b 两塔的操作液气比 L/V 相同，但逆流操作斜率为正值，并流操作斜率为负值，故过 C 点作斜率为 $-L/V$ 的线与 $X=X_{1b}=X_{2a}$ 线相交得 D 点，对应的纵坐标为 Y_{2b}。

应当注意，任何吸收过程都必受到物料衡算的制约，但是对于物料衡算的结果，有时需考察它们在物理上或技术上是否能够实现。例如，吸收塔出口浓度受到相平衡的制约，逆流吸收时，若要求 $Y_2<Y^*=mX_2$，在物理上是不可能实现的；在一个填料塔内，采用过高的气液流量，在工程上也不可能实现。这时必须适当调整物料衡算的有关变量。

二、填料层高度的计算

在许多工业吸收过程中，当所处理的混合气体中溶质浓度不高，如小于 10% 时，通常称为低浓度气体吸收。由于被吸收的溶质量很少，因此，由溶质的溶解热引起的液体温升并不显著，一般可认为吸收过程在等温下进行，往往可不作热量衡算；气液两相在塔内的流量变化不大，全塔流动状态基本相同，传质分系数 k_g、k_l 在全塔可视为常数；若在操作范围内亨利系数、相平衡常数变化不大，平衡线为直线，则全塔的 K_X 和 K_Y 可视为常数。这些特点使低浓度气体吸收的计算大为简化。

(一)填料层高度的基本计算式

如图 7-27 所示，在填料层中的某一截面 $m—n$ 处取一个微元高度 dZ。在 $m—n$ 截面上气液相中溶质的浓度分别为 Y 和 X。对该段作溶质的微分物料衡算：单位时间内经过 dZ 高度的填料层，气相中溶质的减少量为 VdY，液相中溶质的增加量为 LdX。在定常吸收中，必有 $dG = VdY = LdX$，dG 是单位时间内该层由气相传入液相的溶质量。

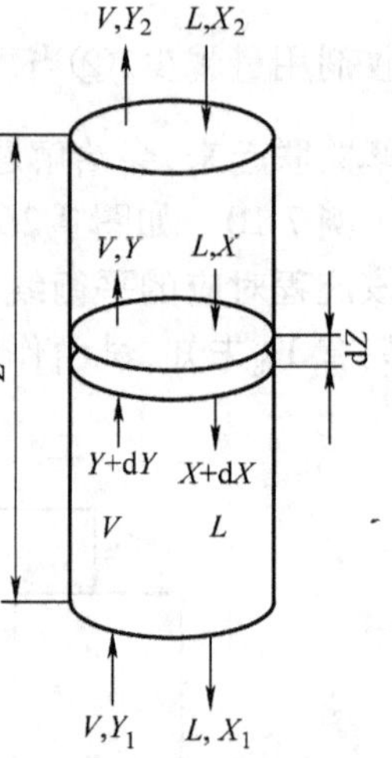

图 7-27 流经微元塔段的两相浓度变化

在 dZ 段填料层中，气液两相中溶质的浓度变化均很小，可认为该层中的传质推动力与传质速率 N_A 不变，故 $dG = N_A dA$。

由于传质面积 A 难以测定，常用的处理方法是假定传质面积 A 与填料层的体积成正比。所以

$$dG = N_A dA = N_A a\Omega dZ$$

式中 a——每 m^3 填料的有效气液相传质面积，m^2/m^3；

Ω——塔的横截面积，$\Omega = \frac{\pi}{4}D^2$，$m^2$。

当总传质系数 K_Y 和 K_X 存在并能视为常数时，常用总传质速率方程进行计算。对定常过程：

$$N_A = K_Y(Y - Y^*) = K_X(X^* - X)$$

用与前面同样的方法推导可得

$$Z = \frac{V}{K_Y a\Omega}\int_{Y_2}^{Y_1}\frac{dY}{Y - Y^*} = H_{OG}N_{OG} \quad (7\text{-}27)$$

$$Z = \frac{L}{K_X a\Omega}\int_{X_2}^{X_1}\frac{dX}{X^* - X} = H_{OL}N_{OL} \quad (7\text{-}27a)$$

式中 H_{OG}——气相总传质单元高度，m，$H_{OG} = \frac{V}{K_Y a\Omega}$；

N_{OG}——气相总传质单元数，无因次，$N_{OG} = \int_{Y_2}^{Y_1}\frac{dY}{Y - Y^*}$；

H_{OL}——液相总传质单元高度，m，$H_{OL} = \frac{L}{K_X a\Omega}$；

N_{OL}——液相总传质单元数，无因次，$N_{OL} = \int_{X_2}^{X_1}\frac{dX}{X^* - X}$。

式(7-27)和式(7-27a)是常用的低浓度吸收的填料层高度计算式。

式(7-27)中，a 为单位体积填料层内气液两相的有效接触面积，其值不仅与填料的尺寸、形状、填充方式有关，还与流体的物性和流动状况有关，难以直接测定。在工程计算中常将 a 与传质系数的乘积视为一体，称为体积传质系数。例如，$K_Y a$ 称为气相体积传质系数，其单位为 kmol/(m³·s)，体积传质系数的值可由实验测定。

传质单元高度可理解为一个传质单元所需要的填料层高度，是吸收设备效能高低的反映，与设备结构、气液流动情况和物系的物性有关。在设计计算中，选用分离能力强的高效填料及适宜的操作条件以增大传质系数，减小传质阻力，增大有效气液接触面积，可使 H_{OG} 减小。显然，传质单元高度越小，在相同的条件下达到同样的吸收要求所需的填料层高度就越小，即传质效果越好。

传质单元数的大小反映了吸收过程进行的难易程度，它与吸收塔的结构因素以及气液流动状况无关。分离要求提高或平均推动力减小，均会使 $N_{OG}(N_{OL})$ 增大。在填料塔的设计计算中，可用改变吸收剂的种类、降低操作温度或提高操作压强、增大吸收剂用量、减小吸收剂入口浓度等方法增大吸收过程的传质推动力，从而达到减小 $N_{OG}(N_{OL})$ 的目的。

（二）传质单元数的计算

要计算填料层的高度，必须首先研究传质单元数的计算方法。由于传质单元数不涉及填料塔的具体结构，故可根据分离要求、气液浓度和相平衡关系直接计算。根据相平衡关系的不同，可用不同的方法计算传质单元数。

1. 吸收因数法

将相平衡关系式、吸收操作线方程与传质单元数的定义式联立可得

$$N_{OG}=\frac{1}{1-S}\ln\left[(1-S)\frac{Y_1-mX_2}{Y_2-mX_2}+S\right] \tag{7-28}$$

式中 $S=\frac{mV}{L}$，也可写为 $\frac{m}{L/V}$，称为脱吸因数，是 $Y-X$ 图上的平衡线斜率与操作线斜率之比，反映了吸收过程推动力的大小。S 越大，平衡线与操作线越近，即传质过程的推动力越小，完成同样的吸收任务（即对于相同的 $\frac{Y_1-mX_2}{Y_2-mX_2}$）所需的传质单元数越多。$S$ 增大对吸收不利而对解吸有利，故称之为脱吸因数。相反，吸收因数 $A=\frac{1}{S}$ 越大，对吸收越有利。但在相平衡常数 m 一定时，减小 S 就意味着增大液气比，会使操作费用增加。一般认为，选取 $S=0.5\sim0.8$ 在经济上是合理的。

由式(7-28)知，气相总传质单元数 N_{OG} 是脱吸因数 S 和 $\frac{Y_1-mX_2}{Y_2-mX_2}$ 的函数，将其绘制成图以方便计算（见图 7-28）。图 7-28 中横坐标 $\frac{Y_1-mX_2}{Y_2-mX_2}$ 的大小反映了溶质吸收率的高低。对于一定的 S 值，要求的吸收率越高，Y_2 值越小，相应的 $\frac{Y_1-mX_2}{Y_2-mX_2}$ 越大，则 N_{OG} 值越大。要注意图 7-28 只有在 $\frac{Y_1-mX_2}{Y_2-mX_2}>20$ 及 $S<0.75$ 的范围内使用，读数才较准确，否则误差较大。需要时可直接按式(7-28)计算。

2. 对数平均推动力法

在吸收操作所涉及的组成范围内，若相平衡关系为直线方程 $Y^*=mX+b$，则可通过塔顶和塔底两个端面上的传质推动力求出整个塔内传质推动力的平均值，计算总传质单元数。

如图 7-29 所示，由于在操作的组成范围内，操作线和平衡线均为直线，则任意截面上的传

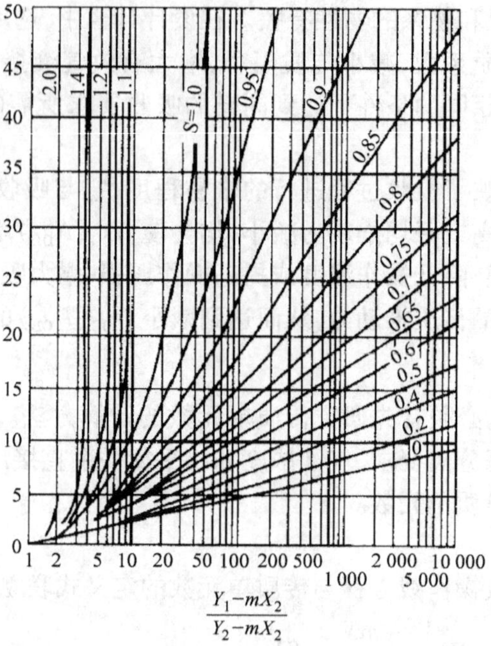

图 7-28 $N_{OG}-\frac{Y_1-mX_2}{Y_2-mX_2}$关系图

质推动力 $\Delta Y=Y-Y^*$ 与 Y 也必呈直线关系。读者可与传热操作技术中对数平均温度差概念的推导进行对比。

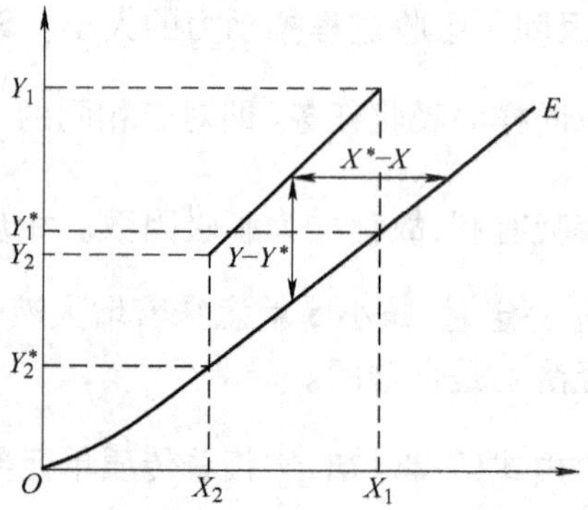

图 7-29 用对数平均推动力法求总传质单元数

塔底：

$$\Delta Y_1=Y_1-Y_1^*$$

塔顶：

$$\Delta Y_2=Y_2-Y_2^*$$

任意截面上：

$$\Delta Y=Y-Y^*$$

ΔY 与 Y 呈直线关系，则必有

$$\frac{d(\Delta Y)}{dY}=\frac{\Delta Y_1-\Delta Y_2}{Y_1-Y_2}$$

于是有

$$dY=\frac{d(\Delta Y)}{(\Delta Y_1-\Delta Y_2)/(Y_1-Y_2)}$$

所以

$$N_{OG}=\int_{Y_2}^{Y_1}\frac{dY}{Y-Y^*}=\frac{Y_1-Y_2}{\Delta Y_1-\Delta Y_2}\ln\frac{\Delta Y_1}{\Delta Y_2}$$

令

$$\Delta Y_m = \frac{\Delta Y_1 - \Delta Y_2}{\ln \dfrac{\Delta Y_1}{\Delta Y_2}} = \frac{(Y_1 - Y_1^*) - (Y_2 - Y_2^*)}{\ln \dfrac{Y_1 - Y_1^*}{Y_2 - Y_2^*}} \tag{7-29}$$

则

$$N_{OG} = \frac{Y_1 - Y_2}{\Delta Y_m} \tag{7-30}$$

式中　ΔY_m——气相对数平均推动力，在平衡线与操作线均为直线时，式(7-27)中的$(Y - Y^*)_m = \Delta Y_m$。

显然，在同样的条件下，$\Delta X = X^* - X$ 与 X 也呈直线关系。用同样的推导方法，可得出液相总传质单元数 N_{OL}的计算式：

$$N_{OL} = \int_{X_2}^{X_1} \frac{dX}{X^* - X} = \frac{X_1 - X_2}{\Delta X_m} \tag{7-31}$$

$$\Delta X_m = \frac{\Delta X_1 - \Delta X_2}{\ln \dfrac{\Delta X_1}{\Delta X_2}} = \frac{(X_1^* - X_1) - (X_2^* - X_2)}{\ln \dfrac{X_1^* - X_1}{X_2^* - X_2}} \tag{7-32}$$

式(7-30)和式(7-31)的推导虽然以逆流吸收为例，但只要平衡线在吸收塔的操作范围内为直线，两式对并流同样适用。

例 7-11　从某蒸馏塔顶出来的气体中含有3.9%（体积分数）的 H_2S，其余为碳氢化合物，可视为惰性气体。用三乙醇胺水溶液吸收 H_2S，操作温度为300 K，压强为101.325 kPa，平衡关系为 $Y^* = 2X$。吸收剂用量为最小用量的1.4倍，要求吸收率为95%。已知单位塔截面上流过的惰性气体量为0.015 kmol/(m² · s)，气相体积总传质系数 $K_g a$ 为0.000 395 kmol/(m³ · s · kPa)，求所需的填料层高度。

解　由于相平衡关系满足 $Y^* = mX$，可用吸收因数法或对数平均推动力法求解。

解法一：吸收因数法。

$$y_1 = 0.039, Y_1 = \frac{y_1}{1 - y_1} = 0.040\ 6$$

$$Y_2 = Y_1(1 - \eta) = 0.0406 \times (1 - 0.95) = 0.002\ 03$$

$$X_2 = 0$$

惰性气体量

$$\frac{V}{\Omega} = 0.015\ \text{kmol/(m}^2 \cdot \text{s)}$$

对于低浓度吸收，气相总传质系数

$$K_Y a \approx pK_g a = 101.3 \times 0.000\ 395 = 0.040\ \text{kmol/(m}^3 \cdot \text{s)}$$

最小液气比

$$\left(\frac{L}{V}\right)_{min} = \frac{Y_1 - Y_2}{\dfrac{Y_1}{m} - X_2} = m\eta = 2 \times 0.95 = 1.9$$

液气比

$$\frac{L}{V} = 1.4 \times \left(\frac{L}{V}\right)_{min} = 1.4 \times 1.9 = 2.66$$

吸收剂量

$$L/\Omega = 2.66V/\Omega = 2.66 \times 0.015 = 0.0399\ \text{kmol}/(\text{m}^2 \cdot \text{s})$$

气相总传质单元高度

$$H_{OG} = \frac{V}{K_Y a\Omega} = \frac{0.015}{0.040} = 0.375\ \text{m}$$

脱吸因数

$$S = \frac{mV}{L} = \frac{2}{2.66} = 0.752$$

$$\frac{Y_1 - mX_2}{Y_2 - mX_2} = \frac{Y_1}{Y_2} = \frac{0.0406}{2.03 \times 10^{-3}} = 20$$

气相总传质单元数

$$N_{OG} = \frac{1}{1-S}\ln\left[(1-S)\frac{Y_1 - mX_2}{Y_2 - mX_2} + S\right] = \frac{1}{1-0.752}\ln[(1-0.752) \times 20 + 0.752] = 7.03$$

填料层高度

$$Z = H_{OG}N_{OG} = 0.375 \times 7.03 = 2.64\ \text{m}$$

解法二:对数平均推动力法。

液体出塔浓度为

$$X_1 = \frac{V}{L}(Y_1 - Y_2) + X_2 = \frac{1}{2.66} \times (0.0406 - 0.00203) = 0.0145$$

$$\Delta Y_1 = Y_1 - Y_1^* = Y_1 - mX_1 = 0.0406 - 2 \times 0.0145 = 0.0116$$

$$\Delta Y_2 = Y_2 - Y_2^* = Y_2 - mX_2 = Y_2 = 0.00203$$

$$\Delta Y_m = \frac{\Delta Y_1 - \Delta Y_2}{\ln\dfrac{\Delta Y_1}{\Delta Y_2}} = \frac{0.0116 - 0.00203}{\ln\dfrac{0.0116}{0.00203}} = 0.00549$$

$$N_{OG} = \frac{Y_1 - Y_2}{\Delta Y_m} = \frac{0.0406 - 0.00203}{0.00549} = 7.03$$

两种计算方法结果基本相同。

一般来说,已知进、出口气液组成时,用对数平均推动力法比较简便,并且 ΔY_m 与传热中的 Δt_m 形式相同,便于理解和记忆,常用于设计型计算。而吸收因数法用于操作型计算比较方便。

3. 图解积分法和数值积分法

当平衡线 $Y^* = f(X)$ 为曲线时,对数平均推动力不能反映塔内推动力的实际平均值,且平衡线的斜率处处不等,总传质系数 K_Y、K_X 不存在。在气膜控制或液膜控制的情况下可用如下方法简化吸收塔填料高度的计算。

(1)对低浓度易溶气体吸收,即气膜控制系统,平衡线的斜率很小,$K_Y \approx k_Y \approx pk_g$,或取平均值作为常数,则仍可用式(7-27)来计算填料层高度,但其中的 N_{OG} 需要图解积分(或数值积分)。

(2)对难溶气体吸收,即液膜控制系统,平衡线的斜率很大,$K_X \approx k_X \approx ck_1$,也可取其平均值作为常数,并用式(7-27a)计算填料层高度,但 N_{OL} 需要图解(或数值)积分。

以气膜控制情况为例，由定积分的几何意义知，$N_{OG}=\int_{Y_2}^{Y_1}\frac{dY}{Y-Y^*}$在数值上等于在纵轴为 $1/(Y-Y^*)$、横轴为 Y 的直角坐标系中，由曲线 $f(Y)=1/(Y-Y^*)$、Y 轴及 $Y=Y_1$ 和 $Y=Y_2$ 两条垂线所围成的面积。据此，可进行图解积分，步骤如下。

①在 $Y-X$ 坐标图上绘出平衡曲线 $Y^*=f(X)$ 和操作线 AB，见图 7-30(a)。

②在 Y_1 和 Y_2 之间的操作线上选出若干个点，每一个点代表塔内某截面上气液两相的组成。分别从各点作垂线与平衡线相交，计算各点的气相总传质推动力 $Y-Y^*$ 和相应的 $f(Y)=1/(Y-Y^*)$。

③作 $f(Y)$ 对 Y 的曲线，如图 7-30(b)所示。图中 Y_2 至 Y_1 间曲线下的面积即 N_{OG} 值。

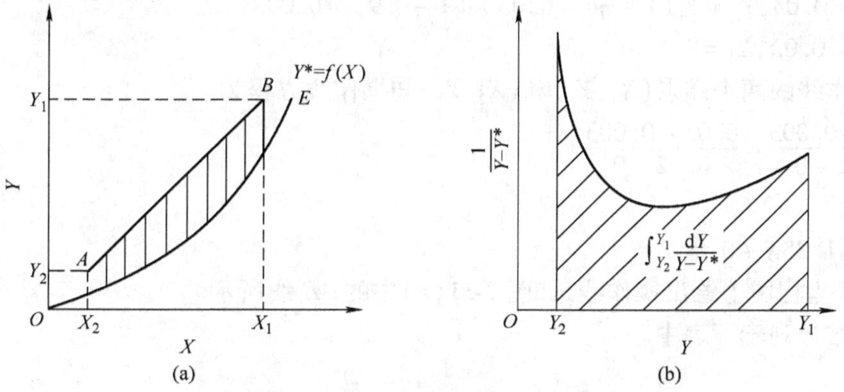

图 7-30　平衡线为曲线时 N_{OG} 的计算

(**a**)平衡线、操作线示意　(**b**)图解积分示意

图解积分结果不易准确，如果平衡线 $Y^*=f(X)$ 的函数形式可知，可用数值积分法计算。下面介绍常用的数值积分法——Simpson 法。

在 Y_2 和 Y_1 间取偶数等份[见图 7-30(b)]，对每一个 Y 值算出对应的 $f(Y)=1/(Y-Y^*)$。用 Y_0 代替出塔浓度 Y_2，Y_n 代替入塔浓度 Y_1，令 $f_i=f(Y_i)$，然后按下式求积分：

$$\int_{Y_0}^{Y_n}f(Y)\,dY=\frac{\xi}{3}(f_0+4f_1+2f_2+4f_3+2f_4+\cdots+2f_{n-2}+4f_{n-1}+f_n)$$

式中 ξ 为步长：

$$\xi=\frac{Y_n-Y_0}{n}$$

$$Y_{i+1}=Y_i+\xi$$

n 可取任何偶数，n 值越大，计算结果越准确。

利用计算机可以方便地进行数值积分。

当平衡线为曲线时，若能根据平衡线的形状适当选点分段，使得每一段都可近似地视为直线，那么每一段均可采用对数平均推动力法算出该段的传质单元数 $N_{OG,i}$，然后相加，则传质单元数 $N_{OG}=\sum_i N_{OG,i}$，为各段之和。这种方法称为分段计算法，只要分段适当，该法简单易行，实际工作量小于图解积分法。

例 7-12　在大气压下用水吸收气体中的氨，氨的初始浓度 $Y_1=0.03$，吸收率为 90%。水

离开塔时的浓度为 $X_1=0.02$，由于移去了溶解热，操作温度保持常数，平衡关系如下所示：

X	0	0.005	0.01	0.012 5	0.015	0.02	0.023
Y^*	0	0.004 5	0.010 2	0.013 8	0.018 3	0.027 3	0.032 7

求传质单元数 N_{OG}。

解 解法一：图解积分法。

用相平衡数据在 $Y-X$ 坐标图上绘出平衡线，知其为曲线。氨在水中溶解度很大，系统为气膜控制，所以可用图解积分法计算 N_{OG}。

$$Y_1=0.03,Y_2=Y_1(1-\eta)=0.03\times(1-0.9)=0.003$$

$$X_1=0.02,X_2=0$$

根据操作线的两个端点 (X_1,Y_1) 和 (X_2,Y_2) 知操作线方程为

$$\frac{Y-0.003}{X-0}=\frac{0.03-0.003}{0.02-0}$$

整理得

$$Y=1.35X+0.003$$

在 $Y-X$ 坐标图上绘出操作线，如图 7-31(a) 中的 AB 线所示。

将计算结果列于下表中。

图解积分法						分段计算法	
序号	X	Y	Y^*	$Y-Y^*$	$\frac{1}{Y-Y^*}$	ΔY_{mi}	$N_{OG,i}$
0	0	0.003	0	0.003	333.33		
1	0.005	0.009 75	0.004 5	0.005 26	190.48	0.004 02	1.68
2	0.01	0.016 5	0.010 2	0.006 3	158.73	0.005 76	1.17
3	0.012 5	0.019 9	0.013 8	0.006 1	163.93	0.006 20	0.548
4	0.015	0.023 3	0.018 3	0.005	200	0.005 53	0.615
5	0.02	0.03	0.027 3	0.002 7	370.37	0.003 73	1.8

作 $1/(Y-Y^*)$ 对 Y 的曲线，如图 7-31(b) 所示。图中 Y_2 至 Y_1 间曲线下的面积可用若干个小梯形近似计算，或在方格纸上计算，但应注意坐标分度的单位。由计算可得

$$N_{OG}=5.83$$

解法二：分段积分法。

由图 7-31(a) 可见，如插入中间点将平衡线分为 5 段，则计算结果见上表。表中：

$$\Delta Y_{m,i}=\frac{(Y_i-Y_i^*)-(Y_{i-1}-Y_{i-1}^*)}{\ln\frac{Y_i-Y_i^*}{Y_{i-1}-Y_{i-1}^*}}$$

$$N_{OG,i}=\frac{Y_i-Y_{i-1}}{\Delta Y_{m,i}}$$

例如：

$$\Delta Y_{m,3}=\frac{0.0061-0.0063}{\ln\frac{0.0061}{0.0063}}=0.0062$$

$$N_{OG,3}=\frac{0.0199-0.0165}{0.0062}=0.548$$

$$N_{OG}=\sum_i N_{OG,i}=5.81$$

分段计算法结果与图解积分法相吻合，而且计算比较简便。

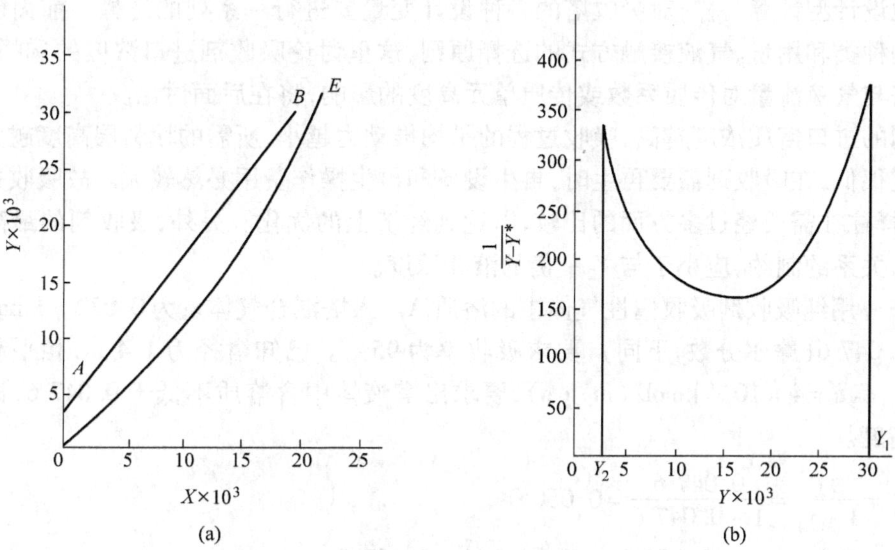

图 7-31　例 7-12 附图

(a)平衡线、操作线示意　(b)图解积分示意

(3)当溶解度中等、气液两相的阻力均不可忽略时，需要计算传质单元数 N_G(或 N_L)。只要过各个选出的操作点作斜率为 $-\frac{k_X}{k_Y}$ 的直线与平衡线相交求出 X_i 和 Y_i，然后计算出对应的 $\frac{1}{Y-Y_i}$ 或 $\frac{1}{X-X_i}$，就可用上述图解积分法、数值积分法或分段计算法求解。

三、吸收塔计算分析

低浓度气体填料吸收塔的设计型和操作型问题，都可由物料衡算方程

$$V(Y_1-Y_2)=L(X_1-X_2)$$

相平衡关系式

$$Y^*=f(X)\text{（满足亨利定律时 }Y^*=mX\text{）}$$

传质速率方程

$$N_A=\text{传质系数}\times\text{传质推动力}$$

以及由这三个关系联合得出的填料层高度计算式

$$Z=\text{传质单元高度}\times\text{传质单元数}$$

计算和分析。

(一)设计型命题

吸收塔工艺设计计算的主要内容包括以下4个方面。

(1)根据给定的吸收任务(气体处理量和初、终浓度)选择吸收剂和填料,并确定相平衡关系(或方程)。

(2)根据物料衡算确定吸收剂用量或液体出塔浓度,列出操作线方程。

(3)选择塔径、适当的气液接触方式和填料规格,确定有关的传质系数或传质单元高度。

(4)计算塔设备的工艺尺寸,包括复核塔径和计算填料层高度。

与其他设计型计算一样,对吸收塔的各种设计变量要进行一系列的选择。前面已讨论过对吸收剂的种类和用量、气液接触方式的选择原则,这里讨论吸收剂进口浓度的选择问题,关于填料规格与气液流量对传质系数或传质单元高度的影响,将在后面讨论。

吸收剂的进口溶质浓度越高,吸收过程的平均推动力越小,所需的填料层高度越大。若选择进口浓度很低,在吸收剂需要再生时,再生设备和再生操作费用必然较大。故吸收剂入塔浓度 X_2 的选择往往需要经过多方面的比较,以达到经济上的优化。另外,吸收剂的最高入塔浓度受到平衡关系的制约,应小于与 Y_2 平衡的液相浓度。

例 7-13 用纯吸收剂吸收惰性气体中的溶质A。入塔混合气体量为0.032 3 kmol/s,溶质的浓度为0.047 6(摩尔分数,下同),要求吸收率为95%。已知塔径为1.4 m,相平衡关系为 $Y^*=0.95X$,$K_Ya=4\times10^{-2}$ kmol/(m^3·s),要求出塔液体中含溶质不低于0.047 6,试计算塔的填料层高度。

解 $$Y_1=\frac{y_1}{1-y_1}=\frac{0.0476}{1-0.0476}=0.0500$$

$$Y_2=Y_1(1-\eta)=0.0500\times(1-0.95)=0.0025$$

$$X_1=\frac{x_1}{1-x_1}=\frac{0.0476}{1-0.0476}=0.0500$$

$$X_2=0$$

$$V=0.0323\times(1-0.0476)=0.0308$$

$$\frac{L}{V}=\frac{Y_1-Y_2}{X_1-X_2}=\frac{0.0500-0.0025}{0.0500-0}=0.95$$

$$L=0.95\times0.0308=0.0293$$

$$S=\frac{m}{L/V}=\frac{0.95}{0.95}=1$$

$S=1$,说明操作线与平衡线平行,平均推动力等于操作线上任一点处的推动力。故

$$\Delta Y_m=\Delta Y_1=\Delta Y_2=Y_2-mX_2=Y_2=0.0025$$

$$N_{OG}=\frac{Y_1-Y_2}{\Delta Y_m}=\frac{0.0500-0.0025}{0.0025}=19$$

$$H_{OG}=\frac{V}{K_Ya\Omega}=\frac{0.0308}{4\times10^{-2}\times\frac{\pi}{4}\times1.4^2}=0.5\ \text{m}$$

$$Z=H_{OG}N_{OG}=0.5\times19=9.5\ \text{m}$$

操作线如图7-32(b)中的线1所示。

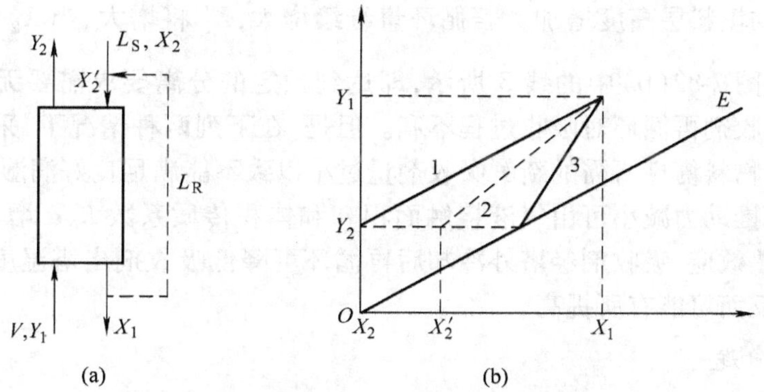

图 7-32　例 7-13 和例 7-14 附图

(a)吸收剂部分循环流程　(b)操作线

例 7-14　在例 7-13 中,若采用液体部分循环流程[图 7-32(a)],新鲜吸收剂量 L_S 与循环液中的纯吸收剂量 L_R 之比为 20。设新鲜吸收剂量、传质系数 K_Ya 及分离要求不变,求填料层高度。

解　如图 7-32(a)所示,液体再循环改变了塔顶进口液体的浓度。混合点的物料衡算为

$$L_SX_2 + L_RX_1 = (L_S + L_R)X_2'$$

X_2'为实际进塔液体组成。

因为

$$L_S/L_R = 20, X_2 = 0$$

所以

$$X_2' = \frac{L_RX_1}{L_S + L_R} = \frac{X_1}{L_S/L_R + 1} = \frac{0.050\ 0}{20 + 1} = 0.002\ 4$$

塔内操作线的斜率为

$$\frac{L_R + L_S}{V} = (1 + \frac{1}{20})\frac{L_S}{V} = (1 + \frac{1}{20}) \times 0.95 = 0.997\ 5$$

$$S = \frac{mV}{L_S + L_R} = \frac{0.95}{0.997\ 5} = 0.952$$

$$H_{OG} = \frac{V}{K_Ya\Omega} = \frac{0.030\ 8}{4 \times 10^{-2} \times \frac{\pi}{4} \times 1.4^2} = 0.5\ \text{m}(\text{不变})$$

$$N_{OG} = \frac{1}{1 - S}\ln[(1 - S)\frac{Y_1 - mX_2'}{Y_2 - mX_2'} + S]$$

$$= \frac{1}{1 - 0.952}\ln\left[(1 - 0.952)\frac{0.050\ 0 - 0.95 \times 0.002\ 4}{0.002\ 5 - 0.95 \times 0.002\ 4} + 0.952\right]$$

$$= 50.6$$

$$Z = H_{OG}N_{OG} = 0.5 \times 50.6 = 25.3\ \text{m}$$

操作线如图 7-32(b)中的线 2(虚线)所示。

由计算可知,吸收剂再循环会使吸收剂入口浓度提高,平均推动力减小,在吸收率、K_Ya 不

变的条件下所需的填料层高度增加。若循环量继续增大，X_2' 将增大，当 $X_2'=\frac{Y_2}{m}$ 时，操作线将与平衡线相交，如图 7-32(b) 中的线 3 所示，即达到预定的分离要求需要无限大的填料层高度。因此，一般吸收剂再循环对吸收过程不利。但是，在下列两种情况下，采用吸收剂再循环可能有利：①当按物料衡算所需的新鲜吸收剂量过小以致不能满足良好润湿填料的要求时，采用吸收剂再循环，推动力减小可由气液接触面积 a 和体积传质系数 K_Ya 增大补偿；②某些吸收过程有显著的热效应，吸收剂经塔外冷却后再循环可降低吸收剂出塔温度，使平衡线下移，全塔平均推动力反而可能有所提高。

(二)操作型命题

在实际生产中，吸收塔的操作型计算常见的有两种类型。

(1) 填料层高度 Z 一定，改变某一操作条件（T、p、L、V、X_2、Y_1），研究其对吸收效果 Y_2 和 X_1 的影响。若平衡关系服从亨利定律，用吸收因数法解题比较方便。

(2) 对一定的填料层高度和分离要求，计算吸收剂用量和吸收剂出塔浓度。此类问题需用试差法或图解法求解。

例 7-15 某吸收塔用纯溶剂吸收混合气中的可溶组分。气体入塔组成为 0.06（摩尔比，下同），要求吸收率为 90%。在操作条件下相平衡关系为 $Y^*=1.5X$，操作液气比 $L/V=2.0$，填料层高度为 4 m。试问：若操作时由于解吸不良导致入塔吸收剂的浓度为 0.001，其他条件均不变，吸收率为多少？

解 此题属于第一类操作型命题。

正常操作时：

$$Y_1=0.06,Y_2=Y_1(1-\eta)=0.06\times(1-0.9)=0.006$$

$$X_2=0,S=\frac{mV}{L}=\frac{1.5}{2.0}=0.75$$

$$\frac{Y_1-mX_2}{Y_2-mX_2}=\frac{Y_1}{Y_2}=\frac{0.06}{0.006}=10$$

$$N_{OG}=\frac{1}{1-S}\ln\left[(1-S)\frac{Y_1-mX_2}{Y_2-mX_2}+S\right]$$

$$=\frac{1}{1-0.75}\ln[(1-0.75)\times10+0.75]=4.71$$

$$H_{OG}=\frac{Z}{N_{OG}}=\frac{4}{4.71}=0.849\ \text{m}$$

$$X_1=\frac{V(Y_1-Y_2)}{L}+X_2=\frac{0.06-0.006}{2.0}=0.027$$

操作线如图 7-33 中的线 1 所示。

在新工况下，$X_2'=0.001$。

由于气液量均不变，故 H_{OG} 不变，因为填料层高度 Z 一定，所以该塔提供的 N_{OG} 也不变。

$N_{OG}=f\left(S,\frac{Y_1-mX_2'}{Y_2-mX_2'}\right)$，由于 S 不变，故按逻辑推理必有

$$\frac{Y_1-mX_2'}{Y_2-mX_2'}=\frac{Y_1-mX_2}{Y_2-mX_2}=10$$

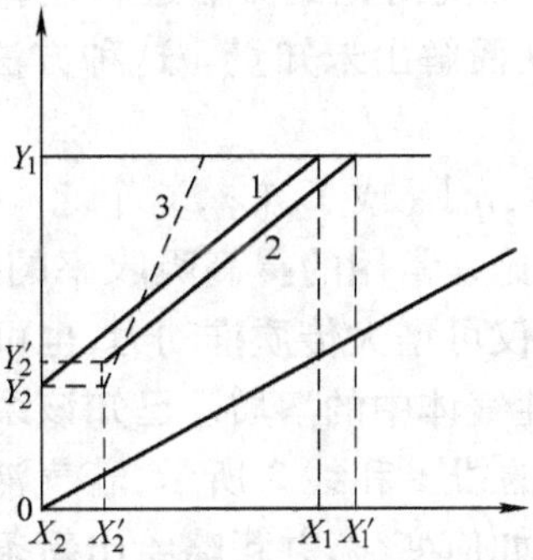

图 7-33　例 7-15 和例 7-16 附图

所以

$$Y_2'=\frac{Y_1+9mX_2'}{10}=\frac{0.06+9\times1.5\times0.001}{10}=7.35\times10^{-3}$$

$$\eta'=\frac{Y_1-Y_2'}{Y_1}=\frac{0.06-7.35\times10^{-3}}{0.06}=0.878$$

$$X_1'=\frac{Y_1-Y_2'}{L/V}+X_2'=\frac{0.06-7.35\times10^{-3}}{2.0}+0.001=0.0273$$

操作线如图 7-33 中的线 2 所示。

例 7-16　在例 7-15 中，由于解吸不良，吸收剂入塔浓度增大，使吸收率降低。如果工艺要求必须保证吸收率不变，试计算液气比应提高至多少？（设液气比变化时 H_{OG} 基本不变）

解　$X_2'=0.001$，要求 $\eta=0.9$，即 Y_2 不变。可采用增大操作液气比的方法完成任务。填料层高度一定，L 和 X_1 均待求，故此题属于第二类操作型命题。

由于 Z 不变，且假设 H_{OG} 不变，所以该塔提供的 N_{OG} 也不变，即 $N_{OG}=4.71$。但此时

$$\frac{Y_1-mX_2'}{Y_2-mX_2'}=\frac{0.06-1.5\times0.001}{0.006-1.5\times0.001}=13$$

可利用 N_{OG} 的计算公式求出 S'。

$$N_{OG}=\frac{1}{1-S'}\ln\left[(1-S')\frac{Y_1-mX_2'}{Y_2-mX_2'}+S'\right]$$

即

$$4.71=\frac{1}{1-S'}\ln\left[(1-S')\times13+S'\right]$$

此式为非线性的，需试差求解或由图 7-28 查出 S'。但图解受坐标刻度的限制，读数精度较低，查得 S' 为 0.6。如用试差法，得

$$S'=0.652$$

$$\left(\frac{L}{V}\right)'=\frac{m}{S'}=\frac{1.5}{0.652}=2.3$$

$$X_1=\frac{Y_1-Y_2}{(L/V)'}+X_2'=\frac{0.06-0.006}{2.3}+0.001=0.0245$$

操作线如图 7-33 中的线 3（虚线）所示。

由例 7-15 和例 7-16 可得以下结论。

(1)操作型问题往往采用前后工况对比的方法进行逻辑推理,以判断某一操作条件变化引起哪些量变化,哪些量不变化,从而解出未知量。这种方法在传热操作型计算中已介绍,是一种较常用的方法。

(2)由例7-15看出,当$X_2\uparrow$时,$\eta\downarrow$(或$Y_2\uparrow$),$X_1\uparrow$。

(3)由例7-16可知,增大液气比是常用的提高吸收率的操作方法,但出口液体浓度降低。若系统为液膜控制,增大液气比不仅可增大传质推动力,也可提高传质系数。

例7-17 用纯溶剂吸收某惰性气体中的溶质。已知该系统为易溶气体吸收,即气膜控制。平衡线和操作线分别如图7-34中的线1和线2所示,若气液流量和入塔组成不变,操作压强降低,试分析气液两相的出塔浓度如何变化,并粗略绘出新条件下的平衡线和操作线。

解 当系统温度不变时,由于操作压强降低,会使相平衡常数($m=E/p$)增大,新条件下的平衡线如图7-34中的线3所示。

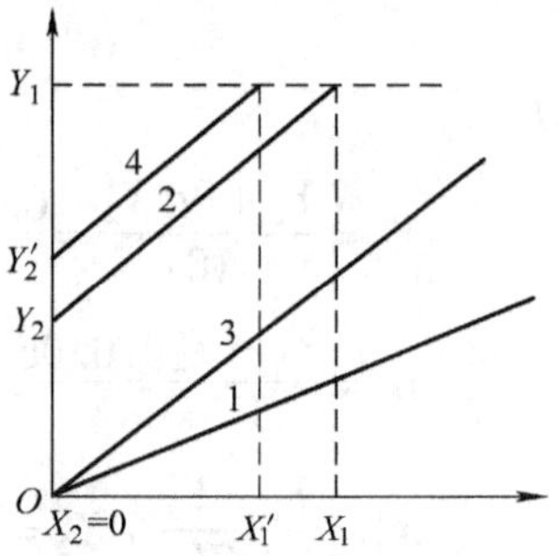

图7-34 例7-17附图

对气膜控制系统,气液量不变,则$K_Ya\approx k_ya$,可近似认为其不随压强而变,故H_{OG}不变。填料层高度一定,所以提供的传质单元数N_{OG}也不变。

但是,由于m增大,脱吸因数S增大而对吸收不利。由图7-28知,在相同的N_{OG}下,S增大,$\dfrac{Y_1-mX_2}{Y_2'-mX_2}=\dfrac{Y_1}{Y_2'}$将减小,即气体出塔浓度$Y_2'$增大(大于$Y_2$),吸收率降低。

由物料衡算方程$X_1'=\dfrac{Y_1-Y_2'}{L/V}+X_2$知,$Y_2'$增大使$X_1'$减小。由于$L/V$不变,故新工况下的操作线(图7-34中的线4)必与原操作线平行且上移,其两个端点仍分别落在$X_2=0$的垂线和$Y=Y_1$的水平线上。

前已述及,相平衡关系对传质过程的推动力和总传质系数均有影响,分析时要全面考虑相平衡变化对H_{OG}、N_{OG}的影响,并视具体情况给予简化。但是,对一定的吸收塔,提高压强和降低温度均可提高吸收率,这是常用的操作调节手段之一。

四、解吸

(一)解吸方法

1)气提解吸 气提解吸也称为载气解吸。其过程类似于逆流吸收,只是解吸时溶质由液相传递到气相。吸收液从解吸塔顶喷淋而下,载气从解吸塔底通入自下而上流动,在气液两相逆流接触的过程中,溶质不断地由液相转移到气相。与逆流吸收塔相比,解吸塔的塔顶为浓端,而塔底为稀端。气提解吸所用的载气一般为不含(或含极少)溶质的惰性气体或溶剂蒸气,其作用在于提供与吸收液不平衡的气相。根据分离工艺的特性和具体要求,可选用不同的载气。

(1)以空气、氮气、二氧化碳作为载气的解吸,称为惰性气体气提。该法适用于脱除少量溶质,以净化液体或以吸收剂再生为目的的解吸;有时也用于溶质为可凝性气体的情况,通过冷凝分离可得到较为纯净的溶质组分。

(2)以水蒸气作为载气,同时兼做加热热源的解吸常称为气提。若溶质为不凝性气体,或溶质冷凝液不溶于水，可通过蒸气冷凝的方法获得纯度较高的溶质组分；若溶质冷凝液与水互溶，要想得到较为纯净的溶质组分，还应采用其他分离方法，如精馏等。

(3)以吸收剂蒸气作为载气的解吸。这种解吸与精馏塔提馏段的操作相同，因此也称为提馏。解吸后的贫液被解吸塔底部的再沸器加热产生溶剂蒸气（作为解吸的载气），其在上升的过程中与沿塔而下的吸收液逆流接触，液相中的溶质不断地被解吸出来。该法多用于以水为溶剂的解吸。

2)减压解吸　对于在加压情况下获得的吸收液，可采用一次或多次减压的方法使溶质从吸收液中释放出来。溶质被解吸的程度取决于解吸操作的最终压强和温度。

3)加热解吸　一般而言，气体溶质的溶解度随温度升高而减小，若将吸收液的温度升高，则必然有部分溶质从液相中释放出来。如采用热力脱氧法处理锅炉用水，就是通过加热使溶解氧从水中逸出。

4)加热－减压解吸　将吸收液加热升温之后再减压，加热和减压结合能显著增大解吸推动力，提高溶质被解吸的程度。

应予指出，在工程上很少采用单一的解吸方法，往往是先升温再减压至常压，最后采用气提解吸。

(二)气提解吸的计算

从原理上讲，气提解吸是逆流吸收的逆过程，其传质方向与吸收相反——溶质由液相向气相传递。其目的是回收吸收液中的溶质或使吸收剂再生循环利用。许多工艺过程采用吸收－解吸联合操作，因而这两个过程的操作相互影响。由相平衡关系知，高温、低压有利于解吸，这是解吸常用的措施。

逆流操作的解吸塔，吸收液从塔顶进入，惰性气体（空气、水蒸气或其他载气）从底部通入，溶质气体从液相中解吸出来进入气相从塔顶送出，经解吸后的稀溶液从塔底引出[见图7-35(a)]。如果要求获得较纯净的溶质，需选择适当的载气并对出塔气体作进一步处理。例如，当溶质不溶于水时，用水蒸气作惰性气体，由解吸塔顶排出的混合气经冷凝后分层，可把溶质分离出来。

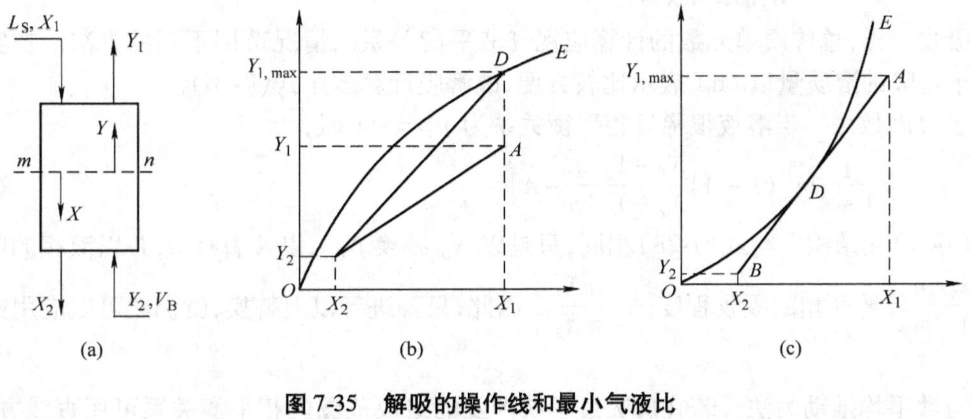

图 7-35　解吸的操作线和最小气液比

(a)解吸流程　(b)解吸塔的最小气液比　(c)特殊相平衡曲线时的最小气液比

解吸的计算方法在原则上与吸收并无不同，差别在于以下两点。

(1)逆流解吸时塔顶的气液组成(X_1,Y_1)最浓,而塔底的(X_2,Y_2)最稀。

(2)解吸的操作线在平衡线的下方,所以其推动力的表达式和吸收相反,$\Delta Y = Y^* - Y$,$\Delta X = X - X^*$。

1. 解吸气体用量的计算

对图7-35(a)所示的逆流解吸塔进行物料衡算,可知其操作线方程与吸收相同。

在解吸塔的设计型计算中,通常液体流量,出、入塔的液体组成以及入塔气体组成都是已知的,出塔气体浓度 Y_1 则根据选定的气液比来计算。

如图7-35(b)所示,若解吸所用的惰性气体量减少,即气液比减小,出塔气体组成 Y_1 将增大,操作线的端点 A 向平衡线靠近。当操作线的端点 A 和平衡线相交[图7-35(b)],或两线在某处相切时[图7-35(c)],解吸塔操作线的斜率 L/V 达到最大,Y_1 也达到最大($Y_{1,\max}$),换言之,此时气液比为完成指定任务的最小值,用 $\left(\dfrac{V}{L}\right)_{\min}$ 表示。

$$\left(\frac{V}{L}\right)_{\min} = \frac{X_1 - X_2}{Y_{1,\max} - Y_2} \tag{7-33}$$

与吸收类似,随平衡线形状的不同,$Y_{1,\max}$有不同的确定方法,当平衡关系服从亨利定律($Y^* = mX$)时,有

$$\left(\frac{V}{L}\right)_{\min} = \frac{X_1 - X_2}{Y_1^* - Y_2} = \frac{X_1 - X_2}{mX_1 - Y_2} \tag{7-34}$$

实际操作的气液比需大于最小气液比,以维持一定的解吸推动力。

2. 解吸塔填料层高度的计算

解吸塔填料层高度的计算与吸收塔基本相同,但传质单元数计算中的推动力相反。若可用总传质系数表示,则有

$$Z = H_{OG}N_{OG} = \frac{V}{K_Y a\Omega}\int_{Y_2}^{Y_1}\frac{dY}{Y^* - Y} \tag{7-35}$$

或

$$Z = H_{OL}N_{OL} = \frac{L}{K_X a\Omega}\int_{X_2}^{X_1}\frac{dX}{X - X^*} \tag{7-36}$$

和吸收一样,总传质单元数的计算应视气液平衡关系的情况选用不同的方法。在实际计算中由于解吸的溶质量以 LdX 表示比较方便,故解吸计算多用式(7-36)。

1)吸收因数法　当溶液很稀且相平衡关系为 $Y^* = mX$ 时,

$$N_{OL} = \frac{1}{1-A}\ln\left[(1-A)\frac{X_1 - Y_2/m}{X_2 - Y_2/m} + A\right] \tag{7-37}$$

式(7-37)在结构上与式(7-28)相同,只是以 N_{OL}替换 N_{OG},以 A 替换 S,并以液相的脱吸程度$\dfrac{X_1 - Y_2/m}{X_2 - Y_2/m}$替替气相的吸收程度$\dfrac{Y_1 - mX_2}{Y_2 - mX_2}$。因此,只要进行以上替换,就仍然可以应用图7-28求解。

2)对数平均推动力法　若在解吸过程所涉及的组成范围内相平衡关系可用直线方程 $Y^* = mX + b$ 表示,可用对数平均推动力法求 N_{OL}。

$$N_{OL} = \frac{X_1 - X_2}{\Delta X_m} \tag{7-38}$$

$$\Delta X_m = \frac{(X_1 - X_1^*) - (X_2 - X_2^*)}{\ln \frac{X_1 - X_1^*}{X_2 - X_2^*}} \tag{7-39}$$

与式(7-31)和式(7-32)比较知，解吸与吸收的 N_{OL} 计算式相同，只是平均推动力 ΔX_m 中 ΔX 的表达式正负号相反。

3)图解法　当平衡线为曲线时，可用图解(或数值)积分法求解。

例 7-18　在填料塔中用洗油逆流吸收含苯 0.02(摩尔比，下同)的煤气中 95% 的苯。煤气的流量为 39.1 kmol/h。要求从塔顶进入的洗油含苯不超过0.005 03，操作液气比为 0.179。吸收后的富油经加热后被送入解吸塔顶，从解吸塔底送入过热水蒸气使洗油脱苯，达到要求后经冷却器送入吸收塔使用。水蒸气的耗用量为最小用量的 1.4 倍。解吸塔的操作温度为 120 ℃，平衡关系为 $Y'^* = 3.16X$，液相体积总传质系数 $K_X a = 0.01\ \text{kmol/(m}^3 \cdot \text{s)}$，塔径为 0.7 m，求解吸塔所需的水蒸气用量和填料层高度。流程见图 7-36。

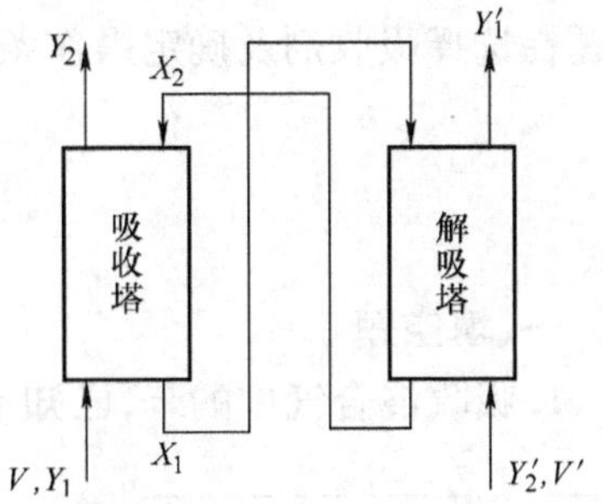

图 7-36　例 7-18 附图

解　(1)吸收塔。

$Y_1 = 0.02, Y_2 = Y_1(1-\eta) = 0.02 \times (1-0.95) = 0.001$

$X_2 = 0.005\ 03, L/V = 0.179, L = 0.179V = 0.179 \times 39.1 = 7.00\ \text{kmol/h}$

$$X_1 = \frac{Y_1 - Y_2}{L/V} + X_2 = \frac{0.02 - 0.001}{0.179} + 0.005\ 03 = 0.111$$

(2)解吸塔。

水蒸气中不含苯，$Y_2' = 0$。

$$\left(\frac{V'}{L}\right)_{\min} = \frac{X_1 - X_2}{Y_1'^* - Y_2'} = \frac{X_1 - X_2}{mX_1} = \frac{0.111 - 0.005\ 03}{3.16 \times 0.111} = 0.302$$

$$\frac{V'}{L} = 1.4\left(\frac{V'}{L}\right)_{\min} = 1.4 \times 0.302 = 0.423$$

解吸塔所需的水蒸气用量：

$V' = 0.423L = 0.423 \times 7.00 = 2.96\ \text{kmol/h}$

$$Y_1' = \frac{L}{V'}(X_1 - X_2) + Y_2' = (0.111 - 0.005\ 03)/0.423 = 0.251$$

$$H_{OL} = \frac{L}{K_X a \Omega} = \frac{7.00/3\ 600}{0.01 \times \frac{\pi}{4} \times 0.7^2} = 0.506\ \text{m}$$

$$N_{OL} = (X_1 - X_2)/\Delta X_m$$

$$\Delta X_m = \frac{(X_1 - X_1'^*) - (X_2 - X_2'^*)}{\ln \frac{X_1 - X_1'^*}{X_2 - X_2'^*}} = \frac{\left(0.111 - \frac{0.251}{3.16}\right) - (0.005\ 03 - 0)}{ln \frac{0.111 - 0.251/3.16}{0.005\ 03}} = 0.014\ 4$$

所以

$$N_{OL}=\frac{0.111-0.005\ 03}{0.014\ 4}=7.36$$

$$Z=H_{OL}N_{OL}=0.506\times 7.36=3.72\ \mathrm{m}$$

在吸收和解吸联合操作系统中，解吸效果的好坏直接影响到分离效果。例如，解吸不良会使吸收剂入塔浓度上升；解吸后的吸收剂冷却不足，吸收剂的温度将升高，这些都会给吸收操作带来不良影响。增大吸收剂用量时要考虑解吸塔的生产能力。另外，吸收剂在吸收设备与解吸设备间循环以及中间的加热、冷却、加压等都会消耗较多能量并造成吸收剂的损失。这些问题在选择吸收剂及确定操作条件时都要给予充分考虑。

自 测 题

一、填空题

1. 吸收混合气中的苯，已知 $y_1=0.04$，吸收率是 80%，则 $Y_1=$____________，$Y_2=$____________。

2. 在低浓度逆流吸收操作中，增加吸收剂用量而其他条件不变，则操作线的斜率________，H_{OG}________，ΔY_m________，出塔液体组成 x_1________，出塔气体组成 y_2________，回收率________。

3. 在吸收操作中，保持 L 不变，随着气体速度增大，塔压的变化趋势为________。

4. 在低浓度逆流吸收塔的设计中，若气体流量、进出口组成及液体进口组成一定，减小吸收剂用量，传质推动力将________，设备费用将________。

5. 用水吸收氨的过程为________控制，为减小吸收阻力应________。

6. 脱吸因数的定义式为________。

7. 传质单元高度反映了________好坏，传质单元数反映了________程度。

二、判断题

1. 当吸收剂需循环使用时，吸收塔的吸收剂入口条件将受到解吸操作条件的制约。(　　)

2. 在吸收操作中，吸收剂用量越多越有利。(　　)

3. 在吸收操作中，增大液气比有利于增大传质推动力，提高吸收速率。(　　)

4. 在逆流吸收操作中，若已知平衡线与操作线为互相平行的直线，则全塔的平均推动力 ΔY_m 与塔内任意截面的推动力 $Y-Y^*$ 相等。(　　)

5. 吸收操作线方程是由物料衡算得出的，因而它与吸收相平衡、吸收温度、两相接触状况、塔的结构等都没有关系。(　　)

6. 正常操作的逆流吸收塔，因故吸收剂入塔量减少，以致液气比小于原定的最小液气比，则吸收过程无法进行。(　　)

7. 在吸收操作中，选择吸收剂时要求吸收剂的蒸气压尽可能高。(　　)

8. 吸收操作是双向传质过程。(　　)

9. 在吸收操作中，只有气液两相处于不平衡状态时，才能进行吸收。(　　)

三、选择题

1. 最小液气比(　　)。

A. 在生产中可以达到　　B. 是操作线的斜率

C. 可用公式计算　　D. 可作为选择适宜液气比的依据

2. 从节能的观点出发，适宜的吸收剂用量 L 应取最小用量 L_{min}(　　)倍。

A. 2.0　　B. 1.5　　C. 1.3　　D. 1.1

3. 正常操作的逆流吸收塔，若因某种原因使液体量减少以致液气比小于原定的最小液气比，下列哪些情况将发生？(　　)

A. 出塔液体浓度增大，回收率提高

B. 出塔气体浓度增大，但出塔液体浓度不变

C. 在塔下部将发生解吸现象

D. 出塔气体浓度与出塔液体浓度均增大

4. 在填料塔中，低浓度难溶气体逆流吸收时，若其他条件不变，入塔气量增加，则出塔气体组成将(　　)。

A. 增大　　B. 减小　　C. 不变　　D. 不定

5. 低浓度的气膜控制系统，在逆流吸收操作中，若其他条件不变，入塔液体组成增大，则出塔气相组成将(　　)。

A. 增大　　B. 减小　　C. 不变　　D. 不定

6. 在吸收操作中，当吸收剂用量趋于最小用量时，为完成一定的任务，(　　)。

A. 回收率趋于最高　　B. 吸收推动力趋于最大

C. 总费用最低　　D. 填料层高度趋于无穷大

7. 吸收塔尾气超标，可能的原因是(　　)。

A. 塔压增大　　B. 吸收剂降温　　C. 吸收剂用量增大　　D. 吸收剂纯度下降

8. 用纯溶剂吸收混合气中的溶质，逆流操作，平衡关系满足亨利定律。若入塔气体浓度 y_1 上升，其他入塔条件不变，则出塔气体浓度 y_2 和吸收率 η 的变化为(　　)。

A. y_2 上升，η 下降　　B. y_2 下降，η 上升

C. y_2 上升，η 不变　　D. y_2 上升，η 的变化不确定

9. 在低浓度、气膜控制系统的逆流吸收操作中，若其他条件不变，入塔液体组成增大，则出塔气相组成将(　　)。

A. 增大　　B. 减小　　C. 不变　　D. 不定

10. 在吸收操作过程中，当吸收剂用量增加时，出塔溶液浓度(　　)，尾气中溶质的浓度(　　)。

A. 下降，下降　　B. 升高，升高　　C. 下降，升高　　D. 升高，下降

11. 在吸收操作过程中，在塔的负荷范围内，当混合气处理量增大时，为保持回收率不变，可采取的措施有(　　)。

A. 减小吸收剂用量　　B. 增大吸收剂用量

C. 升高操作温度　　D. 减小操作压强

12. 在吸收操作中，其他条件不变，只升高操作温度，则吸收率将(　　)。

A. 提高　　B. 降低　　C. 不变　　D. 不能判断

13. 完成指定的生产任务，能使填料层高度降低的措施是(　　)。

A. 减小吸收剂中溶质的含量　　B. 用并流代替逆流操作

C. 减少吸收剂用量　　D. 吸收剂循环使用

14. 在填料塔内用清水吸收混合气中的氯化氢，当用水量增加时，气相总传质单元数 N_{OG} 将(　　)。

A. 增大　　B. 减小　　C. 不变　　D. 不确定

15. 逆流操作的填料塔，当脱吸因数 $S>1$，且填料层无限高时，气液两相平衡出现在(　　)。

A. 塔顶　　B. 塔底　　C. 塔上部　　D. 塔下部

四、简答题

1. 吸收剂的用量是如何确定的？

2. 某逆流吸收塔，用纯溶液吸收惰性气体中的溶质组分。若 L_S、V_B、T、p 等不变，进塔气体的溶质含量 Y_1 增大：(1)试述 N_{OG}、Y_2、X_1、η 如何变化并画出操作线示意图；(2)采取何种措施可使 Y_2 达到原工艺要求？

五、计算题

1. 在逆流吸收塔中，用清水吸收混合气体中的 CO_2。惰性气体处理量为 300 Nm^3/h，进塔气中含 CO_2 8%(体积分数)，要求吸收率为 95%，在操作条件下 $Y^*=1\ 600X$，操作液气比为最小液气比的 1.5 倍。求：(1)水用量和出塔液体组成；(2)操作线方程。[答：(1) $L_S=3.053\times10^4$ kmol/h，$X_1=3.625\times10^{-5}$；(2) $Y=2\ 280X+4.35\times10^{-3}$]

2. 某混合气体中溶质含量为 5%(体积分数)，要求吸收率为 80%。用纯吸收剂吸收，在 101.3 kPa、20 ℃下相平衡关系为 $Y^*=35X$，试问：逆流操作和并流操作的最小液气比各为多少？由此可得出什么结论？[答：$(L/V)_{min,逆}=28$，$(L/V)_{min,并}=140$]

3. 流速为 1.26 kg/s 的空气中含氨 0.02(摩尔比，下同)，拟用塔径为 1 m 的吸收塔回收其中 90% 的氨。塔顶淋入摩尔比为 4×10^{-4} 的稀氨水。已知操作液气比为最小液气比的 1.5 倍，在操作范围内 $Y^*=1.2X$，$K_Ya=0.052$ kmol/(m³·s)。求：(1)所需的填料层高度；(2)若将吸收率提高至 95%，所需的填料层高度。[答：(1) $Z_1=5.52$ m；(2) $Z_2=8.45$ m]

4. 气体混合物中溶质的摩尔比为 0.05，在填料塔中脱除溶质，要求吸收率为 95%，平衡关系为 $Y^*=2.0X$，求：(1)入塔液体 $X_2=0$，液气比 $L/V=2.0$ 时的气相总传质单元数 N_{OG}；(2)入塔液体 $X_2=0.001$，液气比 $L/V=3.2$ 时的气相总传质单元数 N_{OG}；(3) $X_2=0$，$L/V=1.6$ 时的最大吸收率。[答：(1) $N_{OG1}=19$；(2) $N_{OG2}=9.6$；(3) $\eta_{max}=0.8$]

5. 某逆流吸收塔，$Y_1=0.10$，$\eta=0.80$，$X_2=0$，要求出塔液体浓度为 $X_1=0.25$，在操作条件下平衡数据如下：

X	0	0.052 6	0.075	0.111	0.25	0.43	0.668
Y^*	0	0.031 8	0.042 5	0.054 2	0.077 6	0.091 5	0.101

试计算总传质单元数。[答：$N_{OG}\approx18.2$]

6. 在逆流操作的吸收塔中，用纯溶剂等温吸收某气体混合物中的溶质。在常压、27 ℃下操作时混合气体流量为 1 200 m³/h。气体混合物的初始浓度为 0.05(摩尔分数)，塔截面积为 0.8 m²，填料层高度为 4 m，气相体积传质系数 K_Ya 为 100 kmol/(m³·h)，气液平衡关系服从亨利定律，且已知吸收因数为 1.2。试求：混合气体离开吸收塔的浓度和吸收率。[答：$Y_2=$

3.76×10^{-3}, $\eta=0.928$]

7. 某填料塔填料层高度为5 m,塔径为1 m,用清水逆流吸收混合气体中的丙酮。已知混合气体流量为2 250 m^3/h,入塔混合气体含丙酮0.046 7(体积分数,下同),要求塔顶出口气体中丙酮浓度不超过0.002 6,塔底液体中丙酮浓度为饱和浓度的70%。操作条件为101.3 kPa、25 ℃,平衡关系为$Y^*=2.0X$,求:(1)该塔的传质单元高度和体积传质系数;(2)每小时回收的丙酮量。[答:(1)$H_{OG}=0.747$ m,$K_Ya=149.4$ kmol/(m^3·h);(2)丙酮回收量G_A为4.15 kmol/h]

8. 将题7中的填料层高度增至8 m,气液流率、入口浓度均不变(设传质系数不变),求气液两相出口组成和丙酮量回收增加多少?[答:$Y_2=8.5\times10^{-4}$,$X_1=0.018\ 1$,回收量为原来的1.04倍]

9. 某吸收液在解吸塔内用过热蒸汽解吸。已知吸收液流量为0.06 kmol/s,溶质浓度为0.06(摩尔分数,下同),要求解吸后溶质浓度不超过0.005。在操作条件下气液平衡关系为$Y^*=1.25X$,总传质系数$K_Xa=0.04$ kmol/(m^3·s),过热蒸汽用量取最小用量的1.2倍,塔截面积为2 m^2。求解吸塔的填料层高度。[答:$Z=5.55$ m]

10. 在装填(乱堆)25 mm×25 mm×2.5 mm的瓷质拉西环的填料塔内,用水吸收空气与丙酮混合气中的丙酮。已知混合气体的体积流量为800 m^3/h,内含丙酮5%(体积分数)。如吸收在101.3 kPa、30 ℃下操作,且知液体质量流量与气体质量流量之比为2.34,试求:(1)填料塔的直径;(2)每米填料层的压降。[答:(1)$D=0.5$ m;(2)$\Delta p/Z=735.5$ Pa/m]

任务六　吸收技术实操技能训练

任务分析:该任务要求学生在实操实训室进行CO_2-空气混合气分离操作,前面学生已经对这一过程进行了模拟仿真操作,也学习了相应的理论知识,在此基础上进行实操操作,以锻炼学生的实际动手能力,将理论知识应用在实践中,达到理论与实践相统一。

任务目标:①理解吸收操作的工作原理;②理解吸收操作的实操工艺流程;③掌握吸收塔安全操作规程。

技能目标:①能做好吸收塔开车前的准备工作,如检查电源、水源、仪表、管道、设备等;②能熟练进行吸收塔的开、停车并控制稳定操作;③能准确判断吸收塔的异常操作现象并调整其恢复正常操作;④能绘制吸收操作工艺流程图。

一、影响吸收操作的主要因素

吸收是气液两相之间的传质过程,影响吸收操作的主要因素有温度、压强、气体流量、吸收剂用量和吸收剂入塔浓度等。

1. 温度

吸收温度对塔的吸收率影响很大。吸收剂的温度降低,气体的溶解度增大,溶解度系数增大。对于液膜控制的吸收过程,降低操作温度,吸收过程的阻力$\frac{1}{K_g}\approx\frac{1}{Hk_l}$将减小,结果使吸收效果变好,$Y_2$降低,传质推动力增大。对于气膜控制的吸收过程,降低操作温度,$\frac{1}{K_g}\approx\frac{1}{k_g}$基本不变,但传质推动力增大,吸收效果同样变好。总之,吸收剂的温度降低改变了相平衡常数,对过程阻力及过程推动力都产生影响,使吸收总效果变好,溶质回收率提高。

虽然降低吸收剂的温度有利于提高吸收率,但是吸收剂的温度也不能太低,因为温度过低就要过多地消耗冷却剂,使操作费增加;另一方面,液体温度降低,会使黏度增大,造成阻力损失增大,并且液体在塔内流动不畅,会影响传质。所以吸收剂温度的调节要综合考虑。

2. 压强

提高操作压强,可以提高混合气体中溶质组分的分压,增大吸收的推动力,有利于气体吸收。但压强过高,操作难度和生产费用会增加,因此,吸收一般在常压下操作。若吸收后气体在高压下加工,则可采用高压吸收操作,既有利于吸收,又有利于增大吸收塔的处理能力。

3. 气体流量

在稳定的操作情况下,当气速不大时,液体作层流流动,流体阻力小,吸收速率很小;当气速增大,液体作湍流流动时,气膜变薄,气膜阻力减小,吸收速率增大;当气速增大到液泛速度时,液体不能顺畅地向下流动,造成雾沫夹带,甚至造成液泛现象。因此,稳定操作流速是吸收高效、平稳操作的可靠保证。对于易溶气体的吸收,传质阻力通常集中在气侧,气体的流量及湍动情况对传质阻力影响很大。对于难溶气体的吸收,传质阻力通常集中在液侧,此时气体的流量及湍动情况虽可改变气侧的阻力,但对总阻力影响很小。

4. 吸收剂用量

改变吸收剂用量是吸收过程最常用的方法。当气体流量一定时,增大吸收剂流量,吸收速率增大,溶质吸收量增加,气体的出口浓度减小,回收率增大。当液相阻力较小时,增大吸收剂流量,传质总系数变化较小或基本不变,溶质吸收量增大主要由传质推动力增大而引起,此时吸收过程的调节主要靠传质推动力的变化。当液相阻力较大时,增大吸收剂流量,传质总系数大幅增大,传质速率增大,溶质吸收量增大。

5. 吸收剂入塔浓度

吸收剂入塔浓度升高,使塔内的吸收推动力减小,气体出口浓度升高。吸收剂再循环会使吸收剂入塔浓度提高,对吸收过程不利。

二、开、停车操作

总体上,吸收塔开车时应先进吸收剂,待其流量稳定后,再将混合气体送入塔中;停车时应先停混合气体,再停吸收剂,长期不操作时应将塔内液体卸空。在操作过程中应注意维持塔内的温度、压强、气液流量稳定,维持塔釜恒定的液封高度。

任务七　填料吸收塔的设计

任务分析:该任务要求学生设计一个填料吸收塔,使学生掌握设计填料吸收塔的基本程序和方法,并在查阅技术资料、选用公式和数据、用简洁的文字和图表表达设计结果、制图以及计算机辅助计算等方面得到基本训练。同时在设计过程中培养学生形成正确的设计思想和实事求是、严肃负责的工作作风。

任务目标:掌握填料吸收塔的设计计算。

技能目标:能进行填料吸收塔的设计。

填料塔的种类繁多,其设计原则大体相同,一般来说,填料塔的设计程序如下。

(1)根据给定的设计条件,合理地选择填料。

(2)根据给定的设计任务,计算塔径、填料层高度等工艺尺寸。

(3)计算填料层的压降。

(4)进行填料塔的结构设计,结构设计包括塔体设计及塔内件设计两部分。

一、填料的选择

前已述及,填料是填料塔的核心,其性能优劣是填料塔能否正常操作的主要影响因素。填料应根据分离工艺的要求选择,要对填料的种类、规格和材质进行综合考虑。应尽量选用技术资料齐备,适用性能成熟的新型填料。对性能相近的填料,应根据它们的特点进行技术经济评价,所选用的填料要既能满足生产要求,又能使设备的投资和操作费用最低。

填料的选择包括填料种类的选择、填料规格的选择及填料材质的选择等内容。

1)填料种类的选择　填料种类的选择要考虑分离工艺的要求,通常从以下方面考虑。

(1)填料的传质效率要高。传质效率即分离效率,它有两种表示方法:一种是以理论级进行计算的表示方法,以每个理论级的当量填料层高度表示,即 *HETP* 值;另一种是以传质速率进行计算的表示方法,以每个传质单元相当的填料层高度表示,即 *HTU* 值。大多数填料的 *HETP* 值或 *HTU* 值可从有关手册中查到,也可通过一些经验公式来估算。

一般而言,规整填料的传质效率高于散装填料。

(2)填料的通量要大。在同样的液体负荷下,填料的泛点气速越高或气相动能因子越大,则通量越大,塔的处理能力也越大。因此,选择填料的种类时,在保证具有较高传质效率的前提下,应选择具有较高泛点气速或较大气相动能因子的填料。填料的泛点气速或气相动能因子可由经验公式计算,也可由图表查出。

(3)填料层的压降要低。填料层的压降越低,塔的动力消耗越小,操作费用越少。选择低压降的填料对热敏性物系的分离尤为重要,填料层的压降低,可以降低塔釜温度,防止物料分解或结焦。比较填料层的压降的方法有两种:一是比较填料层单位高度的压降 $\Delta p/Z$;另一种是比较填料层单位理论级的比压降 $\Delta p/N_T$。填料层的压降可由经验公式计算,也可从有关图表中查出。

(4)填料的抗污堵性能要强,拆装、检修要方便。选择填料种类时,除考虑上述各因素外,还应考虑填料的使用性能,即填料的抗污堵性及拆装、检修,填料层的堵塞是个值得注意的问题。

2)填料规格的选择　填料规格指填料的公称尺寸或比表面积。

(1)散装填料规格的选择。工业塔常用的散装填料主要有 *DN*16、*DN*25、*DN*38、*DN*50、*DN*76 等几种规格。同类填料,尺寸减小,分离效率提高,但阻力增大,通量减小,填料费用增加很多。而大尺寸的填料应用于小直径塔中,会造成液体分布不良及产生严重的壁流,使塔的分离效率降低。因此,对塔径与填料尺寸的比值有规定,一般塔径与填料公称直径的比值 D/d 应大于 8。

(2)规整填料规格的选择。工业上常用规整填料的型号和规格的表示方法很多,有用峰高值或波距值表示的,也有用比表面积值表示的。国内习惯用比表面积值表示,主要有 125、150、250、350、500、700 等几种规格,同种类型的规整填料,比表面积越大,传质效率越高,但阻力越大,通量越小,填料费用也越高。选用时应从分离要求、通量要求、场地条件、物料性质及设备投资、操作费用等方面综合考虑,使所选填料既能满足技术要求,又具有经济合理性。

应予指出,一个填料塔可以选用同种类型、同一规格的填料,也可选用同种类型、不同规格的填料;可以选用同种类型的填料,也可以选用不同类型的填料;有的塔段可选用规整填料,而有的塔段可选用散装填料。设计时应灵活掌握,根据技术经济统一的原则来选择填料的规格。

3)填料材质的选择　填料的材质分为陶瓷、金属和塑料三大类。

(1)陶瓷填料。陶瓷填料具有很好的耐腐蚀性,一般能耐除氢氟酸以外的常见的无机酸、有机酸及各种有机溶剂的腐蚀。陶瓷填料可在低温、高温下工作,具有一定的抗冲击性,但不宜在高冲击强度下使用,质脆、易碎是陶瓷填料的最大缺点。陶瓷填料价格便宜,具有很好的表面润湿性能,在气体吸收、气体洗涤、液体萃取等过程中应用较为普遍。

(2)金属填料。金属填料可用多种材质制成,金属填料的选择主要根据物系的腐蚀性及金属材质的耐腐蚀性综合考虑。碳钢填料造价低,且具有良好的表面润湿性能,对于无腐蚀性或低腐蚀性物系应优先考虑使用;不锈钢填料耐腐蚀性强,一般能耐除 Cl^- 以外的常见物系的腐蚀,但其造价较高,且表面润湿性能较差,在某些特殊场合(如极低喷淋密度下的减压精馏过程)需对其表面进行处理,才能取得良好的使用效果;用钛材、特种合金钢等材质制成的填料造价很高,一般只在某些腐蚀性极强的物系中使用。

一般来说,金属填料可制成薄壁结构,它的通量大、气体阻力小,且具有很高的抗冲击性能,能在高温、高压、高冲击强度下使用,应用范围最广泛。

(3)塑料填料。塑料填料的材质主要包括聚丙烯(PP)、聚乙烯(PE)及聚氯乙烯(PVC)等,国内多采用聚丙烯材质。塑料填料的耐腐蚀性能较好,可耐一般的无机酸、碱和有机溶剂的腐蚀。其耐温性良好,可长期在 100 ℃以下使用。

塑料填料质轻、价廉,具有良好的韧性,耐冲击、不易碎,可以制成薄壁结构。它的通量大、压降低,多用于吸收、解吸、萃取、除尘等装置中。塑料填料的缺点是表面润湿性能差,为改善其表面润湿性能,可进行表面处理,一般能取得明显的效果。

二、填料塔工艺尺寸的计算

(一)塔径的计算

填料塔的直径可由流量与流速之间的关系求出,即

$$D=\sqrt{\frac{4V_g}{\pi u}} \tag{7-40}$$

式中　V_g——气体的体积流量,m^3/s;

u——空塔气速,m/s。

由式(7-40)可知填料塔的直径是由气体的体积流量与空塔气速决定的。气体的体积流量由生产任务规定,而空塔气速是在设计时选取的。选择较小的气速,则压降小,动力消耗小,操作费用低,但塔径大,设备费用高,同时,低气速不利于气液两相接触,分离效率低。相反,气速大则塔径小,设备费用低,但压降大,操作费用高。由此可见,计算塔径的核心问题是确定空塔气速 u,下面介绍几种确定 u 值的方法。

1)泛点气速法　泛点气速是填料塔操作气速的上限,填料塔的操作空塔气速必须小于泛

点气速，操作空塔气速与泛点气速之比称为泛点率。

对于散装填料：$u/u_F = 0.5 \sim 0.85$；

对于规整填料：$u/u_F = 0.6 \sim 0.95$。

泛点率的选择主要考虑以下两方面的因素。一是物系的发泡情况。对易起泡沫的物系，泛点率应取低限值；而无泡沫的物系，可取较高的泛点率。二是填料塔的操作压强。对于加压操作的塔，应取较高的泛点率；对于减压操作的塔，应取较低的泛点率。

（1）贝恩（Bain）－霍根（Hougen）关联式。填料的泛点气速可由贝恩－霍根关联式计算，即

$$\lg\left[\frac{u_F^2}{g}\left(\frac{a}{\varepsilon^3}\right)\left(\frac{\rho_V}{\rho_L}\right)\mu_L^{0.2}\right] = A - K\left(\frac{W_L}{W_V}\right)^{1/4}\left(\frac{\rho_V}{\rho_L}\right)^{1/8} \tag{7-41}$$

式中　u_F——泛点气速，m/s；

g——重力加速度，9.81 m/s^2；

a——填料的比表面积，m^2/m^3；

ε——填料层的空隙率，m^3/m^3；

ρ_V、ρ_L——气体、液体的密度，kg/m^3；

μ_L——液体的黏度，mPa·s；

W_L、W_V——液体、气体的质量流量，kg/h；

A、K——关联常数。

式（7-41）中的常数 A 和 K 与填料的形状及材质有关，不同类型填料的 A、K 值列于表7-4中。由式（7-41）计算泛点气速，误差在15%以内。

表7-4　式（7-41）中的 A、K 值

填料类型	A	K	填料类型	A	K
塑料鲍尔环填料	0.094 2	1.75	金属丝网波纹填料	0.3	1.75
金属鲍尔环填料	0.1	1.75	塑料丝网波纹填料	0.420 1	1.75
塑料阶梯环填料	0.204	1.75	金属网孔波纹填料	0.155	1.47
金属阶梯环填料	0.106	1.75	金属孔板波纹填料	0.291	1.75
瓷矩鞍填料	0.176	1.75	塑料孔板波纹填料	0.291	1.563
金属环矩鞍填料	0.062 25	1.75			

泛点气速可用经验方程计算，亦可用关联图求取。

（2）埃克特（Eckert）通用关联图。散装填料的泛点气速还可用埃克特关联图计算，如图7-37所示。

填料塔泛点和压降的通用关联图使用说明：横坐标为$\frac{W_L}{W_V}\left(\frac{\rho_V}{\rho_L}\right)^{0.5}$，纵坐标为$\frac{u^2\varphi\psi}{g}\left(\frac{\rho_V}{\rho_L}\right)\mu_L^{0.2}$。

其中　u——空塔气速，m/s；

g——重力加速度，m/s^2；

φ——湿填料因子，1/m；

ψ——液体密度校正系数，等于水的密度与液体的密度之比，即 $\psi = \frac{\rho_{H_2O}}{\rho_L}$；

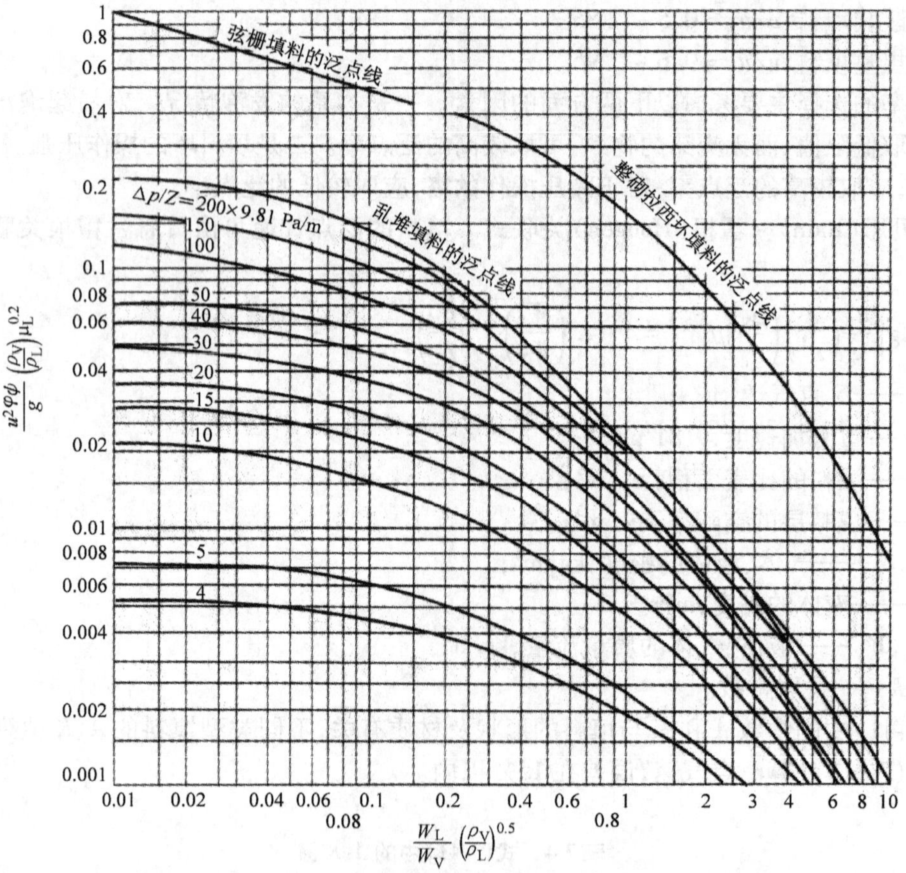

图 7-37 填料塔泛点和压降的通用关联图

（注：图中 Δp 为每米乱堆填料的压降）

μ_L——液体的黏度，mPa·s；

ρ_L、ρ_V——液体、气体的密度，kg/m^3；

W_L、W_V——为液体、气体的质量流量，kg/s。

图中最上方的三条线分别表示弦栅填料、整砌拉西环填料和乱堆填料的泛点线。泛点线下方的线簇为单位高度乱堆填料的等压线，$\Delta p/Z$，Pa/m。

通用关联图的应用主要有以下两方面。

①求泛点气速。根据已知的气液两相流量及密度计算出横坐标值，由此点作垂线与泛点线相交，再由交点作水平线与纵轴相交，读出纵坐标的数值，从而计算出 u，即为泛点气速 u_F。

②根据工艺规定的允许压降值计算空塔气速，或根据选定的空塔气速计算压降。这时需使用乱堆填料的等压降线簇。如已知空塔气速 u，计算出纵坐标值，同时根据两相的密度和流量计算出横坐标值，由纵、横坐标的数值即可在图中找到对应的点，由此点所在的线（通常需内插）读出每米乱堆填料的压降 $\Delta p/Z$ 值。反之，可根据已知的压降和横坐标值从图中读出纵坐标值，从而求出空塔气速 u。

应予指出，用埃克特通用关联图计算泛点气速时，所需的填料因子为液泛时的湿填料因

子，称为泛点填料因子，以 φ_F 表示。泛点填料因子 φ_F 可由以下关联式计算，即

$$\lg \varphi_F = a + b\lg U \tag{7-42}$$

式中　φ_F——泛点填料因子，m^{-1}；

U——液体喷淋密度，$m^3/(m^2 \cdot h)$；

a、b——关联式常数。

常用散装填料的关联式常数值可由填料手册查得。利用式(7-42)计算泛点填料因子虽较精确，但因需要试差，计算较烦琐。为了工程计算方便，对散装填料的泛点填料因子进行归纳整理，得到与液体喷淋密度无关的泛点填料因子平均值。部分散装填料的泛点填料因子平均值列于表 7-5 中。使用表中的数值计算得到的泛点气速的平均误差在 15% 以内。

表 7-5　散装填料的泛点填料因子平均值　(单位：m^{-1})

填料类型	填料规格				
	*DN*16	*DN*25	*DN*38	*DN*50	*DN*76
金属鲍尔环	410	—	117	160	—
金属环矩鞍	—	170	150	135	120
金属阶梯环	—	—	160	140	—
塑料鲍尔环	550	180	184	140	92
塑料阶梯环	—	260	170	127	—
瓷矩鞍环	1 100	550	200	226	—
瓷拉西环	1 300	832	600	410	—

2)气相动能因子(F 因子)法　气相动能因子简称 F 因子，其定义式为

$$F = u\sqrt{\rho_V} \tag{7-43}$$

先从手册或图表中查出填料在操作条件下的 F 因子，然后依据式(7-43)即可计算出操作空塔气速 u。

3)气相负荷因子(C_s 因子)法　气相负荷因子简称 C_s 因子，其定义式为

$$C_s = u\sqrt{\frac{\rho_V}{\rho_L - \rho_V}} \tag{7-44}$$

采用气相负荷因子法计算操作空塔气速，先计算出最大气相负荷因子 $C_{s,max}$，然后依据以下关系

$$C_s = 0.8C_{s,max} \tag{7-45}$$

计算出 C_s，再依据式(7-44)求出操作空塔气速 u。$C_{s,max}$ 的计算见有关填料手册。

应予指出，气相动能因子法和气相负荷因子法一般只适用于规整填料，且液体的黏度不大于 2×10^{-3} Pa·s、操作压强不大于 0.2 MPa 的场合。

采用上述方法计算出塔径，还应按塔径的公称标准进行圆整，圆整后再对空塔气速及液体喷淋密度等进行校核。

应验算塔内的喷淋密度是否大于最小喷淋密度，因为若喷淋密度过小，填料表面不能被充分润湿，气液两相的有效接触面积较小，造成传质效率较低。可采用液体部分再循环以加大液

体流量，或在许可范围内减小塔径，或适当增大填料层高度予以补偿。

填料塔的最小喷淋密度与比表面积有关，其关系为

$$L_{\min} = (L_W)_{\min} a \tag{7-46}$$

式中 $L_{\min}$——最小喷淋密度，$m^3/(m^2 \cdot s)$；

$(L_W)_{\min}$——最小润湿速率，$m^3/(m \cdot s)$；

a——比表面积，m^2/m^3。

润湿速率是在塔的横截面上单位长度填料周边液体的体积流量。对于直径不超过 75 mm 的拉西环及其他填料，$(L_W)_{\min}$ 可取 0.08 $m^3/(m \cdot h)$；对于直径大于 75 mm 的环形填料，应取 0.12 $m^3/(m \cdot h)$。

最后，为保证填料润湿均匀，避免壁流现象（塔径 D 与填料直径 d 的比例过小，液体沿填料下流时易趋向塔壁流动），需要对塔径与填料直径之比进行校核。对拉西环要求 $D/d > 20$；鲍尔环 $D/d > 10$；鞍形填料 $D/d > 15$。

（二）填料层高度的计算

填料层高度的计算有传质单元法和等板高度法两种方法。在工程上，传质单元法多用于吸收、解吸、萃取等填料塔的设计计算；而对于精馏填料塔，则习惯用等板高度法计算填料层高度。

（1）传质单元法。采用传质单元法计算填料层高度的基本公式为

$$Z = H_{OG} N_{OG}$$

此方法前面已经介绍过。

（2）等板高度法。采用等板高度法计算填料层高度的基本公式为

$$Z = HETP \cdot N_T$$

由上式可看出，采用等板高度法计算填料层高度时，当工艺计算出完成规定的分离任务所需的理论板层数 N_T 后，关键是确定填料层的等板高度 $HETP$。

等板高度与许多因素有关，不仅取决于填料的类型和尺寸，而且受系统物性、操作条件及设备尺寸的影响。目前尚无准确可靠的方法计算填料的 $HETP$ 值。一般的方法是通过实验测定，或根据工业应用的实际经验选取 $HETP$ 值，某些填料在一定条件下的 $HETP$ 值可从有关填料手册中查得。近年来研究者通过大量数据回归得到了如下常压蒸馏时的 $HETP$ 关联式：

$$\ln(HETP) = h - 1.292\ln \sigma_L + 1.47\ln \mu_L \tag{7-47}$$

式中 $HETP$——等板高度，mm；

σ_L——液体的表面张力，N/m；

μ_L——液体的黏度，Pa·s；

h——常数，其值见表 7-6。

表 7-6 *HETP* 关联式中的常数值

填料类型	h	填料类型	h
*DN*25 的金属环矩鞍填料	6.850 5	*DN*50 的金属鲍尔环填料	7.378 1
*DN*40 的金属环矩鞍填料	7.038 2	*DN*25 的瓷环矩鞍填料	6.850 5
*DN*50 的金属环矩鞍填料	7.288 3	*DN*38 的瓷环矩鞍填料	7.107 9
*DN*25 的金属鲍尔环填料	6.850 5	*DN*50 的瓷环矩鞍填料	7.443 0
*DN*38 的金属鲍尔环填料	7.077 9		

式(7-47)考虑了液体的黏度及表面张力的影响,其适用范围如下:

$$10^{-3} < \sigma_L < 36 \times 10^{-3}\ \text{N/m}, 0.08 \times 10^{-3} < \mu_L < 0.83 \times 10^{-3}\ \text{Pa}\cdot\text{s}$$

应予指出,采用上述方法计算出填料层高度后,还应取一定的安全系数。根据设计经验,填料层的设计高度一般为

$$Z' = (1.3 \sim 1.5)Z \tag{7-48}$$

式中 Z'——设计时的填料层高度,m;

Z——工艺计算得到的填料层高度,m。

得出填料层设计高度后,应视塔径及填料层高度考虑是否分段。对于散装填料,推荐的分段高度值见表 7-7,表中 h/D 为分段高度与塔径之比,h_{max} 为允许的最大填料层高度。

表 7-7 散装填料的分段高度推荐值

填料类型	h/D	h_{max}/m	填料类型	h/D	h_{max}/m
拉西环	2.5	4	阶梯环	8 ~ 15	6
矩鞍	5 ~ 8	6	环矩鞍	8 ~ 15	6
鲍尔环	5 ~ 10	6			

对于规整填料,分段高度可按式(7-49)确定:

$$h = (15 \sim 20)HETP \tag{7-49}$$

式中 h——规整填料的分段高度,m;

HETP——规整填料的等板高度,m。

三、填料层压降的计算

填料层压降是填料塔压降的主要组成部分。通常,根据设计(或操作)参数,先由通用关联图(或压降曲线)求得每米填料层的压降,然后乘以填料层高度,即得出填料层压降。

1)散装填料压降的计算 散装填料的压降可从有关填料手册中查得,也可由埃克特通用关联图计算。计算时,先根据气液负荷及有关物性数据求出横坐标值$\frac{W_L}{W_V}\left(\frac{\rho_V}{\rho_L}\right)^{0.5}$,再根据操作空塔气速 u、压降填料因子(操作状态下的湿填料因子称为压降填料因子)φ_P 及有关物性数据求出纵坐标值$\frac{u^2\varphi_P\psi}{g}\left(\frac{\rho_V}{\rho_L}\right)\mu_L^{0.2}$。通过作图得到交点,读出过交点的等压线数值,即得出每米填料层的压降。

用埃克特通用关联图计算填料层压降时,所需的压降因子 φ_p 可由以下关联式计算,即

$$\lg \varphi_P = A + B\lg U \tag{7-50}$$

式中 φ_P——压降填料因子，m^{-1}；

U——液体喷淋密度，$m^3/(m^2 \cdot h)$；

A、B——关联式常数。

常用散装填料的关联式常数值可由填料手册中查得。为了工程计算方便，对散装填料的压降填料因子进行归纳整理，得到与液体喷淋密度无关的压降填料因子平均值，列于表7-8中。在 $10\ m^3/(m^2 \cdot h) < U < 80\ m^3/(m^2 \cdot h)$ 的范围内，用表中的平均值计算的填料层压降误差在20%以内。

表7-8 散装填料的压降填料因子平均值 （单位：m^{-1}）

填料类型	填料规格				
	*DN*16	*DN*25	*DN*38	*DN*50	*DN*76
金属鲍尔环	306	—	114	98	—
金属环矩鞍	—	138	93.4	71	36
金属阶梯环	—	—	118	82	—
塑料鲍尔环	343	232	114	125	62
塑料阶梯环	—	176	116	89	—
瓷矩鞍环	700	215	140	160	—
瓷拉西环	1 050	576	450	288	—

2）规整填料压降的计算　规整填料压降的计算有以下两种方法。

（1）通过填料的压降关联式计算，规整填料的压降通常关联成以下形式：

$$\frac{\Delta p}{Z} = \alpha\left(u\sqrt{\rho_V}\right)^{\beta} \tag{7-51}$$

式中 $\Delta p/Z$——每米填料的压降，Pa/m；

U——空塔气速，m/s；

ρ_V——气体的密度，kg/m^3；

α、β——关联式常数，可从有关填料手册中查得。

（2）由实测的填料压降曲线查得。压降曲线的横坐标以 F 因子表示，纵坐标以单位高度填料的压降 $\Delta p/Z$ 表示，常见规整填料的 $F-\Delta p/Z$ 曲线见有关填料手册。

例7-19　在一个逆流操作的填料吸收塔中，用清水吸收混合气体中的二氧化硫。混合气体处理量为1 500 m^3/h，其平均摩尔质量为34.16 kg/kmol。清水喷淋量为25 000 kg/h。塔内填料用25 mm × 25 mm × 2.5 mm的陶瓷拉西环（填料因子 φ = 450 1/m，比表面积 a = 190 m^2/m^3），以乱堆的方式充填。若取空塔气速为泛点气速的70%，操作压强为101.3 kPa，操作温度为20 ℃。试求：（1）塔径；（2）单位高度填料的压降。

解　（1）塔径。

首先求出泛点气速 u_F。

混合气体的密度为

$$\rho_V=\frac{pM_m}{RT}=\frac{101.3\times 34.16}{8.314\times(273+20)}=1.421\ \text{kg/m}^3$$

混合气体的质量流量为

$$W_V=V_V\rho_V=1\ 500\times 1.421=2\ 132\ \text{kg/h}$$

清水的密度取 $\rho_L=1\ 000\ \text{kg/m}^3$。

通用关联图的横坐标为

$$\frac{W_L}{W_V}\left(\frac{\rho_V}{\rho_L}\right)^{0.5}=\frac{25\ 000}{2\ 132}\times\left(\frac{1.421}{1\ 000}\right)^{0.5}=0.442$$

查图 7-37 中乱堆填料的泛点线,横坐标为 0.442 时,纵坐标为 0.05,即

$$\frac{u_F^2\varphi\psi}{g}\left(\frac{\rho_V}{\rho_L}\right)\mu_L^{0.2}=0.05 \tag{A}$$

因液相为水,故液体密度校正系数 $\psi=1$。

查附录得 20 ℃水的黏度 $\mu_L=1\ \text{mPa·s}$。

将各已知数据代入式(A),求出 u_F:

$$u_F=\left(\frac{0.05g\rho_L}{\varphi\psi\rho_V\mu_L^{0.2}}\right)^{1/2}=\left(\frac{0.05\times 9.81\times 1\ 000}{450\times 1\times 1.421\times 1^{0.2}}\right)^{1/2}=0.876\ \text{m/s}$$

则空塔气速为

$$u=0.7u_F=0.7\times 0.876=0.613\ \text{m/s}$$

代入式(7-40)求出塔径为

$$D=\sqrt{\frac{4V_g}{\pi u}}=\sqrt{\frac{4\times 1\ 500}{3\ 600\times 3.14\times 0.613}}=0.93\ \text{m}$$

经圆整后,塔径取为 $D=1$ m,此时

$$u=\frac{4V_g}{\pi D^2}=\frac{4\times 1\ 500}{3\ 600\times 3.14\times 1^2}=0.531\ \text{m/s}$$

根据式(7-46)求 L_{min},并与实际喷淋密度比较。

因填料尺寸小于 75 mm,故取 $(L_W)_{min}=0.08\ \text{m}^3/(\text{m·h})$,于是

$$L_{min}=(L_W)_{min}a=0.08\times 190=15.2\ \text{m}^3/(\text{m}^2\cdot\text{h})$$

操作条件下的喷淋密度为

$$L=\frac{W_L}{\rho_L\cdot\frac{\pi}{4}D^2}=\frac{4\times 25\ 000}{1\ 000\times 3.14\times 1^2}=31.8\ \text{m}^3/(\text{m}^2\cdot\text{h})>L_{min}$$

校核 $D/d=1\ 000/25=40>20$,可知不会发生壁流现象。

(2)单位高度填料的压降。

横坐标仍为 0.442,纵坐标计算如下:

$$\frac{u^2\varphi\psi}{g}\left(\frac{\rho_V}{\rho_L}\right)\mu_L^{0.2}=\frac{0.531^2\times 450\times 1\times 1.421\times 1^{0.2}}{9.81\times 1\ 000}=0.018$$

根据横、纵坐标之值,查图 7-37 确定塔的操作点,用内插法求得每米填料的压降为 284 Pa/m,即 29 mmH_2O/m。

任务八 了解其他类型的吸收操作

任务分析:吸收是化工过程中重要的分离单元操作,其基本原理是根据被分离混合物中各组分溶解度的差异,通过吸收塔将其分离。在实际生产中常会遇到溶解放热、溶质与吸收剂发生反应或同时溶解多种组分的情况,与之前学习的基本理论有偏差。在任务八中,学习几种特殊类型的吸收过程。

任务目标:理解高浓度气体吸收、非等温吸收、多组分吸收、化学吸收的特点和基本原理。

技能目标:能理解高浓度气体吸收、非等温吸收、多组分吸收、化学吸收的基本原理。

一、高浓度气体吸收

高浓度气体吸收,溶质在气液两相中的浓度均较高,并且在吸收过程中溶质从气相向液相的转移量也较大,和低浓度气体吸收相比,其有以下几个特点。

1. 气液两相的摩尔流量沿塔高有较大的变化

在高浓度气体吸收过程中,由于溶质从气相向液相转移的数量较大,气相的摩尔流量和液相的摩尔流量沿塔高都有显著的变化。但是惰性气体的摩尔流量沿塔高基本不变,如不考虑吸收剂的汽化,纯吸收剂的摩尔流量也基本不变。

2. 吸收过程有显著的热效应

吸收过程总是伴有热效应的。对于物理吸收,当溶质与吸收剂形成理想溶液时,吸收热即为溶质的汽化潜热;当溶质与吸收剂形成非理想溶液时,吸收热等于溶质的汽化潜热及溶质与吸收剂的混合热之和。对于有化学反应的吸收过程,吸收热还包括化学反应热。

对于高浓度气体吸收,由于溶质被吸收的量较大,产生的热量也较多。若吸收过程的液气比较小或者吸收塔的散热效果不好,会使吸收液的温度明显升高,这时气体吸收为非等温吸收。但若溶质的溶解热不大、吸收的液气比较大或吸收塔的散热效果较好,吸收仍可视为等温吸收。

3. 吸收系数沿塔高不是常数

在高浓度气体吸收中,从塔底至塔顶,由于气相流量不断减小,流速也不断减小,所以气膜吸收系数不断降低,计算时必须考虑。

同理,液膜吸收系数也随液相流量和组成的变化而变化,但变化很小,一般可认为液膜吸收系数为常数。

总吸收系数与气膜吸收系数以及液膜吸收系数均有关系,它的变化更加复杂。因此,在高浓度气体吸收的计算中,往往以气膜或液膜计算吸收速率。

二、非等温吸收

在吸收过程中总会产生溶解热,特别是伴有化学反应时常会有大量的反应热释放出来,使两相流体温度升高。只有在气体浓度不高,液气比甚大,也没有显著的放热效应时,才能近似地作为等温吸收对待。若吸收的热效应较大,如以水吸收较浓的 HCl 或 NH_3,以浓硫酸吸收 SO_3 等过程,就必须考虑温度变化的影响。非等温吸收的特点如下。

(1)相平衡关系发生改变。在非等温吸收中,由于吸收温度逐渐升高,溶质在吸收剂中的溶解度减小($H\downarrow$,$m\uparrow$,$E\uparrow$),平衡线逐渐向上移动,塔内的传质推动力随温度升高而减小,对吸收过程产生不利影响。另外,温度升高使吸收剂的蒸气压增大,其汽化量增大,从而增加了吸收剂的损耗量。

(2)液相传质分系数有所提高。由于液相温度升高,降低了液体的黏度,增大了扩散系数,从而提高了液相的传质分系数。

(3)若为化学吸收,温度升高会使反应速率加快。

(4)非等温吸收应该在进行物料衡算的同时进行热量衡算,以确定塔内的温度分布及相应的平衡关系。

非等温吸收的一种近似处理办法是假定所有释放出的热量都被液体吸收,据此推导出液体的浓度与温度的对应关系,从而得到变温情况下的平衡曲线。

总的来讲,液体的温度升高对吸收过程不利。所以,在实际生产中对于有显著热效应的吸收系统,一般均采取降温措施,如将液体引出进行中间冷却,或在塔内安装冷却器等。

三、多组分吸收

前面所述的吸收过程都是混合气体里仅有一种组分在溶剂中有显著溶解度的情况,即所谓的单组分吸收。但是实际生产中的许多吸收操作混合气中具有显著溶解度的组分不止一种,这样的吸收便属于多组分吸收。例如,用挥发度极低的液态烃吸收石油裂解气中的多种烃类组分,使之与甲烷、氢气分开;用洗油吸收焦炉气中的苯、甲苯、二甲苯。

多组分吸收的计算远较单组分吸收复杂。这主要是因为在多组分吸收中,其他组分的存在使得各溶质在气液两相中的平衡关系有所改变。但是,对于某些溶剂用量很大的低浓度气体吸收,可认为所得稀溶液的平衡关系服从亨利定律,而且各组分的平衡关系互不影响,因而可分别对各溶质组分予以单独考虑。例如对混合气中的溶质组分 i 可写出如下平衡关系:

$$Y_i^* = m_i X_i$$

式中 X_i——液相中 i 组分的摩尔比;

Y_i^*——与液相平衡的气相中 i 组分的摩尔比;

m_i——溶质组分 i 的相平衡常数。

各溶质组分的相平衡常数 m 值互不相同,因此,每一个溶质组分都有自己的平衡线。同时,在进、出吸收设备的气体中,各组分的浓度各不相同,因而每一个溶质组分都有自己的操作线方程及相应的操作线。例如对溶质 i 可写出如下操作线方程:

$$Y_i = \frac{L}{V}X_i + \left(Y_{i2} - \frac{L}{V}X_{i2}\right)$$

式中溶剂与惰性气体的摩尔流量之比(液气比 L/V)为常数,所以各溶质组分的操作线应具有相同的斜率,即各操作线互相平行,如图 7-38 中的 C_1、C_2、C_3线所示。

多组分吸收的计算常需首先规定某一溶质组分的吸收率或出塔时的浓度,据以求出所需的填料层高度(或理论塔板数),再根据确定的填料层高度(或理论塔板数)计算出其他溶质组分的吸收率及出塔气体组成。这个被首先规定了分离要求的组分称为关键组分,它应是在该吸收操作中具有关键意义因而必须保证其吸收率达到预定指标的组分。例如处理石油裂解气的油吸收塔,其主要目的是回收裂解气中的乙烯,因此乙烯为关键组分,一般要求乙烯的吸收率达到 98% ~99% 。多组分吸收中的关键组分与多组分精馏中的关键组分地位相当。但应

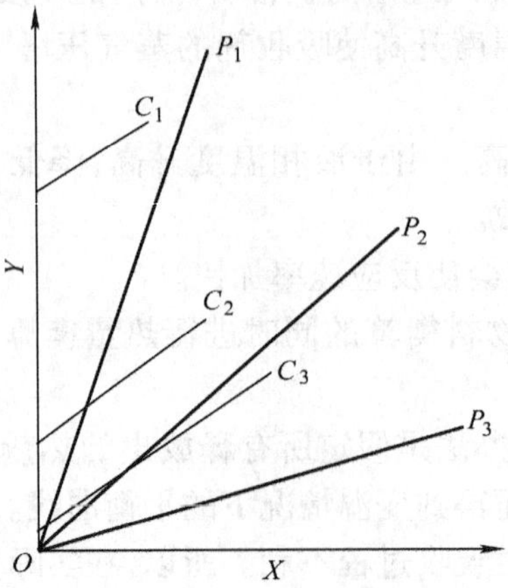

图 7-38　多组分吸收的操作线与平衡线

注意，多组分精馏操作中的关键组分有轻、重两个，而多组分吸收操作中的关键组分只有一个。

在单组分吸收过程中，若惰性气体也稍有溶解，实际上也是多组分吸收过程。例如，合成氨厂用加压吸收的方法从变换气中脱除 CO_2时，氮、氢等气体也稍有溶解，造成了氮气、氢气损失以及回收的 CO_2纯度不高。这些问题有时可以用多级减压解吸的方法解决。由于难溶组分的亨利系数 E 值大，在减压解吸时优先释放，故可设置中减压解吸装置以回收氮气、氢气，然后在低压下解吸回收 CO_2。

四、化学吸收

在实际生产中，多数吸收过程都伴有化学反应。伴有显著化学反应的吸收过程称为化学吸收。例如用 NaOH 或 Na_2CO_3、NH_4OH 等水溶液吸收 CO_2或 SO_2、H_2S 以及用硫酸吸收氨等，都属于化学吸收。

溶质首先由气相主体扩散至气液界面，随后在由界面向液相主体扩散的过程中，与吸收剂或液相中的某种活泼组分发生化学反应。因此，溶质的浓度沿扩散途径的变化情况不仅与其扩散速率有关，而且与液相中活泼组分的反向扩散速率、化学反应速率以及反应产物的扩散速率等因素有关，这就使得化学吸收的速率关系十分复杂。总的来说，由于化学反应消耗了进入液相中的溶质，使溶质的有效溶解度增大而平衡分压降低，增大了吸收过程的推动力；同时，由于溶质在液膜内扩散中途即因化学反应而消耗，使传质阻力减小，吸收系数相应增大。所以，发生化学反应总会使吸收速率得到不同程度的提高，但是提高的程度依情况的不同而有很大的差异。

当液体中活泼组分的浓度足够高，而且发生的是快速不可逆反应时，若溶质组分进入液相后立即反应而被消耗掉，则界面上的溶质分压为零，吸收过程的速率为气膜中的扩散阻力所控制，可按气膜控制的物理吸收计算。硫酸吸收氨的过程即属此种情况。

当反应速率较低致使反应主要在液相主体中进行时，吸收过程中气液两膜的扩散阻力均未变化，仅因化学反应而使液相主体中溶质的浓度降低，过程的总推动力较单纯物理吸收的大。用碳酸钠水溶液吸收二氧化碳的过程即属此种情况。

当情况介于上述两者之间时，吸收速率的计算目前仍无可靠的一般方法，设计时往往依靠实测数据。

综上所述,化学吸收与物理吸收相比有以下特点。

(1)吸收过程的推动力增大。气体中的溶质进入液相后,因与液体中的某些组分发生化学反应而被消耗掉,使液体中溶质的浓度降低。若反应是不可逆过程,在溶液中的溶质组分被完全消耗之前,溶质的平衡分压可降至零,故推动力必然增大。

(2)传质系数有所增大。有化学反应的吸收过程,溶于液相的溶质常常在气液表面附近的液相内与某些组分起化学反应而被消耗掉,使液相中的扩散阻力减小,从而液相传质分系数有所增大。

这两个特点使化学吸收特别适用于难溶气体的吸收(即液膜控制系统),若吸收过程为气膜控制,液相传质分系数增大并不能使总传质系数明显增大,但总推动力会有所增大。

(3)吸收剂用量较小。在化学吸收中单位体积吸收剂能吸收的溶质量大为增加,故能有效地减少吸收剂的用量或循环量,从而降低能耗及某些有价值的惰性气体的溶解损失。

但是,化学吸收的优点并非绝对的,主要在于化学反应虽有利于吸收,但往往不利于解吸。如果反应不可逆,吸收剂就不能循环使用;此外,反应速度的快慢也会影响吸收的效果。所以,化学吸收剂的选择要注意有较大的反应速率和反应的可逆性。

阅读材料——吸收工国家职业技能鉴定标准

一、鉴定要求

1. 适用对象

适用于化工生产中吸收塔(釜)等设备的操作人员。

2. 申报条件

(1)文化程度:高中毕业。

(2)现有技术等级证书级别:中级工技术等级证书,持证四年。

(3)本工种工作年限:六年,技工学校和职业高中本专业毕业生申报高级工为三年。

(4)身体状况:健康。

3. 考生与考评员比例

(1)知识:15:1。

(2)技能:1:3。

4. 鉴定方式和时间

(1)知识:闭卷、笔试,限时90 min。满分100分,60分及格。

(2)技能:逐人抽题进行口试、笔试或模拟操作,根据考试要求确定时间。满分100分,60分及格。

二、鉴定内容

1. 知识要求

项目	鉴定范围	鉴定内容	鉴定比重/%
基本知识	1. 基础知识	(1)具有高中或高中以上的物理、化学知识,如: ①电子技术、放射性同位素的初步知识; ②向心力、离心力的理论及计算; ③电化学基础理论; ④液体汽化的理论; ⑤相平衡、溶度积、缓冲溶液的基本理论; ⑥影响化学反应速率的因素及催化理论; ⑦烃类化合物、络合物的基本结构和性质 (2)具有本工种有关的化工基础知识,如: ①雷诺数、流体阻力的基本理论与计算; ②强化传热的途径与热绝缘的方法; ③以双膜理论为基础的吸收机理; ④吸收速率与吸收方程; ⑤吸收设备选型的依据; ⑥吸收过程的物料与能量衡算	11
	2. 安全防护知识	(1)本产品生产中的原料、中间品及成品的危害性、爆炸性、毒害性的控制、预防方法; (2)与本产品生产相关的防火、防爆、防静电设施的性能及使用知识; (3)生产系统及周围环境安全缺陷的自检及整改	5
专业知识	1. 工艺技术知识	(1)化工吸收过程中各类设备的结构、工艺流程及区别,本工种选用的吸收装置的优缺点; (2)吸收过程的机理,如亨利定律、双膜理论、吸收推动力、吸收速率和吸收系数等; (3)各类吸收设备,如内冷吸收塔、外冷吸收塔、降膜吸收塔及填料塔的传热、传质工艺理论; (4)本装置吸收过程的物料及能量衡算; (5)本产品生产工艺规程中主要技术指标制定的依据	40
	2. 设备装置知识	(1)本工种设备缺陷的定性分析判断,一般零部件的检修常识,如填料、管件、阀门的更换等; (2)各类吸收设备的构造、能力、适用范围,防腐、保温设施以及防腐、保温新材料、新技术的应用状况; (3)本工种设备的检修内容及验收投产标准	20
	3. 分析检验知识	(1)容量分析常用的基本方法; (2)吸收成品的分析项目及分析方法; (3)络合滴定法及仪器分析的初步知识	6
	4. 电器、仪表、计量器具知识	(1)吸收装置常用的仪表连锁、自控的一般原理和使用方法; (2)吸收装置及其辅助设备的电器回路及保护设施; (3)本工种使用的电器、仪表、计量器具的选用原则和技术要求	6

续表

项目	鉴定范围	鉴定内容	鉴定比重/%
相关知识	1. 三废处理知识	(1)本产品生产中三废排放的种类、数量、性质、标准； (2)本工种采用的环保设施的机理及使用方法，降低三废排放的途径	6
	2. 管理知识	(1)全面质量管理及现代化管理常用方法的内容； (2)专业管理的基本内容和要求，如生产管理、设备管理、安全管理等	6

2. 技能要求

项目	鉴定范围	鉴定内容	鉴定比重/%
操作技能	1. 工艺操作能力	(1)正确地进行吸收工生产全过程的开车、停车和正常操作； (2)掌握吸收工被测参数的技术条件与制定依据，正确判断吸收生产过程中的一切变化情况，及时调整操作并与有关工种、岗位协调，控制技术操作指标达到先进水平和经济合理	30
	2. 应变和事故处理能力	(1)正确处理吸收工生产过程中的各种异常现象和事故，如突然大减量，吸收塔液泛或堵塔，澄清桶冒浑，突然停电、停气等； (2)对吸收工的同类型装置或新增设备进行验收试车和开工生产操作； (3)严格执行安全技术规程，对吸收工生产过程进行全面安全检查，保持安全防护装置完备，做到安全生产； (4)严格执行产品生产工艺规程，正确分析、判断各类事故的原因，及时提出预防措施，消除隐患	30
工具、设备的使用和维护	设备及仪表的使用、维护能力	(1)正确使用和维护保养吸收工的设备、电器、仪表、计量器具； (2)开工时按操作规程的要求进行单体吹扫、试压、查漏，经检查合格投料开车，对本工种的设备在运行中发生的不正常情况，提出能否继续运行的意见，能正确地指出修理部位，并采取相应的措施； (3)掌握本工种所用各类电器、仪表的使用知识，能正确判断电器、仪表运行正常与否，及时联系和处理故障； (4)提出吸收工设备的检修、清扫项目和要求，并能在检修后进行验收试车和开车操作	20
其他能力	1. 工艺计算能力	吸收装置的物料、能量计算，装置生产能力的计算，并对生产进行数据统计分析	8
	2. 识图制图能力	(1)看懂产品生产工艺流程图、吸收工静止设备装配图； (2)绘制吸收系统带控制点的工艺流程示意图，绘制吸收塔(器)等主要设备的简图和一般零部件的草图	6
	3. 管理能力	(1)对吸收过程运用全面质量管理手段进行各项管理工作，并能提出课题、攻关，提高生产水平； (2)开展班组经济活动，提出并实施保证产品质量、降低消耗定额的措施	3
	4. 语言文字领会与表达能力	(1)识阅和理解有关本产品生产的技术资料及管理文件，并能写出技术报告和通报有关情况； (2)具备培训初、中级工应知、应会的能力	3

说明：本标准为中华人民共和国劳动和社会保障部颁发的《国家职业技能鉴定规范(化工行业特有工种考核大纲)》吸收工(高级)技能鉴定标准。

主要符号说明

英文字母

A——吸收因数，$A=\frac{L}{mV}$

a——填料的比表面积，m^2/m^3

c——摩尔浓度，$kmol/m^3$

D——分子扩散系数，m^2/s；吸收塔内径，m

D_e——涡流扩散系数，m^2/s

E——亨利系数，kPa

H_G、H_L——气相和液相（相内）传质单元高度，m

H_{OG}、H_{OL}——气相和液相（相内）总传质单元高度，m

J_A——A组分的分子扩散速率或扩散通量，$kmol/(m^2 \cdot s)$

K——总传质系数，$kmol/(m^2 \cdot s)$

K_g、K_y、K_Y——分别以Δp、Δy、ΔY表示推动力的气相总传质系数

K_l、K_x、K_X——分别以Δc、Δx、ΔX表示推动力的液相总传质系数

k——传质分系数，$kmol/(m^2 \cdot s)$

k_c、k_g、k_y、k_Y——分别以Δc、Δp、Δy、ΔY表示推动力的气相传质分系数

k_l、k_x、k_X——分别以Δc、Δx、ΔX表示推动力的液相传质分系数

L——单位时间内通过吸收塔的吸收剂量，kmol/s

m——相平衡常数

N_A——组分A的传质速率，$kmol/(m^2 \cdot s)$

N_G、N_L——气相和液相（相内）传质单元数

N_{OG}、N_{OL}——气相和液相（相内）总传质单元数

R——传质阻力，$m^2 \cdot s \cdot \Delta/kmol$

S——解吸因数，$S=\frac{mV}{L}$

U——喷淋密度，单位时间内喷淋在单位塔截面积上的液相体积，$m^3/(m^2 \cdot h)$

u——空塔气速，m/s

u_F——泛点气速（以塔横截面积A_T为准），m/s

X_1——以摩尔比表示的吸收液体入塔组成，解吸液体入塔组成

X_2——以摩尔比表示的吸收液体出塔组成，解吸液体出塔组成

ΔX_m——以液相摩尔比表示的平均相际传质推动力

Y_1——以摩尔比表示的吸收气体入塔组成，解吸气体出塔组成

Y_2——以摩尔比表示的吸收气体出塔组成，解吸气体入塔组成

ΔY_m——以气相摩尔比表示的平均相际传质推动力

Z——传质方向上的距离，m；填料层高度，m

希腊字母

Ω——塔截面积,m^2

Δ——推动力

ε——填料层的空隙率

φ——湿填料因子,1/m

ψ——液体密度校正系数

σ_c——填料材质的临界表面张力,N/m

下标

A——溶质组分

S——吸收剂组分

B——惰性气体

i——界面

m——平均值

上标

*——平衡值

项目八　液－液萃取技术

项目介绍

液－液萃取是分离均相液体混合物的一种单元操作，也称为溶剂萃取或溶剂抽提。它利用液体混合物中的各组分在所选定的溶剂中溶解度的差异来达到分离各组分的目的。在这一点上它与吸收类似，即需要使用外来的质量分离剂——萃取剂，区别在于萃取操作涉及的是液液两相间的传质过程。液－液萃取作为分离和提取物质的重要单元操作之一，在石油、化工、湿法冶金、原子能、医药、生物及环保领域得到了越来越广泛的应用。

* * * *　　* * * *　　* * * *

任务一　认识液－液萃取过程

任务分析：萃取技术是化工生产过程中另外一个重要的分离液相混合物的单元操作，那么这一过程在生产中是如何实现的呢？首先了解一下萃取过程。

任务目标：了解萃取操作的分类及工艺流程。

技能目标：能识别各种萃取流程。

一、萃取设备的类型及特点

液－液萃取操作是两液相间的传质过程。与气液间的传质过程（如吸收、蒸馏）类似，为获得较高的相际传质效果，首先要使不平衡的两相密切接触、充分混合，再使传质后的两相彻底分离。在萃取设备中，通常使一相呈液滴状态分布于另一作为连续相的液相中，液滴的大小对萃取有重要影响。如液滴过大，则传质表面积较小，对传质不利；但如液滴过小，虽然传质表面积较大，但分散液滴的凝集速度较慢，有时甚至会发生乳化，同时液相间的密度差较气液相间的密度差小得多，这些因素都会使混合后的两液相重新分层较困难，因此要根据物系的性质选择适宜的萃取设备及其结构尺寸。在很多情况下，萃取后两液相能否顺利分层成为是否选用萃取操作的一个重要制约因素。

液液传质设备类型很多，按两相接触方式有分级接触式和微分接触式；按操作方式有间歇式和连续式；按设备和操作技术有单级和多级；按有无外加机械能量以及外加能量的方式和设备结构形式又可分为许多种。

萃取设备根据结构不同可分为混合澄清器、萃取塔或萃取柱、离心萃取器和其他一些新型设备。下面介绍几种常用的萃取设备。

（一）混合澄清器

混合澄清器是使用最早、目前仍广泛应用的一种分级接触式萃取设备，其结构形式有多种。图 8-1 所示为单级混合澄清器，混合器中装有搅拌装置，以促进液滴破碎和均匀混合。澄清器是水平截面积较大的空室，主要依靠重力使分散相(液滴)凝集分层。

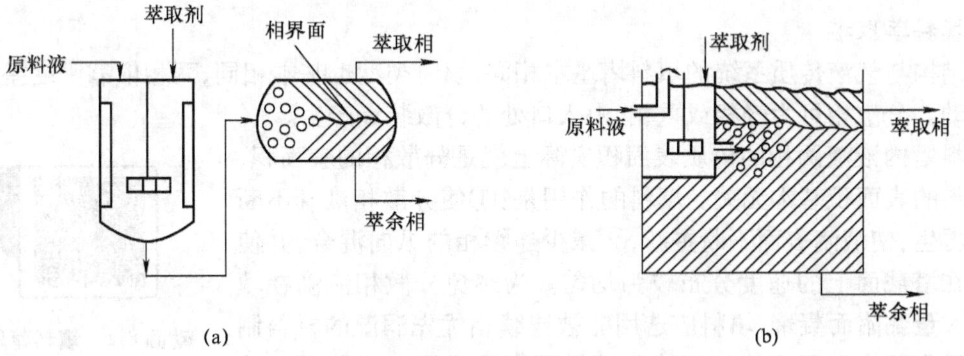

图 8-1　混合澄清器

(a)混合器与澄清器分离装置　(b)混合器与澄清器组合装置

根据分离要求，混合澄清器可以单级使用，也可组合成多级错流或多级逆流流程使用；可以间歇操作，也可连续操作。

混合器的工作容积可依原料液和萃取剂的总流量和萃取过程所需的时间算出。澄清器的水平截面积则依分散相液体的流量与液滴的凝集分层速度计算。这些操作参数均需经实验室测定，具体计算方法可参阅有关专著。

扫一扫

动画 8-1　混合澄清器

这类设备的主要优点如下。

(1)传质级效率较高。这是由于在混合器内依靠外加搅拌能量使两相接触面积增大，湍动程度增加，澄清器的水平截面积也较大，分层效果较好。通常离开澄清器的两相可基本上接近平衡状态。

(2)结构简单。一般认为单位体积的混合器消耗相同的搅拌功率时，级效率大致相等，故放大设计比较容易、可靠。

(3)操作方便、灵活。液体的分散状况和停留时间均可适当调节，级数也可根据需要增减。

(4)流量的允许变化范围大，可适应各种生产规模，也能处理含固体的悬浮物料。

这类设备的主要缺点如下。

(1)多级混合澄清器水平排列时，占地面积大。为减小占地面积，可采用厢式或立式混合澄清器，但结构要复杂一些。

(2)设备尺寸较大，且各级均设有搅拌，级间液体流动一般需用泵输送，故设备费和操作费较高。

(3)由于设备内持液量大，当萃取剂较贵或有可燃性时不宜采用。

(4)整体搅拌混合一般会减小传质平均推动力。

(二)萃取塔

用于萃取的塔设备有填料塔、筛板塔、转盘塔、脉动塔和振动筛板塔等。塔体都是直立的圆筒，轻相自塔底进入，由塔顶溢出；重相自塔顶加入，由塔底导出；两相在塔内逆流流动。除筛板塔外,萃取塔大都属于微分接触传质设备,塔的中部为萃取操作的工作段,两端分别用于分散相液滴的凝集分层和连续相中夹带的分散相微细液滴的分离。下面介绍几种常用的萃取塔。

1. 填料萃取塔

其结构与气液传质系统的填料塔基本相同,填料类型也基本相同,两相依靠密度差在塔内相对运动。分散相可为轻相或重相,由入口处的分散装置产生。

填料塔内液液两相的传质表面积实际上就是分散相的表面积,它与填料的表面积基本无关。填料的作用是:①使分散相液滴不断破裂与再生,使液滴表面不断更新;②减少连续相的纵向混合,并使连续相在塔截面上的速度分布较为均匀。为避免分散相液滴在填料表面大量黏附而凝聚,填料应选用能被连续相优先润湿的材料制作。在操作前应先用连续相液体将填料预润湿后再通入分散相液体。一般瓷质填料易被水溶液优先润湿,塑料填料易被大部分有机液体优先润湿,而金属填料则需通过实验确定其润湿能力。

动画 8-2　填料萃取塔

填料萃取塔的主要缺点是:级效率较低,不能处理含固体的悬浮液,两相通过能力有限。其优点是:结构简单,操作方便,造价低廉,适宜处理腐蚀性液体。当处理量较小,要求的理论级数不多(少于 3 级)时,在工业上仍有应用。

为增强塔内液体的湍动,防止分散相液滴的凝聚,也可在填料塔外附设脉动发生装置。如图 8-2 所示的脉冲填料萃取塔借助活塞往复运动使塔内液体脉冲运动,即周期性地变速,由于轻相惯性小,加速容易,故两相间的相对速度增大,扰动增加,液滴尺寸随之减小,两相传质速率有所提高。

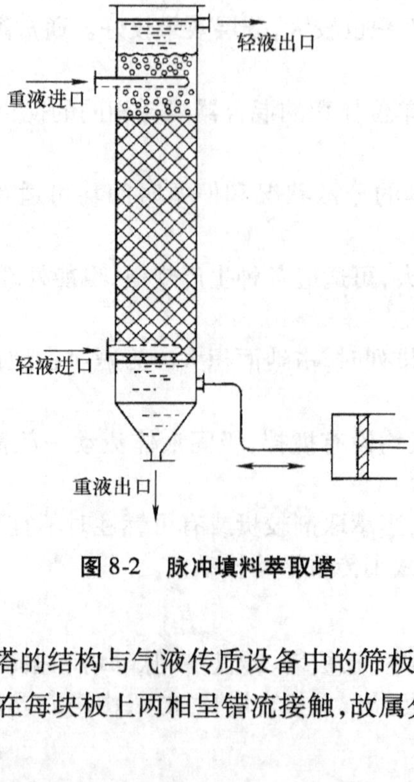

图 8-2　脉冲填料萃取塔

2. 筛板萃取塔

如图 8-3 所示,筛板萃取塔的结构与气液传质设备中的筛板塔类似,轻重两相依靠密度差在塔内作总体的逆流流动,而在每块板上两相呈错流接触,故属分级接触式设备。

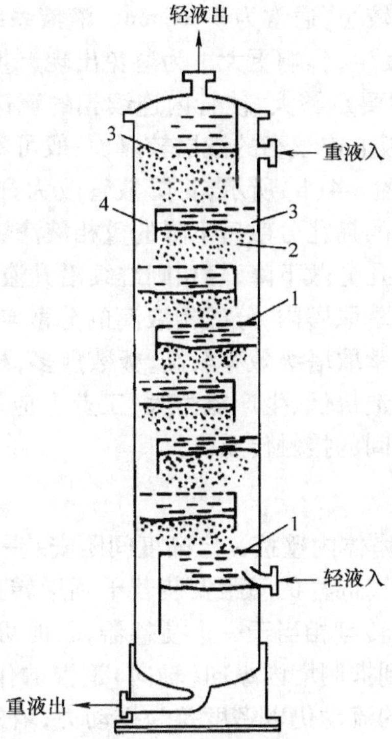

图 8-3　筛板萃取塔

1—筛板;2—混合液;3—轻、重液分界面;4—溢流管

动画 8-3　筛板萃取塔　　**动画 8-4　塔式萃取设备内的两相流路**

(1)若分散相为轻相,则如图 8-4(a)所示,轻相由塔底加入,自下而上通过筛板的筛孔被分散成细液滴向上运动,重相作为连续相沿板面横向流过,与分散相接触并由降液管流至下层塔板。液滴穿过重相液层后,在板的上层空间凝集形成清液层,在密度差的作用下继续穿过上层筛板,被筛孔再次分散于重相中,直至到塔顶分层后排出。而重相则由各板降液管依次下流,直至到塔底排出。可见,每一块筛板及板上空间的作用相当于一级混合澄清器。

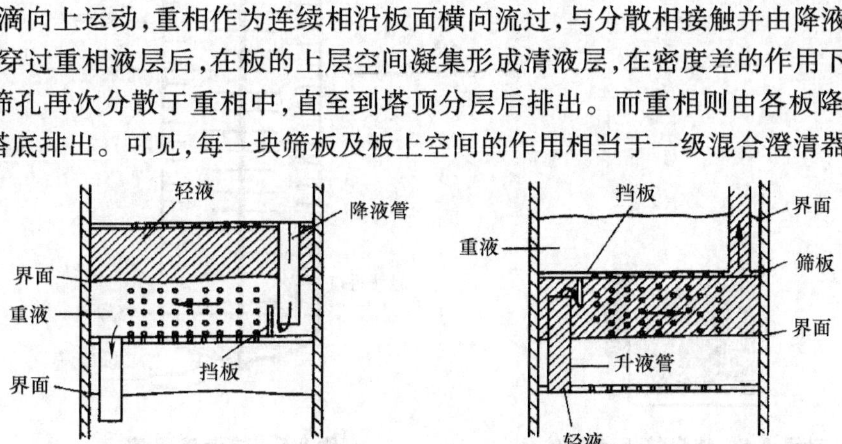

(a)　　(b)

图 8-4　筛板萃取塔

(a)分散相为轻相　(b)分散相为重相

为使液滴较小,一般筛孔也较小,通常为3~6 mm。液液系统降液管内的液滴夹带现象比气液系统中的气泡夹带更易于发生,影响更大。为避免出现严重的液滴夹带,通常降液管前的狭长区域不开孔,且降液管面积要足够大,使管内连续相的流速小于某一允许直径(例如0.8 mm)的液滴的沉降速度。由于板上连续相的液层较厚,一般可不设出口堰。

(2)若分散相为重相,则如图8-4(b)所示,将降液管改为升液管,轻相被送到板间的上半部空间并横向流过,与经上层板的筛孔分散后下降的重相液滴错流接触,在板间的下半部重相液滴凝集成层,再经下层板的筛孔分散下降,轻相则继续沿升液管上升。

与填料萃取塔相比,在筛板萃取塔内,分散相液滴的分散与凝集多次发生,筛板的存在又可抑制塔内的轴向返混,故筛板萃取塔级效率较高,板数愈多,相当于接触级愈多。

筛板萃取塔的结构较简单、造价低、生产能力大,工业上应用较广。筛板萃取塔也可采用塔外脉动发生装置,以强化两相间的接触传质。

3. 转盘萃取塔

如图8-5所示,其结构是在塔体内壁按一定高度间距安装一组环形板(称为固定环),在中心旋转轴上,在两个固定环中间以同样的间距安装若干圆形转盘。环形板将塔内分隔出若干小的空间,每个分隔空间中心的转盘相当于一个搅拌器,因而可以增大分散程度、相际接触面积以及湍动程度。固定环则起到抑制塔内纵向(轴向)返混的作用。因此,转盘萃取塔的萃取效率较高。两相在竖直方向上的流动仍以密度差为推动力,塔的上下端分别为轻相和重相的分层区,因此转盘萃取塔在本质上属于微分接触式设备。

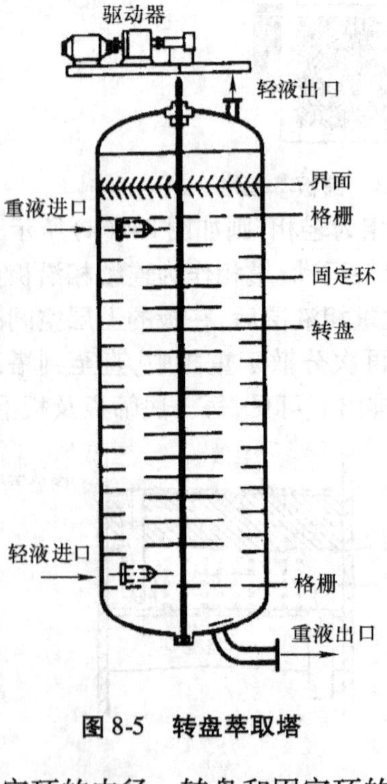

动画8-5 转盘筛板萃取塔

图8-5 转盘萃取塔

为了便于安装和维修,转盘的直径略小于固定环的内径。转盘和固定环的尺寸、固定环的间距、转盘的转速以及两相的流量比等均对塔产生成能力和萃取效率有一定的影响。

转盘萃取塔操作方便,传质效率高,结构不甚复杂,处理量与操作弹性大,在石油炼制和石油化工等行业中被广泛应用。

4. 振动筛板萃取塔

如图 8-6 所示,振动筛板萃取塔是将多层筛板按一定的板间距固定在中心轴上,筛板上不设溢流管且不与塔体相连,属于微分接触式设备。中心轴由塔外的曲柄连杆机构驱动,操作时带动筛板以一定的频率和振幅作竖直的上下往复运动,产生机械搅拌作用。当筛板向上运动时,筛板上侧的液体经筛孔分散并向下喷射;当筛板向下运动时,筛板下侧的液体向上喷射,从而增大相际接触面积及湍动程度。

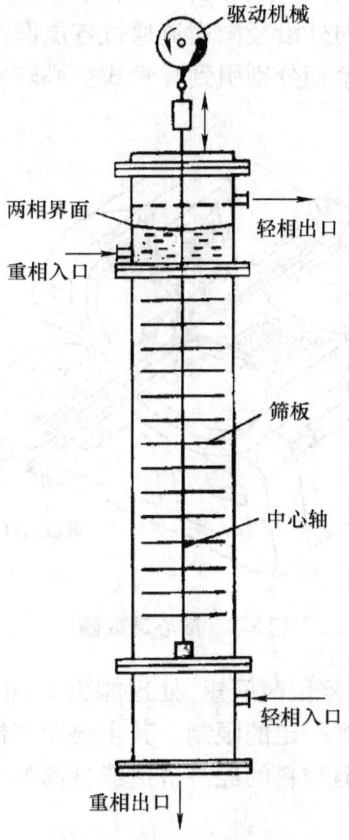

图 8-6　振动筛板萃取塔

振动筛板上的筛孔比前述的筛板萃取塔的孔径大一些,开孔率达 50% 左右,故流体阻力较小。由于筛板要随中心轴上下运动,筛板与塔内壁要保持一定的间隙。

振动筛板萃取塔操作、维修方便,结构简单、可靠,通量大,传质效率高,可用于处理易乳化、含固体物及腐蚀性强的物系,是一种性能较好的液液传质设备,在化工生产中的应用日益广泛,但其机械传动要求较高,塔的放大也有一定的限制。

(三) 离心萃取器

萃取专用的离心机利用高速旋转所产生的离心力使轻、重两相以很大的相对速度逆流流动,同时使液滴的沉降分离加速,因此特别适用于两相密度差很小,要求接触时间短、物料滞留量小以及两相易乳化、难于分离的物系。如抗菌素的生产，为了保持产品的稳定性，萃取时间就要求很短。

离心萃取器按两相接触方式分为逐级接触和连续微分接触两类，并有许多结构类型。逐级接触式的离心萃取器相当于在离心分离器内加上搅拌装置，形成单级或多级的离心萃取系统。而连续微分接触式的离心萃取器中的两相接触方式和连续接触萃取塔类似。图8-7所示为其一种类型，主要由一个水平转轴、一个随轴高速旋转的圆柱形转鼓以及固定外壳组成。转鼓内包含许多层带筛孔的同心圆筒，其转速一般为2 000～5 000 r/min（依所处理的物系而定），产生的离心力为重力的几百至几千倍。操作时两相在压强的作用下分别从带机械密封装置的套管式空心转轴的一端进入，重相引入转鼓内侧，轻相则引至转鼓外侧，在离心力场的作用下，轻相由外向内、重相由内向外沿径向逆流通过各层圆筒的筛孔分散并进行相际的密切接触和传质。得到的萃取相和萃余相分别引到套管式空心转轴的另一端流出。

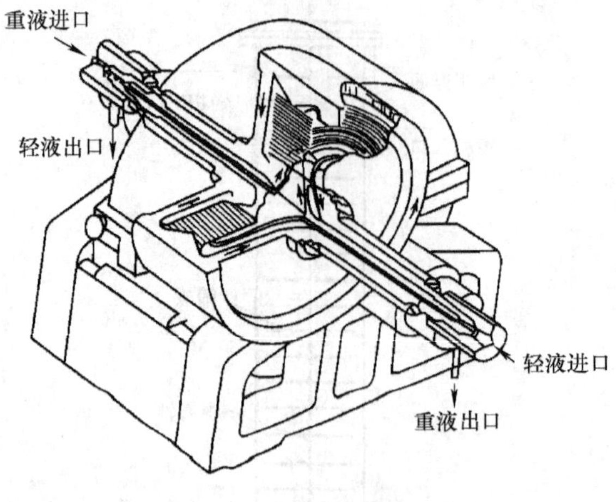

图8-7　离心萃取器

离心萃取器的结构紧凑，物料停留时间短，处理能力大；但其构造复杂，制造困难，造价与维修费用高，能耗大，故其应用受到一定的限制。其主要用于制药、染料、石油化工、冶金、特种废水处理、核工业等处理量不大，但物料的经济价值或分离的社会效益很高的场合。

动画8-6　离心萃取器

动画8-7　单级转筒式离心萃取器

（四）液－液萃取设备的选用

萃取设备的类型很多，必须根据具体对象、分离要求和客观实际条件选用。

1. 选用萃取设备时的考虑因素

1）物系的基本性质（密度差、界面张力和黏度）　物系的物理和物理化学性质对设备的选择非常重要。对于无外能输入的情况，液滴的大小及运动情况和相间界面张力 σ 与两相密度

差 $\Delta\rho$ 的比值 $\sigma/\Delta\rho$ 有关。若 $\sigma/\Delta\rho$ 较大,则液滴较大,使传质速率较低,故宜选用有外能输入的设备;而对 $\sigma/\Delta\rho$ 较小的物系可选用无外能输入的设备,以降低操作费用。如界面张力过小,液层易乳化,可考虑采用离心萃取器,而不宜采用一般有外能输入的设备。物系的黏度对液滴的大小和湍动程度也有影响,当黏度较大时,应选用有外能输入的设备。

2)物系的其他特殊性质 (1)当物系有较强的腐蚀性时,可选用结构简单的填料塔或脉冲填料塔。

(2)对含固体悬浮物或易生成沉淀的物系,为避免堵塞,应选用混合澄清器或转盘塔,也可用脉冲塔或振动筛板塔(它们有一定的自清洗能力),而不宜用填料塔和离心萃取器。

(3)对物系稳定性差,要求停留时间短的物系,可选用离心萃取器;对要求停留时间较长的物系,宜选用混合澄清器。

3)所需的萃取理论级数 若分离需要的理论级数不多(≤3 级),各种萃取设备均可选用;当理论级数较多时,可选用转盘、脉冲或振动筛板塔;当理论级数更多时,一般只能选用多级混合澄清器。

4)生产能力 对中、小生产能力,可用填料塔、脉冲塔;处理量较大时,可选用转盘塔、筛板塔、振动筛板塔;混合澄清器则适用于各种生产能力。

5)能源供应情况 在能源供应紧张的地区,应优先考虑节电,尽量选用依靠自身的重力流动的设备。

6)场地限制 若对厂房面积有一定的限制,宜选用立式设备;对厂房高度有限制时,可选用混合澄清器。

2. 分散相的选择

在液－液萃取中,两相流量比由液液平衡关系和分离要求决定,但在设备内用哪一相作为分散相是可以选择的,分散相的选择也会对设备结构和操作产生影响。选择时可参考下列原则。

(1)为增大相际接触面积,一般选流量较大的一相作为分散相。

(2)若两相流量相差很大,可选流量小的一相作为分散相。

(3)为增大设备的通过能力,减小塔径,可将黏度大的流体作为分散相。因为连续相液体的黏度愈小,液滴在塔内的下降或浮升速度愈大。

(4)对于填料塔、筛板塔等设备,连续相优先润湿填料或筛板是很重要的,应将润湿性差的液体作为分散相。

到目前为止,萃取过程的应用日益广泛,但由于物系的多样性与过程的复杂性,萃取设备的选择和设计还具有很强的经验性,往往要先经过实验室和中间试验进行萃取剂与萃取方案的筛选,并与其他液体混合物的分离方法进行技术经济比较,才能得出适宜的结论,并将设备放大到工业规模。

二、液液两相的接触方式

萃取操作依原料液和萃取剂的接触方式分为两类。

(一)微分接触萃取

如图 8-8 所示的喷洒萃取塔,原料液或重液自塔顶加入,以连续相的形式下流至塔底排出;轻液则由塔底进入,经分布器分散成液滴自由上浮,并与重液(连续相)进行物质传递,液滴上升至塔顶后凝聚成液层自塔顶排出。在塔中轻液与重液呈逆流接触,依靠轻液分散成小液滴增大相际传质面积。

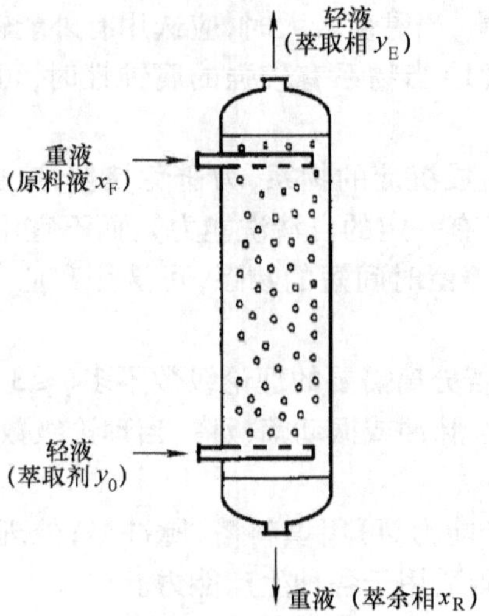

图 8-8 喷洒萃取塔

(二)级式接触萃取

图 8-9 所示为单级接触式萃取流程。如前所述,原料液(A + B)和萃取剂 S 加入混合器中,在搅拌作用下,一相被分散成液滴均布于另一相中进行相际传质,然后在澄清器中分层得到萃取相 E 和萃余相 R。若单级萃取得到的萃余相中还有部分溶质需进一步提取,可采取多级接触式萃取流程。多级萃取按物质的流动方式分为多级错流萃取与多级逆流萃取,最终离开的萃取相 E 和萃余相 R 可送到萃取剂回收分离系统,以回收萃取剂并使 A、B 得到较充分的分离。

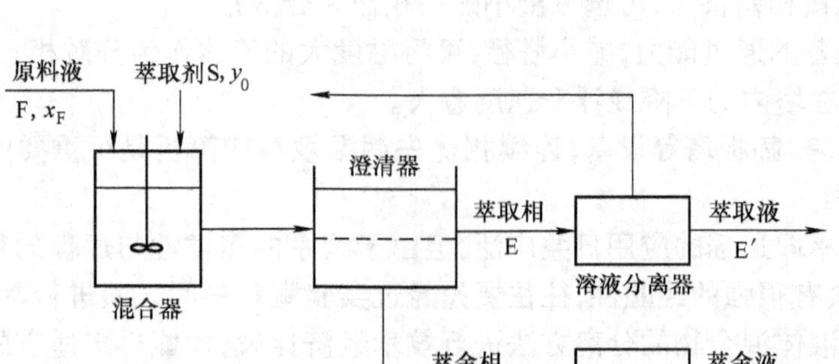

图 8-9 萃取过程示意

三、液 - 液萃取操作的工艺流程描述

双组分或多组分待分离的均相混合液可以看成由溶质与溶剂(称为原溶剂)构成。为使

其得到一定程度的分离，可选用另一种溶剂作为萃取剂。萃取剂必须具备的条件是：①萃取剂应与原料液互不相溶或只能在某些情况下部分互溶；②原料液中的溶质在原溶剂与萃取剂中有不同的溶解度，溶解度的差异越大越好。这里主要讨论双组分均相液体混合物（A＋B）的萃取过程。若A为待萃取组分，B对A来说是原溶剂。

动画8-8　萃取操作示意图

将一定的萃取剂S与原料液（A＋B）加至混合液中，如图8-9所示，若萃取剂与混合液不互溶或部分互溶，则器内存在两个液相。通过搅拌可使其中一个液相以小液滴的形式分散于另一个液相中，从而造成很大的相际接触面积。若A在S中的溶解度比在B中大得多，则A将由B向S中扩散。在两相充分接触后，A在S与B之间重新分配，然后停止搅拌并将其放入澄清器内，依靠两相的密度差进行沉降分层。上层称为轻相，通常以萃取剂S为主，其中溶入大量的A和少量的B，称为萃取相，用E表示；下层称为重相，通常以原溶剂B为主，其中含有剩余的A和溶入的少量S，称为萃余相，用R表示。也有轻相为萃余相而重相为萃取相的情况。

经过混合、澄清分离的E和R相都是由A、B、S组成的均相混合液，只是E相中A、B两组分的组成之比$\frac{w_{EA}}{w_{EB}}$比R相中A、B两组分的组成之比$\frac{w_{RA}}{w_{RB}}$大，即

$$\frac{w_{EA}}{w_{EB}} > \frac{w_{RA}}{w_{RB}} \quad 或 \quad \frac{w_{EA}}{w_{RA}} > \frac{w_{EB}}{w_{RB}}$$

式中w_{ij}表示组分j在物流i中的质量分数，例如w_{EA}表示组分A在萃取相E中的质量分数。

若将E和R中的萃取剂S设法除去，可得相应的萃取液E′和萃余液R′，这样就实现了原料液的部分分离。

四、液－液萃取技术在工业上的应用

液－液萃取操作于20世纪初才工业化，1903年用于液态SO_2萃取芳烃精制灯用煤油；1930年用于精制润滑油；20世纪40年代后期，由于生产核燃料的需要，促进了萃取操作的研究开发。现今液－液萃取已在石油、化工、医药、有色金属冶炼等工业中得到广泛应用，在环保（污水处理）方面也显示出其优越性。其应用范围如下。

（一）分离沸点相近或形成恒沸物的混合液

在石油化工中，从催化重整和烃类裂解得到的汽油中回收轻质芳烃（苯、甲苯、各种二甲苯），由于轻质芳烃与碳原子数相近的非芳烃沸点相差很小（如苯的沸点为80.1 ℃，环乙烷的沸点为80.74 ℃，2,2,3－三甲基丁烷的沸点为80.88 ℃），有时还会形成共沸物，因此不能用普通精馏方法分离。可采用二乙二醇醚（二甘醇）、环丁砜等做萃取剂，用液－液萃取方法得到纯度很高的芳烃。

（二）分离热敏性混合液

某些热敏性物料的混合液用普通蒸馏方法分离容易受热分解、聚合或发生其他化学变化，可采取液－液萃取方法进行分离。如制药生产中用液态丙烷在高压下从植物油或动物油中萃取维生素和脂肪酸等。

（三）回收稀溶液中的溶质或含量极少的贵重物质

从稀溶液特别是水溶液中回收溶质，若采用蒸馏或蒸发过程，耗热量大，极不经济，因此常

选用液－液萃取。如用苯作为萃取剂从苯甲酸水溶液中萃取苯甲酸；用苯、二甲苯、醋酸丁酯、二烷基乙酰胺等作为萃取剂处理焦化厂、染化厂的含酚废水；浸取液中的铀化物的提取与天然香精的提取等。

（四）分离多种离子

如矿物浸取液的分离和精制；锆和铪、钽和铌等性质相近、极难分离的金属离子混合物的分离等。元素周期表中的绝大多数元素都可以用萃取法提取分离。

（五）分离高沸点有机物

有些有机物的沸点很高，若采用高真空蒸馏方法，技术要求高，能耗也大，因此可选用萃取方法分离。如用乙酸萃取植物油中的油酸。

分离不同情况下的液体混合物，是采用蒸馏还是液－液萃取，往往要进行仔细的技术经济比较。这是因为采用质量分离剂时，质量分离剂（在萃取操作中为萃取剂）的再生与溶质的进一步分离都需额外增加设备投资和能量消耗。

扫一扫

动画 8-9　苯－环己烷萃取精馏流程示意

五、萃取操作的特点

（一）液－液萃取过程的依据是混合液中的各组分在所选萃取剂中溶解度的差异

萃取剂选择是否适宜，是萃取过程能否被采用的关键之一。也就是说，萃取剂必须对所萃取的溶质有较大的溶解能力，而对原料液中其他组分的溶解能力必须很小，才能通过萃取操作达到分离混合液的目的。

（二）液－液萃取过程是溶质从一个液相转移到另一个液相的相际传质过程

萃取剂与原溶剂必须在操作条件下互不相溶或部分互溶，且应有一定的密度差，以利用相对流动与分层。

（三）液－液萃取中使用的萃取剂量一般很大，萃取剂应价廉易得、易回收循环使用

萃取剂的回收往往是萃取操作不可缺少的部分。回收萃取剂通常采用蒸发或蒸馏，这两个单元操作耗能都很大，所以应尽可能选择易于回收且回收费用较低的萃取剂，以降低萃取过程的成本。

萃取过程的极限是达到液液相际平衡，因此，传质推动力的计算要通过相平衡组成来表达。同吸收、蒸馏一样，必须先熟悉萃取过程相平衡关系的表达和计算方法。

自　测　题

一、填空题

1. 利用液体混合物中的各组分在液体中溶解度的差异而使不同组分分离的操作称为________。

2. 液－液萃取可分为____________萃取过程和____________萃取过程，其中__________过程又可分为__________萃取和__________萃取。

3. 液－液萃取设备按气液接触情况可分为________式和________式，板式塔属于

________,填料塔属于________。

4. 液－液萃取利用液体混合物中的各组分在所选定的溶剂中________的差异来达到分离各组分的目的。

5. 填料萃取塔是典型的________式萃取设备。

6. 萃取后两液相能否________是选用萃取操作的一个重要因素。

二、判断题

1. 在填料塔中为使流向塔壁的液体重新流回塔中心部位,一般在液体流过一定高度的填料层后装置一个液体再分布器。(　　)

2. 降液管是液体自上一层塔板流至下一层塔板的通道。降液管的横截面有弓形与圆形两种。(　　)

3. 板式塔中的倾向性漏液指液体刚流进塔板时因液层最厚,该部位的筛孔在操作中产生漏液的现象。(　　)

4. 萃取技术的理论基础是相平衡关系。(　　)

5. 萃取操作是无相变的过程。(　　)

6. 分离过程可以分为机械分离和传质分离过程两大类。萃取是机械分离过程。(　　)

三、选择题

1. 萃取操作是(　　)相间的传质过程。

A. 气液　B. 液液　C. 气固　D. 液固

2. 液－液萃取操作也称为(　　)。

A. 萃取精馏　B. 气提　C. 抽提　D. 解吸

3. 在萃取过程中,所用的溶剂称为(　　)。

A. 萃取剂　B. 稀释剂　C. 溶质　D. 溶剂

4. 萃取剂的选择性(　　)。

A. 是液－液萃取分离能力的表征　B. 是液－固萃取分离能力的表征

C. 是吸收过程分离能力的表征　D. 是吸附过程分离能力的表征

5. 萃取操作包括若干步骤,除了(　　)。

A. 原料预热　B. 原料与萃取剂混合　C. 澄清分离　D. 萃取剂回收

6. 下列不属于多级逆流接触萃取的特点的是(　　)。

A. 连续操作　B. 平均推动力大　C. 分离效率高　D. 溶剂用量大

7. 能获得溶质浓度很低的萃余相但得不到溶质浓度很高的萃取相的是(　　)。

A. 单级萃取流程　B. 多级错流萃取流程

C. 多级逆流萃取流程　D. 多级错流或逆流萃取流程

四、简答题

1. 萃取设备分类的依据是什么?

2. 萃取设备的选择原则是什么?

3. 液－液萃取与精馏相比有什么优点?

4. 多级逆流萃取和单级萃取相比有什么优缺点?

5. 液－液萃取在工业上有何应用?

任务二 学习液-液萃取技术的理论知识

任务分析:萃取技术利用液体混合物中的各组分在所选定的溶剂中溶解度的差异来达到分离各组分的目的。溶质在两种液体中溶解度的差异对萃取过程有什么样的影响?下面学习溶质在两相中溶解的平衡关系。

任务目标:①掌握萃取过程的原理;②掌握部分互溶物系的液液相平衡关系;③理解溶剂的选择原则。

技能目标:能分析影响萃取操作的因素。

一、液液相平衡关系

萃取过程至少涉及三个组分,即溶质 A、原溶剂 B 和萃取剂 S,通常 S 与 B 是部分互溶的,因而萃取相 E 和萃余相 R 均为三元混合液。三元物系的相平衡关系可用三角形相图来表达。

(一)三角形相图

三角形相图可以采用等边三角形、等腰直角三角形和不等腰直角三角形,以在平面上表示三个组成的坐标系。这里主要介绍等腰直角三角形坐标图。

1. 溶液组成的表示方法

三元混合液的组成可以用质量分数、体积分数和摩尔分数表示。常用的为质量分数,如图 8-10 所示。

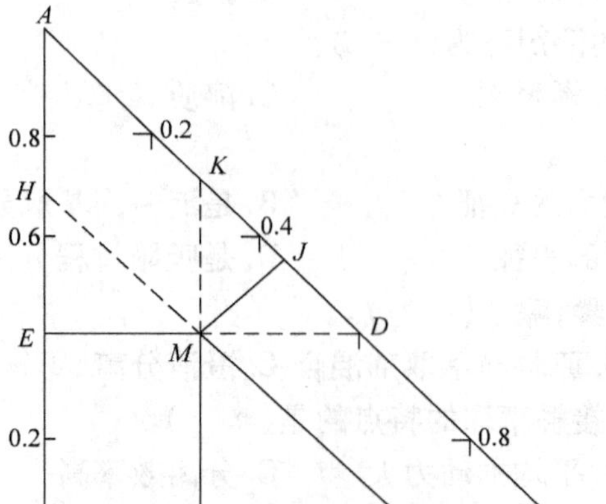

图 8-10 三元混合液的组成在等腰直角三角形中的表示法

(1)三角形相图上的三个顶点 A、B、S 分别表示三元物系中的纯溶质、纯原溶剂和纯萃取剂,即质量分数均为 1.0。习惯上 A 点为三角形的上顶点,而 B 点为直角边的下端点。

(2)三角形边上的任一点表示一种二元混合液的组成,此时第三组分的含量为零。如 AB 边上的 H 点表示只含 A 与 B 组分的二元混合液,而不含 S。三条边分别按总长度(相当于纯数 1.0)作等分刻度,则 H 点的组成为

$$w_{HA}=\frac{BH}{AB}=0.7,w_{HB}=\frac{AH}{AB}=0.3$$

$w_{HA}+w_{HB}=BH+AH=1.0$

w_{HA}、w_{HB}分别表示溶质A和原溶剂B在溶液H中的质量分数。

读者可自行从图中读出K点、G点所代表的组成。

(3)三角形内的任一点表示某三元混合液的组成。对图8-10中的M点，由M点分别作三个坐标轴的平行线HMG、EMD、KMF。点E、D在EMD线上，它们都代表组分A的质量分数，$\frac{BE}{AB}=w_{EA}=\frac{SD}{SA}=w_{DA}=0.4$，所以$M$点的$w_{MA}=0.4$；点$H$、$G$在$HMG$线上，它们都代表组分B的质量分数，$\frac{AH}{AB}=w_{HB}=\frac{SG}{SB}=w_{GB}=0.3$，所以$M$点的$w_{MB}=0.3$；同理有，$\frac{AK}{AS}=w_{KB}=\frac{BF}{BS}=w_{FS}=0.3$，所以$w_{MS}=0.3$；且有

$w_{MA}+w_{MB}+w_{MS}=0.4+0.3+0.3=1.0$

故三角形相图上任一点的组成必满足组成归一性方程。

换言之，M点的组分A的组成w_{MA}可由AB边上的E点或AS边上的D点读出；w_{MB}可由AB边上的H点或SB边上的G点读出；w_{MS}可由AS边上的K点或BS边上的F点读出。

更简单一些，可由M点分别作AB与BS边的垂直线ME与MF，由E点读出w_{MA}，由F点读出w_{MS}，然后由归一性方程求出$w_{MB}=1-w_{MA}-w_{MS}$。

若在萃取计算中遇到溶质浓度很低或相图中的各线较密集，可采用不等腰直角三角形来表达，即将其中一条直角边的刻度放大，以提高示值的准确度，便于作图和读数，但此时三条边长仍分别代表纯数1.0。

2. 物料衡算与杠杆定律

在图8-11所示的三角形相图中，设总组成为w_{RA}、w_{RB}、w_{RS}的溶液R kg(即图中的R点)与总组成为w_{EA}、w_{EB}、w_{ES}的溶液E kg(即图中的E点)混合，混合液的总量为

$$M=R+E \tag{8-1}$$

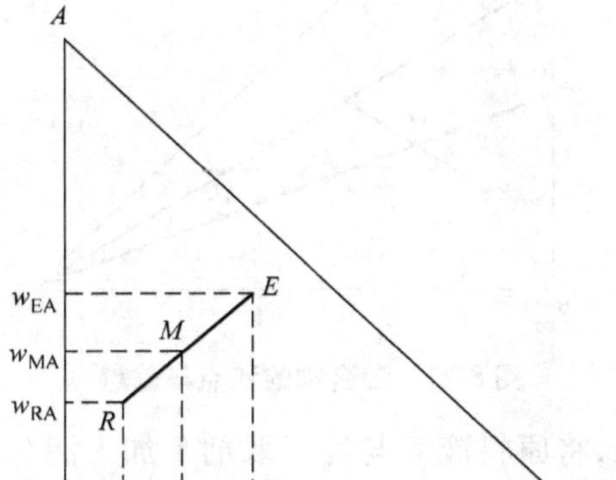

图8-11　三角形相图中的物料衡算与杠杆定律

设混合液M的总组成为w_{MA}、w_{MB}、w_{MS}，根据总物料衡算式式(8-1)作组分A的衡算，得

$$Mw_{MA}=Rw_{RA}+Ew_{EA} \tag{8-2}$$

再作组分S组分的衡算,得

$$Mw_{MS}=Rw_{RS}+Ew_{ES} \tag{8-3}$$

由式(8-1)、式(8-2)、式(8-3)可推得

$$\frac{E}{R}=\frac{w_{MA}-w_{RA}}{w_{EA}-w_{MA}}=\frac{w_{MS}-w_{RS}}{w_{ES}-w_{MS}} \tag{8-4}$$

式(8-4)表示混合液的总组成点M必在R点与E点的连线上,且线段RM与ME在BS上的投影为$w_{MS}-w_{RS}$与$w_{ES}-w_{MS}$,在AB上的投影为$w_{MA}-w_{RA}$与$w_{EA}-w_{MA}$,故有

$$\frac{E}{R}=\frac{RM}{ME} \tag{8-5}$$

式(8-5)说明,物料衡算在等分的三角形坐标系中的表示满足杠杆定律,并可在图上直接读出量与组成间的关系。

请思考:$\frac{R}{M}$或$\frac{E}{M}$与组成的关系怎样通过杠杆定律表示?

3. 杠杆定律在三角形相图中的应用

(1)混合物的和点。向原料液F(即由A、B组成的双组分溶液)中加入纯萃取剂S后,混合物的组成点M必在F、S的连线上。根据杠杆定律可得萃取剂与原料液的相对量为

$$\frac{S}{F}=\frac{FM}{MS} \tag{8-6}$$

显然,当F一定时,M点的位置取决于加入的萃取剂量S。随S的增加,混合物的组成点沿FS移动,如M、M_1、M_2点等(见图8-12)。

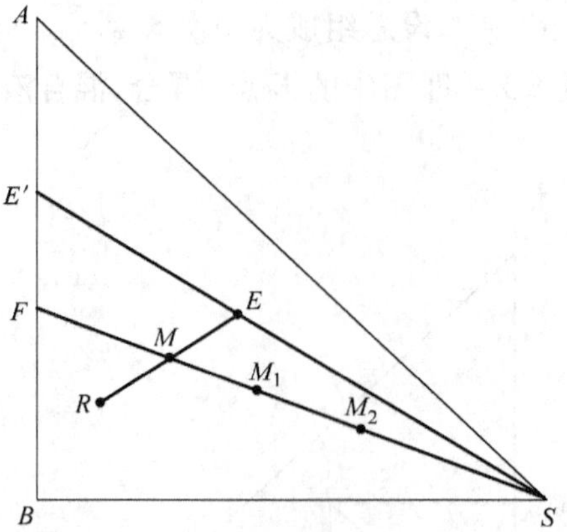

图8-12　混合物的和点与差点

对S和B部分互溶物系,将原料液F与纯萃取剂S加入混合器萃取后,混合的两液相的总组成点为M,在澄清器中分层得到萃取相E和萃余相R,它们都是均相的三元溶液,其组成点E和R应落在三角形内。它们之间的数量关系为$M=F+S$,$M=E+R$,称M点为F与S的和点,也是E与R的和点。

(2)混合物的差点。图8-12中的E点表示萃取相的组成,将其中的萃取剂S完全除去可得只含A和B的萃取液E′。根据物料衡算与杠杆定律,萃取液的组成点E'应为S与E的连线的延长线和AB边的交点,称E'为E与S的差点,其数量关系必满足$E'=E-S$。

对A组分衡算证明:

$$\frac{E'}{E}=\frac{ES}{E'S} \tag{8-7}$$

例 8-1　如图 8-13 所示，试求：(1) K、N、M 点的组成；(2) 若组成为 C 和 D 的三元溶液的和点为 M，质量为 90 kg，求 C 与 D 各为多少千克？

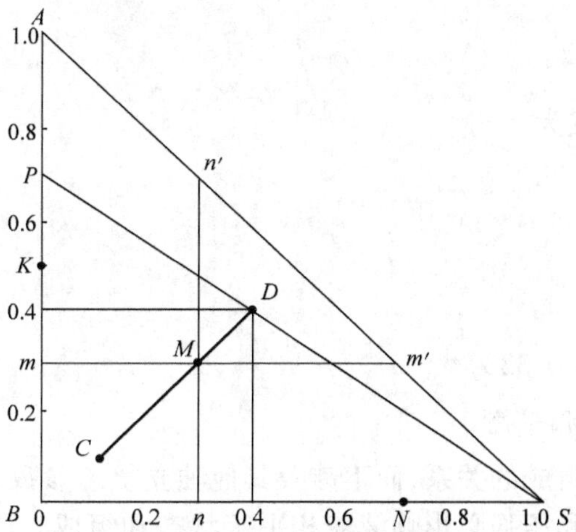

图 8-13　例 8-1、例 8-2 附图

解　(1) 由图 8-13 可知，K 点在 AB 边上，故 K 点表示由 A、B 组成的双组分混合液，其中 $w_{KA}=0.5$，则 $w_{KB}=1-w_{KA}=1-0.5=0.5$。

同理，N 点在 BS 边上，表示由 B、S 组成的双组分混合液，其中 $w_{NS}=0.7$，所以 $w_{NB}=1-w_{NS}=1-0.7=0.3$。

M 点在三角形内，它是由 A、B、S 组成的三元混合液。过 M 点作 BS 边的平行线，分别与 AB 和 AS 边交于 m、m' 点，可得 $w_{MA}=0.3$；再过 M 点作 AB 边的平行线，分别与 BS 和 AS 边交于 n、n' 点，得 $w_{MS}=0.3$；则

$$w_{MB}=1-w_{MA}-w_{MS}=1-0.3-0.3=0.4。$$

(2) 由图 8-13 可以量得 $CM=2MD$，根据杠杆定律可得

$$\frac{C}{D}=\frac{MD}{CM}=\frac{MD}{2MD}=\frac{1}{2} \tag{A}$$

而

$$M=C+D=90 \tag{B}$$

由式(A)、式(B)可得

$$C=30\ \text{kg},D=60\ \text{kg}$$

例 8-2　已知三元均相混合液 D 的组成如图 8-13 所示，量为 60 kg，其中 $w_{DA}=0.4$，$w_{DS}=0.4$，$w_{DB}=0.2$（均为质量分数），若将 D 中的萃取剂 S 全部脱除，可得到只含 A、B 的双组分溶液的量和组成各为多少？

解　联结 S、D 并延长与 AB 边交于 P 点，由杠杆定律知 P 点为 D 与 S 的差点，可得

$$P=D-S=60-S \tag{A}$$

量线段的长度可得

$$\frac{P}{S}=\frac{DS}{PD}=\frac{0.6}{0.4}=\frac{3}{2} \tag{B}$$

由式(A)、式(B)解得

$$P=36\ \text{kg}$$

P 点表示脱除S以后A、B的混合液,其中A和B的比例并没有发生变化,仍为

$$\frac{w_{PA}}{w_{PB}}=\frac{w_{DA}}{w_{DB}}=\frac{0.4}{0.2}=2$$

因此,P 点A、B的组成为

$$w_{PA}=2w_{PB}$$

且有

$$w_{PA}+w_{PB}=1$$

由此可得

$$w_{PA}=0.667,w_{PB}=0.333$$

（二）部分互溶物系的相平衡

物料衡算只涉及量和组成的关系,而不涉及其他独立状态参数,如 t、p 等。在液液相平衡时,根据相律,系统的温度和压强必影响液液相平衡状态和组成。压强 p 的影响通常比较小,而温度 t 的影响比较大。

本节所讨论的部分互溶物系指溶质A能完全溶于B和S中,但B与S部分互溶的物系在工业萃取过程中较为普遍。当在一定的压强和温度下达到液液相平衡时,系统可能是单一液相,也可能是两个液相,由具体物系和组成而定。此外,还有A和S也部分互溶的物系,情况就复杂得多。

1. 溶解度曲线、平衡联结线及临界混合点

部分互溶的三元(A、B、S)物系的相平衡关系用溶解度曲线来表示,溶解度曲线在恒定压强和温度下由实验测得。其测定方法及相图示例如下(见图8-14)。

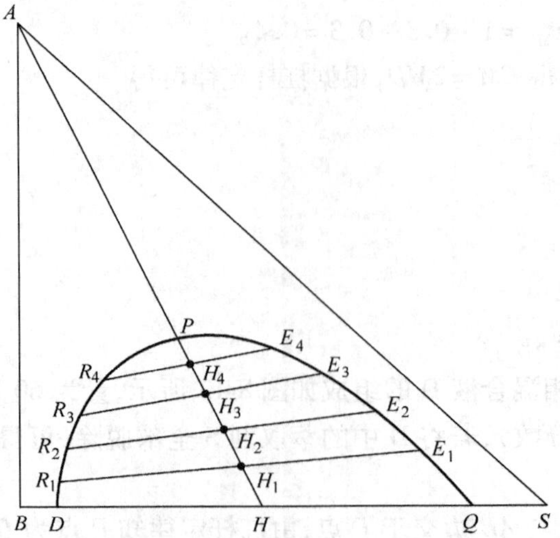

图8-14 溶解度曲线与平衡联结线

由 B、S 组成的部分互溶的混合液 H 达到平衡后分为两个液相，其组成点分别为 D 和 Q，D 中 S 组分较少而 B 组分较多，Q 则相反。向此混合液中加入少量 A 后，按和点规律，总组成点将沿 $\overline{HA}$ 移动到 H_1 点，其达到平衡后也将分成两个液相 R_1 和 E_1。由图可见，A 在两相中的分配并不相同。继续加入 A，可得到相应的 H_2、R_2、E_2，H_3、R_3、E_3，……本实验结果说明，随 A 量的增加（表现为 H_i 点沿 HA 向上移动），R_i 中 S 量增加（表现为 R_i 点向右移动），而 E_i 中 B 量增加（表现为 E_i 点向左移动），即 B 与 S 间的互溶度增加了。直至 A 加到某一量（即图中的 P 点）时，两液相的组成无限趋近而变为一相，分层现象消失。再加入 A，混合液将继续保持单一液相状态。

联结 $D, R_1, R_2, R_3, \cdots, P, \cdots, E_3, E_2, E_1, Q$ 各点得到的曲线称为该三元物系的溶解度曲线；各互成平衡的两液相 R_i 和 E_i 称为共轭相，相应的组成称为共轭相组成；R_i 和 E_i 点的连线称为平衡联结线（或共轭线）；P 点称为临界混溶点。

由上述结果可得以下结论。

（1）溶解度曲线把三角形相图分为两个区域：曲线与底边（BS 边）所围成的区域为两相区（即曲线内的任意点均分离为平衡的两液相）；曲线以外的区域为单相区。

（2）在两相区内可作出无数条平衡联结线，当压强与温度一定时，共轭相组成是一一对应的；对同一条联结线上的任一总组成点，对应的平衡两相 R 与 E 的相组成一定，但 R 与 E 的量可以不同，其相对量可由杠杆定律确定，换言之，平衡的 R、E 两相所对应的混合组成（总组成）点必在 RE 联结线上。联结线对 BS 边的倾斜方向与斜率随物料与温度而变化，它反映了 R_i 相中与 E_i 相中溶质 A 浓度的差别。除少数物系（如吡啶－氯苯－水系统）外，同一物系联结线的倾斜方向相同。根据相律，对三组分两相系统，$f=3-2+2=3$，因此，在两相区内只要温度、压强和一个平衡相组成已知，这个系统的状态即可被确定。

（3）临界混溶点是在一定的溶质浓度下两共轭相变为一相的临界点，其位置一般不在溶解度曲线的最高点，而偏于曲线的一侧，它将溶解度曲线分为左右两支。显然，三元混合物在临界混溶点只存在单相，不能再用萃取方法分离。

常见物系的共轭相组成的实验数据可在有关书籍及手册中查取。

2. 平衡联结线的内插——辅助曲线

用实验方法通常只能得到有限的一些平衡联结线数据。要想了解该物系任一对共轭相的组成，可应用辅助曲线图解内插求取，如图 8-15 所示。若已知三条联结线 E_1R_1、E_2R_2 和 E_3R_3，过 E_1、E_2、E_3 作 AB 边的平行线，过 R_1、R_2、R_3 作 BS 边的平行线，可得到相应的三个交点 F、G、H，联结这些交点及 P 点得到的曲线称为辅助曲线。

借助辅助曲线，便可由已知的 E 相（或 R 相）的组成，用图解内插法求出与该相平衡的另一相的组成。例如，已知 R 点求与其相对应的 E 点，可通过 R 点作平行于 BS 边的水平线交辅助线于 J 点，再由 J 点作平行于 AB 边的竖直线与溶解度曲线相交即可得到 E 点，RE 线即为内插的联结线。

请思考：若 B 与 S 完全不互溶，溶解度曲线和平衡联结线将在什么位置？

（三）分配系数和分配曲线

1. 分配系数

为了表达在一定的温度条件下，溶质 A 在平衡的两液相中的分配关系，将溶质组分 A 在

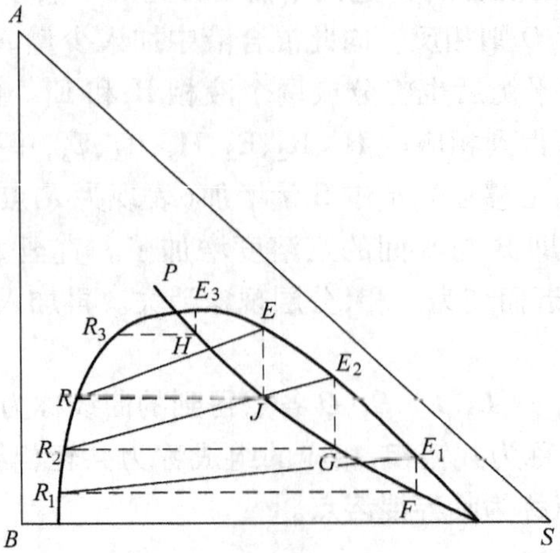

图 8-15 辅助线的作法及应用

两液相中的组成之比称为分配系数，即

$$k_A = \frac{\text{组分 A 在 E 相中的组成}}{\text{组分 A 在 R 相中的组成}} = \frac{w_{EA}}{w_{RA}} = \frac{y}{x} \tag{8-8}$$

式中 $y = w_{EA}$——组分 A 在 E 相中的质量分数；

$x = w_{RA}$——组分 A 在 R 相中的质量分数。

k_A 值愈大，则每次萃取的分离效果愈好。在一般情况下，k_A 不是常数。不同物系具有不同的 k_A 值；同一物系的 k_A 既随温度而变，又随平衡两相的组成而变化，但如组成变化范围不大，k_A 可视为常数，其值由实验确定。

对 S 和 B 部分互溶的物系，由图 8-14 可知，k_A 值的大小实际上随平衡联结线的斜率而变化。当 $k_A = 1$，即 $y = x$ 时，联结线为水平线，即与底边 BS 平行，其斜率为 0，$w_{EA} = w_{RA}$；若 $k_A > 1$，则 $y > x$，联结线的斜率大于 1；若 $k_A < 1$，则 $y < x$，联结线斜率小于 1。显然，联结线的斜率愈大，则 k_A 值愈大，溶质转入萃取相中愈多。

对于 B 组分也可写出其分配系数 k_B 的表达式：

$$k_B = \frac{\text{组分 B 在 E 相中的组成}}{\text{组分 B 在 R 相中的组成}} = \frac{w_{EB}}{w_{RB}} \tag{8-8a}$$

2. 分配曲线

若将三角形相图中各联结线两端点的对应组成 $w_{EA}(y_i)$、$w_{RA}(x_i)$ 值转移到 x-y 直角坐标系中，如图 8-16 所示，可得到相应的坐标点 N_i。对于临界混溶点，$y = x$。将由各 N_i 点和 P 点联结成的曲线称为分配曲线，它能比较清楚地反映分配系数的变化情况，也可以利用分配曲线内插求取三角形相图中的其他对应联结线。更重要的是，分配曲线反映了我们关心的溶质 A 在平衡两相中的组成关系，即相平衡关系。

请思考：N_i 点在对角线以上或对角线以下，溶质 A 的分配情况有什么不同？N_i 点与对角线间的距离远，说明什么？（提示：可与二元精馏中的平衡线比较。）

二、萃取剂的选择原则

选择适宜的萃取剂是萃取操作合理、经济地进行的关键。一般选择时应考虑下列因素。

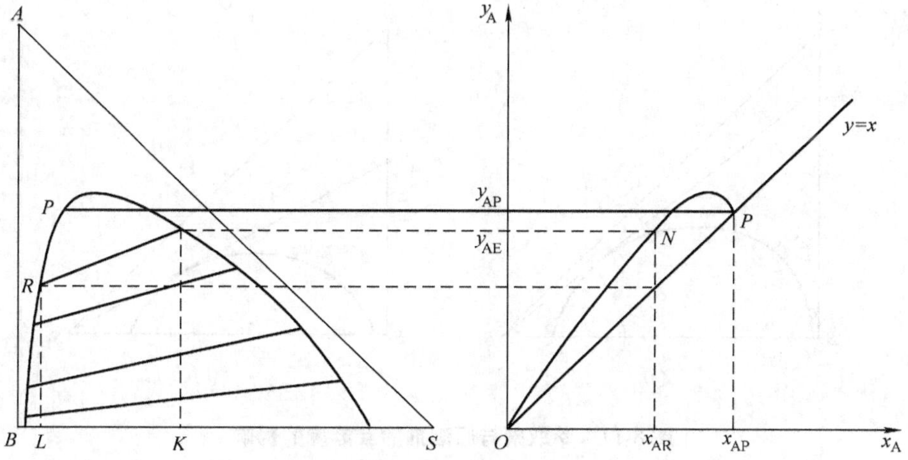

图 8-16　平衡联结线与分配曲线

(一)萃取剂的选择性

萃取剂S对被萃取溶质组分A的溶解能力要大,而对B的溶解能力要小;同时要求对A的分配系数越大越好。选择性好的萃取剂可减少萃取剂用量,从而降低其回收费用。

萃取剂的选择性可用选择性系数β来表示,其定义为

$$\beta=\frac{\text{A在E相中的质量分数/B在E相中的质量分数}}{\text{A在R相中的质量分数/B在R相中的质量分数}}$$

$$=\frac{w_{EA}/w_{EB}}{w_{RA}/w_{RB}}=\frac{w_{EA}/w_{RA}}{w_{EB}/w_{RB}} \tag{8-9}$$

由式(8-9)可知,选择性系数β与分配系数k_A的关系为

$$\beta=k_A\frac{w_{RB}}{w_{EB}}=\frac{k_A}{k_B} \tag{8-9a}$$

即三元系统萃取剂的选择性系数β是A与B的分配系数之比。

在一般情况下,萃余相R中B的含量比萃取相E中的高,即$w_{RB}/w_{EB}>1$。所以k_A增大,β也随之增大。β反映了A在两相间的分配系数与B的分配系数之比,在这个意义上,β与蒸馏中的相对挥发度α类似。当$\beta=1$时,在萃取液和萃余液中A与B具有同样的组成,原溶液将无法用萃取操作进行分离。β的大小反映了萃取剂对原溶液中各组分分离能力的大小,β值愈大,愈有利于A和B的分离。

(二)萃取剂与原溶剂的互溶度

实际上,S与B的互溶性也可通过B的分配系数k_B的大小来反映。

若采用S_1和S_2两种萃取剂对A、B的混合液在相同温度下进行萃取,得到如图8-17所示的两个形状相似的相图,其中图8-17(a)表明B与S_1互溶度小,两相区大,求差点可知,此时能得到较大的E'_{max};图8-17(b)表示B与S_1互溶度大,两相区小,故能得到的E'_{max}小。不仅如此,互溶性增加,将使萃取液与萃余液中各组分的分离更加困难。因此,应当选择对原溶剂B的互溶度小的萃取剂。

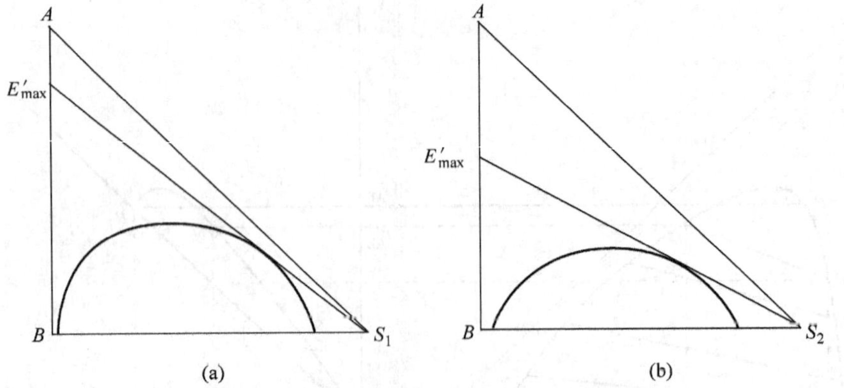

图 8-17 萃取剂与原溶剂的互溶度的影响

(a)组分 B 与 S_1 互溶度小 (b)组分 B 与 S_2 互溶度小

对同一物系，当温度降低时，S 与 B 的互溶度减小，即两相区增大，对萃取有利，如图 8-18 所示；但温度降低会使溶液黏度增大，不利于两相的分散、混合和分离，因此萃取操作的温度应进行适当的选择。

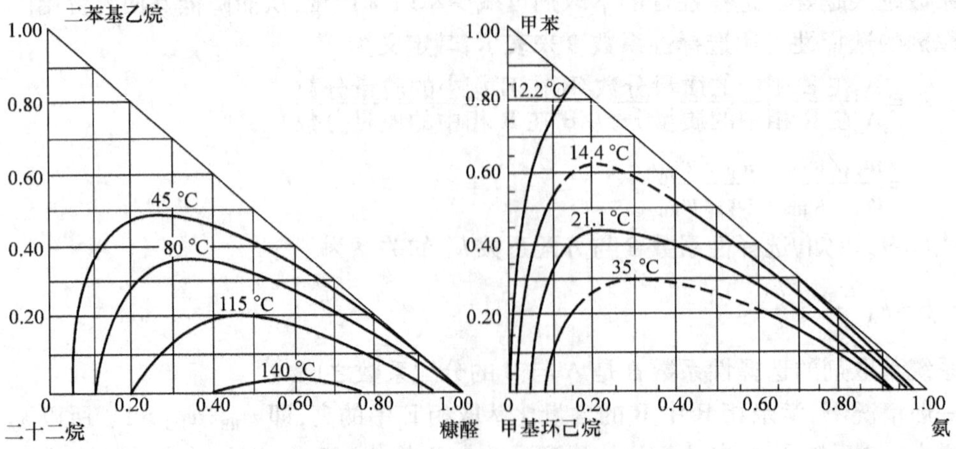

图 8-18 温度对互溶度的影响

(三)萃取剂的其他有关性质

1. 密度

萃取过程要求两液相充分接触，又要求在接触传质之后迅速分层，这就要求两相间有较大的密度差，以提高设备的生产能力。对于依靠密度差使两相分散、混合和相对运动的萃取设备（如填料塔和筛板塔），密度差增大也有利于传质，故在选择萃取剂时，应考虑其密度的相对大小，以保证与原溶剂有适宜的密度差。

2. 界面张力

两液层间的界面张力取决于两种液体的物性，物系的界面张力大，细小液滴易于聚结，有利于两液相分层，但两相间的分散需要消耗更多的能量，且分散相的液滴增大，单位体积液体的相际传质面积减小，不利于传质。反之，若界面张力过小，分散相的液滴小，而且物料（特别在存在微量表面活性物质的条件下）易产生乳化现象而形成乳状液，导致分层困难。因此，界面张力的影响在工程上是互相矛盾的。在实际生产中，从提高设备的生产能力考虑（要求液滴易聚结，分层快），一般不宜选择与原料液间界面张力过小的萃取剂。

3. 黏度

萃取剂的黏度小，有利于两相的混合传质和分离，也便于输送和贮存。因此，也应当考虑萃取剂的黏度与温度的关系，以选择适宜的操作温度。

（四）萃取剂的回收

萃取剂通常需回收后循环使用，萃取剂回收的难易直接影响萃取的操作费用。用蒸馏方法回收萃取剂时，萃取剂与其他被分离组分间的相对挥发度要大，并且不应形成恒沸物。若被萃取的溶质是不挥发的或挥发度很低的物质，可采用蒸发或闪蒸方法回收萃取剂，此时希望萃取剂的比汽化焓较低，以减少热量消耗。

此外，所选用的萃取剂还应满足化学稳定性好，腐蚀性小，无毒，不易燃易爆，价廉易得，蒸气压低（以减小汽化损失）等要求。这些要求和选择吸收剂类似，应根据实际物系的情况、分离要求和技术经济比较进行合理的选择。

例 8-3　丙酮（A）和醋酸乙酯（B）的混合液具有恒沸点，用一般蒸馏方法不能实现较完全的分离。由于丙酮易溶于水（S），故可用萃取方法进行分离，且选择的萃取剂——水最价廉易得。物系在 30 ℃下的相平衡数据如下表所示。试求与各对平衡数据相应的分配系数和选择性系数，并对此萃取剂（水）进行评价。

序号	R 相（醋酸乙酯相）			E 相（水相）		
	$w_{RA}(x)/\%$	$w_{RB}/\%$	$w_{RS}/\%$	$w_{EA}(y)/\%$	$w_{EB}/\%$	$w_{ES}/\%$
1	0	96.5	3.5	0	7.4	92.6
2	4.8	91.0	4.2	3.2	8.3	88.5
3	9.4	85.6	5.0	6.0	8.0	86.0
4	13.5	80.5	6.0	9.5	8.3	82.2
5	16.6	77.2	6.2	12.8	9.2	78.0
6	20.0	73.0	7.0	14.8	9.8	75.4
7	22.4	70.0	7.6	17.5	10.2	72.3
8	26.0	65.0	9.0	19.8	12.2	68.0
9	27.8	62.0	10.2	21.2	11.8	67.0
10	33.6	51.0	15.4	26.4	15.0	58.6

解　以序号 2 为例。

按式(8-8)，

$$k_A = \frac{y}{x} = \frac{3.2}{4.8} = 0.667$$

$$k_B = \frac{w_{EB}}{w_{RB}} = \frac{8.3}{91.0} = 0.0912$$

按式(8-9a),

$$\beta = k_A \times \frac{w_{RB}}{w_{EB}} = 0.667 \times \frac{91.0}{8.3} = 7.31$$

得出计算结果列表如下:

序号	1	2	3	4	5	6	7	8	9	10
k_A	0	0.667	0.638	0.704	0.771	0.740	0.781	0.762	0.763	0.810
β	0	7.31	6.83	6.83	6.47	5.51	5.36	4.06	4.01	2.75

由以上计算结果可知,β 值均比 1 大得多,从选择性来看,可以用水作为萃取剂从醋酸乙酯溶液中萃取丙酮,但在各平衡组成下 k_A 均小于 1,即用水只能将部分丙酮萃取出来,而且水与醋酸乙酯的互溶性好,因而醋酸乙酯在水相中的损失相当大,这说明对此物系水并不是最佳萃取剂,但考虑到水较价廉易得,因此可作为一种待选的萃取剂。

?请思考:画出例 8-3 中数据的三角形相图的平衡联结线、溶解度曲线与分配曲线,观察这些线的斜率、位置与 k、β 的关系。

三、萃取剂的选择方法

目前选择萃取剂主要有三大类方法:实验法,性质约束法和计算机优化法。实验法通过测定相平衡数据或无限稀释溶液的活度系数对萃取剂进行筛选,这种方法比较准确,但是耗费较大,周期较长。性质约束法是根据某些原则划定分离混合物系所需萃取剂的大致范围,适于萃取剂的初步筛选。计算机优化法是通过计算机利用各种选择指标设计或具体选择最佳萃取剂。

(一)实验法

实验法主要有平衡釜法和色谱法。

平衡釜法是在一定的条件下测定两个相关组分在各种萃取剂中的相对挥发度,参考对萃取剂的其他要求,将候选萃取剂范围缩小至三四种,之后进行详细的多组元气液平衡测定工作,选择较优的溶剂;色谱法可直接测定,比测相平衡数据快,所需的高纯试剂用量较少。用于溶剂筛选的色谱法目前主要有保留时间法和惰性气体气提法两种。

(二)性质约束法

性质约束法包括经验筛选法和活度系数法。经验筛选法一般用于粗略地筛选萃取剂,其主要依据是萃取剂与待分离关键组分形成的二元溶液对拉乌尔定律会产生不同的偏差;活度系数法是通过计算物系的各关键组分在各种萃取剂中的活度系数推断出各种萃取剂的选择性、溶解性等参数,然后经过比较选择合适的萃取剂。活度系数法分为无限稀释活度系数法和有限活度系数法两种。

(三)计算机优化法

计算机优化法可分为计算机辅助分子设计法和计算机优化筛选法,有时二者也结合使用。

计算机辅助分子设计法首先预选一定结构的基团,然后按照某种规律组合成分子,并依据设定的目标分子性质进行筛选,在众多的有机物中逐渐缩小搜索范围,最终找到所需的优化物质；计算机优化筛选法是通过一些计算机算法对现有的众多萃取剂进行综合的性质权衡，从而选择最佳萃取剂。常用的计算机算法有人工神经网络方法、模糊数学方法等。

自　测　题

一、填空题

1. 对于同一物系，k_A值随温度而变，在恒定温度下k_A值随溶质A的组成而变，只有在________条件下k_A值才可近似视为常数。

2. 选择合适的萃取剂主要从________、________、________和________考虑。

3. 目前选择萃取剂主要有三大类方法，即________、________和________。

4. 进行萃取操作时，应使溶质的分配系数________。

二、判断题

1. 萃取中各液相质量间的关系可用杠杆规则描述。（　）

2. 萃取三元物系的溶解度曲线和平衡联结线是根据实验数据标绘的。（　）

3. 萃取操作在溶解度曲线以外的单相区进行。（　）

4. 对萃取剂选择性的要求可以用选择性系数β表示。（　）

5. 在萃取中，萃取剂的加入量应使和点位于两相区。（　）

6. 在液－液萃取中，无论萃取剂的用量如何，均能使混合物出现两相而达到分离的目的。（　）

三、选择题

1. 描述液－液萃取平衡关系常用的是相图，其中以（　）最为简便。

A. 等边三角形　B. 直角三角形　C. 正方形　D. 以上三种均可以

2. 进行萃取操作时，应使选择性系数（　）。

A. 等于1　B. 大于1　C. 小于1　D. 不一定

3. 当萃取中出现（　）时，说明萃取剂的选择不适宜。

A. $k_A<1$　B. $k_A=1$　C. $\beta>1$　D. $\beta\leqslant1$

4. 萃取操作的溶解度曲线将三角形内部分为两个区域，萃取操作在（　）进行。

A. 单相区　B. 气相区　C. 液相区　D. 两相区

5. 三角形相图内的任一点代表混合物中（　）个组分的含量。

A. 一　B. 二　C. 三　D. 四

6. 随温度升高，溶解度曲线的范围会（　）。

A. 缩小　B. 不变　C. 扩大　D. 缩小及扩大

7. 在B、S完全不互溶的多级逆流萃取操作中，原用纯溶剂，现改用再生溶剂，其他条件不变，则对萃取操作的影响是（　）。

A. 萃余相含量不变　B. 萃余相含量增加

C. 萃取相含量减少　D. 萃余分率减小

四、简答题

1. 在一般情况下，应如何选择操作温度，以利于萃取操作？

2. 临界混溶点的意义是什么？

3. 分配系数的意义是什么？其影响因素是什么？

4. 如何选择适当的萃取剂用于萃取操作？

5. 如何确定三角形相图上各点的组成？是否图中每一条直线上的任意三点的量与组成的关系都可用杠杆定律来表示？

任务三　液－液萃取技术工艺条件的确定

任务分析：该任务要求学生掌握萃取的原理、萃取过程的相关物料衡算，并能运用其解决一些实际问题。

任务目标：掌握单级、多级萃取过程的计算；掌握互不相溶物系萃取过程的计算。

技能目标：能确定完成一定的萃取任务所需的萃取剂的量。

萃取过程的计算原则上包括物料衡算、热量衡算、相平衡计算和传质过程速率计算。但物质在两液相间传递时的热效应通常较小，过程基本是等温的，故一般可不作热量衡算。

一、萃取理论级

若原料液与萃取剂在混合器中经充分的液液相际接触传质，在澄清器中分层得到相互平衡的萃取相 E 和萃余相 R，这样的过程称为经过一个萃取理论级。可见，萃取理论级的概念与蒸馏中的理论板类似。萃取理论级也是一种理想状态，因为要使液液两相充分混合接触传质达到平衡，又使混合的两相彻底分离，理论上均需无限长的时间，这在实际生产中是达不到的。应用理论级的概念也是为了便于对过程进行分析，并用理论级作为萃取设备操作效率的比较标准。在设计计算时，可先求出所需的理论级数，再根据由实际经验得出的级效率（如同板式塔中的板效率）或当量理论级高度（相当于填料塔中的等板高度）求取所需的实际萃取级数。

二、单级萃取过程

单级萃取流程如图 8-19 所示。其一般用于间歇操作，也可用于连续操作。该流程中有一个混合器 1、一个澄清器（分层器）2 和两个萃取剂分离设备 3 和 4。

动画 8-10　单级萃取流程

单级萃取过程的设计型计算一般为：已知原料液量 F 及原料液的组成 w_{FA}，规定萃余相的组成 w_{RA}（或萃余液的 w'_{RA}）。求萃取剂用量 S、萃取相量 E 及萃取相的组成 w_{EA}（或萃取液量 E' 及萃取液的组成 w'_{EA}）。通常各股物流的单位为 kg 或 kg/s（kg/h），组成用质量分数表示。

对物理过程，独立的物料衡算式的数目应等于系统的组分数。对三元物系，可写出三个独立的衡算方程。

总物料衡算（不包括分离设备）：

$$F+S=R+E=M \tag{8-10}$$

A 组分的物料衡算（设进入混合器的为纯萃取剂，故 $w_{SA}=0$）：

$$F\times w_{FA}+S\times 0=R\times w_{RA}+E\times w_{EA}=M\times w_{MA} \tag{8-11}$$

S 组分的物料衡算：

$$F\times 0+S\times 1=R\times w_{RS}+E\times w_{ES} \tag{8-12}$$

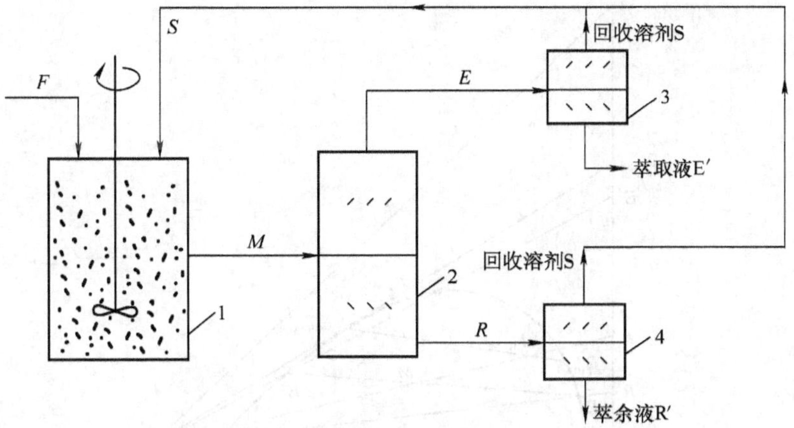

图 8-19　单级萃取流程

1—混合器;2—分层器;3—萃取相分离设备;4—萃余相分离设备

即

$$S = R \times w_{RS} + E \times w_{ES} \tag{8-12a}$$

式中　F——原料液量,kg/s(kg/h)或 kg;

w_{FA}——原料液中溶质 A 的组成,质量分数;

S——加入的纯萃取剂量,kg/s(kg/h)或 kg;

M——混合液量,kg/s(kg/h)或 kg;

w_{MA}——混合液中溶质 A 的总组成,质量分数;

E——萃取相量,kg/s(kg/h)或 kg;

$w_{EA}(y)$——萃取相中 A 的组成,质量分数;

R——萃余相量,kg/s(kg/h)或 kg;

$w_{RA}(x)$——萃余相中 A 的组成,质量分数;

E'——脱除 S 后的萃取液量,kg/s(kg/h)或 kg;

w'_{EA}——E′中 A 的组成,质量分数;

R'——脱除 S 后的萃余液量,kg/s(kg/h)或 kg;

w'_{RA}——R′中 A 的组成,质量分数;

w_{RS}、w_{ES}——R、E 中萃取剂的组成,质量分数。

对一个理论级,E 与 R 达到平衡,组成 w_{RA}与 w_{EA}必在过 M 点的平衡联结线上。三元物系的液液相平衡关系与物料衡算关系用数学式表述和计算比较繁杂,故常在三角形相图上用图解法求取未知值。

在三角形相图上,单级萃取过程中各物流的量及组成间的关系如图 8-20 所示。在图上先根据已知的平衡关系画出溶解度曲线、平衡联结线及辅助曲线。

A + B 原料液的组成点 F 在 AB 边上,加入纯萃取剂 S 进行萃取,混合液的总组成点 M(即 F 与 S 的和点)必在 FS 线上,即有

$$S + F = M, \frac{S}{F} = \frac{FM}{MS}$$

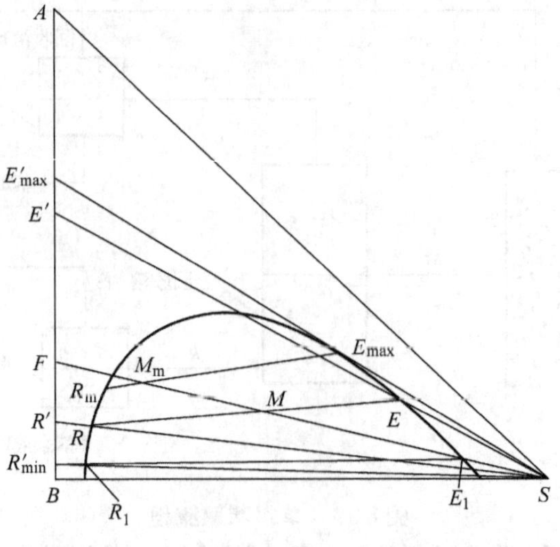

图 8-20 单级萃取在三角形相图上的表示

F 和 S 充分接触、静置分层获得 E 和 R，且 E 和 R 达到平衡。故 E 和 R 的组成点必在过 M 点的平衡联结线上，即

$$M = E + R, \frac{E}{R} = \frac{RM}{ME}$$

分出的 E 和 R 相中的萃取剂应回收循环使用。若将 E 中的溶剂 S 全部脱除得到萃取液 E′，按差点的概念，$E' = E - S$，连接 SE 并延长交 AB 边得到交点 E'，显然，萃取液 E′为 A、B 的二元溶液，其中 A 的质量分数比原料液 F 大为增加；同理，若将 R 中的溶剂 S 全部脱除可得萃余液 R′，$R' = R - S$，故 R'为 SR 的延长线与 AB 边的交点，由图可见，其中 A 的质量分数比 F 低得多。

经过一个萃取理论级，原料液分为由 E′和 R′表示的新的 A + B 系统，使 F 得到一次部分分离。根据物料衡算与杠杆定律，可得：

$$F = E' + R', \frac{E'}{R'} = \frac{FR'}{E'F}$$

那么对原料液 F，经过一次理论级萃取后可能得到的溶质 A 的最大萃取液组成和最小萃余液组成是多少呢？由图 8-20 可见，随 S 加入量的减少，M 点将沿 SF 线向左上方移动，对应的平衡联结线将向上移动，SEE'线斜率的绝对值将增大，于是 E'将向上移动，直至成为过 S 点的溶解度曲线的切线（切点为 E_{max}）$SE_{max}E'_{max}$ 线为止，这时得到的 E'等于 E'_{max}，其中 A 的组成达到最大，和点为 M_m，平衡联结线为 $R_mM_mE_{max}$。类似地，若加大 S 的量，则 M 点将沿 SF 线向下移动，当萃取剂的加入量最大时，F 与 S 的和点的极限点为 E_1，由过 E_1 的联结线可得到 R_1，将 R_1 中的 S 脱除即得到萃余液 R'_{min}，其中 A 的组成最小。

例 8-4 25 ℃下丙酮(A) - 水(B) - 三氯乙烷(S)系统的溶解度数据列于下表中，组成均为质量分数，原料液（丙酮 - 水溶液）中含丙酮 50%，总质量为 100 kg，用三氯乙烷做萃取剂。试求：(1)加入多少千克三氯乙烷后混合溶液中三氯乙烷的总组成为 32%？混合液中丙酮与水的总组成为多少？(2)混合液分层后得到的萃余相 R（水相）的组成为：水 71.5%，丙酮 27.5%，三氯乙烷 1%，与 R 平衡的萃取相 E 的组成是多少？(3)向原料液中加入多少千克三氯乙烷才能使混合物开始分层？

序号	R相(醋酸乙酯相)			E相(水相)		
	$w_{RA}(x)/\%$	$w_{RB}/\%$	$w_{RS}/\%$	$w_{EA}(y)/\%$	$w_{EB}/\%$	$w_{ES}/\%$
1	5.96	93.52	0.52	8.75	0.32	90.93
2	10.00	89.40	0.60	15.00	0.60	84.40
3	13.97	85.35	0.68	20.78	0.90	78.32
4	19.05	80.16	0.79	27.66	1.33	71.01
5	27.63	71.33	1.04	39.39	2.40	58.21
6	35.73	62.67	1.60	48.21	4.26	47.53
7	46.05	50.20	3.75	57.40	8.90	33.70

解　(1)按题给附表数据在三角形相图(见图8-21)中绘出溶解度曲线。含丙酮0.50(质量分数)的水溶液，其组成点F为AB的中点。联结FS线，过底边上三氯乙烷的组成为0.32的D点作垂线交FS于M点，M点即为F和S混合的和点。按杠杆定律可得

$$\frac{S}{F}=\frac{FM}{MS}$$

$$\frac{FM}{MS}=\frac{0.32}{1-0.32}=0.47$$

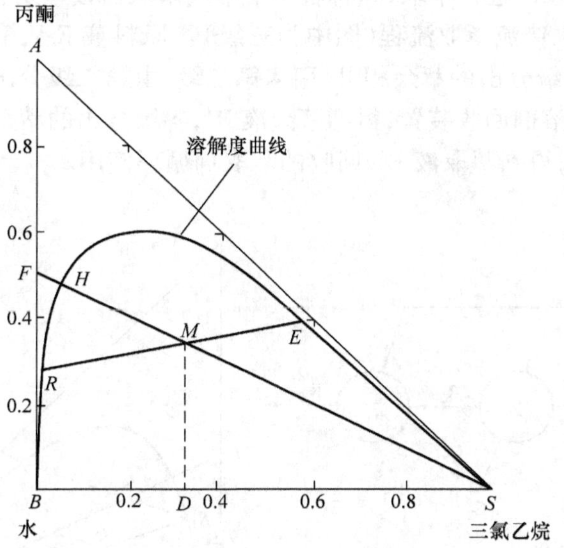

图8-21　例8-4附图

即应加入的三氯乙烷的量为

$$S=F\times\frac{FM}{MS}=100\times0.47=47\ \text{kg}$$

已知三氯乙烷的组成$w_{MS}=32\%$，M中A和B的组成与原溶液相同，即有

$$\frac{w_{MA}}{w_{MB}}=\frac{w_{FA}}{w_{FB}}=\frac{0.50}{0.50}=1$$

按组成归一性方程有

$$w_{MA}+w_{MB}+w_{MS}=1$$

$$w_{MA}+w_{MB}=1-w_{MS}=1-0.32$$

所以

$$w_{MA}=w_{MB}=\frac{1-0.32}{2}=0.34=34\%$$

(2)当F与S充分接触分层后,已知R相的组成,在溶解度曲线上找出R点,联结RM并延长交溶解度曲线于E点,即得E相的组成点。从图上即可查出其组成为:$w_{EA}=39\%$,$w_{ES}=58.6\%$,$w_{EB}=2.4\%$。

(3)从$S=0$开始逐渐增加S的量,和点将从F点开始沿FS线向右下方移动,当S的加入量增至和点刚跨过溶解度曲线上的H点时,混合液即开始分层,H点对应的组成$w_{HS}=0.043$或4.3%,故三氯乙烷加入量必须超过

$$S=F\times\frac{FH}{HS}=F\times\frac{w_{HS}}{1-w_{HS}}=100\times\frac{0.043}{1-0.043}=4.5\ \text{kg}$$

三、多级错流萃取过程

当单级萃取得到的萃余相中溶质A的组成高于要求的值时,为了充分回收溶质,可再次向萃余相中加入新鲜萃取剂进行萃取,即将若干个单级萃取器按萃余相的流向串联起来,得到如图8-22(a)所示的多级错流萃取流程(图中为三级)。原料液F从第一级加入,各级均加入新鲜的萃取剂S,由第一级分出的萃余相R_1引入第二级,由第二级分出的萃余相R_2引入第三级,分出萃余相R_3进入溶剂回收装置,得到萃余液R′,各级分出的萃余相E_1、E_2、E_3汇集后送到相应的溶剂回收设备,得到萃取液E′,回收的萃取剂循环使用。

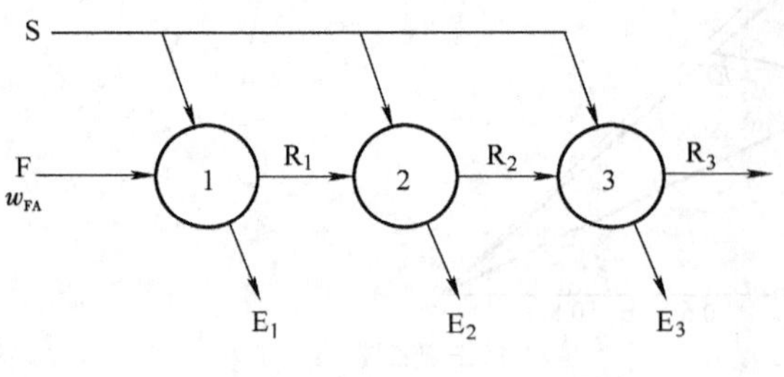

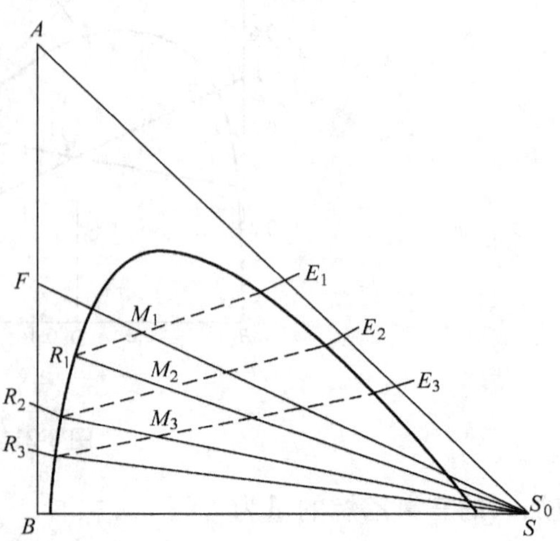

图8-22 多级错流萃取

(a)多级错流萃取流程 (b)多级错流萃取的图解计算示意

图8-22(b)表示了多级错流萃取的图解计算过程，它是单级萃取过程图解的多次重复。在第一级中，S和F混合后的总组成点为M_1，落在FS线上，通过M_1点的平衡联结线的两端点分别代表离开第一级的萃取相E_1和萃余相R_1，R_1在第二级中与新鲜S接触混合，其总组成点M_2在R_1S线上，分出R_2与E_2；R_2在第三级中与S混合，总组成点M_3在R_2S线上，分出R_3与E_3。若R_3的组成仍不满足工艺要求，可再增加萃取级数。图解计算时画出的平衡联结线数目即为所求的理论级数。

多级错流萃取时，由于每一级都加入新鲜萃取剂，使过程推动力增大，有利于萃取传质，并可降低最后萃余相中溶质的浓度；但萃取剂用量大，会使其回收和输送的能耗增加。因此，这一流程的应用受到一定的限制，但在物系的分配系数k_A很大或萃取剂为水不需回收等情况下可以使用。

四、多级逆流萃取过程

(一)多级逆流萃取流程

当原料液中的两个组分均为过程的目的产物并希望较充分地加以分离时，一般采用多级逆流萃取操作。

如图8-23所示，原料液F由第一级加入，顺次通过各级，最终萃余相R_N由最后一级，即第N级排出；新鲜萃取剂S从第N级加入，沿相反的方向通过各级，最终萃取相E_1由第一级排出。R_N与E_1可分别送入溶剂回收设备回收萃取剂循环使用。

动画8-11　多级逆流萃取流程

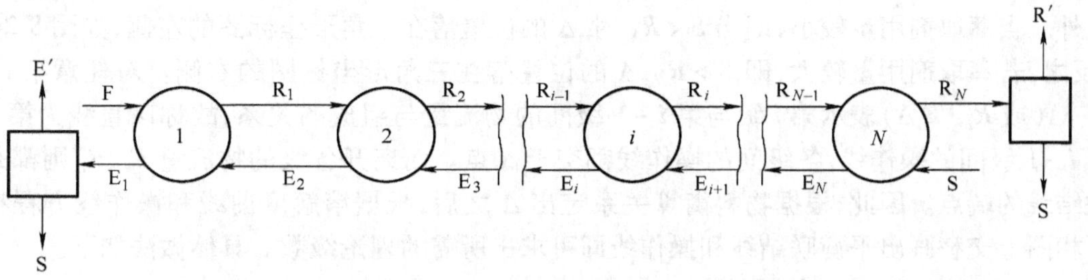

图8-23　多级逆流萃取流程

(二)多级逆流萃取理论级数的求取——三角形坐标图解法

在多级逆流萃取的计算中，一般已知物系的平衡关系、原料液量F及原料液的组成和最终萃余相的组成(或最终萃取相的组成)，选定溶剂用量S及溶剂的组成，然后运用各级的物料衡算与相平衡关系求算所需的理论级数N和离开各级的萃取相与萃余相的量和组成。通常采用三角形坐标图解法，具体步骤如下。

(1)根据三元物系及操作压强、温度条件得到平衡数据，在三角形相图上画出溶解度曲线、平衡联结线，并作出辅助曲线。

(2)根据已知的原料液组成确定F点，联结FS，选定适宜的溶剂比S/F，按$\frac{S}{F}=\frac{FM}{MS}$确定$M$

点。

(3)在溶解度曲线上确定最终萃余相的组成点 R_N，联结 R_NM 并延长交溶解度曲线于 E_1 点，此为最终萃取相的组成点，因为根据总物料衡算，E_1是 M 与 R_N 的差点，并且 E_1一定在平衡联结线上。

(4)按物料衡算进行图解求取理论级数。

总物料衡算：即对 N 个理论级作总衡算，可得

$$F+S=E_1+R_N=M \tag{8-13}$$

式中，M 既是输入系统的原料液量 F 和萃取剂量 S 之和（F 与 S 的和点），又是输出系统的 E_1 和 R_N 之和（E_1 与 R_N 的和点）。

第一级物料衡算：

$$F+E_2=R_1+E_1 \text{ 或 } F-E_1=R_1-E_2$$

第二级物料衡算：

$$R_1+E_3=R_2+E_2 \text{ 或 } R_1-E_2=R_2-E_3$$

……

第 N 级物料衡算：

$$R_{N-1}+S=R_N+E_N \text{ 或 } R_{N-1}-E_N=R_N-S$$

由以上各级衡算式可得

$$F-E_1=R_1-E_2=R_2-E_3=\cdots=R_{N-1}-E_N=R_N-S=\Delta \tag{8-14}$$

式(8-14)为多级逆流萃取操作的操作线方程。式中 Δ 为该系统的常数，它表示进入该级的萃余相的流量与离开该级的萃取相的流量之差为一个常量，即 Δ 是 F 与 E_1、R_1与 E_2、…、R_N 与 S 的差点，可看作通过每一级的"净流量"。由上可知 Δ 是个虚拟量，其位置在三角形坐标图之外。当萃取剂用量较小，即当 $S<R_N$ 时，Δ 的位置落在三角形坐标图的左侧，如图 8-24 所示；反之，若萃取剂用量较大，即 $S>R_N$，Δ 的位置落在三角形坐标图的右侧。对任意第 i 级，$E_iR_{i-1}\Delta$（或 $R_{i-1}E_i\Delta$）表示第 i 级与第 $i-1$ 级间的物流量与组成的关系，故称该直线为第 i 级与第 $i-1$ 级间的操作线，各级间的操作线都交于 Δ 点。而离开各级的物流量 E_i、R_i 则都是平衡联结线的端点。因此，根据物料衡算关系定出 Δ 之后，根据溶解度曲线和操作线方程在三角形相图上交替画出平衡联结线和操作线即可求出所需的理论级数。具体做法如下。

(1)联结 E_1F 和 SR_N，并延长交于 Δ 点。

(2)利用辅助曲线作过 E_1点的平衡联结线，得到与 E_1平衡的 R_1点。

(3)联结 ΔR_1 并延长交溶解度曲线于 E_2点，过 E_2作平衡联结线得到与之平衡的 R_2点。

(4)重复上述步骤，直至 R_i 相对于 AB 边的位置等于或低于 R_N 的位置为止，即 R_i 中溶质 A 的组成 $w_{R_iA} \leqslant w_{R_NA}$。画出的平衡联结线数即需要的理论级数。在图 8-24 中共画出四条联结线，说明有四个理论级即可完成给定的分离要求。

需要说明的是，Δ 的位置可能在三角形坐标图的左侧或右侧，由物系的平衡联结线的倾斜方向、原料液的组成和数量、萃取剂用量等因素决定，但图解步骤相同。

例 8-5 用纯萃取剂 S 萃取原料液（A+B）中的溶质组分 A。原料液量为 1 000 kg/h，其中 A 的组成为 30%，已知纯萃取剂用量为 350 kg/h，要求最终萃余相 R_N 中的 A 组分的含量不大于 6.5%（以上均为质量分数）。试求逆流萃取时：(1)所需的理论级数；(2)最终萃取相的量及组成。

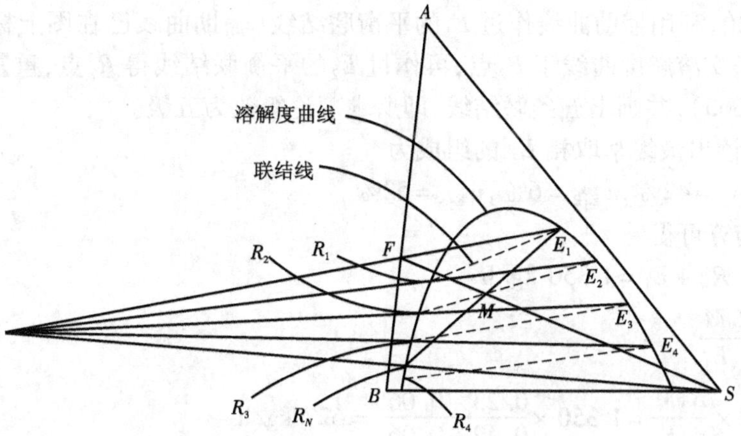

图 8-24　多级逆流萃取理论级的图解计算

操作温度下该三元物系的相平衡曲线如图 8-25 所示。

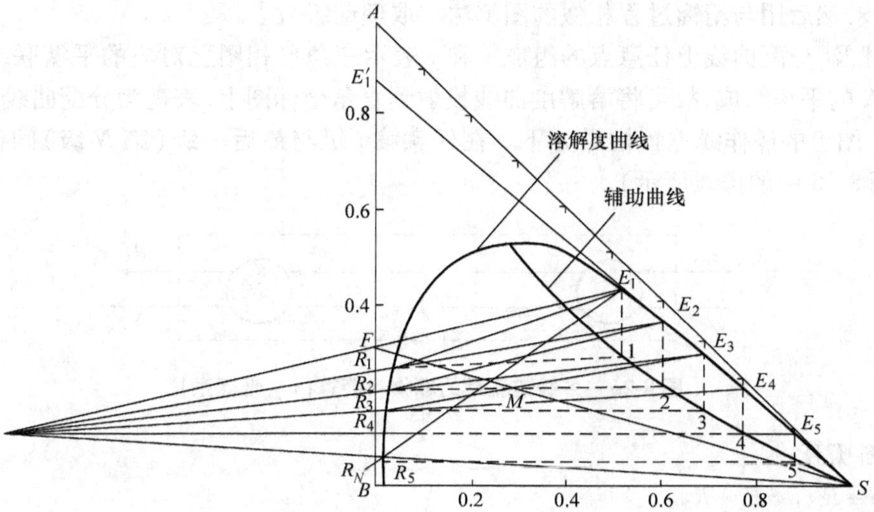

图 8-25　例 8-5 附图

解　(1)由原料液组成 $w_{FA}=0.3$,在三角形相图的 AB 边上定出 F 点,联结 FS。

由题给的萃取剂用量,得到溶剂比为

$$\frac{S}{F}=\frac{350}{1\ 000}=0.35$$

根据杠杆定律:

$$\frac{FM}{MS}=\frac{S}{F}=0.35$$

可在 FS 线上定出 F 与 S 混合液的总组成点 M(和点),$w_{MA}=0.23$。

由最终萃余相的组成 $w_{R_NA}=x_N=0.065$,在溶解度曲线上定出 R_N 点,联结 R_NM 并延长交溶解度曲线于 E_1 点(差点),E_1 即为离开第一级的萃取相的组成点。联结 E_1F 和 SR_N,并将两线延长相交于Δ点,此即该逆流萃取过程操作线的共点。

从 E_1 点开始,利用辅助曲线作过 E_1 的平衡联结线(辅助曲线已在图上标出)定出 R_1 点;联结 ΔR_1 并延长交溶解度曲线于 E_2点,再作过 E_2的平衡联结线得 R_2点;重复上述作图步骤,直至 $x_5 \leqslant x_N(0.065)$,共画出五条联结线,即所求理论级数为五级。

(2)由图可读出最终萃取相 E_1 的组成为

$$w_{E_1A}=y_1=42\%,w_{E_1B}=6\%,w_{E_1S}=52\%$$

由总物料衡算可得

$$F+S=R_N+E_1=1\ 350\ \text{kg/h}$$

且有 $$\frac{E_1}{M}=\frac{R_NM}{R_NE_1}$$

故 $$E_1=M\times\frac{R_NM}{R_NE_1}=1\ 350\times\frac{0.23-0.065}{0.42-0.065}=627\ \text{kg/h}$$

(三)用分配曲线求理论级数

当采用逆流操作所需的理论级数较多时,在三角形相图上进行图解画出的平衡联结线多而且密集,作图困难,误差也较大。此时可在 x-y 直角坐标图上画出相应的平衡线——分配曲线及操作线,然后用与精馏过程相似的图解法求取理论级数。

前已述及,分配曲线上任意点的组成 x 和 y 表示三角形相图上对应的平衡联结线上 R 和 E 中溶质 A 的平衡组成,故可将溶解度曲线投射到直角坐标图上,表现为分配曲线。

在 x-y 图上的操作线方程推导如下。在任意第 i 级与最后一级(第 N 级)间作物料衡算(范围如图 8-26 中的虚线所示)。

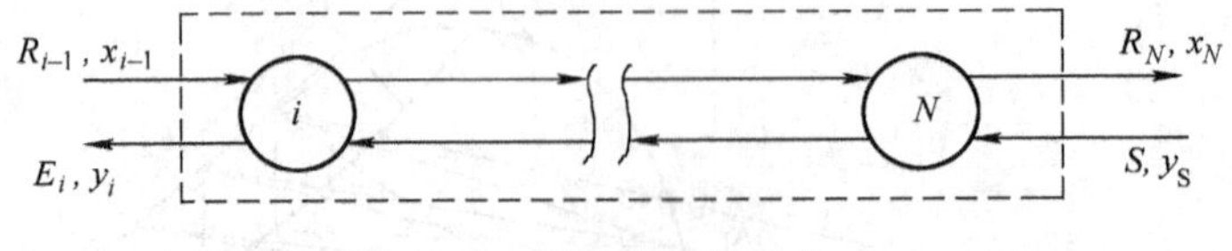

图 8-26 多级逆流萃的取物料衡算(x-y 坐标系)

总物料衡算:

$$S+R_{i-1}=E_i+R_N \tag{8-15}$$

A 组分衡算:

$$Sy_S+R_{i-1}x_{i-1}=E_iy_i+R_Nx_N \tag{8-16}$$

式中 x_i——离开第 i 级萃余相中 A 的质量分数;

y_i——离开第 i 级的萃取相中 A 的质量分数;

y_S——萃取剂中 A 的质量分数。

故

$$y_i=\frac{R_{i-1}}{E_i}x_{i-1}+\frac{S}{E_i}y_S-\frac{R_N}{E_i}x_N \tag{8-17}$$

一般,S、y_S、R_N、x_N 是已知值,但由于在各萃取级中,萃取相与萃余相的流量都在变化,故式(8-17)在 x-y 图中为一条曲线,称为操作线,通常也用图解法画出,即将三角形相图上的操作线关系转绘到 x-y 图上。其步骤为:将三角形相图上 R_NS 及 FE_1 延长得到Δ点,过Δ在 E_1

与 R_N 的范围内作若干条任意直线与溶解度曲线相交，得到若干个交点(R_{i-1}，E_i)，将这些交点的对应组成(x_{i-1}，y_i)标绘到 x-y 图上得若干个对应点，将它们联结起来即得到 x-y 图上的逆流萃取操作线。由图8-27(b)可见，操作线为曲线，其起点的坐标为(x_F，y_1)，即 H 点，而终点的坐标为(x_N，y_S)，即 K 点。

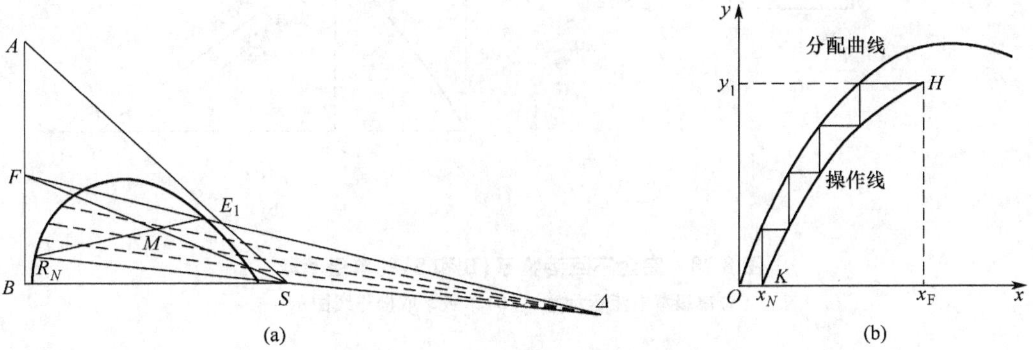

图8-27　用分配曲线求理论级数

(a)萃取操作线图解示意　(b)萃取理论级图解示意

由 H 点起，在平衡线(分配曲线)与操作线间作水平线与竖直线构成梯级，直至 $x_i \leqslant x_N$ 为止，画出的梯级数即为所需的理论级数。图8-27(b)中得到四个梯级，说明此逆流萃取过程需要四个萃取理论级。

五、完全不互溶物系的萃取过程

当B和S完全不互溶或互溶度极小时，在整个萃取过程中，S 和 B 可看作不变量，只有A在两相间转移，这种情况与单组分吸收过程类似，计算比较简单。

(一)组成与相平衡的表示方法

由于B与S互不相溶，各相中A的组成可用质量比表示，即

萃取相中溶质A的组成

$$Y=\frac{\text{kg 溶质 A}}{\text{kg 萃取剂 S}}$$

萃余相中溶质A的组成

$$X=\frac{\text{kg 溶质 A}}{\text{kg 原溶剂 B}}$$

溶质在平衡两相中的组成可用 X-Y 坐标系中的分配曲线表示。

(二)单级萃取过程的计算

当原料液(A+B)与S在萃取器中接触时，A从B中向S中转移，B和S在两液相中的量不变。图8-28(a)为单级萃取流程示意图。

对萃取器作A组分的物料衡算：

$$BX_F+SY_S=BX_R+SY_E \tag{8-18}$$

即　$$B(X_F-X_R)=S(Y_E-Y_S)$$

或

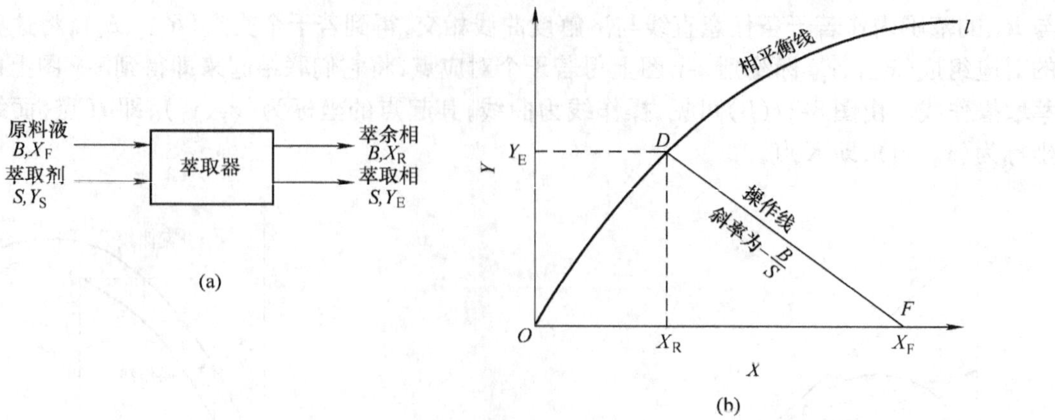

图 8-28 完全不互溶物系(B 和 S)的单级萃取

(a)单级萃取流程示意 (b)单级萃取操作线图示

$$\frac{B}{S}=\frac{Y_E-Y_S}{X_F-X_R},\frac{Y_E-Y_S}{X_R-X_F}=-\frac{B}{S} \tag{8-18a}$$

式中 B——原料液或萃余相中原溶剂 B 的量,kg 或 kg/h;

S——萃取剂或萃取相中纯萃取剂 S 的量,kg 或 kg/h;

X_F——原料液中溶质 A 的质量比,kg A/kg B;

X_R——萃余相中溶质 A 的质量比,kg A/kg B;

Y_S——萃取剂中溶质 A 的质量比,kg A/kg S;

Y_E——萃取相中溶质 A 的质量比,kg A/kg S。

式(8-18)与式(8-18a)称为单级萃取过程的操作线方程,其在 X-Y 坐标图中为一条直线,该直线过(X_F,Y_S)点,斜率为 $-B/S$。

已知 B、X_F、Y_S 及选定萃取剂用量 S 以后,由于 Y_E 与 X_R 达到平衡,可直接求出;也可规定 X_R,求取相应的 Y_E 与 S。用图解法求解更为方便,如图 8-28(b)所示,在 X-Y 图上画出平衡线 OE,已知 Y_S(当为纯萃取剂时,$Y_S=0$)、X_F,在图上得到 F 点,根据式(8-18a),过 F 点作斜率为 $-B/S$ 的直线交平衡线 OE 于 D 点,FD 即为单级萃取过程的操作线,D 点的坐标为(X_R,Y_E);如果已知 X_R,可在平衡线 OE 上找到 D 点,联 FD 得到操作线,由该线的斜率求出 S。

(三)多级错流萃取过程的计算

多级错流萃取是上述单级萃取的多次重复。图 8-29 所示为 B、S 完全不互溶物系的多级(四级)错流萃取流程。对每一级的萃取相与萃余相,其中 S 与 B 的量应均为常量。计算可按下列方法进行。

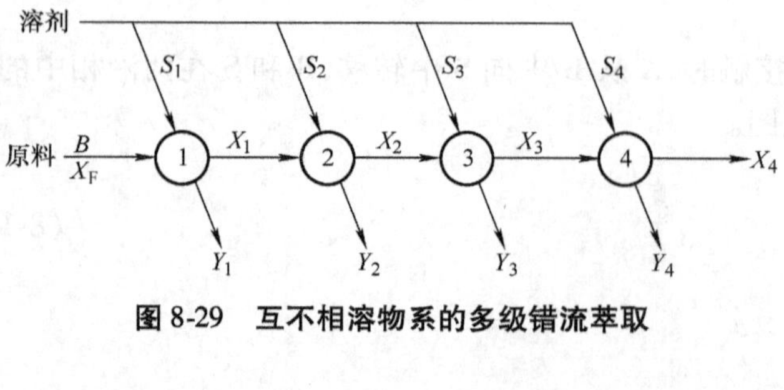

图 8-29 互不相溶物系的多级错流萃取

动画 8-12 多级错流萃取流程

1. 解析计算法

若在操作范围内分配系数为常数，且 $Y_S=0$，分配曲线近似为通过原点的直线，可用类似吸收的表达式表示：

$$Y=mX \tag{8-19}$$

对第一级作A组分的衡算可得式(8-18a)：

$$-\frac{B}{S}=\frac{Y_S-Y_1}{X_F-X_1}$$

将 $Y_S=0, Y_1=mX_1$ 代入上式得

$$X_1=X_F\Big/\left(\frac{mS}{B}+1\right) \tag{8-20}$$

令 $b=\frac{mS}{B}$，称为萃取因数，则

$$Y_1=mX_F/(b+1) \tag{8-21}$$

同理，对于第二级可得

$$X_2=X_1/(b+1)=X_F/(b+1)^2$$

$$Y_2=mX_F/(b+1)^2$$

依次一直推算至第 N 级，得

$$X_N=X_F/(b+1)^N \tag{8-22}$$

$$Y_N=mX_F/(b+1)^N \tag{8-23}$$

于是可求出经过 N 个理论级错流萃取后的萃余相组成 X_N 和相应的萃取相组成 Y_N。或应用式(8-22)求出使溶液由 X_F 降至指定的 X_N 所需的理论级数 N。

2. 图解计算法

若平衡线（分配曲线）为曲线，可采用图8-30所示的图解法。

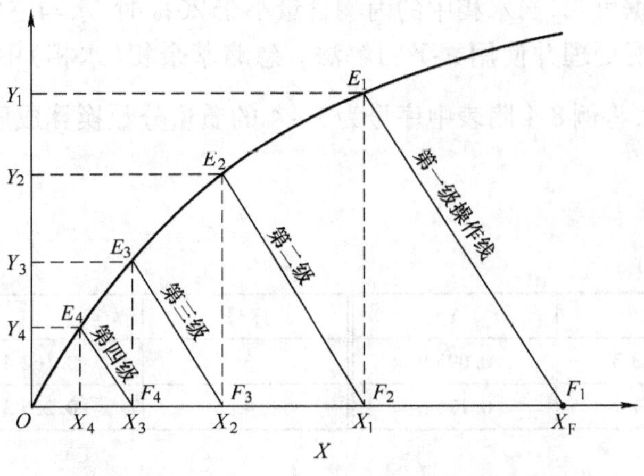

图8-30　互不相溶物系多级错流萃取的图解法

若 $Y_S=0$，由式(8-18a)可得第一级的操作线方程：

$$Y_1=-\frac{B}{S}(X_1-X_F) \tag{8-24}$$

依次可得第二、三、…、N级的操作线方程：

$$Y_2 = -\frac{B}{S}(X_2 - X_1)$$

$$\cdots$$

$$Y_N = -\frac{B}{S}(X_N - X_{N-1}) - \frac{B}{S}$$

各操作线的斜率均为$-B/S$，分别通过X轴上的点$(X_F,0)$、$(X_1,0)$、…$(X_{N-1},0)$。其图解步骤如下。

(1)在X-Y坐标图上，根据物系平衡数据作出平衡线OE。

(2)过X轴上的已知点$F_1(X_F,0)$作斜率为$-B/S$的直线，得第一级操作线，交平衡线于$E_1(X_1,Y_1)$，得出第一级的萃取相与萃余相组成Y_1与X_1。

(3)过E_1作垂线交X轴于$F_2(X_1,0)$，过F_2作斜率为$-B/S$的第二级操作线，交平衡线于$E_2(X_2,Y_2)$。

(4)依次作操作线，直至萃余相组成等于或小于规定值X_N为止，这一级为第N级，如图8-30所示，共有四级。

若入口萃取剂中$Y_S \neq 0$，可按操作线方程

$$Y_i = -\frac{B}{S}(X_i - X_{i-1}) + Y_S$$

及平衡线自行确定图解步骤。

例8-6 含丙酮20%的水溶液，流量为800 kg/h。按错流萃取流程，用1,1,2-三氯乙烷做萃取剂，每一级的三氯乙烷用量均为320 kg/h。要求萃余相中的丙酮含量降到5%（以上均为质量分数）。求所需的理论级数和萃取相、萃余相的流量。

物系的相平衡数据见例8-4附表。

解 由相平衡数据可知，当水相中的丙酮含量小于20%时，水与三氯乙烷的互溶度很小，可近似按互不相溶情况处理并使用X-Y图解法。忽略萃余相（水相）中的三氯乙烷和萃取相（三氯乙烷相）中的水，将例8-4附表中序号为1～4的质量分数换算成质量比，即$X=\frac{x}{100-x}$，$Y=\frac{y}{100-y}$，可得下表：

序号	X	Y	序号	X	Y
1	0.063 3	0.095 9	3	0.162 4	0.262 3
2	0.111 1	0.176 5	4	0.235 3	0.382 4

将X、Y标绘在X-Y坐标图上，得到图8-31中的$0E$线，由图可见，$0E$为一条近似通过原点的直线，其斜率为1.62。

(1)解析法求解。

原料液量为800 kg/h，则其中水量为

$$B = 800 \times (1 - 0.20) = 640\ \text{kg/h}$$

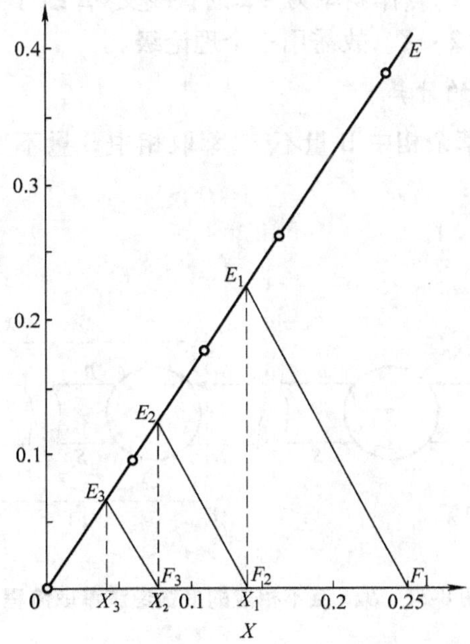

图 8-31　例 8-6 附图

操作线的斜率为

$$-B/S=-640/320=-2$$

原料液的组成为

$$X_F=\frac{x_F}{100-x_F}=\frac{20}{100-20}=0.25$$

萃余相的组成为

$$X_N=\frac{x_N}{100-x_N}=\frac{5}{100-5}=0.0526$$

萃取因数为

$$b=\frac{mS}{B}=\frac{1.62}{2}=0.81$$

按式(8-22),有

$$\frac{X_F}{X_N}=(b+1)^N$$

故有

$$N=\frac{\ln(X_F/X_N)}{\ln(b+1)}$$

将已知值代入,得

$$N=\frac{\ln(0.25/0.0526)}{\ln(0.81+1)}=2.63$$

当 $N=3$ 时,可得最终萃余相的组成为

$$X_N=X_3=X_F/(b+1)^3=0.25/1.81^3=0.0422$$

2)图解法求解。

在图 8-31 中找出点 $F_1(0.25,0)$,过 F_1 点作斜率为 -2 的直线,交 $0E$ 线于 E_1 点;过 E_1 点

作垂线，交 X 轴于 F_2点，再过 F_2点作斜率为 -2 的直线交 $0E$ 线于 E_2点；继续作图得到 F_3和 F_4点，得萃余相组成 $X_3=0.0422<X_N$，故需用三个理论级。

（四）多级逆流萃取过程的计算

如图 8-32 所示，各级的萃余相中 B 量不变，萃取相中 S 量不变。用虚线框出范围，作第 i 级至第 N 级溶质组分的衡算：

$$BX_{i-1}+SY_S=BX_N+SY_i$$

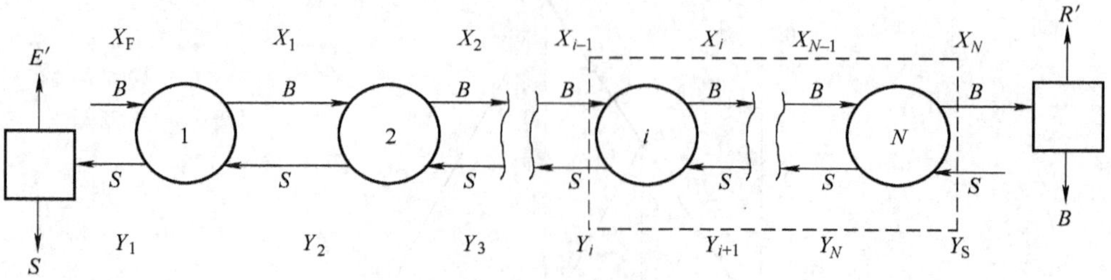

图 8-32 B、S 互不相溶的多级逆流萃取流程

若 $Y_S=0$，则

$$Y_i=\frac{B}{S}(X_{i-1}-X_N) \tag{8-25}$$

式中 X_{i-1}、X_N——离开第 $i-1$ 级、第 N 级的萃余相的组成，质量比（kg A/kg B）；

Y_i——离开第 i 级的萃取相的组成，质量比（kg A/kg S）。

式（8-25）为多级逆流萃取在 X-Y 坐标系中的操作线方程。

对全系统作溶质 A 的物料衡算可得

$$Y_i=\frac{B}{S}(X_F-X_N)$$

故操作线必过点（X_F，Y_1）和（X_N，0），即图 8-33 中的 P_1 和 S 点，且斜率为 B/S。

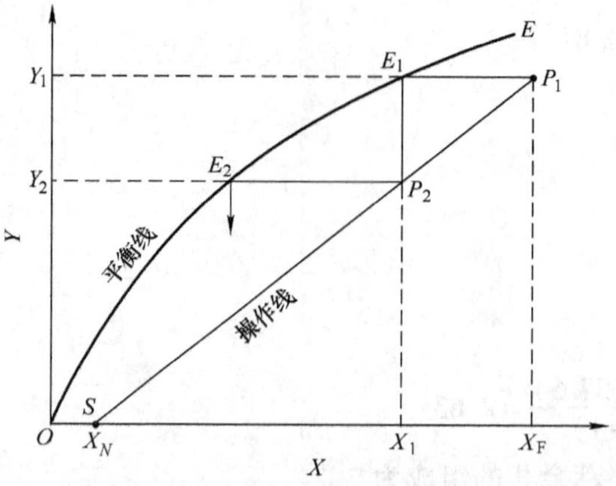

图 8-33 B、S 互不相溶的多级逆流萃取的图解

在 X-Y 坐标系中画出平衡线 OE 和操作线 SP_1 后，按梯级法作图，自 P_1 作水平线交 OE 线

于 E_1 点，得到与 E_1 平衡的 X_1，从 E_1 作垂线交操作线于 P_2 点，得出离开第一级的萃取相的组成 Y_1，依次在 OE 与 SP_1 线间作梯级，直至 X_N 等于或低于规定的最终萃余相的组成为止。所得的梯级数即为 S、B 不互溶的三元系统逆流萃取的理论级数。

当要求 X_N 一定，减少萃取剂用量 S 时，操作线的斜率 B/S 将增大，向平衡线靠拢，理论级数将增多；当 S 减小至操作线与平衡线相交时，所需的理论级数将趋于无穷多，类似吸收中的最小液气比，这时的 S/B 称为最小溶剂比，用 $(S/B)_{\min}$ 表示。显然，操作的溶剂比必须大于最小溶剂比，才能达到规定的分离要求。适宜溶剂比的选择应由设备投资费与操作费总和来权衡。

例 8-7　用水萃取丙酮－苯溶液中的丙酮。已知溶液中丙酮含量为 40%，要求萃余相中的丙酮含量不高于 5%（均为质量分数）。若原料液处理量为 1 500 kg/h，水用量为 2 000 kg/h。逆流萃取时，试求：(1)所需理论级数；(2)水的最小用量(kg/h)。

在操作条件下可认为苯与水不互溶，物系的分配曲线如图 8-34 所示。

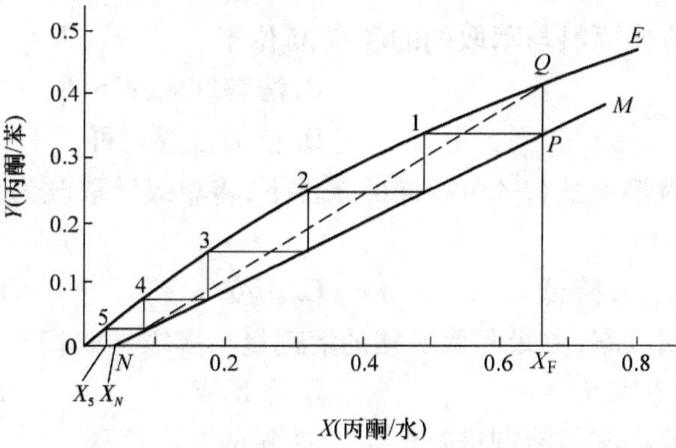

图 8-34　例 8-7 附图

解　B(苯)和 S(水)互不相溶时，物流的组成均用质量比表示。原料液组成

$$X_F = \frac{x_F}{100 - x_F} = \frac{40}{100 - 40} = 0.667$$

最终萃余相组成

$$X_N = \frac{x_N}{100 - x_N} = \frac{5}{100 - 5} = 0.052\ 6$$

原料液中苯的流量

$$B = 1\ 500 \times (1 - 0.4) = 900\ \text{kg/h}$$

(1)因 $S = 2\ 000$ kg/h，故操作线的斜率为

$$B/S = 900/2\ 000 = 0.45$$

萃取剂中丙酮含量为零，故操作线的一个端点在横轴上，即 N 点(0.526,0)，过 N 点作斜率为 0.45 的直线 NM，此直线与 $X_F = 0.667$ 的垂线相交于 P 点，则 NP 为操作线。

从 P 点开始在分配曲线 $0E$ 和操作线 NP 间画梯级，当画至第五个梯级时，所得萃余相组成 $X_5 < X_N = 0.052\ 6$，故此萃取操作需用五个理论级。

(2)根据最小溶剂用量的定义可知，当 $X = X_F$ 的直线与分配曲线交于 Q 点时，联结 QN

(图 8-34 中的虚线),其斜率所对应的萃取剂用量即为最小用量,由图得出 QN 的斜率为

$$\frac{B}{S_{\min}}=\frac{37}{60}=0.617$$

故最小萃取剂用量为

$$S_{\min}=\frac{B}{0.617}=\frac{900}{0.617}=1\,459\ kg/h$$

自　测　题

一、选择题

1. 在单级萃取中,在维持原料液组成 x_F、萃取相组成 y_A 不变的条件下,若用含有一定溶质 A 的萃取剂代替纯溶剂,所得萃余相组成 x_R 将(　　)。

A. 增大　　B. 减小　　C. 不变　　D. 不确定

2. 萃取剂的加入量应使原料与萃取剂的和点 M 位于(　　)。

A. 溶解度曲线上方　　B. 溶解度曲线下方

C. 溶解度曲线上　　D. 任何位置均可

3. 在原料液组成 x_F 及溶剂比(S/F)相同的条件下,将单级萃取改为多级萃取,萃取率的变化趋势是(　　)。

A. 升高　　B. 降低　　C. 不变　　D. 不确定

4. 对于同样的萃取回收率,单级萃取所需的溶剂量与多级萃取相比(　　)。

A. 小　　B. 大　　C. 不确定　　D. 相等

5. 单级萃取流程是原料液与溶剂进行(　　)接触的萃取流程。

A. 两次　　B. 一次　　C. 三次　　D. 一次或两次

6. 萃取操作通常在(　　)下进行。

A. 常压　　B. 加压　　C. 减压　　D. 任意压强

二、计算题

1. 以异丙醚为萃取剂,从组成为 50%(质量%)的醋酸水溶液中萃取醋酸。在单级萃取器中,用 600 kg 异丙醚萃取 500 kg 醋酸水溶液。试:①在三角形相图上绘出溶解度曲线与辅助线;②确定原料液与萃取剂混合后组成点的位置;③在三角形相图中求出此混合液分为两个平衡液层——萃取相 E 和萃余相 R 的组成与量。

醋酸(A)-水(B)-异丙醚(S)的平衡数据如下(均为质量%):

在萃余相(水层)R 中			在萃取相(异丙醚层)E 中		
w_{RA}/%	w_{RB}/%	w_{RS}/%	w_{EA}/%	w_{EB}/%	w_{ES}/%
0.69	98.1	1.2	0.18	0.5	99.3
1.40	97.1	1.5	0.37	0.7	98.9
2.70	95.7	1.6	0.79	0.8	98.4
6.40	91.7	1.9	1.90	1.0	97.1

续表

在萃余相(水层)R 中			在萃取相(异丙醚层)E 中		
13.30	84.4	2.3	4.80	1.9	93.3
25.50	71.1	3.4	11.40	3.9	84.7
37.00	58.6	4.4	21.60	6.9	71.5
44.30	45.1	10.6	31.10	10.8	58.1
46.40	37.1	16.5	36.20	15.1	48.7

[答:②$w_{MA}=0.23$,$w_{MB}=0.23$,$w_{MS}=0.54$;③$E=780$ kg,$w_{EA}=0.185$,$w_{EB}=0.055$;$R=320$ kg,$w_{RA}=0.32$,$w_{RB}=0.645$]

2. 物系同上题,试求:①两平衡液层 E 与 R 中溶质的分配系数 k_A 及萃取剂的选择性系数 β;②若用 600 kg 异丙醚对上题中所得的萃余相 R 再进行一次萃取,最终萃余相中醋酸的组成为多少? [答:①$k_A=0.578$,$\beta=6.8$;②$w_{RA}=0.19$]

3. 在单级接触式萃取器内,以 800 kg 水为萃取剂,从醋酸与氯仿的混合液中萃取醋酸,已知原料液量也为 800 kg,其中醋酸的组成为 35%。试求:①萃取相 E 与萃余相 R 中醋酸的组成及两相的量;②将 E 和 R 相中的萃取剂脱除后,萃取液 E′与萃余液 R′的组成及量;③醋酸萃取的百分率。

操作条件下的平衡数据如下:

氯仿层		水层	
$w_{醋酸}$/%	$w_{水}$/%	$w_{醋酸}$/%	$w_{水}$/%
0.00	0.99	0.00	99.16
6.77	1.38	25.10	73.69
17.72	2.28	44.12	48.56
25.72	4.15	50.18	34.71
27.65	5.20	50.56	31.11
32.08	7.93	49.41	25.39
34.16	10.03	47.87	23.28
42.50	16.50	42.50	16.50

[答:①$E=1\ 056$ kg,$w_{EA}=0.24$,$w_{EB}=0.745$,$R=544$ kg,$w_{RA}=0.06$,$w_{RB}=0.01$;②$E'=264$ kg,$w'_{EA}=0.94$,$w'_{EB}=0.06$,$R'=536$ kg,$w'_{RA}=0.062$,$w'_{RB}=0.938$;③88.6%]

4. 含丙酮 30%(质量分数)的丙酮-醋酸乙酯混合液用水进行两级错流萃取,各级加入的水与原料液之比(即 S/F)为 0.75,求最终萃余相的组成。物系的平衡数据见例 8-3 附表。[答:$w'_{RA}=14\%$]

任务四 了解新型萃取技术

任务分析:萃取技术已在工业生产中得到普遍应用,特别是近些年来由于某些新兴学科与技术的飞速发展，派生出超临界流体萃取、双水相萃取、膜基萃取等新型萃取分离技术。在任务四中我们一起学习这些新兴分离技术的概况。

任务目标：了解超临界萃取、双水相萃取、凝胶萃取等新型萃取分离技术。

技能目标：能识别超临界流体萃取、双水相萃取、凝胶萃取等新型萃取分离技术。

一、超临界流体萃取

超临界流体萃取（supercritical fluid extraction，SFE）是20世纪70年代末发展起来的一种新型物质分离、精制技术，随后其便以环保、高效等显著优势轻松超越传统技术，迅速渗透到萃取分离、石油化工、化学反应工程、材料科学、生物技术、环境工程等诸多领域，并成为这些领域发展的主导之一。

超临界流体萃取是以超临界条件下的流体作为萃取剂，从液体或固体中萃取或提纯目标组分的过程。由于超临界流体在萃取和分离过程中具有诸多优异的性能，使SFE具有一些其他传统分离技术难以比拟的优势。

动画 8-13 超临界流体萃取实验流程演示

（一）超临界流体的性质

当流体的温度和压强处于它的临界温度和临界压强以上时，称之为超临界流体。流体在临界温度以上时，无论压强多高，流体都不能液化，但压强稍有变化，就会引起密度的显著变化。适当增大压强，可使流体的密度很快接近液体的密度，由此可知，超临界流体对液体或固体溶质的溶解能力与液体溶剂相仿，利用这一特性不但可以通过调节流体的密度来对溶质进行选择性萃取，而且便于降压后分离溶质，使溶剂气体的再生循环简单而且耗能少。

作为超临界流体溶剂，使用最多的是CO_2，它有较强的溶解能力，而对水的溶解度却很小，有利于在近临界或超临界下萃取分离液。CO_2对非极性溶质溶解性能好，对极性化合物萃取效果不好，但可通过改变压强来适当改变它的极性。在7.0～15.0 MPa，CO_2的密度ρ和介电常数ε随压强增大而增大，故它对极性物质也有一定的溶解能力。

（二）超临界流体萃取过程

超临界流体萃取过程由萃取和分离两部分组成，原则上可分为等温法和等压法两种流程。前者是在高压萃取后，在等温减压条件下使溶剂的密度减小，溶解能力下降，从而分离溶质；后者则是在高压萃取后，在等压升温条件下使溶剂的密度减小，溶解能力下降，从而分离出其中的溶质，溶剂循环使用。

等温变压萃取流程应用最多，如图8-35所示，萃取剂经压缩达到超临界状态，进入萃取器中与被萃取物充分接触，含有被萃取组分的超临界流体从萃取器抽出，经膨胀阀后流入分离器内。由于压强降低，被萃取组分在超临界流体中的溶解度变小，在分离器中析出。被萃取组分经分离后，从分离器下部放出。降压后的萃取气体则经压缩机或高压泵提升压强后返回萃取器循环使用。该法的特点是在等温条件下，利用不同压强时待萃取组分在萃取剂中的溶解度差异来实现组分的萃取及与萃取剂的分离。该过程可循环进行，只需补充在循环中损失的少量溶剂，易于操作，应用较为广泛。

（三）超临界流体萃取的应用

在天然产物和食品工业中，超临界流体萃取被用于从植物、果蔬中提取药物成分、天然精

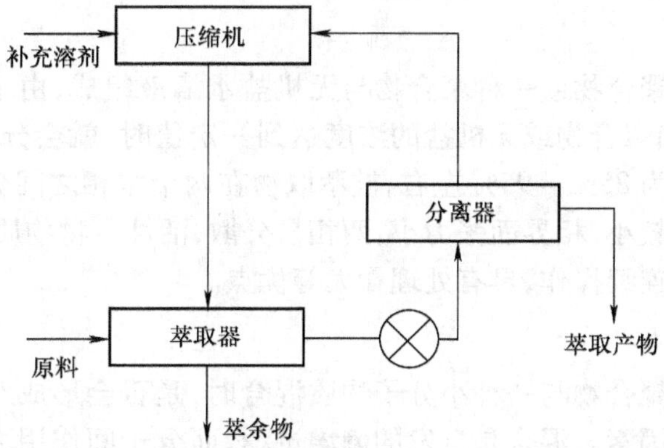

图 8-35 等温变压超临界流体萃取过程

油、色素和提取珍贵的动植物油脂等。应用超临界 CO_2 从天然产物中分离提取有效成分的案例很多，其中以从咖啡豆中脱除咖啡因最为典型。咖啡因存在于咖啡、茶等天然产物中，在医药上用作利尿剂和强心剂。传统的脱除工艺是用二氯乙烷萃取咖啡因，但选择性较差且残存的溶剂不易除尽。用超临界 CO_2 从咖啡豆中萃取咖啡因，提取物经减压、水洗回收咖啡因后，CO_2 循环使用，咖啡豆中咖啡因的质量分数从 0.3% ~0.7% 降至 0.02% 而无香味损失。在石化和化工中，超临界萃取已部分实现工业化。例如，从微生物发酵干物质中萃取亚麻酸，从单细胞蛋白游离物中提取脂类，在纯化抗生素中脱除丙酮、甲醇等溶剂以提高产品品质等。直馏渣油或裂化渣油采用高压液态溶剂萃取后，萃取相和萃余相分别加热达到溶剂的临界点，再蒸发回收溶剂并分离溶质，可用来脱沥青。

机械、电子、光学、医疗以及宇宙航天的精密仪器的清洗，也可以使用超临界流体技术。以前的清洗工作一般采用氯氟烃（CFC）系列清洗剂，但是它们在使用中存在着危险和对环境的不利影响。水系清洗剂虽然可以代替氯氟烃，却可能腐蚀金属塔部件，废液后处理也比较麻烦。超临界流体萃取中最常用的二氧化碳具有不活泼、价廉且可再利用的优点，而且在清洗过程中杂质（油垢）容易清除，没有任何溶剂残留和腐蚀问题，用二氧化碳清洗彻底地改变了传统清洗方法。超临界流体清洗方法与水系清洗剂清洗方法相比，具有明显的优点。因此，超临界流体作为替代传统清洗剂的选择之一，潜力巨大。

（四）超临界流体萃取过程的能耗

在超临界流体萃取操作中，萃取器内的溶质溶解于超临界流体中属自发过程，不需能量；节流膨胀属等焓过程，若用膨胀机代替节流阀可回收部分能量；分离器为机械分离操作，不耗能量；只有压缩机是主要耗能设备，其功率取决于压缩比和流体的循环量。在超临界流体萃取中压缩比一般不大；流体的循环量则取决于超临界流体对溶质的溶解能力，溶解度愈大，所需的循环量愈少，能耗就愈低。若利用在临界点附近流体的汽化潜热小，蒸发所需的热量少，而溶剂和溶质间的挥发度差异很大的特性，采用在临界点附近液化溶剂气体，在近临界点萃取原料，将萃取相中的溶剂蒸出供循环使用，并提取萃取质的工艺操作条件，则分离方便，操作所需的能耗也不大。

二、双水相萃取

双水相系统由两种聚合物或一种聚合物与无机盐水溶液组成，由于聚合物之间或聚合物与无机盐之间不相溶，当聚合物或无机盐的浓度达到一定值时，就会分成不互溶的两个水相，两相中水分所占的比例为85% ~95%左右，被萃取物在两个水相之间分配。双水相系统中两相的密度和折射率差别较小，相界面张力小，两相易分散，活性生物物质或细胞不易失活，可在常温、常压下进行，易于连续操作，具有处理量大等优点。

(一)双水相分配原理

两种聚合物或一种聚合物与一种小分子物质混合时，是否会形成双水相取决于混合熵增和分子间作用力这两个因素。混合是自发的熵增过程，而分子间作用力则随分子量变大而增强。

两种物质混合时熵的增加与所涉及的分子数目有关，小分子间与大分子间的混合，熵增相同，而分子间作用力可看作分子中各基团间相互作用力之和。对两种高分子聚合物的混合，分子间作用力与分子间的混合熵相比占主要地位，分子越大，作用力越大。当两种聚合物所带电荷相反时，聚电解质之间混合均匀，不分相；若两种聚合物分子间有相互排斥作用，一种聚合物分子的周围将聚集同种分子而排斥异种分子，达到平衡时，会形成富含不同聚合物的两个水相。这种含有聚合物分子的溶液发生分相的现象称为聚合物的不相溶性。除双聚合物系统外，基于盐析作用原理，聚合物与无机盐的混合溶液也能形成双水相。

(二)双水相萃取过程

双水相萃取一般是多级分离过程。原则上溶剂萃取工艺中的多级逆(错)流接触萃取、微分萃取也可用于双水相萃取工艺。第一步萃取将待提取物和原料液分配在不同的相中，待提取物分配在上相中，如目标产物尚未萃取完成，可向上相中加入适量的盐使其重新形成双水相；第二步萃取除去大部分杂质，若待提取物的分配系数足够大，经过一次萃取就能得到高的收率；在第三步萃取中，使目标产物分配于盐相中。如第一步的选择性足够为，目标产物的纯度已达到要求，可直接进入第三步，将目标产物分配于盐相中，再用超滤法去除残留的杂质，以提高产品纯度。

(三)双水相萃取技术的应用

目前双水相萃取技术主要应用于医药方面，比如大分子生物质的分离，尤其是从发酵液中提取酶。对小分子生物质，如抗生素、氨基酸的双水相萃取分离的研究是近几年才开始的，研究发现该技术对小分子生物质也可以得到较理想的分配效果。双水相萃取的工业规模应用是近十几年才开始的，目前除酶的提取外，核酸的分离，人生长激素、干扰素的提取都已有工业规模应用。

三、凝胶萃取

凝胶具有敏感反应与自我调节的特性，如外界环境的 pH 值、温度、电场的变化或离子强度、官能团等的变化都会引起凝胶的溶胀和收缩，实现其选择性萃取的功能。

(一)凝胶的种类

凝胶是胶体微粒凝聚或交联键合形成网络并与网络间隙中的液体一起形成不流动的溶胀

体。凝胶微粒的直径不同，形成的分散介质也不同，分散介质为气体的是气溶胶（如烟、雾），为液体的称溶胶，为固态的称固溶胶（如水晶、有色玻璃）。凝胶既不是液体也有别于固体，根据含水量的多少，凝胶可分为干凝胶和软胶。干凝胶中水量小于固体量；而软胶中水量超过固体量，最高可达95%以上。根据机械性质，凝胶可分为弹性凝胶、脆性凝胶和敏感凝胶三种。脆性凝胶（如硅胶）也称不可逆凝胶；弹性凝胶（如明胶）和敏感凝胶又称可逆凝胶。按化学组成凝胶可分为疏水性有机凝胶、亲水性有机凝胶、非溶胀性无机凝胶三类。在这些凝胶中，水凝胶是最常见也是最重要的一种。绝大多数生物、植物内存在的天然凝胶以及许多合成高分子凝胶均属于水凝胶。

（二）凝胶的特性

高分子凝胶是分子链经交联聚合而成的三维网络或互穿网络与溶剂组成的体系。交联结构使之不溶解而保持一定的形状，渗透压的存在使之溶胀而达到平衡体积，溶胀推动力同凝胶分子链与溶剂分子之间的相互作用、网络内分子链之间的相互作用以及由凝胶内外的离子浓度差所产生的渗透压有关。凝胶的溶胀和收缩是其三维高分子网络中交联点之间的链段伸展和蜷缩的宏观表现。利用高分子凝胶的变形、膨胀、收缩等特性，可进行蛋白质和多糖等大分子稀溶液的浓缩和分离。在低于相变温度时，大分子溶液中的凝胶大量吸收水分使溶液浓缩，通过将溶胀的凝胶与浓缩液分开，并升温至相变温度，使凝胶释放出水而收缩，收缩的凝胶可重复使用。

（三）凝胶的筛分作用

凝胶除了相变的特性外，另一个重要特征是具有筛分作用。含有不同大小分子的溶液流经凝胶时或将凝胶放入此类溶液中，小分子物质和无机盐能进入凝胶颗粒的微孔中，而较大的分子不易进入凝胶颗粒的微孔，被排斥分布在颗粒之间。在达到平衡时，凝胶中有三种情况，很小的分子进入分子筛的全部内孔隙，大小适中的分子在凝胶的内孔隙中孔径大小相应的部分，大分子则仍然留在溶液内。因此，凝胶可作为固相萃取剂，用于对溶液中的大分子物质进行浓缩和净化，或将不同的分子分级等。

（四）凝胶萃取的应用

对凝胶萃取的研究主要集中在小规模应用阶段，工业应用尚不成熟。凝胶对大分子量物质分离效果较好，并且对所吸收的液体介质具有选择性，利用凝胶的这一特性可以浓缩稀蛋白质溶液，制备牛血清红蛋白、碱性蛋白酶、人催乳激素等，都有较好的效果。凝胶萃取具有快速、简便和无污染的特点，预计会很快得到工业应用。

主要符号说明

英文字母

A——溶质 A 的质量或质量流量，kg 或 kg/s

B——原溶剂 B 的质量或质量流量，kg 或 kg/s

E、E'——萃取相、萃取液的质量或质量流量，kg 或 kg/s

F——原料液的质量或质量流量，kg 或 kg/s

k_A、k_B——分配系数

R、R'——萃余相、萃余液的质量或质量流量，kg 或 kg/s

S——萃取剂的质量或质量流量，kg 或 kg/s

w_{ij}——组分 j 在混合物流 i 中的质量分数，kg/kg

X、x——溶质 A 在萃余相中的质量比，kg A/kg B 或质量分数

X_i、x_i——溶质 A 在离开 i 理论级的萃余相中的质量比，kg A/kg B 或质量分数

Y、y——溶质 A 在萃取相中的质量比，kg A/kg S 或质量分数

希腊字母

β——选择性系数

下标

i——混合物流代号（i = E、R、S、E′、R′、F；对多级萃取：$i = 1, 2, \cdots, N$）

j——组分代号（对三元混合物，j = A、B、S）

附　录

附　录

一、法定计量单位及单位换算

1. 常用单位

基本单位			具有专门名称的导出单位				允许并用的其他单位			
物理量	单位名称	单位符号	物理量	单位名称	单位符号	与基本单位的关系	物理量	单位名称	单位符号	与基本单位的关系
长度	米	m	力	牛[顿]	N	$1\ N=1\ kg\cdot m/s^2$	时间	分	min	$1\ min=60\ s$
质量	千克(公斤)	kg	压强、压力	帕[斯卡]	Pa	$1\ Pa=1\ N/m^2$		时	h	$1\ h=3\ 600\ s$
时间	秒	s	能、功、热量	焦[耳]	J	$1\ J=1\ N\cdot m$		日	d	$1\ d=86\ 400\ s$
热力学温度	开[尔文]	K	功率	瓦[特]	W	$1\ W=1\ J/s$	体积	升	L	$1\ L=10^{-3}\ m^3$
物质的量	摩[尔]	mol	摄氏温度	摄氏度	℃	$1\ ℃=1\ K$	质量	吨	t	$1\ t=10^3\ kg$

2. 常用十进倍数单位及分数单位的词头

词头符号	M	k	d	c	m	μ
词头名称	兆	千	分	厘	毫	微
表示因数	10^6	10^3	10^{-1}	10^{-2}	10^{-3}	10^{-6}

3. 单位换算表

(1)质量

kg	t(吨)	lb(磅)
1	0.001	2.204 62
1 000	1	2 204.62
0.453 6	4.536×10^{-4}	1

(2)长度

m	in(英寸)	ft(英尺)	yd(码)
1	39.370 1	3.280 8	1.093 61
0.025 4	1	0.073 333	0.027 78
0.304 8	12	1	0.333 33
0.914 4	36	3	1

(3)力

N	kgf	lbf	dyn
1	0.102	0.224 8	1×10^{5}
9.806 65	1	2.204 6	$9.806\ 65\times10^{5}$
4.448	0.453 6	1	4.448×10^{5}
1×10^{-5}	1.02×10^{-6}	2.248×10^{-6}	1

(4)流量

L/s	m^3/s	gl(美)/min	ft^3/s
1	0.001	15.85	0.035 31
0.277 8	2.778×10^{-4}	4.403	9.81×10^{-3}
1 000	1	1.585×10^{-4}	35.31
0.063 09	6.309×10^{-5}	1	0.002 228
7.866×10^{-3}	7.866×10^{-6}	0.124 68	2.778×10^{-4}
28.32	0.028 32	448.8	1

(5)压强

Pa	bar	kgf/cm^2	atm	mmH_2O	mmHg	lbf/in^2
1	1×10^{-5}	1.02×10^{-5}	0.99×10^{-5}	0.102	0.007 5	14.5×10^{-5}
1×10^{5}	1	1.02	0.986 9	10 197	750.1	14.5
98.07×10^{3}	0.980 7	1	0.967 8	1×10^{4}	735.56	14.2
$1.013\ 25\times10^{5}$	1.013	1.033 2	1	$1.033\ 2\times10^{4}$	760	14.697
9.807	9.807×10^{-5}	0.000 1	$0.967\ 8\times10^{-4}$	1	0.073 6	1.423×10^{-3}
133.32	1.333×10^{-3}	0.136×10^{-2}	0.001 32	13.6	1	0.019 34
6 894.8	0.068 95	0.703	0.068	703	51.71	1

(6)功、能及热量

J(即 N·m)	kgf·m	kW·h	英制马力·时	kcal	英热单位	英尺·磅(力)
1	0.102	2.778×10^{-7}	3.725×10^{-7}	2.39×10^{-4}	9.485×10^{-4}	0.737 7
9.806 7	1	2.724×10^{-6}	3.653×10^{-6}	2.342×10^{-3}	9.296×10^{-3}	7.233
3.6×10^{6}	3.671×10^{5}	1	1.341	860	3 413	$2\ 655\times10^{3}$
2.685×10^{6}	273.8×10^{3}	0.745 7	1	641.33	2 544	$1\ 980\times10^{3}$
$4.186\ 8\times10^{3}$	426.9	$1.162\ 2\times10^{-3}$	$1.557\ 6\times10^{-3}$	1	3.963	3 087
1.055×10^{3}	107.58	2.93×10^{-4}	3.926×10^{-4}	0.252	1	778.1
1.355 8	0.138 3	$0.376\ 6\times10^{-6}$	$0.505\ 1\times10^{-6}$	3.239×10^{-4}	1.285×10^{-3}	1

(7)动力黏度

Pa·s	P	cP	lb/(ft·s)	$kgf\cdot s/m^2$
1	10	1×10^{3}	0.672	0.102
1×10^{-1}	1	1×10^{2}	0.067 2	0.010 2
1×10^{-3}	0.01	1	6.72×10^{-4}	0.102×10^{-3}

续表

Pa·s	P	cP	lb/(ft·s)	kgf·s/m^2
1.488 1	14.881	1 488.1	1	0.151 9
9.81	98.1	9 810	6.59	1

(8)运动黏度

m^2/s	cm^2/s	ft^2/s
1	1×10^4	10.76
10^{-4}	1	1.076×10^{-3}
92.9×10^{-3}	929	1

(9)功率

W	kgf·m/s	英尺·磅(力)/秒	英制马力	kcal/s	英热单位/秒
1	0.101 97	0.737 6	1.341×10^{-3}	$0.238\ 9\times10^{-3}$	$0.948\ 6\times10^{-3}$
9.806 7	1	7.233 14	0.013 15	$0.234\ 2\times10^{-2}$	$0.929\ 3\times10^{-2}$
1.355 8	0.138 25	1	0.001 818 2	$0.323\ 8\times10^{-3}$	$0.128\ 51\times10^{-2}$
745.69	76.037 5	550	1	0.178 03	0.706 75
4 186.8	426.85	3 087.44	5.613 5	1	3.968 3
1 055	107.58	778.168	1.414 8	0.251 996	1

二、某些气体的重要物理性质

名称	分子式 V	密度/(kg/m^3)(0 ℃,101.3 kPa)	比热容/[kJ/(kg·℃)]	黏度 $\mu\times10^5$/(Pa·s)	沸点/℃(101.3 kPa)	汽化热/(kJ/kg)	临界点		热导率/[W/(m·℃)]
							温度/℃	压强/kPa	
空气		1.293	1.009	1.73	−195	197	−140.7	3 768.4	0.024 4
氧	O_2	1.429	0.653	2.03	−132.98	213	−118.82	5 036.6	0.024
氮	N_2	1.251	0.745	1.70	−195.78	199.2	−147.13	3 392.5	0.022 8
氢	H_2	0.089 9	10.13	0.842	−252.75	454.2	−239.9	1 296.6	0.163
氦	He	0.178 5	3.18	1.88	−268.95	19.5	−267.96	228.94	0.144
氩	Ar	1.782	0.322	2.09	−185.87	163	−122.44	4 862.4	0.017 3
氯	Cl_2	3.217	0.355	1.29(16 ℃)	−33.8	305	144	7 708.9	0.007 2
氨	NH_3	0.771	0.67	0.918	−33.4	1 373	132.4	11 295	0.021 5
一氧化碳	CO	1.250	0.754	1.66	−191.48	211	−140.2	3 497.9	0.022 6
二氧化碳	CO_2	1.976	0.653	1.37	−78.2	574	31.1	7 384.8	0.013 7
硫化氢	H_2S	1.539	0.804	1.166	−60.2	548	100.4	19 136	0.013 1
甲烷	CH_4	0.717	1.70	1.03	−161.58	511	−82.15	4 619.3	0.03
乙烷	C_2H_6	1.357	1.44	0.85	−88.5	486	32.1	4 948.5	0.018
丙烷	C_3H_8	2.020	1.65	0.795(18 ℃)	−42.1	427	95.6	4 355	0.014 8
正丁烷	C_4H_{10}	2.673	1.73	0.81	−0.5	386	152	3 798.8	0.013 5
正戊烷	C_5H_{12}	—	1.57	0.874	−36.08	151	197.1	3 342.9	0.012 8
乙烯	C_2H_4	1.261	1.222	0.935	103.7	481	9.7	5 135.9	0.016 4
丙烯	C_3H_6	1.914	2.436	0.835(20 ℃)	−47.7	440	91.4	4 599	—

续表

名称	分子式 V	密度 /(kg/m³) (0 ℃, 101.3 kPa)	比热容 /[kJ/(kg·℃)]	黏度 $\mu\times10^5$ /(Pa·s)	沸点 /℃ (101.3 kPa)	汽化热 /(kJ/kg)	临界点		热导率 /[W/(m·℃)]
							温度 /℃	压强 /kPa	
乙炔	C_2H_2	1.171	1.352	0.935	-83.66 (升华)	829	35.7	6 240	0.018 4
氯甲烷	CH_3Cl	2.303	0.582	0.989	-24.1	406	148	6 685.8	0.008 5
苯	C_6H_6	—	1.139	0.72	80.2	394	288.5	4 832	0.008 8
二氧化硫	SO_2	2.927	0.502	1.17	-10.8	394	157.5	7 879.1	0.007 7
二氧化氮	NO_2	—	0.315	—	21.2	712	158.2	10 130	0.04

三、某些液体的重要物理性质

名称	分子式	密度 /(kg/m³) (20 ℃)	沸点 /℃ (101.3 kPa)	汽化焓 /(kJ/kg) (760 mmHg)	比热容 /[kJ/(kg·℃)] (20 ℃)	黏度 /(mPa·s) (20 ℃)	导热系数 /[W/(m·℃)] (20 ℃)	体积膨胀系数 $\times10^4$ /(1/℃) (20 ℃)	表面张力 $\times10^3$/(N/m) (20 ℃)
水	H_2O	998	100	2 258	4.183	1.005	0.599	1.82	72.8
氯化钠盐水 (25%)	—	1 186 (25 ℃)	107	—	3.39	2.3	0.57 (30 ℃)	(4.4)	—
氯化钙盐水 (25%)	—	1 228	107	—	2.89	2.5	0.57	(3.4)	—
硫酸	H_2SO_4	1 831	340(分解)	—	1.47(98%)	23	0.38	5.7	—
硝酸	HNO_3	1 513	86	481.1	—	1.17 (10 ℃)	—	—	—
盐酸(30%)	—	1 149	—	—	2.55	2(31.5%)	0.42	—	—
二硫化碳	CS_2	1 262	46.3	352	1.005	0.38	0.16	12.1	32
戊烷	C_5H_{12}	626	36.07	357.4	2.24 (15.6 ℃)	0.229	0.133	15.9	16.2
己烷	C_6H_{14}	659	68.74	335.1	2.31 (15.6 ℃)	0.313	0.119	—	18.2
庚烷	C_7H_{16}	684	98.43	316.5	2.21 (15.6 ℃)	0.411	0.123	—	20.1
辛烷	C_8H_{18}	703	125.67	306.4	2.19 (15.6 ℃)	0.54	0.131	—	21.8
三氯甲烷	$CHCl_3$	1 489	61.2	253.7	0.992	0.58	0.138(30 ℃)	12.6	28.5(10 ℃)
四氯化碳	CCl_4	1 594	76.8	195	0.85	1	0.12	—	26.8
1,2-二氯乙烷	$C_2H_4Cl_2$	1 253	83.6	324	1.26	0.83	0.14(50 ℃)	—	30.8
苯	C_6H_6	879	80.1	393.9	1.704	0.737	0.148	12.4	28.6

续表

名称	分子式	密度/(kg/m^3)(20 ℃)	沸点/℃(101.3 kPa)	汽化焓/(kJ/kg)(760 mmHg)	比热容/[kJ/(kg·℃)](20 ℃)	黏度/(mPa·s)(20 ℃)	导热系数/[W/(m·℃)](20 ℃)	体积膨胀系数×10^4/(1/℃)(20 ℃)	表面张力×10^3/(N/m)(20 ℃)
甲苯	C_7H_8	867	110.63	363	1.7	0.675	0.138	10.9	27.9
邻二甲苯	C_8H_{10}	880	144.42	347	1.74	0.811	0.142	—	30.2
间二甲苯	C_8H_{10}	864	139.1	343	1.7	0.611	0.167	0.1	29
对二甲苯	C_8H_{10}	861	138.35	340	1.704	0.643	0.129	—	28
苯乙烯	C_8H_9	911 (15.6 ℃)	145.2	(352)	1.733	0.72	—	—	—
氯苯	C_6H_5Cl	1 106	131.8	325	1.298	0.85	0.14(30 ℃)	—	32
硝基苯	$C_6H_5NO_2$	1 203	210.9	396	1.47	2.1	0.15	—	41
苯胺	$C_6H_5NH_2$	1 022	184.4	448	2.07	4.3	0.17	8.5	42.9
苯酚	C_6H_5OH	1 050 (50 ℃)	181.8 (熔点 40.9 ℃)	511	—	3.4 (50 ℃)	—	—	—
萘	$C_{10}H_8$	1 145 (固体)	217.9 (熔点 80.2 ℃)	314	1.8 (100 ℃)	0.59 (100 ℃)	—	—	—
甲醇	CH_3OH	791	64.7	1 101	2.48	0.6	0.212	12.2	22.6
乙醇	C_2H_5OH	789	78.3	846	2.39	1.15	0.172	11.6	22.8
乙醇(95%)	—	804	78.2	—	—	1.4	—	—	—
乙二醇	$C_2H_4(OH)_2$	1 113	197.6	780	2.35	23	—	—	47.7
甘油	$C_3H_5(OH)_3$	1 261	290(分解)	—	—	1 499	0.59	5.3	63
乙醚	$(C_2H_5)_2O$	714	34.6	360	2.34	0.24	0.14	16.3	18
乙醛	CH_3CHO	783 (18 ℃)	20.2	574	1.9	1.3 (18 ℃)	—	—	21.2
糠醛	$C_5H_4O_2$	1 168	161.7	452	1.6	1.15 (50 ℃)	—	—	43.5
丙酮	CH_3COCH_3	792	56.2	523	2.35	0.32	0.17	—	23.7
甲酸	HCOOH	1 220	100.7	494	2.17	1.9	0.26	—	27.8
醋酸	CH_3COOH	1 049	118.1	406	1.99	1.3	0.17	10.7	23.9
醋酸乙酯	$CH_3COOC_2H_5$	901	77.1	368	1.92	0.48	0.14 (10 ℃)	—	—
煤油	—	780~820	—	—	—	3	0.15	10	—
汽油	—	680~800	—	—	—	0.7~0.8	0.19 (30 ℃)	12.5	—

四、空气的重要物理性质

温度/℃	密度/(kg/m^3)	比热容/[kJ/(kg·℃)]	导热系数×10^2/[W/(m·℃)]	黏度×10^5/(Pa·s)	普朗特数
-50	1.584	1.013	2.035	1.46	0.728

续表

温度/℃	密度/(kg/m³)	比热容/[kJ/(kg·℃)]	导热系数×10^2/[W/(m·℃)]	黏度×10^5/(Pa·s)	普朗特数
-40	1.515	1.013	2.117	1.52	0.728
-30	1.453	1.013	2.198	1.57	0.723
-20	1.395	1.009	2.279	1.62	0.716
-10	1.342	1.009	2.360	1.67	0.712
0	1.293	1.005	2.442	1.72	0.707
10	1.247	1.005	2.512	1.77	0.705
20	1.205	1.005	2.591	1.81	0.703
30	1.165	1.005	2.673	1.86	0.701
40	1.128	1.005	2.756	1.91	0.699
50	1.093	1.005	2.826	1.96	0.698
60	1.060	1.005	2.896	2.01	0.696
70	1.029	1.009	2.966	2.06	0.694
80	1.000	1.009	3.047	2.11	0.692
90	0.972	1.009	3.128	2.15	0.690
100	0.946	1.009	3.210	2.19	0.688
120	0.898	1.009	3.338	2.29	0.686
140	0.854	1.013	3.489	2.37	0.684
160	0.815	1.017	3.640	2.45	0.682
180	0.779	1.022	3.780	2.53	0.681
200	0.746	1.026	3.931	2.60	0.680
250	0.674	1.038	4.268	2.74	0.677
300	0.615	1.047	4.605	2.97	0.674
350	0.566	1.059	4.908	3.14	0.676
400	0.524	1.068	5.210	3.30	0.678
500	0.456	1.093	5.745	3.62	0.687
600	0.404	1.114	6.222	3.91	0.699
700	0.362	1.135	6.711	4.18	0.706
800	0.329	1.156	7.176	4.43	0.713
900	0.301	1.172	7.630	4.67	0.717
1 000	0.277	1.185	8.071	4.90	0.719
1 100	0.257	1.197	8.502	5.12	0.722
1 200	0.239	1.206	9.153	5.35	0.724

五、水的重要物理性质

温度/℃	饱和蒸气压/kPa	密度/(kg/m³)	焓/(kJ/kg)	比热容/[kJ/(kg·℃)]	导热系数×10^2/[W/(m·℃)]	黏度×10^5/(Pa·s)	体积膨胀系数×10^4/(1/℃)	表面张力×10^3/(N/m)	普朗特数
0	0.608	999.9	0	4.212	55.13	179.2	-0.63	75.6	13.67
10	1.226	999.7	42.04	4.191	57.45	130.8	0.7	74.1	9.52
20	2.335	998.2	83.9	4.183	59.89	100.5	1.82	72.6	7.02
30	4.247	995.7	125.7	4.174	61.76	80.07	3.21	71.2	5.42
40	7.377	992.2	167.5	4.174	63.38	65.6	3.87	69.6	4.31
50	12.31	988.1	209.3	4.174	64.78	54.94	4.49	67.7	3.54

续表

温度/℃	饱和蒸气压/kPa	密度/(kg/m³)	焓/(kJ/kg)	比热容/[kJ/(kg·℃)]	导热系数×10²/[W/(m·℃)]	黏度×10⁵/(Pa·s)	体积膨胀系数×10⁴/(1/℃)	表面张力×10³/(N/m)	普朗特数
60	19.92	983.2	251.1	4.178	65.94	46.88	5.11	66.2	2.98
70	31.16	977.8	293	4.178	66.76	40.61	5.7	64.3	2.55
80	47.38	971.8	334.9	4.195	67.45	35.65	6.32	62.6	2.21
90	70.14	965.3	377	4.208	68.04	31.65	6.95	60.7	1.95
100	101.3	958.4	419.1	4.220	68.27	28.38	7.52	58.8	1.75
110	143.3	951.0	461.3	4.238	68.50	25.89	8.08	56.9	1.60
120	198.6	943.1	503.7	4.250	68.62	23.73	8.64	54.8	1.47
130	270.3	934.8	546.4	4.266	68.62	21.77	9.19	52.8	1.36
140	361.5	926.1	589.1	4.287	68.50	20.1	9.72	50.7	1.26
150	476.2	917.0	632.2	4.312	68.38	18.63	10.3	48.6	1.17
160	618.3	907.4	675.3	4.346	68.27	17.36	10.7	46.6	1.10
170	792.6	897.3	719.3	4.379	67.92	16.28	11.3	45.3	1.05
180	1 003.5	886.9	763.3	4.417	67.45	15.3	11.9	42.3	1.00
190	1 225.6	876.0	807.6	4.460	66.99	14.42	12.6	40.8	0.96
200	1 554.8	863.0	852.4	4.505	66.29	13.63	13.3	38.4	0.93
210	1 917.7	852.8	897.7	4.555	65.48	13.04	14.1	36.1	0.91
220	2 320.9	840.3	943.7	4.614	64.55	12.46	14.8	33.8	0.89
230	2 798.6	827.3	990.2	4.681	63.73	11.97	15.9	31.6	0.88
240	3 347.9	813.6	1 037.5	4.756	62.80	11.47	16.8	29.1	0.87
250	3 977.7	799.0	1 085.6	4.844	61.76	10.98	18.1	26.7	0.86
260	4 693.8	784.0	1 135	4.949	60.43	10.59	19.7	24.2	0.87
270	5 504.0	767.9	1 185.3	5.070	59.96	10.2	21.6	21.9	0.88
280	6 417.2	750.7	1 236.3	5.229	57.45	9.81	23.7	19.5	0.90
290	7 443.3	732.3	1 289.3	5.485	55.82	9.42	26.2	17.2	0.93
300	8 592.9	712.5	1 344.8	5.736	53.96	9.12	29.2	14.7	0.97

六、水在不同温度下的黏度

温度/℃	黏度/cP	温度/℃	黏度/cP	温度/℃	黏度/cP
0	1.792 1	34	0.737 1	69	0.411 7
1	1.731 3	35	0.722 5	70	0.406 1
2	1.672 8	36	0.708 5	71	0.400 6
3	1.619 1	37	0.694 7	72	0.395 2
4	1.567 4	38	0.681 4	73	0.390 0
5	1.518 8	39	0.668 5	74	0.384 9
6	1.472 8	40	0.656 0	75	0.379 9
7	1.428 4	41	0.643 9	76	0.375 0
8	1.386 0	42	0.632 1	77	0.370 2
9	1.346 2	43	0.620 7	78	0.365 5
10	1.307 7	44	0.609 7	79	0.361 0
11	1.271 3	45	0.598 8	80	0.356 5
12	1.236 3	46	0.588 3	81	0.352 1
13	1.202 8	47	0.578 2	82	0.347 8

续表

温度/℃	黏度/cP	温度/℃	黏度/cP	温度/℃	黏度/cP
14	1.170 9	48	0.568 3	83	0.343 6
15	1.140 4	49	0.558 8	84	0.339 5
16	1.111 1	50	0.549 4	85	0.335 5
17	1.082 8	51	0.540 4	86	0.331 5
18	1.055 9	52	0.531 5	87	0.327 6
19	1.029 9	53	0.522 9	88	0.323 9
20	1.005 0	54	0.514 6	89	0.320 2
20.2	1.000 0	55	0.506 4	90	0.316 5
21	0.981 0	56	0.498 5	91	0.313 0
22	0.957 9	57	0.490 7	92	0.309 5
23	0.935 9	58	0.483 2	93	0.306 0
24	0.914 2	59	0.475 9	94	0.302 7
25	0.893 7	60	0.468 8	95	0.299 4
26	0.873 7	61	0.461 8	96	0.296 2
27	0.854 5	62	0.455 0	97	0.293 0
28	0.836 0	63	0.448 3	98	0.289 9
29	0.818 0	64	0.441 8	99	0.286 8
30	0.800 7	65	0.435 5	100	0.283 8
31	0.784 0	66	0.429 3		
32	0.767 9	67	0.423 3		
33	0.752 3	68	0.417 4		

七、饱和水蒸气表

1. 按温度排列

温度/℃	绝对压强/kPa	蒸汽密度/(kg/m^3)	比焓/(kJ/kg)		比汽化焓/(kJ/kg)
			液体	蒸汽	
0	0.608 2	0.004 84	0	2 491	2 491
5	0.873	0.006 8	20.9	2 500.8	2 480
10	1.226	0.009 4	41.9	2 510.4	2 469
15	1.707	0.012 83	62.8	2 520.5	2 458
20	2.335	0.017 19	83.7	2 530.1	2 446
25	3.168	0.023 04	104.7	2 539.7	2 435
30	4.247	0.030 36	125.6	2 549.3	2 424
35	5.621	0.039 6	146.5	2 559.0	2 412
40	7.377	0.051 14	167.5	2 568.6	2 401
45	9.584	0.065 43	188.4	2 577.8	2 389
50	12.34	0.083	209.3	2 587.4	2 378
55	15.74	0.104 3	230.3	2 596.7	2 366
60	19.92	0.130 1	251.2	2 606.3	2 355
65	25.01	0.161 1	272.1	2 615.5	2 343
70	31.16	0.197 9	293.1	2 624.3	2 331
75	38.55	0.241 6	314.0	2 633.5	2 320
80	47.38	0.292 9	334.9	2 642.3	2 307
85	57.88	0.353 1	355.9	2 651.1	2 295

续表

温度/℃	绝对压强/kPa	蒸汽密度/(kg/m³)	比焓/(kJ/kg)		比汽化焓/(kJ/kg)
			液体	蒸汽	
90	70.14	0.422 9	376.8	2 659.9	2 283
95	84.56	0.503 9	397.8	2 668.7	2 271
100	101.33	0.597	418.7	2 677.0	2 258
105	120.85	0.703 6	440.0	2 685.0	2 245
110	143.31	0.825 4	461.0	2 693.4	2 232
115	169.11	0.963 5	482.3	2 701.3	2 219
120	198.64	1.119 9	503.7	2 708.9	2 205
125	232.19	1.296	525.0	2 716.4	2 191
130	270.25	1.494	546.4	2 723.9	2 178
135	313.11	1.715	567.7	2 731.0	2 163
140	361.47	1.962	589.1	2 737.7	2 149
145	415.72	2.238	610.9	2 744.4	2 134
150	476.24	2.543	632.2	2 750.7	2 119
160	618.28	3.252	675.8	2 762.9	2 087
170	792.59	4.113	719.3	2 773.3	2 054
180	1 003.5	5.145	763.3	2 782.5	2 019
190	1 255.6	6.378	807.6	2 790.1	1 982
200	1 554.8	7.84	852.0	2 795.5	1 944
210	1 917.7	9.567	897.2	2 799.3	1 902
220	2 320.9	11.6	942.4	2 801.0	1 859
230	2 798.6	13.98	988.5	2 800.1	1 812
240	3 347.9	16.76	1 034.6	2 796.8	1 762
250	3 977.7	20.01	1 081.4	2 790.1	1 709
260	4 693.8	23.82	1 128.8	2 780.9	1 652
270	5 504	28.27	1 176.9	2 768.3	1 591
280	6 417.2	33.47	1 225.5	2 752.0	1 526
290	7 443.3	39.6	1 274.5	2 732.3	1 457
300	8 592.9	46.93	1 325.5	2 708.0	1 382

2. 按压强排列

绝对压强/kPa	温度/℃	蒸汽密度/(kg/m³)	比焓/(kJ/kg)		比汽化焓/(kJ/kg)
			液体	蒸汽	
1	6.3	0.007 73	26.5	2 503.1	2 477
1.5	12.5	0.011 33	52.3	2 515.3	2 463
2	17.0	0.014 86	71.2	2 524.2	2 453
2.5	20.9	0.018 36	87.5	2 531.8	2 444
3	23.5	0.021 79	98.4	2 536.8	2 438
3.5	26.1	0.025 23	109.3	2 541.8	2 433
4	28.7	0.028 67	120.2	2 546.8	2 427
4.5	30.8	0.032 05	129.0	2 550.9	2 422
5	32.4	0.035 37	135.7	2 544.0	2 418
6	35.6	0.042	149.1	2 560.1	2 411
7	38.8	0.048 64	162.4	2 566.3	2 404
8	41.3	0.055 14	172.7	2 571.0	2 398

续表

绝对压强/kPa	温度/℃	蒸汽密度/(kg/m³)	比焓/(kJ/kg)		比汽化焓/(kJ/kg)
			液体	蒸汽	
9	43.3	0.061 56	181.2	2 574.8	2 394
10	45.3	0.067 98	189.6	2 578.5	2 389
15	53.5	0.099 56	224.0	2 594.0	2 370
20	60.1	0.130 7	251.5	2 606.4	2 355
30	66.5	0.190 9	288.8	2 622.4	2 334
40	75.0	0.249 8	315.9	2 634.1	2 312
50	81.2	0.308	339.8	2 644.3	2 304
60	85.6	0.365 1	358.2	2 652.1	2 394
70	89.9	0.422 3	376.6	2 659.8	2 283
80	93.2	0.478 1	39.01	2 665.3	2 275
90	96.4	0.533 8	403.5	2 670.8	2 267
100	99.6	0.589 6	416.9	2 676.3	2 259
120	104.5	0.698 7	437.5	2 684.3	2 247
140	109.2	0.807 6	457.7	2 692.1	2 234
160	113.0	0.829 8	473.9	2 698.1	2 224
180	116.6	1.021	489.3	2 703.7	2 214
200	120.2	1.127	493.7	2 709.2	2 205
250	127.2	1.39	534.4	2 719.7	2 185
300	133.3	1.65	560.4	2 728.5	2 168
350	138.8	1.907	583.8	2 736.1	2 152
400	143.4	2.162	603.6	2 742.1	2 138
450	147.7	2.415	622.4	2 747.8	2 125
500	151.7	2.667	639.6	2 752.8	2 113
600	158.7	3.169	676.2	2 761.4	2 091
700	164.7	3.666	696.3	2 767.8	2 072
800	170.4	4.161	721.0	2 773.7	2 053
900	175.1	4.652	741.8	2 778.1	2 036
1×10^3	179.9	5.143	762.7	2 782.5	2 020
1.1×10^3	180.2	5.633	780.3	2 785.5	2 005
1.2×10^3	187.8	6.124	797.9	2 788.5	1 991
1.3×10^3	191.5	6.614	814.2	2 790.9	1 977
1.4×10^3	194.8	7.103	829.1	2 792.4	1 964
1.5×10^3	198.2	7.594	843.9	2 794.5	1 951
1.6×10^3	201.3	8.081	857.8	2 796.0	1 938
1.7×10^3	204.1	8.567	870.6	2 797.1	1 926
1.8×10^3	206.9	9.053	883.4	2 798.1	1 915
1.9×10^3	209.8	9.539	896.2	2 799.2	1 903
2×10^3	212.2	10.03	907.3	2 799.7	1 892
3×10^3	233.7	15.01	1 005.4	2 798.9	1 794
4×10^3	250.3	20.1	1 082.9	2 789.8	1 707
5×10^3	263.8	25.37	1 146.9	2 776.2	1 629
6×10^3	275.4	30.85	1 203.2	2 759.5	1 556
7×10^3	285.7	36.57	1 253.2	2 740.8	1 488
8×10^3	294.8	42.58	1 299.2	2 720.5	1 404
9×10^3	303.2	48.89	1 343.5	2 699.1	1 357

八、液体黏度共线图和密度

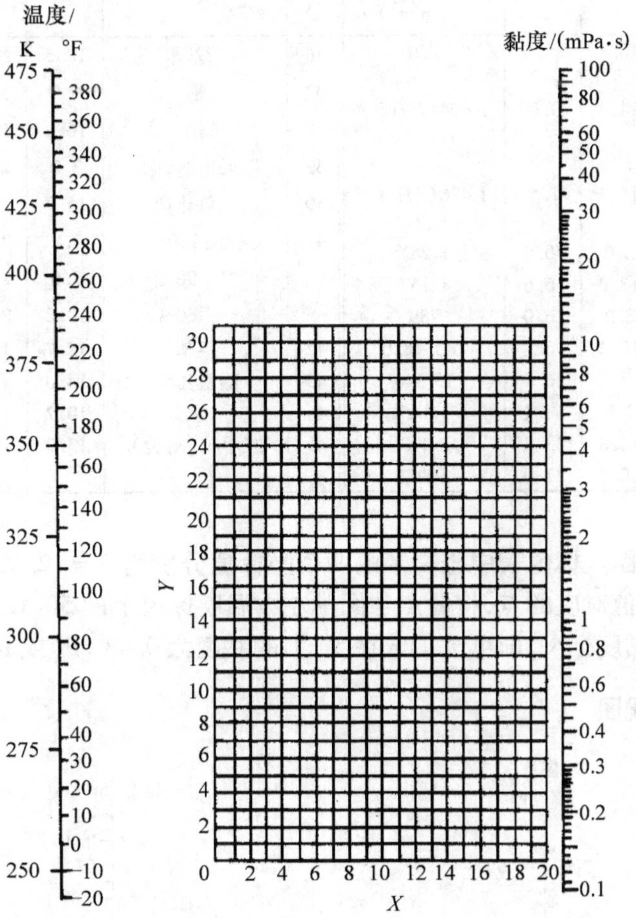

液体黏度共线图的坐标值及液体的密度列于下表中：

序号	液体	X	Y	密度(293 K)/(kg/m³)	序号	液体	X	Y	密度(293 K)/(kg/m³)
1	醋酸 100%	12.1	14.2	1 049	13	甲酚(间位)	2.5	20.8	1 034
2	70%	9.5	17.0	1 069	14	二氯乙烷	12.7	15.8	2 495
3	丙酮	14.5	7.2	792	15	二溴乙烷	13.2	12.2	1 258
4	氨 100%	12.6	2.0	817(194 K)	16	二氯甲烷	14.6	8.9	1 336
5	26%	10.1	13.9	904	17	乙酸乙酯	13.7	9.1	901
6	苯	12.5	10.9	880	18	乙醇 100%	10.5	13.8	789
7	氯化钠盐水 25%	10.2	16.6	1 186(298 K)	19	95%	9.8	14.3	804
8	溴	14.2	13.2	3 119	20	40%	6.5	16.6	935
9	丁醇	8.6	17.2	810	21	乙苯	13.2	11.5	867
10	二氧化碳	11.6	0.3	1 101(236 K)	22	氯乙烷	14.8	6.0	917(279 K)
11	二硫化碳	16.1	7.5	1 263	23	乙醚	14.6	5.3	708(298 K)
12	四氯化碳	12.7	13.1	1 595	24	乙二醇	6.0	23.6	1 113

续表

序号	液体	X	Y	密度(293 K)/(kg/m³)	序号	液体	X	Y	密度(293 K)/(kg/m³)
25	甲酸	10.7	15.8	220	36	硝基苯	10.5	16.2	1 205(288 K)
26	氟利昂-11 (CCl_3F)	14.4	9.0	1 494(290 K)	37	酚	6.9	20.8	1 071(298 K)
27	氟利昂-21 ($CHCl_2F$)	15.7	7.5	1 426(273 K)	38	钠	16.4	13.9	970
28	甘油	2.0	30.0	1 261	39	氢氧化钠 50%	3.2	26.8	1 525
29	盐酸 31.5%	13.0	16.6	1 157	40	二氧化硫	15.2	7.1	1 434(273 K)
30	异丙醇	8.2	16.0	789	41	硫酸 110%	7.2	27.4	1 980
31	煤油	10.2	16.9	780~820		98%	7.0	24.8	1 836
32	水银	18.4	16.4	13 546		60%	10.2	21.3	1 498
33	萘	7.8	18.1	1 145	42	甲苯	13.7	10.4	866
34	硝酸 95%	12.8	13.8	1 493	43	醋酸乙烯	14.0	8.8	932
35	80%	10.8	17.0	1 367	44	水	10.2	13.0	998.2
					45	二甲苯(对位)	13.9	10.9	861

从液体黏度共线图坐标值表中查得苯的两个坐标值分别为 X=12.5，M=10.9，在共线图上可找到这两个坐标值对应的点，将此点与图中左方温度标尺上的 50 ℃(323 K)点连成一条直线，延长至右方的黏度标尺，即可读得苯在 50 ℃的黏度为 0.43 cP(或 mPa·s)。

九、气体黏度共线图

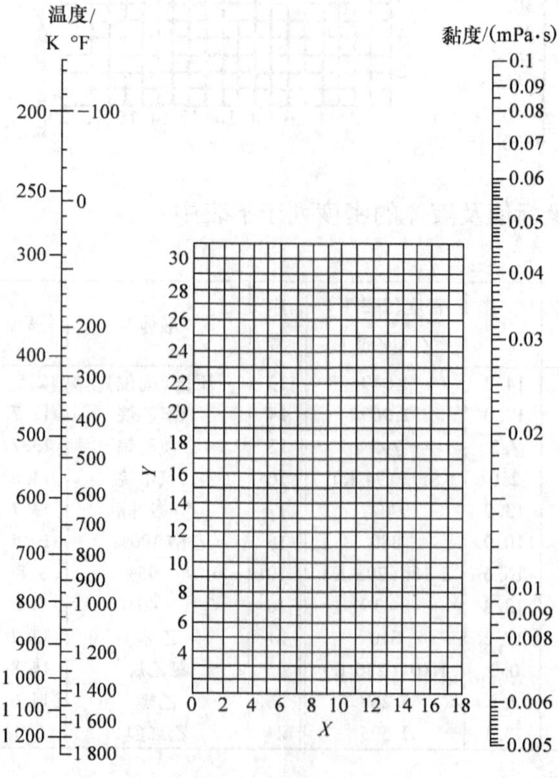

气体黏度共线图的坐标值列于下表中中：

序号	气体	X	Y	序号	气体	X	Y
1	醋酸	7.7	14.3	21	氦	10.9	20.5
2	丙酮	8.9	13.0	22	已烷	8.6	11.8
3	乙炔	9.8	14.9	23	氢	11.2	12.4
4	空气	11.0	20.0	24	$3H_2+N_2$	11.2	17.2
5	氨	8.4	16.0	25	溴化氢	8.8	20.9
6	苯	8.5	13.2	26	氯化氢	8.8	18.7
7	溴	8.9	19.2	27	硫化氢	8.0	18.0
8	丁烯	9.2	13.7	28	碘	9.0	18.4
9	二氧化碳	9.5	18.7	29	水银	5.3	22.9
10	一氧化碳	11.0	20.0	30	甲烷	9.9	15.5
11	氯	9.0	18.4	31	甲醇	8.5	15.6
12	乙烷	9.1	14.5	32	一氧化氮	10.9	20.5
13	乙酸乙酯	8.5	13.2	33	氮	10.6	20.0
14	乙醇	9.2	14.2	34	氧	11.0	21.3
15	氯乙烷	8.5	15.6	35	丙烷	9.7	12.9
16	乙醚	8.9	13.0	36	丙烯	9.0	13.8
17	乙烯	9.5	16.1	37	二氧化硫	9.6	17.0
18	氟	7.3	23.8	38	甲苯	8.6	12.4
19	氟利昂－11	10.6	15.1	39	水	8.0	16.0
20	氟利昂－21	10.8	15.3				

十、液体比热容共线图

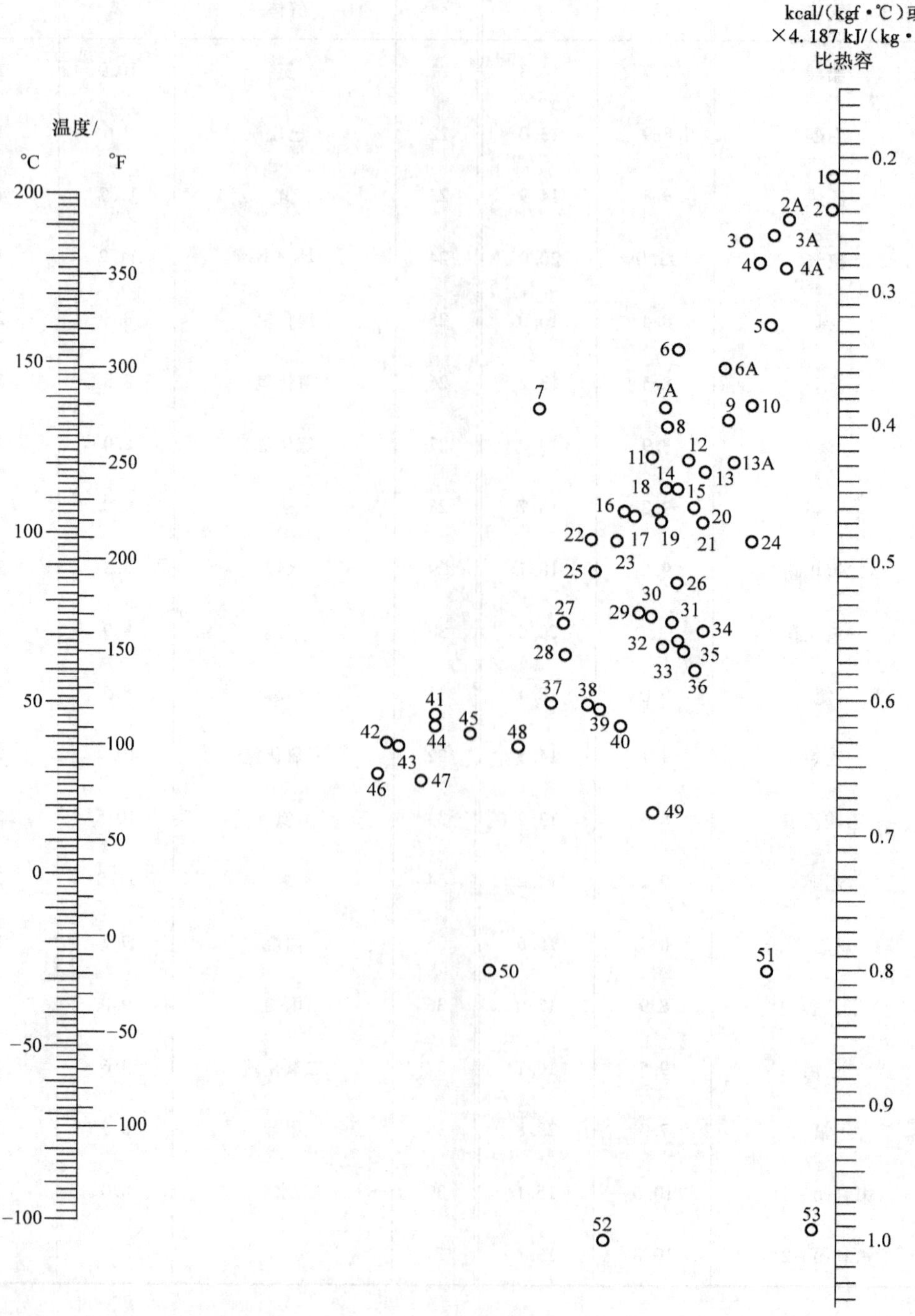

使用方法:用本图求液体在指定温度下的比热容时,可连接温度标尺上的指定温度与物料编号所对应的点,延长至比热容标尺读得所需的数据乘以4.187即得以kJ/(kg·℃)为单位的比热容值。

液体比热容共线图中的编号

编号	名称	温度范围/℃	编号	名称	温度范围/℃	编号	名称	温度范围/℃
53	水	10~200	6A	二氯乙烷	-30~60	47	异丙醇	-20~50
51	盐水(25% NaCl)	-40~20	3	过氯乙烯	-30~40	44	丁醇	0~100
49	盐水(25% $CaCl_2$)	-40~20	23	苯	10~80	43	异丁醇	0~100
52	氨	-70~50	23	甲苯	0~60	37	戊醇	-50~25
11	二氧化硫	-20~100	17	对二甲苯	0~100	41	异戊醇	10~100
2	二硫化碳	-100~25	18	间二甲苯	0~100	39	乙二醇	-40~200
9	硫酸(98%)	10~45	19	邻二甲苯	0~100	38	甘油	-40~20
48	盐酸(30%)	20~100	8	氯苯	0~100	27	苯甲基醇	-20~30
35	己烷	-80~20	12	硝基苯	0~100	36	乙醚	-100~25
28	庚烷	0~60	30	苯胺	0~130	31	异丙醚	-80~200
33	辛烷	-50~25	10	苯甲基氯	-20~30	32	丙酮	20~50
34	壬烷	-50~25	25	乙苯	0~100	29	醋酸	0~80
21	癸烷	-80~25	15	联苯	80~120	24	醋酸乙酯	-50~25
13A	氯甲烷	-80~20	16	联苯醚	0~200	26	醋酸戊酯	0~100
5	二氯甲烷	-40~50	16	联苯-联苯醚	0~200	20	吡啶	-50~25
4	三氯甲烷	0~50	14	萘	90~200	2A	氟利昂-11	-20~70
22	二苯基甲烷	30~100	40	甲醇	-40~20	6	氟利昂-12	-40~15
3	四氯化碳	10~60	42	乙醇(100%)	30~80	4A	氟利昂-21	-20~70
13	氯乙烷	-30~40	46	乙醇(95%)	20~80	7A	氟利昂-22	-20~60
1	溴乙烷	5~25	50	乙醇(50%)	20~80	3A	氟利昂-113	-20~70
7	碘乙烷	0~100	45	丙醇	-20~100			

十一、气体比热容共线图(常压下用)

使用方法同附录十(液体比热容共线图)。

气体比热容共线图中的编号

编号	名称	温度范围/℃	编号	名称	温度范围/℃	编号	名称	温度范围/℃
27	空气	0~1 400	24	二氧化碳	400~1 400	9	乙烷	200~600
23	氧	0~500	22	二氧化硫	0~400	8	乙烷	600~1 400
29	氧	500~1 400	31	二氧化硫	400~1 400	4	乙烯	0~200
26	氮	0~1 400	17	水蒸气	0~1 400	11	乙烯	200~600
1	氢	0~600	19	硫化氢	0~700	13	乙烯	600~1 400
2	氢	600~1 400	21	硫化氢	700~1 400	10	乙炔	0~200
32	氯	0~200	20	氟化氢	0~1 400	15	乙炔	200~400
34	氯	200~1 400	30	氯化氢	0~1 400	16	乙炔	400~1 400
33	硫	300~1 400	35	溴化氢	0~1 400	17B	氟利昂-11	0~500
12	氨	0~600	36	碘化氢	0~1 400	17C	氟利昂-21	0~500
14	氨	600~1 400	5	甲烷	0~300	17A	氟利昂-22	0~500
25	一氧化氮	0~700	6	甲烷	300~700	17D	氟利昂-113	0~500
28	一氧化氮	700~1 400	7	甲烷	700~1 400			
18	二氧化碳	0~400	3	乙烷	0~200			

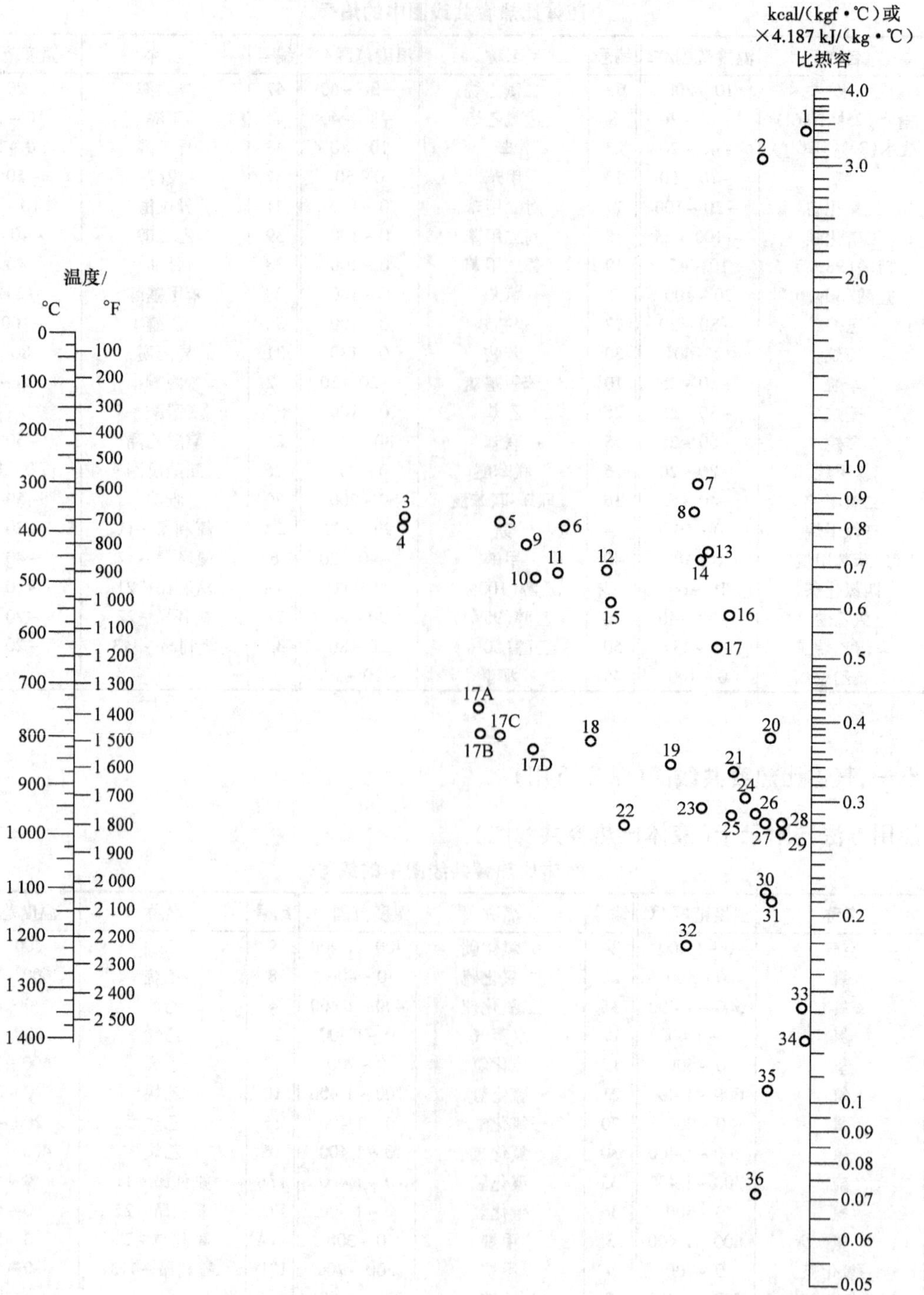
温度/
℃ ℉
0 100 200 300 400 500 600 700 800 900 1 000 1 100 1 200 1 300 1 400
100 200 300 400 500 600 700 800 900 1 000 1 100 1 200 1 300 1 400 1 500 1 600 1 700 1 800 1 900 2 000 2 100 2 200 2 300 2 400 2 500
kcal/(kgf・℃)或
×4.187 kJ/(kg・℃)
比热容
4.0 3.0 2.0 1.0 0.9 0.8 0.7 0.6 0.5 0.4 0.3 0.2 0.1 0.09 0.08 0.07 0.06 0.05
1 2 3 4 5 6 7 8 9 10 11 12 13 14 15 16 17
17A 17B 17C 17D
18 19 20 21 22 23 24 25 26 27 28 29 30 31 32 33 34 35 36

十二、气体导热系数共线图(常压下用)

使用方法同附录八(液体黏度共线图)。

气体导热系数共线图坐标值(常压下用)

气体或蒸气	温度范围/K	*X*	*Y*	气体或蒸气	温度范围/K	*X*	*Y*
丙酮	250~500	3.7	14.8	氟利昂22($CHClF_2$)	250~500	6.5	18.6
乙炔	200~600	7.5	13.5	氟利昂113($CCl_2F\cdot CClF_2$)	250~400	4.7	17.0
空气	50~250	12.4	13.9	氦	50~500	17.0	2.5
空气	250~1 000	14.7	15.0	氦	500~5 000	15.0	3.0
空气	1 000~1 500	17.1	14.5	正庚烷	250~600	4.0	14.8
氨	200~900	8.5	12.6	正庚烷	600~1 000	6.9	14.9
氩	50~250	12.5	16.5	正已烷	250~1 000	3.7	14.0
氩	250~5 000	15.4	18.1	氢	50~250	13.2	1.2
苯	250~600	2.8	14.2	氢	250~1 000	15.7	1.3
三氟化硼	250~400	12.4	16.4	氢	1 000~2 000	13.7	2.7
溴	250~350	10.1	23.6	氯化氢	200~700	12.2	18.5
正丁烷	250~500	5.6	14.1	氪	100~700	13.7	21.8
异丁烷	250~500	5.7	14.0	甲烷	100~300	11.2	11.7
二氧化碳	200~700	8.7	15.0	甲烷	300~1 000	8.5	11.0
二氧化碳	700~1 200	13.3	15.4	甲醇	300~500	5.0	14.3
一氧化碳	80~300	12.3	14.2	氯甲烷	250~700	4.7	15.7
一氧化碳	300~1 200	15.2	15.2	氖	50~250	15.2	10.2
四氯化碳	250~500	9.4	21.0	氖	250~5 000	17.2	11.0
氯	200~700	10.8	20.1	氧化氮	100~1 000	13.2	14.8
氘	50~100	12.7	17.3	氮	50~250	12.5	14.0
氘	100~400	14.5	19.3	氮	250~1 500	15.8	15.3
乙烷	200~1 000	5.4	12.6	氮	1 500~3 000	12.5	16.5
乙醇	250~350	2.0	13.0	一氧化二氮	200~500	8.4	15.0
乙醇	350~500	7.7	15.2	一氧化二氮	500~1 000	11.5	15.5
乙醚	250~500	5.3	14.1	氧	50~300	12.2	13.8
乙烯	200~450	3.9	12.3	氧	300~1 500	14.5	14.8
氟	80~600	12.3	13.8	戊烷	250~500	5.0	14.1
氩	600~800	18.7	13.8	丙烷	200~300	2.7	12.0
氟利昂11(CCl_3F)	250~500	7.5	19.0	丙烷	300~500	6.3	13.7
氟利昂12(CCl_2F_2)	250~500	6.8	17.5	二氧化硫	250~900	9.2	18.5
氟利昂13($CClF_3$)	250~500	7.5	16.5	甲苯	250~600	6.4	14.8
氟利昂21($CHCl_2F$)	250~450	6.2	17.5	氙	150~700	13.3	25.0

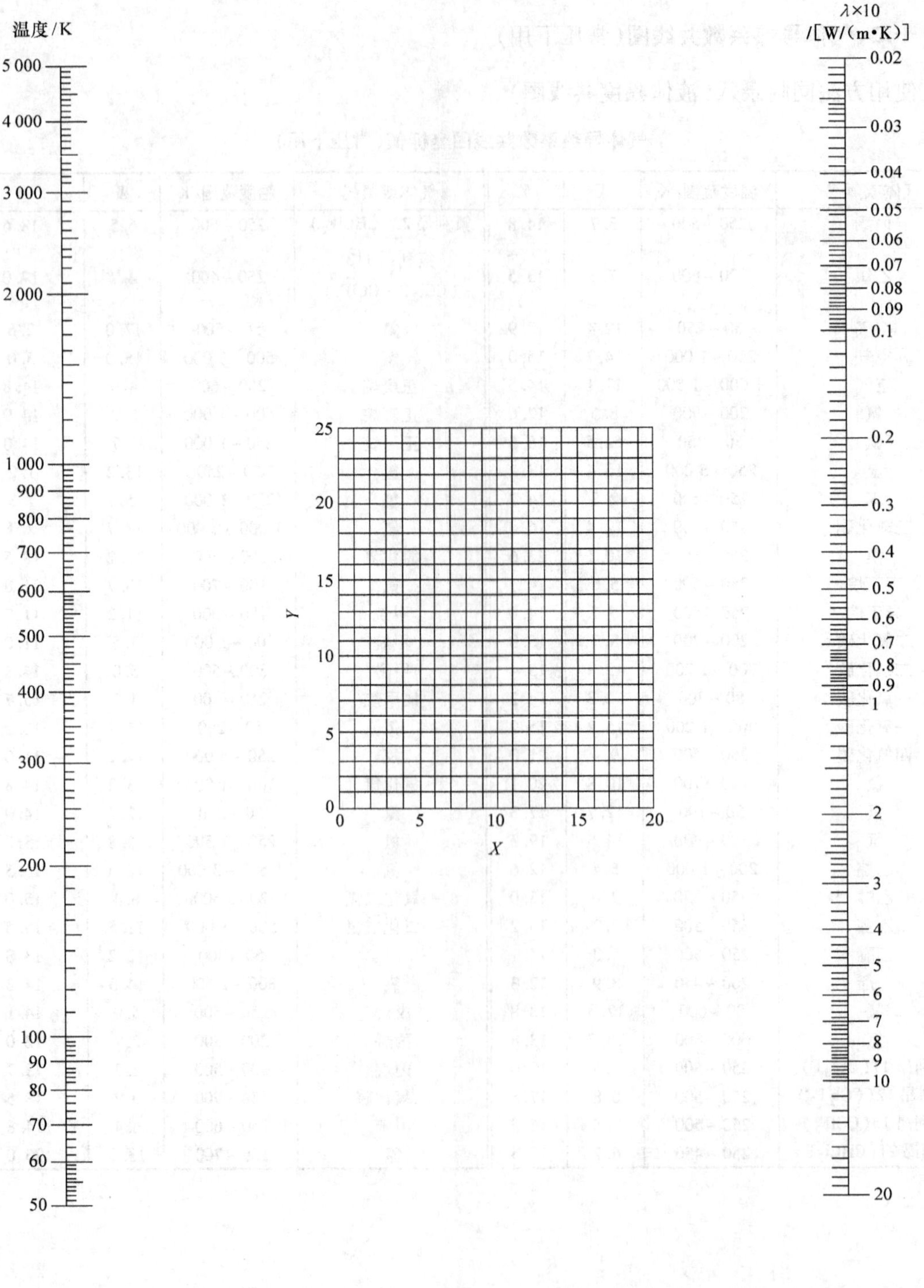
温度/K
5 000
4 000
3 000
2 000
1 000
900
800
700
600
500
400
300
200
100
90
80
70
60
50
25
20
15
10
5
0
Y
X
$\lambda \times 10$
/[W/(m·K)]
0.02
0.03
0.04
0.05
0.06
0.07
0.08
0.09
0.1
0.2
0.3
0.4
0.5
0.6
0.7
0.8
0.9
1
2
3
4
5
6
7
8
9
10
20

十三、液体比汽化焓(蒸发潜热)共线图

用法举例:求水在 $t=100$ ℃时的比汽化熔(蒸发潜热)。

从编号表中查得水的编号为30,又查得水的临界温度 $t_c=374$ ℃,则 $t_c-t=374-100=274$ ℃,在图中的 t_c-t 标尺上定出274 ℃点,并与编号30的圆圈中心点连成一条直线,延长至比汽化焓标尺,可读得交点读数540 kcal/kgf或2 260 kJ/kg,即为水在100 ℃下的比汽化焓(蒸发潜热)。

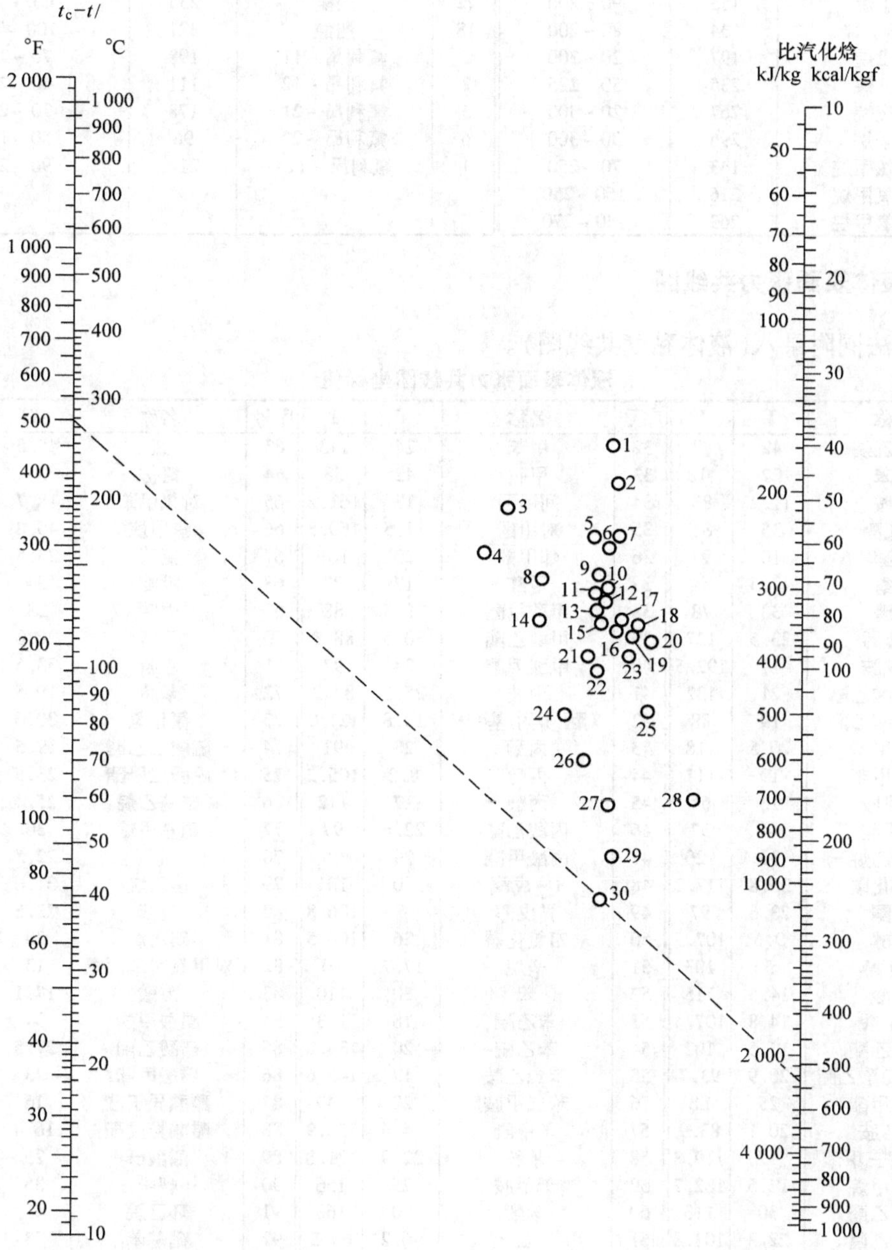

液体比汽化焓共线图中的编号

编号	名称	t_c/℃	t_c-t 范围/℃	编号	名称	t_c/℃	t_c-t 范围/℃
30	水	374	100~500	2	四氯化碳	283	30~250
29	氨	133	50~200	17	氯乙烷	187	100~250
19	一氧化氮	36	25~150	13	苯	289	10~400
21	二氧化碳	31	10~100	3	联苯	527	175~400
4	二硫化碳	273	140~275	27	甲醇	240	40~250
14	二氧化硫	157	90~160	26	乙醇	243	20~140
25	乙烷	32	25~150	24	丙醇	264	20~200
23	丙烷	96	40~200	13	乙醚	194	10~400
16	丁烷	153	90~200	22	丙酮	235	120~210
15	异丁烷	134	80~200	18	醋酸	321	100~225
12	戊烷	197	20~200	2	氟利昂-11	198	70~225
11	己烷	235	50~225	2	氟利昂-12	111	40~200
10	庚烷	267	20~300	5	氟利昂-21	178	70~250
9	辛烷	296	30~300	6	氟利昂-22	96	50~170
20	一氯甲烷	143	70~250	1	氟利昂-113	214	90~250
8	二氧甲烷	216	150~250				
7	三氯甲烷	263	140~270				

十四、液体表面张力共线图

使用方法同附录八(液体黏度共线图)。

液体表面张力共线图坐标值

序号	名称	X	Y	序号	名称	X	Y	序号	名称	X	Y
1	环氧乙烷	42	83	32	甲苯	24	113	63	氯	45.5	59.2
2	乙苯	22	118	33	甲胺	42	58	64	氯仿	32	101.3
3	乙胺	11.2	83	34	间甲酚	13	161.2	65	对氯甲苯	18.7	134
4	乙硫醇	35	81	35	对甲酚	11.5	160.5	66	氯甲烷	45.8	53.2
5	乙醇	10	97	36	邻甲酚	20	161	67	氯苯	23.5	132.5
6	乙醚	27.5	64	37	甲醇	17	93	68	吡啶	34	138.2
7	乙醛	33	78	38	甲酸甲酯	38.5	88	69	丙腈	23	108.6
8	乙醛肟	23.5	127	39	甲酸乙酯	30.5	88.8	70	丁腈	20.3	113
9	乙酰胺	17	192.5	40	甲酸丙酯	24	97	71	乙腈	33.5	111
10	乙酰乙酸乙酯	21	132	41	丙胺	25.5	87.2	72	苯腈	19.5	159
11	二乙醇缩乙醛	19	88	42	对丙(异丙)基甲苯	12.8	121.2	73	氰化氢	30.6	66
12	间二甲苯	20.5	118	43	丙酮	28	91	74	硫酸二乙酯	19.5	130.5
13	对二甲苯	19	117	44	丙醇	8.2	105.2	75	硫酸二甲酯	23.5	158
14	二甲胺	16	66	45	丙酸	17	112	76	硝基乙烷	25.4	126.1
15	二甲醚	44	37	46	丙酸乙酯	22.6	97	77	硝基甲烷	30	139
16	二氯乙烷	32	120	47	丙酸甲酯	29	95	78	萘	22.5	165
17	二硫化碳	35.8	117.2	48	3-戊酮	20	101	79	溴乙烷	31.6	90.2
18	丁酮	23.6	97	49	异戊醇	6	106.8	80	溴苯	23.5	145.5
19	丁醇	9.6	107.5	50	四氯化碳	26	104.5	81	碘乙烷	28	113.2
20	异丁醇	5	103	51	辛烷	17.7	90	82	对甲氧基苯丙烯	13	158.1
21	丁酸	14.5	115	52	苯	30	110	83	醋酸	17.1	116.5
22	异丁酸	14.8	107.4	53	苯乙酮	18	163	84	醋酸甲酯	34	90
23	丁酸乙酯	17.5	102	54	苯乙醚	20	134.2	85	醋酸乙酯	27.5	92.4
24	丁(异丁)酸乙酯	20.9	93.7	55	苯二乙胺	17	142.6	86	醋酸丙酯	23	97
25	丁酸甲酯	25	88	56	苯二甲胺	20	149	87	醋酸异丁酯	16	97.2
26	三乙胺	20.1	83.9	57	苯甲醚	24.4	138.9	88	醋酸异戊酯	16.4	103.1
27	1,3,5-三甲苯	17	119.8	58	苯胺	22.9	171.8	89	醋酸酐	25	129
28	三苯甲烷	12.5	182.7	59	苯甲胺	25	156	90	噻吩	35	121
29	三氯乙醛	30	113	60	苯酚	20	168	91	环已烷	42	86.7
30	三聚乙醛	22.3	103.8	61	氨	56.2	63.5	92	硝基苯	23	173
31	已烷	22.7	72.2	62	氧化亚氮	62.5	0.5	93	水(查出之数乘2)	12	162

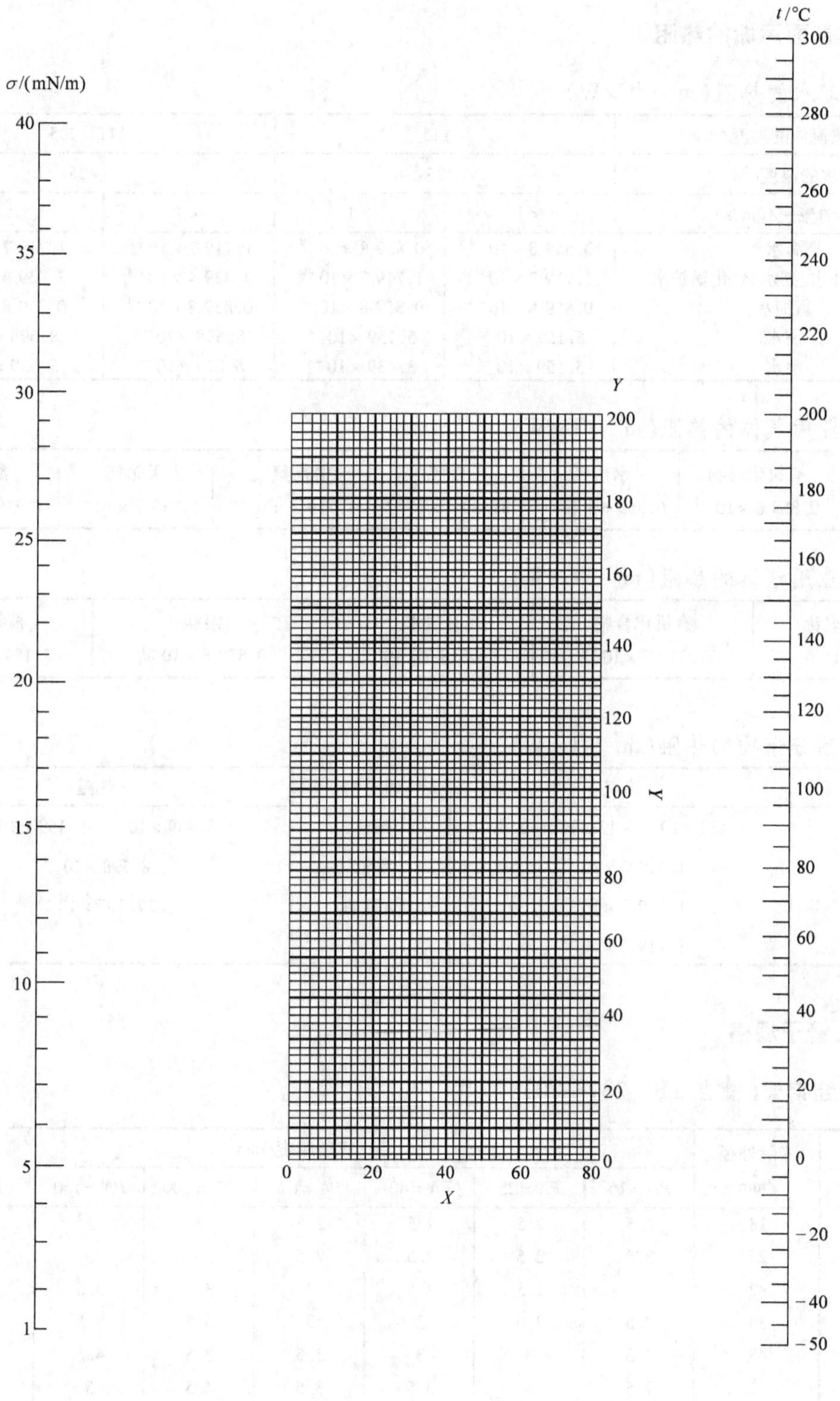
σ/(mN/m)
40
35
30
25
20
15
10
5
1
Y
200
180
160
140
120
100
80
60
40
20
0
0
20
40
60
80
X
t/℃
300
280
260
240
220
200
180
160
140
120
100
80
60
40
20
0
−20
−40
−50

十五、壁面污垢的热阻

1. 冷却水的热阻(m² · ℃/W)

加热流体的温度/℃	<115		111～205	
水的温度/℃	<25		>25	
水的流速/(m/s)	<1	>1	<1	>1
海水	0.8598×10^{-4}	0.8598×10^{-4}	1.7197×10^{-4}	1.7197×10^{-4}
自来水、井水、湖水、软化锅炉水	1.7197×10^{-4}	1.7197×10^{-4}	3.4394×10^{-4}	3.4394×10^{-4}
蒸馏水	0.8598×10^{-4}	0.8598×10^{-4}	0.8598×10^{-4}	0.8598×10^{-4}
硬水	5.159×10^{-4}	5.159×10^{-4}	8.598×10^{-4}	8.598×10^{-3}
河水	5.159×10^{-4}	3.439×10^{-4}	6.879×10^{-4}	5.159×10^{-4}

2. 工业用气体的热阻(m² · ℃/W)

气体的名称	有机化合物	水蒸气	空气	溶剂蒸气	天然气	集炉气
热阻	0.8598×10^{-4}	0.8598×10^{-4}	3.4394×10^{-4}	1.7197×10^{-4}	1.7197×10^{-4}	1.7197×10^{-4}

3. 工业用液体的热阻(m² · ℃/W)

液体的名称	有机化合物	盐水	溶盐	植物油
热阻	1.7197×10^{-4}	1.7197×10^{-4}	0.8598×10^{-4}	5.159×10^{-4}

4. 石油分馏物的热阻(m² · ℃/W)

馏出物	热阻	馏出物	热阻
原油	3.439×10^{-4}～12.098×10^{-4}	柴油	3.439×10^{-4}～5.159×10^{-4}
汽油	1.7197×10^{-4}	重油	8.598×10^{-4}
石脑油	1.7197×10^{-4}	沥青油	17.197×10^{-4}
煤油	1.7197×10^{-4}		

十六、管子规格

1. 无缝钢管(摘自 YB 231—70)

公称直径 *DN*/mm	实际外径 /mm	管壁厚度/mm						
		PN=15	*PN*=25	*PN*=40	*PN*=64	*PN*=100	*PN*=160	*PN*=200
15	18	2.5	2.5	2.5	2.5	3	3	3
20	25	2.5	2.5	2.5	2.5	3	3	4
25	32	2.5	2.5	2.5	3	3.5	3.5	5
32	38	2.5	2.5	3	3	3.5	3.5	6
40	45	2.5	3	3	3.5	3.5	4.5	6
50	57	2.5	3	3.5	3.5	4.5	5	7
70	76	3	3.5	3.5	4.5	6	6	9
80	89	3.5	4	4	5	6	7	11
100	108	4	4	4	6	7	12	13

续表

公称直径 DN/mm	实际外径 /mm	管壁厚度/mm						
		PN=15	PN=25	PN=40	PN=64	PN=100	PN=160	PN=200
125	133	4	4	4.5	6	9	13	17
150	159	4.5	4.5	5	7	10	17	—
200	219	6	6	7	10	13	21	—
250	273	8	7	8	11	16	—	—
300	325	8	8	9	12	—	—	—
350	377	9	9	10	13	—	—	—
400	426	9	10	12	15	—	—	—

注：表中的 *PN* 为公称压力，单位为，指管内可承受的流体表压强。

2. 水、煤气输送钢管（有缝钢管）（摘自 YB　234—63）

公称直径		外径/mm	壁厚/mm	
/in（英寸）	/mm		普通级	加强级
1/4	8	13.50	2.25	2.75
3/8	10	17.00	2.25	2.75
1/2	15	21.25	2.75	3.25
3/4	20	26.75	2.75	3.60
1	25	33.50	3.25	4.00
$1\frac{1}{4}$	32	42.25	3.25	4.00
$1\frac{1}{2}$	40	48.00	3.50	4.25
2	50	60.00	3.50	4.50
$2\frac{1}{2}$	70	75.00	3.75	4.50
3	80	88.50	4.00	4.75
4	100	114.00	4.00	6.00
5	125	140.00	4.50	5.50
6	150	165.00	4.50	5.50

3. 承插式铸铁管（摘自 YB　428—64）

低压管，工作压强≤0.44 MPa					
公称直径/mm	内径/mm	壁厚/mm	公称直径/mm	内径/mm	壁厚/mm
75	75	9	300	302.4	10.2
100	100	9	400	403.6	11
125	125	9	450	453.8	11.5
150	151	9	500	504	12
200	201.2	9.4	600	604.8	13
250	252	9.8	800	806.4	14.8

续表

普通管,工作压强≤0.735 MPa					
公称直径/mm	内径/mm	壁厚/mm	公称直径/mm	内径/mm	壁厚/mm
75	75	9	500	500	14
100	100	9	600	600	15.4
125	125	9	700	700	16.5
150	150	9	800	800	18
200	200	10	900	900	19.5
250	250	10.8	1 000	997	22
300	300	11.4	1 100	1 097	23.5
350	350	12	1 200	1 196	25
400	400	12.8	1 350	1 345	27.5
450	450	13.4	1 500	1 494	30

十七、常用离心泵规格(摘录)

1. IS 型单级单吸离心泵

型号	流量/(m^3/h)	扬程/m	转速/(r/min)	气蚀余量/m	泵效率/%	功率/kW	
						轴功率	配带功率
IS50-32-125	7.5	22	2 900		47	0.96	2.2
	12.5	20	2 900	2.0	60	1.13	2.2
	15	18.5	2 900		60	1.26	2.2
	3.75		1 450				0.55
	6.3	5	1 450	2.0	54	0.16	0.55
	7.5		1 450				0.55
IS50-32-160	7.5	34.3	2 900		44	1.59	3
	12.5	32	2 900	2.0	54	2.02	3
	15	29.6	2 900		56	2.16	3
	3.75		1 450				0.55
	6.3	8	1 450	2.0	48	0.28	0.55
	7.5		1 450				0.55
IS50-32-200	7.5	525	2 900	2.0	38	2.82	5.5
	12.5	50	2 900	2.0	48	3.54	5.5
	15	48	2 900	2.5	51	3.84	5.5
	3.75	13.1	1 450	2.0	33	0.41	0.75
	6.3	12.5	1 450	2.0	42	0.51	0.75
	7.5	12	1 450	2.5	44	0.56	0.75
IS50-32-250	7.5	82	2 900	2.0	28.5	5.67	11
	12.5	80	2 900	2.0	38	7.16	11
	15	78.5	2 900	2.5	41	7.83	11
	3.75	20.5	1 450	2.0	23	0.91	15
	6.3	20	1 450	2.0	32	1.07	15
	7.5	19.5	1 450	2.5	35	1.14	15

续表

型号	流量 /(m³/h)	扬程 /m	转速 /(r/min)	气蚀余量 /m	泵效率 /%	功率/kW	
						轴功率	配带功率
IS65－50－125	15	21.8	2 900		58	1.54	3
	25	20	2 900	2.0	69	1.97	3
	30	18.5	2 900		68	2.22	3
	7.5		1 450				0.55
	12.5	5	1 450	2.0	64	0.27	0.55
	15		1 450				0.55
IS65－50－160	15	35	2 900	2.0	54	2.65	5.5
	25	32	2 900	2.0	65	3.35	5.5
	30	30	2 900	2.5	66	3.71	5.5
	7.5	8.8	1 450	2.0	50	0.36	0.75
	12.5	8.0	1 450	2.0	60	0.45	0.75
	15	7.2	1 450	2.5	60	0.49	0.75
IS65－40－250	15	63	2 900	2.0	40	4.42	7.5
	25	50	2 900	2.0	60	5.67	7.5
	30	47	2 900	2.5	61	6.29	7.5
	7.5	13.2	1 450	2.0	43	0.63	1.1
	12.5	12.5	1 450	2.0	66	0.77	1.1
	15	11.8	1 450	2.5	57	0.85	1.1
IS65－40－200	15		2 900				15
	25	80	2 900	2.0	63	10.3	15
	30		2 900				15
IS65－40－315	15	127	2 900	2.5	28	18.5	30
	25	125	2 900	2.5	40	21.3	30
	30	123	2 900	3.0	44	22.8	30
IS80－65－125	30	22.5	2 900	3.0	64	2.87	5.5
	50	20	2 900	3.0	75	3.63	5.5
	60	18	2 900	3.5	74	3.93	5.5
	15	5.6	1 450	2.5	55	0.42	0.75
	25	5	1 450	2.5	71	0.48	0.75
	30	4.5	1 450	3.0	72	0.51	0.75
IS80－65－160	30	36	2 900	2.5	61	4.82	7.5
	50	32	2 900	2.5	73	5.97	7.6
	60	29	2 900	3.0	72	6.59	7.5
	15	9	1 450	2.5	66	0.67	1.5
	25	8	1 450	2.5	69	0.75	1.5
	30	7.2	1 450	3.0	68	0.86	1.5
IS80－50－200	30	53	2 900	2.5	55	7.87	15
	50	50	2 900	2.5	69	9.87	15
	60	47	2 900	3.0	71	10.8	15
	15	13.2	1 450	2.5	51	1.06	2.2
	25	12.5	1 450	2.5	65	1.31	2.2
	30	11.8	1 450	3.0	67	1.44	2.2
IS80－50－160	30	84	2 900	2.5	52	13.2	22
	50	80	2 900	2.5	63	17.3	
	60	75	2 900	3.0	64	19.2	

续表

型号	流量 /(m^3/h)	扬程 /m	转速 /(r/min)	气蚀余量 /m	泵效率 /%	功率/kW	
						轴功率	配带功率
IS80-50-250	30	84	2 900	2.5	52	13.2	22
	50	80	2 900	2.5	63	17.3	22
	60	75	2 900	3.0	64	19.2	22
IS80-50-315	30	128	2 900	2.5	41	25.5	37
	50	125	2 900	2.5	54	31.5	37
	60	123	2 900	3.0	57	35.3	37
IS100-80-125	60	24	2 900	4.0	67	5.86	11
	100	20	2 900	4.5	78	7.00	11
	120	16.5	2 900	5.0	74	7.28	11
IS100-80-160	60	36	2 900	3.5	70	8.42	15
	100	32	2 900	4.0	78	11.2	15
	120	28	2 900	5.0	75	12.2	15
	30	9.2	1 450	2.0	67	1.12	2.2
	50	8.0	1 450	2.5	75	1.45	2.2
	60	6.8	1 450	3.5	71	1.57	2.2
IS100-65-200	60	54	2 900	3.0	65	13.6	22
	100	50	2 900	3.5	78	17.9	22
	120	47	2 900	4.8	77	19.9	22
	30	13.5	1 450	2.0	60	1.84	4
	50	12.5	1 450	2.0	73	2.33	4
	60	11.8	1 450	2.5	74	2.61	4
IS100-65-250	60	87	2 900	3.5	81	23.4	37
	100	80	2 900	3.8	72	30.3	37
	120	74.5	2 900	4.8	73	33.3	37
	30	21.3	1 450	2.0	55	3.16	5.5
	50	20	1 450	2.0	68	4.00	5.5
	60	19	1 450	2.5	70	4.44	5.5
IS100-65-315	60	133	2 900	3.0	55	39.6	75
	100	125	2 900	3.5	66	51.6	75
	120	118	2 900	4.2	67	57.5	75

2. S型单级双吸离心泵

型号	流量 /(m^3/h)	扬程/m	转速 /(r/min)	气蚀余量 /m	泵效率 /%	功率/kW		泵口径/mm	
						轴功率	配带功率	吸入	排出
100S90	60	95	2 950	2.5	61	23.9	37	100	70
	80	90			65	28			
	95	82			63	31.2			

续表

型号	流量/(m³/h)	扬程/m	转速/(r/min)	气蚀余量/m	泵效率/%	功率/kW		泵口径/mm	
						轴功率	配带功率	吸入	排出
150S100	126	102	2 950	3.5	70	48.8	75	150	100
	160	100			73	55.9			
	202	90			72	62.7			
150S78	126	84	2 950	3.5	72	40	55	150	100
	160	78			75.5	46			
	198	70			72	52.4			
150S50	130	52	2 950	3.9	72	25.4	37	150	100
	160	50			80	27.6			
	220	40			77	27.2			
200S95	216	103	2 950	5.3	62	86	132	200	125
	280	95			79.2	94.4			
	324	85			72	96.6			
200S95A	198	94	2 950	5.3	68	72.2	110	200	125
	270	87			75	82.4			
	310	80			74	88.1			
200S95B	245	72	2 950	5	74	65.8	75	200	125
200S63	216	69	2 950		74	55.1	75	200	150
	280	63		5.8	82.7	59.4			
	351	50			72	67.8			
200S63A	180	54.5	2 950	5.8	70	41	55	200	150
	270	46			75	48.3			
	324	37.5			70	51			
200S42	216	48	2 950	6	81	34.8	45	200	150
	280	42			84.2	37.8			
	342	35			81	40.2			
200S42A	198	43	2 950	6	76	30.5	37	200	150
	270	36			80	33.1			
	310	31			76	34.4			
250S65	360	71	1 450	3	75	92.8	160	250	200
	485	65			78.6	108.5			
	612	56			72	129.6			
250S65A	342	61	1 450	3	74	76.8	132	250	200
	468	54			77	89.4			
	540	50			65	98			

3. D型节段式多级离心泵

型号	流量/(m³/h)	扬程/m	转速/(r/min)	气蚀余量/m	泵效率/%	功率/kW		泵口径/mm	
						轴功率	配带功率	吸入	排出
D6-25×3	3.75	76.5	2 950	2	33	2.37	5.5	40	40
	6.3	75		2	45	2.86			
	7.5	73.5		2.5	47	3.19			

续表

型号	流量/(m³/h)	扬程/m	转速/(r/min)	气蚀余量/m	泵效率/%	功率/kW		泵口径/mm	
						轴功率	配带功率	吸入	排出
D6-25×4	3.75 6.3 7.5	102 100 98	2 950	2 2 2.5	33 45 47	3.16 3.81 4.26	7.5	40	40
D6-25×5	3.75 6.3 7.5	127.5 12.5 122.5	2 950	2 2 2.5	33 45 47	3.95 4.77 5.32	7.5	40	40
D12-25×2	12.5	50	2 950	2.0	54	3.15	5.5	50	40
D12-25×3	7.5 12.5 15	84.6 75 69	2 950	2.0 2.0 2.5	44 54 53	3.93 4.73 5.32	7.5	50	40
D12-25×4	7.5 12.5 15	112.8 100 92	2 950	2.0 2.0 2.5	44 54 53	5.24 6.30 7.09	11	50	40
D12-25×5	7.5 12.5 15	141 125 115	2 950	2.0 2.0 2.5	44 54 53	6.55 7.88 8.86	11	50	40
D12-50×2	12.5	100	2 950	2.8	40	8.5	11	50	50
D12-50×3	12.5	150	2 950	2.8	40	12.75	18.5	50	50
D12-50×4	12.5	200	2 950	2.8	40	17	22	50	50
D12-50×5	12.5	250	2 950	2.8	40	21.7	30	50	50
D12-50×6	12.5	300	2 950	2.8	40	25.5	37	50	50
D16-60×3	10 16 20	186 183 177	2 950	2.3 2.8 3.4	30 40 44	16.9 19.9 21.9	22	65	50
D16-60×4	10 16 20	248 244 236	2 950	2.3 2.8 3.4	30 40 44	22.5 26.6 29.2	37	65	50
D16-60×5	10 16 20	310 305 295	2 950	2.3 2.8 3.4	30 40 44	28.2 33.3 36.5	45	65	50
D16-60×6	10 16 20	372 366 354	2 950	2.3 2.8 3.4	30 40 44	33.8 39.9 43.8	45	65	50
D16-60×7	10 16 20	434 427 413	2 950	2.3 2.8 3.4	30 40 44	39.4 46.6 51.1	55	65	50

4. F型耐腐蚀离心泵

型号	流量/(m^3/h)	扬程/m	转速/(r/min)	气蚀余量/m	泵效率/%	功率/kW		泵口径/mm	
						轴功率	配带功率	吸入	排出
25F-16	3.6	16	2 960	4.3	30	0.523	0.75	25	25
25F-16A	3.27	12.5	2 960	4.3	29	0.39	0.55	25	25
25F-25	3.6	25	2 960	4.3	27	0.91	1.5	25	25
25F-25A	3.27	20	2 960	4.3	26	0.69	1.1	25	25
25F-41	3.6	41	2 960	4.3	20	2.01	3	25	25
25F-41A	3.27	33.5	2 960	4.3	19	1.57	2.2	25	25
40F-16	7.2	15.7	2 960	4.3	49	0.63	1.1	40	25
40F-16A	6.55	12	2 960	4.3	47	0.46	0.75	40	25
40F-26	7.2	25.5	2 960	4.3	44	1.14	1.5	40	25
40F-26A	6.55	20	2 960	4.3	42	0.87	1.1	40	25
40F-40	7.2	39.5	2 960	4.3	35	2.21	3	40	25
40F-40A	6.55	32	2 960	4.3	34	1.68	2.2	40	25
40F-65	7.2	65	2 960	4.3	24	5.92	7.5	40	25
40F-65A	6.72	56	2 960	4.3	24	4.28	5.5	40	25
50F-103	14.4	103	2 900	4	25	16.2	18.5	50	40
50F-103A	13.5	89.5	2 900	4	25	13.2		50	40
50F-103B	12.7	70.5	2 900	4	25	11		50	40
50F-63	14.4	63	2 900	4	35	7.06		50	40
50F-63A	13.5	54.5	2 900	4	35	5.71		50	40
50F-63B	12.7	48	2 900	4	35	4.75		50	40
50F-40	14.4	40	2 900	4	44	3.57	7.5	50	40
50F-40A	13.1	32.5	2 900	4	44	2.64	7.5	50	40
50F-25	14.4	25	2 900	4	52	1.89	5.5	50	40
50F-25A	13.1	20	2 900	4	52	1.37	5.5	50	40
50F-16	14.4	15.7	2 900	4	62	0.99		50	40
50F-16A	13.1	12	2 900	4	62	0.69		50	40
65F-100	28.8	100	2 900	4	40	19.6		65	50
65F-100A	26.9	89	2 900	4	40	15.9		65	50
65F-100B	25.3	77	2 900	4	40	13.3		65	50
65F-64	28.8	64	2 900	4	57	9.65	15	65	50
65F-64A	26.9	55	2 900	4	57	7.75	18.5	65	50
65F-64B	25.3	48.5	2 900	4	57	6.43	18.5	65	50

5. Y型离心油泵

型号	流量/(m³/h)	扬程/m	转速/(r/min)	功率/kW		效率/%	气蚀余量/m	泵壳许用应力/Pa	结构形式	备注
				轴	电机					
50Y-60	12.5	60	2 950	5.95	11	35	2.3	1 570/2 550	单级悬臂	泵壳许用应力的分子表示第Ⅰ类材料相应的许用应力，分母表示第Ⅱ、Ⅲ类材料相应的许用应力
50Y-60A	11.2	49	2 950	4.27	8			同上	同上	
50Y-60B	9.9	38	2 950	2.39	5.5	35		同上	同上	
50Y-60×2	12.5	120	2 950	11.7	15	35	2.3	2 158/3 138	两级悬臂	
50Y-60×2A	11.7	105	2 950	9.55	15			同上	同上	
50Y-60×2B	10.8	90	2 950	7.65	11			同上	同上	
50Y-60×2C	9.9	75	2 950	5.9	8			同上	同上	
65Y-60	25	60	2 950	7.5	11	55	2.6	1 570/2 550	单级悬臂	
65Y-60A	22.5	49	2 950	5.5	8			同上	同上	
65Y-60B	19.8	38	2950	3.75	5.5			同上	同上	
65Y-100	25	100	2 950	17	32	40	2.6	同上	同上	
65Y-100A	23	85	2 950	13.3	20			同上	同上	
65Y-100B	21	70	2 950	10	15			同上	同上	
65Y-100×2	25	200	2 950	34	55	40	2.6	2 942/3 923	两级悬臂	
65Y-100×2A	23.3	175	2 950	27.8	40			同上	同上	
65Y-100×2B	21.6	150	2 950	22	32			同上	同上	
65Y-100×2C	19.8	125	2 950	16.8	20			同上	同上	
80Y-60	50	60	2 950	12.8	15	64	3.0	1 570/2 550	单级悬臂	
80Y-60A	45	49	2 950	9.4	11			同上	同上	泵壳许用应力的分子表示第Ⅰ类材料相应的许用应力，分母表示第Ⅱ、Ⅲ类材料相应的许用应力
80Y-60B	39.5	38	2 950	6.5	8			同上	同上	
80Y-100	50	100	2 950	22.7	32	60	3.0	1 961/2 942	单级悬臂	
80Y-100A	45	85	2 950	18	25			同上	同上	
80Y-100B	39.5	70	2 950	12.6	20			同上	同上	
80Y-100×2	50	200	2 950	45.4	75	60	3.0	2 942/3 923	单级悬臂	
80Y-100×2A	46.6	175	2 950	37	55	60	3.0	2 942/3 923	两级悬臂	
80Y-100×2B	43.2	150	2 950	29.5	40			同上	同上	
80Y-100×2C	39.6	125	2 950	22.7	32			同上	同上	

注：与介质接触且受温度影响的零件，根据介质的性质需要采用不同性质的材料，所以分为三种材料，但泵的结构相同。第Ⅰ类材料不耐腐蚀，操作温度为 -20～200 ℃，第Ⅱ类材料不耐硫腐蚀，操作温度为 -45～400 ℃，第Ⅲ类材料耐硫腐蚀，操作温度为 -45～200 ℃。

十八、4－72－11型离心式通风机的规格

型号	转速/(r/min)	全风压		流量/(m^3/h)	效率/%	所需功率/kW
		/mmH_2O	/Pa			
6C	2 240	248	2 432.1	15 800	91	14.1
	2 000	198	1 941.8	12 950	91	9.65
	1 800	160	1 569.1	12 700	91	7.3
	1 250	77	755.1	8 800	91	2.53
	1 000	49	480.5	7 030	9	1.39
	800	30	294.2	5 610	91	0.73
8C	1 800	285	2 795	29 900	91	30.8
	1 250	137	1 343.6	20 800	91	10.3
	1 000	88	863.0	16 600	91	5.52
	630	35	343.2	10 480	91	1.5
10C	1 250	227	2 226.2	41 300	94.3	32.7
	1 000	145	1 422	32 700	94.3	16.5
	800	93	912.1	26 130	94.3	8.5
	500	36	353.1	16 390	94.3	2.34
6D	1 450	104	1 020	10 200	91	4
	950	45	441.3	6 720	91	1.32
8D	1 450	200	1 961.4	20 130	89.5	14.2
	730	50	490.4	10 150	89.5	2.06
16B	900	300	2 942.1	121 000	94.3	127
20B	710	290	2 844	186 300	94.3	190

十九、列管式换热器的规格

1. 固定管板式换热器

公称直径/mm	159			273					400				600		800			
公称压力/MPa	2.5			2.5					1.6				1.0,1.6,2.5		0.6,1.0,1.6,2.5			
公称面积/m^2	1	2	3	3	4		5	7	10		20	40	60	120	100		200	230
管子排列方法①	△	△	△	△	△		△	△	△		△	△	△	△	△		△	△
管长/m	1.5	2	3	1.5	1.5	2	2	3	1.5		3	6	3	6	3		6	6
管子外径/mm	25	25	25	25	25	25	25	25	25		25	25	25	25	25		25	25
管子总数	13	13	13	32	38	32	38	32	102	86	86	86	269	254	456	444	444	501
管程数	1	1	1	2	1	2	1	2	2	4	4	4	1	2	4	6	6	1
壳程数	1	1	1	1	1	1	1	1	1	1	1	1	1	1	1	1	1	1
管程流通截面积/m^2	0.004 08	0.004 08	0.004 08	0.005 03	0.011 96	0.005 03	0.011 96	0.005 03	0.016	0.006 92	0.006 92	0.006 92	0.084 5	0.039 9	0.035 8	0.023 25	0.023 25	0.157 4
壳程流通截面积/m^2 折流板间距/mm 150 a型	—	—	—	0.015 6	0.014 35	0.017	0.014 4	0.017 05	0.021 4	0.023 1	0.020 8	0.019 6	—	—	—	—	—	—
壳程流通截面积/m^2 折流板间距/mm 150 b型	—	—	—	0.016 5	0.016 1	0.018 1	0.017 6	0.018 1	0.028 6	0.029 6	0.026 7	0.013 7	—	—	—	—	—	—
壳程流通截面积/m^2 折流板间距/mm 300 a型	—	—	—	—	—	—	—	—	—	—	—	—	0.037 7	0.037 8	0.066 2	0.080 6	0.072 4	0.059 4
壳程流通截面积/m^2 折流板间距/mm 300 b型	—	—	—	—	—	—	—	—	—	—	—	—	0.053	0.053 4	0.097	0.097 7	0.089 8	0.083 64
壳程流通截面积/m^2 折流板间距/mm 600 a型	0.010 24	0.012 96	0.122 3	0.027 3	0.023 2	0.031 2	0.026 6	0.019 7	0.030 8	0.033 2	0.036 3	0.036	0.050 4	0.055 3	0.071 8	0.087 5	0.094	0.077 4
壳程流通截面积/m^2 折流板间距/mm 600 b型	0.013 25	0.015	0.014 3	0.029	0.028 2	0.033 2	0.032 3	0.0316	0.013	0.042 7	0.046 6	0.05	0.070 7	0.078 2	0.105	0.034 4	0.14	0.010 92
折流板切去的弓形缺口高度/mm a型	50.5	50.5	50.5	85.5	80.5	85.5	80.5	85.5	93.5	104.5	104.5	104.5	132.5	138.5	166	188	188	177
折流板切去的弓形缺口高度/mm b型	46.5	46.5	46.5	71.5	71.5	71.5	71.5	71.5	86.5	86.5	86.5	86.5	122.5	122.6	168	152	162	158

①△表示管子呈正三角形排列。a 型为折流板缺口上、下排列；b 型为折流板缺口左、右排列。

2. 浮头式换热器

公称直径/mm	325			400			500			600					
公称压力/MPa	4.0			4.0		2.5	1.6,2.5,4.0	1.6,2.5,4.0		1.6,2.5		1.6,2.5,4.0		1.6,2.5,4.0	
公称面积/m²	10	10	20	15	25	32	32	65		50		95		130	
管子排列方法①	△	◇	◇	◇	△	◇	◇	◇		◇		◇		△	
管长/m	3	3	6	3	3	6	3	6		3		6		6	
管子外径/mm	19	25	25	25	19	25	25	25		25		25		19	
管子总数	76	36	44	72	138	72	140	124	120	208		208	192	372	368
管程数	2	2	2	2	2	4	2	2	4	2	4	2	4	2	4
壳程数	1	1	1	1	1	1	1	1	1	1	1	1	1	1	1
管程流通截面积/m²	0.006 7	0.005 66	0.006 91	0.011 3	0.012 16	0.005 66	0.022	0.019 48	0.009 42	0.032 65	0.016 34	0.032 65	0.015 1	0.032 9	0.016 2
壳程流通截面积/m² 折流板间距/mm 150	0.015 5	0.019 8	0.015 84	0.026 9	0.018 43	0.025 75	0.035 9	0.031 5		0.045 2	0.045 6	0.040 2	0.039 8	0.030 15	
200	0.017 7	0.020 1	0.017 4	0.028 4	0.020 7	0.028 3	0.038	0.035 8		0.048 7	0.048 4	0.044	0.043 8	0.034 2	
300	0.022 4	0.022 25	0.020 1	0.031 5	0.024 6	0.032 7	0.042	0.043 7		0.053 8	0.053 4	0.051	0.005 1	0.041 4	
450	—	—	—	0.035 3	—	—	0.047 5	—		0.060 3	0.059 9	—	—	—	
480	0.027	—	0.024 2	—	—	0.039 4	—	0.054 3		—	—	0.061 4	0.061 4	0.051 8	
折流板切去的弓形缺口高度/mm	79	—	61	70	79	79	99	113.5		118	119	119		117.5	

①△表示管子呈正三角形排列,管子中心距为 25 mm;◇表示管子呈正方形斜转 45°排列,管子中心距为 32 mm。

二十、某些二元物系的气液平衡数据

1. 乙醇－水(101.3 kPa)

乙醇的摩尔分数		温度/℃	乙醇的摩尔分数		温度/℃
液相	气相		液相	气相	
0.000 0	0.000 0	100.0	0.327 3	0.582 6	81.5
0.019 0	0.170 0	95.5	0.396 5	0.612 2	80.7
0.072 1	0.389 1	89.0	0.507 9	0.656 4	79.8
0.096 6	0.437 5	86.7	0.519 8	0.659 9	79.7
0.123 8	0.470 4	85.3	0.573 2	0.684 1	79.3
0.166 1	0.508 9	84.1	0.676 3	0.738 5	78.74
0.233 7	0.544 5	82.7	0.747 2	0.781 5	78.41
0.260 8	0.558 0	82.3	0.894 3	0.894 3	78.15

2. 苯－甲苯(101.3 kPa)

苯摩的尔分数		温度/℃	苯的摩尔分数		温度/℃
液相	气相		液相	气相	
0.000	0.000	110.6	0.592	0.789	89.4
0.088	0.212	106.1	0.700	0.853	86.8
0.200	0.370	102.2	0.803	0.914	84.4
0.300	0.500	98.6	0.903	0.957	82.3
0.397	0.618	95.2	0.950	0.979	81.2
0.489	0.710	92.1	0.100	0.100	80.2

3. 氯仿－苯(101.3 kPa)

氯仿的质量分数		温度/℃	氯仿的质量分数		温度/℃
液相	气相		液相	气相	
0.10	0.136	79.9	0.60	0.750	74.6
0.20	0.272	79.0	0.70	0.830	72.8
0.30	0.406	78.1	0.80	0.900	70.5
0.40	0.530	77.2	0.90	0.961	67.0
0.50	0.650	76.0			

4. 水－醋酸(101.3 kPa)

水摩的尔分数		温度/℃	水摩的尔分数		温度/℃
液相	气相		液相	气相	
0.000	0.000	118.2	0.833	0.886	101.3
0.270	0.394	108.2	0.886	0.919	100.9
0.455	0.565	105.3	0.930	0.950	100.5

续表

水摩的尔分数		温度/℃	水摩的尔分数		温度/℃
液相	气相		液相	气相	
0.588	0.707	103.8	0.968	0.977	100.2
0.690	0.790	102.8	0.100	0.100	100.0
0.769	0.845	101.9			

5. 甲醇－水(101.3 kPa)

甲醇的摩尔分数		温度/℃	甲醇的摩尔分数		温度/℃
液相	气相		液相	气相	
0.053 1	0.283 4	92.9	0.290 9	0.680 1	77.8
0.076 7	0.400 1	90.3	0.333 3	0.691 8	76.7
0.092 6	0.435 3	88.9	0.351 3	0.734 7	76.2
0.125 7	0.483 1	86.6	0.462 0	0.775 6	73.8
0.131 5	0.545 5	85.0	0.529 2	0.797 1	72.7
0.167 4	0.558 5	83.2	0.593 7	0.818 3	71.3
0.181 8	0.577 5	82.3	0.684 9	0.849 2	70.0
0.208 3	0.627 3	81.6	0.770 1	0.896 2	68.0
0.231 9	0.648 5	80.2	0.874 1	0.919 4	66.9
0.281 8	0.677 5	78.0			

二十一、几种冷冻剂的物理性质

冷冻剂	化学分子式	分子量	常压下的蒸发温度/K	临界温度/K	临界压强/kPa	临界体积×10^3/(m^3/kg)	凝固点/K	绝热指数 $\kappa=\frac{c_p}{c_V}$
氨	NH_3	17.03	239.8	405.6	11 301	4.13	195.5	1.30
二氧化硫	SO_2	64.06	263.1	430.4	7 875	1.92	198.0	1.26
二氧化碳	CO_2	44.01	194.3	304.2	7 358	2.16	216.6	1.30
氯甲烷	CH_3Cl	50.49	249.4	416.3	6 680	—	175.6	1.20
二氯甲烷	CH_2Cl_2	84.94	313.2	512.2	6 357	—	176.5	1.18
氟利昂－11	$CFCl_3$	137.39	296.9	471.2	4 375	1.80	162.2	1.13
氟利昂－12	CF_2Cl_2	120.92	243.4	384.7	4 002	1.80	118.2	1.14
氟利昂－13	CF_3Cl	104.47	191.7	301.9	3 861	1.72	93.2	—
氟利昂－21	$CHFCl_2$	102.93	282.1	451.7	5 169	—	138.2	1.16
氟利昂－22	CHF_2Cl	86.48	232.4	369.2	4 934	1.90	113.2	1.20
氟利昂－113	$C_2F_3Cl_3$	187.37	321.0	487.3	3 416	1.73	238.2	1.09
氟利昂－114	$C_2F_4Cl_2$	170.91	277.3	—	—	—	—	—

续表

冷冻剂	化学分子式	分子量	常压下的蒸发温度/K	临界温度/K	临界压强/kPa	临界体积×10^3/(m^3/kg)	凝固点/K	绝热指数 $\kappa=\frac{c_p}{c_V}$
氟利昂-143	$C_2H_3F_3$	84.04	225.9	344.6	4 120	—	161.9	—
甲烷	CH_4	16.04	111.7	190.6	4 493	—	90.8	—
乙烷	C_2H_6	30.06	184.6	305.3	4 934	4.70	90.0	1.25
丙烷	C_3H_8	44.10	231.0	369.5	4 258	—	86.0	1.13
乙烯	C_2H_4	28.05	169.5	282.4	5 042	4.63	104.1	—
丙烯	C_3H_6	42.08	226.0	364.7	4 454	—	—	—

参考文献

[1] 陆美娟,张浩勤.化工原理:上册[M].2版.北京:化学工业出版社,2006.

[2] 李薇.流体输送与传热技术[M].北京:化学工业出版社,2009.

[3] 张洪流.化工原理——流体流动与传热分册[M].北京:国防工业出版社,2008.

[4] 陈敏恒,丛德滋,方图南,等.化工原理[M].2版.北京:化学工业出版社,2000.

[5] 姚玉英.化工原理[M].天津:天津大学出版社,1999.

[6] 冷士良,陆清,宋志轩.化工单元操作及设备[M].北京:化学工业出版社,2007.

[7] 李国庭,陈焕章,黄文焕,等.化工设计概论[M].北京:化学工业出版社,2006.

[8] 陶贤平.化工单元操作实训[M].北京:化学工业出版社,2008.

[9] 侯丽新.化工生产单元操作[M].北京:化学工业出版社,2008.

图书资源使用说明

如何防伪

在书的封底，刮开防伪二维码（图 1）涂层，打开微信中的“扫一扫”（图 2），进行扫描。如果您购买的是正版图书，关注官方微信，根据页面提示将自动进入图书的资源列表。

关注“天津大学出版社”官方微信，您可以在“服务”→“我的书库”（图 3）中管理您所购买的本社全部图书。

特别提示： 本书防伪码采用一书一码制，一经扫描，该防伪码将与您的微信账号进行绑定，其他微信账号将无法使用您的资源。请您使用常用的微信账号进行扫描。

图 1

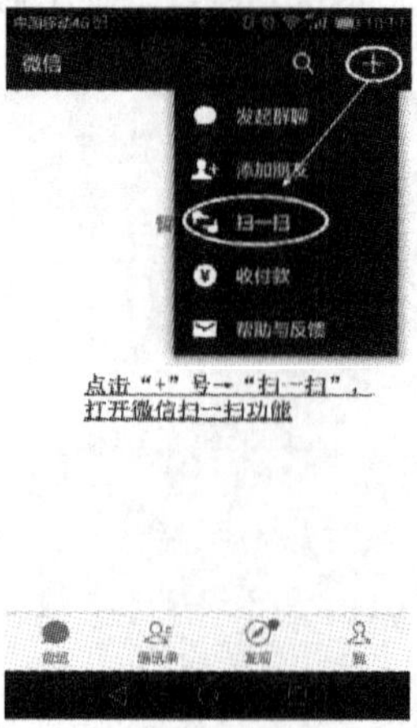

图 2

图 3

如何获取资源

完成第一步防伪认证后，您可以通过以下方式获取资源。

第一种方式： 打开微信中的“扫一扫”，扫描书中各章节内不同的二维码，根据页面提示进行操作，获取相应资源。（每次观看完视频后请重新打开扫一扫进行新的扫描）

第二种方式： 登录“天津大学出版社”官方微信，进入“服务”→“我的书库”，选择图书，您将看到本书的资源列表，可以选择相应的资源进行播放。

第三种方式： 使用电脑登录“天津大学出版社”官网（http://www.tjupress.com.cn），使用微信登录，搜索图书，在图书详情页中点击“多媒体资源”即可查看相关资源。